U0144874

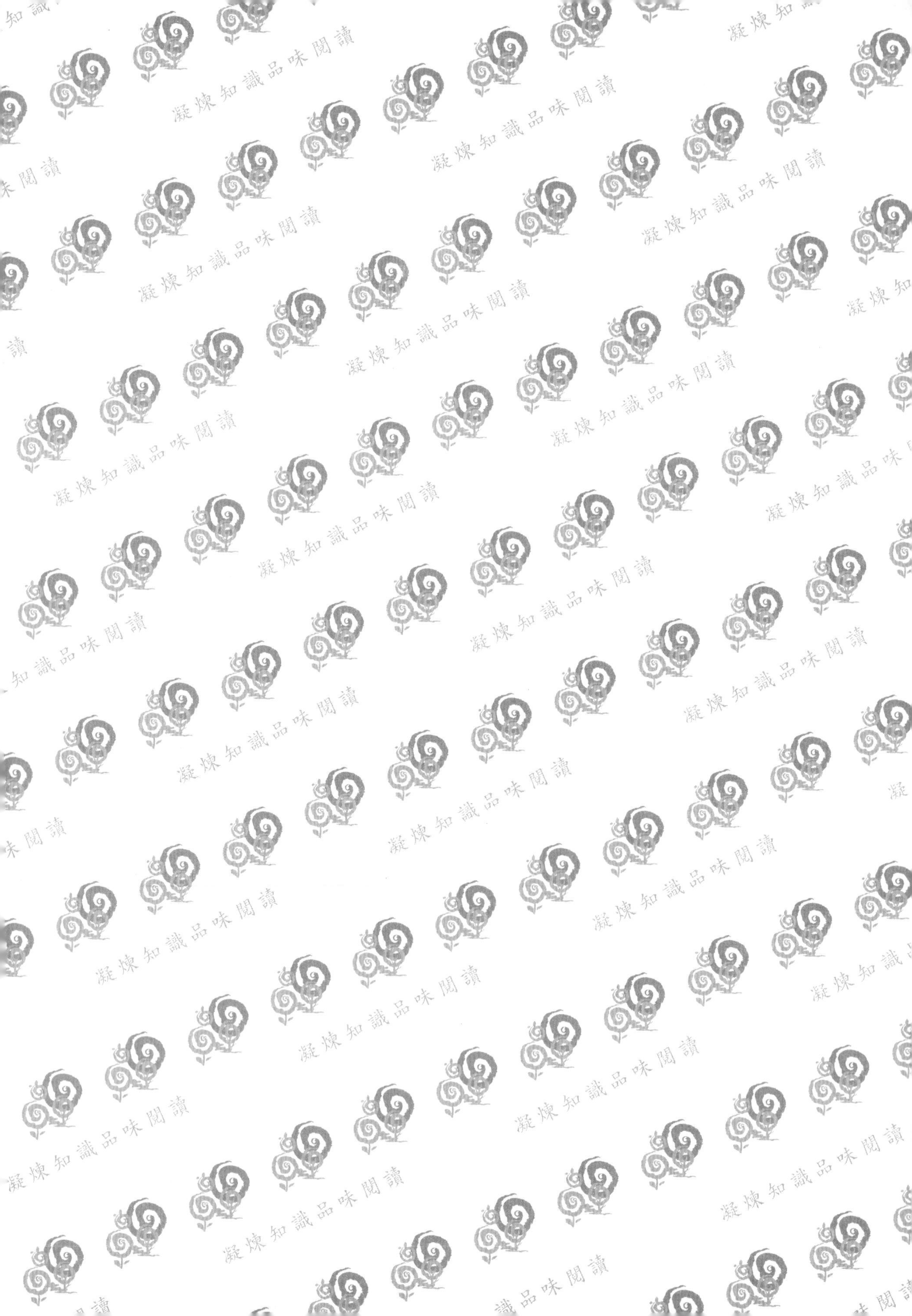
凝煉知識品味閱讀

■ 第四版 ■

白話微積分

卓永鴻 著

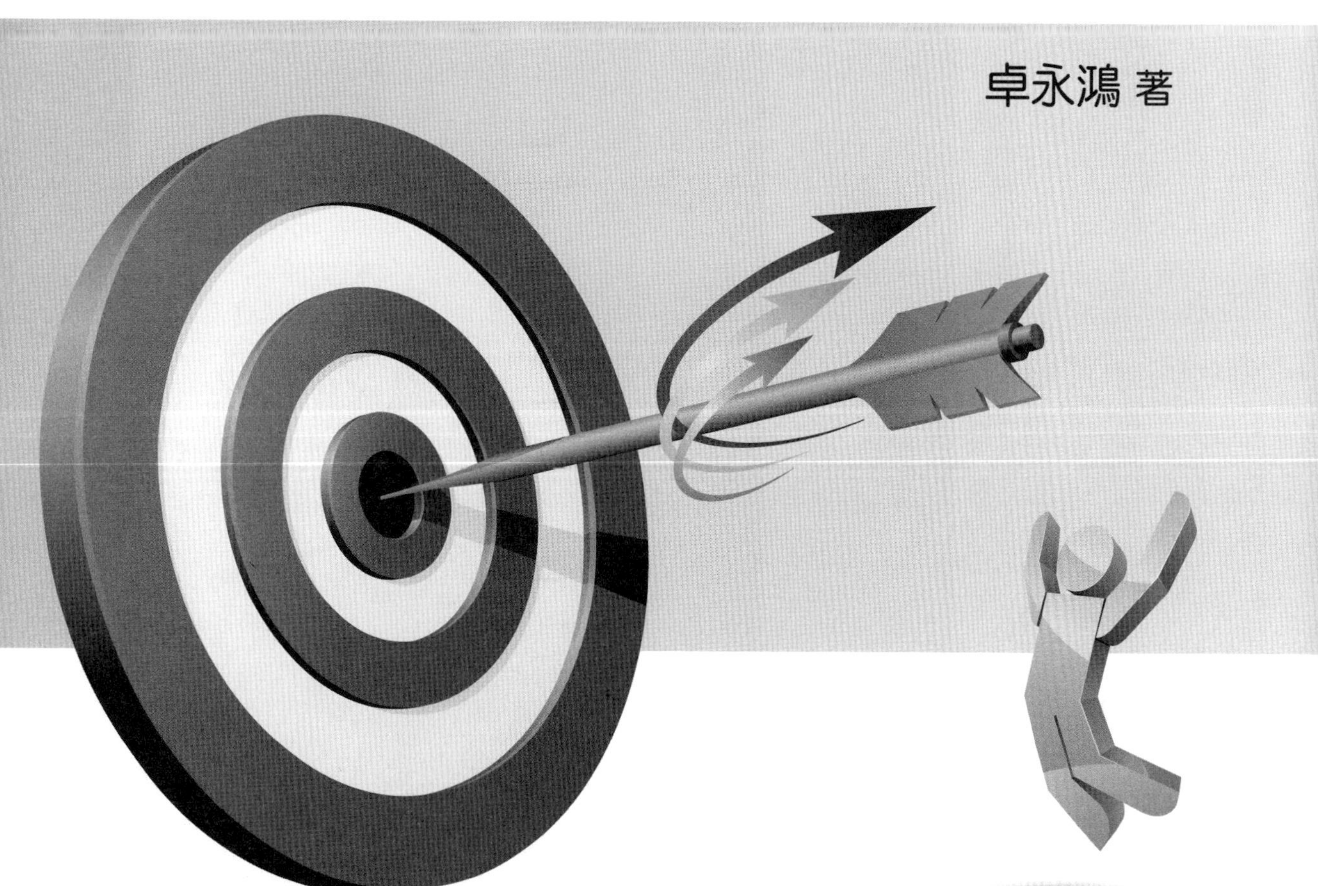

五南圖書出版公司 印行

作者序

你可以做得更好!

在多年來與同學的教學互動中，筆者深深覺得，許多人微積分這門學科表現之所以不夠理想，往往並非天資極度不佳或學習態度不良，而是沒有抓到微積分各主題中的精神，對其印象還停留在抽象符號操作，於是不得其門而入。然而透過我的闡釋，使同學明白微積分中各個主題在做什麼後，往往恍然大悟，能開始上手。

因此我在民國 101 年開始寫作微積分教學，希望幫助更多同學了解微積分在說什麼。盡可能用淺顯易懂的方式，提供一些對微積分的感覺，使大家不再只是操作無感的符號。在本書中先說明微積分的用處、盡可能生動地介紹各主題概念的由來、談一點點微積分發展史、點出微積分學的精神，並提供解釋詳細的解題步驟，讓同學對於微積分能有比較清楚的圖像。

數學並非純粹是抽象智力遊戲，多是出於實用需要而發展，在微積分這門學科更是如此。筆者深深相信，正如著名數學家項武義老師不斷強調的「大道至簡」、「返璞歸真」，只要好好掌握微積分的思想，你能在這門學科表現得更好!

特別要感謝我的恩師：台大數學系楊維哲老師。我在高中求學階段便讀了老師的著作，大一時修了老師所開設的「微積分優」，更是大受啟發。我對於微積分的許多特別的看法、教學方式，其實大多是來自老師的教學，當時「楊氏微積分」就深深植入我腦中。

除了學問方面以外，在我大學及研究所期間，老師亦提供了非常多幫助。包括給予我經濟上的扶助，還有栽培機會。在我升大三暑假時，老師就讓我擔任他的暑修微積分助教，而後又因有了這項工作經驗，我得以擔任台大教學發展中心的微積分課輔諮詢小老師，使我有四年時間非常大量地接觸台大的同學。面向大一到大五，甚至碩班博班同學；除了修課學生，還有準備研究所、高普考的，也有人是為了學物理，甚至論文裡的數學；除了本地生，也有馬來西亞、美國、德國、以色列、韓國、海地、聖盧西亞等等各種外籍生。解決他們各式各樣微積分問題，致使我大大長進。

這樣回顧起來，沒有老師對我的恩助，絕對不可能有今天這本書。因此我要鄭重地說聲：老師，非常感謝你!

老師經常強調：比起資優，態度優才是優。我的天分平平，但做事與學習的態度得老師讚賞，而我現在能對同學們做出一些貢獻，可算無愧於老師的大力栽培了！也藉此勉勵各位讀者，不要因自認天分不如人就輕易放棄!

本書在寫作期間，陸續上傳各主題到網站，網站名稱是「微積分福音」，網址為 https://CalcGospel.top。現在本書寫作完成，以後此網站不定時再發佈習題補充、書中未包含主題或是高中數學相關分享等等。網站裡點進「關於我」，下方可看到我的聯繫方式。若是想詢問讀書策略、如何準備考試、其它問題，或者單純反饋讀後感想，都歡迎聯絡。

卓永鴻
2023 年 9 月

目錄

第 1 章

極限與連續

> 微積分學，是人類思維的偉大成果之一。這門學科乃是一種撼人心靈的智力、奮鬥的結晶；這種奮鬥已經經歷了兩千五百多年之久，它深深扎根於人類活動的許多領域之中。
>
> Richard Courant

■ 1.1 微積分的起源

高中自然組同學在高三下會接觸到一點點微積分，而到了大學以後，大多數的生醫理工科系、商管類科系的同學都必須修習大一微積分。微積分這一科已經近乎是大學生的共同必修，且又是大多數同學的夢魘。究竟，微積分有什麼用，以至於這麼多人必須面對它，以及它是如何產生的呢？

微積分學的發展與應用，影響了非常多的領域。舉凡金融精算、經濟學、商業管理、醫藥、生物、機械、水利、土木、建築、航空及航海，特別是物理學，它的發展必須大量使用到微積分。在微積分這門學問中，我們更多地認識了實數，促進我們對於函數有更多認識，我們學會如何求變化率、怎麼求極大極小值、怎麼求曲線的弧長及其所圍的面積、怎麼求曲面的表面積及其所圍的體積、怎麼作近似計算等等。正如微積分的英文 calculus①，它可

① 這一詞來自拉丁文，其原意為計算用的小石子，羅馬人用 calculus 來進行計算與賭博。

以說是高等數學中的基本運算法則。微積分是一種革命性的數學思想，靠它可以解決以往未解決的許多難題，也可以更輕易地對付已解決但不好處理的問題。除了微積分本身可以直接應用在許多領域外，許多數學學科諸如統計學、微分方程、機率論、微分幾何、傅立葉分析等等，皆奠基於微積分而發展，而它們也都被應用在許多其它領域。可以毫不誇張地這麼說，沒有微積分，就沒有現代科學文明。

隨便舉些例子來說，電機系會學「訊號與系統」，而在這門課就大量地處理許多困難的積分問題。對於物理系來說，計算作功、轉動慣量、磁通量等等，皆大量使用了微積分，流體力學用到向量微積分與微分方程、相對論用到微分幾何。國企系、財金系、經濟系等等，也會用到微積分的概念來研究金融與經濟，甚至在經濟系的高年級或研究所的同學，還學到高等微積分[2]以上來進一步研讀經濟理論。而近年很火紅的機器學習，同樣用到許多高等數學，諸如微積分、線性代數、機率統計等等。

課程概述	地殼變形為形塑地形的重要因子之一，也是提供地形與山脈發育的重要動力。由於地球內部的營力作用，地表與地殼中的岩石會產生變形。反過來說，我們可以利用測地學方法對地表進行觀測，進而反推各種營力在不同時空尺度下的作用情形。本課程講解測地學的基本原理、大地與衛星測量及雷達遙測在地殼變形觀測上的應用、介紹觀測的實作方式、以及講授地殼變形的基本理論與程式使用。本課程適合已修習或接觸過微積分、統計學、地質學、地形學與遙測學的高年級大學部與研究生選修，作為統合以上學科於地表監測與地形演育的應用課程。

圖 1.1: 台大地理系「地殼變形原理與觀測」課程大綱

那麼，微積分又是如何被發展起來的呢？眾所周知，微積分是在十七世紀末，由牛頓和萊布尼茲所發明的。其實這樣講，並不是說他們獨自從頭建立起整個微積分學說。事實上，微積分的概念，早在古希臘時代便已萌芽。到了十七世紀時，數學逐漸開始高度發展，有許多數學家致力於微分學與積分學的工作。後來由牛頓與萊布尼茲，集其大成、進一步突破，而形成微積分學說。

微積分的思想源流，最早可推溯到公元前四世紀的希臘數學家 **Eudoxus**（***Εὔδοξος***），他發展了窮盡法，將圓視為圓內接多邊形的極限、將無理數視為有理數的極限。到後來公元前三世紀的阿基米德（**Archimedes** *Ἀρχιμήδης*），也使用窮盡法來處理許多體積與面積的問題，將窮盡法發揚光大。

到了大約十六、十七世紀的時候，人們開始想對於物理問題，做一些定量的研究。在此之前，流行的是亞里斯多德的物理學，對於物理問題是以定

[2] 高等微積分是數學系大二的必修，將許多大一微積分所未談，或是講得很隨便的地方，作嚴格的探討。如果大一微積分的難度是八千，那麼高等微積分起碼是十萬。

性的探討為主。而且當中有很多描述，與我們現在物理學上的認知是有出入的。譬如說，物體的重量越大，其趨向天然位置的傾向也越大，所以其下落的速度也越大；天體是由特殊質料構成的，具有特殊性質。天體是神靈們居住的處所，所以天體的運動是沿著最完美的曲線，也就是圓周，且是以最完美的速度，也就是等速運動來作運動。以上這些我們今日聽來荒謬，都是當時被奉為圭臬的概念。大約十六世紀中期開始，興起了一股反對亞里斯多德學說的思潮，他們對於阿基米德的方法大為崇拜。譬如說十六世紀末物理學家伽利略，他就希望能有別於這種定性的、原因方面的探討，作些定量上[③]的、現象方面的描述。於是在比薩斜塔做了落體實驗，發現重球與輕球看起來是同時落地的。這個時期，就是文藝復興時期的科學革命。在此期間，科學研究開始快速發展。

在當時的物理與數學中，啟發微積分快速發展的，有四大問題：

1. 研究物理中的非等速運動
2. 作出曲線的切線與法線
3. 找出函數的極大值、極小值
4. 求曲線所圍出的面積，及曲線的弧長

我們先來看第四個問題。多邊形的面積我們都會計算，可是一旦一個幾何形狀不是由直線段圍成的，而是由曲線圍成的，那該怎麼辦呢？曲線所圍面積之中，最常見、最基本的例子就是圓的面積。如前所述，早在西元前六世紀的 **Eudoxus** 和前三世紀的阿基米德，就用窮盡法來求圓周率及圓面積。後來西元三世紀，三國時代的劉徽也做了類似的事。他用割圓術[④]逼近圓的面積，其內涵是透過內接正多邊形的方式來逼近圓。

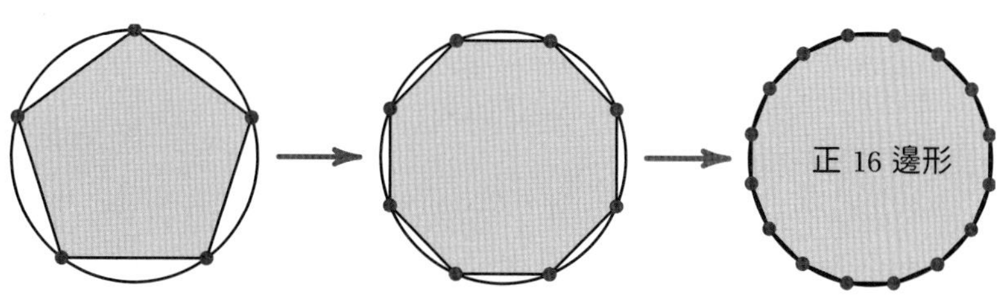

圖 1.2: 圓內接多邊形

③ 達文西：「人們的探討不能稱為是科學的，除非通過數學上的說明和論證。」

④ 劉徽為《九章算術》作注時說：「割之彌細，所失彌少。割之又割，以至於不可割，則與圓周合體而無所失矣。」

我們在圖 1.2 可見，圓內接正 16 邊形看起來就已經跟圓相當接近了。而實際上劉徽用到正 96 邊形，到了南北朝的祖沖之，更是內接了正 24576 邊形⑤。我們用數學式子把這件事寫下來：

性質 1.1.1

設 A 為我們要計算的圓面積，A_3 為圓內接正三角形面積，A_4 為圓內接正方形面積。以此類推，A_n 為圓內接正 n 邊形面積。於是當 n 越來越大、無止盡地大下去，換句話說，當 n 趨近於無窮大的時候，圓內接正 n 邊形趨近到圓，A_n 便會趨近於圓面積 A。這件事若用數學式子表示，便是：

$$\lim_{n\to\infty} A_n = A \tag{1.1.1}$$

式子 (1.1.1) 是極限的數學寫法，將英文字 limit 去掉末兩個字母，然後掛在 A_n 的左邊，用以表示 A_n 的極限。下面標示 $n\to\infty$⑥，用意是告訴讀者，足碼（index number）是誰。在這裡我們的足碼是 n，接著表達這個極限是 n 趨近無窮大，A_n 會隨之趨近到何值。

積分學就是源自求曲線下所圍面積的問題，其所用的就是這種類似割圓術的辦法。我們這裡只是先作很粗略的介紹，先讓你看看積分學是在探討什麼問題，暫時不正式地去討論積分。

接著我們來看第二個問題：求曲線的切線斜率。如果在曲線中取兩個點，將兩點之間拉出一條割線，那麼這條割線的斜率我們都會做，就是寫下 $\frac{\Delta y}{\Delta x}$。但如果是給定一個點當作切點，並作過此切點的切線，應該如何求此切線的斜率呢？我們先看一下右圖，若以圖中的 A 點為切點，過 A 有一條切線。若將 A 點依序與 E、D、C、B 分別都拉出割線，我們可發現這些割線越來越靠近切線。

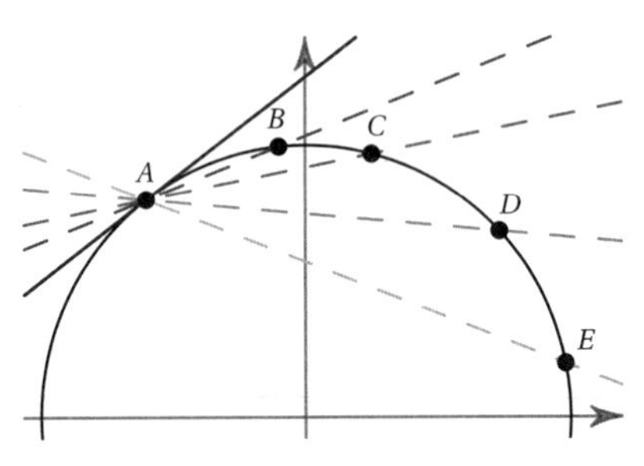

圖 1.3: 割線逼近切線

這就是微分學的想法了，微分就是在做曲線上的切線斜率。其想法是，利用我們會算的割線斜率，去趨近到切線斜率。如果切點的坐標是 (x_1, y_1)，先

⑤ 祖沖之所估計的圓周率已經精確到小數點後七位，相當於千萬分之一的誤差，這已是相當難得的。

⑥ 羅馬人常用 1000 這數字來代表「多」。而在羅馬數字中，1000 的其中一個寫法是 C|Ɔ。後來十七世紀，微積分先鋒之一的英國數學家 **John Wallis**，他在其著作《無窮的算術》中，將 C|Ɔ 略作變形，寫成 ∞ 以表示無窮大。

找附近一個點 (x_2, y_2)，拉出割線斜率 $\frac{\Delta y}{\Delta x}$。接著我們將切點 (x_1, y_1) 固定不動，讓 (x_2, y_2) 趨近到切點 (x_1, y_1)。於是割線斜率就會越來越趨近到切線斜率了。我把這個想法整理如下：

性質 1.1.2

若 P 點是 $y = f(x)$ 上的一點，L 是以 P 當切點所作的切線，而 P_2 是 $y = f(x)$ 上的一動點。如果

$$\lim_{P_2 \to P} \frac{\Delta y}{\Delta x} \tag{1.1.2}$$

這個極限是存在的，其值等於 m，那麼 m 就是切線 L 的斜率。

這裡也只是先很粗略介紹什麼是微分，你看不看得懂都無所謂，我們現在暫不實際去求切線斜率。

總結以上，微分學來自求切線問題，而積分學則來自求面積問題。兩者看似截然不同，但這當中卻隱含著重要的關係：

它們事實上是反問題！

當十七世紀數學家們不斷在微分學與積分學上有些突破時，慢慢開始有些人看出二者間的關係，譬如說牛頓的老師 **Issac Barrow**。最後是由牛頓與萊布尼茲，他們都明確指出微分與積分的互逆性，將微積分集大成。所以，大家公認是由他們倆發明微積分。

在以上的介紹當中，微分與積分都牽涉到極限。極限的概念是微積分的基礎，所以市面上各家大一微積分教科書，幾乎都是從極限開始作介紹 ⑦。讓讀者先明白何謂極限，並且能自己動手計算極限，接著才繼續介紹微分以及積分。

⑦ 有一本書叫做 Calculus Without Limits : Almost，然而它還是用到極限了。

■ 1.2　數列的極限

將數字一個個地排成一列，就是數列。舉例來說，訪查班上同學家庭年收入，得到 155,99,238,133,175,⋯（單位：萬元）這樣就是一個數列，顧名思義，只不過把數字排成一列。

有時候，數列中的每一個數，可能會依循某種規律。譬如說等差數列

$$4,7,10,13,\cdots,91 \tag{1.2.1}$$

其規律就是第一項為 4，後面每到下一項就增加 3，一直列到 91。像這種情況，通常我們簡單列個幾項，別人就知道我們想表達的數列。但這件事如果要嚴格說起來，真是這樣嗎？譬如說，我列出數列前四項為 1,4,9,16，並問你，你知道我的第五項是什麼嗎？你心想：「嘿嘿！這豈不簡單！？不就 25 嗎？」此時我奸巧地回答：「哈哈！我的第五項是 π 啦！因為我的**一般式**是 $n^2+\frac{(n-1)(n-2)(n-3)(n-4)(\pi-n^2)}{24}$ 呀！」

當書寫者非常確定讀者可以掌握規律，便簡單寫幾項。如果沒有這樣的把握，那麼在寫下數列時，就會選擇寫清楚到底規律是什麼。其中一種標示規律的方法，就是給出一般式。舉例來說，

$$\langle a_n\rangle = 3n+1,\ 1\le n\le 30 \tag{1.2.2}$$

就很清楚地告訴人家，第一項 a_1 就代 $n=1$ 得到 4，a_2 代 $n=2$ 得到 7。總共有 30 項，$a_{30}=91$。其實這個就是我上面列的那個等差數列 (1.2.1)，要認出並不困難，從 $3n$ 可看出，當 n 每增加 1，一般項 a_n 就增加 3，所以是等差數列，其公差為 3。又代 $n=1$，得知首項為 4。

如果要列出等比數列，可能長得像這樣

$$a_n = 5\cdot 3^n,\ 1\le n\le 20 \tag{1.2.3}$$

可以看出，當 n 每增加 1，一般項 a_n 就變為 3 倍，所以是等比數列，公比為 3。又代 $n=1$，得知首項為 15。

另一種標示規律的方法，是使用**遞迴式**。舉一例像是

$$\begin{cases} a_1 = 4 \\ a_n = a_{n-1}+3 \quad ,2\le n\le 30 \end{cases} \tag{1.2.4}$$

遞迴是層遞迴返的意思，想要寫出這個數列的某一項，須使用這個數列本身的前一項或前幾項來計算其值。以此例來說，在第二項以後，每一項都是將

前一項再加上 3 而得到。當然也要注意，必須講清楚第一項 a_1，才有辦法套用遞迴關係得到 a_2、a_3、$\cdots$，否則光是知道這個前後項關係也沒用。

如果一個數列是用遞迴式定的，有時候可以找出它的一般式。像是我所給的遞迴式，有看出來嗎，又是那個等差數列 (1.2.1) 了！但有時候也不好找，例如費布那西數列

$$a_1 = 1, a_2 = 2, a_{n+2} = a_{n+1} + a_n,\ n \in \mathbb{N} \tag{1.2.5}$$

你能找出一般式嗎？一般式為

$$a_n = \frac{1}{\sqrt{5}}\left[\left(\frac{1+\sqrt{5}}{2}\right)^n - \left(\frac{1-\sqrt{5}}{2}\right)^n\right] \tag{1.2.6}$$

數列的項數不一定是有限項，也可能是無限多項，停不下來。這種數列稱之為**無窮數列**。例如將等差數列(1.2.1)由 30 項擴寫為無窮數列，便成為

$$\langle a_n \rangle = 3n+1,\ \ n \in \mathbb{N} \tag{1.2.7}$$

明顯地，這個數列會越來越大，無止盡地大下去。

數列的取值並不一定都無止盡地變大。也有可能，無窮數列的趨勢是越來越接近一個定值。這件事情，我們可以用極限式來表示。

定義 1.2.1　數列的極限

若 n 越來越大，以致無窮大時，a_n 便跟著越來越靠近 L。那麼我們就說，當 $x \to \infty$ 時，$a_n \to L$。若以極限式的寫法就是

$$\lim_{x\to\infty} a_n = L \tag{1.2.8}$$

舉例來說，在《莊子 · 天下》裡有一句話:「一尺之棰，日取其半，萬世不竭。」所以我們便有莊子數列: $\langle a_n \rangle = \frac{1}{2^n}$，這是一個公比為 $\frac{1}{2}$ 的無窮等比數列。明顯地，隨著 n 越來越大，莊子數列的一般項 a_n 應該會越來越小、越來越接近 0 。所以莊子數列的極限就是 0 。在符號上，我們記為

$$\lim_{n\to\infty} a_n = 0 \tag{1.2.9}$$

用以表達當 n 越來越大的時候，數列的一般項 a_n，會趨近到 0 。

必須強調一點：極限值與數列取值是不一樣的概念。我們說 a_n 趨近到 0，並不是在說它會變成 0。可能會，也可能不會。以莊子數列來說，我們注意那句「萬世不竭」。雖說古人沒有分子的概念，以致這句話若是以物理的觀點來說其實是錯的，你無法真的將物體一直切一半切不停。但其傳達的意思就是說：雖然是會一直變小下去，小到越來越接近 0，但其實它並沒有真正變 0 的一天。從數學式上來看，無論你對於 n 代入多少，$\frac{1}{2^n}$ 都不會是 0。

當數列取值趨近到一個定值時，我們說它極限存在，此數列是收斂的；如果數列不趨近到一個定值，我們就說它極限不存在，此數列是發散的。所謂發散，就是不收斂，有兩種情況，一種情況例如 $\langle a_n \rangle = (-1)^n$，數列取值一直在 $1, -1$ 跳來跳去，並不趨近一個定值。另一種情況即趨近到無窮大，此時雖然算是極限不存在，但這種情況我們依然可用極限式來表示。

定義 1.2.2　數列的極限

若 n 越來越大，以致無窮大時，a_n 便跟著也越來越大，以致無窮大。那麼我們就說：當 $n \to \infty$ 時，$a_n \to \infty$。若以極限式的寫法就是

$$\lim_{x\to\infty} a_n = \infty \tag{1.2.10}$$

例題 1.2.1　求極限 $\lim\limits_{n\to\infty} 7.2$。

解

這個數列為

$$7.2, 7.2, 7.2, 7.2, \ldots$$

數值永遠固定，若問它趨近何值，便是 7.2。

例題 1.2.2　求極限 $\lim\limits_{n\to\infty} \frac{1}{n}$。

解

分母越大，整個數便越小。現在分母 n 會不斷地大下去，以致無窮。於是整個數便無止盡地小下去，趨近到 0。因此

$$\lim_{n\to\infty} \frac{1}{n} = 0$$

note

此例又一次顯示，極限值與數列的取值是不一樣的概念。無論你 n 代什麼數進去，$\frac{1}{n}$ 都絕無可能是 0。

例題 1.2.3 求極限 $\lim_{n\to\infty} \frac{\sin\left(\frac{n\pi}{3}\right)}{n^2}$。

解

分母會跑到無限大，而且它還是二次方，跑得更快。然而分子卻是有限的（介於 −1 到 1 之間），所以一般項趨近到 0：

$$\lim_{n\to\infty} \frac{\sin\left(\frac{n\pi}{3}\right)}{n^2} = 0$$

note

在前面的例子，極限值為 0，但數列取值永遠不是 0。在此例中，a_n 有時會等於 0（當 n 為 3 的倍數時）。無論數列取值是永遠不等於極限值，還是有一些會等於極限值，都有可能，畢竟兩者是不同概念。

例題 1.2.4 求極限 $\lim_{n\to\infty} \frac{2n}{\sin(n)+3}$。

解

分母介於 2 到 4 之間，分子則是跑到無窮大。那麼很明顯，整個數就是越來越大，跑到無窮大。因此

$$\lim_{n\to\infty} \frac{2n}{\sin(n)+3} = \infty$$

目前為止，所介紹的數列求極限，都太簡單了，考試時九成九不會這樣考出來。接下來來介紹一些沒那麼基本的極限題型，不過在此之前，必須先介紹收斂極限式的運算律。

性質 1.2.1　收斂極限式的基本性質

若 $\lim\limits_{n\to\infty} a_n = \alpha$, $\lim\limits_{n\to\infty} b_n = \beta$ 及 $c \in \mathbb{R}$。那麼

1. 相加　$\lim\limits_{n\to\infty}(a_n \pm b_n) = \lim\limits_{n\to\infty} a_n \pm \lim\limits_{n\to\infty} b_n = \alpha \pm \beta$
2. 常數倍　$\lim\limits_{n\to\infty} c\cdot a_n = c\cdot \lim\limits_{n\to\infty} a_n = c\cdot\alpha$
3. 相乘　$\lim\limits_{n\to\infty}(a_n \cdot b_n) = \lim\limits_{n\to\infty} a_n \cdot \lim\limits_{n\to\infty} b_n = \alpha\cdot\beta$
4. 相除　$\lim\limits_{n\to\infty} \dfrac{a_n}{b_n} = \dfrac{\lim\limits_{n\to\infty} a_n}{\lim\limits_{n\to\infty} b_n} = \dfrac{\alpha}{\beta}$　條件是 $\beta \neq 0$

例題 1.2.5　求極限 $\lim\limits_{n\to\infty} \dfrac{3n^2-4n+1}{2n+3}$。

解

當 n 趨向無窮大時，分子與分母都是趨向無窮大，那麼結論是什麼呢？這種情況，我們姑且以 $\frac{\infty}{\infty}$ 表之。至於答案，光由表面的 $\frac{\infty}{\infty}$ 看來，暫時不知道。可能無限大，可能 0，也可能非 0 的有限數，甚至極限不存在都有可能。若不進一步分析，光由表面上的形式 $\frac{\infty}{\infty}$ 是無法得知的。

這一題我們可以這麼想：分子是趨近無窮大，它是 n 的二次式。當 n 很大的時候，看看領頭的二次項，它是很大的數乘上很大的數。然而分母的部分，它只是 n 的一次式。當 n 很大的時候，看看領頭的一次項，它是很大的數，但在分子面前，便相形失色，人家比它變大，是快得多了。因此整個極限，是趨近無窮大。

想歸想，正式作答的時候該怎麼寫呢？可以分子分母同除以 n

$$\lim_{n\to\infty} \frac{3n^2-4n+1}{2n+3} = \lim_{n\to\infty} \frac{3n-4+\overset{0}{\cancel{\frac{1}{n}}}}{2+\underset{}{\overset{0}{\cancel{\frac{3}{n}}}}}$$

這樣可以看出，分子是趨近無窮大，然而分母是趨近到 2，因此此數列趨近無窮大。

亦可改同除以 n^2

$$\lim_{n\to\infty}\frac{3n^2-4n+1}{2n+3}=\lim_{n\to\infty}\frac{3-\overset{0}{\frac{4}{n}}+\overset{0}{\frac{1}{n^2}}}{\overset{0}{\frac{2}{n}}+\overset{0}{\frac{3}{n^2}}}$$

這樣同樣可以得到數列值趨近到無窮大的結論。

例題 1.2.6 求極限 $\lim\limits_{n\to\infty}\dfrac{n^2-7n+4}{n^3-5n+3}$。

解

此題同樣是 $\dfrac{\infty}{\infty}$ 的形式。分子的次方是 2，分母的次方是 3。因為現在 n 是趨向無限大，那麼 $n^2=n\times n$ 就會遠遠大於 n；$n^3=n\times n^2$ 會遠遠大於 n^2。所以此題雖然分母與分子都會趨近於無限大，但顯然可見的是，分母會比分子還要大得多，因此此題極限值是 0。

正式答題時你可以這麼做：將分子與分母同除以 n^3，得到

$$\lim_{n\to\infty}\frac{\frac{1}{n}-\frac{7}{n^2}+\frac{4}{n^3}}{1-\frac{5}{n^2}+\frac{3}{n^3}}=\frac{\lim\frac{1}{n}-\lim\frac{7}{n^2}+\lim\frac{4}{n^3}}{\lim 1-\lim\frac{5}{n^2}+\lim\frac{3}{n^3}}=\frac{0+0+0}{1+0+0}=0$$

例題 1.2.7 求極限 $\lim\limits_{n\to\infty}\dfrac{-2n^2+7}{5n^2-n}$。

解

上下同除以 n^2

$$\lim_{n\to\infty}\frac{-2+\frac{7}{n^2}}{5-\frac{1}{n}}=\frac{-2+0}{5-0}=-\frac{2}{5}$$

例題 1.2.8　求極限 $\lim\limits_{n\to\infty}\dfrac{3^n+4^n}{2^n+5^n}$。

解

上下同除以 5^n

$$\lim_{n\to\infty}\frac{3^n+4^n}{2^n+5^n}=\lim_{n\to\infty}\frac{\left(\frac{3}{5}\right)^n+\left(\frac{4}{5}\right)^n}{\left(\frac{2}{5}\right)^n+1}=0$$

原則一樣是在眾多項趨近無限大中抓較大的來同除。

例題 1.2.9　求極限 $\lim\limits_{n\to\infty}\left(3^n+4^n+5^n\right)^{\frac{1}{n}}$。

解

$$\lim_{n\to\infty}\left(3^n+4^n+5^n\right)^{\frac{1}{n}}\qquad\boxed{\text{將 }5^n\text{ 拉出括號}}$$

$$=\lim_{n\to\infty}\left(5^n\left[\left(\frac{3}{5}\right)^n+\left(\frac{4}{5}\right)^n+1\right]\right)^{\frac{1}{n}}$$

$$=\lim_{n\to\infty}\left(5^n\right)^{\frac{1}{n}}\left(\left(\frac{3}{5}\right)^n+\left(\frac{4}{5}\right)^n+1\right)^{\frac{1}{n}}=5\cdot(0+0+1)=5$$

note

此題為 ∞^0 的形式。千萬不可以為：任何數的零次方都是 1 呀，所以答案就是 1！當我們說一個極限是 $\frac{\infty}{\infty}$ 的形式時，意指分母與分子皆趨向無限大。同樣地，所謂 ∞^0 並非次方真的是 0，而是：底數趨向無限大、次方趨向 0。底數與次方賽跑，底數要跑到無限大、次方要跑到 0，看誰跑得快。如果底數跑得比次方快，結果就會趨近無限大；如果次方跑得比底數快，結果就會趨近 1；如果兩者跑得差不多快，結果就是趨近某個非零常數 C。所以請記得，∞^0 的形式亦是一種不定式。

例題 1.2.10 求極限 $\lim\limits_{n\to\infty} \dfrac{\sqrt{n^2+3n}-\sqrt{n^2-2n+3}}{n}$。

解

$$\begin{aligned}
&\lim_{n\to\infty} \frac{\sqrt{n^2+3n}-\sqrt{n^2-2n+3}}{n} \\
&= \lim_{n\to\infty} \frac{\sqrt{n^2+3n}-\sqrt{n^2-2n+3})\cdot(\sqrt{n^2+3n}+\sqrt{n^2-2n+3})}{n\cdot(\sqrt{n^2+3n}+\sqrt{n^2-2n+3})} && \boxed{\text{反有理化}} \\
&= \lim_{n\to\infty} \frac{(n^2+3n)-(n^2-2n+3)}{n(\sqrt{n^2+3n}+\sqrt{n^2-2n+3})} \\
&= \lim_{n\to\infty} \frac{5n-3}{n(\sqrt{n^2+3n}+\sqrt{n^2-2n+3})} && \boxed{\text{同除以 } n} \\
&= \lim_{n\to\infty} \frac{5-\frac{3}{n}}{(\sqrt{n^2+3n}+\sqrt{n^2-2n+3})} = 0
\end{aligned}$$

note

遇到根號相減，常可使用反有理化，整理式子以後便可消去 n。

例題 1.2.11 求極限 $\lim\limits_{n\to\infty} \sqrt{n^2+3}-n$。

解

$$\begin{aligned}
&\lim_{n\to\infty} \sqrt{n^2+3}-n && \boxed{\frac{\sqrt{n^2+3}-n}{1}} \\
&= \lim_{n\to\infty} \frac{(\sqrt{n^2+3}-n)(\sqrt{n^2+3}+n)}{\sqrt{n^2+3}+n} && \boxed{\text{反有理化}} \\
&= \lim_{n\to\infty} \frac{(n^2+3)-n^2}{\sqrt{n^2+3}+n} = \lim_{n\to\infty} \frac{3}{\sqrt{n^2+3}+n} = 0
\end{aligned}$$

不要以為看起來不是分式就沒有分母分子。

例題 1.2.12 求極限 $\lim_{n\to\infty} \sqrt[3]{n^3+5n}-n$。

解

使用 $a^3-b^3=(a-b)(a^2+ab+b^2)$，將 $\sqrt[3]{n^3+5n}$ 看成 a，$n=\sqrt[3]{n^3}$ 看成 b。現在等於是看到 $a+b$，上下同乘以 a^2+ab+b^2 得到 $\frac{a^3-b^3}{a^2+ab+b^2}$：

$$
\begin{aligned}
&\lim_{n\to\infty} \sqrt[3]{n^3+5n}-n \\
&= \lim_{n\to\infty} \frac{\left(\sqrt[3]{n^3+5n}-n\right)\left((n^3+5n)^{\frac{2}{3}}+(n^3+5n)^{\frac{1}{3}}n+n^2\right)}{(n^3+5n)^{\frac{2}{3}}+(n^3+5n)^{\frac{1}{3}}n+n^2} \\
&= \lim_{n\to\infty} \frac{(n^3+5n)-n^3}{(n^3+5n)^{\frac{2}{3}}+(n^3+5n)^{\frac{1}{3}}n+n^2} \\
&= \lim_{n\to\infty} \frac{5n}{(n^3+5n)^{\frac{2}{3}}+(n^3+5n)^{\frac{1}{3}}n+n^2} \\
&= \lim_{n\to\infty} \frac{5}{\left(n^{\frac{3}{2}}+5n^{-\frac{1}{2}}\right)^{\frac{2}{3}}+(n^3+5n)^{\frac{1}{3}}+n} = 0
\end{aligned}
$$

有時候直接將極限值求出，是不太容易的事情。以下再介紹一個有力工具，讓我們可以間接地得出極限值。

定理 1.2.1 夾擠定理

若數列 $\langle a_n\rangle, \langle b_n\rangle, \langle c_n\rangle$ 在 $n\geq k$（k 為某正整數）時，恆滿足

$$a_n \leq b_n \leq c_n$$

且

$$\lim_{n\to\infty} a_n = \lim_{n\to\infty} c_n = L$$

則有

$$\lim_{n\to\infty} b_n = L$$

例題 1.2.13 求極限 $\lim_{n\to\infty}\frac{n!}{n^n}$。

解

先將原式寫成

$$\frac{1}{n}\times\left(\frac{2}{n}\right)\times\left(\frac{3}{n}\right)\times\cdots\times\left(\frac{n-1}{n}\right)\times\left(\frac{n}{n}\right)$$

很明顯，每一個括號都小於等於 1、每一項大於等於 0。因此

$$0\le\frac{1}{n}\times\left(\frac{2}{n}\right)\times\left(\frac{3}{n}\right)\times\cdots\times\left(\frac{n-1}{n}\right)\times\left(\frac{n}{n}\right)\le\frac{1}{n}$$

而顯然

$$\lim_{n\to\infty}0=0=\lim_{n\to\infty}\frac{1}{n}$$

所以由夾擠定理，我們知道

$$\lim_{n\to\infty}\frac{n!}{n^n}=0$$

例題 1.2.14 求極限 $\lim_{n\to\infty}\frac{100^n}{n!}$。

解

先將原式寫成

$$\left[\frac{100}{1}\times\frac{100}{2}\times\cdots\times\frac{100}{99}\right]\times\left(\frac{100}{100}\right)\times\left(\frac{100}{101}\right)\times\cdots\times\left(\frac{100}{n-1}\right)\times\frac{100}{n}$$

注意每個小括號都小於等於 1，而中括號的部分雖然很大，但也就定值 $\frac{100^{99}}{99!}$。所以寫

$$\frac{100^n}{n!}\le\frac{100^{99}}{99!}\times\frac{100}{n}$$

因為

$$\lim_{n\to\infty}\frac{100}{n}=0$$

所以

$$\lim_{n\to\infty}\frac{100^n}{n!}=0$$

像這樣寫，就錯了！許多同學會這樣寫，但這並不是夾擠定理。夾擠定

理須將上下界都寫出來才可以！應該改成

$$0 \le \frac{100^n}{n!} \le \frac{100^{99}}{99!} \times \frac{100}{n}$$

因為

$$\lim_{n\to\infty} 0 = 0 = \lim_{n\to\infty} \frac{100}{n}$$

所以由夾擠定理，我們知道

$$\lim_{n\to\infty} \frac{100^n}{n!} = 0$$

note

原數列一般項大於等於 0 雖然很理所當然，卻不能省略，否則邏輯上你不能推知原數列的極限！

例題 1.2.15 求極限 $\lim_{n\to\infty} \frac{\sin(n)}{n}$。

解

分子是有界的，介於 −1 到 1 之間。分母趨向無限大，因此一看就知道數列極限值為 0。若要寫正式過程，可以寫

$$-1 \le \sin(n) \le 1 \quad \Rightarrow -\frac{1}{n} \le \frac{\sin(n)}{n} \le \frac{1}{n}$$

因為

$$\lim_{n\to\infty} -\frac{1}{n} = 0 = \lim_{n\to\infty} \frac{1}{n}$$

所以由夾擠定理，我們知道

$$\lim_{n\to\infty} \frac{\sin(n)}{n} = 0$$

例題 1.2.16 求極限 $\lim_{n\to\infty}\frac{(n-5)\arctan(2^n)}{n^2-3n+7}$。

解

這一題是故意寫得看起來很複雜的，其實只要注意到反三角函數 $\arctan(x)$ 是有界的，便可以使用夾擠定理。首先因為

$$-\frac{\pi}{2}\leq\arctan(2^n)\leq\frac{\pi}{2}$$

所以

$$-\frac{(n-5)\pi}{2\left(n^2-3n+7\right)}\leq\frac{(n-5)\arctan(2^n)}{n^2-3n+7}\leq\frac{(n-5)\pi}{2\left(n^2-3n+7\right)}$$

再加上

$$\lim_{n\to\infty}-\frac{(n-5)\pi}{2\left(n^2-3n+7\right)}=\lim_{n\to\infty}\frac{(n-5)\pi}{2\left(n^2-3n+7\right)}=0$$

根據夾擠定理，我們就知道

$$\lim_{n\to\infty}\frac{(n-5)\arctan(2^n)}{n^2-3n+7}=0$$

例題 1.2.17 求極限 $\lim_{n\to\infty}\frac{1}{\sqrt{n^2+1}}+\frac{1}{\sqrt{n^2+2}}+\cdots+\frac{1}{\sqrt{n^2+n}}$。

解

如果將每一項都改成最小的那一項，便是下界；每一項都改成最大的那一項，便是上界。所以寫

$$\frac{1}{\sqrt{n^2+n}}+\cdots+\frac{1}{\sqrt{n^2+n}}\leq\frac{1}{\sqrt{n^2+1}}+\cdots+\frac{1}{\sqrt{n^2+n}}\leq\frac{1}{\sqrt{n^2+1}}+\cdots+\frac{1}{\sqrt{n^2+1}}$$

而

$$\lim_{n\to\infty}\frac{1}{\sqrt{n^2+n}}+\cdots+\frac{1}{\sqrt{n^2+n}}=\lim_{n\to\infty}\frac{n}{\sqrt{n^2+n}}=1$$
$$\lim_{n\to\infty}\frac{1}{\sqrt{n^2+1}}+\cdots+\frac{1}{\sqrt{n^2+1}}=\lim_{n\to\infty}\frac{n}{\sqrt{n^2+1}}=1$$

所以由夾擠定理，我們知道

$$\lim_{n\to\infty} \frac{1}{\sqrt{n^2+1}} + \frac{1}{\sqrt{n^2+2}} + \cdots + \frac{1}{\sqrt{n^2+n}} = 1$$

note

初學者對於這題的常見誤解是：這每一項都趨近於 0 嘛！那麼許多 0 加起來也是 0！在收斂極限式的基本性質當中，寫的是兩個收斂的數列相加後的極限，會等於各自極限值相加。雖然我們可以以此類推至三個、四個、五個收斂的數列相加，但不能隨意「類推」到無限多項相加！因為你不知道這無限多個無窮小，會不會逐漸累積成一個可觀的數。譬如說 $\lim \frac{1}{n} + \cdots + \frac{1}{n}$，有 n 個 $\frac{1}{n}$，很明顯加起來是 1，所以 $\lim 1 = 1$。如果是 $\lim \frac{1}{n} + \cdots + \frac{1}{n}$，有 n^2 個 $\frac{1}{n}$，加起來是 n，所以 $\lim n = \infty$。而如果是 $\lim \frac{1}{n^2} + \cdots + \frac{1}{n^2}$，有 n 個 $\frac{1}{n^2}$，加起來是 $\frac{1}{n}$，所以 $\lim \frac{1}{n} = 0$。所以我們的結論是，光由「無窮多項無窮小」這件事，我們看不出什麼。

{Exercise}

1. 求出下列極限。

(1) $\lim_{n\to\infty}\frac{\sqrt{n}\sin\left(e^n\pi\right)}{n}$

(2) $\lim_{n\to\infty}\frac{\sqrt{9n^4-n+5}}{\sqrt[3]{27n^6+\pi n^5-n+8}}$

(3) $\lim_{n\to\infty}\frac{6n^2+n-1}{3n^2+\sqrt{n}+5}$

(4) $\lim_{n\to\infty}\frac{2\cdot 3^n+5\cdot 4^n}{3\cdot 4^n+7\cdot 2^n}$

(5) $\lim_{n\to\infty}\frac{2^n}{n!}$

(6) $\lim_{n\to\infty}\frac{5^n+(-1)^n}{5^n}$

(7) $\lim_{n\to\infty}\left(107^n+2018^n\right)^{\frac{1}{n}}$

2. 以下運算過程是否正確?

$$\lim_{n\to\infty}\frac{1+2+\cdots+n}{n^2}=\lim_{n\to\infty}\frac{1}{n^2}+\lim_{n\to\infty}\frac{2}{n^2}+\cdots+\lim_{n\to\infty}\frac{n}{n^2}=0+\cdots+0=0$$

參考答案: 1. (1) 0 (2) 1 (3) 2 (4) $\frac{5}{3}$ (5) 0 (6) 1 (7) 2018 2. 不正確, 有限固定項的收斂數列才能這樣拆。事實上, $\lim_{n\to\infty}\frac{1+2+\cdots+n}{n^2}=\lim_{n\to\infty}\frac{\frac{n(n+1)}{2}}{n^2}=\frac{1}{2}$。

■ 1.3　連續函數與函數的極限

函數的連續性在數學上是很重要的課題，它會影響到許多性質、定理的成立，因此也是非常有必要討論的。然而函數怎麼樣叫做連續呢？且讓我們先做點直觀上的討論。

圖 1.4 (a) 看起來就連續不斷。至於圖 1.4 (b) 出現一個斷點，它在 $x = 2$ 時是無定義的。所以在 $x = 2$ 時不連續，在其它地方連續。圖 1.4 (c) 中在 $x = 0$ 及 $x = 2$ 處是有定義的，但很明顯發生斷裂，也是不連續。至於圖 1.4 (d) 在靠近 $x = 0$ 時不斷來回震盪，所以也是不連續。

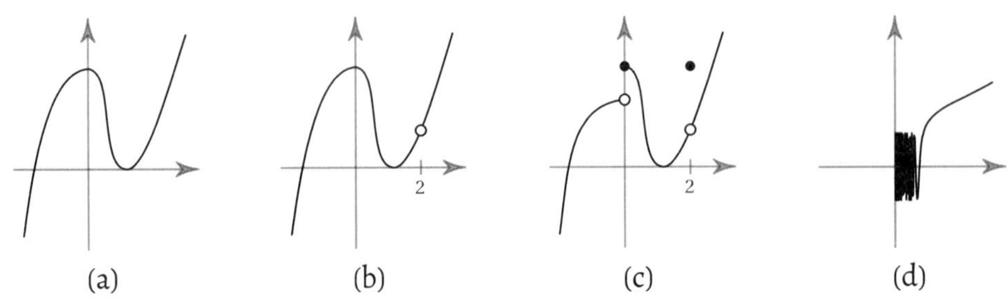

圖 1.4: 連續與否的幾種情況

看起來，連續與否似乎是能夠很直觀地去判斷的。但是學習數學，直觀雖說重要，卻不可過度依賴。數學上常常會有與直觀相悖的事實出現，或者是直觀無法完全說明的事。例如上圖 1.4 (d) 或許也有人覺得看起來很連續呀，但是我覺得並不連續，那你覺得誰才是對的？或是像

$$y = \begin{cases} 1 & , x \in \mathbb{Q} \\ 0 & , x \in \mathbb{R} \setminus \mathbb{Q} \end{cases}$$

有人說它處處都有斷開，所以處處不連續。也有人說因為有理數是稠密的，所以畫出圖來後，那些 $y = 1$ 應該是看起來很連續的。無理數也是稠密的，所以那些 $y = 0$ 應該也都很連續呀！如果你知道他說錯了，你要怎麼反駁他呢？甚至，這些還是考慮函數圖形的情況，沒給你圖，你能幫我判斷 $f(x) = \sum\limits_{n=0}^{\infty} 0.78^n \cos(3^n \pi x)$ 是否連續嗎？

事實上，在微積分剛發展時，由於大多時候處理的都是連續函數，所以數學家們似是不曾想過，也沒必要去在意這個問題。直到十八世紀時，開始在物理問題上出現一些不連續函數，迫使數學家們在微積分的應用上必須面

對函數可能不連續的問題。為了不訴諸直觀、造成爭議的發生，數學家們逐漸在數學中使用形式化的定義取代口語的定義。雖然形式化的定義會讓同學覺得好像很難讀，但其好處是可以幫助我們精確地下判斷。

從對於圖組 1.4 幾種情況的觀察中，我們對於連續下這樣的結論：如果函數 f 在 $x=a$ 處連續，那麼首先必須函數值 $f(a)$ 是有定義的，再來是在 $x=a$ 的附近，函數值的趨勢必須是越來越靠近 $(a, f(a))$ 這個點。以上若不成立，就是不連續。如果以這個當作判斷法則，就可以正確地區分出連續與否。然而，這就牽涉到了函數極限的概念。

定義 1.3.1 函數的極限

如果函數 f 在 $x=a$ 附近有定義，並且隨著 x 越來越靠近、無限地靠近 a 時，函數值 $f(x)$ 隨之越來越靠近、無限地靠近某個值 L，則稱 L 為函數在 x 趨近到 a 時的極限。符號上可以記作：當 $x \to a$，$f(x) \to L$。或者是使用 lim 符號：

$$\lim_{x \to a} f(x) = L$$

有了極限的概念以後，現在可以正式對連續下定義。

定義 1.3.2 連續的定義

函數 f 在 $x=a$ 處連續，若且唯若

$$\lim_{x \to a} f(x) = f(a)$$

而如果函數 f 在區間 I 上的每個點都連續，則稱 f 在區間 I 上連續；如果函數 f 在其定義域上連續，則稱 f 連續函數；如果函數 f 在整個實數 $\mathbb{R}$ 上連續，則稱 f 處處連續（continuous everywhere）。

別小看這一條式子，表面看似一條，其實是三個條件要成立：

1. 函數值 $f(a)$ 有定義
2. 極限 $\lim_{x \to a} f(x)$ 存在
3. 上述兩者相等

當然嘛，你要說 $A=B$，先決條件 A 和 B 要先存在，才談得上相等與否。而既然連續的條件是三者成立，那麼只要其中一個不成立，便是不連續了。例

如圖 1.4 (b) 中 $x=2$ 處是函數值不存在；圖 1.4 (c) 中 $x=0$ 處函數值存在但極限不存在；圖 1.4 (c) $x=2$ 處則是函數值與極限都存在，但兩者不相等；至於圖 1.4 (d) $x=0$ 處，那也是極限不存在。

為了方便，我們對於不連續點進行分類。如果極限值 $\lim_{x\to a} f(x)$ 存在，則無論函數值 $f(a)$ 不存在，或是雖存在但與極限值不相等，我們皆稱之為**可去間斷點**（removable discontinuity）。如此命名，乃是因為我們可以透過重新定義函數值，或者在函數無定義處補上函數值定義，來使其成為連續點。例如圖 1.4 (b) 中的 $x=2$ 處，我們只要補上 $f(2)$，它就變得連續了。以及圖 1.4 (c) 的 $x=2$ 處，我們改變 $f(2)$ 的值，使其與 $\lim_{x\to a} f(x)$ 相等，就變得連續。至於圖 1.4 (c) 中的 $x=0$ 處與圖 1.4 (d) 的 $x=0$ 處，無論我們怎麼定義 $f(0)$，都仍會是不連續，這種不連續點，我們稱之為**不可去間斷點**（irremovable discontinuity）。

目前對於連續的定義，算是大概有點概念了，但是現在要先花時間探討函數的極限。待我們對於求函數極限更為熟習之後，才有辦法進行關於函數連續以及其它課題的探討。

例題 1.3.1　求極限 $\lim_{x\to 2} 1$。

解

常數函數 $y=1$ 是處處連續的，所以

$$\lim_{x\to 2} 1 = 1$$

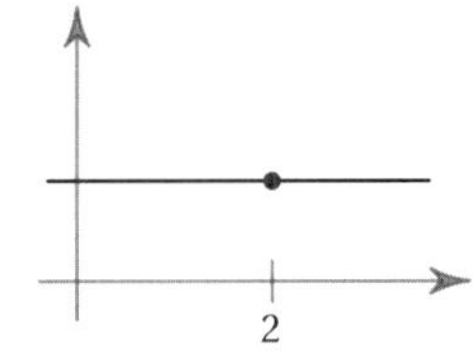

例題 1.3.2　求極限 $\lim_{x\to 2} x^2$。

解

畫出拋物線 $y=x^2$，因為拋物線處處連續，在 $x=2$ 處也連續，所以

$$\lim_{x\to 2} x^2 = 4$$

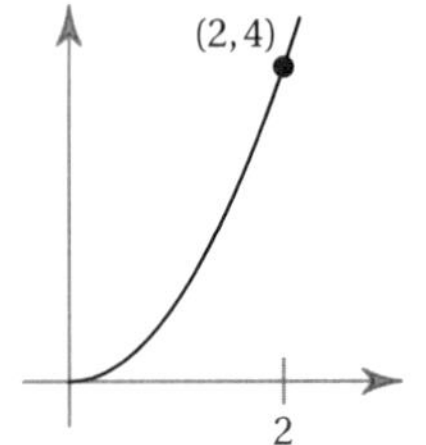

目前你可能還不服氣:「你跟我說連續函數要用極限來定義, 現在求極限又說因為連續所以知道極限值!」以下介紹如何更解析地（analytically）求極限值。不過在此之前, 還須再介紹多點關於連續函數的性質, 才比較好用來求極限。

一旦認識連續的定義 $\lim_{x\to a} f(x) = f(a)$, 那麼做極限時只要判定函數是連續的, 就可以直接代入, 非常方便! 哪些函數是連續的呢? 基本常見的函數差不多都是連續的:

1. 冪函數 x^a a 可以是任意實數
2. 三角函數 $\sin(x)$ 和 $\cos(x)$
3. 指數函數 a^x
4. 對數函數 $\log_a x$

再配合以下這些基本性質:

性質 1.3.1 連續函數的基本性質

若 $f(x)$ 與 $g(x)$ 皆為連續函數, c 為一常數, 則以下函數也是連續函數:

1. $f(x) \pm g(x)$
2. $c \cdot f(x)$
3. $f(x) \cdot g(x)$
4. $\dfrac{f(x)}{g(x)}$ $g(a) \neq 0$
5. $f(g(x))$

有了以上這些基本性質, 我們就認識了更多連續函數!

例題 1.3.3 求極限 $\lim_{x\to 1} x^4 - 5x^3 + 3x^2 + 2$ 。

解

因為 $y = x^4, y = x^3, y = x^2$ 與 $y = 2$ 皆是處處連續的, 所以將它們作線性組合後所得之 $y = x^4 - 5x^3 + 3x^2 + 2$ 也是處處連續的。因此

$$\lim_{x\to 1} x^4 - 5x^3 + 3x^2 + 2 = 1 - 5 + 3 + 2 = 1$$

例題 1.3.4　求極限 $\lim_{x\to 3} x^2\cdot 3^x$。

解

$y=x^2$ 與 $y=3^x$ 皆是處處連續的，相乘後所得之 $y=x^2\cdot 3^x$ 也處處連續。因此

$$\lim_{x\to 3} x^2\cdot 3^x = 3^2\cdot 3^3 = 243$$

例題 1.3.5　求極限 $\lim_{x\to \frac{\pi}{3}} \tan(x)$。

解

$y=\sin(x)$ 與 $y=\cos(x)$ 皆是處處連續的，相除後所得之 $y=\tan(x)=\frac{\sin(x)}{\cos(x)}$ 在分母 $\cos(x)$ 不為 0 處（$x\neq \frac{2k+1}{2}\pi$）都是連續的。因此

$$\lim_{x\to \frac{\pi}{3}} \tan(x) = \tan\left(\frac{\pi}{3}\right) = \sqrt{3}$$

例題 1.3.6　求極限 $\lim_{x\to 1} \frac{x^2-1}{x-1}$。

解

$y=x^2-1$ 與 $y=x-1$ 皆是處處連續的，相除後所得之 $y=\frac{x^2-1}{x-1}$ 在分母 $x-1$ 不為 0 處……咦？題目正是問 $x\to 1$，會使分母為 0 之處，所以現在沒辦法直接代入得到極限值。這種情況，只好對函數作些處理：

$$\begin{aligned} y &= \frac{x^2-1}{x-1} && \boxed{\text{因式分解}} \\ &= \frac{(x+1)\cancel{(x-1)}}{\cancel{x-1}} && \boxed{\text{如果 } x-1\neq 0\text{，就可以消去}} \\ &= x+1 \end{aligned}$$

我們得到結論，原來的函數其實就是

$$y=\begin{cases} x+1 & ,x\neq 1 \\ \text{無定義} & ,x=1 \end{cases}$$

所以

$$\lim_{x\to 1}\frac{x^2-1}{x-1}=\lim_{x\to 1}x+1=2$$

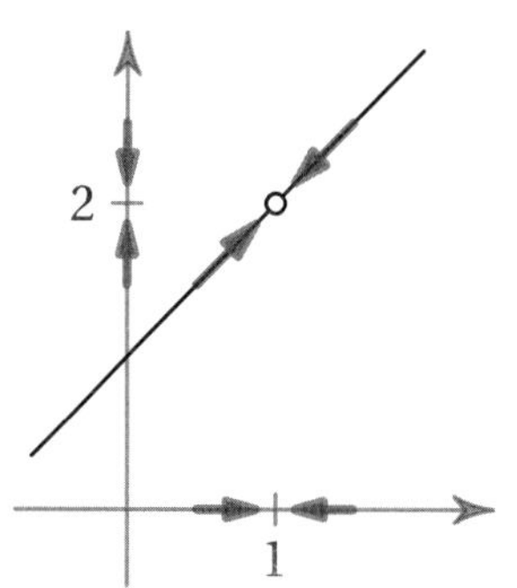

note

函數 $y=\frac{x^2-1}{x-1}$ 與函數 $y=x+1$ 並不相等，前者在 $x=1$ 處無定義，後者在整個 $\mathbb{R}$ 上都有定義。當我們寫 $\lim_{x\to 1}\frac{x^2-1}{x-1}=\lim_{x\to 1}x+1$，並不是函數相等的意思，而是極限相等。因為我們是在處理 $x\to 1$ 時的極限，就是在看：當 x 從不是 1 的地方越來越靠近 1 時，函數值 y 是否隨之趨近到一個定值。而函數 $y=\frac{x^2-1}{x-1}$ 在 x 不是 1 時，其取值又完全等於函數 $y=x+1$，那麼 $\lim_{x\to 1}\frac{x^2-1}{x-1}$ 就會等於 $\lim_{x\to 1}x+1$ 了。

例題 1.3.7 求極限 $\lim_{x\to 3}\frac{x^2+14x-51}{x^3-5x^2+4x+6}$。

解

$$\lim_{x\to 3}\frac{x^2+14x-51}{x^3-5x^2+4x+6}=\lim_{x\to 3}\frac{\cancel{(x-3)}(x+17)}{\cancel{(x-3)}(x^2-2x-2)}$$

$$=\lim_{x\to 3}\frac{(x+17)}{(x^2-2x-2)}=\frac{(3+17)}{(3^2-2\cdot 3-2)}=20$$

note

不必擔心因式分解的問題，一個多項式代 $x=3$ 得到 0，表示一定有 $(x-3)$ 這個因式，這是高中所學的因式定理。已知有因式 $(x-3)$ 了，剩下再做除法便可得到。

例題 1.3.8 求極限 $\lim_{x\to 0}\frac{\sqrt{4+x}-2}{x}$。

解

$$\begin{aligned}
&\lim_{x\to 0}\frac{\sqrt{4+x}-2}{x}\\
&=\lim_{x\to 0}\frac{\left(\sqrt{4+x}-2\right)\left(\sqrt{4+x}+2\right)}{x\left(\sqrt{4+x}+2\right)}\\
&=\lim_{x\to 0}\frac{4+x-4}{x\left(\sqrt{4+x}+2\right)}=\lim_{x\to 0}\frac{\cancel{x}}{\cancel{x}\left(\sqrt{4+x}+2\right)}\\
&=\lim_{x\to 0}\frac{1}{\sqrt{4+x}+2}=\frac{1}{\sqrt{4+0}+2}=\frac{1}{4}
\end{aligned}$$

現在面對的並非有理函數，沒辦法繼續用同一招因式分解再消去共同因式。不必擔心，遇到這種有根號相減的不定式，通常寫一下反有理化就可以了。

例題 1.3.9 求極限 $\lim_{x\to 2}\frac{x+5}{(x-2)^2}$。

解

分母趨近 0，會無止盡地小下去。然而分子不是同時趨近 0，而是趨近 7。這種情況是函數值會無止盡地變大，所以寫

$$\lim_{x\to 2}\frac{x+5}{(x-2)^2}=\infty$$

note

∞ 並不是一個數，它只是一個用以示意的符號。極限為無限大，意指函數值會無止盡地變大，不趨向一個定值，所以是極限不存在的一種情況。

例題 1.3.10 求極限 $\lim_{x\to 2}[x]$。

解

高斯函數長這個樣子（如右圖），當 x 趨近到 2 時，函數值是否會趨向一個定值呢？仔細一瞧，當 x 由 2 的左邊趨近到 2 時，函數值是趨向 1；當 x 由 2 的右邊趨近到 2 時，函數值卻是趨向 2。這現象說明了：當 x 由 2 的附近趨近到 2 時，函數值並不趨向一個定值，所以此題是極限不存在。

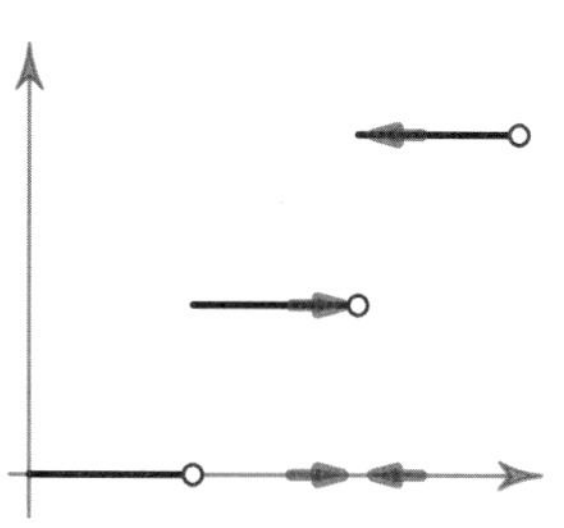

由上一題的討論，我們可以引進單側極限的概念，在解極限問題時是很好用的。

定義 1.3.3 單側極限

如果函數 f 在 $x=a$ 的右側附近有定義，並且隨著 x 由 a 的右側無限地靠近 a 時，函數值 $f(x)$ 隨之無限地靠近某個值 L，則稱 L 為函數在 x 趨近到 a 時的右極限。符號上可以記作：當 $x\to a^+$，$f(x)\to L$。或者是使用 lim 符號：

$$\lim_{x\to a^+} f(x)=L$$

類似地可定義左極限，符號上記作

$$\lim_{x\to a^-} f(x)=L$$

認識了單側極限，便可以介紹下面這個有用的性質。

性質 1.3.2

若函數 f 在 $x=a$ 的兩側附近有定義。則

$$\lim_{x\to a} f(x)=L \qquad \text{若且唯若} \qquad \lim_{x\to a^-} f(x)=\lim_{x\to a^+} f(x)=L$$

例題 1.3.11　若 $f(x)=\begin{cases} x & ,x\le 1 \\ -(x-2)^2+2 & ,x>1 \end{cases}$，求極限 $\lim_{x\to 1} f(x)$。

解

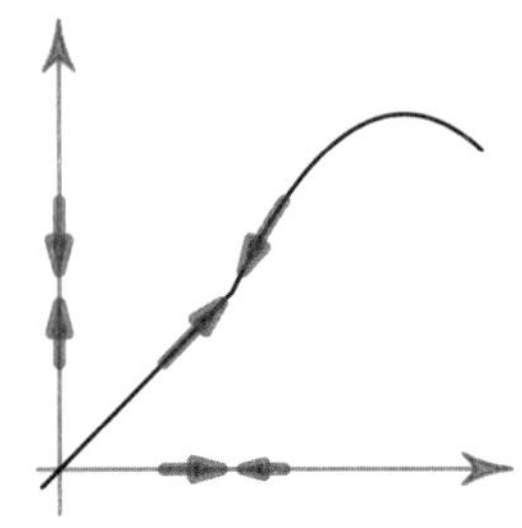

當 x 由左邊趨近 1 時，函數值是趨向 1；當 x 由右邊趨近 1 時，函數值也是趨向 1。用剛剛介紹的性質來寫就是：因為

$$\lim_{x\to 1^-} f(x)=\lim_{x\to 1^-} x=1$$

$$\lim_{x\to 1^+} f(x)=\lim_{x\to 1^+}\left[-(x-2)^2+2\right]=1$$

左右極限皆存在，並且兩者相等，所以 $\lim_{x\to 1} f(x)=1$。

例題 1.3.12　若 $f(x)=\begin{cases} -x & ,x\le 0 \\ \sin\left(\frac{1}{x}\right) & ,x>0 \end{cases}$，求極限 $\lim_{x\to 0} f(x)$。

解

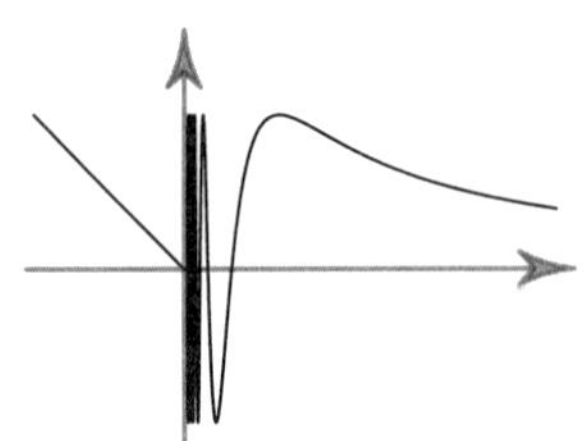

當 x 由右邊趨近 0 時，函數值來回振盪，所以右極限 $\lim_{x\to 0^+} f(x)$ 不存在，從而極限 $\lim_{x\to 0} f(x)$ 不存在。

例題 1.3.13　求極限 $\lim_{x\to 1}\frac{2x+6}{x-1}$。

解

乍看之下這題會想回答 $\lim_{x\to 1}\frac{2x+6}{x-1}=\infty$，但是考慮左右極限

$$\lim_{x\to 1^+}\frac{2x+6}{x-1}=\infty \qquad \lim_{x\to 1^-}\frac{2x+6}{x-1}=-\infty$$

兩者不是一起趨向正無窮大，所以這題要回答極限不存在比較好。

例題 1.3.14 求極限 $\lim_{x\to 0}\sqrt{x}$。

解

$\sqrt{x}$ 在其定義域 $[0,\infty)$ 上是處處連續的，所以

$$\lim_{x\to 0}\sqrt{x}=0$$

許多人在此題犯的錯是：宣稱此極限的左極限 $\lim_{x\to 0^-}\sqrt{x}$ 不存在，所以極限 $\lim_{x\to 0}\sqrt{x}$ 不存在。前面在介紹利用左右極限判定極限值時，是帶有前提的，那就是 f 須在 $x=a$ 兩側附近有定義。然而函數 $f(x)=\sqrt{x}$ 在 $x=0$ 左側沒有定義，所以不能硬套這個性質。至於為什麼有這個前提，原因是非常顯然的。在左極限的定義中，已經先要求函數 f 須在 $x=a$ 的左側附近有定義（這樣我們才能由 $x=a$ 左方趨近 a 嘛！），那麼如果左右極限都想取看看，自然就必須 f 在 $x=a$ 的兩側皆有定義。而此題因為 f 在 $x=0$ 的左側沒有定義，所以無法取左極限，而非極限不存在。

note

勿混淆「左極限不存在」與「不能取左極限」。前者是指：當 x 由 a 的左側趨近到 a 時，函數值並不趨向一個定值。而後者是指：f 在 a 的左側沒有定義，我根本無法讓 x 由 a 的左側趨近到 a。同理你不能取 $\lim_{x\to -3}\log(x)$，並不是 $\lim_{x\to -3}\log(x)$ 不存在，而是因為 $\log(x)$ 定義域是 $(0,\infty)$，而你居然要 x 趨近 -3，這根本不可能嘛！

例題 1.3.15 求極限 $\lim_{x\to 3}\dfrac{x^2-2x-3}{\sqrt{x-3}}$。

解

$$\lim_{x\to 3}\frac{x^2-2x-3}{\sqrt{x-3}}=\lim_{x\to 3}\frac{(x+1)\overset{\sqrt{x-3}}{\cancel{(x-3)}}}{\cancel{\sqrt{x-3}}}=\lim_{x\to 3}(x+1)\sqrt{x-3}=0$$

在數列的極限中我們學過夾擠定理，而函數的極限同樣有夾擠定理。

定理 1.3.1　夾擠定理

如果在 $x = a$ 的附近（可以不包含 $x = a$ 本身）滿足 $g(x) \le f(x) \le h(x)$，且

$$\lim_{x\to a} g(x) = \lim_{x\to a} h(x) = L$$

則有

$$\lim_{x\to a} f(x) = L$$

例題 1.3.16　求極限 $\lim\limits_{x\to 0} x^2 \sin\left(\frac{1}{x}\right)$。

解

那個 $\sin(\frac{1}{x})$ 看起來不太好處理，所以試圖找上下界來使用夾擠定理。首先因為

$$-1 \le \sin\left(\frac{1}{x}\right) \le 1$$

所以

$$-x^2 \le x^2 \sin\left(\frac{1}{x}\right) \le x^2$$

而顯然

$$\lim_{x\to 0} -x^2 = 0 = \lim_{x\to 0} x^2$$

所以由夾擠定理，我們知道

$$\lim_{x\to 0} x^2 \sin\left(\frac{1}{x}\right) = 0$$

note

那個麻煩的 $\sin\left(\frac{1}{x}\right)$，助我們想到夾擠定理。估個上下界以後把 $\sin\left(\frac{1}{x}\right)$ 丟掉。

例題 1.3.17　求極限 $\lim\limits_{x\to 0} x \sin\left(\frac{1}{x}\right)$。

解

仿照上題，因為

$$-1 \leq \sin\left(\frac{1}{x}\right) \leq 1$$

所以

$$-|x| \leq x\sin\left(\frac{1}{x}\right) \leq |x|$$

而顯然

$$\lim_{x\to 0} -|x| = 0 = \lim_{x\to 0} |x|$$

所以由夾擠定理，我們知道

$$\lim_{x\to 0} x\sin\left(\frac{1}{x}\right) = 0$$

note

這裡要注意的是必須加絕對值，因為 x 會正負兩側趨向 0 。例如當 $x=-0.5$，$-(-0.5) \leq x \leq -0.5$，這大小順序是有問題的，加了絕對值才能確保大小順序無誤。

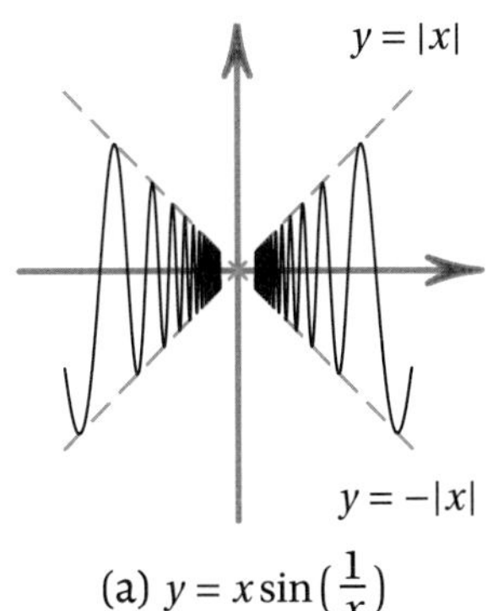

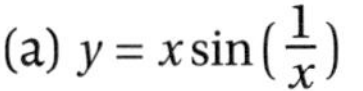
(a) $y = x\sin\left(\frac{1}{x}\right)$

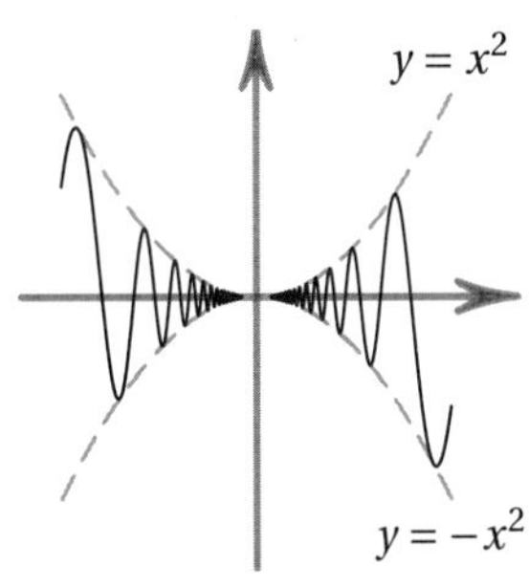

(b) $y = x^2\sin\left(\frac{1}{x}\right)$

圖 1.5: 夾擠

例題 1.3.18 求極限 $\lim\limits_{\theta\to 0}\frac{\sin(\theta)}{\theta}$。

解

在圖中，顯然三角形 OBA 面積大於扇形 OBC 面積大於三角形 OBC 面積。所以寫

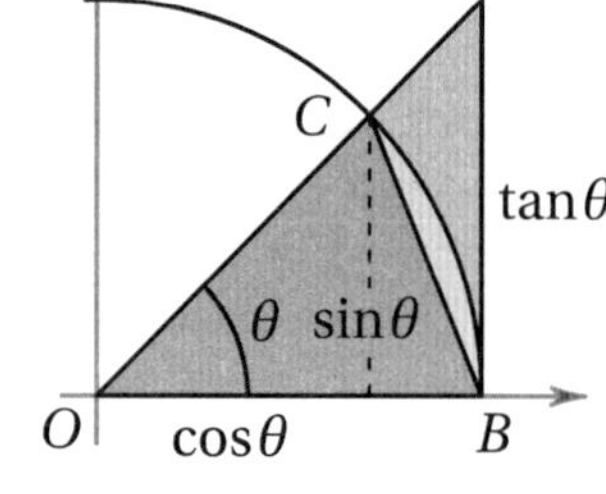

$$\frac{1}{2}\cdot 1\cdot\sin\theta \le \frac{1}{2}\cdot 1^2\cdot\theta \le \frac{1}{2}\cdot 1\cdot\tan\theta$$

作約分並同除以 $\sin\theta$，得到

$$1\le\frac{\theta}{\sin\theta}\le\frac{1}{\cos\theta} \quad \Rightarrow 1\ge\frac{\sin\theta}{\theta}\ge\cos\theta$$

顯然

$$\lim_{\theta\to 0} 1 = 1 = \lim_{\theta\to 0}\cos\theta$$

所以由夾擠定理，就有

$$\lim_{\theta\to 0}\frac{\sin(\theta)}{\theta} = 1$$

note

此極限十分重要，一定要記起來。

例題 1.3.19 求極限 $\lim\limits_{x\to 0}\frac{\sin(3x)}{x}$。

解

「用已知解決未知」是非常常用的手法。我們知道 $\lim\limits_{x\to 0}\frac{\sin(x)}{x}=1$，所以寫

$$\lim_{x\to 0}\frac{\sin(3x)}{x} = \lim_{x\to 0}\frac{\sin(3x)}{3x}\cdot 3 = 1\cdot 3 = 3$$

note

千萬不要以為：$3x$ 也趨近 0、x 也趨近 0，所以利用 $\lim\limits_{x\to 0}\frac{\sin(x)}{x}=1$ 知道此題為 1。sin 的內部與分母是必須一致的，而不是這樣亂套。

例題 1.3.20 求極限 $\lim_{x\to 0}\frac{2x}{\sin(5x)}$。

解

$$\lim_{x\to 0}\frac{2x}{\sin(5x)}=\lim_{x\to 0}\frac{5x}{\sin(5x)}\cdot\frac{2}{5}=\frac{2}{5}$$

例題 1.3.21 求極限 $\lim_{x\to 0}\frac{1-\cos(x)}{x^2}$。

解

由半角公式 $\sin^2(x)=\frac{1-\cos(2x)}{2}$，可以寫

$$\lim_{x\to 0}\frac{1-\cos(x)}{x^2}=\lim_{x\to 0}\frac{2\sin^2(\frac{x}{2})}{(\frac{x}{2})^2\cdot 2^2}$$ 分母與 sin 內部對齊

$$=1^2\cdot\frac{2}{2^2}=\frac{1}{2}$$

例題 1.3.22 求極限 $\lim_{x\to 0}\frac{1-\cos(x)}{x}$。

解

$$\begin{aligned}&\lim_{x\to 0}\frac{1-\cos(x)}{x}\\&=\lim_{x\to 0}\frac{1-\cos(x)}{x^2}\cdot x\\&=\frac{1}{2}\cdot 0=0\end{aligned}$$

例題 1.3.23 求極限 $\lim_{x\to\infty}x\sin\left(\frac{1}{x}\right)$。

解

微積分中非常重要的技巧是「變數代換」，可以說是微積分的靈魂。這題我們設 $y=\frac{1}{x}$，則當 $x\to\infty$ 時，有 $y\to 0^+$，因此

$$\lim_{x\to\infty} x\sin\left(\frac{1}{x}\right)=\lim_{x\to\infty}\frac{\sin\left(\frac{1}{x}\right)}{\frac{1}{x}}=\lim_{y\to 0^+}\frac{\sin(y)}{y}=1$$

例題 1.3.24　求極限 $\lim\limits_{x\to\infty}\frac{3x^2-2}{5x+4}\sin\left(\frac{2}{x}\right)$。

解

$$\begin{aligned}&\lim_{x\to\infty}\frac{3x^2-2}{5x+4}\sin\left(\frac{2}{x}\right)\\ =&\lim_{x\to\infty}\frac{(3x^2-2)\cdot 2}{(5x+4)\cdot x}\cdot\frac{\sin\left(\frac{2}{x}\right)}{\frac{2}{x}}\\ =&\frac{6}{5}\cdot 1=\frac{6}{5}\end{aligned}$$

許多學習微積分的同學會以為：求極限時代下去就對了。希望透過這裡的闡釋手法，你可以明白求極限時並不是要馬上代值，而是當你知道函數連續以後才代。

{Exercise}

1. 求出下列極限。

(1) $\displaystyle\lim_{x\to 0}\frac{\sin(x)\big(1-\cos(x)\big)}{2x^2}$　　(2) $\displaystyle\lim_{x\to 1}\frac{x-\sqrt{x}}{x-1}$

(3) $\displaystyle\lim_{x\to 3}\frac{x^2-4}{x-2}$　　(4) $\displaystyle\lim_{x\to 5}\frac{3}{(x-5)^4}$

(5) $\displaystyle\lim_{x\to 2}\frac{-6}{x-2}$　　(6) $\displaystyle\lim_{x\to\infty}\frac{x-\sin(x)}{x}$

(7) $\displaystyle\lim_{x\to\infty}\frac{x^2-1}{2x+4}\sin\left(\frac{1}{x}\right)$　　(8) $\displaystyle\lim_{x\to 0}\frac{\sin(x)}{x-[x]}$

(9) $\displaystyle\lim_{x\to 3^-}\frac{x^2+9}{x-3}$　　(10) $\displaystyle\lim_{x\to 1}\frac{\sqrt{x^3+x^2-1}-x}{x-1}$

(11) $\displaystyle\lim_{x\to 0}\frac{\cos(x)-1}{x\sin(x)}$　　(12) $\displaystyle\lim_{x\to 0}\frac{\sqrt{1+x\sin(x)}-\sqrt{\cos(x)}}{x\tan(x)}$

2. 若 $f(x)=\begin{cases} x^2-5, & x\le 3 \\ \sqrt{x+13}, & x>3 \end{cases}$，求 $\displaystyle\lim_{x\to 3}f(x)$。

3. $f(x)=\begin{cases} 3x+b & , x\le 2 \\ x-2 & , x>2 \end{cases}$，若 $\displaystyle\lim_{x\to 2}f(x)$ 存在，則 $b=$________。

4. 若 $\displaystyle\lim_{x\to\infty}\frac{f(x)}{g(x)}=1$，則 $\displaystyle\lim_{x\to\infty}\Big[f(x)-g(x)\Big]=0$。請問這樣說是否正確?

5. 以下運算過程是否正確?

$$\lim_{x\to\infty}\frac{\sin(x)}{x}=\lim_{x\to\infty}\frac{1}{x}\cdot\lim_{x\to\infty}\sin(x)=0\cdot\lim_{x\to\infty}\sin(x)=0$$

參考答案: 1. (1) 0 (2) $\frac{1}{2}$ (3) 5 (4) ∞ (5) 不存在 (6) 1 (7) $\frac{1}{2}$ (8) 不存在 (9) $-\infty$ (10) $\frac{3}{2}$ (11) $-\frac{1}{2}$ (12) $\frac{3}{4}$　2. 4　3. -6　4. 不正確，反例如 $f(x)=x^2+x, g(x)=x^2$　5. 不正確，因為 $\displaystyle\lim_{x\to\infty}\sin(x)$ 並不收斂，不能隨意套用收斂數列的性質。

1.4　極限的嚴格定義

1.4.1　極限的定義

本來在直觀上，我們能夠很容易地了解什麼叫「極限」，於是也能夠解一些極限問題。但是隨著物理學的發展，在數學的應用上所遇到的函數越來越奇怪複雜，開始出現一些直觀上不容易看出極限的函數。舉個例子，1875 年德國數學家 **Karl Thomae** 寫出爆米花函數 (popcorn function)：

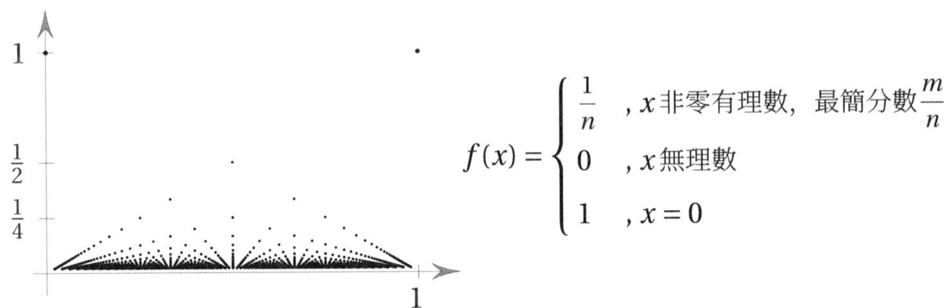

$$f(x)=\begin{cases}\dfrac{1}{n} & ,x\text{非零有理數，最簡分數}\dfrac{m}{n}\\ 0 & ,x\text{無理數}\\ 1 & ,x=0\end{cases}$$

這個函數在所有無理點都是連續的，在所有有理點都不連續。這麼奇怪的行為，你用直觀能看出嗎？若有看出來，有辦法說服別人也接受嗎？微積分剛發展時，是處於較不嚴謹、比較訴諸直觀的草創期，經常飽受攻擊。譬如說對於無窮小的概念，一下說是零，一下又說不是零，造成混亂，牛頓後來甚至捨棄原來說法。雖然因為成功應用在天文、力學等等方面，發揮強大威力，使得越來越多人接受並且投身研究，但發展過程中也多次發現與直觀相悖的事實。就以爆米花函數為例，你原本能想像，居然有這種函數嗎？經過這幾百年下來，許多數學家幫助將微積分進行嚴格化，這才逐漸形成今日微積分的面貌。今日對於極限的定義，如下：

定義 1.4.1　極限 $\lim_{x\to a} f(x)=L$ 的嚴格定義

任意給定一個正數 ϵ，皆存在一個正數 δ 使得：
只要 $0<|x-a|<\delta$，便會有 $\left|f(x)-L\right|<\epsilon$。

這就是惡名昭彰的 ϵ-δ 定義了。看得一臉茫然嗎？看不懂它在說什麼是相當正常的，有位一流的數學家 **Paul R. Halmos** (1916-2006)，他在大學時也完全不懂 ϵ-δ 到底在幹嘛。後來一次跟同學的談話中，他突然好像一道光打在頭上，明白了 ϵ-δ 的意義。接著他趕快拿出微積分課本出來重新唸，以前覺得沒有意義的東西突然變得明白了，也能自己證明出一些定理。就這樣，他開始掌握了那些高等數學，後來他便成了數學家。所以，你也不要灰心，不懂是很正常的，也許哪天你開竅了，也跟著成了數學家。

在此給一些闡釋，以幫助你成為數學家。你嚴格的上司給你個任務，你受命選個 $x=a$ 附近的範圍，目的是這範圍內 $f(x)$ 的值與 L 相當接近。上司說:「我希望誤差值可以小於 10^{-5} 。」於是你找出某一個小範圍 $(a-\delta_1, a+\delta_1)$，在這裡面，除了 $x=a$ 的地方 ⑧，所有的函數值，其與 L 的誤差 $|f(x)-L|$ 全都比 10^{-5} 來得小。你很高興地交件，但上司皺一皺眉，說:「不不不，我覺得還是讓誤差值小於 10^{-8} 比較好，你重做一次吧。」在 $(a-\delta_1, a+\delta_1)$ 內，某些地方誤差有小於 10^{-8}，但有些地方沒有，怎麼辦呢？於是你把範圍再縮小，變成 $(a-\delta_2, a+\delta_2)$ 。在這裡面的所有函數值，其與 L 的誤差的確完全都比 10^{-8} 還小。你鬆了一口氣，再度交件。此時，上司又……

因為 $x\to a$ 時，$f(x)$ 的確趨近 L 。所以每當上司又把條件改更嚴格時，你只要把範圍再縮得更小，就可以讓誤差值足夠小。假如你們做另一個函數，當上司要求誤差值小於 10^{-37} 時，你發現不管如何縮小，總會有某些時候誤差超出 10^{-37} 。那就代表，事實上在 $x\to a$ 時，$f(x)$ 並不會趨近到 L 。

現在我們回過頭看，ϵ-δ 定義為什麼會這樣講呢？本來口語點講，只要 x 與 a 無限地靠近，就能使 $f(x)$ 值與 L 的誤差要多小就有多小。好啦，既然你說要多小就有多小，那就隨我要求都可以啦。不管我訂了如何嚴苛的誤差標準 ϵ，你都可以回答我，在與 a 的差距在 δ 以內所有不等於 a 的 x 值，它們的函數值的確滿足我的誤差標準。如果我把誤差標準 ϵ 訂得更嚴格，那你只要把你的 δ 跟著縮小，便可滿足誤差標準。無論我的 ϵ 是多麼小多麼小的一個正數，你都可以找到相應的 δ 來滿足誤差標準。這句話被數學家寫成形式化的定義，就變成這個面貌啦！

note

誤差 (error) 第一個字母 e，對應到希臘文就是 ϵ，故符號選用 ϵ 。差距 (difference) 第一個字母 d，對應到希臘文就是 δ，所以符號就選用 δ 。

接著用圖來闡釋，由圖 1.6 來看，水平線是誤差要求，希望 $f(x)$ 可以完全落在兩條水平線之間。鉛直線則是相應找出來的範圍，希望範圍內的 $f(x)$ 值完全落在兩條水平線間。

⑧ 極限只是在處理 x 很靠近 a 時的行為，與 $x=a$ 之處無關，所以要強調是除了 $x=a$ 的地方。但為了行文簡便，後面不再贅述這句，我們都心知肚明是除了 $x=a$ 的地方就好。

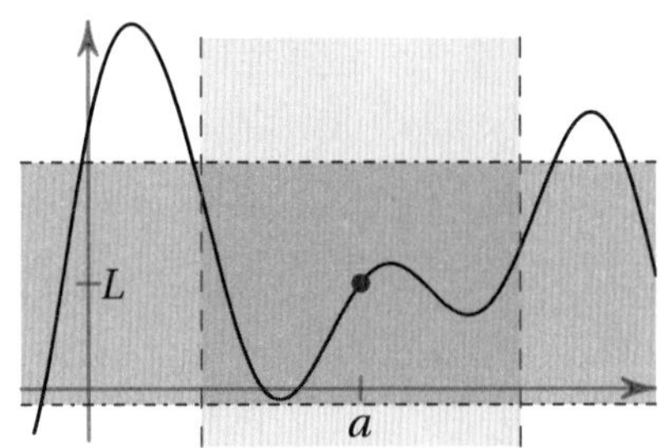

圖 1.6: 誤差要求

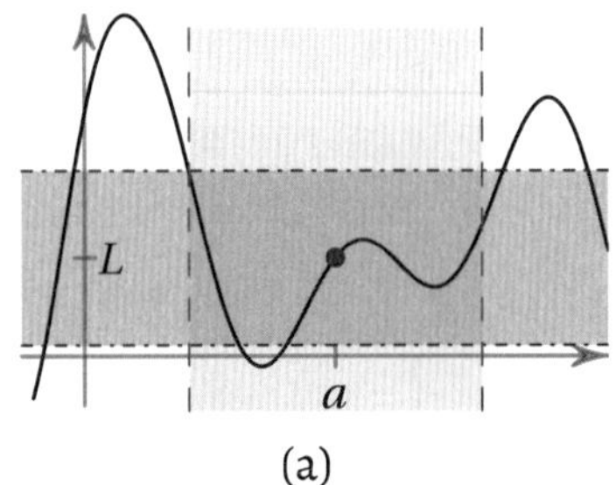

(a)

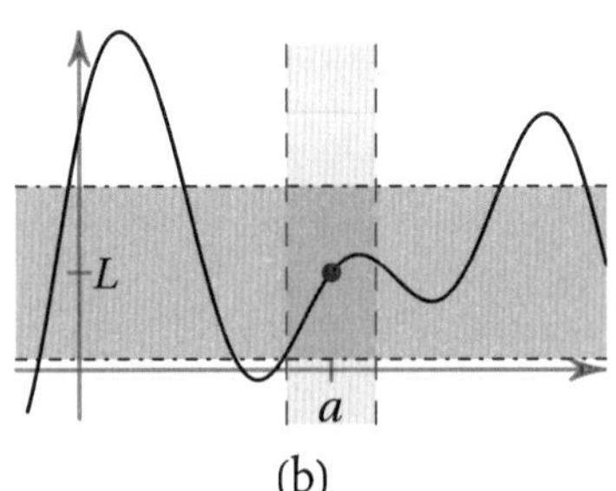

(b)

圖 1.7: 誤差要求

由圖 1.7 (a) 可見，現在誤差要求嚴格到一個程度，鉛直線範圍內的 $f(x)$ 值沒有完全落在兩條水平線之間，有些地方跑出去。此時怎麼辦呢？只要將鉛直線往內縮，讓這範圍縮小一點，如圖 1.7 (b)，此時又成功地讓 $f(x)$ 值完全落在兩條水平線之間啦！如果再變得更嚴格，把水平線拉得更近，可能你的範圍又不適用了！如圖 1.8 (a)，此時範圍內的 $f(x)$ 值又有些跑出去了。那你就再繼續把範圍縮得更小，如圖 1.8 (b)，便又滿足啦！

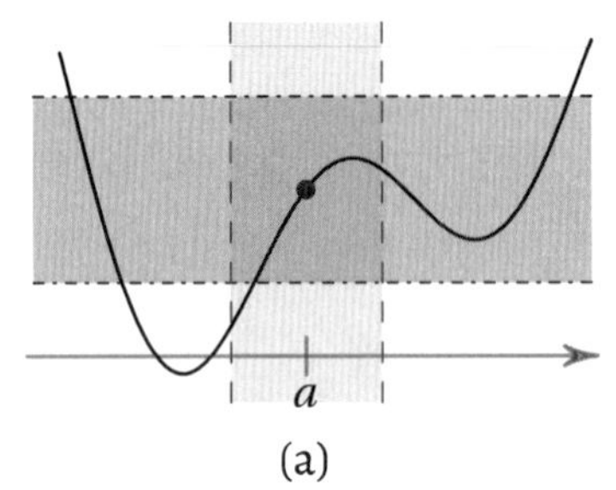

(a)

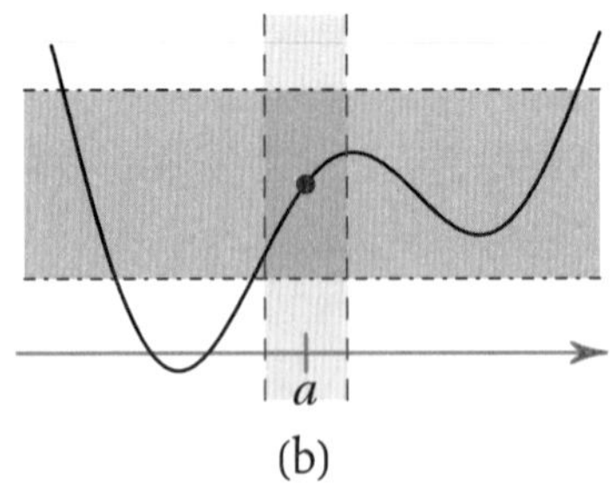

(b)

圖 1.8: 更嚴格的誤差要求

就算等一下把水平線拉更近你也不怕，只要跟著再把鉛直線也拉更近就好了。

反過來說，極限不存在就一定不滿足定義。原本定義敘述是：任給 ϵ，都找得到相應的 δ 滿足誤差要求。水平線不管拉多近，都可相應地找鉛直線，讓範圍內的 $f(x)$ 值完全落在水平線之間。那麼它的反面敘述就是：誤差要求 ϵ 嚴格到一個程度，你就找不到相應的 δ 了。水平線拉近到一個程度，你會發現，鉛直線不管怎麼拉，範圍內的 $f(x)$ 都會有至少一部分跑出去。

接著來看極限不存在的圖。下面函數是否 $\lim_{x\to 1} f(x) = 1$ 呢？圖 1.9 (a)，一開始水平線還沒拉太近，你還是可以找一個範圍滿足要求。但是水平線近到一個程度後，如圖 1.9 (b)。此時不管鉛直線怎麼拉，範圍內的 $f(x)$ 全都在水平線以外，不滿足誤差要求！這時果然不滿足極限的定義。

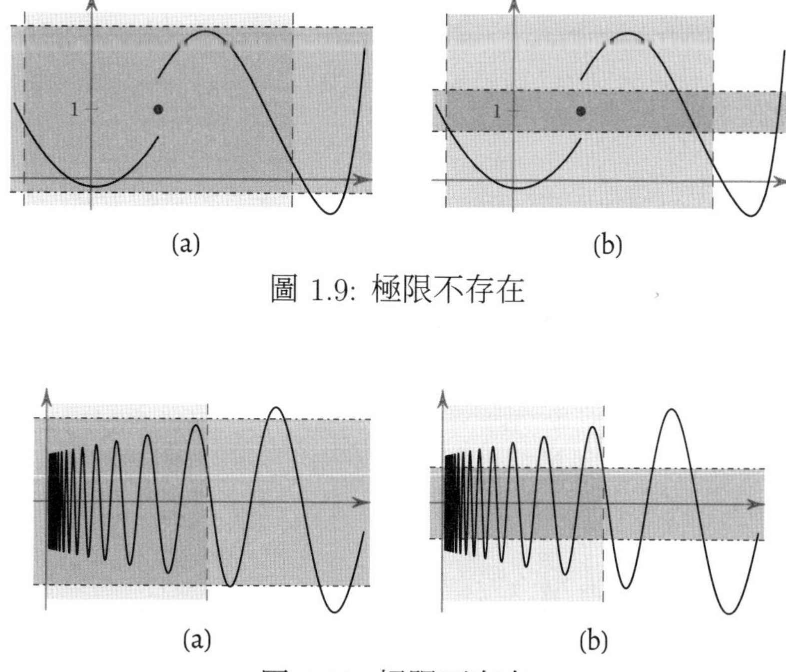

圖 1.9: 極限不存在

(a) (b)

圖 1.10: 極限不存在

接著再看另一種極限不存在的類型，它在 x 接近 0 時不斷地來回震盪。圖 1.10 (a)，一樣地，一開始水平線還沒拉很近，你還是可以找一個範圍滿足要求。但是水平線近到一個程度以後，如圖 1.10 (b)。你會發現，此時不管虛線怎麼拉，都會有些 $f(x)$ 跑出紅色線以外，不滿足誤差要求！這個極限不存在的函數果然也不滿足極限的定義。

文學家哥德說：「數學家猶如法國人，無論你對他們說什麼，他們把它翻譯成自己的語言，於是就成了全然不同的東西。」

以上是介紹 $\lim_{x\to a} f(x) = L$ 的定義。至於其它形式時，其精神也是相仿：

定義 1.4.2　$\lim_{x\to\infty} f(x) = L$ 的定義

任意給定一正數 ϵ，皆存在一正數 N 使得：
只要 $x > N$，便有 $\left|f(x) - L\right| < \epsilon$。

口語來說，隨著 x 趨向無窮大，$f(x)$ 就會無限地接近 L。也就是說，只要 x 夠大，便可讓 $f(x)$ 與 L 之間的誤差足夠小。所以給定誤差要求 ϵ，我就能找到夠大的 N，任何在 $x = N$ 右方的 x，其函數值都滿足誤差要求。

定義 1.4.3　$\lim_{x\to a} f(x) = \infty$ 的定義

任意給定一正數 M，皆存在一正數 δ 使得：
只要 $0 < |x - a| < \delta$，便有 $f(x) > M$。

隨著 x 趨近 a，$f(x)$ 值會趨向無窮大。所以無論你要求 $f(x)$ 要超過多大的數 M，我都能找到 a 附近一個夠小的範圍，這裡的函數值都大於 M。

定義 1.4.4　$\lim_{x\to\infty} f(x) = \infty$ 的定義

任意給定一正數 M，皆存在一正數 N 使得：
只要 $x > N$，便有 $f(x) > M$。

隨著 x 趨向無窮大，$f(x)$ 也趨向無窮大。那麼無論你要求超過多大的數 M，我都能找到一個足夠大的 N，只要 x 比 N 大，$f(x)$ 就大於 M。

定義 1.4.5　$\lim_{x\to a^+} f(x) = L$ 的定義

任意給定一正數 ϵ，皆存在一正數 δ 使得：
只要 $0 < x - a < \delta$，便有 $\left|f(x) - L\right| < \epsilon$。

右極限是 x 從 a 的右方趨近 a，所以將原定義中 $x - a$ 的絕對值拆掉。

定義 1.4.6　數列極限 $\lim_{n\to\infty} a_n = L$ 的定義

任意給定一正數 ϵ，皆存在一正數 N 使得：
只要 $n > N$，便有 $\left|a_n - L\right| < \epsilon$。

數列極限的定義，寫起來跟函數極限的版本幾乎是一樣的。

1.4.2 用極限定義作證明

現在我們已經有極限的嚴格定義, 如果想證明 $\lim_{x\to 3} f(x) = 7$, 只要跑一次定義就好了。我只須說明: 任給 ϵ, 我都能找到相應的 δ, 使得只要 $0 < |x-3| < \delta$ 就能保證 $\left|f(x)-7\right| < \epsilon$。但我總不可能列一張表格, 當 ϵ 給多少, δ 就取多少, 根本列不完。所以當我們使用定義證明時, 常是直接寫一個函數 $\delta(\epsilon)$, 來表達一般而言 δ 要如何因應著 ϵ 而取。例如我告訴你取 $\delta = \frac{\epsilon}{4}$, 就會符合定義, 所以極限是 L。那麼不管你給 $\epsilon = 0.01$ 或是 $\epsilon = 10^{-7}$, 我一律將其除以 4, 就是我給你的 δ, 這叫一勞永逸。

例題 1.4.1 證明 $\lim_{x\to 1}(3x+4) = 7$。

解

我們的目的是要找出適當的 δ,以便由 $0 < |x-1| < \delta$ 保證 $\left|(3x+4)-7\right| < \epsilon$。我們先將我們的目標 $\left|(3x+4)-7\right|$ 作一番分析整理:

$$\left|(3x+4)-7\right| = |3x-3| = 3|x-1|$$

整理後發現剛好有 $|x-1|$。使用 $0 < |x-1| < \delta$, 便有

$$3|x-1| < 3\delta$$

目前為止, 我們有 $\left|(3x+4)-7\right| < 3\delta$, 但我們目標是 $\left|(3x+4)-7\right| < \epsilon$。要如何補個臨門一腳來達成目的呢? 我們知道若 $A < B$ 且 $B < C$, 那麼 $A < C$; 或是 $A < B$ 且 $B = C$, 也可以得出 $A < C$ 的結論。於是我們取 $\delta = \frac{\epsilon}{3}$, 則

$$3|x-1| < 3\delta = 3\cdot\frac{\epsilon}{3} = \epsilon$$

這樣便成功了, 我們導出了 $\left|(3x+4)-7\right| < \epsilon$。而之所以成功地導到此一結論, 是由於我們取 $\delta = \frac{\epsilon}{3}$。換句話說, 我們說明了, 只要一律取 $\delta = \frac{\epsilon}{3}$, 便可由 $0 < |x-1| < \delta$ 保證 $\left|(3x+4)-7\right| < \epsilon$。

從此題可見, 我們是要由 $0 < |x-a| < \delta$ 出發, 導出 $\left|f(x)-L\right| < \epsilon$ 的結論。手法是找出一個中介的 A, 使得 $\left|f(x)-L\right| < A < \epsilon$, 或 $\left|f(x)-L\right| < A = \epsilon$。而這 $\left|f(x)-L\right| < A$ 如何取, 就是先將 $\left|f(x)-L\right|$ 作一番整理, 配合 $0 < |x-a| < \delta$。接著再適當地取 $\delta(\epsilon)$ 來達成 $A \le \epsilon$, 以下再多舉幾題來讓你體會。

例題 1.4.2　證明 $\lim_{x\to 3}(2x-1)=5$。

解

先分析

$$\left|(2x-1)-5\right| = |2x-6| = 2|x-3| < 2\delta$$

取 $\delta = \frac{\epsilon}{2}$，則

$$2\delta = 2\cdot\frac{\epsilon}{2} = \epsilon$$

作答時不見得要以和思考過程完全一樣的順序謄上，實際作答可以先在旁邊做上面那樣的分析，知道 δ 如何取以後，便這樣寫：

取 $\delta = \frac{\epsilon}{2}$，則只要 $0 < |x-3| < \delta$，便有

$$\left|(2x-1)-5\right| = |2x-6| = 2|x-3| < 2\delta = 2\cdot\frac{\epsilon}{2} = \epsilon$$

例題 1.4.3　證明 $\lim_{x\to -2} 4x = -8$。

解

$$\left|4x-(-8)\right| = |4x+8| = 4|x+2| < 4\delta$$

取 $\delta = \frac{\epsilon}{4}$，則只要 $0 < |x+2| < \delta$，便有

$$4|x+2| < 4\delta = \epsilon$$

例題 1.4.4　證明 $\lim_{x\to 0}\sin(x) = 0$。

解

$\left|\sin(x)\right| < \epsilon$ 與 $0 < |x| < \delta$ 該如何牽扯上關係呢？我們可以利用 $\left|\sin(x)\right| \le |x|$ 這個不等式。於是取 $\delta = \epsilon$，則只要 $0 < |x| < \delta$，便有

$$\left|\sin(x)\right| \le |x| < \delta = \epsilon$$

例題 1.4.5 證明 $\lim\limits_{x\to 3}\dfrac{1}{(x-3)^2}=\infty$。

解

任給 $N>0$，取 $\delta=\dfrac{1}{\sqrt{N}}$，則只要 $0<|x-3|<\delta$，便有

$$\frac{1}{(x-3)^2}>\frac{1}{\delta^2}=\frac{1}{\frac{1}{N}}=N$$

例題 1.4.6 證明 $\lim\limits_{x\to\infty}\dfrac{1}{x}=0$。

解

任給 $\epsilon>0$，取 $N=\dfrac{1}{\epsilon}$，則只要 $x>N$，便有

$$\frac{1}{x}<\frac{1}{N}=\epsilon$$

有關 $\delta(\epsilon)$ 取法，並沒有標準答案，只要它能導出 $\left|f(x)-L\right|<\epsilon$ 的結論即可。比方說你取 $\delta=\frac{\epsilon}{3}$ 是可以的，那改取更小的 $\delta=\frac{\epsilon}{7}$ 當然也可以。本來 $0<|x-a|<\frac{\epsilon}{3}$ 內的函數值全都符合誤差要求，現在縮小範圍：$0<|x-a|<\frac{\epsilon}{7}$ 這個較小範圍本身完全包含在上一個範圍內，所以也同樣滿足「其內所有函數值都符合誤差要求」這句話。若明白便可以來看下面這一題較難一點的。

例題 1.4.7 證明 $\lim\limits_{x\to 2}x^2=4$。

解

$$\left|x^2-4\right|=|x+2||x-2|<|x+2|\delta$$

我們有 $0<|x-2|<\delta$，卻沒有關於 $|x+2|$ 的不等式可以使用，怎麼辦呢？我們現在要想辦法，讓 $|x+2|$ 小於某個東西，這樣才有辦法繼續下去。這一招就是：假設 $\delta\le 1$。我們絕對可以這麼做，因為如果某些時候所取的 δ 比 1 來得大，那麼我縮小範圍，取更小的 δ，使它小於等於 1，那也是可以符合誤差要求的。

這樣一來，$0<|x-2|<\delta\le 1$。拆開絕對值，$1<x<3, x\ne 2$，同時加 2，$3<x+2<5, x+2\ne 4$。寫成這樣以後，我們便知道 $|x+2|$ 是小於 5 的，於是就可以繼續寫下去

$$|x+2|\delta<5\delta$$

此時取 $\delta=\frac{\epsilon}{5}$，則只要 $0<|x-2|<\delta$，便有

$$\left|x^2-4\right|=|x+2||x-2|<5\delta=\epsilon$$

像這樣寫呢，就錯啦！大致架構是對的，但要記住：我們之所以一路過關斬將，推出誤差小於 ϵ，是依賴 $\delta\le 1$ 這關鍵一招，後續都是建立在此前提之下的。所以，萬一這個任給的 ϵ 是 6，那我們的 δ 就是 $\frac{6}{5}>1$。便不滿足 $\delta\le 1$，於是後面也就跟著不成立了。這樣該怎麼辦呢？還記得剛剛說的嗎？如果某些時候所取的 δ 比 1 來得大，那麼我也可以取更小的 δ，使它不超過 1。所以我只要在剛剛所寫的「取 $\delta=\frac{\epsilon}{5}$」作些修改，變成「取 $\delta=\min\{1,\frac{\epsilon}{5}\}$」意思是說 1 與 $\frac{\epsilon}{5}$ 誰比較小，δ 就取那個值。這樣一來，當 $\frac{\epsilon}{5}$ 不大於 1 時，δ 就是取 $\frac{\epsilon}{5}$，完全沒問題；而當 $\frac{\epsilon}{5}$ 比 1 還大時，δ 就是取 1，這樣取一方面滿足 $\delta\le 1$，另一方面，此時 δ 比 $\frac{\epsilon}{5}$ 來得小，所以也可滿足誤差要求。

例題 1.4.8　證明 $\lim\limits_{x\to 9}\sqrt{x}=3$。

解

$$|\sqrt{x}-3|=\frac{|x-9|}{|\sqrt{x}+3|}<\frac{\delta}{\sqrt{x}+3}$$

現在我們遇到一個問題，$\sqrt{x}+3$ 該怎麼處理掉？由於它在分母，所以我們要看它會大於誰。設 $\delta\le 1$，於是 $0<|x-9|<\delta\le 1$，$8<x<10, x\ne 9$，接著開根號，$\sqrt{8}<\sqrt{x}<\sqrt{10}, x\ne 9$。從此處我們知道 $\sqrt{x}>\sqrt{8}$，為簡便起見也可以寫 $\sqrt{x}>2$。無所謂嘛，既然會比 $\sqrt{8}$ 大那當然也會比 2 還大。於是有 $\sqrt{x}+3>5$，我們便可以繼續寫下去：

$$\frac{\delta}{\sqrt{x}+3}<\frac{\delta}{5}$$

現在取 $\delta = 5\epsilon$，於是

$$\frac{\delta}{\sqrt{x}+3} < \frac{\delta}{5} = \epsilon$$

記得我們先假設了 $\delta \le 1$，所以要修改一下，改取 $\delta = \min\{1, 5\epsilon\}$。正式過程可以寫：

若 $\delta \le 1$，則 $0 < |x-9| < \delta \le 1 \Rightarrow 8 < x < 10, x \neq 9 \Rightarrow \sqrt{8} < \sqrt{x} < \sqrt{10}, x \neq 9$。所以 $\sqrt{x} > 2$，$\sqrt{x}+3 > 5$。取 $\delta = \min\{1, 5\epsilon\}$，於是只要 $0 < |x-9| < \delta$，便有

$$\left|\sqrt{x}-3\right| = \frac{|x-9|}{\left|\sqrt{x}+3\right|} < \frac{\delta}{5} \le \epsilon$$

例題 1.4.9 證明 $\lim\limits_{x\to 3}\frac{1}{x} = \frac{1}{3}$。

解

$$\left|\frac{1}{x}-\frac{1}{3}\right| = \frac{|3-x|}{|3x|} < \frac{\delta}{|3x|}$$

假設 $\delta \le 1$，$0 < |x-3| < \delta \le 1 \Rightarrow 2 < x < 4, x \neq 3 \Rightarrow 3x > 6$。於是

$$\frac{|3-x|}{|3x|} < \frac{\delta}{6}$$

取 $\delta = \min\{1, 6\epsilon\}$，於是只要 $0 < |x-3| < \delta$，便有

$$\left|\frac{1}{x}-\frac{1}{3}\right| = \frac{|3-x|}{|3x|} < \frac{\delta}{6} \le \epsilon$$

例題 1.4.10 證明 $\lim\limits_{x\to 2} x^3 = 8$。

解

$$\left|x^3-8\right| = |x-2|\left|x^2+2x+4\right| < \left|x^2+2x+4\right|\delta$$

假設 $\delta \le 1$，$0 < |x-2| < \delta \le 1 \Rightarrow 1 < x < 3, x \neq 2 \Rightarrow 2 < x+1 < 4, x \neq 2 \Rightarrow$

$4<(x+1)^2<16, x\neq 2$，最後便可得知 $x^2+2x+4=(x+1)^2+3<19$。取 $\delta=\min\{1,\frac{\epsilon}{19}\}$，於是只要 $0<|x-2|<\delta$，便有

$$|x-2|\left|x^2+2x+4\right|<19\delta\leq\epsilon$$

例題 1.4.11　證明 $\lim\limits_{x\to 2} x^3-x^2-x=2$。

解

$$\left|x^3-x^2-x-2\right|=|x-2|\left|x^2+x+1\right|$$

不必擔心因式分解,因為一定有 $x-2$ 這個因式,那麼剩下用除的便可得到。現在我們設 $\delta\leq 1$，$0<|x-2|<\delta\leq 1\Rightarrow 1<x<3, x\neq 2\Rightarrow 1<x^2<9, x\neq 2$，則 $x^2+x+1\leq 13$。於是取 $\delta=\min\{1,\frac{\epsilon}{13}\}$，那麼只要 $0<|x-2|<\delta$，便有

$$|x-2|\left|x^2+x+1\right|<13\delta\leq\epsilon$$

例題 1.4.12　若 $\lim\limits_{x\to a} f(x)=L, \lim\limits_{x\to a} g(x)=M$，證明 $\lim\limits_{x\to a}\big(f(x)+g(x)\big)=L+M$。

解

給定 $\frac{\epsilon}{2}>0$,存在兩正數 δ_1 及 δ_2,只要 $0<|x-a|<\delta_1$,便有 $\left|f(x)-L\right|<\frac{\epsilon}{2}$；只要 $0<|x-a|<\delta_2$，便有 $\left|g(x)-M\right|<\frac{\epsilon}{2}$。我們現在目的是，由這個前提出發，推論到：任給 $\epsilon>0$，都存在正數 δ，若 $0<|x-a|<\delta$，便有 $\left|\big(f(x)+g(x)\big)-(L+M)\right|<\epsilon$。

正式寫：任給 $\epsilon>0$，取 $\delta=\min\{\delta_1,\delta_2\}$，只要 $0<|x-a|<\delta$，便有

$$\left|\big(f(x)+g(x)\big)-(L+M)\right|=\left|\big(f(x)-L\big)+\big(g(x)-M\big)\right|$$

現在我要用一招，看清楚了，這叫三角不等式 $|A+B|\leq|A|+|B|$

$$\leq\left|f(x)-L\right|+\left|g(x)-M\right|\leq\frac{\epsilon}{2}+\frac{\epsilon}{2}=\epsilon$$

因為我們 δ 是取 δ_1 及 δ_2 當中較小的，所以一旦滿足 $0<|x-a|<\delta$，便是同時滿足 $0<|x-a|<\delta_1$ 與 $0<|x-a|<\delta_2$，於是同時有 $\left|f(x)-L\right|<\frac{\epsilon}{2}$ 及 $\left|g(x)-M\right|<\frac{\epsilon}{2}$。

例題 1.4.13 證明夾擠定理：　若在 a 附近皆有 $f(x)\le g(x)\le h(x)$，且 $\lim_{x\to a}f(x)=\lim_{x\to a}h(x)=L$，則 $\lim_{x\to a}g(x)=L$。

解

給定 $\epsilon>0$，存在兩正數 δ_1 及 δ_2，使得只要 $0<|x-a|<\delta_1$，便有 $\left|f(x)-L\right|<\epsilon$；只要 $0<|x-a|<\delta_2$，便有 $\left|h(x)-L\right|<\epsilon$。

在 a 附近皆有 $f(x)\le g(x)\le h(x)$，意思是說有個橫跨 a 點的開區間，然後再把 a 點本身挖掉，在這範圍內都有 $f(x)\le g(x)\le h(x)$。換句話說，存在 $\delta_3>0$，只要 $0<|x-a|<\delta_3$，便有 $f(x)\le g(x)\le h(x)$。若取 $\delta=\min\{\delta_1,\delta_2,\delta_3\}$，則只要 $0<|x-a|<\delta$ [a]，便有

$$L-\epsilon<f(x)\le g(x)\le h(x)<L+\epsilon$$

也就是說，$\left|g(x)-L\right|<\epsilon$。

[a] 那麼 $0<|x-a|<\delta_1$ 與 $0<|x-a|<\delta_2$ 及 $0<|x-a|<\delta_3$ 就都滿足了！所以 $\left|f(x)-L\right|<\epsilon$ 與 $\left|h(x)-L\right|<\epsilon$ 及 $f(x)\le g(x)\le h(x)$ 就都成立了！

■ 1.5　連續函數的性質

函數連續是高等數學中非常重要的概念，在微積分的學習中，也必須熟知函數連續的定義，及其相關性質與定理。

定義 1.5.1　連續的定義

函數 $y = f(x)$ 在 $x = a$ 處連續，若且唯若

$$\lim_{x \to a} f(x) = f(a)$$

而如果函數 $y = f(x)$ 在區間 I 上的每個點都連續，則稱 $f(x)$ 在區間 I 上連續。如果函數 $y = f(x)$ 在整個實數 $\mathbb{R}$ 上連續，則稱 $f(x)$ 處處連續 (continuous everywhere)。

在這個定義中，隱含了三個條件要成立：

1. 函數值 $f(a)$ 有定義
2. 極限 $\lim\limits_{x \to a} f(x)$ 存在
3. 上述兩者相等

只要其中一個不成立，便是不連續了。

為了方便，我們對於不連續點進行分類。如果極限值 $\lim\limits_{x \to a} f(x)$ 存在，則無論函數值 $f(a)$ 是不存在，或是雖存在但與極限值不相等，我們皆稱之為**可去間斷點** (removable discontinuity)。如此命名，乃是因為我們可以透過重新定義 $f(a)$ 的值，來使得函數 $f(x)$ 在 $x = a$ 處連續。

如果極限值 $\lim\limits_{x \to a} f(x)$ 不存在，這種不連續點我們稱之為**不可去間斷點** (irremovable discontinuity)。無論我們如何定義 $f(a)$ 的值，都無法使函數 $f(x)$ 在 $x = a$ 處連續。

而因為極限值不存在有多種情況，所以又可以對於不可去間斷點繼續細分。如果左右極限皆存在，但兩者不相等，便稱為**跳躍間斷點** (jump discontinuity)。如果某個單側極限是無限大，則稱為**無窮間斷點** (infinite discontinuity)。如果某個單側極限不存在，也不是無限大，則稱為**振盪間斷點** (oscilllating discontinuity)。

例題 1.5.1 分析下列函數的連續性:

(1) $f(x)=\begin{cases}\dfrac{x^2-4}{x-2} & ,x\neq 2\\ k & ,x=2\end{cases}$

(2) $f(x)=\begin{cases}\dfrac{1}{(x+1)^2} & ,x\neq -1\\ k & ,x=-1\end{cases}$

(3) $f(x)=\begin{cases}\sin\left(\dfrac{1}{x}\right) & ,x\neq 0\\ k & ,x=0\end{cases}$

解

(1) 在 $x\neq 2$ 處, $f(x)$ 顯然是連續的, 因為是連續的多項式除以多項式, 結果也連續。在 $x=2$ 處, 先做極限

$$\begin{aligned}\lim_{x\to 2}f(x)&=\lim_{x\to 2}\frac{x^2-4}{x-2}=\lim_{x\to 2}\frac{(x+2)\cancel{(x-2)}}{\cancel{x-2}}\\&=\lim_{x\to 2}(x+2)=4\end{aligned}$$

故若 $k=4$, $f(x)$ 在 $x=2$ 處連續; 若 $k\neq 4$, $f(x)$ 在 $x=2$ 處有可去間斷點。

(2) 在 $x\neq -1$ 處, $f(x)$ 顯然是連續的。在 $x=-1$ 處, 作極限

$$\lim_{x\to -1}f(x)=\lim_{x\to -1}\frac{1}{(x+1)^2}=\infty$$

故無論 k 為何值, $x=-1$ 處皆為無窮間斷點。

(3) 在 $x\neq 0$ 處, $f(x)$ 顯然是連續的, 因為是多項式除以多項式, 再與三角函數合成。在 $x=0$ 處, 作極限

$$\lim_{x\to 0}f(x)=\lim_{x\to 0}\sin\left(\frac{1}{x}\right)$$

不存在! 故無論 k 為何值, $x=0$ 處皆為振盪間斷點。

有一個很好用的性質，便依賴於函數的連續性。

性質 1.5.1

合成函數 $y = f\big(g(x)\big)$，及其定義域內某個實數 a，若外層的函數 $f(x)$ 是連續函數，就可以把 lim 丟到 f 內部，即

$$\lim_{x\to a} f\big(g(x)\big) = f\big(\lim_{x\to a} g(x)\big)$$

例題 1.5.2　求極限 $\lim\limits_{x\to\frac{\pi}{2}} 3^{\sin(x)}$。

解

$$\lim_{x\to\frac{\pi}{2}} 3^{\sin(x)} = 3^{\lim\limits_{x\to\frac{\pi}{2}}\sin(x)} = 3^1 = 3$$

例題 1.5.3　求極限 $\lim\limits_{x\to 1} \sin\left(\frac{(x-1)\pi}{x^2-1}\right)$。

解

$$\lim_{x\to 1} \sin\left(\frac{(x-1)\pi}{x^2-1}\right) = \sin\left(\lim_{x\to 1}\frac{\cancel{(x-1)}\pi}{(x+1)\cancel{(x-1)}}\right) = \sin\left(\frac{\pi}{2}\right) = 1$$

例題 1.5.4　分析函數 $f(x) = \begin{cases} \dfrac{1}{1+e^{\frac{1}{x-1}}} & , x \neq 1 \\ k & , x = 1 \end{cases}$ 在 $x = 1$ 處的連續性。

解

這麼多層，簡直要看昏頭了！做題目時最忌諱被外表嚇到，可能它其實並不難。我們從最內部慢慢來，針對最內層的 $\frac{1}{x-1}$，考察左右極限

$$\lim_{x\to 1^+}\frac{1}{x-1} = \infty \qquad \lim_{x\to 1^-}\frac{1}{x-1} = -\infty$$

因此有

$$\lim_{x\to 1^+} e^{\frac{1}{x-1}} = \infty \qquad \lim_{x\to 1^-} e^{\frac{1}{x-1}} = 0$$

於是

$$\lim_{x\to 1^+} \frac{1}{1+e^{\frac{1}{x-1}}} = 0 \qquad \lim_{x\to 1^-} \frac{1}{1+e^{\frac{1}{x-1}}} = \frac{1}{1+\lim\limits_{x\to 1^-} e^{\frac{1}{x-1}}} = 1$$

左右極限不相等，故無論 k 為何值，$x=1$ 處皆為跳躍間斷點。

前面對於性質的敘述，條件有點太強了，條件寬鬆點的版本如下。

性質 1.5.2

合成函數 $y=f\big(g(x)\big)$，實數 b 在 $f(x)$ 定義域內，滿足 $\lim\limits_{x\to a} g(x)=b$，若外層函數 $f(x)$ 在 $x=b$ 處連續，就可以把 lim 丟到 f 內部，即

$$\lim_{x\to a} f(g(x)) = f\big(\lim_{x\to a} g(x)\big) = f(b)$$

定理 1.5.1 中間值定理

如果函數 $y=f(x)$ 在閉區間 $[a,b]$ 上連續，在閉區間兩端點的取值分別為 $f(a)$ 與 $f(b)$。則對於任意介於 $f(a)$ 與 $f(b)$ 之間的實數 K，必存在介於 a 與 b 之間的實數 c，使得 $f(c)=K$。

中間值定理又可稱為介值定理。中間值定理的一個特殊情況，就是高一所學的勘根定理（將上述之 K 取為 0 罷了）。

定理 1.5.2 勘根定理

如果函數 $y=f(x)$ 在閉區間 $[a,b]$ 上連續，在閉區間兩端點的取值分別為 $f(a)$ 與 $f(b)$，且 $f(a)$ 與 $f(b)$ 異號。則必存在介於 a 與 b 之間的實數 c，使得 $f(c)=0$。

例題 1.5.5　證明 $\sqrt{x^2+5}=4-x$ 有實根。

解

移項得

$$\sqrt{x^2+5}+x=4$$

設 $f(x)=\sqrt{x^2+5}+x$ 為處處連續函數，$f(0)=\sqrt{5}<4, f(2)=\sqrt{9}+2>4$，由中間值定理，必存在 $c\in(0,2)$ 使得 $f(c)=4$，即 $x=c$ 為 $\sqrt{x^2+5}=4-x$ 之實根。

函數的連續性看似平凡，大自然許多現象似乎都是連續的。比方說你開車，$x(t)$ 是你的位置函數，這總不會是不連續的吧！然而直到十八世紀後，數學工具的發明促使對於物理學的研究日益深入，物理學遇到的問題又啟發數學理論的拓展，我們開始看到許多重要的不連續函數。函數的連續與否，是許多性質與定理成立與否的重要關鍵，礙於目前介紹的數學還很少，大部分相關定理須待後面主題再作介紹。以下再列舉與函數連續性有關的定理，它們對於微積分後面的主題是重要的。

定理 1.5.3　Weierstrass 最值存在定理

如果函數 $y=f(x)$ 在閉區間 $[a,b]$ 上連續，則函數 $f(x)$ 在此區間上存在最大值與最小值。

定理 1.5.4　連續函數的反函數也連續

如果函數 $y=f(x)$ 在閉區間 $[a,b]$ 上嚴格遞增且連續，則其反函數 $f^{-1}(x)$ 在此區間上亦嚴格遞增且連續。

{*Exercise*}

1. 如果 $|f(x)|$ 是連續函數，能保證 $f(x)$ 也是連續函數嗎？

2. 分析下列函數的連續性。

(1) $f(x)=\begin{cases} x^2 & ,x\le 0 \\ x & ,x>0 \end{cases}$　　(2) $f(x)=\begin{cases} x+1 & ,x\ge 2 \\ 2x-1 & ,1<x<2 \\ x-1 & ,x\le 1 \end{cases}$

3. 求出下列極限。

(1) $\lim\limits_{x\to\frac{\pi}{2}}\sin(x-\sin(x)+1)$　　(2) $\lim\limits_{x\to\pi}\sin(\frac{\pi}{6}\cos(\tan(x)))$

4. 若 $f(x)=\begin{cases} -2 & ,x\le -1 \\ ax+b & ,-1<x<1 \\ 3 & ,x\ge 1 \end{cases}$ 處處連續，則 $(a,b)=$ ______ 。

5. 利用中間值定理證明 $x^3-x=17$ 在 $[2,3]$ 至少有一實根。

參考答案： 1. 不能，反例如 $f(x)=\begin{cases} 1 & x\in\mathbb{Q} \\ -1 & x\notin\mathbb{Q} \end{cases}$

2. (1) 在 $\mathbb{R}$ 處處連續 (2) 在 $x=1$ 處不連續，其餘皆連續。

3. (1) 1 (2) $\frac{1}{2}$　4. $(\frac{5}{2},\frac{1}{2})$　5. 略

1.6　自然指數與自然對數

1.6.1　自然指數

全宇宙最重要的常數，就是自然指數的底：e。為了介紹這個數，我們先來想一個跟存款有關的問題。假設存款的年利率 P，每半年計息一次，複利計算。那麼我放的本金 A，過了一年會變多少錢呢？年利率是 P，所以半年的利率是其一半：$\frac{P}{2}$，一年以後計息兩次，所以本利和為

$$A \times \left(1 + \frac{P}{2}\right)^2$$

那如果是每季計息一次，季利率是 $\frac{P}{4}$，一年以後計息四次，所以本利和為

$$A \times \left(1 + \frac{P}{4}\right)^4$$

計息越多次，對我就越有利。假設我很貪心，跑去跟銀行要求，我想要每個月計息一次，那麼我一年後的本利和就是

$$A \times \left(1 + \frac{P}{12}\right)^{12}$$

人心不足蛇吞象，後來我又得寸進尺地要求每天計息一次，那麼我一年後的本利和就是

$$A \times \left(1 + \frac{P}{365}\right)^{365}$$

銀行實在是很好說話，還是一口就答應。如果我還是跑去要求要每十二小時計息一次、每小時計息一次、每分鐘計息一次、……那麼我的本利和會無止盡地膨脹下去嗎？換句話說，$A \times \lim_{n\to\infty} (1 + \frac{P}{n})^n$ 是多少？是無窮大嗎？還是有限的值？

為了簡便，我們姑且設 $P = 1$，雖然不會有人年利率是用 1[9]，但到時你就知道我們可以事後再將 P 代其它值。也就是說呢，我們目前的問題是：（將 A 也先省略）$\lim_{n\to\infty} \left(1 + \frac{1}{n}\right)^n$ 是多少？

---

[9] 目前放一年的定期存款，年利率大約是 0.013 左右，活期存款的年利率更是連 0.005 都不到。而股神巴菲特買股票的年化報酬率，也不過平均 0.23 左右。

千萬不要以為：底數趨近到 1，而 1 的任何次方還是 1。當然不是，當 $n=1$，其值就 $1+1=2$ 了。而 n 越大時其值會越大，就更不會是 1 了！這樣思考的錯誤在於：底數是「趨近 1」，而不是「1」。這就有如雙方在賽跑，看誰跑得快。如果次方快得多，就會趨近到無限大；如果底數跑到 1 快得多，就會趨近到 1。如果雙方差不多快，就會跑到一個非零常數。那麼它究竟趨近到多少呢？數學家 **Euler** 在他的著作中，將這個數取符號 [10] 為 e。換句話說，我們這麼定義

$$e=\lim_{n\to\infty}\left(1+\frac{1}{n}\right)^n$$

並且 Euler 計算它的值精確到小數點後十八位。它的值大約是

$$e=2.718281828459045\cdots$$

那現在回到原本問題，$\lim\limits_{n\to\infty}(1+\frac{P}{n})^n$ 是多少呢？數學上常常是利用已知解決未知，我們已知 $\lim\limits_{x\to\infty}(1+\frac{1}{n})^n=e$，能不能把我們現在要算的東西，跟它牽扯上關係呢？首先我們將 P 除到分母去：

$$\lim_{n\to\infty}(1+\frac{P}{n})^n=\lim_{n\to\infty}\left(1+\frac{1}{\frac{n}{P}}\right)^n$$

接著為了要對齊，將次方也寫成 $\frac{n}{P}$

$$\lim_{n\to\infty}\left((1+\frac{1}{\frac{n}{P}})^{\frac{n}{P}}\right)^P$$

然後把 lim 丟到裡面去

$$\left(\lim_{n\to\infty}\left(1+\frac{1}{\frac{n}{P}}\right)^{\frac{n}{P}}\right)^P$$

這時候令 $m=\frac{n}{P}$。由於 P 是有限的正數，所以既然 $n\to\infty$，那麼除以有限正數之後仍是趨近無限大，也就是說 $m\to\infty$。所以變成

$$\left(\lim_{m\to\infty}\left(1+\frac{1}{m}\right)^m\right)^P=e^P$$

就是這樣啦！$\lim\limits_{n\to\infty}(1+\frac{P}{n})^n=e^P$ 請記起來，包括上述過程，這很常考的。

---

[10] 有人說這是取他名字的第一個字母。也有人認為 **Euler** 為人這麼謙虛不會這麼做，應該是取指數 exponential 的第一個字母。

在剛剛所說的銀行存款例子中，就算我要求每秒計息、每毫秒計息，再怎麼如何得寸進尺下去，一年下來的本利和其實也不會超過 $A \times e^P$ 。若以目前第一商業銀行的活期儲蓄存款之年利率 $P = 0.0032$ 來算，那就是

$$A \times e^{0.0032} \doteqdot A \times 1.003205125$$

嘩！跟一年只計一次息根本差不了多少嘛[11]！

隨著年利率的不同，P 就代不同的值到 e^P 。那我們可以將 P 改寫成變數 x，於是這就是自然指數函數 e^x，e 就是這個自然指數函數的底。

e 的定義也可以寫成

$$e = \lim_{x \to 0} (1 + x)^{\frac{1}{x}}$$

這只要由前一個定義中，代 $n = \frac{1}{x}$，代完就會是 $e = \lim\limits_{x \to 0^+} (1 + x)^{\frac{1}{x}}$，接著再試圖說明說左極限等於右極限，就好啦！

例題 1.6.1　求極限 $\lim\limits_{n \to -\infty} \left(1 + \frac{1}{n}\right)^n$ 。

解

設 $m = -n$，則有

$$\lim_{m \to \infty} \left(1 - \frac{1}{m}\right)^{-m} = \lim_{m \to \infty} \left(\frac{m-1}{m}\right)^{-m}$$

倒數、次方差負號

$$= \lim_{m \to \infty} \left(\frac{m}{m-1}\right)^{m} = \lim_{m \to \infty} \left(1 + \frac{1}{m-1}\right)^{m}$$

為了對齊拉一個出來

$$= \lim_{m \to \infty} \left(1 + \frac{1}{m-1}\right)^{m-1} \cdot \left(1 + \frac{1}{m-1}\right) = e \cdot 1 = e$$

例題 1.6.2　求極限 $\lim\limits_{x \to 0^-} (1 + x)^{\frac{1}{x}}$ 。

解

設 $x = \dfrac{1}{n}$，則

$$\lim_{n \to -\infty} \left(1 + \frac{1}{n}\right)^n = e$$

---

[11] 這是因為 P 實在太小了，P 越大的話差異會越大。

note

應當可以注意到，我們不斷利用變數代換的技巧來化未知為已知。

例題 1.6.3 求極限 $\lim_{n\to\infty}(1-\frac{1}{n})^n$。

解

e 的定義中底數是 $1+\frac{1}{n}$，這裡卻是 $1-\frac{1}{n}$，怎麼辦呢？可以作變數代換 $m=-n$，則

$$\begin{aligned}\lim_{n\to\infty}(1-\frac{1}{n})^n &= \lim_{m\to-\infty}(1+\frac{1}{m})^{-m}\\ &= \lim_{m\to-\infty}\left[\left(1+\frac{1}{m}\right)^m\right]^{-1}\\ &= \left[\lim_{m\to-\infty}(1+\frac{1}{m})^m\right]^{-1} = e^{-1}\end{aligned}$$

例題 1.6.4 求極限 $\lim_{x\to0}(1+2x)^{\frac{1}{x}}$。

解

這就是 $a=2$ 的情況，所以答案是 e^2。

例題 1.6.5 求極限 $\lim_{n\to\infty}\left(\frac{1+n}{n}\right)^{2n+1}$。

解

$$\begin{aligned}&\lim_{n\to\infty}\left(\frac{1+n}{n}\right)^{2n+1} = \lim_{n\to\infty}\left(\frac{1}{n}+1\right)^{2n+1}\\ &= \lim_{n\to\infty}\left[\left(\frac{1}{n}+1\right)^n\right]^2\cdot\left(\frac{1}{n}+1\right)\\ &= e^2\cdot 1 = e^2\end{aligned}$$

1.6.2 自然對數

一般的對數函數是 $\log_a x$，若是我們將底數放 e，那就是 $\log_e x$。這就是自然對數函數，因為實在特別重要，所以特地給它符號

$$\ln(x) = \log_e x$$

自然對數也是對數，所以對數的運算律在它身上也是成立的。其中一個運算律我特地拿來講一下，本來我們有

$$A = b^{\log_b A}$$

A 是任意正實數，b 則是任意合法的實數[12]。我們在微積分中比較常用 e 了，所以就將 b 取成 e

$$A = e^{\ln(A)}$$

note

ln 是 nature log 之意。十七世紀時 Pietro Mengoli 使用拉丁文 logarithmus naturalis 來稱呼，1893 年時 Irving Stringham 使用 ln 作為符號。

例題 1.6.6　求極限 $\lim\limits_{x\to 0} \dfrac{\ln(1+x)}{x}$。

解

$$\begin{aligned}
\lim_{x\to 0} \frac{\ln(1+x)}{x} &= \lim_{x\to 0} \frac{1}{x} \cdot \ln(1+x) \\
&= \lim_{x\to 0} \ln\left((1+x)^{\frac{1}{x}}\right) && \boxed{\text{對數的運算律}} \\
&= \ln\Big(\underbrace{\lim_{x\to 0}(1+x)^{\frac{1}{x}}}_{e}\Big) = \ln e = 1
\end{aligned}$$

[12] 合法的意思是符合底數的限制：$b > 0$ 且 $b \neq 1$。

1.6.3　利用 e 的定義解極限

前面稍微介紹了在求極限時，稍作變形後套用 e 的定義充分使用了化未知為已知的精神。現在繼續深入討論，先列出幾個相關的重要極限值。

性質 1.6.1　e 相關的重要極限

1. $\lim_{n\to\infty}\left(1+\frac{1}{n}\right)^n = e$
2. $\lim_{n\to\infty}\left(1+\frac{a}{n}\right)^n = e^a$
3. $\lim_{x\to 0}\left(1+x\right)^{\frac{1}{x}} = e$
4. $\lim_{x\to 0}\left(1+ax\right)^{\frac{1}{x}} = e^a$
5. $\lim_{x\to 0}\frac{\ln\left(1+x\right)}{x} = 1$
6. $\lim_{x\to 0}\frac{e^x-1}{x} = 1$

上面最後一項是前面沒討論過的，首先設 $y=e^x-1$，於是 $e^x=y+1$，兩邊取對數⑬ 得到 $x=\ln\left(y+1\right)$。當 $x\to 0$，$e^x\to 1$，即 $y\to 0$，所以轉換為

$$\lim_{y\to 0}\frac{y}{\ln\left(y+1\right)}$$

這正是第 5 項的倒數，所以也是 1。

例題 1.6.7　求極限 $\lim_{x\to 0}\frac{2^x-1}{x}$。

解

設 $y=2^x-1\Rightarrow 2^x=y+1\Rightarrow x=\log_2\left(y+1\right)=\frac{\ln\left(y+1\right)}{\ln 2}$（換底公式），則

⑬ 現在講取對數都默認是取自然對數！

$$\lim_{x\to 0}\frac{2^x-1}{x}=\lim_{y\to 0}\frac{y}{\frac{\ln(y+1)}{\ln 2}}=\ln 2\cdot\lim_{y\to 0}\frac{y}{\ln(y+1)}=\ln 2$$

由上一題經驗，我們可得出結論

$$\lim_{x\to 0}\frac{a^x-1}{x}=\ln(a)\quad (a>0,a\neq 1) \tag{1.6.1}$$

對於任意正數 A，都可挑選適當底數 b，使得

$$A=b^{\log_b A} \tag{1.6.2}$$

因為高等數學比較常以 e 為底，所以經常寫成

$$A=e^{\ln A} \tag{1.6.3}$$

解極限時便可應用，例如

$$\lim_{x\to 0}\frac{a^x-1}{x}=\lim_{x\to 0}\frac{e^{x\ln(a)}-1}{x}=\lim_{x\to 0}\frac{e^{x\ln(a)}-1}{x\ln(a)}\cdot\ln(a)=1\cdot\ln(a)$$

例題 1.6.8　求極限 $\lim_{x\to 0}\frac{5^x-3^x}{x}$。

解

$$\begin{aligned}\lim_{x\to 0}\frac{5^x-3^x}{x}&=\lim_{x\to 0}\frac{(5^x-1)-(3^x-1)}{x}=\lim_{x\to 0}\frac{5^x-1}{x}-\lim_{x\to 0}\frac{3^x-1}{x}\\&=\ln 5-\ln 3=\ln\frac{5}{3}\end{aligned}$$

例題 1.6.9　求極限 $\lim_{x\to 0}(1+2x)^{\frac{1}{\sin(x)}}$。

解

$$\lim_{x\to 0}(1+2x)^{\frac{1}{\sin(x)}}=\lim_{x\to 0}\left[(1+2x)^{\frac{1}{2x}}\right]^{\frac{x}{\sin(x)}\cdot 2}=e^2$$

> 裡面刻意湊出 e 的定義，外面平衡回來。

例題 1.6.10 求極限 $\lim_{x\to 0}\left(1+x^2\right)^{\cot^2(x)}$。

解

$$\begin{aligned}
&\lim_{x\to 0}\left[\left(1+x^2\right)^{\frac{1}{x^2}}\right]^{x^2\cdot\cot^2(x)}\\
=&\lim_{x\to 0}\left[\left(1+x^2\right)^{\frac{1}{x^2}}\right]^{\frac{x^2}{\sin^2(x)}\cdot\cos^2(x)}=e^{(1\cdot 1)}=e
\end{aligned}$$

例題 1.6.11 求極限 $\lim_{x\to 0}\left(e^x+\sin(x)\right)^{\frac{2}{x}}$。

解

$$\begin{aligned}
&\lim_{x\to 0}\left(e^x+\sin(x)\right)^{\frac{2}{x}}\\
=&\lim_{x\to 0}e^2\cdot\left(1+\frac{\sin(x)}{e^x}\right)^{\frac{2}{x}} && \text{把 } e^x \text{ 拉出去，使其出現 } 1\\
=&e^2\cdot\lim_{x\to 0}\left[\left(1+\frac{\sin(x)}{e^x}\right)^{\frac{e^x}{\sin(x)}}\right]^{\frac{\sin(x)}{x}\cdot 2\cdot\frac{1}{e^x}} && \text{依 } e \text{ 定義對齊，並平衡}\\
=&e^2\cdot e^2=e^4
\end{aligned}$$

例題 1.6.12 求 a 之值使得 $\lim_{x\to\infty}\left(\frac{x+a}{x-a}\right)^x=e^3$。

解 1

$$\lim_{x\to\infty}\left(\frac{x-a+2a}{x-a}\right)^x=\lim_{x\to\infty}\left(1+\frac{2a}{x-a}\right)^{x-a}\cdot\left(1+\frac{2a}{x-a}\right)^a$$
$$=e^{2a}\cdot 1=e^3\ \Rightarrow a=\frac{3}{2}$$

解 2

$$\lim_{x\to\infty}\left(\frac{1+\frac{a}{x}}{1-\frac{a}{x}}\right)^x=\lim_{x\to\infty}\frac{\left(1+\frac{a}{x}\right)^x}{\left(1-\frac{a}{x}\right)^x}$$
$$=\frac{e^a}{e^{-a}}=e^{2a}=e^3\ \Rightarrow a=\frac{3}{2}$$

例題 1.6.13 求極限 $\lim_{x\to\infty}\left(\sin(\frac{1}{x})+\cos(\frac{1}{x})\right)^x$。

解

首先設 $y=\frac{1}{x}$，得到

$$\lim_{y\to0^+}\left(\sin(y)+\cos(y)\right)^{\frac{1}{y}}$$
$$=\lim_{y\to0^+}\left(1+\left(\sin(y)+\cos(y)-1\right)\right)^{\frac{1}{y}} \quad \boxed{\text{湊定義}}$$
$$=\lim_{y\to0^+}\left[\left(1+\left(\sin(y)+\cos(y)-1\right)\right)^{\frac{1}{\sin(y)+\cos(y)-1}}\right]^{\frac{\sin(y)+\cos(y)-1}{y}} \quad \boxed{\text{平衡回來}}$$
$$=e^1$$

其中 $\lim_{y\to0^+}\frac{\sin(y)+\cos(y)-1}{y}=\lim_{y\to0^+}\frac{\sin(y)}{y}-\lim_{y\to0^+}\frac{2\sin^2(\frac{y}{2})}{y}=1-0$。

1.6.4　*e* 之趣談

e 這個數真的是太重要也太奇妙了！以下收錄一些 *e* 的奇妙蹤跡。只是簡略介紹，並不作深入探析。

1. 歐拉恆等式

$$e^{i\pi}+1=0$$

這個式子幾乎被公認為世上最美麗的公式，加法單位元素 0、乘法單位元素 1、圓周率 π 以及歐拉數 e，這幾個重要但看似彼此無關的數，由一個式子這樣統合了在一起。

2. 質數分佈定理

$$\lim_{x\to\infty}\frac{\pi(x)}{\frac{x}{\ln(x)}}=1$$

函數 $\pi(x)$ 是質數函數，定義為小於等於 x 的質數個數。比方說前幾個質數為 $2,3,5,7$，那麼就可以寫 $\pi(1)=0$, $\pi(2)=1$, $\pi(5)=3$, $\pi(9.7)=4$ 等等。而這個極限告訴我們，在 x 很大的時候，$\pi(x)$ 和 $\frac{x}{\ln(x)}$ 是非常近似的。也可以將此極限寫成另外一個形式

$$\lim_{x\to\infty}\frac{\frac{\pi(x)}{x}}{\frac{1}{\ln(x)}}=1$$

這樣寫是將 $\frac{\pi(x)}{x}$ 看成質數密度：小於等於 x 的質數個數除以 x。這個極限說明當 x 很大時，質數密度近似於 $\frac{1}{\ln(x)}$。質數與 e，兩者看似毫無關係，彼此竟有這樣的聯繫。

3. 何時開方最大

x 取值為怎樣的正數，會使 $\sqrt[x]{x}$ 最大呢？試著代入前幾個正整數：

$1^{\frac{1}{1}}=1.0000$, $2^{\frac{1}{2}}\doteqdot 1.4142$, $3^{\frac{1}{3}}\doteqdot 1.4422$, $4^{\frac{1}{4}}\doteqdot 1.4142$, $5^{\frac{1}{5}}\doteqdot 1.3797$,

$6^{\frac{1}{6}}\doteqdot 1.3480$, $7^{\frac{1}{7}}\doteqdot 1.3205$, $8^{\frac{1}{8}}\doteqdot 1.2968$, $9^{\frac{1}{9}}\doteqdot 1.2765$, $10^{\frac{1}{10}}\doteqdot 1.2589$, $\cdots$

可以發現，越大的數代出來越小，但前幾項似乎例外。那麼，若考慮所有正實數 x，何時能使 $x^{\frac{1}{x}}$ 最大呢？答案是當 $x = e \doteqdot 2.718$，有最大值 $e^{\frac{1}{e}} \doteqdot 1.444667861$。

4. **何時乘積最大**

如果將一個正數分成若干分，並將所有的數乘起來，那麼如何分，會使整個乘積最大呢？首先由算幾不等式

$$\sqrt[n]{a_1 \times a_2 \times \cdots \times a_n} \leq \frac{a_1 + a_2 + \cdots + a_n}{n}$$

可以知道，平分會比分得不均還要大。那麼要平分為幾分會最大呢？這相當於求 $y = \left(\frac{a}{x}\right)^x$ 何時有極大值。答案是當 $x = \frac{a}{e}$，即將 a 分成 $\frac{a}{e}$ 等分，每一分都是 $\frac{a}{\frac{a}{e}} = e$，再把每一個數乘起來。不過 $\frac{a}{e}$ 不一定剛好是整數，所以要改取 $\frac{a}{e}$ 旁邊的整數。

5. **相親問題**

杜蘭朵公主要招親，前來相親的人選眾多，要如何挑出適宜人選呢？皇帝決定：讓全部 n 個前來相親的人一個個輪流進來，先直接拒絕前面 x 個，之後每一個人和那前 x 個人比較，只要出現比前面 x 個人好的人選，就馬上成親，否則刷掉。皇帝希望知道，如何決定 x，使得挑到最好人選的機率最大。x 不能取得太大，這樣最好人選很可能就在那 x 裡面，那麼公主只好去當尼姑；x 也不能取太小，這樣很快就有次好人選比前 x 個還好，便取不到最好人選。

幸好有個臣子懂微積分，經過一番計算以後，知道 x 要取成大約佔 n 的 $\frac{1}{e} \doteqdot 0.368$。換句話說，$x$ 約等於 $\frac{n}{e} \doteqdot 0.368n$ 時，選到最好人選的機率最大。而此時選到最好人選的機率亦是 $\frac{1}{e}$。

6. **懸鏈線問題**

將鏈的兩端固定，使其受重力自然垂下，此時鏈子會形成怎樣的曲線呢？伽利略誤認為應該是一條拋物線，後來十七世紀末，約翰 · 伯努利

(Johann Berboulli) 及萊布尼茲 (Gottfried Leibniz) 做出正確答案，懸鏈線的方程式為:

$$y = \frac{a}{2}\left(e^{ax} + e^{-ax}\right)$$

其中 a 是一個和鏈子密度與張力有關的正數。

7. **a^x 與 $\log_a x$ 圖形交點數**

函數 $y = a^x$ 與 $y = \log_a x$ 的圖形，通常是分離的，但是當底數 a 足夠小，例如 $a = 1.4$ 時，會交於兩點。

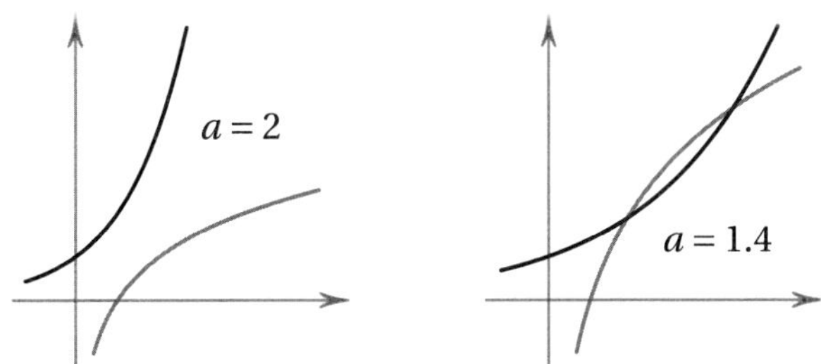

圖 1.11: $y = a^x$ 與 $y = \log_a x$ 分離或交於兩點

那麼 a 取值多少時會正好相切呢？答案是當 $a = e^{\frac{1}{e}} \doteqdot 1.444667861$ 時。

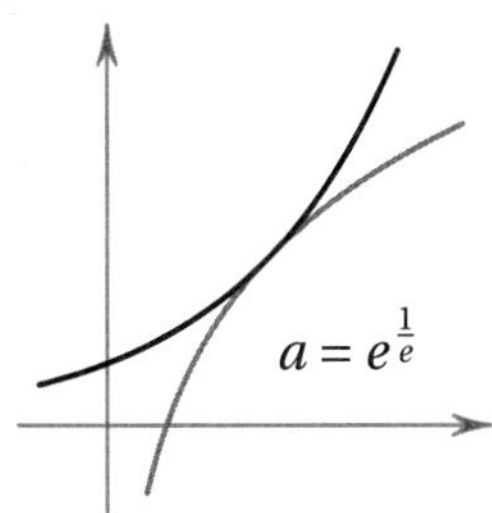

圖 1.12: $y = a^x$ 與 $y = \log_a x$ 相切

更有趣的是，並不是 a 比 $e^{\frac{1}{e}}$ 小就一定都是兩交點，例如當 $a = 0.01$，就有三個交點。

那麼何時交於三點呢？當 $0 < a < e^{-e} \doteqdot 0.066$ 的時候。e！又是你！

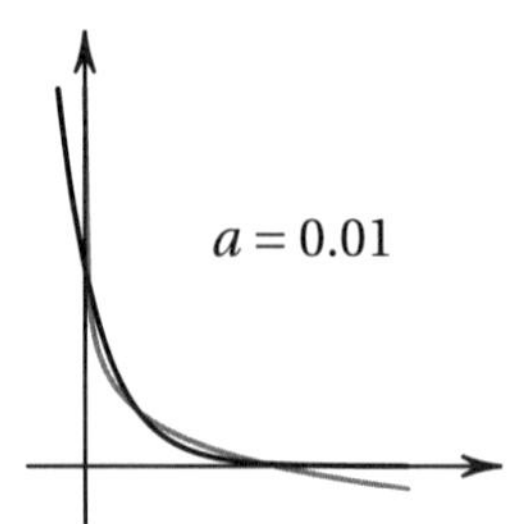

圖 1.13: $y = a^x$ 與 $y = \log_a x$ 交於三點

8.

$$e = \frac{1}{0!} + \frac{1}{1!} + \frac{1}{2!} + \frac{1}{3!} + \frac{1}{4!} + \frac{1}{5!} + \cdots$$

$$\frac{1}{e} = \frac{1}{0!} - \frac{1}{1!} + \frac{1}{2!} - \frac{1}{3!} + \frac{1}{4!} - \frac{1}{5!} + \cdots$$

9.

$$i^i = e^{-\frac{\pi}{2}} \doteqdot 0.2078796$$

虛數的虛數次方是個實數，而這個實數又與 e 及 π 有關。

10.

$$e = 2 + \cfrac{1}{1 + \cfrac{1}{2 + \cfrac{2}{3 + \cfrac{3}{4 + \cfrac{4}{5 + \cfrac{5}{6 + \cfrac{6}{7 + \cfrac{7}{\cdots}}}}}}}}$$

{*Exercise*}

1. 求出下列極限。

(1) $\lim\limits_{x\to 0}\dfrac{\sin(x)}{e^x-1}$　　(2) $\lim\limits_{n\to\infty}\left(1+\dfrac{2}{n}\right)^{3n}$

(3) $\lim\limits_{x\to 0}\left(1+x\right)^{\frac{\ln 2}{x}}$　　(4) $\lim\limits_{x\to\infty}\left(1+\dfrac{4}{x}\right)^{3x}$

(5) $\lim\limits_{x\to 0^+}\left(x+e^x\right)^{\frac{1}{x}}$　　(6) $\lim\limits_{x\to 0}\left(\cos(x)\right)^{\frac{1}{x^2}}$

2. 若 $\lim\limits_{n\to\infty}(\dfrac{n+a}{n-a})^n=e^3$，則 $a=$______。

參考答案： 1. (1) 1 (2) e^6 (3) 2 (4) e^{12} (5) e^2 (6) $e^{-\frac{1}{2}}$　2. $\frac{3}{2}$

■ 1.7　漸近線

描述函數行為，其中一種手段就是研究圖形的漸近線。高中已經學過一些簡單曲線的漸近線，例如指數函數 $y=2^x$ 的漸近線為 $y=0$、對數函數 $y=\log(x+1)$ 的漸近線是 $x=-1$、雙曲線 $y^2-x^2=1$ 的漸近線為 $y=x$ 及 $y=-x$ 等等。

現在學過微積分之後，我們可以探究更多曲線的漸近線。究竟，何謂漸近線呢？由字源學的角度來看，漸近線 (asymptote)，其希臘文為 **ἀσύμπτωτος**，其組成為 **ἀ** (a- 意思為 not)、*σύμ* (sym 意思為 together)、**πτωτ** (ptot 意思為 fallen)，就是說不會碰到 (not falling together)。漸近線一詞，即是由希臘數學家阿波羅尼奧斯 (**Apollonius** *Ἀπολλώνιος*) 在其巨著《圓錐曲線論》(conics) 中所提出。然而當時的定義與現今數學對漸近線的定義卻不太一樣，雙曲線的漸近線確實不會與曲線碰觸到，但是讓我們來考慮下面這條曲線，你認為圖 1.14 中的水平虛線可以說是曲線的漸近線嗎？

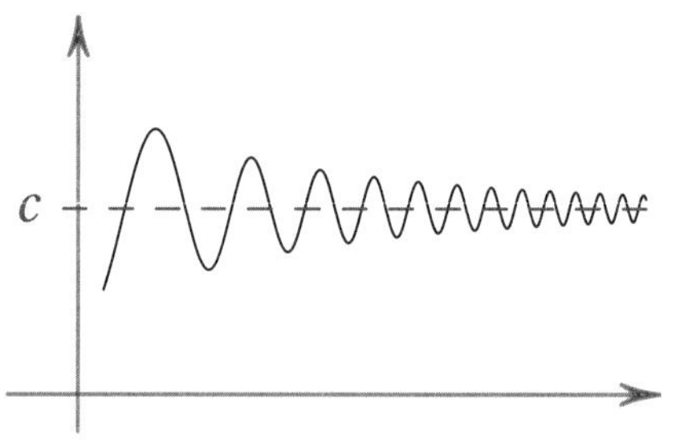

圖 1.14: 漸近線

我們現在這樣說：如果曲線 C 與直線 L 的距離越來越靠近，到無窮遠處無限靠近，那麼就說 L 為 C 的漸近線。聽完我這樣講，想必你已經知道我們可以用極限的語言來定義漸近線了！以下便分類為水平漸近線、鉛直漸近線、斜漸近線來分別給出定義。

1.7.1　水平漸近線

在圖 1.14 中，我們考慮曲線 $y_1=f(x)$ 與水平線 $y_2=c$，其鉛直距離 $|y_1-y_2|=|f(x)-c|$，隨著 x 趨向無限大而趨近到 0。所以有

$$\lim_{x\to\infty}|f(x)-c|=0$$

因為結果是趨近到 0，所以拆去絕對值無妨

$$\lim_{x\to\infty} f(x) - c = 0$$

又可將常數 c 移項得到

$$\lim_{x\to\infty} f(x) = c$$

但是這樣只是讓 x 往右跑遠察看漸近線，往左邊看的話可能會有不同漸近線，如圖 1.15。因此，一般來說，極限須做兩次，分別為 $x\to\infty$ 和 $x\to-\infty$。

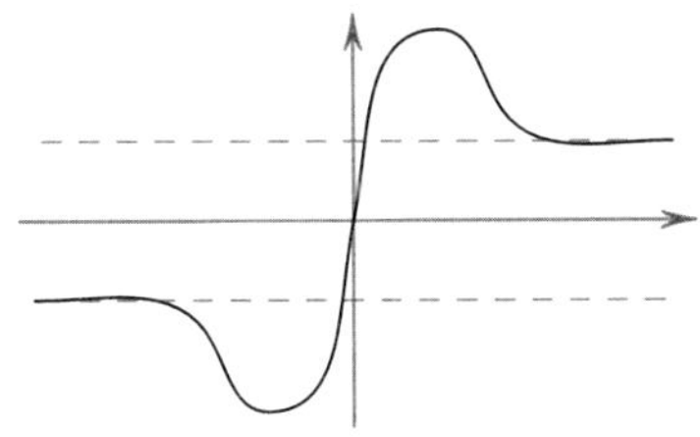

圖 1.15: 兩條水平漸近線

定義 1.7.1　水平漸近線

若函數 $f(x)$ 滿足

$$\lim_{x\to\infty} f(x) = C_1 \quad 或 \quad \lim_{x\to-\infty} f(x) = C_2$$

則稱曲線 $y = f(x)$ 有水平漸近線 $y = C_1$ 或 $y = C_2$。

例題 1.7.1　找出曲線 $y = \dfrac{x^2-1}{x^2+1}$ 的水平漸近線。

解

由於

$$\lim_{x\to\infty} \frac{x^2-1}{x^2+1} = \lim_{x\to-\infty} \frac{x^2-1}{x^2+1} = 1$$

所以 $y = \dfrac{x^2-1}{x^2+1}$ 有一條水平漸近線 $y = 1$。

例題 1.7.2 找出曲線 $y=\frac{3e^{2x}}{(1+e^x)^2}$ 的水平漸近線。

解

$$\lim_{x\to\infty}\frac{3e^{2x}}{(1+e^x)^2}=\lim_{x\to\infty}\frac{3}{(e^{-x}+1)^2}=\frac{3}{(0+1)^2}=3$$

$$\lim_{x\to-\infty}\frac{3e^{2x}}{(1+e^x)^2}=\lim_{x\to-\infty}\frac{3}{(e^{-x}+1)^2}=0$$

所以曲線 $y=\frac{3e^{2x}}{(1+e^x)^2}$ 有水平漸近線 $y=3$ 及 $y=0$。

例題 1.7.3 找出曲線 $y=\frac{1}{e^x+e^{-x}}$ 的水平漸近線。

解

因 $f(x)=\frac{1}{e^x+e^{-x}}$ 是偶函數，只須做

$$\lim_{x\to\infty}\frac{1}{e^x+e^{-x}}=0$$

所以曲線 $y=\frac{1}{e^x+e^{-x}}$ 有一條水平漸近線 $y=0$。

例題 1.7.4 找出曲線 $y=\tan^{-1}(x)$ 的水平漸近線。

解

由於

$$\lim_{x\to\infty}\tan^{-1}(x)=\frac{\pi}{2}$$

$$\lim_{x\to-\infty}\tan^{-1}(x)=-\frac{\pi}{2}$$

所以曲線 $y=\tan^{-1}(x)$ 有水平漸近線 $y=\frac{\pi}{2}$ 及 $y=-\frac{\pi}{2}$。

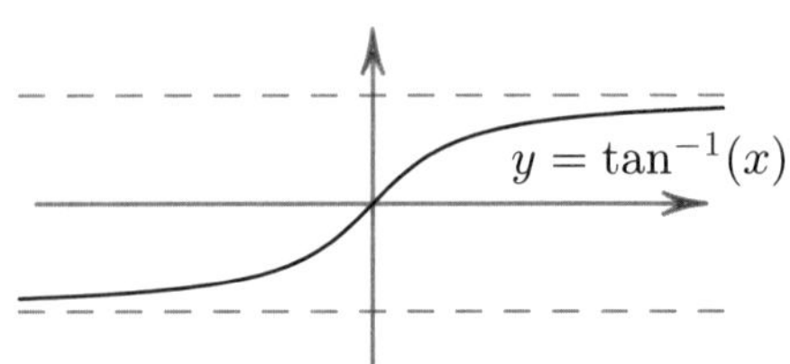

1.7.2 鉛直漸近線

對於鉛直漸近線 $x=a$，基於化未知為已知的精神，我們想：若是將圖整個以 $y=x$ 為對稱軸翻過來，豈不就直接讓鉛直變為水平嗎？於是寫下：

> 若函數 $f(x)$ 存在反函數 $f^{-1}(x)$，且滿足
>
> $$\lim_{x\to\infty} f^{-1}(x)=a_1 \quad \text{或} \quad \lim_{x\to-\infty} f^{-1}(x)=a_2$$
>
> 則稱曲線 $y=f(x)$ 有鉛直漸近線 $y=a_1$ 或 $y=a_2$。

若這樣說，想法是好的，但實用性不佳。第一，函數不一定存在反函數，不存在反函數的情況佔大宗；第二，存在反函數，你也不一定寫得出表達式，比方說 $y=x^7+x+1$ 有反函數，但是你寫不出來。因此，只好用較為拗口的方式來說。

定義 1.7.2 鉛直漸近線

若存在實數 a 滿足

$$\lim_{x\to a^+} f(x)=\pm\infty \quad \text{或} \quad \lim_{x\to a^-} f(x)=\pm\infty$$

則稱曲線 $y=f(x)$ 有鉛直漸近線 $x=a$。

例題 1.7.5 找出曲線 $y=\dfrac{1}{x-1}$ 的鉛直漸近線。

解

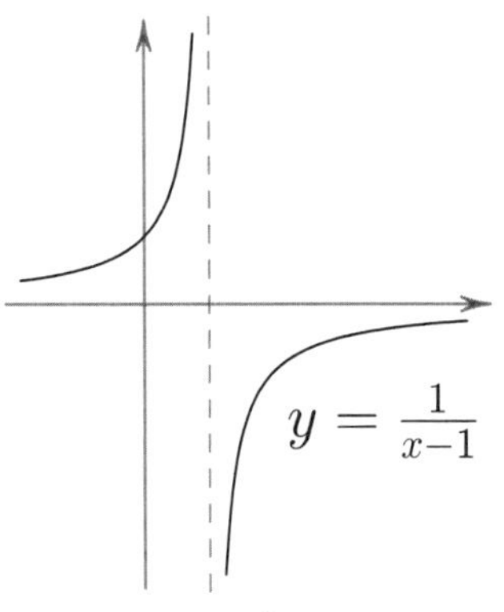

看到那個分母，就知道要挑 1：

$$\lim_{x\to1^+}\frac{1}{x-1}=\infty$$

所以曲線 $y=\dfrac{1}{x-1}$ 有鉛直漸近線 $x=1$。
另外，還有一條水平漸近線 $y=0$。

例題 1.7.6 找出曲線 $y = \tan(x)$ 的鉛直漸近線。

解

對於任意 $t = \frac{(2k+1)\pi}{2}$, $k \in \mathbb{Z}$, 都有

$$\lim_{x \to t^-} \tan^{-1}(x) = \infty$$

所以曲線 $y = \tan(x)$ 有鉛直漸近線 $x = \frac{(2k+1)\pi}{2}$, $k \in \mathbb{Z}$。

感覺找鉛直漸近線似乎很難，以前學的是給定 a，要我們求當 $x \to a$ 時 $f(x)$ 趨近何值，現在居然反過來，要我們自己主動尋找 a 值。其實求鉛直漸近線，主要分為兩類：

1. 找分母為 0 處，特別是有理函數，直接看分母一次因式即可。
2. 憑我們對函數的認識，例如：$\tan(x)$、$\sec(x)$ 等等。

許多教材裡的題目只有有理函數，而就算是第二種也並不困難，就是拿你已經知道有漸近線的函數問你，你只是在已知答案的前提下寫出過程。

例題 1.7.7 找出曲線 $y = \frac{x^3 - 5x^2 + 2x + 2}{(x+1)^2(x-1)(x-3)}$ 的鉛直漸近線。

解

乍看感覺是 $x = -1$、$x = 1$ 和 $x = 3$，但注意到分子代 $x = 1$ 會等於 0，由高一學過的因式定理，分子也有 $(x-1)$ 這個因式！所以因式分解

$$\frac{x^3 - 5x^2 + 2x + 2}{(x+1)^2(x-1)(x-3)} = \frac{\cancel{(x-1)}(x^2 - 4x - 2)}{(x+1)^2\cancel{(x-1)}(x-3)} = \frac{(x^2 - 4x - 2)}{(x+1)^2(x-3)}$$

所以由

$$\lim_{x \to -1} \frac{(x^2 - 4x - 2)}{(x+1)^2(x-3)} = -\infty \qquad \lim_{x \to 3^+} \frac{(x^2 - 4x - 2)}{(x+1)^2(x-3)} = -\infty$$

我們知道曲線 $y = \frac{x^3 - 5x^2 + 2x + 2}{(x+1)^2(x-1)(x-3)}$ 有鉛直漸近線 $x = -1$、$x = 3$。

1.7.3 斜漸近線

並非所有漸近線都是水平或鉛直的，也有斜漸近線，這對我們其實不陌生，高中所學標準的雙曲線，其漸近線就是斜的。

對於曲線 $y_1 = f(x)$ 及斜漸近線 $y_2 = mx+b$，考慮鉛直距離 $|y_1 - y_2| = |f(x)-(mx+b)|$，隨著 x 趨向正或負無限大而趨近到 0。所以有

$$\lim_{x\to\pm\infty} \left|f(x)-(mx+b)\right| = 0$$

因為結果是趨近到 0，所以拆去絕對值無妨

$$\lim_{x\to\pm\infty} \left[f(x)-(mx+b)\right] = 0$$

定義 1.7.3 斜漸近線

若存在實數 m, b 滿足

$$\lim_{x\to\infty} \left[f(x)-(mx+b)\right] = 0 \quad \text{或} \quad \lim_{x\to-\infty} \left[f(x)-(mx+b)\right] = 0$$

則曲線 $y = f(x)$ 有斜漸近線 $y = mx+b$。

例題 1.7.8 找出曲線 $y = \dfrac{x^2+x-1}{x-1}$ 的斜漸近線。

解

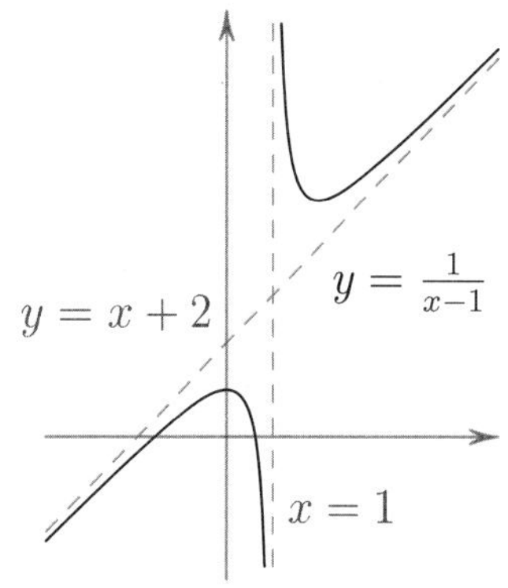

首先做多項式除法

$$\begin{array}{r|l} & x+2 \\ \hline x-1 & x^2 + x - 1 \\ & -x^2 + x \\ \hline & 2x - 1 \\ & -2x + 2 \\ \hline & 1 \end{array}$$

得知原式可寫成

$$y = x+2+\frac{1}{x-1}$$

怎麼樣的 m, b 能使

$$\lim_{x\to\pm\infty} \left[\left(x+2+\frac{1}{x-1}\right)-(mx+b)\right] = 0$$

成立呢？由於 $\frac{1}{x-1}$ 顯然會趨近到 0，想必就是取 $(m,b)=(1,2)$：

$$\lim_{x\to\pm\infty}\left[\left(x+2+\frac{1}{x-1}\right)-(x+2)\right]=\lim_{x\to\pm\infty}\frac{1}{x-1}=0$$

因此曲線 $y=\frac{x^2+x-1}{x-1}$ 有斜漸近線 $y=x+2$。

例題 1.7.9　找出曲線 $y=\sqrt{x^2+1}$ 的斜漸近線。

解

$$\begin{aligned}&\lim_{x\to\infty}\left[\sqrt{x^2+1}-(mx+b)\right]\\&=\lim_{x\to\infty}\frac{(x^2+1)-\left(m^2x^2+2mbx+b^2\right)}{\sqrt{x^2+1}+(mx+b)}\quad\boxed{\text{反有理化}}\\&=\lim_{x\to\infty}\frac{(1-m^2)x^2-2mbx+(1-b^2)}{\sqrt{x^2+1}+mx+b}=\lim_{x\to\infty}\frac{(1-m^2)x-2mb+\frac{(1-b^2)}{x}}{\sqrt{1+\frac{1}{x^2}}+m+\frac{b}{x}}=0\end{aligned}$$

最後一項極限式的分母趨近到非零常數，最後整個式子又趨近 0，可見分子必然趨近到 0。便得

$$\begin{cases}1-m^2=0\\2mb=0\end{cases}$$

可解得 $m=\pm1,b=0$。由於 $x\to\infty$，顯然應取 $m=1\,(>0)$ 才合。但是改作 $x\to-\infty$ 時，又應取 $m=-1\,(<0)$。所以兩個都合，曲線 $y=\sqrt{x^2+1}$ 有斜漸近線 $y=x$ 及 $y=-x$。

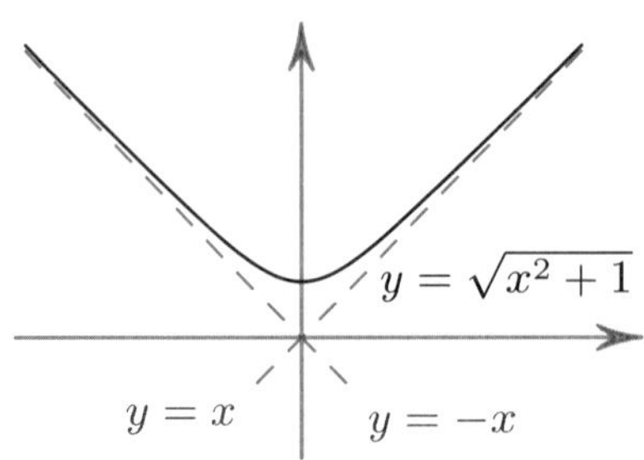

看起來，求斜漸近線還挺麻煩的，要決定兩個未知數 m, b 來使極限值為 0。前面兩個例題已經算簡單了，要是式子再複雜些可就讓人很頭痛了。

其實，許多教科書裡只有介紹像例題 1.7.8 那樣的有理函數，分子的次方比分母的次方多 1，於是執行一下多項式除法，寫成一個一次式加上剩餘項，而剩餘項會趨近到 0，所以那個一次式，也就是作除法時的商式，就是漸近線了。

但是部分課程會處理其它函數的斜漸近線，特別是轉學考及研究所入學考，可能不會這麼友善，因此我們有必要討論出一個簡潔的辦法，以對付更一般的情況。

$$\lim_{x\to\infty}\left[f(x)-mx-b\right]=0 \tag{1.7.1}$$

$$\Rightarrow \lim_{x\to\infty}\left[\frac{f(x)}{x}-m+\frac{b}{x}\right]=0 \qquad \boxed{\text{同除以 } x} \tag{1.7.2}$$

$$\Rightarrow \lim_{x\to\infty}\frac{f(x)}{x}=m \tag{1.7.3}$$

所以，只要先求出 $\lim\frac{f(x)}{x}$，便知斜漸近線的斜率 m，然後再代回(1.7.1) 並移項得到

$$\lim_{x\to\infty}\left[f(x)-mx\right]=b$$

這樣我們只要單純操作極限即可！

定義 1.7.4　斜漸近線

若函數 $f(x)$ 滿足

$$\lim_{x\to\infty}\frac{f(x)}{x}=m, \quad \lim_{x\to\infty}\left[f(x)-mx\right]=b$$

或

$$\lim_{x\to-\infty}\frac{f(x)}{x}=m, \quad \lim_{x\to-\infty}\left[f(x)-mx\right]=b$$

則稱曲線 $y=f(x)$ 有斜漸近線 $y=mx+b$。

例題 1.7.10　找出曲線 $y=\sqrt{x^2+1}$ 的斜漸近線。

解

$$\lim_{x\to\infty}\frac{\sqrt{x^2+1}}{x}=1$$

$$\lim_{x\to\infty}\sqrt{x^2+1}-x=\lim_{x\to\infty}\frac{(x^2+1)-x^2}{\sqrt{x^2+1}+x}=0$$

及　　反有理化

$$\lim_{x\to-\infty}\frac{\sqrt{x^2+1}}{x}=-1$$

$$\lim_{x\to\infty}\sqrt{x^2+1}+x=\lim_{x\to-\infty}\frac{(x^2+1)-x^2}{\sqrt{x^2+1}-x}=0$$

故曲線 $y=\sqrt{x^2+1}$ 有斜漸近線 $y=x$ 及 $y=-x$。

{ *Exercise* }

1. 求出下列曲線的漸近線。

(1) $y=\dfrac{e^x}{1+x}$ (2) $y=\dfrac{5x}{x-3}$

(3) $y=\sqrt{1+x^2}\sin\left(\frac{1}{x}\right)$ (4) $y=\frac{3}{2}x\ln\left(e-\dfrac{1}{3x}\right)$

(5) $y=\frac{x^3+x^2+x}{x^2-1}$ (6) $y=\dfrac{x^2}{1+x}$

參考答案： 1. (1) $x=-1, y=0$ (2) $x=3, y=5$ (3) $y=\pm 1$ (4) $x=\dfrac{1}{3e}, y=\dfrac{3}{2}x-\dfrac{1}{2e}$ (5) $x\pm 1, y=x+1$ (6) $x=-1, y=x-1$

第 1 章　極限與連續　1.7. 漸近線

第 2 章

微分

微積分是精確的計算和度量某種無從想像其存在的東西的藝術。

伏爾泰

■ 2.1 微分的定義

在一條曲線 $y=f(x)$ 上取 A、B 兩點，並且拉出線段 $\overline{AB}$，這條線便叫**割線**。如果想求割線的斜率，這是很容易的。只須拉出水平變化 Δx 和鉛直變化 Δy，再相除後得到 $m=\frac{\Delta y}{\Delta x}$。

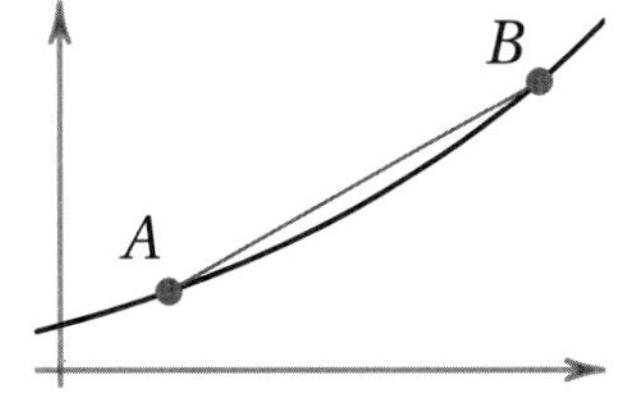

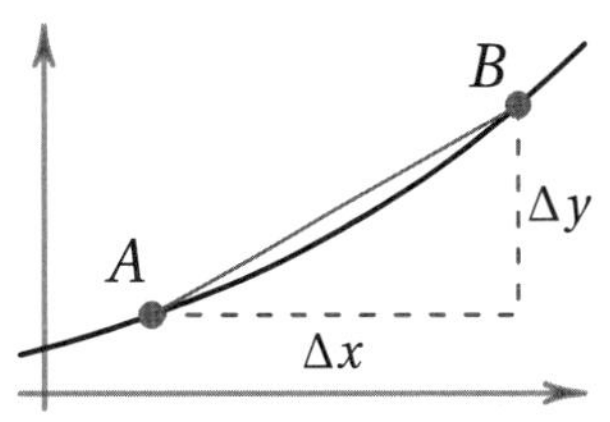

如果是切線，有沒有辦法求出它的斜率？下圖是以 A 為切點的切線：

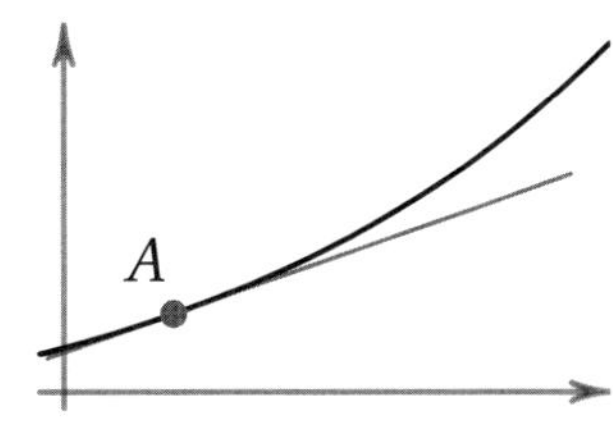

這種問題是有其具體意義的。牛頓發展微分學的時候，主要是想解決運動學的問題。如果把以上幾張圖想成是 $s-t$ 圖，圖中的函數代表著位置函數。橫軸改看成 t 軸，代表時間 t；縱軸改看成 s 軸，代表物體的位置。那麼，A 點代表在某個時間，物體在某一個位置；B 點代表另一個時間，物體在另一個位置。當我們拉出割線，並求出斜率 $m=\dfrac{\Delta s}{\Delta t}$。用位置變化（位移）除以時間變化，求出來的東西就是平均速度。

如果再講得更一般一點，這是變化率的問題！平均斜率 $m=\dfrac{\Delta y}{\Delta x}$，這是 y 方向的變化除以 x 方向的變化。這就是一種變化率，y 對 x 的變化率。平均而言，x 每增加 1 單位，y 會增加 m 單位。至於切線斜率，就是在那一瞬間的 y 對 x 變化率。這樣，舉凡經濟學、人口模型等等，凡是與變化率有關，都是微分學可以套用的場合！

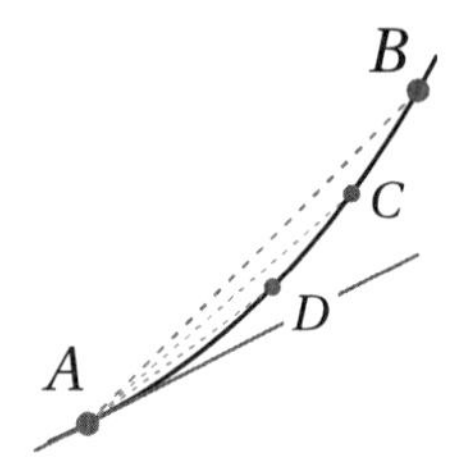

介紹完求切線斜率動機，我們來看切線斜率究竟要如何求。如果在 A 和 B 之間，多標幾個點，並都與 A 拉割線。可以看出：點越靠近 A，所拉割線越接近切線。我們觀察到：越靠近 A 點，它拉到 A 點的割線就越來越接近以 A 為切點的切線。於是我們寫：

$$\lim_{P\to A}\frac{\Delta y}{\Delta x}$$

這樣寫的意思是：看動點 P 趨近到 A 時，割線斜率 $\dfrac{\Delta y}{\Delta x}$ 會趨近到何值。所求出的極限，便是切線斜率了！

微分學，就是起源於求切線斜率。這個在 A 點的切線斜率，正式地說，我們稱之為：函數 $y=f(x)$ 在 A 點的**導數**（derivative）。

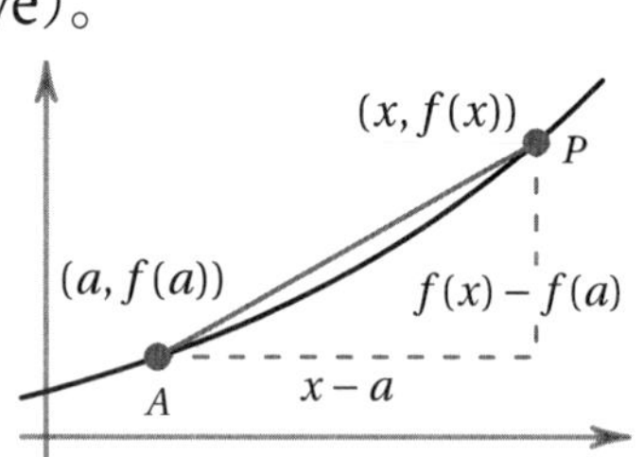

按照這想法寫出導數的定義：首先設 A 點的 x 坐標為 a，至於 y 坐標就寫 $f(a)$[①]。而動點 P 設為 $(x,f(x))$。兩點設完坐標後，便可寫下

$$\frac{\Delta y}{\Delta x}=\frac{f(x)-f(a)}{x-a}$$

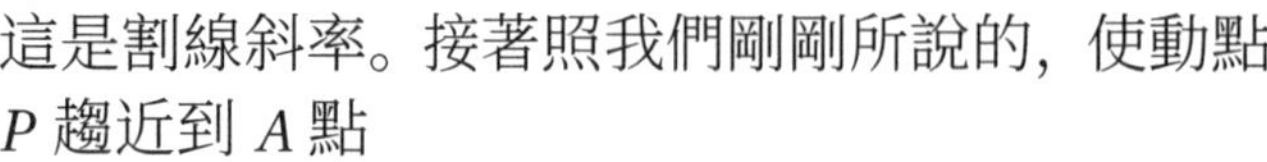

這是割線斜率。接著照我們剛剛所說的，使動點 P 趨近到 A 點

$$\lim_{x\to a}\frac{f(x)-f(a)}{x-a}$$

這樣求出來的極限值，就會是切線斜率了！

① $y=f(x)$，將 $x=a$ 代入。

定義 2.1.1 導數的定義

函數 $f(x)$ 在 $x=a$ 處的切線斜率，稱為 $f(x)$ 在 $x=a$ 處的導數。其定義為

$$\lim_{x\to a}\frac{f(x)-f(a)}{x-a}$$

例題 2.1.1 求 $y=x^2$ 在 $x=3$ 處的導數。

解

套用導數的定義

$$\lim_{x\to a}\frac{f(x)-f(a)}{x-a}=\lim_{x\to 3}\frac{x^2-3^2}{x-3}$$

$y=f(x)=x^2$，再代 3 得到 3^2。接著因式分解，再上下約分便有

$$\lim_{x\to 3}\frac{(x+3)\cancel{(x-3)}}{\cancel{x-3}}=\lim_{x\to 3}(x+3)=6$$

所求就是 6。換句話說，$y=x^2$ 在 $x=3$ 處的切線斜率為 6。

例題 2.1.2 求 $y=\sqrt{x}$ 在 $x=2$ 處的導數。

解

$$\begin{aligned}&\lim_{x\to 2}\frac{\sqrt{x}-\sqrt{2}}{x-2}\\&=\lim_{x\to 2}\frac{(\sqrt{x}-\sqrt{2})(\sqrt{x}+\sqrt{2})}{(x-2)(\sqrt{x}+\sqrt{2})} \qquad \boxed{\text{反有理化}}\\&=\lim_{x\to 2}\frac{\cancel{x-2}}{\cancel{(x-2)}(\sqrt{x}+\sqrt{2})}\\&=\lim_{x\to 2}\frac{1}{\sqrt{x}+\sqrt{2}}=\frac{1}{\sqrt{2}+\sqrt{2}}=\frac{1}{2\sqrt{2}}\end{aligned}$$

所以 $y=\sqrt{x}$ 在 $x=2$ 處的導數是 $\frac{1}{2\sqrt{2}}$。

導數的定義也有另一種形式，只要我們對動點 P 的表示方式稍作修改：由 x 改為 $a+h$，這 h 其實就是 Δx 的意思。

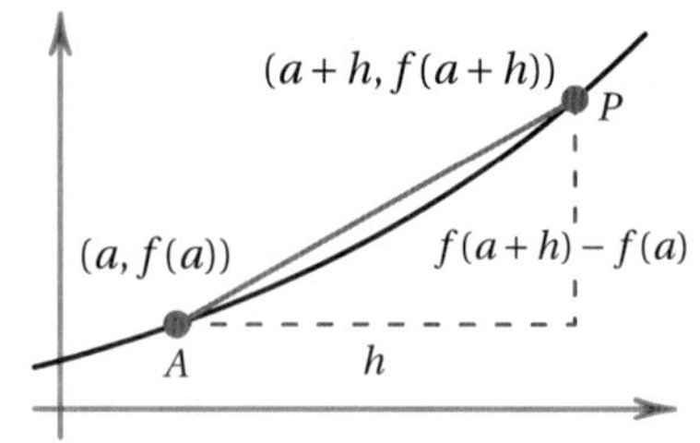

定義 2.1.2　導數的定義

函數 $f(x)$ 在 $x=a$ 處的切線斜率，稱為 $f(x)$ 在 $x=a$ 處的導數。其定義為

$$\lim_{x\to a}\frac{f(x)-f(a)}{x-a}=\lim_{h\to 0}\frac{f(a+h)-f(a)}{h}$$

為什麼要多寫另外一種形式？這是因為針對不同的 $y=f(x)$，我們可以選擇會讓我們比較好做的形式。

例題 2.1.3　求 $y=x^2+2$ 在 $x=-1$、$x=2$、$x=3$ 處的導數。

解

在 $x=-1$ 處

$$\lim_{h\to 0}\frac{[(-1+h)^2+2]-[(-1)^2+2]}{h}=\lim_{h\to 0}\frac{h^2-2h}{h}=\lim_{h\to 0}h-2=-2$$

在 $x=2$ 處

$$\lim_{h\to 0}\frac{[(2+h)^2+2]-[2^2+2]}{h}=\lim_{h\to 0}\frac{h^2+4h}{h}=\lim_{h\to 0}h+4=4$$

在 $x=3$ 處

$$\lim_{h\to 0}\frac{[(3+h)^2+2]-[3^2+2]}{h}=\lim_{h\to 0}\frac{h^2+6h}{h}=\lim_{h\to 0}h+6=6$$

在上一題中，我們將不同處的導數都一一寫出。可以發現，計算過程的重複性實在太高了，寫起來有點累。其實如果我們將導數定義中的 a，暫且改寫成 x，做出來的東西再去代 $-1,2,3$，便會省事得多。

$$\lim_{h\to 0}\frac{f(a+h)-f(a)}{h} \longrightarrow \lim_{h\to 0}\frac{f(x+h)-f(x)}{h}$$

拿上一題來實際操作一次。$y=x^2+2$，寫下

$$\begin{aligned}&\lim_{h\to 0}\frac{f(x+h)-f(x)}{h}\\ =&\lim_{h\to 0}\frac{\left[(x+h)^2+2\right]-\left[x^2+2\right]}{h}\\ =&\lim_{h\to 0}\frac{h^2+2xh}{h}=\lim_{h\to 0}h+2x=2x\end{aligned}$$

接著再分別代入 $x=-1,2,3$，便可以得到 $-2,4,6$ 。這樣做是不是省事多了呢?

我們先將函數 $y=x^2+2$ 套在 $\lim\limits_{h\to 0}\frac{f(x+h)-f(x)}{h}$ 做出另一個函數 $y=2x$，接著再代點。我們稱 $y=2x$ 為 $y=x^2+2$ 的**導函數** (derived function)，其意義就好像「切線斜率函數」。想知道函數 $y=x^2+2$ 在 $x=a$ 處的切線斜率? 那就將 $x=a$ 代入「切線斜率函數」! 至於 $y=x^2+2$，我們可以說它是 $y=2x$ 的**原函數** (primitive function)，或是稱之為反導函數 (antiderivative)。將原函數 $y=x^2+2$ 求導，得到導函數 $y=2x$ 。

同學常常搞不清楚導數和導函數有什麼分別。導數是一個數值，意義是切線斜率；導函數是一個函數，意義上來說可稱之「切線斜率函數」。如果我們想求函數 $y=x^2+2$ 在 $x=2$ 處的切線斜率，那就是求函數 $y=x^2+2$ 在 $x=2$ 處的導數。我們可以先求出它的導函數 $y=2x$，再代入 $x=2$，得到 4，便得到我們要的導數。不過，有時還是會將「導函數」簡稱為「導數」，或許這種簡稱方式是害初學者搞混的原因吧!

至於求出導函數這個動作，則叫**求導**（differientiate ），我們也常稱之為「微分」。不過，「微分」這個詞，在中文口語中實在有點用途太廣：求導這個動作，我們可以說是微分，將 $y=x^2+2$ 微分後得到導函數 $y=2x$；我們也會將導函數說是微分，$y=x^2+2$ 的微分是 $y=2x$；還會把導數說是微分，$y=x^2+2$ 在 $x=2$ 處的微分是 4；甚至，還有另一個概念，英文叫 differential，中文也叫微分! 這個概念容後介紹。由於中文不分詞性，當你說「微分」的時候，我們須藉由上下文，來得知你意指為何。

接下來介紹符號。符號的使用在數學發展上扮演非常重要的角色。好的符號可以讓我們更容易地表達、理解、進行操作。舉例來說，下圖是元代數

學家李治在其著作《測圓海鏡》中以其發明的「天元術」進行解題。大約清末民初以後，數學就全面西化，不再使用古代數學的表示法了，是否覺得慶幸我們不必學習這種面貌的數學呢？

在微積分的發展歷史上，雖然因牛頓的名氣比較大，導致許多不了解的人偏向歸功於牛頓而非萊布尼茲。但是論到微積分上所用的符號，萊布尼茲所使用的符號卻遠優於牛頓的符號，相當好用。在十七世紀末，牛頓與萊布尼茲分別發表微積分的想法時，當時英國由於對於牛頓的盲目崇拜，使他們有好一段時間堅持使用牛頓的符號，這竟使得英國數學落後歐洲大陸一大截。等到十九世紀初英國人才開始醒過來，引入萊布尼茲符號。

$y=f(x)$，它的導函數，牛頓記為 $\dot{y}$，在 y 的上面標一點。然而這樣的表示法，在我們現代的數學較少使用！後來十八世紀的法國數學家拉格朗日，他用的符號是 $f'(x)$ 及 y'，右上加一撇。至於萊布尼茲，他是將無窮小的 Δx 記為 $\mathrm{d}x$、無窮小的 Δy 記為 $\mathrm{d}y$。這是取拉丁文中的「差」differentia 第一個字母 d。而 d 對應到希臘文，是 δ，大寫是 Δ。Δx 和 $\mathrm{d}x$ 都是表達 x 的差，區別是後者是無窮小的差。而切線斜率，就是先寫出割線斜率 $\dfrac{\Delta y}{\Delta x}$，再讓 Δx 趨近到 0，從而 Δy 也會同時趨近到 0。於是就寫成 $\dfrac{\mathrm{d}y}{\mathrm{d}x}$！我們可以這樣想：

$$\lim_{\Delta x\to 0}\frac{\Delta y}{\Delta x}=\frac{\mathrm{d}y}{\mathrm{d}x}$$

你看這樣的符號，是否能幫助提醒你切線斜率是拿割線斜率取極限呢？往後我們還會繼續看到萊布尼茲符號的好處！

定義 2.1.3　導函數的定義

函數 $y = f(x)$ 的導函數 $f'(x)$，也可記為 y' 或 $\frac{\mathrm{d}y}{\mathrm{d}x}$。其定義為

$$f'(x) = \lim_{h\to 0}\frac{f(x+h)-f(x)}{h}$$

例題 2.1.4　$y = x^3 + x^2$，求 y'。

解

$$\lim_{h\to 0}\frac{\left[(x+h)^3+(x+h)^2\right]-\left[x^3+x^2\right]}{h} = \lim_{h\to 0}\frac{3x^2h+3xh^2+h^3+2xh+h^2}{h}$$

$$= \lim_{h\to 0} 3x^2+3xh+h^2+2x+h = 3x^2+2x$$

$y = x^3 + x^2$ 的導函數 $y' = 3x^2 + 2x$。

例題 2.1.5　已知 $f'(0) = -1$，求極限 $\lim\limits_{h\to 0}\frac{f(3h)-f(-2h)}{h}$。

解

由導數定義，$f'(0) = \lim\limits_{h\to 0}\frac{f(h)-f(0)}{h} = -1$。即使 h 前面有係數，也只要變數代換就處理掉了：$\lim\limits_{h\to 0}\frac{f(k\cdot h)-f(0)}{k\cdot h} = \lim\limits_{y\to 0}\frac{f(y)-f(0)}{y} = -1$。所以將眼前問題拆解成

$$\begin{aligned}\lim_{h\to 0}\frac{f(3h)-f(-2h)}{h} &= \lim_{h\to 0}\frac{\big(f(3h)-f(0)\big)-\big(f(-2h)-f(0)\big)}{h}\\ &= \lim_{h\to 0}\frac{f(3h)-f(0)}{h} - \lim_{h\to 0}\frac{f(-2h)-f(0)}{h}\\ \boxed{\text{對齊係數}}\quad &= 3\cdot\lim_{h\to 0}\frac{f(3h)-f(0)}{3h} + 2\cdot\frac{\big(f(-2h)-f(0)\big)}{-2h}\\ &= 3\cdot f'(0) + 2\cdot f'(0) = -5\end{aligned}$$

{Exercise}

1. 利用導數定義求出下列函數在指定點的導數。

   (1) $f(x)=\sqrt{2x+1}$, $x=1$　　(2) $f(x)=x^7$, $x=1$

2. 利用導數定義求出下列函數的導函數。

   (1) $f(x)=2x^2+3x$　　(2) $f(x)=2x-5$

3. 利用導數定義證明:
   (1) 若 $f(x)$ 為可微奇函數，則 $f'(x)$ 為偶函數。
   (2) 若 $g(x)$ 為可微偶函數，則 $g'(x)$ 為奇函數。

參考答案: 1. (1) $\frac{1}{\sqrt{3}}$ (2) 7　2. (1) $4x+3$ (2) 2　3. 略

■ 2.2　導數的性質與冪函數的導函數

導數是用極限來定義的，所以目前為止，凡是我們想要做微分，就動手求極限問題。如果極限存在，做出來的結果就是導數。但是極限不見得都存在，如果導數定義中的極限是不存在的，我們就說它不可導，也就是說曲線在該點沒有切線斜率可言。

一開始探討切線斜率時，我們傾向把曲線想得很平滑，就覺得好像一定會有切線，用割線逼近切線好像一定是行得通的。事實上曲線千千萬萬種，絕大部分的曲線都長得很奇怪，以致沒有切線是很常見的。你聽了也不用太驚恐，雖然現實世界有各種奇奇怪怪的函數，但會放在大一微積分課程中的，已經相對來說最簡單、最好處理了。例如 $y=|x|$，這條曲線在 $x=0$ 處，是沒有切線可言的。

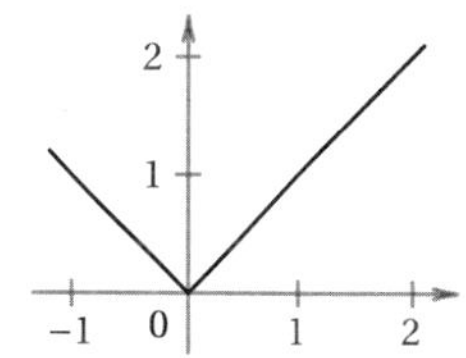

圖 2.1: $y=|x|$

定義 2.2.1　導數的定義

函數 $f(x)$ 在 $x=a$ 處的切線斜率，稱為 $f(x)$ 在 $x=a$ 處的導數。符號上可記 $f'(a)$ 或 $\left.\dfrac{\mathrm{d}y}{\mathrm{d}x}\right|_{x=a}$。其定義為

$$f'(a)=\lim_{x\to a}\frac{f(x)-f(a)}{x-a}=\lim_{h\to 0}\frac{f(a+h)-f(a)}{h}$$

並稱函數 $f(x)$ 在 $x=a$ 處可微（或可導）。但此極限若不存在，則稱函數 $f(x)$ 在 $x=a$ 處不可微（或不可導）。

回到 $y=|x|$ 的例子，要怎麼確定它在 $x=0$ 處沒有切線呢？就是把這個極限做一次，極限不存在就是不可導！雖然看圖還蠻明顯的，但是數學常常發生事實與直觀相悖的情況，我們在處理數學問題的時候不可以過度仰賴直觀。有時圖只要複雜一點點，每個人的直觀就不盡相同。甚至，題目只給你函數而沒給你圖，你還要去自己畫嗎？不可能吧！莫說你不見得會畫，你如果會畫，不正是對它有一定的了解才畫得出來嗎？② 換句話說，如果你不知道它可不可以微分，那你如何把它畫得像可微或不可微的特性呢？最保險的作法是，我們一律套用定義來檢查，以確知究竟可導與否。

② 在大一微積分課程中將學到，利用求極限、微分等等諸多手法，來協助手繪函數圖。所以，若非函數本身太簡單，用畫圖來判斷可微與否，是很詭異的。

例題 2.2.1　函數 $f(x)=|x|$ 在 $x=0$ 處是否可導?

解

首先將 $f(x)=|x|$ 套入導數的定義，得到

$$\lim_{h\to 0}\frac{|h|-|0|}{h}$$

為了拆絕對值，分別考慮左右極限:

$$\lim_{h\to 0^+}\frac{h-0}{h}=1 \qquad \lim_{h\to 0^-}\frac{-h-0}{h}=-1$$

左右極限不相等，所以極限不存在，也就是 $f(x)=|x|$ 在 $x=0$ 處不可導。

由此可見，確實可以用做極限的方式來論證不可導。

定理 2.2.1　可導必連續

如果函數 f 在 $x=a$ 處可導，則它在 $x=a$ 處連續。

證

函數 f 在 $x=a$ 處可導，則有 $f'(a)=\lim\limits_{x\to a}\dfrac{f(x)-f(a)}{x-a}$ 存在。於是

$$\lim_{x\to a}f(x)=\lim_{x\to a}\left[f(x)-f(a)+f(a)\right]$$

$$=\lim_{x\to a}\left[\frac{f(x)-f(a)}{x-a}\cdot(x-a)\right]+f(a)=\lim_{x\to a}\frac{f(x)-f(a)}{x-a}\cdot\lim_{x\to a}(x-a)+f(a)$$

$$=f'(a)\cdot 0+f(a)=f(a)$$

極限值等於函數值，所以 f 在 $x=a$ 連續。 ■

note

若 $f'(a)=\lim\limits_{x\to a}\frac{f(x)-f(a)}{x-a}$ 不存在，則不能說 $\lim\limits_{x\to a}\left[\frac{f(x)-f(a)}{x-a}\cdot(x-a)\right]=\lim\limits_{x\to a}\frac{f(x)-f(a)}{x-a}\cdot\lim\limits_{x\to a}(x-a)$。所以可導能保證連續的關鍵，在於這個等式。反過來說，連續不一定可導，前述之 $y=|x|$ 即為一例。

例題 2.2.2 函數 $f(x)=\begin{cases}1 & x\le 0\\ x & x>0\end{cases}$ 在 $x=0$ 處是否可導?

解

f 在 $x=0$ 處不連續，所以不可導。

在數學上，我們喜歡化繁為簡。對於比較難的問題，先從最基本情況討論起，接著逐步構造出一些基本性質，慢慢地搭築起困難問題與簡單問題之間的橋樑，以便用已知解決未知。所以，現在將探討一些基本性質與簡單的函數求導。學習了這些以後，求導將會更省力!

性質 2.2.1 微分的基本性質

若函數 f、g 可導，c 為實數。則

1. $(c\cdot f)'=c\cdot f'$
2. $(f\pm g)'=f'\pm g'$
3. 積法則 product rule $(f\cdot g)'=f'\cdot g+f\cdot g'$
4. 倒數法則 reciprocal rule $\left(\frac{1}{f}\right)'=-\frac{f'}{f^2}$
5. 商法則 quotient rule $\left(\frac{f}{g}\right)'=\frac{f'g-fg'}{g^2}$

證

1. $\left(c\cdot f(x)\right)'=\lim\limits_{h\to 0}\frac{c\cdot f(x+h)-c\cdot f(x)}{h}=c\cdot\lim\limits_{h\to 0}\frac{f(x+h)-f(x)}{h}=c\cdot f'(x)$

2. $$\begin{aligned}\left(f(x)\pm g(x)\right)'&=\lim_{h\to 0}\frac{f(x+h)\pm g(x+h)-\left(f(x)\pm g(x)\right)}{h}\\&=\lim_{h\to 0}\frac{f(x+h)-f(x)}{h}\pm\lim_{h\to 0}\frac{g(x+h)-g(x)}{h}=f'(x)\pm g'(x)\end{aligned}$$

note

導數是用極限定的，極限內 c 可以拉到外面，導數內 c 也可拉到外面；極限內加減可以提到極限外，導數內加減也可提到外面。

3. $$\begin{aligned}\big(f(x)\cdot g(x)\big)' &= \lim_{h\to 0}\frac{f(x+h)\cdot g(x+h)-f(x)\cdot g(x)}{h}\\ &= \lim_{h\to 0}\frac{f(x+h)\cdot g(x+h)-f(x)\cdot g(x+h)+f(x)\cdot g(x+h)-f(x)\cdot g(x)}{h}\\ &= \lim_{h\to 0}\frac{f(x+h)\cdot g(x+h)-f(x)\cdot g(x+h)}{h}+\lim_{h\to 0}\frac{f(x)\cdot g(x+h)-f(x)\cdot g(x)}{h}\\ &= \lim_{h\to 0}\frac{f(x+h)-f(x)}{h}\cdot g(x+h)+f(x)\cdot\lim_{h\to 0}\frac{g(x+h)-g(x)}{h}\\ &= \lim_{h\to 0}\frac{f(x+h)-f(x)}{h}\cdot\lim_{h\to 0}g(x+h)+f(x)\cdot g'(x)\\ &= f'(x)\cdot g(x)+f(x)\cdot g'(x)\end{aligned}$$

note

1. 使用無中生有法，自己一加一減，目的是為了如下一行所示，湊出導數定義的極限式。
2. 因為 $g(x)$ 可導，所以 $g(x)$ 連續。連續保證了極限值等於函數值，才會有 $\lim g(x+h)=g(x)$ 。這個認知很重要，千萬不要養成做極限就亂代入的壞習慣！

4. $$\left(\frac{1}{f(x)}\right)'=\lim_{h\to 0}\frac{\frac{1}{f(x+h)}-\frac{1}{f(x)}}{h}=\lim_{h\to 0}\frac{\frac{f(x)-f(x+h)}{f(x+h)f(x)}}{h}=\lim_{h\to 0}\frac{\frac{f(x)-f(x+h)}{h}}{f(x+h)f(x)}=-\frac{f'(x)}{f^2(x)}$$

5. 數學上常常在做，用已知解決未知。現在已經證明完積法則及倒數法則，對於商法則就不再費力套入極限慢慢搞。相減其實是一種相加（加負號）；相除其實是一種相乘（乘其倒數）。所以寫

$$\left(\frac{f(x)}{g(x)}\right)'=\left(f(x)\cdot\frac{1}{g(x)}\right)'=f'(x)\cdot\left(\frac{1}{g(x)}\right)+f(x)\cdot\left(-\frac{g'(x)}{g^2(x)}\right)$$

再通分即可得 $\dfrac{f'(x)g(x)-f(x)g'(x)}{g^2(x)}$ 。 ■

note

無中生有法以及用已知解決未知的精神，請學習起來。

性質 2.2.2 常數函數的導函數為 0

若 f 為常數函數，即 $f(x)=c$，則導函數 $f'(x)=0$。

這個性質用想的也知道。導數是瞬時變化率，函數值既不變，變化率當然是 0！要用導數定義去驗證亦不困難：

證

$$f'(x)=\lim_{h\to 0}\frac{f(x+h)-f(x)}{h}=\lim_{h\to 0}\frac{c-c}{h}=\lim_{h\to 0}\frac{0}{h}=0$$

■

性質 2.2.3

若函數 $f(x)=x$，則導函數 $f'(x)=1$。

證

$$f'(x)=\lim_{h\to 0}\frac{f(x+h)-f(x)}{h}=\lim_{h\to 0}\frac{(x+h)-x}{h}=\lim_{h\to 0}\frac{h}{h}=\lim_{h\to 0}1=1$$

■

直線 $L: y=ax+b$ 的斜率為 a。任意取其中一點作切線，則所謂切線就是 L 自己，所以切線斜率就是 a。依我們目前所介紹的性質，可以將這件事用求導寫出來

$$(ax+b)'=\underbrace{(ax)'+b'}_{(f+g)'=f'+g'}=\underbrace{ax'}_{(cf)'=cf'}+0=a\cdot\underbrace{1}_{x'=1}=a$$

性質 2.2.4

若函數 $f(x)=x^2$，則導函數 $f'(x)=2x$。

證

$$\begin{aligned}f'(x)&=\lim_{h\to 0}\frac{f(x+h)-f(x)}{h}=\lim_{h\to 0}\frac{(x+h)^2-x^2}{h}\\&=\lim_{h\to 0}\frac{2xh+h^2}{h}=\lim_{h\to 0}2x+h=2x\end{aligned}$$

■

例題 2.2.3 函數 $y=3x^2-5x+9$，求其導函數 y'。

解

$$\begin{aligned} y' &= (3x^2-5x+9)' = (3x^2)' - (5x)' + 9' \\ &= 3(x^2)' - 5x' + 0 = 3\cdot 2x - 5\cdot 1 = 6x-5 \end{aligned}$$

微分的基本性質是這麼好用，使我們只要事先討論過 $y=x^2$，$y=x$，$y=c$ 分別的求導公式，就可以快速地求任意二次式的導函數，而不必慢慢套導數定義、求極限。以下繼續再探討其它次方的情況。

性質 2.2.5

若函數 $f(x)=x^3$，則導函數 $f'(x)=3x^2$。

證

$$\begin{aligned} f'(x) &= \lim_{h\to 0}\frac{f(x+h)-f(x)}{h} = \lim_{h\to 0}\frac{(x+h)^3-x^3}{h} \\ &= \lim_{h\to 0}\frac{3x^2h+3xh^2+h^3}{h} = \lim_{h\to 0} 3x^2+3xh+h^2 = 3x^2 \end{aligned}$$

■

現在，直接討論任意正整數次方的情況。

性質 2.2.6

若函數 $f(x)=x^n$, $n\in\mathbb{N}$，則導函數 $f'(x)=nx^{n-1}$。

證

$$f'(x) = \lim_{h\to 0}\frac{f(x+h)-f(x)}{h} = \lim_{h\to 0}\frac{(x+h)^n-x^n}{h}$$

$$= \lim_{h\to 0}\frac{\big(\cancel{(x+h)-x}\big)\big((x+h)^{n-1}+(x+h)^{n-2}x+\cdots+x^{n-1}\big)}{\cancel{h}}$$

$$= \lim_{h\to 0}\big((x+h)^{n-1}+(x+h)^{n-2}x+\cdots+x^{n-1}\big) = \underbrace{x^{n-1}+\cdots+x^{n-1}}_{\text{一共 } n \text{ 個}} = nx^{n-1}$$

■

note

這裡的關鍵是 $a^n - b^n = (a-b)(a^{n-1} + a^{n-2}b + a^{n-3}b^2 + \cdots + b^{n-1})$。設定 $a = x+h,\ b = x$，就能得到第二行。

如此一來，不管幾次多項式，都有求導公式了！

例題 2.2.4 函數 $y = 2x^5 - 8x^3 + 4x^2 - \pi x + 6$，求其導函數 y'。

解

$$y' = (2x^5)' - (8x^3)' + (4x^2)' - (\pi x)' + 6' = 10x^4 - 24x^2 + 8x - \pi$$

我們現在有求導公式可套用，可立即做出 $\left(x^5\right)' = 5x^4$。如果將它拆成 $x^5 = x^2 \cdot x^3$，可使用積法則，寫

$$\left(x^2 \cdot x^3\right)' = (x^2)' \cdot x^3 + x^2 \cdot (x^3)' = 2x^4 + 3x^4 = 5x^4$$

或是寫成

$$\left(x^5\right)' = \left(\frac{x^7}{x^2}\right)' = \frac{7x^6 \cdot x^2 - x^7 \cdot (2x)}{(x^2)^2} = 5x^4$$

無論什麼方式，結果必然相同。雖然這例子看起來，用別的方式來寫是把問題複雜化了，但我們有時要求導時，可先將式子做一番整理，以簡化之後的微分運算。具體例子，請看以下演示。

例題 2.2.5 函數 $y = \frac{x+3}{x+1}$，求其導函數 y'。

解

先寫

$$\frac{x+3}{x+1} = 1 + \frac{2}{x+1}$$

這樣可以稍簡化後面的微分運算。因為前項是常數，微分是 0；後項的分子是常數，只須套用倒數法則，算起來比使用商法則來得簡略些:

$$\left(1 + \frac{2}{x+1}\right)' = \frac{-2}{(x+1)^2}$$

例題 2.2.6　函數 $y=\dfrac{x^2+3x-1}{x+1}$，求其導函數 y'。

解

$$\left(\frac{x^2+3x-1}{x+1}\right)'=\left(\frac{(x+1)(x+2)-3}{x+1}\right)'$$

$$=\left(x+2-\frac{3}{x+1}\right)'=1+\frac{3}{(x+1)^2}$$

$$\begin{array}{r|l} & x+2 \\ x+1 & x^2+3x-1 \\ & -x^2-x \\ & 2x-1 \\ & -2x-2 \\ & -3 \end{array}$$

下面再討論負整數次方的情況。

性質 2.2.7

若函數 $y=\dfrac{1}{x}$，則導函數 $y'=-\dfrac{1}{x^2}$。

證

$$y'=\lim_{h\to 0}\frac{\dfrac{1}{x+h}-\dfrac{1}{x}}{h}=\lim_{h\to 0}\frac{\dfrac{x-(x+h)}{(x+h)x}}{h}$$

$$=\lim_{h\to 0}\frac{-\cancel{h}}{\cancel{h}(x+h)x}=-\lim_{h\to 0}\frac{1}{(x+h)x}=-\frac{1}{x^2}$$

■

性質 2.2.8

若函數 $y=\dfrac{1}{x^2}$，則導函數 $y'=-\dfrac{2}{x^3}$。

證

$$y'=\lim_{h\to 0}\frac{\dfrac{1}{(x+h)^2}-\dfrac{1}{x^2}}{h}=\lim_{h\to 0}\frac{\dfrac{x^2-(x+h)^2}{x^2(x+h)^2}}{h}$$

$$=\lim_{h\to 0}\frac{\dfrac{-2x\cancel{h}-h^{\cancel{2}}}{x^2(x+h)^2}}{\cancel{h}}=\lim_{h\to 0}\frac{-2x-h}{x^2(x+h)^2}=\frac{-2}{x^3}$$

■

目前看來，當 $n=-1,-2$ 時，似乎也能滿足 $(x^n)'=nx^{n-1}$ 的規律。是否其它負整數次方也都符合呢？做做看就知道了。

性質 2.2.9

若函數 $y=x^{-n}$, $n\in\mathbb{N}$，則導函數 $y'=-nx^{-n-1}$。

證

$$y'=\lim_{h\to 0}\frac{\frac{1}{(x+h)^n}-\frac{1}{x^n}}{h}=\lim_{h\to 0}\frac{\frac{x^n-(x+h)^n}{x^n(x+h)^n}}{h}$$

$$=\lim_{h\to 0}\frac{-\not{h}(x^{n-1}+x^{n-2}(x+h)+\cdots+(x+h)^{n-1})}{\not{h}x^n(x+h)^n}=\frac{-nx^{n-1}}{x^{2n}}=-nx^{-n-1}$$

■

至此，凡是 x 的整數次方，都有 $\left(x^n\right)'=nx^{n-1}$。且讓我們再進一步想，如果次方的部分不是整數，會不會也成立呢？是的話就太方便了！首先探討有理數次方，第一步先討論 $y=\sqrt{x}$ 暖暖身。

性質 2.2.10

若函數 $y=\sqrt{x}=x^{\frac{1}{2}}$，則導函數 $y'=\frac{1}{2\sqrt{x}}=\frac{1}{2}x^{-\frac{1}{2}}$。

證

$$y'=\lim_{h\to 0}\frac{\sqrt{x+h}-\sqrt{x}}{h}=\lim_{h\to 0}\frac{\left(\sqrt{x+h}-\sqrt{x}\right)\left(\sqrt{x+h}+\sqrt{x}\right)}{h\left(\sqrt{x+h}+\sqrt{x}\right)}$$

$$=\lim_{h\to 0}\frac{\not{h}}{\not{h}\left(\sqrt{x+h}+\sqrt{x}\right)}=\frac{1}{2\sqrt{x}}$$

■

性質 2.2.11

若函數 $y=x^{\frac{1}{m}}$, $m\in\mathbb{N}$，則導函數 $y'=\frac{1}{m}x^{\frac{1}{m}-1}$。

證

$$
\begin{aligned}
y' &= \lim_{h\to 0}\frac{(x+h)^{\frac{1}{m}}-x^{\frac{1}{m}}}{h}\\
&= \lim_{h\to 0}\frac{\left((x+h)^{\frac{1}{m}}-x^{\frac{1}{m}}\right)\left((x+h)^{\frac{m-1}{m}}+(x+h)^{\frac{m-2}{m}}x+\cdots+x^{\frac{m-1}{m}}\right)}{h\left((x+h)^{\frac{m-1}{m}}+(x+h)^{\frac{m-2}{m}}x+\cdots+x^{\frac{m-1}{m}}\right)}\\
&= \lim_{h\to 0}\frac{(x+h)-x}{h\left((x+h)^{\frac{m-1}{m}}+(x+h)^{\frac{m-2}{m}}x+\cdots+x^{\frac{m-1}{m}}\right)}\\
&= \lim_{h\to 0}\frac{1}{\left((x+h)^{\frac{m-1}{m}}+(x+h)^{\frac{m-2}{m}}x+\cdots+x^{\frac{m-1}{m}}\right)}\\
&= \frac{1}{mx^{\frac{m-1}{m}}}=\frac{1}{m}x^{\frac{1}{m}-1}
\end{aligned}
$$

■

目前為止，雖然隨著函數長相越來越複雜，套用導數定義的過程也隨之越繁。但可以觀察出，求極限時所用之技巧大同小異。目前對於求導公式 $(x^n)'=nx^{n-1}$，我們已經辛苦地做出：當次方是整數及正整數的倒數，都是成立的。實際上，次方為任何實數，此規則都成立。但是現在就此打住，如果要繼續往下做，過程是越加繁雜。

性質 2.2.12　冪函數的求導公式

若函數 $y=x^n,\ n\in\mathbb{R}$，則導函數 $y'=nx^{n-1}$。

上面之所以花費許多篇幅推導，除了可作為求極限的練習外，也是為要強調：所謂求導公式，是我們事先由導數定義去推出來的。許多同學會覺得：微分很簡單嘛！不就次方往下掉、次方減 1 嗎？其實那只適用冪函數 x^n 的形式：底數是變數，次方是固定的數。若非此形式，例如指對數、三角函數，此規則便不適用！許多修習大一微積分的同學將 $(x^x)'$ 寫成 $x\cdot x^{x-1}$，這便是亂套求導公式！除此之外，後面也將介紹，對於分段定義函數，我們在交界處必須回歸導數定義，不能直接套用求導公式！所以，導數定義是學習微積分本來就必須掌握的技能，並不是我強迫你在進行無趣的理論推導！以下例子，使用導數定義來求導，可大大簡化計算過程。

例題 2.2.7 函數 $f(x)=\dfrac{x}{(x+1)(x+2)\cdots(x+2018)}$，求 $f'(0)$。

解

若是先求導函數再代值，套用商法則，那就恐怖了。應該直接使用導數定義

$$
\begin{aligned}
f'(0) &= \lim_{h\to 0}\frac{f(0+h)-f(0)}{h} \\
&= \lim_{h\to 0}\frac{\dfrac{\cancel{h}}{(h+1)(h+2)\cdots(h+2018)}-0}{\cancel{h}} \\
&= \frac{1}{1\times 2\times\cdots\times 2018}=\frac{1}{2018!}
\end{aligned}
$$

Exercise

1. $\dfrac{\mathrm{d}}{\mathrm{d}x}x^{\sin(x)} = \sin(x)\cdot x^{\sin(x)-1}$ 是否正確?

2. 求出下列函數的導函數。

(1) $f(x)=2x^3(x-3)^2$

(2) $f(x)=x^3-5x^2+67$

(3) $f(x)=2x^5-x+\dfrac{3}{x^2}$

(4) $f(x)=\sqrt{x}$

(5) $f(x)=\sqrt[3]{x}$

(6) $f(x)=(x^2+x+1)\sqrt{x}$

(7) $f(x)=\dfrac{x}{x+2}$

(8) $f(x)=\dfrac{3}{x^2+x+1}$

(9) $f(x)=\dfrac{3x-1}{x^2+x+1}$

(10) $f(x)=\dfrac{ax+b}{cx+d}$

(11) $f(x)=\dfrac{1}{1-x^2}-\dfrac{1}{1+x^2}$

(12) $f(x)=\frac{1+\sqrt{x}}{1-\sqrt{x}}$

(13) $f(x)=x^{\sqrt{2}}-x^{-\sqrt{2}}$

參考答案: 1. 不正確, 不應將冪函數的求導規則隨意套在其它形式的函數。
2. (1) $2x^2(5x^2-24x+27)$ (2) $3x^2-10x$ (3) $10x^4-1-\frac{6}{x^3}$ (4) $\frac{1}{2\sqrt{x}}$ (5) $\frac{1}{3\sqrt[3]{x^2}}$
(6) $\frac{5x^2+3x+1}{2\sqrt{x}}$ (7) $\frac{2}{(x+2)^2}$ (8) $-\frac{3(2x+1)}{(x^2+x+1)^2}$ (9) $\frac{-3x^2+2x+4}{(x^2+x+1)^2}$ (10) $\frac{ad-bc}{(cx+d)^2}$
(11) $\frac{4x(1+x^4)}{(1-x^2)^2(1+x^2)^2}$ (12) $\frac{1}{\sqrt{x}(1-\sqrt{x})^2}$ (13) $\frac{\sqrt{2}}{x}(x^{\sqrt{2}}+x^{-\sqrt{2}})$

■ 2.3 三角函數與指對數函數的導函數

前面探討了冪函數的導函數：$\frac{\mathrm{d}}{\mathrm{d}x}x^n = nx^{n-1}$。現在來推導三角函數與指對數應該如何求導，要用利用導數的定義來操作。

性質 2.3.1 三角函數的導函數

1. $\frac{\mathrm{d}}{\mathrm{d}x}\sin(x) = \cos(x)$
2. $\frac{\mathrm{d}}{\mathrm{d}x}\cos(x) = -\sin(x)$
3. $\frac{\mathrm{d}}{\mathrm{d}x}\tan(x) = \sec^2(x)$
4. $\frac{\mathrm{d}}{\mathrm{d}x}\cot(x) = -\csc^2(x)$
5. $\frac{\mathrm{d}}{\mathrm{d}x}\sec(x) = \tan(x)\sec(x)$
6. $\frac{\mathrm{d}}{\mathrm{d}x}\csc(x) = -\cot(x)\csc(x)$

證

1.

$$\begin{aligned}\frac{\mathrm{d}}{\mathrm{d}x}\sin(x) &= \lim_{h\to 0}\frac{\sin(x+h)-\sin(x)}{h}\\ &= \lim_{h\to 0}\frac{\sin(x)\cos(h)+\sin(h)\cos(x)-\sin(x)}{h} \quad \boxed{\text{和角公式}}\\ &= \lim_{h\to 0}\frac{\sin(h)}{h}\cdot\cos(x) + \lim_{h\to 0}\frac{\cos(h)-1}{h}\cdot\sin(x)\\ &= \lim_{h\to 0}1\cdot\cos(x)+0 = \cos(x)\end{aligned}$$

3.

$$\begin{aligned}\frac{\mathrm{d}}{\mathrm{d}x}\tan(x) = \frac{\mathrm{d}}{\mathrm{d}x}\frac{\sin(x)}{\cos(x)} &= \frac{\big(\sin(x)\big)'\cos(x)-\sin(x)\big(\cos(x)\big)'}{\cos^2(x)} \quad \boxed{\text{商法則}}\\ &= \frac{\cos(x)\cdot\cos(x)-\sin(x)\big(-\sin(x)\big)}{\cos^2(x)}\\ &= \frac{\cos^2(x)+\sin^2(x)}{\cos^2(x)} = \frac{1}{\cos^2(x)} = \sec^2(x)\end{aligned}$$

■

$\dfrac{\mathrm{d}}{\mathrm{d}x}\cos(x)$ 的推導與 $\dfrac{\mathrm{d}}{\mathrm{d}x}\sin(x)$, 過程極為相似, 故留作練習。推導 $\dfrac{\mathrm{d}}{\mathrm{d}x}\tan(x)$, 就不須再套用微分定義, 可將 $\tan(x)$ 寫成 $\dfrac{\sin(x)}{\cos(x)}$ 後, 再使用商法則。其餘三個三角函數也是一樣道理, 也就留作練習。

例題 2.3.1　試求以下函數的導函數:

(1) $\sqrt{x}+\sqrt[3]{x}+\sqrt[4]{x}$　(2) $\tan(x)\sec(x)$

(3) $x^2+x\cos(x)$　(4) $\dfrac{\tan(x)}{\sqrt{x}}$

解

(1) $\left(\sqrt{x}+\sqrt[3]{x}+\sqrt[4]{x}\right)'=\left(x^{\frac{1}{2}}+x^{\frac{1}{3}}+x^{\frac{1}{4}}\right)'=\frac{1}{2}x^{-\frac{1}{2}}+\frac{1}{3}x^{-\frac{2}{3}}+\frac{1}{4}x^{-\frac{3}{4}}$

(2)
$$\begin{aligned}\left(\tan(x)\sec(x)\right)'&=\left(\tan(x)\right)'\sec(x)+\tan(x)\left(\sec(x)\right)' \quad \boxed{\text{積法則}}\\&=\sec^2(x)\sec(x)+\tan(x)\tan(x)\sec(x)\\&=\sec^3(x)+\tan^2(x)\sec(x)\\&=\sec^3(x)+\left(\sec^2(x)-1\right)\sec(x)=2\sec^3(x)-\sec(x)\end{aligned}$$

(3)
$$\begin{aligned}\left(x^2+x\cos(x)\right)'&=2x+\cos(x)+x\left(-\sin(x)\right) \quad \boxed{\text{積法則}}\\&=2x+\cos(x)-x\sin(x)\end{aligned}$$

(4)
$$\begin{aligned}\left(\frac{\tan(x)}{\sqrt{x}}\right)'&=\frac{\sec^2(x)\sqrt{x}-\tan(x)\cdot\frac{1}{2\sqrt{x}}}{x} \quad \boxed{\text{商法則}}\\&=\frac{2x\sec^2(x)-\tan(x)}{2x\sqrt{x}}\end{aligned}$$

性質 2.3.2

(1) $\dfrac{\mathrm{d}}{\mathrm{d}x}e^x=e^x$　　(2) $\dfrac{\mathrm{d}}{\mathrm{d}x}\ln x=\dfrac{1}{x}$

證

(1)

$$\frac{\mathrm{d}}{\mathrm{d}x}e^x=\lim_{h\to0}\frac{e^{x+h}-e^x}{h}=e^x\lim_{h\to0}\frac{e^h-1}{h}$$

此時，我們設 $y=e^h-1$，於是 $e^h=1+y$。接著等號兩邊都同取自然對數，$h=\ln(1+y)$。當 $h\to 0$ 時，$y\to 0$。所以接下來是

$$e^x\cdot\lim_{y\to 0}\frac{y}{\ln(1+y)}$$

回想一下前面有做過 $\lim\limits_{x\to 0}\frac{\ln(1+x)}{x}=1$，這是因為

$$\lim_{x\to 0}\frac{\ln(1+x)}{x}=\lim_{x\to 0}\ln(1+x)^{\frac{1}{x}}=\ln\lim_{x\to 0}(1+x)^{\frac{1}{x}}=\ln(e)=1$$

所以 $\lim\limits_{y\to 0}\frac{y}{\ln(1+y)}=\frac{1}{1}=1$。最後就是

$$e^x\cdot 1=e^x$$

因此做出 $\frac{\mathrm{d}}{\mathrm{d}x}e^x=e^x$。

(2)

$$\lim_{h\to 0}\frac{\ln(x+h)-\ln(x)}{h}=\lim_{h\to 0}\frac{\ln\left(\frac{x+h}{x}\right)}{h}$$

對數相減等於裡面相除

$$=\lim_{h\to 0}\frac{\ln\left(1+\frac{h}{x}\right)}{h}=\lim_{h\to 0}\frac{\ln\left(1+\frac{h}{x}\right)}{\frac{h}{x}}\cdot\frac{1}{x}$$

故意將式子湊成那個樣子，就是想故技重施，再用一次 $\lim\limits_{x\to 0}\frac{\ln(1+x)}{x}=1$。所以設 $y=\frac{h}{x}$，當 $h\to 0$，$y\to 0$。就變成

$$\lim_{y\to 0}\frac{\ln(1+y)}{y}\cdot\frac{1}{x}=1\cdot\frac{1}{x}=\frac{1}{x}$$

所以 $\ln(x)$ 的導函數就是 $\frac{1}{x}$。 ■

討論完自然指數與自然對數的導函數，又可延伸到任意指對數函數。

性質 2.3.3

$a>0, a\neq 1$，則

(1) $\dfrac{\mathrm{d}}{\mathrm{d}x}a^x = a^x \cdot \ln(a)$　　(2) $\dfrac{\mathrm{d}}{\mathrm{d}x}\log_a x = \dfrac{1}{x\ln(a)}$

證

(1)

$$\begin{aligned}\lim_{h\to 0}\frac{a^{x+h}-a^x}{h} &= a^x\lim_{h\to 0}\frac{a^h-1}{h}\\ &= a^x\lim_{h\to 0}\frac{e^{h\ln(a)}-1}{h\ln(a)}\cdot\ln(a)\\ &= a^x\cdot 1\cdot\ln(a) = a^x\cdot\ln(a)\end{aligned}$$

■

(2)

$$\begin{aligned}\frac{\mathrm{d}}{\mathrm{d}x}\log_a x &= \frac{\mathrm{d}}{\mathrm{d}x}\frac{\ln(x)}{\ln(a)} \quad \boxed{\text{換底公式}}\\ &= \frac{\frac{1}{x}}{\ln(a)} = \frac{1}{x\ln(a)}\end{aligned}$$

■

例題 2.3.2 求出下列函數的導函數：

(1) $f(x)=e^x\cdot\ln(x)$　　(2) $f(x)=e^{2x}$

(3) $f(x)=2^x\cdot\sin(x)$　　(4) $f(x)=(x^2-1)\cdot\log_3(x)$

解

(1) $f'(x)=\left(e^x\right)'\cdot\ln(x)+e^x\cdot\left(\ln(x)\right)' = e^x\cdot\ln(x)+e^x\cdot\frac{1}{x} = e^x\left(\ln(x)+\frac{1}{x}\right)$

(2) $f'(x)=\left(e^x\cdot e^x\right)' = e^x\cdot e^x+e^x\cdot e^x = 2e^{2x}$

(3) $f'(x) = \left(2^x \cdot \ln(2)\right) \cdot \sin(x) + 2^x \cdot \cos(x) = 2^x\left(\ln(2)\sin(x) + \cos(x)\right)$

(4) $f'(x) = (2x) \cdot \log_3(x) + \left(x^2 - 1\right) \cdot \frac{1}{x\ln(3)}$

例題 2.3.3 函數 $f(x) = e^x\left(e^x - 1\right)\left(e^x - 2\right)\cdots\left(e^x - 2019\right)$，求 $f'(0)$。

解

$$
\begin{aligned}
f'(0) &= \lim_{h\to 0}\frac{f(0+h) - f(0)}{h}\\
&= \lim_{h\to 0}\frac{e^h\left(e^h - 1\right)\cdots\left(e^h - 2019\right) - 0}{h}\\
&= \lim_{h\to 0} e^h \cdot \lim_{h\to 0}\frac{e^h - 1}{h} \cdot \lim_{h\to 0}\left(e^h - 2\right)\cdots\left(e^h - 2019\right)\\
&= 1 \times 1 \times \left(1-2\right) \times \left(1-3\right) \times \cdots \times \left(1-2019\right) = -2018!
\end{aligned}
$$

數學就是那麼巧妙，我們使用極限來定義導數，有時候卻又可以利用導數來解極限！如下所示。

例題 2.3.4 求極限 $\lim\limits_{h\to 0}\frac{\cos(\pi + h) + 1}{h}$。

解

由於 $\cos(\pi) = -1$，故 $\cos(\pi + h) + 1$ 可視為 $\cos(\pi + h) - \cos(\pi)$，所以

$$
\begin{aligned}
\lim_{h\to 0}\frac{\cos(\pi + h) + 1}{h} &= \lim_{h\to 0}\frac{\cos(\pi + h) - \cos(\pi)}{h}\\
&= \frac{\mathrm{d}y}{\mathrm{d}x}\cos(x)\bigg|_{x=\pi} = -\sin(\pi) = 0
\end{aligned}
$$

{*Exercise*}

1. 求出下列函數的導函數。

   (1) $f(x) = 2\sin(x)\cos(x)$　　(2) $f(x) = x\tan(x)$

   (3) $f(x) = \dfrac{\sin(x)+\cos(x)}{\sin(x)-\cos(x)}$　　(4) $f(x) = \sqrt{x}\cos^2(x)$

   (5) $f(x) = x\big(\ln(x)-1\big)$　　(6) $f(x) = \dfrac{e^x - e^{-x}}{e^x + e^{-x}}$

2. 求極限 $\lim\limits_{h\to 0}\dfrac{\sec(\pi+h)+1}{h}$。

3. $\dfrac{\mathrm{d}}{\mathrm{d}x}\ln(5) = \dfrac{1}{5}$ 是否正確?

參考答案: 1. (1) $2\cos(2x)$ (2) $\tan(x)+\frac{x}{\cos^2(x)}$ (3) $\frac{-2}{(1-\sin(2x))}$
(4) $\frac{\cos^2(x)}{2\sqrt{x}} - 2\sqrt{x}\sin(x)\cos(x)$ (5) $\ln(x)$ (6) $\frac{4}{(e^x+e^{-x})^2}$　2. 0
3. 不正確, $\ln(5)$ 是常數, 求導後為 0。

■ 2.4 高階導數

微分是一種瞬時變化率的概念。例如在運動學中，考慮位置的變化率，就是速度。如果進一步考慮速度的變化率，就是加速度。也就是說，我們有求出「導函數的導函數」的實際需求。考慮位置函數 $S(t)$，求導得 $S'(t) = v(t)$ 就是速度函數，再求導得 $v'(t) = a(t)$ 即是加速度函數。

定義 2.4.1 二階導函數

若 $g(x)$ 為 $f(x)$ 的導函數，即 $f'(x) = g(x)$，且 $h(x)$ 為 $g(x)$ 的導函數，即 $g'(x) = h(x)$，則稱 $h(x)$ 為 $f(x)$ 的二階導函數。符號上記作 $h(x) = \left(f'(x)\right)' = f''(x)$，或者 $\dfrac{\mathrm{d}^2 y}{\mathrm{d}x^2}$。

初學者對於二階導函數的萊布尼茲記號 $\dfrac{\mathrm{d}^2 y}{\mathrm{d}x^2}$ 較易感到困惑。在一階導函數記號 $\dfrac{\mathrm{d}y}{\mathrm{d}x}$ 中，我們可視之為 $\dfrac{\mathrm{d}}{\mathrm{d}x}y$。就是說，有一個運算子 (operator) 作用在 y 上面，這是一個微分運算子 (differential operator)。例如要對 $x^4 - 5x^2 + 2x + 3$ 求導，可以寫成 $(x^4 - 5x^2 + 2x + 3)' = 4x^3 - 10x + 2$，也可寫成 $\dfrac{\mathrm{d}}{\mathrm{d}x}(x^4 - 5x^2 + 2x + 3) = 4x^3 - 10x + 2$。二階導函數就是對一階導函數再求導的結果，所以是 $\dfrac{\mathrm{d}}{\mathrm{d}x}\left(\dfrac{\mathrm{d}y}{\mathrm{d}x}\right) = \dfrac{\mathrm{d}^2 y}{\mathrm{d}x^2}$。

以此類推，又可以繼續寫更高階的導函數，符號整理如下：

一階導函數	y'	$f'(x)$	$\dfrac{\mathrm{d}y}{\mathrm{d}x}$	$\dfrac{\mathrm{d}}{\mathrm{d}x}[f(x)]$	$D_x y$	$D_x f(x)$
二階導函數	y''	$f''(x)$	$\dfrac{\mathrm{d}^2 y}{\mathrm{d}x^2}$	$\dfrac{\mathrm{d}^2}{\mathrm{d}x^2}[f(x)]$	$D_x^2 y$	$D_x^2 f(x)$
三階導函數	y'''	$f'''(x)$	$\dfrac{\mathrm{d}^3 y}{\mathrm{d}x^3}$	$\dfrac{\mathrm{d}^3}{\mathrm{d}x^3}[f(x)]$	$D_x^3 y$	$D_x^3 f(x)$
四階導函數	$y^{(4)}$	$f^{(4)}(x)$	$\dfrac{\mathrm{d}^4 y}{\mathrm{d}x^4}$	$\dfrac{\mathrm{d}^4}{\mathrm{d}x^4}[f(x)]$	$D_x^4 y$	$D_x^4 f(x)$
$\vdots$						
n 階導函數	$y^{(n)}$	$f^{(n)}(x)$	$\dfrac{\mathrm{d}^n y}{\mathrm{d}x^n}$	$\dfrac{\mathrm{d}^n}{\mathrm{d}x^n}[f(x)]$	$D_x^n y$	$D_x^n f(x)$

例題 2.4.1 函數 $y=f(x)=x^5-3x^4+2x^3-7x^2+x+\pi$，求 $f(x)$ 的三階導函數。

解

$$f'(x)=\frac{\mathrm{d}y}{\mathrm{d}x}=5x^4-12x^3+6x^2-14x+1$$
$$f''(x)=\frac{\mathrm{d}^2y}{\mathrm{d}x^2}=20x^3-36x^2+12x-14$$
$$f'''(x)=\frac{\mathrm{d}^3y}{\mathrm{d}x^3}=60x^2-72x+12$$

例題 2.4.2 函數 $y=\sin(x)$，求 n 階導函數 $y^{(n)}$。

解

$$y'=\cos(x),\ y''=-\sin(x),\ y'''=-\cos(x),\ y^{(4)}=\sin(x)$$

寫到這裡，出現原來的函數，便知道每求導四次為一循環。並通過觀察，可發現每求導一次就像轉了 90°，因此可寫下一般式

$$y^{(n)}=\sin\left(x+\frac{n\pi}{2}\right)$$

例題 2.4.3 函數 $y=xe^x$，求 n 階導函數 $y^{(n)}$。

解

$$y'=e^x+xe^x=(x+1)e^x,\ y''=e^x+(x+1)e^x=(x+2)e^x$$

寫到這裡，發現似乎有規律。使用數學歸納法，設 $y^{(k)}=(x+k)e^x$，則 $y^{(k+1)}=e^x+(x+k)e^x=(x+k+1)e^x$，故由數學歸納法得證 $y^{(n)}=(x+n)e^x$。

例題 2.4.4 函數 $y=\sin^4(x)-\cos^4(x)$，求 n 階導函數 $y^{(n)}$。

解

在動手求導前先進行化簡：

$$y=\sin^4(x)-\cos^4(x)=\left(\sin^2(x)-\cos^2(x)\right)\left(\sin^2(x)+\cos^2(x)\right)$$
$$=\sin^2(x)-\cos^2(x)=-\cos(2x)$$

因此

$$y'=2\sin(2x)$$
$$\vdots$$
$$y^{(n)}=2\cdot 2^{n-1}\sin\left(2x+\frac{n-1}{2}\pi\right)$$

直接套做過的 $\frac{\mathrm{d}^n}{\mathrm{d}x^n}\sin(x)$

$$=2^n\sin\left(2x+\frac{n-1}{2}\pi\right)$$

再介紹一種符號的使用，一般在大一微積分課程中不一定會出現。如果函數 f 在區間 $[a,b]$ 上連續，我們就寫 $f\in C\big([a,b]\big)$；函數 f 在 $[a,b]$ 上可導，且其一階導函數在 $[a,b]$ 上連續，我們就寫 $f\in C^1\big([a,b]\big)$；函數 f 在 $[a,b]$ 上二階可導，且其二階導函數在 $[a,b]$ 上連續，我們就寫 $f\in C^2\big([a,b]\big)$；以此類推，若 f 在區間 $[a,b]$ 上 n 階導函數連續，我們就寫 $f\in C^n\big([a,b]\big)$；f 在區間 $[a,b]$ 上可求導無限多次，我們就寫 $f\in C^\infty\big([a,b]\big)$。

從以上分類可見，可導函數，其導函數不一定也可導，甚至導函數不一定連續！關於這個，將在 2.6 節給出具體例子。不過在此先釐清一下，許多同學乍聞此事，會問：「可導就必連續不是嗎？為什麼還說求導後不一定連續？」我們講話的時候要搞清楚主詞，所謂的可導必連續，指的是函數 f 可導，則函數 f 必連續。但這裡談的是，函數 f 可導，但導函數 f' 不一定連續，「連續」所指涉的對象是不同的。

{Exercise}

1. 求出下列函數的二階導函數。

(1) $f(x) = \sqrt{x+7}$ (2) $f(x) = x^2 - \dfrac{1}{x}$

(3) $f(x) = (x+2)^2(x-5)^3$ (4) $f(x) = \dfrac{x}{(1-x)^3}$

(5) $f(x) = \pi x^3 - 7x$ (6) $f(x) = \dfrac{x+1}{x-1}$

參考答案: 1. (1) $-\frac{1}{4(x+7)^{\frac{3}{2}}}$ (2) $2-\frac{2}{x^3}$ (3) $2(10x^3-66x^2+57x+115)$
(4) $-\frac{6(x+1)}{(x-1)^5}$ (5) $6\pi x$ (6) $4(x-1)^{-3}$

■ 2.5 連鎖規則

對於**合成函數**，例如 $\sin(x^2)$，長得比較複雜一點，該怎麼求它的導函數呢？我們這裡就要專門討論處理它的方式：**連鎖規則**（chain rule）。其中文名稱又叫鏈鎖規則、鏈鎖律、連鎖律、鏈式法則等等。

定理 2.5.1

若 $y=f(u)$ 及 $u=g(x)$ 皆可導，則合成函數 $y=f\big(g(x)\big)$ 也可導，且

$$\frac{\mathrm{d}}{\mathrm{d}x}\Big[f\big(g(x)\big)\Big]=f'\big(g(x)\big)\cdot g'(x)$$

其中 $f'(g(x))$ 的意思是：將外層 f 求導完後，裡面要代 $g(x)$ 而非 x。

例題 2.5.1 $\dfrac{\mathrm{d}}{\mathrm{d}x}\sin(x^2)$

錯解 1 ⚠

外層 sin 求導後變成 cos，內層 x^2 求導後是 $2x$，得到 $\cos(x)\cdot(2x)$。

錯解 2 ⚠

求導外層，內層照代 x^2，得到 $\cos(x^2)$。

解

求導外層，內層照代 x^2，內層 x^2 求導後是 $2x$，得到 $\cos(x^2)\cdot(2x)$。

連鎖規則可以看成是：f 先對 u 求導，接著 u 再對 x 求導。這樣看就很明顯 f' 裡面該代 u，也就是 $g(x)$。若以萊布尼茲的記號，我們可以簡單地將連鎖規則視為

$$\frac{\mathrm{d}y}{\mathrm{d}x}=\frac{\mathrm{d}y}{\mathrm{d}u}\cdot\frac{\mathrm{d}u}{\mathrm{d}x}$$

想像等號右邊是兩個分數相乘，將 $\mathrm{d}u$ 約分掉後得到等號左邊。當然這不是什麼嚴謹手法，但數學家已經幫我們做好嚴謹論證，早已確定結果正確，所以我們大可放心地採用此種理解方式。

至於如果有三層函數合成在一起，像是 $f\big(g(h(x))\big)$，又怎麼辦呢？做數學的時候，常常都是化繁為簡、用已知解未知。我們先看 $g(h(x))$ 作是單單一個

函數，先忘記它也是合成函數，於是套連鎖規則

$$\frac{\mathrm{d}}{\mathrm{d}x}f(g(h(x)))=f'(g(h(x)))\cdot\underline{\frac{\mathrm{d}}{\mathrm{d}x}g(h(x))}$$

接著再就 $g(h(x))$ 本身去套連鎖規則

$$\frac{\mathrm{d}}{\mathrm{d}x}g(h(x))=g'(h(x))h'(x)$$

再代回去，就成了

$$f'(g(h(x))\cdot\underline{g'(h(x))\cdot h'(x)}$$

若以萊布尼茲的符號，就是

$$\frac{\mathrm{d}y}{\mathrm{d}x}=\frac{\mathrm{d}y}{\mathrm{d}v}\cdot\frac{\mathrm{d}v}{\mathrm{d}u}\cdot\frac{\mathrm{d}u}{\mathrm{d}x}$$

連鎖規則並沒有什麼難的，同學會發生的問題主要就是沒做熟。經常外層求導完了忘了內層也要求導，或是忘了裡面要代 $u=g(x)$，代成 x。

例題 2.5.2　$\frac{\mathrm{d}}{\mathrm{d}x}\sin^2(x)$

錯解 

求導外層得到 $2\sin(x)$。

解

求導外層，乘上內層的導函數，得到 $2\sin(x)\cos(x)$。

例題 2.5.3　$\frac{\mathrm{d}}{\mathrm{d}x}\left(x^3-7x^2-3x+8\right)^4$

錯解 

求導外層得到 $4\left(x^3-7x^2-3x+8\right)^3$。

解

求導外層，乘上內層的導函數：$4\left(x^3-7x^2-3x+8\right)^3\cdot(3x^2-14x-3)$。

例題 2.5.4 $\dfrac{\mathrm{d}}{\mathrm{d}x}\ln\left(x^2+1\right)$

錯解 1 ⚠

對 ln 求導就是把它內部的東西丟到分母，所以是 $\dfrac{1}{x^2+1}$。

錯解 2 ⚠

求導外層，乘上內層的導函數，得到 $\dfrac{1}{x}\cdot(2x)$。

解

內層丟到分母，乘上內層的導函數，得到 $\dfrac{1}{x^2+1}\cdot(2x)$。

例題 2.5.5 $\dfrac{\mathrm{d}}{\mathrm{d}x}e^{\sin(\ln(x))}$

錯解 1 ⚠

e 求導後不變，所以是 $e^{\sin(\ln(x))}$。

錯解 2 ⚠

求導外層，乘上中間及內層的導函數，得到 $e^x\cdot\cos(x)\cdot\dfrac{1}{x}$。

解

求導外層，乘上中間及內層的導函數，並記得裡面都要照代原來內部的東西，得到 $e^{\sin(\ln(x))}\cdot\cos\left(\ln(x)\right)\cdot\dfrac{1}{x}$。

例題 2.5.6 $y=\ln(\ln(\ln(x)))$，求 y'。

解

每一層都是 $\ln(x)$，共有三層。最外層求導後的 $\dfrac{1}{x}$，應該要代裡面的 $\ln(\ln(x))$，寫成 $\dfrac{1}{\ln(\ln(x))}$。第二層求導後的 $\dfrac{1}{x}$，應該要代裡面的 $\ln(x)$，寫

成 $\frac{1}{\ln(x)}$。第三層已經是最內層了，所以寫 $\frac{1}{x}$。總結以上：

$$y' = \frac{1}{\ln(\ln(x))} \cdot \frac{1}{\ln(x)} \cdot \frac{1}{x} = \frac{1}{x\ln(x)\ln(\ln(x))}$$

例題 2.5.7 $y = \sqrt{1+\tan(x^2)}$，求 y'。

解

$$y' = \frac{1}{2\sqrt{1+\tan(x^2)}} \cdot \sec^2(x^2) \cdot (2x)$$

例題 2.5.8 $y = x^2\sin^2(2x^2)$，求 y'。

解

$$y' = 2x\sin^2(2x^2) + x^2\left(2\sin(2x^2)\cdot\cos(2x^2)\cdot(4x)\right)$$

例題 2.5.9 $y = \ln\left(e^x + \sqrt{1+e^{2x}}\right)$，求 y'。

解

$$y' = \frac{1}{e^x + \sqrt{1+e^{2x}}} \cdot \left(e^x + \frac{e^{2x}}{\sqrt{1+e^{2x}}}\right)$$

例題 2.5.10 $y = \ln(\frac{1}{x^3})$，求 y'。

解

$$y' = \frac{1}{\frac{1}{x^3}}\left(-\frac{3}{x^4}\right) = -\frac{3}{x}$$

更好的辦法是先注意到 $y = \ln(\frac{1}{x^3}) = -3\ln(x)$。

{ *Exercise* }

1. 求出下列函數的導函數。

(1) $f(x)=\sqrt{x^2}$　　(2) $f(x)=\left(x^2+x+1\right)^{100}$

(3) $f(x)=\sin(\cos(x))$　　(4) $f(x)=\sqrt{1+x^3}$

(5) $f(x)=\left(\frac{x^3}{3}+\frac{x^2}{2}+x\right)^{-1}$　　(6) $f(x)=\left[(6x+x^5)^{-1}+x\right]^2$

(7) $f(x)=\sqrt[6]{\sin(2^x)}$　　(8) $f(x)=x\left[\sin\left(\ln x\right)-\cos(\ln x)\right]$

(9) $f(x)=\frac{1}{x+\sqrt{x^2-1}}$　　(10) $f(x)=e^{\tan^2(x)+\ln(\sin(x))}$

(11) $f(x)=\left(\frac{\sin(x)}{1+\cos(x)}\right)^2$　　(12) $f(x)=\ln\left[\ln\left(\ln(x)\right)\right]$

(13) $f(x)=\ln\left(x+\sqrt{x^2+1}\right)$　　(14) $f(x)=\tan^{-1}\left(e^{\cos(x)}\right)$

(15) $f(x)=\ln\left(e^x+\sqrt{1+e^{2x}}\right)$

2. $\frac{\mathrm{d}}{\mathrm{d}x}\cos\left(\sqrt{x^2+1}\right)=$ ________ 。

3. 直接求極限 $\lim\limits_{x\to 0}\frac{\sin(\sqrt{3+x})-\sin(\sqrt{3})}{x}$ 是困難的，但是將其看成函數 $f(x)=$ ______ 在 $x=3$ 處的導數，使用連鎖規則即可求出此極限為 ______ 。

參考答案： 1. (1) $\frac{x}{\sqrt{x^2}}$ (2) $100\left(x^2+x+1\right)^{99}(2x+1)$ (3) $-\cos(\cos(x))\sin(x)$
(4) $\frac{3x^2}{2\sqrt{1+x^3}}$ (5) $-\left(\frac{x^3}{3}+\frac{x^2}{2}+x\right)^{-2}\left(x^2+x+1\right)$ (6) $2\left[(6x+x^5)^{-1}+x\right]\left(-(6x+x^5)^{-2}(6+5x^4)+1\right)$
(7) $\left[\sin(2^x)\right]^{-\frac{5}{6}}\cos(2^x)2^x\ln(2)$ (8) $2\sin(\ln x)$ (9) $-\frac{1}{\sqrt{x^2-1}(x+\sqrt{x^2-1})}$
(10) $(2\tan(x)\sec^2(x)+\cot(x))e^{\tan^2(x)+\ln(\sin(x))}$ (11) $\frac{2\sin(x)}{(1+\cos(x))^2}$ (12) $\frac{1}{x\ln(x)\ln(\ln(x))}$ (13) $\frac{1}{\sqrt{x^2+1}}$
(14) $-\frac{\sin(x)e^{\cos(x)}}{1+e^{2\cos(x)}}$ (15) $\frac{e^x}{\sqrt{1+e^{2x}}}$
2. $-\sin\left(\sqrt{x^2+1}\right)\cdot\frac{x}{\sqrt{x^2+1}}$　3. $f(x)=\sin(\sqrt{x})$, $\frac{\cos(\sqrt{3})}{2\sqrt{3}}$

■ 2.6　單側導數

當我們遇到分段定義函數，該如何求導呢？例如 $f(x)=\begin{cases}2x & ,x\leq 1\\ x^2+1 & ,x>1\end{cases}$ 許多初學的同學，會直接對各段的表達式套用求導規則，直接寫 $f'(x)=\begin{cases}2 & ,x\leq 1\\ 2x & ,x>1\end{cases}$ 這樣寫是不正確的。這樣有時會矇到正確答案，有時候會不對。舉一例來說，我們知道 $\left(x^2\right)'=2x$，現在我故意把 $f(x)=x^2$ 寫成分段定義函數：

$$f(x)=\begin{cases}x^2 & ,x\neq 1\\ 1 & ,x=1\end{cases}$$

這樣寫與 $f(x)=x^2$ 根本還是同個函數。如果直接對各段表達式套用求導規則，會寫成

$$f'(x)=\begin{cases}2x & ,x\neq 1\\ 0 & ,x-1\end{cases}$$

很明顯是不正確的。

在求極限時，有單側極限的概念，我們經常在分段定義函數要求極限時，利用單側極限。而導數是用極限定的，所以也有單側導數。對於分段定義函數在區間交接處的導數，就利用單側導數。

定義 2.6.1　單側導數

若函數在 $x=a$ 右邊附近有定義，且極限

$$\lim_{h\to 0^+}\frac{f(a+h)-f(a)}{h}$$

存在，則稱此極限值為右導數，並記為 $f'_+(a)$ 或 $D_+f(a)$ 。若函數在 $x=a$ 左邊附近有定義，且極限

$$\lim_{h\to 0^-}\frac{f(a+h)-f(a)}{h}$$

存在，則稱此極限值為左導數，並記為 $f'_-(a)$ 或 $D_-f(a)$ 。

例題 2.6.1

$$f(x)=\begin{cases} 2x & ,x\le 1 \\ x^2+1 & ,x>1 \end{cases}，求 f'(x)。$$

解

這個函數分別在區間 $(-\infty,1]$ 和 $(1,\infty)$ 給出表達式，交接於 $x=1$ 處。在非交界處，即 $x>1$ 及 $x<1$ 時，可以直接套用求導規則，得到：
當 $x>1$，$f'(x)=(x^2+1)'=2x$；當 $x<1$，$f'(x)=(2x)'=2$。
在 $x=1$ 處，考察左右導數：

$$\begin{aligned} f'_+(1) &= \lim_{x\to 1^+}\frac{f(x)-f(1)}{x-1}=\lim_{x\to 1^+}\frac{(x^2+1)-2}{x-1} \quad \boxed{f(x) \text{ 在 } x>1 \text{ 表達式是 } x^2+1} \\ &= \lim_{x\to 1^+}\frac{x^2-1}{x-1}=\lim_{x\to 1^+}x+1=2 \\ f'_-(1) &= \lim_{x\to 1^-}\frac{f(x)-f(1)}{x-1}=\lim_{x\to 1^-}\frac{2x-2}{x-1}=2 \quad \boxed{f(x) \text{ 在 } x\le 1 \text{ 表達式是 } 2x} \end{aligned}$$

左右導數相等，所以 $f'(1)=2$。可總結為

$$f'(x)=\begin{cases} 2 & ,x\le 1 \\ 2x & ,x>1 \end{cases}$$

例題 2.6.2

決定 m,b 之值使得 $f(x)=\begin{cases} e^x & ,x\le 1 \\ mx+b & ,x>1 \end{cases}$ 在 $x=1$ 處可導。

解

可導必連續，所以 $\lim_{x\to 1^+}f(x)=f(1)=e \Rightarrow \lim_{x\to 1^+}mx+b=m+b=e$
接著考察左右導數：

$$\begin{aligned} f'_+(1) &= \lim_{x\to 1^+}\frac{f(x)-f(1)}{x-1}=\lim_{x\to 1^+}\frac{(mx+b)-e}{x-1} \quad \boxed{f(x) \text{ 在 } x>1 \text{ 是 } mx+b} \\ &= \lim_{x\to 1^+}\frac{(mx+b)-(m+b)}{x-1}=m \end{aligned}$$

$$f'_{-}(1)=\lim_{x\to 1^-}\frac{f(x)-f(1)}{x-1}=\lim_{x\to 1^-}\frac{e^x-e}{x-1}$$

$f(x)$ 在 $x\le 1$ 是 e^x

$$=e\lim_{x\to 1^-}\frac{e^{x-1}-1}{x-1}=e$$

取 $m=e$ 可使左右導數相等，故 $m=e, b=0$。

例題 2.6.3

函數 $f(x)=\begin{cases} x\sin\left(\frac{1}{x}\right) & , x\neq 0 \\ 0 & , x=0 \end{cases}$

(1) $f(x)$ 在 $x=0$ 處是否連續？ (2) $f(x)$ 在 $x=0$ 處是否可導？

解

(1) $\lim_{x\to 0} f(x)=\lim_{x\to 0} x\sin\left(\frac{1}{x}\right)=0=f(0)$，故 $f(x)$ 在 $x=0$ 處連續。

(2) $f'(0)=\lim_{h\to 0}\frac{h\sin\left(\frac{1}{h}\right)-0}{h}=\lim_{h\to 0}\sin\left(\frac{1}{h}\right)$ 不存在，$f(x)$ 在 $x=0$ 處不可導。

例題 2.6.4

函數 $f(x)=\begin{cases} x^2\sin\left(\frac{1}{x}\right) & , x\neq 0 \\ 0 & , x=0 \end{cases}$

(1) $f(x)$ 在 $x=0$ 處是否可導？ (2) $f'(x)$ 在 $x=0$ 處是否連續？

解

(1) 因 $f'(0)=\lim_{h\to 0}\frac{h^2\sin\left(\frac{1}{h}\right)-0}{h}=\lim_{h\to 0} h\sin\left(\frac{1}{h}\right)=0$，故 $f(x)$ 在 $x=0$ 處可導。

(2) 當 $x\neq 0$，$f'(x)=\left(x^2\sin\left(\frac{1}{x}\right)\right)'$

$$=2x\sin\left(\frac{1}{x}\right)+x^2\cos\left(\frac{1}{x}\right)\cdot\left(-\frac{1}{x^2}\right)=2x\sin\left(\frac{1}{x}\right)-\cos\left(\frac{1}{x}\right)$$

$\lim_{x\to 0} f'(x)=\lim_{x\to 0} 2x\sin\left(\frac{1}{x}\right)-\cos\left(\frac{1}{x}\right)$ 不存在，故 $f'(x)$ 在 $x=0$ 處不連續。

note

這例子正顯示可導函數 $f(x)$ 的導函數 $f'(x)$ 不一定連續。

例題 2.6.5 $f(x)=x|x|$，求 $f'(x)$。

解

由於含有 $|x|$，將其寫成分段定義函數

$$f(x)=x|x|=\begin{cases} x^2 & , x\geq 0 \\ -x^2 & , x<0 \end{cases}$$

當 $x>0$，$f'(x)=\left(x^2\right)'=2x$；當 $x<0$ 時，$f'(x)=\left(-x^2\right)'=-2x$；
當 $x=0$ 時，$f'(0)=\lim\limits_{h\to 0}\frac{h|h|}{h}=\lim\limits_{h\to 0}|h|=0$。以上結果整理成

$$f'(x)=2|x|$$

例題 2.6.6 $f(x)=\begin{cases} e^{-x} & , x\geq 0 \\ \sqrt{1-2x} & , x<0 \end{cases}$，求 $f'(x)$。

解

當 $x>0$，$f'(x)=\left(e^{-x}\right)'=-e^{-x}$；當 $x<0$ 時，$f'(x)=\left(\sqrt{1-2x}\right)'=\frac{-1}{\sqrt{1-2x}}$；
當 $x=0$ 時

$$f'_+(0)=\lim_{h\to 0^+}\frac{e^{-h}-1}{h}=-1 \qquad f'_-(0)=\lim_{h\to 0^-}\frac{\sqrt{1-2h}-1}{h}=-1$$

左右導數相等，故 $f'(0)=-1$。總結以上

$$f'(x)=\begin{cases} -e^{-x} & , x\geq 0 \\ -\frac{1}{\sqrt{1-2x}} & , x<0 \end{cases}$$

到目前做了幾題下來，我們可以發現，當分段函數交界處左右各為不同表達式，如 $f(x)=\begin{cases} e^{-x} & , x\geq 0 \\ \sqrt{1-2x} & , x<0 \end{cases}$ 求 $f'(0)$，就要用左右導數；當交界處左右為同一個表達式，如 $f(x)=\begin{cases} x^2\sin\left(\frac{1}{x}\right) & , x\neq 0 \\ 0 & , x=0 \end{cases}$ 求 $f'(0)$，則不必分為左右，

但仍須以導數的定義來求，算起來仍是有點麻煩。以下介紹一個定理，有了這個定理，我們的計算就可以更簡便。

定理 2.6.1

若 $g(x), h(x)$ 皆在 $x=a$ 處及其附近有定義，且在 $x=a$ 處可導。則函數 $f(x)=\begin{cases} g(x) & , x \le a \\ h(x) & , x > a \end{cases}$ 在 $x=a$ 處可導的充要條件為 $\begin{cases} g(a)=h(a) \\ g'(a)=h'(a) \end{cases}$。

證

必要性

在 $x=a$ 處可導，必在 $x=a$ 處連續：

$$f(a)=g(a)=\lim_{x\to a^-} g(x)=\lim_{x\to a^-} f(x)=\lim_{x\to a^+} f(x)=h(a)$$

故 $g(a)=h(a)$。$f(x)$ 在 $x=a$ 處左右導數皆存在且相等：

$$f'_-(a)=\lim_{x\to a^-}\frac{f(x)-f(a)}{x-a}=\lim_{x\to a^-}\frac{g(x)-g(a)}{x-a}=g'_-(a)=g'(a)$$

$$f'_+(a)=\lim_{x\to a^+}\frac{f(x)-f(a)}{x-a}=\lim_{x\to a^+}\frac{h(x)-h(a)}{x-a}=h'_+(a)=h'(a)$$

故 $g'(a)=h'(a)$。

充分性

因 $f(a)=g(a)=h(a)$，所以

$$f'_-(a)=\lim_{x\to a^-}\frac{f(x)-f(a)}{x-a}=\lim_{x\to a^-}\frac{g(x)-g(a)}{x-a}=g'_-(a)=g'(a)$$

$$f'_+(a)=\lim_{x\to a^+}\frac{f(x)-f(a)}{x-a}=\lim_{x\to a^+}\frac{h(x)-h(a)}{x-a}=h'_+(a)=h'(a)$$

由 $g'(a)=h'(a)$，有 $f'_-(a)=f'_+(a)$，故 $f(x)$ 在 $x=a$ 處可導。 ■

例題 2.6.7 $f(x)=\begin{cases} e^{-x} & ,x\ge 0 \\ \sqrt{1-2x} & ,x<0 \end{cases}$，求 $f'(0)$。

解

$$\begin{cases} e^{-x}\Big|_{x=0}=1=\sqrt{1-2x}\Big|_{x=0} \\ (e^{-x})'\Big|_{x=0}=(-e^{-x})\Big|_{x=0}=-1=(\sqrt{1-2x})'\Big|_{x=0}=\left(-\frac{1}{\sqrt{1-2x}}\right)\Big|_{x=0} \end{cases}$$

故 $f'(0)=-1$。

例題 2.6.8 $f(x)=\begin{cases} \frac{2}{3}x^3 & ,x\le 1 \\ x^2 & ,x>1 \end{cases}$，則 $f(x)$ 在 $x=1$ 處

(A) 左右導數皆存在　　(B) 左導數存在，右導數不存在

(C) 左右導數皆不存在　　(D) 右導數存在，左導數不存在

解

寫下左右導數

$$\begin{aligned} f'_-(1) &= \lim_{x\to 1^-}\frac{f(x)-f(1)}{x-1}=\lim_{x\to 1^-}\frac{\frac{2}{3}x^3-\frac{2}{3}}{x-1} \\ &= \lim_{x\to 1^-}\frac{2}{3}\cdot\frac{x^3-1}{x-1}=\lim_{x\to 1^-}\frac{2}{3}(x^2+x+1)=2 \\ f'_+(1) &= \lim_{x\to 1^+}\frac{f(x)-f(1)}{x-1}=\lim_{x\to 1^+}\frac{x^2-\frac{2}{3}}{x-1}=\infty \end{aligned}$$

故選 (B)。

許多同學會搞不清 單側導數與 導函數的單側極限 之區別，或是雖知道不同但以為兩者必然相等。在前面例題中的

$$f(x)=\begin{cases} x^2\sin\left(\frac{1}{x}\right) & ,x\ne 0 \\ 0 & ,x=0 \end{cases}$$

我們就看到 $f(x)$ 在 $x=0$ 處可導，所以單側導數 $f'_+(0)$ 也存在。然而導函數的單側極限 $\lim\limits_{x\to 0^+} f'(x)$ 是不存在的。反過來說也是有可能的，例如

$$f(x)=\begin{cases}1 & ,x>0\\ 0 & ,x\le 0\end{cases}$$

明顯在 $x\ne 0$ 時導數皆為 0，所以導函數的極限 $\lim\limits_{x\to 0^+} f'(x)=0$。然而單側導數卻是 $f'_+(0)=\lim\limits_{h\to 0^+}\frac{1-0}{h}=\infty$ 不存在。

導數定義 $\lim\limits_{x\to a}\frac{f(x)-f(a)}{x-a}$ 的精神，是割線趨近切線。由點 $A(a,f(a))$ 和動點 $P(x,f(x))$ 拉割線，並使動點 P 趨向 A。由於 $x\to a$ 是 x 可由左右兩邊趨向 a，所以動點 P 是由 A 的左右兩邊趨向 A。而單側導數，就是 P 只從某一邊趨向 A，如右圖所示。至於導函數的極限，則是已經先有 $f'(x)$ 了，才讓 x 由 a 附近趨向 a。

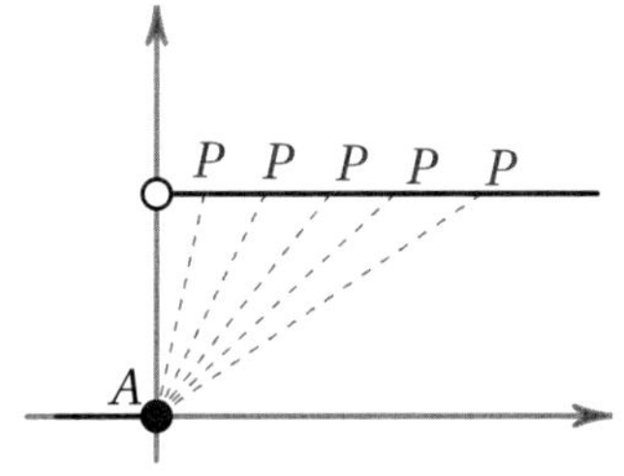

圖 2.2: $f'_+(0)=\lim\limits_{h\to 0^+}\frac{1-0}{h}=\infty$

{Exercise}

1. 函數 $f(x)=\begin{cases} x^2 & ,-1\le x<0 \\ -x^2 & ,0\le x\le 1 \end{cases}$ 在 $x=0$ 處是否可導?

2. 函數 $f(x)=\begin{cases} -3x & ,-1\le x<0 \\ x^2 & ,0\le x\le 1 \end{cases}$ 在 $x=0$ 處是否可導?

3. 函數 $f(x)=\begin{cases} \cos(x) & ,-1\le x<0 \\ x^3 & ,0\le x\le 1 \end{cases}$ 在 $x=0$ 處是否可導?

4. 函數 $f(x)=\begin{cases} \sin(2x) & ,x\le 0 \\ mx & ,x>0 \end{cases}$, 則當 m 取值為何 f 在 $x=0$ 處連續?
   m 取值為何 f 在 $x=0$ 處可導?

參考答案: 1. 是　2. 否　3. 否　4. 任意 m 值皆連續、$m=2$ 時可導。

■ 2.7　隱函數的求導

對於 $y = f(x)$ 在 $x = 3$ 處的導數，我們只須先求出導函數 $y = f'(x)$，再代入 $x = 3$，即得導數值 $f'(3)$。至於在圓 $x^2 + y^2 = 1$ 上 $(\frac{1}{2}, \frac{\sqrt{3}}{2})$ 處的導數，可以先將方程式移項，寫成

$$y = \pm\sqrt{1 - x^2}$$

我們是求 $(\frac{1}{2}, \frac{\sqrt{3}}{2})$ 處的導數，顯然位於上半圓，故取正。接著求導

$$\frac{\mathrm{d}}{\mathrm{d}x}\left(\sqrt{1 - x^2}\right) = \frac{-2x}{2\sqrt{1 - x^2}} = \frac{-x}{\sqrt{1 - x^2}}$$

再代 $x = \frac{1}{2}$，得到所求為 $-\frac{1}{\sqrt{3}}$。

我們回頭審視剛剛的作法，一開始先移項，試圖解出 $y = f(x)$ 的形式。然而這樣做，所解出的式子可能長比較醜。醜還是小事，其實你還不一定解得出來！譬如說

$$x^3 y^2 - 3^{\sin(y)\sqrt{x}} = 7$$

我隨手寫一個你就解不出來了！所以，我們有必要討論出一個一般性的方法，可以不必移項就直接對原方程求導。

首先界定一下，關於 $y = f(x)$ 的形式，我們稱之為**顯函數**，因為它很明顯、很明白地告訴我們，如何以自變數 x 表達出應變數 y。而至於 x, y 交雜在一塊的式子，比方說 $x^2 + y^2 = 1$，它隱含了 $y = f(x)$ 的函數關係在其中，故稱之為**隱函數**。我們現在要討論的問題，即是如何對於隱函數求導。而說起來其實很簡單，既然都說了 $x^2 + y^2 = 1$ 隱含 $y = f(x)$ 在其中，那我們就做個小標註提醒自己③：

$$x^2 + y^2(x) = 1$$

就是說將 y 寫成 $y(x)$，提醒自己 y 是 x 的函數。接著兩邊都對 x 求導

$$\frac{\mathrm{d}}{\mathrm{d}x}\left(x^2 + y^2(x)\right) = \frac{\mathrm{d}}{\mathrm{d}x}(1)$$

右式是對常數求導，當然是 0；左式第一項也沒問題，就是我們熟悉的 x^2 對 x 求導得到 $2x$。重點在於第二項，我們已經提醒自己 y 是 x 的函數，而寫成

③ 不一定要，只是初學階段這樣做。

$y(x)$，那麼 $y^2(x)$ 就是一個合成函數：內層是 $y(x)$，外面再有個平方。對合成函數求導，就用連鎖規則，寫成

$$2x+2y(x)\cdot\frac{\mathrm{d}y}{\mathrm{d}x}=0$$

所求 $\frac{\mathrm{d}y}{\mathrm{d}x}$ 已經出現，只要再移項一下，就有

$$\frac{\mathrm{d}y}{\mathrm{d}x}=-\frac{x}{y}$$

這樣就成功了！至於 $(\frac{1}{2},\frac{\sqrt{3}}{2})$ 處的導數，我們就代 $x=\frac{1}{2},y=\frac{\sqrt{3}}{2}$，得到

$$\left.\frac{\mathrm{d}y}{\mathrm{d}x}\right|_{(\frac{1}{2},\frac{\sqrt{3}}{2})}=-\frac{\frac{1}{2}}{\frac{\sqrt{3}}{2}}=-\frac{1}{\sqrt{3}}$$

例題 2.7.1 隱函數 $2x^2y-y^3+1=x+2y$，求出 $\frac{\mathrm{d}y}{\mathrm{d}x}$。

解

$$\frac{\mathrm{d}}{\mathrm{d}x}(2x^2y-y^3+1)=\frac{\mathrm{d}}{\mathrm{d}x}(x+2y)$$

$$\frac{\mathrm{d}}{\mathrm{d}x}(2x^2y)-\frac{\mathrm{d}}{\mathrm{d}x}(y^3)+\frac{\mathrm{d}}{\mathrm{d}x}(1)=\frac{\mathrm{d}}{\mathrm{d}x}(x)+\frac{\mathrm{d}}{\mathrm{d}x}(2y)$$

$$4xy+2x^2\frac{\mathrm{d}y}{\mathrm{d}x}-3y^2\frac{\mathrm{d}y}{\mathrm{d}x}=1+2\frac{\mathrm{d}y}{\mathrm{d}x}$$

$$(2x^2-3y^2-2)\frac{\mathrm{d}y}{\mathrm{d}x}=1-4xy \qquad \Rightarrow \frac{\mathrm{d}y}{\mathrm{d}x}=\frac{1-4xy}{2x^2-3y^2-2}$$

note

1. 對 $2x^2y$ 求導時，要看成 $(2x^2)\cdot y$，使用積法則。
2. 移項時，含 $\frac{\mathrm{d}y}{\mathrm{d}x}$ 的項放一邊、其它放另一邊，以便下一步除過去。

例題 2.7.2 隱函數 $y^2 = x^2 + \sin(xy)$，求出 $\dfrac{\mathrm{d}y}{\mathrm{d}x}$。

解

$$\frac{\mathrm{d}}{\mathrm{d}x}\left(y^2\right) = \frac{\mathrm{d}}{\mathrm{d}x}\left(x^2 + \sin(xy)\right)$$

連鎖規則

$$2y\frac{\mathrm{d}y}{\mathrm{d}x} = 2x + \cos(xy)\frac{\mathrm{d}}{\mathrm{d}x}(xy)$$

積法則

$$2y\frac{\mathrm{d}y}{\mathrm{d}x} = 2x + \cos(xy)\left(y + x\frac{\mathrm{d}y}{\mathrm{d}x}\right)$$

$$\left(2y - x\cos(xy)\right)\frac{\mathrm{d}y}{\mathrm{d}x} = 2x + y\cos(xy)$$

含 $\frac{\mathrm{d}y}{\mathrm{d}x}$ 的放一邊

$$\Rightarrow \frac{\mathrm{d}y}{\mathrm{d}x} = \frac{2x + y\cos(xy)}{2y - x\cos(xy)}$$

若只求導數，不求 $\dfrac{\mathrm{d}y}{\mathrm{d}x}$，在移項前先代入會較好算，如下題所示。

例題 2.7.3 求 $x^2y^3 - 5xy^2 - 4y = 4$ 在 $(3,2)$ 處的切線斜率。

解

$$\left(x^2y^3 - 5xy^2 - 4y\right)' = (4)'$$

$$x^2(3y^2y' + y^3(2x)) - 5\left(x(2yy') + y^2\right) - 4y' = 0$$

$$3x^2y^2y' + 2xy^3 - 10xyy' - 5y^2 - 4y' = 0$$

代 $(3,2)$

$$108y' + 48 - 60y' - 20 - 4y' = 0$$

$$44y' + 28 = 0 \Rightarrow y' = -\frac{28}{44} = -\frac{7}{11}$$

例題 2.7.4 $x^3 + y^3 = 16$，求 $\dfrac{\mathrm{d}^2y}{\mathrm{d}x^2}$ 及 $\left.\dfrac{\mathrm{d}^2y}{\mathrm{d}x^2}\right|_{(2,2)}$。

解

$$3x^2 + 3y^2y' = 0 \tag{2.7.1}$$

$$\Rightarrow y' = -\frac{x^2}{y^2} \tag{2.7.2}$$

為求 $\frac{\mathrm{d}^2y}{\mathrm{d}x^2}$，我們可以在式子 (2.7.2) 兩邊求導，得到

$$\begin{aligned} y'' &= -\frac{2xy^2 - x^2(2y)y'}{y^4} \\ &= -\frac{2xy^2 - x^2(2y)(-\frac{x^2}{y^2})}{y^4} = -\frac{2xy^3+2x^4}{y^5} \end{aligned}$$

操作起來還挺麻煩的。而這已經是很簡單的情況了，因為式子 (2.7.2) 的分子分母也才各一項。若是比較多項，你也這樣做，可就修身養性了！其實可以在式子 (2.7.1)兩邊求導，得到

$$\begin{aligned} 2x + y^2y'' + y'(2y\cdot y') = 0 \\ y^2y'' = -2x - 2y(y')^2 \\ \Rightarrow y'' = -\frac{2x+2y\left(-\frac{x^2}{y^2}\right)^2}{y^2} = -\frac{2xy^3+2x^4}{y^5} \end{aligned}$$

先求導再移項，比起先移項再求導好處理。至於 $\left.\frac{\mathrm{d}^2y}{\mathrm{d}x^2}\right|_{(2,2)}$，只要接著代 $x=2, y=2$ 即可，沒什麼好說，我來說說假如題目不問 $\frac{\mathrm{d}^2y}{\mathrm{d}x^2}$，只要求 $\left.\frac{\mathrm{d}^2y}{\mathrm{d}x^2}\right|_{(2,2)}$ 時，怎麼寫比較好。

從頭寫起，首先一樣寫出

$$3x^2 + 3y^2y' = 0 \tag{2.7.3}$$

然後代 $x=2, y=2$ 得到

$$12 + 12y' = 0 \quad \Rightarrow y' = -1$$

接著在式子 (2.7.3) 兩邊求導，得到

$$2x + 2y\cdot y'\cdot y' + y^2y'' = 0$$

此時代 $x=2, y=2$，及 $y'=-1$，就有

$$4+4\cdot(-1)^2+4y''=0$$

便可解出 $y''=-2$。

note

平時練習題目時，多留意怎樣的寫法可以較簡潔。

關於有理冪次函數的導函數之推導，若用導函數的極限定義來推，會相當麻煩。現在利用隱函數求導法，可以較簡便地推出。

例題 2.7.5 函數 $y=x^{\frac{n}{m}}, n,m\in\mathbb{Z}$，求導函數 $\frac{\mathrm{d}y}{\mathrm{d}x}$。

解

可先寫成 $y^m=x^n$，然後兩邊對 x 求導

$$\begin{aligned} my^{m-1}y' &= nx^{n-1} \\ \Rightarrow y' &= \frac{nx^{n-1}}{my^{m-1}} = \frac{nx^{n-1}}{m(x^{\frac{n}{m}})^{m-1}} \qquad \boxed{y=x^{\frac{n}{m}}} \\ &= \frac{nx^{n-1}}{mx^{n-\frac{n}{m}}} = \frac{n}{m}x^{\frac{n}{m}-1} \end{aligned}$$

大多同學學到隱函數，會感到比較困惑的是：隱函數到底是不是函數？以前中學時代，我們學到一對多不是函數，所以 $x^2+y^2=1$ 並不是函數，但現在卻又說是隱函數！

如一開始所述，所謂的隱函數 $x^2+y^2=1$，是指這個方程式隱含了 $y=f(x)$ 的函數關係在其中，而非指 $x^2+y^2=1$ 本身是個函數。它隱含了上半圓 $\sqrt{1-x^2}$ 與下半圓 $-\sqrt{1-x^2}$：

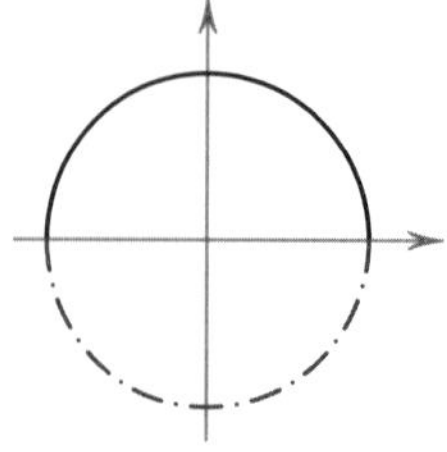

當我們看 $(\frac{1}{2},\frac{\sqrt{3}}{2})$ 處的導數，顯然它位於上半圓，我們便這麼說：$x^2+y^2=1$ 中，在點 $(\frac{1}{2},\frac{\sqrt{3}}{2})$ 附近存在著 $y=f(x)$ 的函數關係。

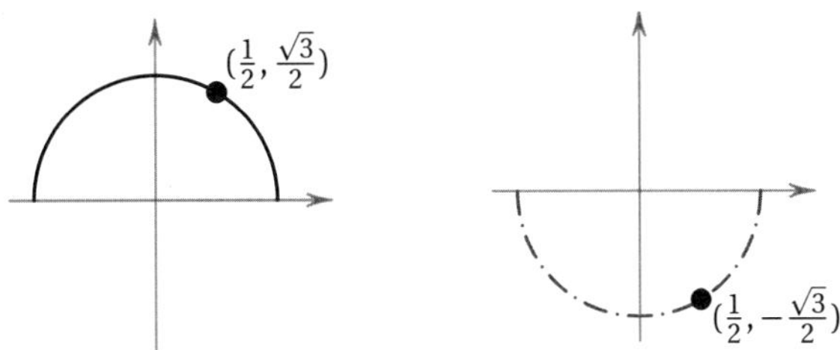

至於點 $(\frac{1}{2},-\frac{\sqrt{3}}{2})$，在其附近同樣也存在著 $y=f(x)$ 的函數關係，但與剛剛是不同的函數。至於點 $(1,0)$，在其附近無法決定函數關係！你絕對無法找到一個函數，使 $(1,0)$ 是其圖形內點，而其圖形又是 $x^2+y^2=1$ 的一部分！至於怎樣的條件可決定函數關係，這在高等微積分會討論，大一微積分只須學會操作隱函數求導即可。

{Exercise}

1. 對於下列隱函數求出 $\frac{\mathrm{d}y}{\mathrm{d}x}$。

(1) $\ln(x-y)=xy+y^3$　　(2) $x^5+y^5=5xy$

(3) $\frac{1}{x}+\frac{1}{y}=1$　　(4) $x^3=\frac{2x+y}{2x-y}$

(5) $(7x-1)^3=2y^4$　　(6) $\ln\sqrt{x^2+y^2}=\tan^{-1}(x)$

2. 對於下列隱函數及給定的點 (x_0,y_0)，求出 $\left.\frac{\mathrm{d}y}{\mathrm{d}x}\right|_{(x_0,y_0)}$。

(1) $e^y\ln(1+y)+1=\cos(xy)$, $(1,0)$　　(2) $\frac{x^2}{16}+y^2=1$, $\left(2,\frac{\sqrt{3}}{2}\right)$

(3) $\frac{x^3-y}{1-y^3}=x$, $(1,-1)$　　(4) $y\sqrt{x}+x\sqrt{y}=12$, $(9,16)$

3. 對於下列隱函數及給定的點 (x_0,y_0)，求出 $\left.\frac{\mathrm{d}^2y}{\mathrm{d}x^2}\right|_{(x_0,y_0)}$。

(1) $x^3+y^3=xy$, $(\frac{1}{2},\frac{1}{2})$　　(2) $x^2y+y^3=2$, $(1,1)$

參考答案： 1. (1) $\frac{1-xy+y^2}{1+x^2-xy+3xy^2-3y^3}$ (2) $\frac{x^4-y}{x-y^4}$ (3) $-\frac{y^2}{x^2}$ (4) $\frac{3}{4}x(2x-y)^2+\frac{y}{x}$ (5) $\frac{21(7x-1)^2}{8y^3}$ (6) $\frac{x^2+y^2-x-x^3}{(1+x^2)y}$ 2. (1) 0 (2) $-\frac{\sqrt{3}}{12}$ (3) $-\frac{1}{2}$ (4) $-\frac{160}{99}$ 3. (1) -32 (2) $-\frac{3}{8}$

■ 2.8 反函數的求導

給定 $y=f(x)$，如何求反函數 $f^{-1}(x)$ 的導函數 $(f^{-1})'(x)$ 呢？在知道 $f(x)$ 的導函數 $f'(x)$ 長什麼樣子的前提下是可以的！

萊布尼茲的符號 $\frac{\mathrm{d}y}{\mathrm{d}x}$ 有其許多優越處，在這裡我們可以這樣看：

$$\frac{\mathrm{d}y}{\mathrm{d}x}=\frac{1}{\frac{\mathrm{d}x}{\mathrm{d}y}}$$

我們故意將 $\frac{\mathrm{d}y}{\mathrm{d}x}$ 看錯，它本來是一個符號，我們現在將它看成有分母分子，然後將分子除到下面去。這樣看來，$\frac{\mathrm{d}y}{\mathrm{d}x}$ 與 $\frac{\mathrm{d}x}{\mathrm{d}y}$ 是倒數關係！

例題 2.8.1 已知函數 $f(x)=e^x$ 的導函數 $f'(x)=e^x$，求其反函數 $f^{-1}(x)=\ln(x)$ 的導函數 $(f^{-1})'(x)$。

解

我們的目的是對於 $y=\ln(x)$ 求出 $\frac{\mathrm{d}y}{\mathrm{d}x}$，第一步先寫下

$$y=\ln(x)$$
$$\Rightarrow e^y=x$$

如此反過來，是為了寫出 $\frac{\mathrm{d}x}{\mathrm{d}y}$：

$$\Rightarrow \frac{\mathrm{d}x}{\mathrm{d}y}=e^y$$
$$\Rightarrow \frac{\mathrm{d}y}{\mathrm{d}x}=\frac{1}{\frac{\mathrm{d}x}{\mathrm{d}y}}=\frac{1}{e^y}$$

目前這個 $\frac{1}{e^y}$ 不可以當作答案，因為原來問題是 $f^{-1}(x)=\ln(x)$ 的導函數，它既然是 x 的函數，其導函數 $(f^{-1})'(x)$ 理應也是 x 的函數，表達式應該由 x 組成，所以要試圖將 y 換回 x。但這裡很簡單，剛剛已經寫了 $e^y=x$，所以 $\frac{1}{e^y}=\frac{1}{x}$ 就是答案。

例題 2.8.2 求 $\dfrac{d}{dx}\sin^{-1}(x)$。

解

$$
\begin{aligned}
y &= \sin^{-1}(x)\\
\Rightarrow \sin(y) &= x\\
\Rightarrow \frac{dy}{dx} &= \frac{1}{\frac{dx}{dy}} = \frac{1}{\cos(y)} = \frac{1}{\cos(\sin^{-1}(x))} = \frac{1}{\sqrt{1-x^2}}
\end{aligned}
$$

note

對於 $y=\sin^{-1}(x)$，欲求 $\dfrac{dy}{dx}$，我們藉由 $\dfrac{dx}{dy}$ 來求。所以先設定好 $x=\sin(y)$，再等號兩邊對 y 求導，以得到 $\dfrac{dx}{dy}=\cos(y)$。

也可以看成隱函數求導來做，具體請看下面解 2 演示。

例題 2.8.3 求 $\dfrac{d}{dx}\tan^{-1}(x)$。

解 1

$$
\begin{aligned}
y &= \tan^{-1}(x)\\
\Rightarrow \tan(y) &= x\\
\Rightarrow \frac{dy}{dx} &= \frac{1}{\frac{dx}{dy}} = \frac{1}{\sec^2(y)} = \frac{1}{\sec^2(\tan^{-1}(x))} = \frac{1}{1+x^2}
\end{aligned}
$$

解 2

$$
\begin{aligned}
y &= \tan^{-1}(x)\\
\Rightarrow \tan(y) &= x\\
\Rightarrow \sec^2(y)\cdot\frac{dy}{dx} &= 1 \qquad \boxed{\text{對 } x \text{ 求導}}\\
\Rightarrow \frac{dy}{dx} &= \frac{1}{\sec^2(y)}\\
&= \frac{1}{\sec^2(\tan^{-1}(x))} = \frac{1}{1+x^2}
\end{aligned}
$$

函數與反函數圖形對稱於直線 $y=x$，於是倒數關係可由圖中較易看出：

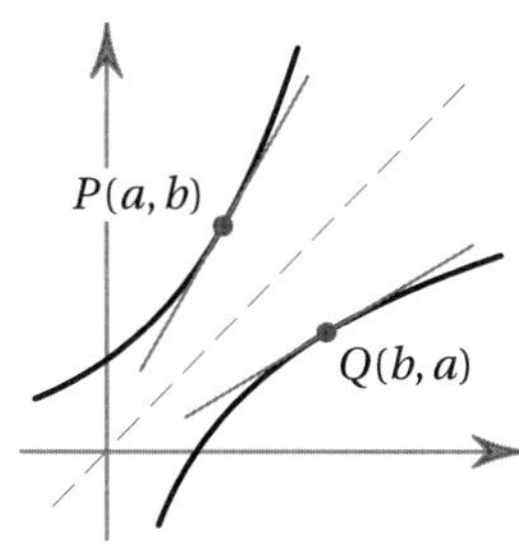

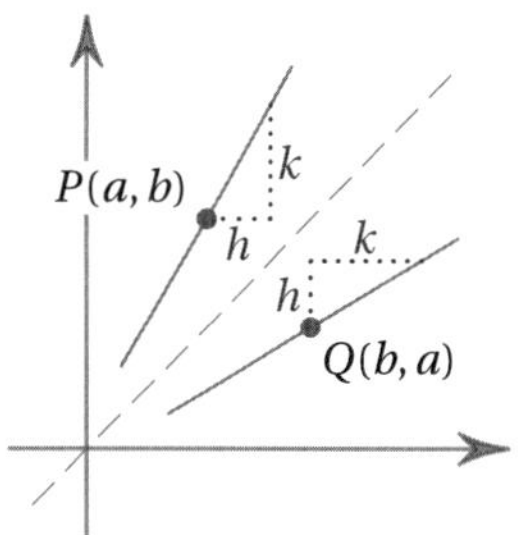

點 $P(a,b)$ 在 $y=f(x)$ 上，所以 $f(a)=b$。若 P 點處的切線斜率 $m_1=f'(a)=\frac{k}{h}$（如上圖右），Q 點處的切線斜率為 $m_2=(f^{-1})'(b)=\frac{h}{k}=\frac{1}{f'(a)}$。

性質 2.8.1

若函數 f 在區間 I 上可導且在區間 I 上有反函數 f^{-1}，a 為 I 內一點滿足 $f(a)=b$，即 $f^{-1}(b)=a$。則有

$$(f^{-1})'(b)=\frac{1}{f'(a)}$$

例題 2.8.4 若 $f(x)=x+x^3$ 且 g 是 f 的反函數，試求 $g'(0)$ 與 $g'(2)$。

解

$f(x)=x+x^3 \quad \Rightarrow f'(x)=1+3x^2$

由於 $f(0)=0$，故 $g(0)=f^{-1}(0)=0$，便有

$$g'(0)=\frac{1}{f'(0)}=\frac{1}{1+3\cdot 0^2}=1$$

由於 $f(1)=2$，故 $g(2)=f^{-1}(2)=1$，便有

$$g'(2)=\frac{1}{f'(1)}=\frac{1}{1+3\cdot 1^2}=\frac{1}{4}$$

note

小心別寫成 $g'(2)=\frac{1}{f'(2)}$。

性質 2.8.2　反三角函數的導函數

$$\frac{\mathrm{d}}{\mathrm{d}x}\sin^{-1}(x) = \frac{1}{\sqrt{1-x^2}} \qquad \frac{\mathrm{d}}{\mathrm{d}x}\cos^{-1}(x) = \frac{-1}{\sqrt{1-x^2}}$$

$$\frac{\mathrm{d}}{\mathrm{d}x}\tan^{-1}(x) = \frac{1}{1+x^2} \qquad \frac{\mathrm{d}}{\mathrm{d}x}\cot^{-1}(x) = \frac{-1}{1+x^2}$$

$$\frac{\mathrm{d}}{\mathrm{d}x}\sec^{-1}(x) = \frac{1}{|x|\sqrt{x^2-1}} \qquad \frac{\mathrm{d}}{\mathrm{d}x}\csc^{-1}(x) = \frac{-1}{|x|\sqrt{x^2-1}}$$

$\frac{\mathrm{d}}{\mathrm{d}x}\sin^{-1}(x)$ 與 $\frac{\mathrm{d}}{\mathrm{d}x}\tan^{-1}(x)$ 在前面已經做過，下面做 $\frac{\mathrm{d}}{\mathrm{d}x}\sec^{-1}(x)$。在此之前，我們先注意到右邊這行都剛好與左邊差負號，這不是巧合，這是由於反三角函數的互餘關係：

$$\cos^{-1}(x) = \frac{\pi}{2} - \sin^{-1}(x)$$

$$\cot^{-1}(x) = \frac{\pi}{2} - \tan^{-1}(x)$$

$$\csc^{-1}(x) = \frac{\pi}{2} - \sec^{-1}(x)$$

那麼便當然有

$$\frac{\mathrm{d}}{\mathrm{d}x}\cos^{-1}(x) = -\frac{\mathrm{d}}{\mathrm{d}x}\sin^{-1}(x)$$

$$\frac{\mathrm{d}}{\mathrm{d}x}\cot^{-1}(x) = -\frac{\mathrm{d}}{\mathrm{d}x}\tan^{-1}(x)$$

$$\frac{\mathrm{d}}{\mathrm{d}x}\csc^{-1}(x) = -\frac{\mathrm{d}}{\mathrm{d}x}\sec^{-1}(x)$$

例題 2.8.5　求 $\frac{\mathrm{d}}{\mathrm{d}x}\sec^{-1}(x)$。

解

$$y = \sec^{-1}(x)$$

$$\Rightarrow \sec(y) = x$$

$$\Rightarrow \sec(y)\tan(y)\cdot\frac{\mathrm{d}y}{\mathrm{d}x}=1 \qquad \boxed{\text{對 } x \text{ 求導}}$$

$$\Rightarrow \frac{\mathrm{d}y}{\mathrm{d}x}=\frac{1}{\sec(y)\tan(y)}$$

$$=\frac{1}{x\tan(\sec^{-1}(x))}$$

由於

$$\tan\left(\sec^{-1}(x)\right)=\begin{cases}\sqrt{x^2-1} & ,x\geq 1\\ -\sqrt{x^2-1} & ,x\leq -1\end{cases}$$

所以

$$x\tan(\sec^{-1}(x))=\begin{cases}x\sqrt{x^2-1} & ,x\geq 1\\ -x\sqrt{x^2-1} & ,x\leq -1\end{cases}$$

也就是說

$$\frac{\mathrm{d}}{\mathrm{d}x}\sec^{-1}(x)=\begin{cases}\dfrac{1}{x\sqrt{x^2-1}} & ,x\geq 1\\ \dfrac{1}{-x\sqrt{x^2-1}} & ,x\leq -1\end{cases}$$

然而寫成分段定義函數畢竟是麻煩，注意絕對值其實正可寫成分段定義：

$$|x|=\begin{cases}x & ,x\geq 0\\ -x & ,x<0\end{cases}$$

想到這個，便知道我們可以簡化為

$$\frac{\mathrm{d}}{\mathrm{d}x}\sec^{-1}(x)=\frac{1}{|x|\sqrt{x^2-1}}$$

反三角函數的導函數請將結果記起來，要是忘記也須懂得如何推導出來，其中又以 $\frac{\mathrm{d}}{\mathrm{d}x}\tan^{-1}(x)=\frac{1}{1+x^2}$ 特別重要，這點將在學習積分技巧時看見。

{Exercise}

1. 求出下列函數的導函數。

   (1) $f(x) = \sin^{-1}(1-x)$　　(2) $f(x) = \sin^{-1}(x) + x\sqrt{1-x^2}$

   (3) $f(x) = \sin^{-1}\left(\frac{3}{x^2}\right)$　　(4) $f(x) = \tan^{-1}\left(\frac{x}{1+\sqrt{1-x^2}}\right)$

   (5) $f(x) = \tan^{-1}(\ln(x))$　　(6) $f(x) = \cos^{-1}(e^{-x})$

   (7) $f(x) = \cos^{-1}\left(\frac{1-x}{\sqrt{2}}\right)$　　(8) $f(x) = \tan^{-1}(\sqrt{x})$

   (9) $f(x) = \ln\left(\tan^{-1}(x)\right)$

2. 設 $f(x) = x^3 + 3x + 1$，求 $f^{-1}(15)$ 。

3. $f(5) = 4$, $f'(5) = \frac{2}{3}$，則 $\left(f^{-1}\right)'(4) =$ ______ 。

4. 函數 $f(x) = 3 + x^2 + \tan(\frac{\pi x}{2})$, $-1 < x < 1$，則 $\left(f^{-1}\right)'(3) =$ ______ 。

5. $f(x) = x^5 + x^3 + x$，則 $\left(f^{-1}\right)'(3) =$ ______ 。

參考答案：　1. (1) $\frac{-1}{\sqrt{2x-x^2}}$　(2) $2\sqrt{1-x^2}$　(3) $\frac{-6}{x\sqrt{x^4-9}}$　(4) $\frac{1}{2\sqrt{1-x^2}}$　(5) $\frac{1}{x\left[1+\left(\ln(x)\right)^2\right]}$
(6) $\frac{e^{-x}}{\sqrt{1=e^{-2x}}}$　(7) $\frac{1}{\sqrt{1+2x-x^2}}$　(8) $\frac{1}{2\sqrt{x}(1+x)}$　(9) $\frac{1}{\left(1+x^2\right)\tan^{-1}(x)}$
2. $\frac{1}{15}$　3. $\frac{3}{2}$　4. $\frac{2}{\pi}$　5. $\frac{1}{9}$

■ 2.9 取對數求導法

在動手求導數前，我們經常可以對函數表達式先進行一些整理，以簡化後續求導運算。其中當式子涉及乘除與次方時，可以考慮先取對數，原因就是對數能夠化乘除為加減、化次方為乘除。

例題 2.9.1 若 $y=\dfrac{\sqrt{(x^2+1)^3}}{\sqrt[3]{(x^3+1)^4}}$，求 y'。

解

如果直接商法則就太麻煩，一開始先等號兩邊取對數：

$$y=\frac{\sqrt{(x^2+1)^3}}{\sqrt[3]{(x^3+1)^4}} \quad \Rightarrow \ln(y)=\ln\left(\frac{\sqrt{(x^2+1)^3}}{\sqrt[3]{(x^3+1)^4}}\right)$$

$$\boxed{\ln(\frac{b}{a})=\ln(b)-\ln(a)} \quad =\ln\left(\sqrt{(x^2+1)^3}\right)-\ln\left(\sqrt[3]{(x^3+1)^4}\right)$$

$$\boxed{\ln(a^c)=c\ln(a)} \quad =\frac{3}{2}\ln\left(x^2+1\right)-\frac{4}{3}\ln\left(x^3+1\right)$$

接著兩邊求導，記得是對 x 求導，所以左邊要多乘以 y'

$$\boxed{2x\text{ 與 }3x^2\text{ 來自連鎖律}} \quad \frac{1}{y}\cdot y'=\frac{3}{2}\cdot\frac{1}{x^2+1}\cdot 2x-\frac{4}{3}\cdot\frac{1}{x^3+1}\cdot 3x^2$$

$$=\frac{3x}{x^2+1}-\frac{4x^2}{x^3+1}$$

為解出 y'，將 y 乘到右邊

$$y'=y\cdot\left(\frac{3x}{x^2+1}-\frac{4x^2}{x^3+1}\right)=\frac{\sqrt{(x^2+1)^3}}{\sqrt[3]{(x^3+1)^4}}\cdot\left(\frac{3x}{x^2+1}-\frac{4x^2}{x^3+1}\right)$$

note

大家容易忘記連鎖律！

有些程度比較好的同學，會擔心是不是必須函數恆正才可以使用對數求導法，畢竟對數裡真數必須是正的嘛！其實大可不必擔心，對數求導法寫得稍微嚴謹一點的話如下：假設

$$f(x) = f_1(x) f_2(x) \cdots f_n(x)$$

先加絕對值得

$$\left|f(x)\right| = \left|f_1(x)\right|\left|f_2(x)\right| \cdots \left|f_n(x)\right|$$

取對數

$$\ln\left|f(x)\right| = \ln\left|f_1(x)\right| + \ln\left|f_2(x)\right| + \cdots + \ln\left|f_n(x)\right|$$

便可以兩邊求導

$$\frac{f'(x)}{f(x)} = \frac{f_1'(x)}{f_1(x)} + \frac{f_2'(x)}{f_2(x)} + \cdots + \frac{f_n'(x)}{f_n(x)}$$

再移項得

$$f'(x) = f(x)\left(\frac{f_1'(x)}{f_1(x)} + \frac{f_2'(x)}{f_2(x)} + \cdots + \frac{f_n'(x)}{f_n(x)}\right)$$

數學並非是為嚴謹而嚴謹，實在是與直觀相悖的事實見多了，迫使數學家越來越小心。現在既然已確認嚴謹寫法與寬鬆寫法結果一樣，我們便可在解題過程省去不必要的嚴謹。

例題 2.9.2　若 $y = \frac{(x^2+1)^3(2x-5)^2}{(x^2+5)^2}$，求 y'。

解

等號兩邊同時掛絕對值再取對數，得到

$$\begin{aligned}\ln\left|y\right| &= \ln\left|(x^2+1)^3\right| + \ln\left|(2x-5)^2\right| - \ln\left|(x^2+5)^2\right| \\ &= 3\ln\left|(x^2+1\right| + 2\ln|2x-5| - 2\ln\left|x^2+5\right|\end{aligned}$$

兩邊求導得到

$$\frac{y'}{y} = \frac{3}{x^2+1}\cdot 2x + \frac{2}{2x-5}\cdot 2 - \frac{2}{x^2+5}\cdot 2x$$

再移項得

$$\begin{aligned} y' &= y\left(\frac{6x}{x^2+1} + \frac{4}{2x-5} - \frac{4x}{x^2+5}\right) \\ &= \frac{(x^2+1)^3(2x-5)^2}{(x^2+5)^2}\left(\frac{6x}{x^2+1} + \frac{4}{2x-5} - \frac{4x}{x^2+5}\right) \end{aligned}$$

例題 2.9.3 若 $y = x^{x^x}$，求 y'。

解

等號兩邊同取對數，得到

$$\ln(y) = x^x \ln(x)$$

再取一次對數得

$$\ln(\ln(y)) = \ln\left[x^x \ln(x)\right] = x\ln(x) + \ln(\ln(x))$$

兩邊求導得到

$$\frac{y'}{y\ln(y)} = \ln(x) + 1 + \frac{1}{x\ln(x)}$$

再移項得

$$y' = y\ln(y)\left(1 + \ln(x) + \frac{1}{x\ln(x)}\right) = x^{x^x+x-1}\left(x(\ln(x))^2 + x\ln(x) + 1\right)$$

例題 2.9.4 若 $y=\sqrt{e^{\frac{1}{x}}\sqrt{x\sqrt{\sin(x)}}}$，求 y'。

解

等號兩邊同取對數，得到

$$\ln(y)=\frac{1}{2x}+\frac{\ln(x)}{4}+\frac{\ln(\sin(x))}{8}$$

兩邊求導得到

$$\frac{y'}{y}=-\frac{1}{2x^2}+\frac{1}{4x}+\frac{\cos(x)}{8\sin(x)}$$

再移項得

$$y'=\frac{1}{8}\left(\frac{2}{x}-\frac{4}{x^2}+\cot(x)\right)\sqrt{e^{\frac{1}{x}}\sqrt{x\sqrt{\sin(x)}}}$$

{Exercise}

1. 求出下列函數的導函數。

(1) $f(x)=x^{\sin(x)}$ (2) $f(x)=\dfrac{(x+1)^3}{(4x-2)^2}$

(3) $f(x)=\dfrac{e^x\sin^{-1}(x)}{\ln(x)}$ (4) $f(x)=x^{\sqrt{x}}\left(x^{\ln(x)}\right)$

2. 求出下列函數在指定點的導數。

(1) $f(x)=x^{5\cos(x)},\ x=\pi$ (2) $f(x)=x^{x^2+4},\ x=1$

參考答案： 1. (1) $x^{\sin(x)}\left(\cos(x)\ln(x)+\sin(x)\frac{1}{x}\right)$ (2) $\frac{(x+1)^3}{(4x-2)^2}\left(\frac{3}{x+1}-\frac{4}{2x-1}\right)$
(3) $\frac{e^x\sin^{-1}(x)}{\ln(x)}\left(1+\frac{1}{\sqrt{1-x^2}\sin^{-1}x}-\frac{1}{x\ln(x)}\right)$ (4) $x^{\sqrt{x}}\left(x^{\ln(x)}\right)\left(\frac{\ln(x)}{2\sqrt{x}}+\frac{1}{\sqrt{x}}+\frac{2\ln(x)}{x}\right)$
2. (1) $f'(\pi)=-\frac{5}{\pi^6}$ (2) $f'(1)=5$

■ 2.10　參數式求導

有時 x 與 y 之間的關係，並不一定使用顯函式或隱函式，可能是用參數式來表達，例如物理的運動學，可能會使用時間 t 作為參數。

當遇到曲線是給我們參數式，如何求曲線上的切線斜率呢？如果有辦法化為一般的形式，那就簡化為我們會做的樣子了。例如

$$\begin{cases} x = \cos(t) \\ y = \sin(t) \end{cases}$$

轉換成

$$x^2 + y^2 = 1$$

再用隱函數求導就好了。又如

$$\begin{cases} x = t - 1 \\ y = t^2 \end{cases}$$

轉換為

$$y = x^2 + 2x + 1$$

就好了。然而這招並不總是行得通，比方說

$$\begin{cases} x = t - \ln(1 + t) \\ y = t^3 + t^2 \end{cases}$$

你有辦法轉換嗎？至少我是想不到如何做，就算轉換成功可能也會很難繼續求導。

有時候曲線利用參數式表達起來較為簡便，有時候則是參數式較易看出幾何意義。因此，我們有必要探討如何直接在參數式的形式底下進行求導。

萊布尼茲的符號實在是太好用了！我們現在又故意看成分母分子，因為參數一般由 t 組成，所以上下同除以 $\mathrm{d}t$

$$\frac{\mathrm{d}y}{\mathrm{d}x} = \frac{\frac{\mathrm{d}y}{\mathrm{d}t}}{\frac{\mathrm{d}x}{\mathrm{d}t}}$$

就這樣，結論馬上出來，想要在參數式形式將 y 對 x 求導，只要 y 對 t 求導後，再除以 x 對 t 求導。

性質 2.10.1

若給定曲線的參數式 $\begin{cases} x = x(t) \\ y = y(t) \end{cases}$ ，則在 $x(t), y(t)$ 皆可導，且 $x'(t)$ 不為 0 之處，滿足

$$\frac{\mathrm{d}y}{\mathrm{d}x} = \frac{y'(t)}{x'(t)}$$

例題 2.10.1 若曲線參數式為 $\begin{cases} x = e^t \sin(2t) \\ y = e^t \cos(t) \end{cases}$ ，求 $\left.\frac{\mathrm{d}y}{\mathrm{d}x}\right|_{(0,1)}$。

解

$$\frac{\mathrm{d}y}{\mathrm{d}x} = \frac{\frac{\mathrm{d}y}{\mathrm{d}t}}{\frac{\mathrm{d}x}{\mathrm{d}t}} = \frac{e^t\cos(t) - e^t\sin(t)}{e^t\sin(2t) + 2e^t\cos(2t)} = \frac{\cos(t) - \sin(t)}{\sin(2t) + 2\cos(2t)}$$

當 $(x, y) = (0, 1)$ 時，$t = 0$，於是 $\left.\frac{\mathrm{d}y}{\mathrm{d}x}\right|_{(0,1)} = \left.\frac{\mathrm{d}y}{\mathrm{d}x}\right|_{t=0} = \frac{1}{2}$。

例題 2.10.2 參數方程 $\begin{cases} x = t - \ln(1+t) \\ y = t^3 + t^2 \end{cases}$ ，求 $\frac{\mathrm{d}^2y}{\mathrm{d}x^2}$。

解

$$\frac{\mathrm{d}y}{\mathrm{d}x} = \frac{\frac{\mathrm{d}y}{\mathrm{d}t}}{\frac{\mathrm{d}x}{\mathrm{d}t}} = \frac{3t^2 + 2t}{1 - \frac{1}{1+t}} = (t+1)(3t+2) = 3t^2 + 5t + 2$$

要進行二階求導，就對一階導函數繼續求導得到

$$6t + 5$$

這樣就錯了！求導的時候，很重要的是要隨時注意，我要對哪一個變數進行求導？我們現在要做的是 $\frac{\mathrm{d}^2y}{\mathrm{d}x^2} = \frac{\mathrm{d}}{\mathrm{d}x}\left(\frac{\mathrm{d}y}{\mathrm{d}x}\right)$，那是要將 $3t^2 + 5t + 2$ 對 x

求導，不是對 t！

那怎麼辦呢？靈活運用連鎖規則：

$$\frac{\mathrm{d}}{\mathrm{d}x}\left(\frac{\mathrm{d}y}{\mathrm{d}x}\right)=\frac{\mathrm{d}}{\mathrm{d}t}\left(\frac{\mathrm{d}y}{\mathrm{d}x}\right)\frac{\mathrm{d}t}{\mathrm{d}x} \qquad \boxed{\frac{\mathrm{d}y}{\mathrm{d}x}=\frac{\mathrm{d}y}{\mathrm{d}t}\frac{\mathrm{d}t}{\mathrm{d}x}}$$

接著再除一下（回想一下反函數的求導）得到

$$\frac{\frac{\mathrm{d}}{\mathrm{d}t}\left(\frac{\mathrm{d}y}{\mathrm{d}x}\right)}{\frac{\mathrm{d}x}{\mathrm{d}t}}$$

所以這題最後就

$$\frac{\mathrm{d}^2y}{\mathrm{d}x^2}=\frac{\frac{\mathrm{d}}{\mathrm{d}t}\left(\frac{\mathrm{d}y}{\mathrm{d}x}\right)}{\frac{\mathrm{d}x}{\mathrm{d}t}}=\frac{6t+5}{1-\frac{1}{1+t}}=\frac{(6t+5)(t+1)}{t}$$

note

我們一再看到萊布尼茲記號的優點。$\frac{\mathrm{d}y}{\mathrm{d}x}$ 其實是一個完整的符號，但我們可以「洗腦」自己把它當作有分母分子，於是自在地進行上下同除、移上移下等等操作，藉以達成想做的求導動作。

有時非參數式也可以寫成參數式再使用參數式求導。

例題 2.10.3 $x^{\frac{2}{3}}+y^{\frac{2}{3}}=8$，求 $\frac{\mathrm{d}y}{\mathrm{d}x}$。

解 1

使用隱函數求導

$$\frac{2}{3}x^{-\frac{1}{3}}+\frac{2}{3}y^{-\frac{1}{3}}\cdot y'=0$$

$$\Rightarrow y'=-\frac{y^{\frac{1}{3}}}{x^{\frac{1}{3}}}=-\left(\frac{y}{x}\right)^{\frac{1}{3}}$$

解 2

進行參數化
$$\begin{cases} x = 2\cos^3(t) \\ y = 2\sin^3(t) \end{cases}$$
則
$$\frac{\mathrm{d}y}{\mathrm{d}x} = \frac{y'(t)}{x'(t)} = \frac{6\sin^2(t)\cos(t)}{6\cos^2(t)(-\sin(t))} = -\frac{\sin(t)}{\cos(t)} = -\left(\frac{y}{x}\right)^{\frac{1}{3}}$$

例題 2.10.4 $x^6 + y^6 = 64$，求 $\left.\frac{\mathrm{d}y}{\mathrm{d}x}\right|_{\left(-2^{\frac{5}{6}},2^{\frac{5}{6}}\right)}$。

解 1

使用隱函數求導
$$6x^5 + 6y^5 \cdot y' = 0$$
$$\Rightarrow y' = -\frac{x^5}{y^5} = -\left(\frac{x}{y}\right)^5 \Rightarrow \left.\frac{\mathrm{d}y}{\mathrm{d}x}\right|_{\left(-2^{\frac{5}{6}},2^{\frac{5}{6}}\right)} = -\left(\frac{-2^{\frac{5}{6}}}{2^{\frac{5}{6}}}\right)^5 = 1$$

解 2

進行參數化
$$\begin{cases} x = 2\cos^{\frac{1}{3}}(t) \\ y = 2\sin^{\frac{1}{3}}(t) \end{cases}$$
則
$$\frac{\mathrm{d}y}{\mathrm{d}x} = \frac{y'(t)}{x'(t)} = \frac{\frac{2}{3}\sin^{-\frac{2}{3}}(t)\cos(t)}{-\frac{2}{3}\cos^{-\frac{2}{3}}(t)\sin(t)} = -\frac{\cos^{\frac{5}{3}}(t)}{\sin^{\frac{5}{3}}(t)}$$
由於 $x = 2\cos^{\frac{1}{3}}(t) = -2^{\frac{5}{6}}$，可解出 $\cos(t) = -\frac{1}{\sqrt{2}}$。類似地，$\sin(t) = \frac{1}{\sqrt{2}}$。所以
$$\frac{\mathrm{d}y}{\mathrm{d}x} = -(-1)^5 = 1$$

例題 2.10.5 擺線的參數式為 $\begin{cases} x = a\big(\theta - \sin(\theta)\big) \\ y = a\big(1 - \cos(\theta)\big) \end{cases}$, $a > 0$，求 $\dfrac{d^2y}{dx^2}$。

解

$$\frac{dy}{dx} = \frac{y'(\theta)}{x'(\theta)} = \frac{\frac{d}{d\theta}a\big(1-\cos(\theta)\big)}{\frac{d}{d\theta}a\big(\theta-\sin(\theta)\big)}$$

$$= \frac{a\sin(\theta)}{a\big(1-\cos(\theta)\big)} = \frac{\sin(\theta)}{1-\cos(\theta)}$$

$$\frac{d^2y}{dx^2} = \frac{\frac{d}{d\theta}\frac{\sin(\theta)}{1-\cos(\theta)}}{x'(\theta)}$$

$$= \frac{\frac{\cos(\theta)\big(1-\cos(\theta)\big)-\sin^2(\theta)}{\big(1-\cos(\theta)\big)^2}}{a\big(1-\cos(\theta)\big)} = \frac{-1}{a\big(1-\cos(\theta)\big)^2}$$

擺線是個有名的曲線。若將圓上一點 P 貼合原點，圓開始向右滾動，然後觀察 P 點的運動軌跡，便是擺線。

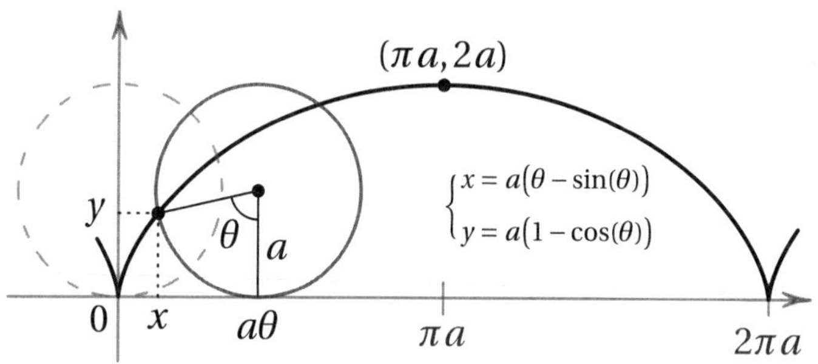

圖 2.3: 擺線

數學史上有一個有名問題：最速降線問題。若忽略摩擦力，物質從 A 點掉落到不在鉛直下方的 B 點，那麼沿著什麼曲線下滑，會最快到達 B 點呢？這問題並不簡單，兩點間拉直線會有最短距離，但是沿著此直線下滑卻並不會最快到達，原因是如果讓初始下滑坡度更陡一點，物質會有更大的速度。但是如果不走直線，那麼路徑長又會增加。所以，眼前的問題，我們須在速度與路徑長取得平衡，以使到達所花時間最少。

這問題最初由伽利略於 1630 年提出，他認為答案應該是圓弧。後來 1696 年萊布尼茲 (Leibniz) 的學生約翰 · 伯努利 (Johann Bernoulli) 做出不同的答案：擺線④！

當他做出答案以後，於 6 月在《教師學報》(Acta Eruditorum) 上公開向歐洲數學家挑戰，看有誰能夠在當年年底之前提出解答。萊布尼茲要求將期限延後到隔年的復活節，以便更多數學家能夠參與。於是伯努利將期限延長，並且將問題抄兩份寄到英國作為「戰書」。

為什麼伯努利寄戰書到英國？原來剛好在問題發表後沒多久，牛頓的師長兼好友 John Wallis，他在自己出版的著作中，指控萊布尼茲在 1684 年發表的微積分是剽竊了牛頓的想法。這個指控引起了萊布尼茲與伯努利的驚愕與憤怒，後來也反過來指控是牛頓抄襲了萊布尼茲。或許是為了試探牛頓在微積分的水平有多高，伯努利將戰書寄給牛頓與 Wallis 各一份。伯努利在「戰書」意有所指地寫道：

> ……很少有人能解出我們獨特的問題，即使那些自我吹噓通過特殊方法……不僅深入探究了幾何學的秘密，而且還以一種非凡的方式拓展了幾何學領域的人，這些人自以爲他們的偉大定理無人知曉，其實早就有人將它們發表過了。

1696 年的牛頓 (1643 - 1727) 已經不是當年的牛頓了，牛頓自己承認頭腦不如二十幾年前那樣機敏，那時候他在造幣廠上班，並且花許多精力研究神學。根據牛頓的外甥女所記述，收到戰書當天下午四點，牛頓筋疲力盡地從造幣廠回到家中，為人非常高傲、牛脾氣的牛頓看到這封戰書後，憤怒不已，於是馬上動手解這道問題，一直奮鬥到凌晨四點做出答案來，才上床休息。晚年的牛頓即使已經筋疲力盡，還是一個晚上就能將難題解決，而這個問題約翰 · 伯努利花了兩個禮拜，可見牛頓數學能力高出其它一流數學家有多少。

復活節期限到後，一共有五道解答，皆正確地解出答案為擺線。除了約翰 · 伯努利自己的以外，還有萊布尼茲、約翰的哥哥雅可布 · 伯努利 (Jacob Bernoulli)、羅必達 (Guillaume de l'Hôpital)，都是當時的一流數學家，以及一個未署名的信件，蓋著英國郵戳。約翰 · 伯努利看完那顯露出極高超的數學技巧的未署名解答後，說了一句：

> 我從利爪認出了獅子。⑤

然而這件事已經惹惱了牛頓，他事後說道：

---

④ 當然，要上下倒過來。

⑤ "Tanquam ex ungue leonem. (I saw the lion by the paw.) "

> 我不喜歡在數學的事上被外國人嘲弄！⑥

於是，英國與歐洲大陸之間的對抗，起於 **Wallis** 對萊布尼茲的指控，又由於最速降線問題而激烈化。

不過最速降線問題還是有其積極正面的影響，後來約翰・伯努利的學生，偉大的歐拉 (**Leonhard Euler**) 仔細考察最速降線問題，確立了這類問題的一般方法，形成數學的一個新分支：變分法。變分法被應用在許多領域，例如拉格朗日 (**Joseph Lagrange**) 用來建構分析力學。

⑥ "I do not love to be dunned and teased by foreigners about mathematical things."

{Exercise}

1. 對以下參數式確定的函數求出 $\frac{dy}{dx}$。

(1) $x = t - 1, y = t^2 - 2t + 2$ (2) $x = \cos^3(t), y = \sin^3(t)$

(3) $x = t^5 + \sin(2\pi t), y = t + e^t$ (4) $x = \frac{1}{2}\ln(1+t^2), y = \tan^{-1}(t)$

2. 對以下參數式確定的函數求出 $\frac{dy}{dx}$ 及 $\frac{d^2y}{dx^2}$。

(1) $x = e^t\ y = te^t + e^t$ (2) $x = e^{-t}, y = 2^{2t}$

(3) $x = t^2, y = e^t - 2t$ (4) $x = \sqrt{t}, y = \sqrt{t-1}$

參考答案： 1. (1) $2t-2$ (2) $-\tan(t)$ (3) $\frac{1+e^t}{5t^4+2\pi\cos(2\pi t)}$ (4) $\frac{1}{t}$ 2. (1) $t+2$; $\frac{1}{e^t}$ (2) $-e^t \cdot 2^{2t+1}\ln(2)$; $e^{2t} \cdot 2^{2t+1}\big(1+2\ln(2)\big)\ln(2)$ (3) $\frac{e^t-2}{2t}$; $\frac{te^t-e^t+2}{4t^3}$ (4) $\frac{\sqrt{t}}{\sqrt{t-1}}$; $\frac{-1}{(t-1)^{\frac{3}{2}}}$

■ 2.11　微分 (differential)

現在來介紹一個在高中沒有學過的概念，其英文叫做 differential，中文則叫微分。

如果將 $f(x)=x^2$ 求出導函數 $f'(x)=2x$，這個動作我們口語上常說是「微分」，將 x^2 微分後得到 $2x$。在此，「微分」是一個動詞，英文是 differentiate，其中文另一個稱呼叫「求導」。中文不區分詞性的特性，使得我們須靠上下文來判斷。要看上下文，問題還不大，會出問題的是初學者還沒清楚認識各種概念，加上高中時學過導數、導函數、求導等等，全都口語稱呼為微分。等到上大學遇到現在要介紹的微分，就開始混淆了。其實這個概念不是多麼艱澀難懂，同學們在這裡發生問題，多是中文稱呼引起的。

首先回顧一下，求導的想法是先寫出割線斜率 $\frac{\Delta y}{\Delta x}$，接著讓 $\Delta x\to 0$ [7]。萊布尼茲說，當 $\Delta x\to 0$ 時，Δx 與 Δy 都是趨向零，它們是**無窮小增量**，便將 Δx 與 Δy 各自改寫成 $\mathrm{d}x$ 與 $\mathrm{d}y$，所以 $\frac{\Delta y}{\Delta x}$ 便寫成 $\frac{\mathrm{d}y}{\mathrm{d}x}$！至於微分 differential，則是研究無窮小增量 $\mathrm{d}y$ 與無窮小增量 $\mathrm{d}x$ 之間的關係，它們通常不會直接相等，而是要乘上一個「放大率」。舉例來說，$y=x^2$，那麼 $\mathrm{d}y=2x\,\mathrm{d}x$。這條式子告訴我們，要在 $\mathrm{d}x$ 前面乘上一個「放大率」$2x$，才會大約等於 $\mathrm{d}y$。而 $y=x^2$ 是怎麼得到 $\mathrm{d}y=2x\,\mathrm{d}x$ 的呢？其實那就是 $\mathrm{d}y=f'(x)\,\mathrm{d}x$。你可以不嚴謹地想像：我們先寫 $\frac{\mathrm{d}y}{\mathrm{d}x}=f'(x)$，接著將 $\mathrm{d}x$ 乘到等號右邊。

若是不用這麼粗略的講法，我們來看著圖細究一下。在 $x=a$ 處的函數值是 $f(a)$，經過變化量 Δx 後，在 $x=a+\Delta x$ 處的函數值是 $f(a+\Delta x)$。這兩點函數值的真實差距為

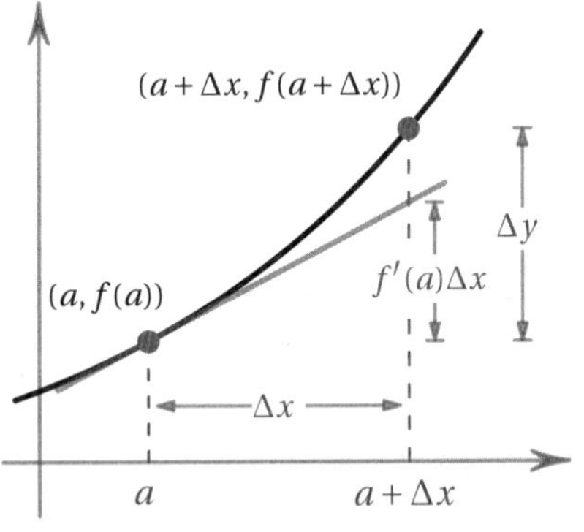

$$\Delta y=f(a+\Delta x)-f(a)$$

以 $(a,f(a))$ 為切點作切線，其斜率為 $f'(a)$，經過變化量 Δx 後，在切線上的 y 的變化量是

$$f'(a)\Delta x \qquad \boxed{\Delta y=m\Delta x}$$

兩點函數值的差距 Δy 與切線上的 y 的變化量 $f'(a)\Delta x$，在 Δx 很小的時候，兩者是非常接近的（圖是為了方便辨認所以把 Δx 畫很大）。既然兩者非常接近，

[7] Δx 代表著 x 的「差」，差的英文是 difference，其第一個字母 d 對應到希臘文是 δ。而 δ 的大寫是 Δ，所以放在 x 的前面，Δx 代表 x 的差。

那我就可以說:

$$\Delta y \doteqdot f'(a)\Delta x \tag{2.11.1}$$

切線是直線，所以無論 Δx 多麼小，其對應的 y 的變化量都是再乘上 $f'(a)$ 。即使是無窮小量 $\mathrm{d}x$，對應的 $\mathrm{d}y$ 也是 $f'(a)\,\mathrm{d}x$ 。

總結以上，所謂的微分 differential，就是局部地**以切線代替曲線**。於是它的一個應用就是利用切線代替曲線的想法來估值。這又有另一個名稱，叫做**線性逼近** (linear approximation)。我們在高中學過內插法，那其實是以割線代替曲線！都是直線代替曲線的一種。

舉一具體例子，在 $y=x^2$ 上先標出 $(2,4)$，我們想知道當 $y=4.3$ 時，x 坐標是多少，換句話說就是求 $\sqrt{4.3}$ 。然而這個我們不太會算，便使用切線代替曲線。以 $(2,4)$ 為切點作切線，我們看看 $y=4.3$ 在此切線對應的 x 坐標。而因為 4.3 離 4 還不太遠，所以 $y=4.3$ 在切線上與其在曲線上所對到的 x 值，便非常接近。在切點 $(2,4)$ 的附近，我們有

$$\Delta y \doteqdot f'(2)\Delta x \tag{2.11.2}$$

其中 $\Delta y = 4.3-4=0.3$，而 $f'(2)=2x\Big|_{x=2}=4$，代入得

$$0.3 \doteqdot 4\cdot\Delta x \ \Rightarrow \Delta x \doteqdot 0.075$$

所以我們的估計就是

$$\sqrt{4.3} \doteqdot 2+0.075 = 2.075$$

而用計算機求的精確值是

$$\sqrt{4.3} = 2.073644135\cdots$$

果然，估計值與精確值相距並不遠。

例題 2.11.1　以線性逼近來估計 $\sqrt{99.8}$ 。

解

設 $f(x)=x^2$，取切點 $(10,100)$ 。$f'(x)=2x$，$f'(10)=20$ 。於是

$$-0.2 \doteqdot 20\cdot\Delta x$$

移項得到

$$\Delta x \doteqdot -0.01$$

所以我們的估計值是 $10+(-0.01)=9.99$，而精確值是 $9.98999499\cdots$。

也可以換個方向寫，設 $f(x)=\sqrt{x}$，$f'(x)=\frac{1}{2\sqrt{x}}$，$f'(100)=\frac{1}{20}$。於是

$$\Delta y \doteqdot \frac{1}{20}\cdot(-0.2)=-0.01$$

所以估計值是 $10+(-0.01)=9.99$。

例題 2.11.2 以線性逼近來估計 $\tan(44°)$。

解

$44°$ 就是 $\frac{\pi}{4}-\frac{\pi}{180}$。設 $f(x)=\tan(x)$，$f'(x)=\sec^2(x)$，$f'(\frac{\pi}{4})=2$。於是

$$\Delta y \doteqdot 2\cdot(-\frac{\pi}{180})=-\frac{\pi}{90}$$

所以估計值是 $1+(-\frac{\pi}{90})$。

在萊布尼茲一開始探索微分學，便是用 differential 的寫法。譬如說，我們知道 $y=x^2$，$\frac{\mathrm{d}y}{\mathrm{d}x}=2x$，當年萊布尼茲是寫

$$\mathrm{d}y=\mathrm{d}(x^2)=(x+\mathrm{d}x)^2-x^2=2x\,\mathrm{d}x+\mathrm{d}x^2$$

然後他說，$\mathrm{d}x^2$ 是比無窮小還要遠遠地小，可以略去不看，就變成

$$\mathrm{d}y=2x\,\mathrm{d}x$$

而後來才有除過去

$$\frac{\mathrm{d}y}{\mathrm{d}x}=2x$$

微分的積法則，在某些書裡面稱呼為萊布尼茲法則。這樣稱呼正是因為當年是他導出來的：

$$\mathrm{d}(xy)=(x+\mathrm{d}x)(y+\mathrm{d}y)-xy=x\,\mathrm{d}y+y\,\mathrm{d}x+\mathrm{d}x\,\mathrm{d}y$$

接著忽略掉 $\mathrm{d}x\,\mathrm{d}y$，便有

$$\mathrm{d}(xy)=x\,\mathrm{d}y+y\,\mathrm{d}x$$

這便是最原始版的微分積法則。

第 3 章

微分的應用

> 這本龐大的書（我指的是宇宙）中寫了自然哲學，它一直敞開在我們的眼前，但不首先學會理解它的語言，並識別它書寫所用的字符，是不能讀懂它的，它是用數學的語言寫的。
>
> 伽利略

■ 3.1 切線與法線

欲寫出直線方程式，只要我們得知其斜率與其中所過一點，便可以寫出來。我們既然已經學過微分求切線斜率，那麼只要再搭配一個點，就可以寫出切線方程，於是也能順便求出法線方程式。

性質 3.1.1

若函數 $f(x)$ 在 $x=a$ 處可導，點 $P\left(a,f(a)\right)$ 為其圖形上一點，則以 P 點為切點的切線方程式為

$$y-f(a)=f'(a)(x-a)$$

若 $f'(a) \neq 0$，則法線方程式為

$$y - f(a) = -\frac{1}{f'(a)}(x - a)$$

若 $f'(a) = 0$，則法線方程式為

$$x = a$$

note

1. 在 $x = a$ 處可導，表示 $f'(a)$ 存在，即曲線在 P 點有非鉛直的切線，其切線斜率為 $f'(a)$。
2. 互相垂直的兩條斜直線，兩者斜率互為倒數並差負號。因此只要 $f'(a)$ 不為 0，法線斜率就是 $-\frac{1}{f'(a)}$。而若 $f'(a) = 0$，即 $y = f(x)$ 在 $x = a$ 處有水平切線，則法線為鉛直線。

例題 3.1.1　函數 $f(x) = \sqrt{x}$，求其圖形在 $(4,2)$ 處的切線及法線方程式。

解

先求導函數 $f'(x) = \frac{1}{2\sqrt{x}}$，代入 $x = 4$ 得到 $f'(4) = \frac{1}{4}$，因此切線方程式為

$$y - 2 = \frac{1}{4}(x - 4)$$

法線方程式為

$$y - 2 = -4(x - 4)$$

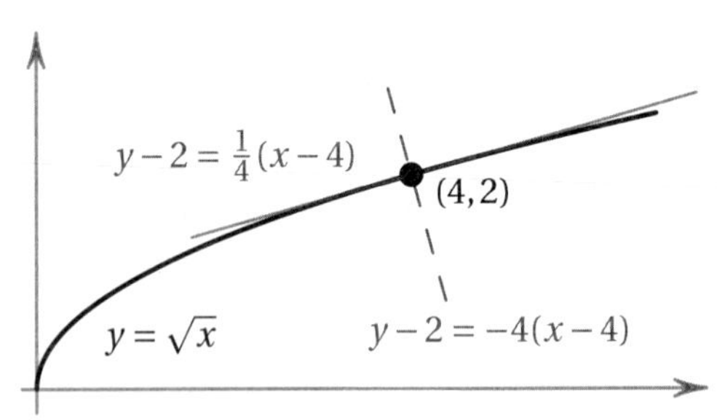

例題 3.1.2 求曲線 $\begin{cases} x = e^t \sin(2t) \\ y = e^t \cos(t) \end{cases}$ 在點 $(0,1)$ 處的法線方程式。

解

$$\frac{\mathrm{d}y}{\mathrm{d}x} = \frac{\frac{\mathrm{d}y}{\mathrm{d}t}}{\frac{\mathrm{d}x}{\mathrm{d}t}} = \frac{e^t\cos(t) - e^t\sin(t)}{e^t\sin(2t) + 2e^t\cos(2t)} = \frac{\cos(t) - \sin(t)}{\sin(2t) + 2\cos(2t)}$$

當 $(x, y) = (0,1)$，解得 $t = 0$，於是 $\left.\frac{\mathrm{d}y}{\mathrm{d}x}\right|_{t=0} = \frac{1-0}{0+2} = \frac{1}{2}$。故法線斜率為 -2，則法線方程式為 $y - 1 = -2x$。

例題 3.1.3 求曲線 $3x^2 - xy + 4y^2 = 141$ 在點 $(1,6)$ 處的切線與法線方程式。

解

進行隱函數求導

$$\begin{aligned} \frac{\mathrm{d}}{\mathrm{d}x}\left(3x^2 - xy + 4y^2\right) &= \frac{\mathrm{d}}{\mathrm{d}x}(141) \\ 6x - (y + xy') + 8yy' &= 0 \\ (-x + 8y)y' &= y - 6x \\ \Rightarrow y' &= \frac{y - 6x}{8y - x} \end{aligned}$$

再代入點 $(1,6)$，得到 $(1,6)$ 處的切線斜率為

$$y'(1,6) = \frac{6-6}{48-1} = 0$$

故切線為水平線 $y = 6$，法線為鉛直線 $x = 1$。

note

隱函數求導時，可以只做到第二行就代值！請查閱隱函數求導的章節複習簡便算法。

例題 3.1.4　求與曲線 $x^2-y^2=16$ 相切且通過點 $(2,-2)$ 的直線方程式。

解

先進行隱函數求導

$$\frac{\mathrm{d}}{\mathrm{d}x}\left(x^2-y^2\right)=\frac{\mathrm{d}}{\mathrm{d}x}(16)$$

$$2x-2yy'=0 \qquad \Rightarrow y'=\frac{x}{y}$$

點 $(2,-2)$ 並不在曲線上，所以這是線外一點，我們不能直接將點代入。只好先設未知切點 (h,k)，切線斜率便為

$$y'(h,k)=\frac{h}{k}$$

(h,k) 與 $(2,-2)$ 皆在直線上，所以兩點拉斜率正等於直線（切線）斜率

$$\frac{\Delta y}{\Delta x}=\frac{k-(-2)}{h-2}=\frac{h}{k}$$

交叉相乘得到

$$h^2-2h=k^2+2k$$

$$\Rightarrow 2k+2h=h^2-k^2=16 \qquad \boxed{(h,k)\text{ 在 } x^2-y^2=16\text{ 上}}$$

於是我們現在有

$$\begin{cases} h+k=8 & \boxed{\text{剛剛求出來的}} \\ h^2-k^2=16 & \boxed{(h,k)\text{ 本來就滿足此式}} \end{cases}$$

便能解出 $(h,k)=(5,3)$，也就知道斜率

$$\frac{h}{k}=\frac{5}{3}$$

故直線方程式為

$$y-3=\frac{5}{3}(x-5)$$

性質 3.1.2　鉛直切線

若函數 f 在 $x=a$ 處連續，且滿足

$$\lim_{x\to a}\left|f'(x)\right|=\infty$$

則其圖形在 $\big(a,f(a)\big)$ 有鉛直切線 $x=a$。

圖 3.1: 鉛直切線

例題 3.1.5　找出函數 $f(x)=\sqrt{x}$ 圖形的鉛直切線。

解

由 $f'(x)=\dfrac{1}{2\sqrt{x}}$ 可看出 $\lim\limits_{x\to 0}\left|f'(x)\right|=\infty$，故鉛直切線為 $x=0$。這是唯一鉛直切線，因為若 $x_0>0$，則 $\lim\limits_{x\to x_0}\dfrac{1}{2\sqrt{x}}=\dfrac{1}{2\sqrt{x_0}}$ 必為有限值。

例題 3.1.6　求擺線 $\begin{cases}x=a\big(\theta-\sin(\theta)\big)\\ y=a\big(1-\cos(\theta)\big)\end{cases}$, $a>0$ 的鉛直切線。

解

$$\frac{\mathrm{d}y}{\mathrm{d}x}=\frac{y'(\theta)}{x'(\theta)}=\frac{\dfrac{\mathrm{d}}{\mathrm{d}\theta}a\big(1-\cos(\theta)\big)}{\dfrac{\mathrm{d}}{\mathrm{d}\theta}a\big(\theta-\sin(\theta)\big)}=\frac{a\sin(\theta)}{a\big(1-\cos(\theta)\big)}=\frac{\sin(\theta)}{1-\cos(\theta)}$$

由於 $\cos(2k\pi)=1,\ k\in\mathbb{Z}$，可知

$$\lim_{\theta\to 2k\pi}\left|\frac{\sin(\theta)}{1-\cos(\theta)}\right|=\infty,\quad k\in\mathbb{Z}$$

代入 $x(\theta)$ 得 $x(2k\pi)=a\big(2k\pi-\sin(2k\pi)\big)=2k\pi a$，故擺線的鉛直切線為 $x=2k\pi a,\ k\in\mathbb{Z}$。

{*Exercise*}

1. 求曲線 $y=\frac{1}{1+\tan(x)}$ 在 $x=\frac{\pi}{4}$ 處的切線方程式。

2. 曲線 $y=\sin(x)$ 在哪些地方的切線斜率為 0?

3. 直線 L 與曲線 $y=\sqrt{x}-\frac{1}{\sqrt{x}}$ 相切於 $x=1$，求 L 的方程式。

4. 曲線 $x\sin(y)+y\sin(x)=\pi$，求通過 $P\left(\frac{\pi}{2},\frac{\pi}{2}\right)$ 的切線與法線方程式。

5. 曲線 $x^3+y^3=6xy$，求通過 $P(5,5)$ 的切線與法線方程式。

6. 曲線由參數式 $\begin{cases} x=t\sin(t) \\ y=t\cos(t) \end{cases}$ 所確定，求 $t=\frac{\pi}{2}$ 處的切線方程式。

7. 曲線由參數式 $\begin{cases} x=2\tan(t) \\ y=\sec^2(t)-1 \end{cases}$ 所確定，求 $t=\frac{\pi}{4}$ 處的切線方程式。

8. 如果函數 $f(x)$ 在 $x=a$ 處不可導，則曲線 $y=f(x)$ 在 $x=a$ 處沒有切線，這樣說正確嗎?

參考答案：1. $y-\frac{1}{2}=-\frac{1}{2}(x-\frac{\pi}{4})$　2. $\frac{2k+1}{2}\pi, k\in\mathbb{N}$　3. $y=x-1$　4. $x+y=\pi$, $x-y=0$　5. $y-5=-(x-5), y-5=x-5$　6. $y=-\frac{\pi}{2}\left(x-\frac{\pi}{2}\right)$　7. $y=x-1$　8. 不正確，可能有鉛直切線。

■ 3.2 變率問題

導數，就是瞬間變化率。所以許多領域中與變化率有關的問題，便經常應用導數。以物理的運動學來說，若有位置函數 $s(t)$，其導函數 $s'(t)$ 就是位置的瞬間變化：速度 v，因此速度函數 $v(t)$ 即為 $s'(t)$。而速度函數的導函數 $v'(t)$ 即為加速度函數 $a(t)$。

例題 3.2.1 一物體由 80 公尺高自由落體落下，已知重力加速度 $g \doteqdot 10\,\mathrm{m/s}$，則物體約過多久落地？

解

設位置函數 $s(t)$，初始位置 $s(0) = 80$，現在欲求 t_0 之值使得 $s(t_0) = 0$。重力加速度為定值，故加速度函數設為 $a(t) = -10$（朝下為負）。速度函數 $v(t)$ 為 $a(t)$ 的反導函數，故 $v(t) = -10t + C_1$。因是自由落體，初始速度為 0，故 $v(0) = C_1 = 0 \Rightarrow v(t) = -10t$。位置函數 $s(t)$ 為 $v(t)$ 的反導函數，故 $s(t) = -5t^2 + C_2$。初始位置 $s(0) = C_2 = 80 \Rightarrow s(t) = -5t^2 + 80$。於是可解得 $s(4) = 0$，即四秒後物體落地。換句話說，你若從二十幾樓掉下來，過程只要四秒。

牛頓第二運動定律：動量 $P = mv$，所謂的力，即是動量對時間的變化率：$F = \dfrac{\Delta P}{\Delta t}$。那麼瞬間受到的力即為：

$$F = \frac{\mathrm{d}P}{\mathrm{d}t} = \frac{\mathrm{d}}{\mathrm{d}t}(mv) = m\frac{\mathrm{d}}{\mathrm{d}t}v = ma$$

例題 3.2.2 已知某運動中物體的位置函數為 $s(t) = A\sin(\omega t)$（A, ω 為常數），求其加速度函數並驗證

$$\frac{\mathrm{d}^2 s}{\mathrm{d}t^2} + \omega^2 s = 0$$

解

速度函數

$$v(t) = \frac{\mathrm{d}s}{\mathrm{d}t} = A\omega\cos(\omega t)$$

加速度函數

$$a(t) = \frac{\mathrm{d}}{\mathrm{d}t}v(t) = \frac{\mathrm{d}^2 s}{\mathrm{d}t^2} = -A\omega^2\sin(\omega t)$$

故

$$\frac{\mathrm{d}^2 s}{\mathrm{d}t^2} + \omega^2 s = -A\omega^2\sin(\omega t) + \omega^2 A\sin(\omega t) = 0$$

導數應用在變率，比較困難的是**相關變率**(related rates)的問題。所謂相關變率，是說兩個量之間有所關聯，其中一個變量的變化率是如何，因著這份關聯，導致另一個變量的變化率隨之確定。看看實際例子比較能知道我在說什麼:

假設氣球是一個完美的球體，若其半徑為 r，則其體積

$$V = \frac{4}{3}\pi r^3 \tag{3.2.1}$$

我們現在要吹氣球，打入氣體的速率是固定的。假設每秒能夠吹入 7 立方公分，就是說氣球的體積變化率固定:

$$V'(t) = 7\ (\mathrm{cm}^3/\mathrm{s})$$

為了得知氣球半徑的變化率，在式子 (3.2.1)兩邊對時間 t 求導。在此之前先標註上 t，提醒你有些變量是時間 t 的函數:

$$V(t) = \frac{4}{3}\pi r^3(t) \tag{3.2.2}$$

然後對 t 求導，得到

$$V'(t) = 4\pi r^2(t)\cdot r'(t) \tag{3.2.3}$$

連鎖規則是務必熟練的，這邊才能正確求導。現在代入 $V'(t) = 7$，得到

$$7 = 4\pi r^2(t)\cdot r'(t) \ \Rightarrow r'(t) = \frac{7}{4\pi r^2(t)} \tag{3.2.4}$$

這樣就知道，半徑的變化率與半徑平方反比。當半徑為 1，$r'(t) = \frac{7}{4\pi}$；當半徑為 3，$r'(t) = \frac{7}{36\pi}$。和我們生活經驗挺相符的，氣球越大就感覺膨脹得越慢。

例題 3.2.3 汽車 A 在公司 O 的正北方往公司行駛，汽車 B 在公司的正東方遠離公司行駛。其中 A 的速率為 55 km/hr、B 的速率為 45 km/hr。試問當 A 距離公司 6 公里、B 距離公司 8 公里時，兩輛車之間距離變化率是多少？

解

為了方便分析，簡單作圖。設汽車 A 到公司 O 距離為 $a(t)$、汽車 B 到公司 O 距離為 $b(t)$、兩車距離 $r(t)$。由畢氏定理，有

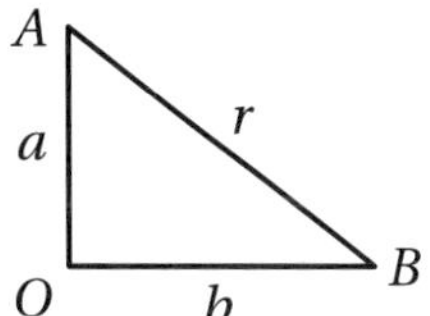

$$a^2(t)+b^2(t)=r^2(t)$$

設此時此刻為 $t=t_0$，$a(t_0)=6, b(t_0)=8 \Rightarrow r(t_0)=10$。接著等號兩邊同時對 t 求導，得到

$$2a(t)\cdot a'(t)+2b(t)\cdot b'(t)=2r(t)\cdot r'(t)$$

消去 2 並代入 $t=t_0$，得到

$$6\cdot(-55)+8\cdot 45=10\cdot r'(t_0) \qquad \Rightarrow r'(t_0)=3$$

所以此時此刻，兩車正以 3 km/hr 的瞬時速率遠離。

例題 3.2.4 一個火箭此刻正以 25 m/s 的瞬時速率上升，此時火箭離地 108 公尺。若地面有一攝影機正在拍攝，其與火箭之水平距離為 81 公尺，則這一瞬間攝影機須以多少角速度提升仰角，才能順利跟拍火箭？

解

設火箭離地 $h(t)$，攝影機仰角 $\theta(t)$，此刻 $t=t_0$。可列出關係式

$$\tan\big(\theta(t)\big)=\frac{h(t)}{81}$$

兩邊求導得

$$\sec^2\big(\theta(t)\big)\cdot\theta'(t)=\frac{h'(t)}{81}$$

由題意 $h(t_0)=108, \sec^2(t_0)=1+\tan^2(t_0)=1+\big(\frac{108}{81}\big)^2=\frac{25}{9}$。代入得

$$\frac{25}{9}\cdot\theta'(t_0)=\frac{25}{81}\ \Rightarrow\theta'(t_0)=\frac{1}{9}(\text{radian/s})\doteqdot 6.366(\text{degree/s})$$

故此刻攝影機須以每秒 $\frac{1}{9}$ 弧度或每秒 6.366° 的速率提升仰角。

例題 3.2.5 一個圓錐水槽深 10 公尺，頂部半徑 5 公尺。以固定 3 m³/min 的速率向水槽注入水，則當水深 1 公尺時，水面上升速率為何？

解

設水深 $h(t)$，水面半徑 $r(t)$。由相似三角形知 $\frac{h(t)}{10}=\frac{r(t)}{5}\ \Rightarrow h(t)=2r(t)$。體積

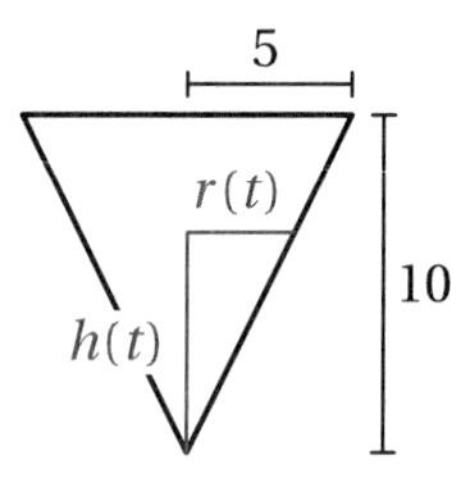

$$V(t)=\frac{1}{3}\pi r^2(t)h(t)=\frac{1}{3}\pi\Big(\frac{h(t)}{2}\Big)^2h(t)=\frac{1}{12}\pi h^3(t)$$

$$V'(t)=\frac{1}{4}\pi h^2(t)\cdot h'(t)$$

$t=t_0$ 時 $h(t_0)=1, V'(t_0)=3$

$$3=\frac{1}{4}\pi\cdot 1^2\cdot h'(t_0)\ \Rightarrow h'(t_0)=\frac{12}{\pi}$$

所以此時水面瞬時上升速率為 $\frac{12}{\pi}(\text{m}^3/\text{min})$。

{Exercise}

1. 以 50 $^{\text{cm}^3}/_{\text{s}}$ 的速率將空氣注入球體，則當半徑為 10 公分時，其表面積變化率是多少？

2. 一物體以 5 $^{\text{m}}/_{\text{s}}$ 的速率在 300 公尺高的山崖往上拋，若其位置函數為 $s(t) = -5t^2 + 5t + 300$，則 5 秒後其速率為多少？

3. 一梯子其梯頂靠在牆，梯底貼地面，梯長 130 公分。若梯底向外以 20 $^{\text{cm}}/_{\text{s}}$ 速率移動，在此期間梯頂維持靠牆往下滑。則當梯頂距離地面 120 公分時，梯頂往下滑速率為何？

參考答案： 1. 10 $^{\text{cm}^2}/_{\text{s}}$ 2. 45 $^{\text{m}}/_{\text{s}}$ 3. $\frac{25}{3}$ cm/s

■ 3.3　函數的單調性與凹凸性

3.3.1　函數的單調性

微分學雖來自切線斜率問題，但它並不只是單純用在求切線上。其中一個直接的應用就是分析函數的單調性，也就是遞增或遞減。

定理 3.3.1　函數的單調性

若函數 $f(x)$ 在 $[a,b]$ 上連續，且在 (a,b) 恆有 $f'(x)>0$，則 $f(x)$ 在 $[a,b]$ 上嚴格遞增。

這件事還挺直觀的，導數即瞬時變化率，如果在一個區間上導數恆正，就是變化率始終是正的，其趨勢是一直在增加，便為嚴格遞增。

然而，開區間 (a,b) 上 $f'(x)>0$，為什麼不是只能保證 $f(x)$ 在 (a,b) 上嚴格遞增，而是保證在更大一點點的區間 $[a,b]$ 上嚴格遞增呢？舉 $y=x^3$ 為例，其導函數 $y'=3x^2$ 在 $x\neq 0$ 處皆正，但它在整個實數上都是嚴格遞增的，無須去掉 $x=0$ 這一點。粗略地解釋當中緣由，變化率只有在 $x=0$ 為 0，就是說它幾乎一直在增加，只是那麼一瞬之間變化率為 0。例如我們可以取 $x=0$ 和 $x=0.001$ 來看，$y=x^3$ 雖在 $x=0$ 導數為 0，但在 $x=0$ 和 $x=0.001$ 之間，它還是爬升了，因此在 $x=0.001$ 處的函數值，還是比較大。

例題 3.3.1　確認函數 $f(x)=\frac{1}{2}\ln(1+x^2)+\tan^{-1}(x)-x$ 的單調區間。

解

$$f'(x)=\frac{1}{2}\cdot\frac{2x}{1+x^2}+\frac{1}{1+x^2}-1=\frac{x(1-x)}{1+x^2}$$

現在分析 $f'(x)=\frac{x(1-x)}{1+x^2}$ 的正負區間。分母 $1+x^2$ 恆正，我們不理它。由高中學過的多項不等式，可分析出 $x(1-x)$ 在 $(0,1)$ 上為正，在 $(-\infty,0)$ 及 $(1,\infty)$ 上為負。所以 $f(x)$ 在 $[0,1]$ 上遞增，在 $(-\infty,0]$ 及 $[1,\infty)$ 上遞減。

例題 3.3.2　確認函數 $f(x)=\frac{x^2}{2^x}$ 的單調區間。

解

$$f'(x)=\frac{2x\cdot 2^x-x^2\cdot 2^x\cdot\ln(2)}{(2^x)^2}\quad\boxed{\text{商法則}}\quad=\frac{2x-x^2\ln(2)}{2^x}$$

分母是指數函數，恆正，故只看分子。分子寫成

$$-\ln(2)x\left(x-\frac{2}{\ln(2)}\right)$$

便知

$$\begin{cases} f'(x)>0 & ,x\in\left(0,\frac{2}{\ln(2)}\right) \\ f'(x)<0 & ,x\in(-\infty,0)\cup\left(\frac{2}{\ln(2)},\infty\right) \end{cases}$$

因此 $f(x)$ 在 $[0,\frac{2}{\ln(2)}]$ 上嚴格遞增，在 $(-\infty,0]$ 及 $[\frac{2}{\ln(2)},\infty)$ 上嚴格遞減。

例題 3.3.3 確認函數 $f(x)=x+|\sin(2x)|$ 的單調區間。

解

$$f(x)=x+|\sin(2x)|=\begin{cases} x+\sin(2x) & ,x\in\left[k\pi,(k+\frac{1}{2})\pi\right) \\ x-\sin(2x) & ,x\in\left[(k+\frac{1}{2})\pi,(k+1)\pi\right) \end{cases},k\in\mathbb{Z}$$

$$\Rightarrow f'(x)=\begin{cases} 1+2\cos(2x) & ,x\in\left(k\pi,(k+\frac{1}{2})\pi\right) \\ 1-2\cos(2x) & ,x\in\left((k+\frac{1}{2})\pi,(k+1)\pi\right) \\ \times & ,x\in\frac{n\pi}{2} \end{cases},k,n\in\mathbb{Z}$$

$$\Rightarrow\begin{cases} f'(x)>0 & x\in\left(\frac{n\pi}{2},\frac{n\pi}{2}+\frac{\pi}{3}\right) \\ f'(x)<0 & x\in\left(\frac{n\pi}{2}+\frac{\pi}{3},\frac{n\pi}{2}+\frac{\pi}{2}\right) \end{cases},n\in\mathbb{Z}$$

因此 $f(x)$ 在 $[\frac{n\pi}{2},\frac{n\pi}{2}+\frac{\pi}{3}]$ 上嚴格遞增，在 $[\frac{n\pi}{2}+\frac{\pi}{3},\frac{n\pi}{2}+\frac{\pi}{2}]$ 上嚴格遞減。

例題 3.3.4 證明函數 $f(x)=x^5+2x^3+x$ 無正根。

解

當 $x=0$，$f(0)=0$。導函數 $f'(x)=5x^4+6x^2+1>0$ 恆成立，$f(x)$ 在 $[0,\infty)$ 為嚴格遞增，則對於正數 k，必有 $f(k)>f(0)=0$，故無正根。

例題 3.3.5 證明方程式 $e^x+x-2=0$ 恰有一實根。

解

設 $f(x)=e^x+x-2$, 是個處處連續的函數。$f(0)=-1<0, f(1)=e-1>0$，由中間值定理，在 $(0,1)$ 區間內必有至少一實根 x_0。

由於指數函數恆正，故其導函數 $f'(x)=e^x+1>0$ 恆成立，即 $f(x)$ 在 $\mathbb{R}$ 上為嚴格遞增函數。換句話說，若 $x<x_0$，$f(x)<f(x_0)=0$；若 $x>x_0$，$f(x)>f(x_0)=0$。因此 $e^x+x-2=0$ 恰有一實根。

note

配合單調性分析函數的實根，其實高中也做過這樣的事，現在學了微積分這一強大工具，處理單調性更得心應手，能對付的函數就更多。

例題 3.3.6 證明以下不等式：

(1) 當 $0<x<\frac{\pi}{2}$ 時，$\tan(x)>x$。

(2) 當 $0<x<\frac{\pi}{2}$ 時，$\sin(x)>\frac{2}{\pi}x$。

(3) 當 $x>0$ 時，$e^x>1+x$。

解

(1) 先移項得

$$\tan(x)-x>0$$

設 $f(x)=\tan(x)-x$，則 $f(0)=0$，導函數

$$f'(x)=\sec^2(x)-1>0 \quad ,x\in\left(0,\frac{\pi}{2}\right)$$

故 $f(x)$ 在 $\left[0,\frac{\pi}{2}\right)$ 嚴格遞增。$f(x)$ 在 $x=0$ 處取值為 0，在 $\left[0,\frac{\pi}{2}\right)$ 又嚴格遞增，故 $f(x)>f(0)=0$ 在 $0<x<\frac{\pi}{2}$ 時恆成立，即為所欲證。

(2) 先移項得

$$\frac{\sin(x)}{x}>\frac{2}{\pi}$$

設 $f(x)=\frac{\sin(x)}{x}$，導函數

$$f'(x)=\frac{\cos(x)\cdot x-\sin(x)\cdot 1}{x^2}=\frac{\cos(x)\cdot\left(x-\tan(x)\right)}{x^2}$$

當 $0<x<\frac{\pi}{2}$ 時，$x^2>0,\cos(x)>0,x<\tan(x)$，故有

$$f'(x)=\frac{\cos(x)\cdot\left(x-\tan(x)\right)}{x^2}<0 \quad ,x\in\left(0,\frac{\pi}{2}\right)$$

$f(x)$ 在 $\left[0,\frac{\pi}{2}\right]$ 嚴格遞減，故

$$f(x)>f\left(\frac{\pi}{2}\right)=\frac{2}{\pi} \quad ,x\in\left(0,\frac{\pi}{2}\right)$$

即為所欲證。

(3) 設 $f(x)=e^x-x-1$，$f(0)=0$，導函數

$$f'(x)=e^x-1>0 \quad ,x>0$$

故 $f(x)$ 在 $[0,\infty)$ 嚴格遞增，$f(x)>0$ 在 $(0,\infty)$ 恆成立，即為所欲證。

3.3.2 函數的凹凸性

為了更深刻了解函數的特性，除了分析函數的遞增遞減外，還可進一步分析凹凸性。比方說 $y = x^3$，它處處皆是遞增，但在 $x > 0$ 處與 $x < 0$ 處長得就是不太一樣。若是作幾條切線來觀察，雖然切線斜率總是正的，但在左半邊的切線斜率越來越小；右半邊的切線斜率越來越大。關於右半邊的圖形特徵，我們可以用 $y = x^2$ 來進行類比，右半邊就像 $y = x^2$ 一樣是往上凹的；至於左半邊，它就像 $y = -x^2$ 一樣往下凹。因此，我們可以由切線斜率的遞增遞減來定義凹凸性。

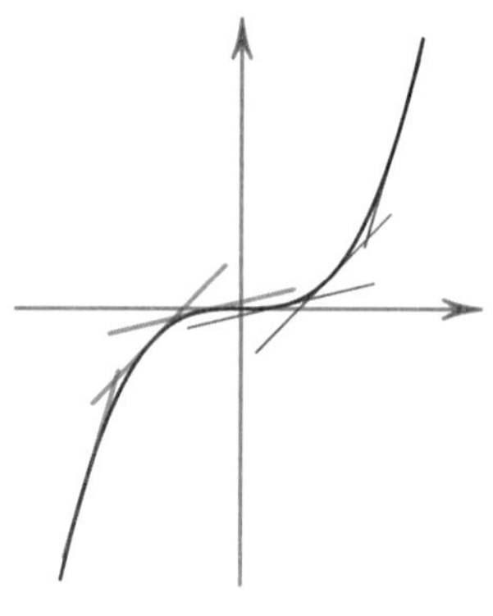

圖 3.2: 函數的凹凸性

定義 3.3.1 凹凸性

若可微函數 $f(x)$ 滿足 $f'(x)$ 在區間 (a,b) 上遞增，則 $f(x)$ 在 (a,b) 為凸 (convex)，或稱為凹向上 (concave up)；若滿足 $f'(x)$ 在區間 (a,b) 上遞減，則 $f(x)$ 在 (a,b) 為凹 (concave)，或稱為凹向下 (concave down)。

我們已學過利用導數的正負號來看遞增遞減，所以定義又可寫成:

定義 3.3.2 凹凸性

若二次可微函數 $f(x)$ 在區間 (a,b) 上恆有 $f''(x) \geq 0$，則 $f(x)$ 在 (a,b) 為凸，或稱為凹向上；若在區間 (a,b) 上恆有 $f''(x) \leq 0$，則 $f(x)$ 在 (a,b) 為凹，或稱為凹向下。

研究這些，就是為了幫助我們了解函數圖形的特性，讓我們對於函數有比較深刻的了解。我們又想知道函數的凹凸性在何處發生改變，於是有了反曲點的概念。

定義 3.3.3 反曲點

若函數 $f(x)$ 在 $x = a$ 處連續，且在 $x = a$ 的兩側凹凸性不同，則稱 $(a, f(a))$ 為反曲點，又稱為拐點。

以上面 $y = x^3$ 的例子來說，$(0,0)$ 就是 $y = x^3$ 的反曲點。

例題 3.3.7 研究曲線 $y=e^{-x^2}$ 的凹凸性。

解

$$y'=-2xe^{-x^2}$$
$$y''=-2e^{-x^2}-2xe^{-x^2}\cdot(-2x)$$
$$=4e^{-x^2}\left(x^2-\frac{1}{2}\right)=4e^{-x^2}\left(x+\frac{\sqrt{2}}{2}\right)\left(x-\frac{\sqrt{2}}{2}\right)$$

當 $-\frac{\sqrt{2}}{2}<x<\frac{\sqrt{2}}{2}$，$y''<0$，曲線為凹；當 $x<-\frac{\sqrt{2}}{2}$ 或 $x>\frac{\sqrt{2}}{2}$，$y''>0$，曲線為凸；反曲點為 $\left(\pm\frac{\sqrt{2}}{2},e^{-\frac{1}{2}}\right)$。

除了分析二階導函數 $f''(x)$ 的正負區間外，大家也常先找二階導數為 0 處，這的確好用，但是這裡要糾正一下常見誤解。

性質 3.3.1

若 $(a,f(a))$ 為 $y=f(x)$ 圖形的反曲點，則 $f''(a)=0$ 或 $f''(a)$ 不存在。

$(a,f(a))$ 為函數 $f(x)$ 圖形的反曲點，那麼在 $x=a$ 的左右兩側的二階導數異號。若 $f''(x)$ 在 $x=a$ 處連續，則必有 $f''(a)=0$。但 $f''(x)$ 並不見得連續，所以也有可能 $f''(a)$ 不存在。我們來看看一個簡單的具體例子：

$$f(x)=\begin{cases}x^2 & ,x\geq 0\\ -x^2 & ,x<0\end{cases}\Rightarrow f'(x)=\begin{cases}2x & ,x\geq 0\\ -2x & ,x<0\end{cases}\Rightarrow f''(x)=\begin{cases}2 & ,x>0\\ -2 & ,x<0\\ \times & ,x=0\end{cases}$$

二階導函數 $f''(x)$ 在 $x=0$ 處是跳躍間斷點，其左右兩側的二階導數分別正與負，然而在 $x=0$ 處本身卻不存在二階導數。另外還有個更簡單的例子：$y=x^{\frac{1}{3}}$，這個留給你自己檢驗！(left as an exercise)

note

高中教材說：反曲點處的二階導數必為 0。這樣說也不能算錯，因為高中談的是多項式函數的微積分，而多項式函數的二階導數必然存在。但是大一微積分已不限於多項式函數，所以有必要注意這一點。

最後聊些有關數學定義的事，一般讀者可跳過不讀。首先針對反曲點的定義，為什麼不說左右兩側凹凸性改變就好，還要加上連續性呢？若認真考察一下各個微積分教科書，還會發現不同作者使用的定義不甚相同。有些作者是除了兩側凹凸性改變外，還要求該點有切線。這兩種定義是不等價的，例如下圖，函數圖形在 $x = 0$ 兩側凹凸性不同，在原點連續但沒有切線。

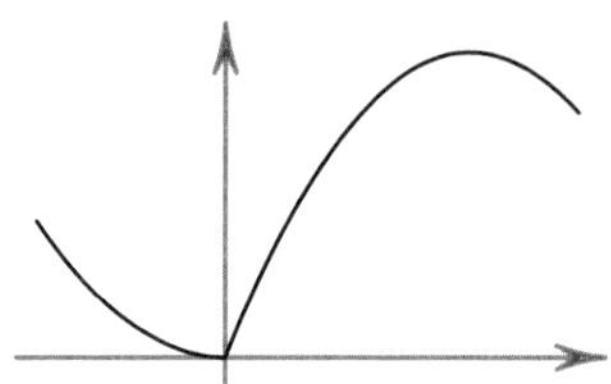

圖 3.3: 連續，但無切線，凹凸性改變

其實很多數學定義是人為的，根據具體需要，選擇這樣子定，或是在許多不同的定法中，去選一個比較有好處、比較能和其它定義與性質相容的。例如 0! 為什麼定為 1？因為我可以滿足 $1! = 1 \times 0!$，又可以滿足 $C_0^5 = \dfrac{5!}{0!5!} = 1$，還能相容排列數：0 個相異物排列一共 $0! = 1$ 種方法，實在是舒服！

另一例如 0^0，這在國內外網路討論區都有熱烈討論，許多人傾向讓它維持無定義，因為由指數律 $0^0 = \dfrac{0^1}{0^1}$ 是無定義的。又有不少人認為定義 $0^0 = 1$ 好，例如 Donald Knuth①：1992 ‘Two Notes on Notation’ *Mathematical Association of America* Volume5, pp 403 - 422. ② 列舉了他認為 0^0 應該是 1 的理由。由於不同定法各有其優缺點，所以 0^0 目前沒有一個公認的定義。

還有一例是負數的有理次方。高中數學教材說有理次方的底數須為正數，所以 $(-8)^{\frac{1}{3}}$ 是沒有定義的。但是如果我們找一些計算機來嘗試，有些會顯示結果為 -2 ③，有些顯示為 $1 + \sqrt{3}i$ ④，這也同樣是數學家沒有去統一定義，畢竟每個定法皆有其優缺點。某些書在開頭先言明：本書規定 $(-8)^{\frac{1}{3}} = -2$。這部分欲深入閱讀，可參考 Dina Tirosh and Ruhama Even:1997 ‘To Define or Not to Define: The Case of $(-8)^{\frac{1}{3}}$’, *Educational Studies in Mathematics* Volume 33, pp 321 - 330. ⑤

① Donald Knuth 是計算機界的大神級人物，本書寫作所用的 LaTeX 排版語言即是 Donald Knuth 於 1977 年設計的。

② https://arxiv.org/abs/math/9205211

③ 例如在 Google 輸入 (−8)^(1/3)。

④ 例如在 Wolfram alpha 輸入 (−8)^(1/3)，網址為 https://www.wolframalpha.com。

⑤ https://link.springer.com/article/10.1023/A:1002916606955

又有一例是統計中的四分位數。可參考建中繆友勇老師所寫的＜淺談百分位數＞，文中探討了四分位數兩種定義的不同之處。在最後一頁中繆老師提到「統計教學是很輕鬆愉快的，不要太斤斤計較細微數值的差距，或花費時間停留在追求絕對標準答案中。」

所以，關於反曲點，我們可以這樣理解：我們主要目的是想分析函數的行為，如果函數圖形雖在 $x = a$ 左右改變凹凸性，但是在 $x = a$ 處是斷開的，比方說 $y = \sec(x)$，那我特地說它是反曲點做什麼呢？並沒有增進我對函數的理解啊！如果增加連續性或是須有切線的條件，會讓反曲點「有意思」一點！

接著我們討論凹凸性的定義。許多同學會有疑問，如果二階導數在開區間 (a,b) 為正，豈不是代表一階導函數 $f'(x)$ 在閉區間 $[a,b]$ 上遞增，應該回答在 $[a,b]$ 是凹向上嗎？為什麼解答常常只寫在 (a,b) 呢？其實大多的大　微積分教科書在這邊都是簡單講講，沒有作深入探討的。事實上這裡也沒必要太過講究，數學是實用性的東西，並不是一個純粹抽象思維遊戲，沒有必要老繞在一些小細節打轉。稱呼函數圖形在 (a,b) 凹向上或是在 $[a,b]$ 凹向上，差別大嗎？很多時候我們很斤斤計較、咬文嚼字，是因為在數學史中，我們看到太多訴諸直觀帶來的誤解，數學家們在這事上吃虧多了，後來逐漸將數學搞得越來越形式化、講究嚴謹。但是眼前這個問題，顯然是無關緊要的，並不會影響我們對函數的理解。

那麼，到底問題出在哪裡呢？以下就列出凸函數的幾個定義：

定義 3.3.4　凸函數的幾種常見定義

設 $f(x)$ 是在區間 I 上有定義的函數。

定義 1　對任意 $x_1, x_2 \in I$ 皆有

$$f\left(\frac{x_1+x_2}{2}\right) \le \frac{f(x_1)+f(x_2)}{2}$$

則 $f(x)$ 在區間 I 上是凸函數。

定義 2　對任意 $x_1, x_2, \ldots, x_n \in I$ 皆有

$$f\left(\frac{x_1+x_2+\ldots+x_n}{n}\right) \le \frac{f(x_1)+f(x_2)+\ldots+f(x_n)}{n}$$

則 $f(x)$ 在區間 I 上是凸函數。

定義 3　對任意 $x_1, x_2 \in I, t \in (0,1)$ 皆有

$$f\big(tx_1 + (1-t)x_2\big) \le tf(x_1) + (1-t)f(x_2)$$

則 $f(x)$ 在區間 I 上是凸函數。

定義 4　對任意 $x, x_1, x_2 \in I, x_1 < x < x_2$ 皆有

$$\frac{f(x)-f(x_1)}{x-x_1} \le \frac{f(x_2)-f(x_1)}{x_2-x_1} \le \frac{f(x_2)-f(x)}{x_2-x}$$

則 $f(x)$ 在區間 I 上是凸函數。

定義 5　對任意 $x, x_1, x_2 \in I, x_1 < x < x_2$ 皆有

$$\begin{vmatrix} 1 & x_1 & f(x_1) \\ 1 & x & f(x) \\ 1 & x_2 & f(x_2) \end{vmatrix} \ge 0$$

則 $f(x)$ 在區間 I 上是凸函數。

定義 6　若函數 $f(x)$ 在區間 I 上可導，且對於任意 $x_0 \in I$ 皆滿足

$$f(x) \ge f'(x_0)(x-x_0) + f(x_0)$$

即曲線 $y = f(x)$ 的切線恆在曲線下方，則 $f(x)$ 在區間 I 上是凸函數。

定義 7　若函數 $f(x)$ 在區間 I 上可導，且導函數 $f'(x)$ 單調遞增，則 $f(x)$ 在區間 I 上是凸函數。

定義 8　若函數 $f(x)$ 在區間 I 上二次可導，且 $f''(x) \ge 0$ 恆成立，則 $f(x)$ 在區間 I 上是凸函數。

上述定義中若將 $\ge$ 改為 $>$，或 $\le$ 改為 $<$，則為嚴格凸函數。

上面這些定義之間並不完全等價，其中定義 1 與定義 2 等價；定義 3 與定義 4 及定義 5 等價；定義 6 與定義 7 等價。定義 1 的條件較弱，$f(x)$ 是可以

不在 I 上連續的，但是若滿足定義 3 則 $f(x)$ 必須在 I 上連續，因此定義 3 到定義 5 的條件是較強的。當 $f(x)$ 是連續的時，定義 1 到定義 5 通通等價。而定義 6 與定義 7 條件更強，要求了 $f(x)$ 在 I 上一次可導。當 $f(x)$ 可導時，定義 1 到定義 7 通通等價。定義 8 的條件又更強，要求了 $f(x)$ 在 I 上二次可導。當 $f(x)$ 二次可導時，定義 1 到定義 8 通通等價。

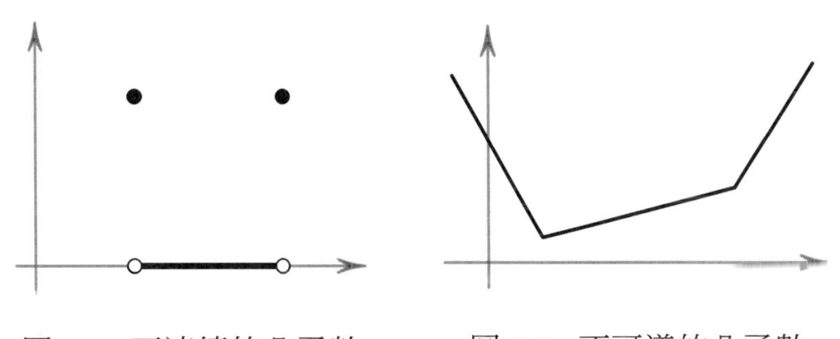

圖 3.4: 不連續的凸函數　　圖 3.5: 不可導的凸函數

上述八個定義之間的等價關係示意如下:

$$(1) \Leftrightarrow (2) \Leftarrow (3) \Leftrightarrow (4) \Leftrightarrow (5) \Leftarrow (6) \Leftrightarrow (7) \Leftarrow (8)$$

因此，定義 1 與定義 2 的適用性較廣，符合的函數較多；而定義 6 到定義 8 條件太強，其實不太好，但是操作簡便，因此也在大多微積分課程中出現；定義 3 是最好的，最常在書上⑥ 使用，因為它除了條件不會太強外，不連續的凸函數 ⑦ 也是較少見的。其實，凹凸性的重要性，近代多是在經濟學、機器學習等實用領域上體現，實用上是不太會碰到只滿足定義 1 而不滿足定義 3 的函數。

總結以上討論，原來的凹凸性的區間問題，說穿了不過就是採用了不等價的定義去看問題所致罷了。

⑥ 不限於大一微積分的書。

⑦ 換句話說，只能符合定義 1 或定義 2 的函數。

Exercise

1. 求出下列函數的單調區間。

   (1) $f(x)=\dfrac{x}{x^2+1}$　　(2) $f(x)=2x^2-\ln(x)$

   (3) $f(x)=x^2e^{-x}$

2. 求出下列曲線的凹凸區間、反曲點。

   (1) $y=\dfrac{x}{x^2+1}$　　(2) $y=x^2\ln(x)$

   (3) $y=1+\dfrac{3}{x}-\dfrac{1}{x^3}$

3. 證明 $\ln(x)=\pi$ 恰有一實根。

4. 若函數 $f(x)$ 在區間 I 上遞增，則 $g(x)=\dfrac{1}{f(x)}$ 在 I 上遞減，這樣說正確嗎?

參考答案： 1. (1) 遞增：$[-1,1]$；遞減：$\mathbb{R}\setminus(-1,1)$ (2) 遞增：$[\frac{1}{2},\infty)$；遞減：$(0,\frac{1}{2}]$ (3) 遞增：$[0,2]$；遞減：$(-\infty,0]$ 及 $[2,\infty)$　2. (1) 凹向上：$(-\sqrt{3},0)$ 及 $(\sqrt{3},\infty)$；凹向下：$(-\infty,-\sqrt{3})$ 及 $(0,\sqrt{3})$；反曲點：$(0,0),(\sqrt{3},\frac{\sqrt{3}}{4}),(-\sqrt{3},\frac{\sqrt{3}}{4})$ (2) 凹向上：$(e^{-\frac{3}{2}},\infty)$；凹向下：$(-\infty,e^{-\frac{3}{2}})$；反曲點：$(e^{-\frac{3}{2}},-\frac{3}{2}e^{-3})$ (3) 凹向上：$(\sqrt{2},\infty)$ 及 $(-\sqrt{2},0)$；凹向下：$(-\infty,-\sqrt{2})$ 及 $(0,\sqrt{2})$；反曲點：$(\sqrt{2},1+\frac{5}{4}\sqrt{2}),(-\sqrt{2},1-\frac{5}{4}\sqrt{2})$　3. 略　4. 不正確，反例如 $f(x)=x,I=[-1,1]$

■ 3.4 極值問題

在微分學中，一個相當重要的應用就是求極值。這在物理學、經濟學、工程、生物學及藥學等等都有相關應用。比方說我要造一個固定容量的罐頭，我會想知道如何控制半徑與高會最節省材料；經濟學上如果我有收益函數，我會想知道如何使利潤極大；物理的光學中，光學折射走的是所花時間最少的路徑。諸如以上問題，都是學過微積分的同學可以表演的場合。

定義 3.4.1 函數的最值

若 k 為函數 $f(x)$ 定義域中的一點，且對定義域中任意一點 x 恆滿足

$$f(k) \geq f(x)$$

則稱函數 $f(x)$ 在 $x = k$ 處取得最大值 $f(k)$。類似地，t 為 $f(x)$ 定義域中的某一點，並且對函數定義域中任意一點 x，恆滿足

$$f(t) \leq f(x)$$

則稱函數 $f(x)$ 在 $x = t$ 處取得最小值 $f(t)$。

實用上，許多對象都是連續函數，又經常有個範圍限制。若範圍是個閉區間，連續函數有個很方便的定理讓我們知道一定有最大最小值：

定理 3.4.1 Weierstrass 最值存在定理

若函數 f 在閉區間 $[a, b]$ 上連續，則 f 在此區間上存在最大最小值。

閉區間這個前提是重要的，例如 $f(x) = x$ 在開區間 $(0, 1)$ 上並沒有最大最小值；函數要連續也是重要的，例如 $f(x) = \frac{1}{x}$ 在 $[-1, 1]$ 上沒有最大最小值，這就是因為 $f(x) = \frac{1}{x}$ 並沒有在 $[-1, 1]$ 上連續。

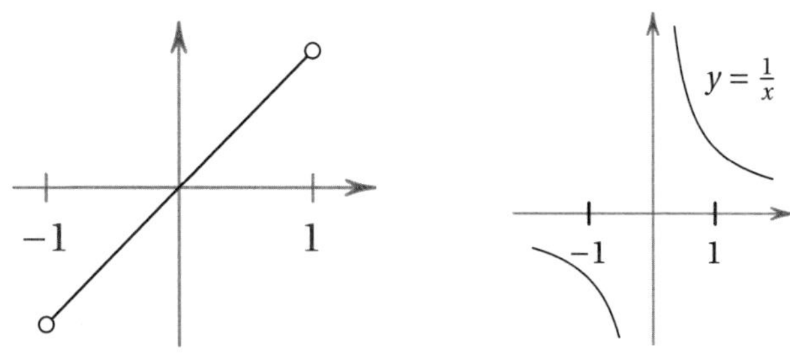

定義 3.4.2　函數的極值

若 k 為函數 $f(x)$ 定義域中的一點，並且對函數定義域中 $x=k$ 附近 任意一點 x，恆滿足

$$f(k) \geq f(x)$$

則稱函數 $f(x)$ 在 $x=k$ 處取得極大值 $f(k)$。類似地，t 為 $f(x)$ 定義域中的一點，並且對函數定義域中 $x=t$ 附近 任意一點 x，恆滿足

$$f(t) \leq f(x)$$

則稱函數 $f(x)$ 在 $x=t$ 處取得極小值 $f(t)$。

目前我們區分了最值與極值。最大值，又可稱為**絕對極大值**（absolute maximum），它是全域最大的函數值；極大值，又可稱為**局部極大值**（local maximum）或**相對極大值**（relative maximum），它僅是其附近來說較大的，但可能不是在全域中最大。

定義好極值與最值之後，我們來看一個能幫助我們找出極值的定理。

定理 3.4.2　費馬極值定理

a 為函數 $f(x)$ 定義域中的內點，若函數 $f(x)$ 在 $x=a$ 處取得極值，並且在 $x=a$ 處可導，則必有 $f'(a)=0$。

note

1. 對於定義域的內點 a，若是 $f'(a)$ 正或負，表示函數在 $x=a$ 處嚴格遞增或嚴格遞減，那就不會是極值
2. 注意敘述邏輯，不可反過來說：若 $f'(a)=0$ 則在該處有極值。例如下圖左，函數 $f(x)=x^3$，$f'(0)=0$，但 $x=0$ 處並非極值
3. 之所以說 $f'(a)=0$，那是建立在 $f(x)$ 於 $x=a$ 處可導的前提下，然而也有可能該點是不可導的。例如 $f(x)=|x|$，在 $x=0$ 處有極小值，但 $f'(0)$ 不存在
4. 若 a 不是內點，而是邊界，便不成立。如下圖右的邊界

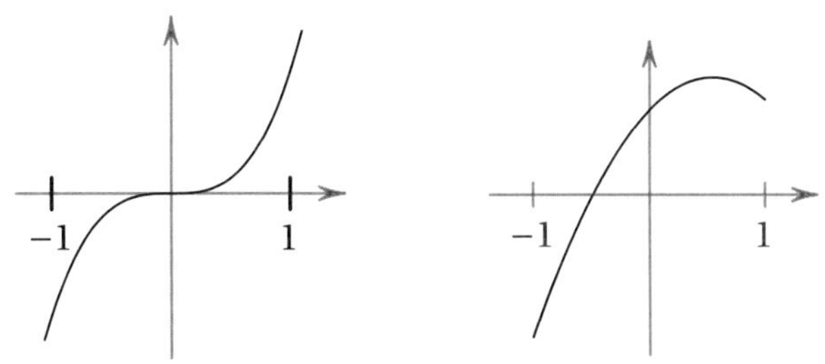

有了費馬極值定理，我們可以找出存在極值的「嫌疑犯」：導數為 0 處、不可導處、邊界，其中前兩者稱為 **臨界點** (critical point)。但這些只是嫌疑犯，不見得就是極值，我們還須要進一步檢定到底是不是極值。檢定的方法有三個，分別是一階檢定法、二階檢定法以及代點檢定法。其中前兩個方法是正確的，而第三種是錯誤的。錯的我講來幹嘛？我不是無聊，是提醒你避免此種常犯錯誤，很多人代 $x = a$ 的左右邊各一個點，都比 $f(a)$ 還小，就說 $f(a)$ 是極大值。a 附近的點有無限多個，你代有限個點不能說明什麼。

3.4.1　一階檢定法

若是函數 $f(x)$ 在 $x = a$ 左方嚴格遞增、在 $x = a$ 右方嚴格遞減，那麼顯然 $f(x)$ 在 $x = a$ 處取得極大值；若 $f(x)$ 在 $x = a$ 左方嚴格遞減、在 $x = a$ 右方嚴格遞增。那麼顯然 $f(x)$ 在 $x = a$ 處取得極小值。而我們又學過利用導數的正負號來研究遞增遞減，因此我們可以透過分析 $f'(x)$ 在 $x = a$ 附近的正負，來確定是否有極值、是極大還是極小。

定理 3.4.3

設 c 為區間 I 的內點，函數 f 在區間 I 上連續且在 I 上 c 的附近可導（f 在 c 本身可以不可導），則

1. 若在 c 的左側有 $f'(x) < 0$，在 c 的右側有 $f'(x) > 0$，則 $f(c)$ 是 $f(x)$ 在 I 上的相對極小值
2. 若在 c 的左側有 $f'(x) > 0$，在 c 的右側有 $f'(x) < 0$，則 $f(c)$ 是 $f(x)$ 在 I 上的相對極大值
3. 若 $f'(x)$ 在 c 的兩側同號，則 $f(c)$ 既不是極大值也不是極小值

例題 3.4.1　求函數 $f(x)=x^3-3x^2+1$ 在 $[-2,3]$ 上的最大最小值。

解

端點的函數值為 $f(-2)=-19$ 及 $f(3)=1$

導函數 $f'(x)=3x^2-6x=3x(x-2)$

故在 $x=0$ 處有極大值 $f(0)=1$

$x=2$ 處有極小值 $f(2)=-3$

由於 $f(-2)<f(2)$，故最小值為 $f(-2)=-19$

最大值為 $f(0)=f(3)=1$

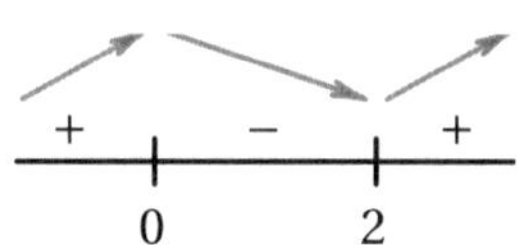

例題 3.4.2　對於 $x>0$，求函數 $f(x)=x^{\frac{1}{x}}$ 極大極小值。

解

由於 $x^{\frac{1}{x}}=e^{\ln(x^{\frac{1}{x}})}=e^{\frac{1}{x}\ln(x)}$，可先求 $g(x)=\frac{\ln(x)}{x}$ 的極值。先求導

$$g'(x)=\frac{1-\ln(x)}{x^2}$$

得知臨界點位於 $x=e$ 處。

當 $x>e$ 時，$\ln(x)>1$，故 $g'(x)<0$；

當 $0<x<e$ 時，$\ln(x)<1$，故 $g'(x)>0$。

x	$(0,e)$	(e,∞)
$f(x)$	$+$	$-$

所以在 $x=e$ 處 $g(x)$ 有相對極大值 $g(e)=\frac{1}{e}$，事實上也是 $x>0$ 時的最大值，因為沒有其它相對極大值了。而 $f(x)$ 有最大值 $e^{\frac{1}{e}}$。

例題 3.4.3　求函數 $f(x)=(x-2)^3e^{-x}$ 的極大極小值。

解

$$\begin{aligned}f'(x)&=3(x-2)^2e^{-x}-(x-2)^3e^{-x}\\&=(x-2)^2\left[3-(x-2)\right]e^{-x}=-(x-2)^2(x-5)e^{-x}\end{aligned}$$

故臨界點位於 $x=2$ 及 $x=5$。e^{-x} 恆正，只須分析 $-(x-2)^2(x-5)$ 正負。

當 $x>5$ 時，$-(x-2)^2(x-5)<0$；當 $2<x<5$ 時，$-(x-2)^2(x-5)>0$；當 $x<2$ 時，$-(x-2)^2(x-5)>0$。所以 $f(x)$ 在 $x=5$ 處有相對極大值 $f(5)=27e^{-5}$，$x=2$ 處不是極值。

例題 3.4.4 求函數 $f(x)=|x|$ 的極大極小值。

解

注意

$$f(x)=|x|=\begin{cases} x & ,x\geq 0 \\ -x & ,x<0 \end{cases} \quad \Rightarrow f'(x)=\begin{cases} 1 & ,x>0 \\ \times & ,x=0 \\ -1 & ,x<0 \end{cases}$$

故 $f(x)$ 在 $x=0$ 處有極小值 $f(0)=0$。

例題 3.4.5 求函數 $f(x)=\sqrt{2x-x^2}$ 的最大最小值。

解

首先注意 x 的範圍只能是 $0\leq x\leq 2$（根號內非負）。導函數

$$f'(x)=\frac{1-x}{\sqrt{2x-x^2}}$$

分母必為正，只看分子。當 $1<x<2$ 時，$f'(x)<0$；當 $0<x<1$ 時，$f'(x)>0$。故 $f(x)$ 在 $x=1$ 處有最大值 $f(1)=0$。由於在 $x=1$ 的左右兩端分別是遞增與遞減，最小值必發生在端點：$f(0)=0$、$f(2)=0$。

3.4.2 二階檢定法

對於一階導數為 0 處，若該點位於曲線凹向下的部分，則該點為極大；若位於凹向上部分，該點為極小。如下圖所示。

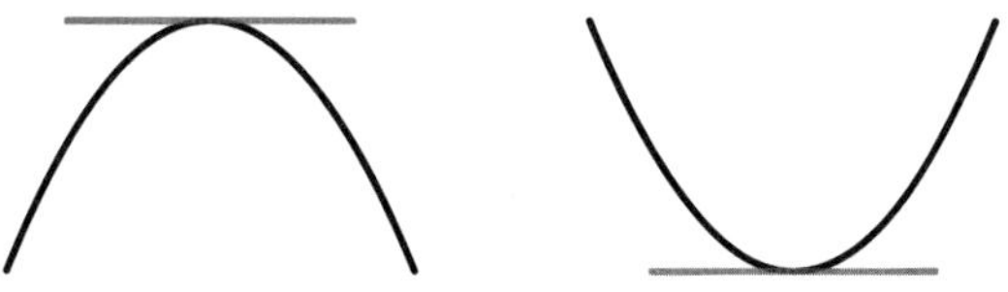

而我們又學過以二階導數的正負號來判定凹凸性，於是就有了土尖原理：

定理 3.4.4　土尖原理

二次可導函數 $f(x)$ 滿足 $f'(k)=0$，則

1. 若 $f''(k)$ 為+，則 $f(x)$ 在 $x=k$ 處有極小值
2. 若 $f''(k)$ 為−，則 $f(x)$ 在 $x=k$ 處有極大值

其中+、− 形成一土字，小、大形成一尖字。

但是在二階導數為 0 處，是暫時沒有結論的。下圖有三個例子，它們都有 $f'(0)=f''(0)=0$，但非極值、極小值、極大值都有可能。

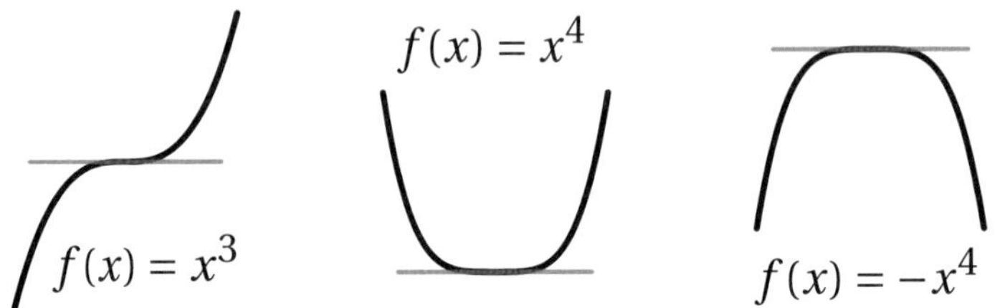

於是二階檢定法的流程可整理如下：

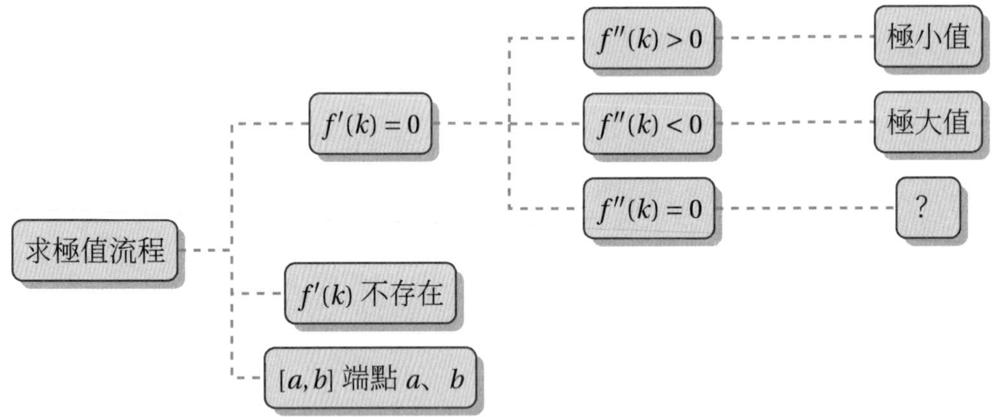

note

很多人將一階導數、二階導數皆為 0 處說成是反曲點，這是很嚴重的誤解。

例題 3.4.6　求函數 $f(x)=x^3-3x^2+1$ 在 $[-2,3]$ 上的最大最小值。

解

端點的函數值為 $f(-2)=-19$ 及 $f(3)=1$
導函數 $f'(x)=3x^2-6x=3x(x-2)$、二階導函數 $f''(x)=6x-6=6(x-1)$
解 $f'(x)=0$ 得 $f'(0)=f'(2)=0$，代入二階導函數得 $f''(0)<0$、$f''(2)>0$。
故在 $x=0$ 處有極大值 $f(0)=1$、$x=2$ 處有極小值 $f(2)=-3$。
由於 $f(-2)<f(2)$，故最小值為 $f(-2)=-19$、最大值為 $f(0)=f(3)=1$。

例題 3.4.7　求函數 $f(x)=x^3-x^5$ 極大極小值。

解

$$f'(x)=3x^2-5x^4=x^2(3-5x^2)$$

$$f''(x)=6x-20x^3=2x(3-10x^2)$$

奇函數

解 $f'(x)=0$ 得 $x=0,\pm\sqrt{\frac{3}{5}}$，代入 $f''(x)$ 得

$f''(-\sqrt{\frac{3}{5}})=-2\sqrt{\frac{3}{5}}\cdot(3-6)>0$, $f''(0)=0$, $f''(-\sqrt{\frac{3}{5}})=-f''(\sqrt{\frac{3}{5}})>0$

故在 $x=-\sqrt{\frac{3}{5}}$ 處有極小值 $f(-\sqrt{\frac{3}{5}})=-\frac{6}{25}\sqrt{\frac{3}{5}}$；

而 $x=\sqrt{\frac{3}{5}}$ 處有極大值 $f(-\sqrt{\frac{3}{5}})=-f(\sqrt{\frac{3}{5}})=\frac{6}{25}\sqrt{\frac{3}{5}}$；

$x=0$ 處無法判定。

{Exercise}

1. 求出下列函數的相對極值。

(1) $f(x)=\dfrac{\ln(x)}{x}$　　(2) $f(x)=\sqrt[3]{x^2}(x+5)$

(3) $f(x)=5(x-1)^{\frac{2}{3}}-2(x-1)^{\frac{5}{3}}$　　(4) $f(x)=x^{\frac{1}{x}}$

2. 求出下列函數在給定區間的相對極值。

(1) $f(x)=x\sin(x)+\cos(x)$, $[0,2\pi]$　　(2) $f(x)=\frac{x^2}{x-1}$, $(1,\infty)$

3. 求出下列函數在給定區間的絕對極值。

(1) $f(x)=\sqrt{1-x^2}+\frac{x}{2}$, $[-1,1]$　　(2) $f(x)=xe^{-x}$, $[-1,1]$

(3) $f(x)=e^{-x^2}$, $[-2,1]$　　(4) $f(x)=\frac{4}{3}x\sqrt{3-x}$, $[1,3]$

參考答案：1. (1) 相對極大：$f(e)=\frac{1}{e}$ (2) 相對極大：$f(-2)=3\cdot 4^{\frac{1}{3}}$ (3) 相對極小：$f(1)=0$、相對極大：$f(2)=3$ (4) 相對極大：$f(e)=e^{\frac{1}{e}}$　2. (1) 相對極小：$f(0)=1, f(\frac{3\pi}{2})=-\frac{3\pi}{2}$、相對極大：$f(\frac{\pi}{2})=\frac{\pi}{2}, f(2\pi)=1$ (2) 相對極小：$f(2)=4$　3. (1) 絕對極小：$f(-1)=-\frac{1}{2}$、絕對極大：$f(\frac{1}{\sqrt{5}})=\frac{\sqrt{5}}{2}$ (2) 絕對極小：$f(-1)=-e$、絕對極大：$f(1)=\frac{1}{e}$ (3) 絕對極小：$f(-2)=e^{-4}$、絕對極大：$f(0)=0$ (4) 絕對極小：$f(0)=0$、絕對極大：$f(2)=\frac{8}{3}$

■ 3.5 繪製函數圖形

我們已經學了幾個分析函數行為的手段，現在足以將所學應用在徒手繪製函數圖形了。大致來說，可依循下列的步驟：

1. 定義域：例如 $y = \log_3(x+1)$，因為 $x+1>0$，只須畫 $x>-1$ 的區域。
2. 對稱性：比方說 $y = \dfrac{2x^2-8}{x^2-16}$ 是偶函數，圖形對 y 軸對稱，所以只要先努力畫出右半部，畫出後左邊直接對稱。
3. 週期性。
4. 代幾個特殊的點：先代些好算的點，得知函數圖形會通過這幾個地方，代越多等一下畫得越精準。
5. 求漸近線。
6. 進行一階、二階求導，以找出單調區間、臨界點、凹凸區間、極大極小點、反曲點等等，就是前面主題學過的那幾個分析。

並不見得每個步驟都做，大致上就是把這流程跑一遍，就能分析出函數的約略行為，然後把它畫出個大概。當然不是要追求畫得多麼精準，只要有把函數特性描繪出來即可。

例題 3.5.1 試描繪曲線 $y = x + \dfrac{1}{x}$ 的圖形。

解

1. 函數 $f(x) = x + \dfrac{1}{x}$ 的定義域是 $\mathbb{R}\setminus\{0\}$，且 $f(-x) = -x - \dfrac{1}{x} = -f(x)$ 故 $f(x)$ 為奇函數，圖形對原點對稱，因此只須先畫 $x>0$ 的部分。
2. 隨便代個 $x=1, x=2$ 得知圖形通過 $(1,2),(2,\dfrac{5}{2})$ 兩點。
3. 因 $\lim\limits_{x\to\infty} f(x)-x=0$，故有斜漸近線 $y=x$。因 $\lim\limits_{x\to 0^+} x+\dfrac{1}{x}=\infty$，故有鉛直漸近線 $x=0$，且當 x 由右方趨向 0，圖形往正無窮大跑。
4. $f'(x) = 1-\frac{1}{x^2} = \frac{x^2-1}{x^2}$，故 $f'(-1)=f'(1)=0$。$f'(x)$ 的分母恆正，分子 x^2-1 在 $(0,1)$ 為負、$(1,\infty)$ 為正，故 $f(x)$ 在 $(0,1)$ 遞減、在 $(1,\infty)$ 遞增。$(1,2)$ 為極小點。
5. $f''(x) = \frac{2}{x^3}$ 在 $(0,\infty)$ 恆正，故在 $x>0$ 處恆為凹向上。

綜合以上分析，約略畫出下圖：

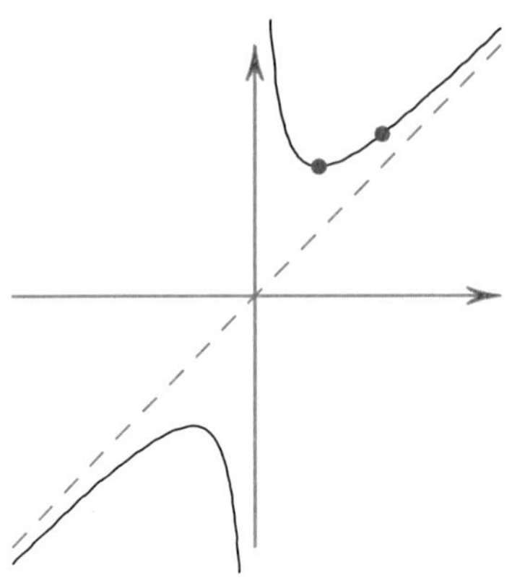

例題 3.5.2 試描繪曲線 $y = x^4 - 8x^2$ 的圖形。

解

1. $f(x) = x^4 - 8x^2 = x^2(x - \sqrt{8})(x + \sqrt{8})$ 有 $x = \pm\sqrt{8}, x = 0$ 三個根。
2. $f(x)$ 為偶函數，所以只須先畫 $x \geq 0$ 的部分，其餘再利用對稱性。
3. $f'(x) = 4x^3 - 16x = 4x\left(x^2 - 4\right) = 4x(x+2)(x-2)$，故 f 在 $x \geq 2$ 處遞增，在 $0 \leq x \leq 2$ 處遞減。(2,−16) 為極小點。
4. $f''(x) = 12x^2 - 16 = 4\left(3x^2 - 4\right)$，故 f 在 $0 < x < \sqrt{\frac{4}{3}}$ 處凹向下，在 $x > \sqrt{\frac{4}{3}}$ 處凹向上。$\left(\sqrt{\frac{4}{3}}, -\frac{80}{9}\right)$ 為反曲點。

綜合以上分析，約略畫出下圖：

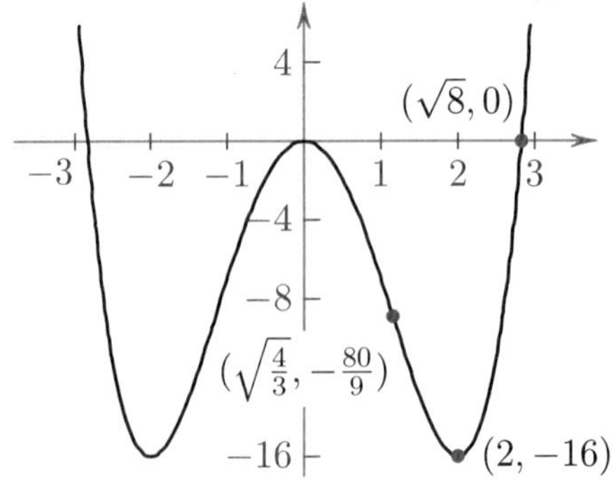

例題 3.5.3 試描繪曲線 $y = xe^{-x^2}$ 的圖形。

解

1. 指數函數恆正，故 $f(x) = xe^{-x^2}$ 的根只有 $x = 0$。
2. $f(-x) = -xe^{-(-x)^2} = -f(x)$，$f(x)$ 為奇函數，所以只須先畫 $x \geq 0$ 的部分，其餘再利用對稱性畫出來。
3. $\lim\limits_{x\to\infty} xe^{-x^2} = \lim\limits_{x\to\infty} \frac{x}{e^{x^2}} = \lim\limits_{x\to\infty} \frac{x}{e^x - 1} \cdot \frac{e^x - 1}{e^x} \cdot \frac{1}{e^{x^2-x}} = 1 \cdot 1 \cdot 0 = 0$，故有水平漸近線 $y = 0$。
4. $f'(x) = e^{-x^2} - 2x^2e^{-x^2} = \left(1-2x^2\right)e^{-x^2}$，故 f 在 $0 \leq x \leq \frac{\sqrt{2}}{2}$ 處遞增，在 $x \geq \frac{\sqrt{2}}{2}$ 處遞減。$\left(\frac{\sqrt{2}}{2}, \frac{\sqrt{2}}{2}e^{-\frac{1}{2}}\right)$ 為極大點。
5. $f''(x) = -4xe^{-x^2} - 2x\left(1-2x^2\right)e^{-x^2} = 2x\left(2x^2-3\right)e^{-x^2}$,故 f 在 $0 < x < \sqrt{\frac{3}{2}}$ 處凹向下，在 $x > \sqrt{\frac{3}{2}}$ 處凹向上。

綜合以上分析，約略畫出下圖：

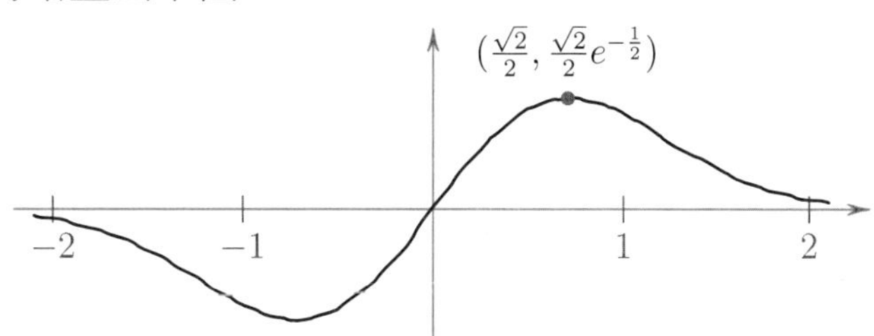

例題 3.5.4 試描繪曲線 $y = \frac{\cos(x)}{1+\sin(x)}$ 的圖形。

解

1. $f(x) = \frac{\cos(x)}{1+\sin(x)}$ 的週期為 2π，故可先在某個長度為 2π 的區間上畫就好。
2. 觀察分母可知在使得分母為 0 的 x 值有鉛直漸近線，即 $x = -\frac{\pi}{2}$、$x = \frac{3\pi}{2}$ 等等。結合週期性，我們可先在區間 $\left(-\frac{\pi}{2}, \frac{3\pi}{2}\right)$ 上畫圖。

3. $f'(x)=\frac{-\sin(x)\big(1+\sin(x)\big)-\cos^2(x)}{(1+\sin(x))^2}=-\frac{1}{1+\sin(x)}$，故 f 在區間 $(\frac{\pi}{2},\frac{3\pi}{2})$ 上為遞減。
4. $f''(x)=-\frac{-\cos(x)}{\big(1+\sin(x)\big)^2}=\frac{\cos(x)}{\big(1+\sin(x)\big)^2}$，$f$ 在 $-\frac{\pi}{2}<x<\frac{\pi}{2}$ 處凹向上，在 $\frac{\pi}{2}<x<\frac{3\pi}{2}$ 處凹向下。$(\frac{\pi}{2},0)$ 為反曲點。

綜合以上分析，約略畫出下圖:

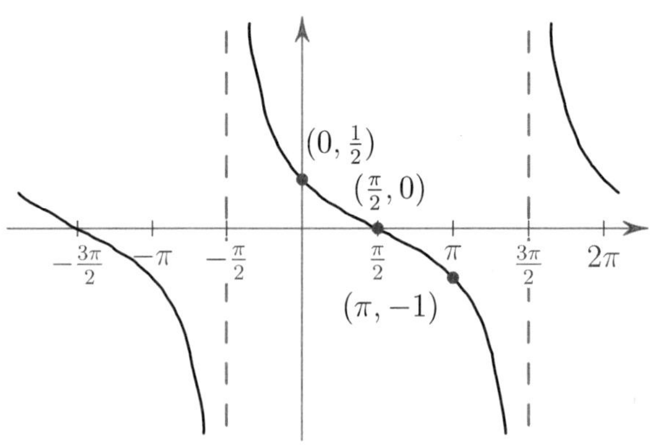

例題 3.5.5　試描繪曲線 $y=\frac{x}{\sqrt{x^2+1}}$ 的圖形。

解

1. $f(x)=\frac{x}{\sqrt{x^2+1}}$ 為奇函數，故可先在 $x\geq 0$ 的部分畫就好。
2. $\lim\limits_{x\to\infty}\frac{x}{\sqrt{x^2+1}}$，故有水平漸近線 $y=1$。
3. 代點知曲線過 $(0,0)$、$\big(1,\frac{1}{\sqrt{2}}\big)$。
4. $f'(x)=\frac{\sqrt{1+x^2}-\frac{x^2}{\sqrt{1+x^2}}}{1+x^2}=\frac{1}{(1+x^2)^{\frac{3}{2}}}$，故 f 恆為遞增。
5. $f''(x)=-\frac{3x}{(1+x^2)^{\frac{5}{2}}}$，$f$ 在 $x>0$ 處凹向下，$(0,0)$ 為反曲點，該處的切線斜率為 $\frac{1}{(1+0)^{\frac{3}{2}}}=1$。

綜合以上分析，約略畫出下圖：

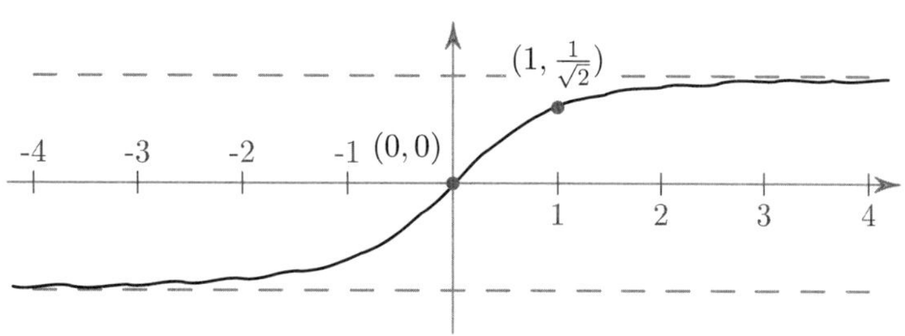

例題 3.5.6 試描繪曲線 $y = (x-3)\sqrt{x}$ 的圖形。

解

1. $f(x) = (x-3)\sqrt{x} = x^{\frac{3}{2}} - 3x^{\frac{1}{2}}$ 定義域為 $[0, \infty)$，只須畫 $x \geq 0$ 的部分。
2. 代點知曲線過 $(0,0)$、$(1,-2)$、$(2,-\sqrt{2})$、$(3,0)$ 。
3. $f'(x) = \frac{3}{2}x^{\frac{1}{2}} - \frac{3}{2}x^{-\frac{1}{2}} = \frac{3}{2}x^{-\frac{1}{2}}(x-1) = \frac{3(x-1)}{2\sqrt{x}}$，故 f 在 $0 \leq x \leq 1$ 為遞減，在 $x \geq 1$ 處為遞增。$(1,-2)$ 為極小點。
4. $f''(x) = \frac{3}{4}x^{-\frac{1}{2}} + \frac{3}{4}x^{-\frac{3}{2}} = \frac{3}{4}x^{-\frac{3}{2}}(x+1) = \frac{3(x+1)}{4x^{\frac{3}{2}}}$，$f$ 在 $x > 0$ 處恆為凹向上。

綜合以上分析，約略畫出下圖：

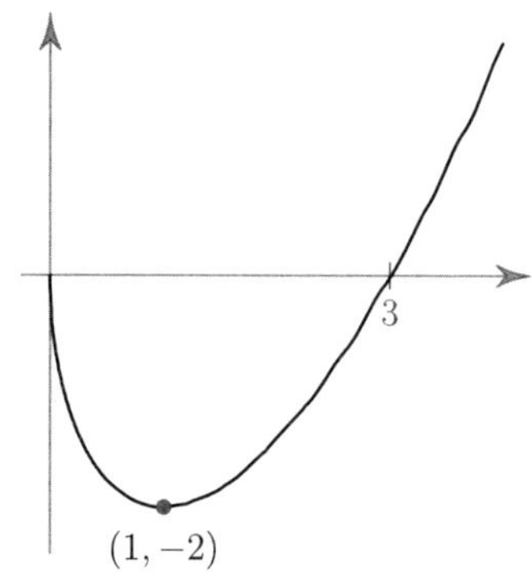

Exercise

1. 畫出下列函數的圖形。

(1) $f(x) = \dfrac{x^2+4}{x}$　　(2) $f(x) = \dfrac{x^2-3}{2x-4}$

(3) $f(x) = x\sqrt{1-x}$　　(4) $f(x) = \dfrac{\sin(x)}{1-\cos(x)}$

(5) $f(x) = 3x^5 - 5x^3$　　(6) $f(x) = \dfrac{1}{x^2} - \dfrac{1}{x}$

■ 3.6 微分均值定理

微分均值定理無論在理論方面或者應用方面，皆扮演了重要角色。在介紹微分均值定理之前，先來認識羅爾定理:

定理 3.6.1 羅爾定理

若函數 f 滿足:

1. f 在閉區間 $[a,b]$ 上連續
2. f 在開區間 (a,b) 上可導
3. $f(a)=f(b)$

則必存在一點 c 位於 a 與 b 之間，使得 $f'(c)=0$。

直觀上來說，羅爾定理說的是：只要滿足某些條件，那麼曲線中間一定存在某處有水平切線。

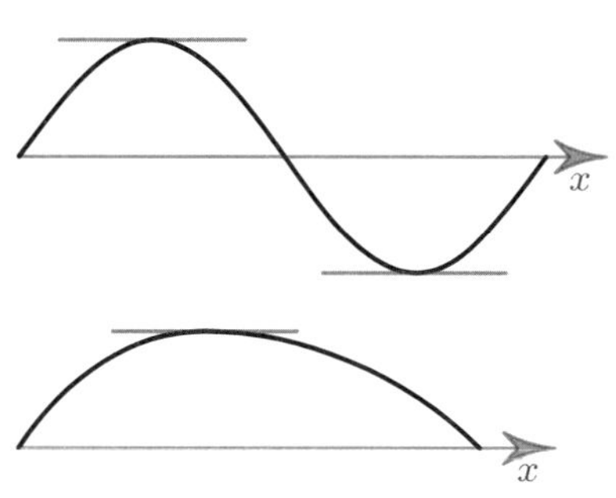

如果你是數學系學生，熟記定理使用條件的重要性自不必多言。至於非數學系的同學，如果你學微積分只是興趣所至隨意讀讀，那也就罷了。準備考試的同學，為了避免失分，請你務必記清楚定理的條件！

注意在定理的條件敘述中，連續性的要求與可導的要求略有不同！連續性的部分，要求在閉區間 $[a,b]$ 上連續。可導性的部分，則只要求在開區間 (a,b)。這是比較寬鬆一點的要求，只要在其內部可導就好了。至於端點 a、b，即使不可導，也能保證結論的成立。

舉一具體例子，上半圓 $y=\sqrt{1-x^2}$，在 $[-1,1]$ 連續，而在 $(-1,1)$ 可導（在 $x=\pm1$ 處有鉛直切線！），所以 $y=\sqrt{1-x^2}$ 在 $[-1,1]$ 是滿足羅爾定理條件的！而一個不合條件的例子是 $f(x)=1-\sqrt[3]{x^2}$。$f(-1)=f(1)=0$，但是 $f'(x)=-\dfrac{2}{3\sqrt[3]{x}}$ 恆不為 0！這與羅爾定理並沒有矛盾，因為 f 在 $x=0$ 處不可導，並沒有滿足羅爾定理條件，那麼也就不保證存在水平切線了。

例題 3.6.1 證明方程式 $x^7+x+1=0$ 恰有一實根。

解

步驟上來說，我們先說明它有實根，再說明不會有第二個實根。用比較文言一點的說法，就是先說明存在性，再說明唯一性。

存在性：　設 $f(x)=x^7+x+1$ 為 7 次實係數多項式，必有一實根。

唯一性：　已知必有實根，設其為 α。為證明唯一性，使用反證法，假設有第二個實根 β。$f(x)$ 是處處連續、處處可導，故滿足在 $[\alpha,\beta]$ 連續、在 (α,β) 可導，及 $f(\alpha)=f(\beta)=0$。於是羅爾定理的使用條件滿足，得知存在一個 c 介於 α 與 β 之間，使得 $f'(c)=0$。但是 $f'(x)=7x^6+1$ 是恆正的，發生矛盾。故由反證法知沒有第二個實根。

note

說明存在性時，亦可使用勘根定理。

定理 3.6.2　拉格朗日微分均值定理

若函數 f 滿足：

1. f 在閉區間 $[a,b]$ 上連續
2. f 在開區間 (a,b) 上可導

則必存在一點 c 位於 a 與 b 之間，使得

$$\frac{f(b)-f(a)}{b-a}=f'(c)$$

幾何直觀來說，微分均值定理說的是：在滿足一定條件時，曲線上作割線，則其內部必存在某處，其切線斜率正好等於割線斜率。以運動學來說，你從 A 地開車一直線到 B 地，設平均速度為時速 60 公里，縱使過程中有快有慢，但一定至少有某一時刻，瞬時速度也是時速 60 公里。

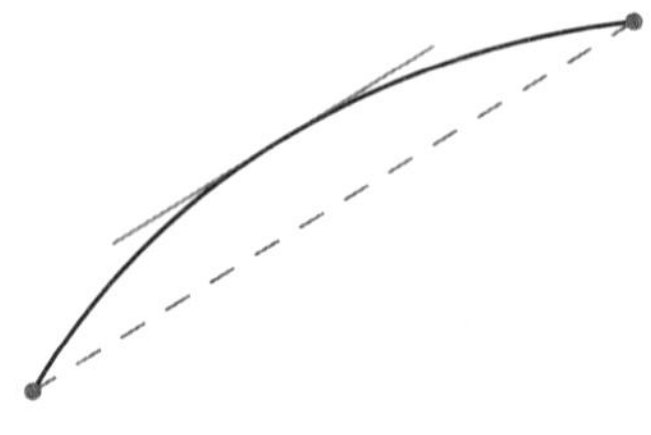

拉格朗日微分均值定理是羅爾定理的推廣，換句話說，羅爾定理是微分均值定理的特殊情況，當 $f(a)=f(b)$ 時，微分均值定理就成為羅爾定理了！所以定理條件關於連續性與存在性的部分，敘述起來是一樣的！

下面這題是高雄中山大學轉學考考題，熟記定理條件的重要性，這題是有力證據。

例題 3.6.2

(a) 何謂均值定理？

(b) 假設一函數 $f(x)=x-e\ln(x)$，證明若 $b>e$，則 $f(b)>0$。

(c) 利用上述結果，說明 e^{π} 與 π^{e} 何者較大。

解

(a) 應該如前面那樣完整敘述。

(b) $f(x)=x-e\ln(x)$ 在 $(0,\infty)$ 上連續、$(0,\infty)$ 上可導。乍看好像沒有很合條件，怎麼辦？其實這題不需要太大的區間，我們只要自己把範圍寫小一點就好：任意給定 $b>e$，因為函數 $f(x)=x-e\ln(x)$ 在 $[e,b]$ 上連續、(e,b) 上可導。根據微分均值定理，存在一數 c，$e<c<b$，滿足

$$f'(c)=1-\frac{e}{c}=\frac{f(b)-f(e)}{b-e}=\frac{f(b)}{b-e}$$

因為 $c>e$，所以

$$\frac{e}{c}<1 \Rightarrow f'(c)>0 \Rightarrow f(b)>0$$

(c) 第一時間沒啥頭緒，就由 $f(x)$ 代 $x=e$ 及 $x=\pi$ 看看。$f(e)=0$，好像沒有用；因為 $\pi>e$，根據上一小題，$f(\pi)=\pi-e\ln(\pi)>0$。為了與欲證結果建立連結，將 π 寫成 $\pi\cdot 1=\pi\cdot\ln(e)$，於是有

$$\begin{aligned}&\pi\ln(e)-e\ln(\pi)>0 &&\Rightarrow \pi\ln(e)>e\ln(\pi)\\ \Rightarrow\ &\ln\left(e^{\pi}\right)>\ln\left(\pi^{e}\right) &&\Rightarrow e^{\pi}>\pi^{e}\end{aligned}$$

例題 3.6.3 證明對任意實數 a,b，$|\sin(b)-\sin(a)|\le|b-a|$ 皆成立。

解

若 $a=b$，顯然成立。故以下針對 $a\neq b$ 證明。

一開始還不熟練時，可以先將微分均值定理寫在一旁：

$$\frac{f(b)-f(a)}{b-a}=f'(c)$$

再回來題目的部分慢慢看要怎麼套

$$|\sin(b)-\sin(a)|\leq|b-a|$$

首先感覺應該除過去讓形式更為接近

$$\frac{|\sin(b)-\sin(a)|}{|b-a|}\leq 1$$

寫到此處，形式很接近了，明顯要設 $f(x)=\sin(x)$。f 處處連續、處處可導，故由微分均值定理知，必有一實數 c 介於 a 與 b 之間，使得

$$\frac{|\sin(b)-\sin(a)|}{|b-a|}=|f'(c)|=|\cos(c)|$$

由於 $|\cos(x)|\leq 1$ 恆成立，於是 $\frac{|\sin(b)-\sin(a)|}{|b-a|}=|\cos(c)|\leq 1$ 恆成立，便得證 $|\sin(b)-\sin(a)|\leq|b-a|$ 恆成立。

拉格朗日微分均值定理除了本身可以直接拿來證明不等式外，在微積分理論亦扮演舉足輕重的角色。以下舉幾個定理，我們早已用直觀加以理解，要證明的話可以使用拉格朗日微分均值定理來證。

推論 3.6.1 零導數定理

若函數 f 在區間 I 上連續，且在 I 的內部 $f'(x)=0$ 恆成立，則 f 在 I 上為常數。

證

對於任意 $x_1,x_2\in I, x_1<x_2$，由於

1. f 在閉區間 $[x_1,x_2]$ 上連續

2. f 在開區間 (x_1, x_2) 上可導

由拉格朗日微分均值定理知，存在 $c \in (x_1, x_2)$ 使得 $f(x_2) - f(x_1) = f'(c)(x_2 - x_1)$。但由前提知因 c 在 I 內部故 $f'(c) = 0$，於是 $f(x_2) = f(x_1)$。因為 x_1, x_2 是任意的，就是說 I 內任意兩點函數值皆相等，故 f 在 I 上為常數。 ■

推論 3.6.2

若函數 f, g 在區間 I 上有相同導數，換句話說，$f'(x) = g'(x)$ 在 I 上恆成立，則 f, g 在 I 上最多差常數，即 $f(x) = g(x) + C$ 在 I 上恆成立。

證

設 $h(x) = f(x) - g(x)$，則 $h'(x) = f'(x) - g'(x) = 0$ 在 I 上恆成立。由零導數定理知 h 在 I 上為常數，即 $f(x) = g(x) + C$ 在 I 上恆成立。 ■

推論 3.6.3　函數的單調性

若函數 f 在 $[a, b]$ 上連續，且在 (a, b) 恆有 $f'(x) > 0$，則 $f(x)$ 在 $[a, b]$ 上嚴格遞增。

證

對於任意 $x_1, x_2 \in [a, b], x_1 < x_2$，由前提知 f 滿足

1. f 在閉區間 $[x_1, x_2]$ 上連續
2. f 在開區間 (x_1, x_2) 上可導

由拉格朗日微分均值定理知，存在 $c \in (x_1, x_2)$ 使得 $f(x_2) - f(x_1) = f'(c)(x_2 - x_1)$。由前提 f 在 (a, b) 恆有 $f'(x) > 0$，故 $f'(c) > 0 \Rightarrow f(x_2) - f(x_1) > 0$。因為 x_1, x_2 是 $[a, b]$ 內任意兩數，故 f 在 $[a, b]$ 上為遞增。 ■

定理 3.6.3 柯西微分均值定理

若函數 f, g 滿足:

1. f, g 皆在閉區間 $[a, b]$ 上連續
2. f, g 皆在開區間 (a, b) 上可導
3. f' 在開區間 (a, b) 上恆不為 0

則必存在一點 c 位於 a 與 b 之間，使得

$$\frac{g(b)-g(a)}{f(b)-f(a)}=\frac{g'(c)}{f'(c)}$$

這個版本更複雜了！它也能有什麼直觀解釋嗎？在拉格朗日微分均值定理，我們的幾何直觀是內部必有某處切線斜率正好等於割線斜率。我們現在看著同一張圖，如果原來 $y=f(x)$ 圖形的參數式是 $\begin{cases} x=f(t) \\ y=g(t) \end{cases}$，由參數式求導，我們知道當 $t=t_0$ 時，切線斜率為 $\frac{g'(t_0)}{f'(t_0)}$。原本所謂 $y=f(x)$ 可導，即此時 $x=f(t)$ 之導數恆不為 0。從 $t=a$ 到 $t=b$ 之間，必有某一處 $t=c$，其切線斜率 $\frac{g'(c)}{f'(c)}$ 等於割線斜率 $\frac{g(b)-g(a)}{f(b)-f(a)}$。

{*Exercise*}

1. 證明對任意實數 a, b, $\left|\tan^{-1}(b)-\tan^{-1}(a)\right| \leq |b-a|$ 皆成立。

2. 證明曲線 $y=x$ 及 $y=\tan^{-1}(x)$ 恰有一交點。

3. 設 $g(x)=8x^3-6x^2-2x+1$。由於 $g(0)=1, g(1)=1$, 我們無法直接用勘根定理證明 $g(x)$ 在 0 與 1 之間有實根。然而注意 $f(x)=2x^4-2x^3-x^2+x$ 滿足 $f'(x)=g(x)$, 試對於 $f(x)$ 套用羅爾定理, 證明 $g(x)$ 在 0 與 1 之間有實根。

4. 如果實數 c 使得 $f(c)=c$, 我們稱 c 為 f 的固定點 (fixed point)。若 f 處處可導, 且 $f'(x)<1$ 恆成立, 證明 f 最多只有一個固定點。
（提示：先對於 $f(x)=x$ 移項, 移項後設 $g(x)$ 並對 g 使用某某定理）

5. 設 $F'(x)=f(x)=\frac{\sqrt{x}}{x^2+1}$, 若欲證明

$$\left|F(x^2)-F(y^2)\right| \leq |x-y| \quad \text{對任意 } x, y \geq 0 \text{ 皆成立} \tag{3.6.1}$$

我們無法直接對於 $F(x)$ 套用拉格朗日微分均值定理來達成目的。然而若設 $G(x)=F(x^2)$, 試對 $G(x)$ 套用拉格朗日微分均值定理證明(3.6.1)。

■ 3.7 羅必達法則

3.7.1 羅必達法則的使用介紹

當我們遇到某些極限的問題，例如 $\lim\limits_{n\to\infty}\frac{7+\frac{1}{n}}{2^n}$，只須觀察到分母趨近到無限大、分子趨近到有限的數 7，便可知道整個數列是趨近到 0。但遇到某一類的問題，例如 $\lim\limits_{n\to\infty}\frac{n^2+3}{n^3-5n}$ 或是 $\lim\limits_{x\to 0}\frac{\sin(x)}{x}$，我們並不能光是觀察分母與分子同時趨近到無限大 $(\frac{\infty}{\infty})$，或同時到零 $(\frac{0}{0})$，藉以直接得知結果。舉一點例子來說，同樣是 $\frac{0}{0}$，就有以下各種結果

$$\lim_{x\to 0}\frac{\sin(x)+3x}{x}=4 \qquad \lim_{x\to 1}\frac{x-1}{x^3-3x^2+3x-1}=\infty$$

$$\lim_{x\to 0}\frac{\cos(x)-1}{x}=0 \qquad \lim_{x\to 0}\frac{\sin(x)}{x\sin(\frac{1}{x})}\ \text{不存在}$$

這一類的就叫**不定式**，光看形式是無法直接確認結果。考試中通常都會拿不定式考你，否則就太過簡單了。在一開始學求極限時，我們通常用的手法是因式分解、反有理化、引用 $\lim\limits_{x\to 0}\frac{\sin(x)}{x}$ 或是夾擠定理來解。但仍然會有許多題目難以應付，例如

$$\lim_{x\to 0}\frac{e^x-x-1}{x^2}$$

就比較難想出技巧。現在要介紹解決此種困境的一個利器：**羅必達法則**。

定理 3.7.1　羅必達法則

若 $f(x)$ 與 $g(x)$ 都在 a 點的附近可導，不必包含 a 點本身。且 $\lim\limits_{x\to a}f(x)=\lim\limits_{x\to a}g(x)=0$ 或是 $\lim\limits_{x\to a}f(x)=\lim\limits_{x\to a}g(x)=\infty$。則若

$$\lim_{x\to a}\frac{f'(x)}{g'(x)}=L$$

便可推論

$$\lim_{x\to a}\frac{f(x)}{g(x)}=L$$

其中 L 可為 $\pm\infty$。

例題 3.7.1 求極限 $\lim\limits_{x\to 0}\frac{\sin(x)}{x}$。

解

確認 $\frac{\sin(x)}{x}$ 是不定式 $\left(\frac{0}{0}\right)$，於是上下各自求導，得到 $\frac{\cos(x)}{1}$。因為

$$\lim_{x\to 0}\frac{\cos(x)}{1}=1$$

所以原極限

$$\lim_{x\to 0}\frac{\sin(x)}{x}=1$$

請注意，上一題這樣寫，其實只是演示一次給你看而已。實際上如果在考試的時候，是不可以這樣寫的！

這個方法需要將 $\sin(x)$ 求導得到 $\cos(x)$，但我們怎麼知道 $\sin(x)$ 的導函數是 $\cos(x)$ 呢？就是必須使用導數的定義

$$\lim_{h\to 0}\frac{\sin(x+h)-\sin(x)}{h}$$

這樣作下去，過程中就必須使用到

$$\lim_{x\to 0}\frac{\sin(x)}{x}=1$$

才有辦法得到結果是 $\cos(x)$。這樣便形成了循環論證：我們必須先知道 $\lim\limits_{x\to 0}\frac{\sin(x)}{x}=1$，才能知道 $\sin(x)$ 導函數是 $\cos(x)$。然後又用 $\sin(x)$ 導函數是 $\cos(x)$ 這件事來計算出 $\lim\limits_{x\to 0}\frac{\sin(x)}{x}=1$，有如女兒把老媽生了出來。所以遇到這一題時，我們還是要乖乖地用夾擠的方法寫！

另一件須注意的事情是，請好好看清楚羅必達法則的敘述邏輯。是須先

$$\lim_{x\to a}\frac{f'(x)}{g'(x)}=L$$

才能推論到

$$\lim_{x\to a}\frac{f(x)}{g(x)}=L$$

而不是說這兩個必然相等，我們不能反過來推論。舉一例子：

$$\lim_{x\to\infty}\frac{x+\sin(x)}{x}=1$$

它也是不定式，但上下各自求導以後得到

$$\lim_{x\to\infty}\frac{1+\cos(x)}{1}$$

這個極限不存在！並非 1！所以原極限與上下求導後的極限，不可以說是相等，應該說後者先存在以後，才保證前者也存在，並且兩者極限值相等。(或者同為正負無窮大)

因此，我建議在寫算式的時候，如果你使用了羅必達法則，不要純粹寫個等號，最好在等號上面寫個 L，表示你在這裡使用了羅必達法則 (L'Hôpital's rule)。你是因為上下求導以後有求出極限值，才使得你也知道原極限值與之相等。另一個好處是，這樣寫也給閱卷者方便，知道你做了什麼事變成那樣。要記住：給閱卷者方便就是給你自己方便！

例題 3.7.2 求極限 $\lim\limits_{x\to 0}\frac{e^x-1}{x}$。

解

此題為不定式，因此

$$\lim_{x\to 0}\frac{e^x-1}{x}\overset{L}{=}\lim_{x\to 0}\frac{e^x}{1}=1$$

例題 3.7.3 求極限 $\lim\limits_{x\to 0}x\ln(x)$。

解

當 $x\to 0$，$\ln(x)\to-\infty$，所以現在是 $0\cdot\infty$ 的形式。這也是不定式，若趨近 0 比較快，整個就會趨近到零；若趨向無限大比較快，整個就趨向無限大；若兩邊差不多快，整個就趨近某個非零數。但雖是不定式，卻不是相除形式，此時只要抓某一個除下去就會變 $\frac{0}{0}$ 或 $\frac{\infty}{\infty}$ 了。所以

$$\lim_{x\to 0}x\ln(x)=\lim_{x\to 0}\frac{\ln(x)}{\frac{1}{x}}\overset{L}{=}\lim_{x\to 0}\frac{\frac{1}{x}}{\frac{-1}{x^2}}=\lim_{x\to 0}-x=0$$

例題 3.7.4 求極限 $\lim_{x\to0^+} x^x$。

解

這次是 0^0 的形式，單看底數趨近 0，好像整個會趨近 0；單看次方趨近 0，好像會趨近 1。整個一起看，便難以一眼判斷，所以這也是不定式。但這次是次方的形式，既不是乘也不是除，怎麼辦呢？對數的一大好處就是化乘除為加減、化次方為乘。因此這裡只要使用

$$A = e^{\ln(A)}$$

於是這一題就變成

$\log a^b = b\log a$

$$\lim_{x\to0^+} x^x = \lim_{x\to0^+} e^{\ln(x^x)} = \lim_{x\to0^+} e^{x\ln(x)} = e^{\lim_{x\to0^+} x\ln(x)} = e^{\lim_{x\to0^+} \frac{\ln(x)}{\frac{1}{x}}}$$

e^x 連續故將 lim 丟進去

$$\overset{L}{=} e^{\lim_{x\to0^+} \frac{\frac{1}{x}}{\frac{-1}{x^2}}} = e^{\lim_{x\to0^+} -x} = e^0 = 1$$

例題 3.7.5 求極限 $\lim_{x\to0} \left(\cos(x)\right)^{\frac{1}{x^2}}$。

解

這次的形式是 1^∞，也是一種不定式。其實如果你看不出是不是不定式並沒有關係，像這種次方型的，先取對數下去再說：

lim 丟進去

$$\lim_{x\to0} \left(\cos(x)\right)^{\frac{1}{x^2}} = \lim_{x\to0} e^{\ln\left[\left(\cos(x)\right)^{\frac{1}{x^2}}\right]} = \lim_{x\to0} e^{\frac{1}{x^2}\ln\left[\cos(x)\right]} = e^{\lim_{x\to0}\frac{1}{x^2}\ln\left[\cos(x)\right]}$$

$$= e^{\lim_{x\to0}\frac{\ln\left[\cos(x)\right]}{x^2}} \overset{L}{=} e^{\lim_{x\to0}\frac{-\frac{\sin(x)}{\cos(x)}}{2x}} = e^{-\frac{1}{2}}$$

如上所示，即使你不確定本來是不是不定式，你還是可以先取對數。取了對數以後便可看到 $\frac{\ln(\cos(x))}{x^2}$ 是 $\frac{0}{0}$，此時便可以使用羅必達法則。

綜合以上，一看到形式是 $\frac{0}{0}$ 或 $\frac{\infty}{\infty}$，就可直接試試羅必達法則。如果是相乘型的 $0\cdot\infty$，只要抓其中一個除到分母去，就會回歸到相除的 $\frac{0}{0}$ 或 $\frac{\infty}{\infty}$。至於次方型的有 0^0、1^∞ 和 ∞^0，不必擔心被搞混，哪些是、哪些不是。先取對數就會變成相乘或相除型，此時判斷若是不定式，便可試試羅必達法則。若非不定式，則無須羅必達法則便可立刻求解。

在繼續多做幾個例題給你看之前，先來點中場休息。許多同學有疑問，羅必達的名字究竟是 **L'Hôpital** 還是 **L'Hôspital**？怎麼這兩種寫法在各個教科書都有？其實這兩種拼法在法文中是等價的，都可以啦！

羅必達 (**Guillaume Francois Antoine de L'Hôpital** , 1661-1704) 大約在 1690 年對微積分發生興趣，當時萊布尼茲發表微積分還沒有很久，雜誌上經常有萊布尼茲及其學生伯努利兄弟的微積分相關文章。於是羅必達支付豐厚報酬請約翰 · 伯努利為他講授微積分，以及陸續提供伯努利的新發現，並且不將這些新發現透露給別人。到了 1696 年，羅必達覺得自己已經懂得足夠多的微積分，便寫出了有關微積分的教科書，這是史上第一本微積分教科書。羅必達認為自己支付了相當不錯的報酬，因此毫不愧疚地使用了許多伯努利的發現，其中一個就是我們現在學習的羅必達法則，因為由羅必達發表出來，因此冠上他的名字。約翰 · 伯努利對此頗為不悅，但當時對此保持沉默，直到羅必達過世以後才自己發表。

例題 3.7.6　求極限 $\lim_{x\to 0}\frac{e^x-x-1}{x^2}$。

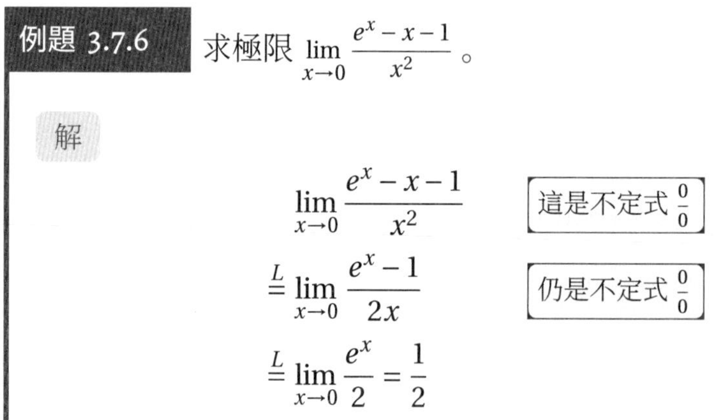

解

$$\lim_{x\to 0}\frac{e^x-x-1}{x^2} \quad \boxed{這是不定式\ \tfrac{0}{0}}$$

$$\overset{L}{=}\lim_{x\to 0}\frac{e^x-1}{2x} \quad \boxed{仍是不定式\ \tfrac{0}{0}}$$

$$\overset{L}{=}\lim_{x\to 0}\frac{e^x}{2}=\frac{1}{2}$$

這例子顯示，有時候可能要套不只一次羅必達法則。

例題 3.7.7　求極限 $\lim_{x\to 0}\cot(x)-\frac{1}{x}$。

解

現在遇到的情況是相減，首先注意到 $\cot(x)$ 就是 $\dfrac{\cos(x)}{\sin(x)}$，接著只要把它們通分起來就又變成相除的形式了。

$$\begin{aligned}
\lim_{x\to 0}\cot(x)-\frac{1}{x} &= \lim_{x\to 0}\frac{\cos(x)}{\sin(x)}-\frac{1}{x}\\
&= \lim_{x\to 0}\frac{x\cos(x)-\sin(x)}{x\sin(x)}\\
&\overset{L}{=} \lim_{x\to 0}\frac{\cos(x)-x\sin(x)-\cos(x)}{\sin(x)+x\cos(x)}\\
&\overset{L}{=} \lim_{x\to 0}\frac{-x\cos(x)-\sin(x)}{\cos(x)+\cos(x)-x\sin(x)}=\frac{0}{2}=0
\end{aligned}$$

像這樣答案就出來了。不過平時練習，千萬要反復審視自己的作答，除了讓自己熟習基本運算之外，也看看是否哪邊有不必要的過程、可以如何簡化。以這題來說，也可以不要做第二次羅必達，寫成

$$\lim_{x\to 0}-\frac{x\sin(x)}{\sin(x)+x\cos(x)}=\lim_{x\to 0}-\frac{\sin(x)}{\frac{\sin(x)}{x}+\cos(x)}=-\frac{0}{1+1}=0$$

例題 3.7.8 求極限 $\lim\limits_{x\to\infty}\dfrac{x^n}{e^x}$。

解

這題無論 n 多大，都是 0。意思是指數函數會跑得遠遠快過多項式，無論你多項式次方有多大。我們可以用眼睛看就迅速看出來，首先它很明顯是不定式 $\frac{\infty}{\infty}$。當我們套用羅必達法則以後，指數函數仍是指數函數，而多項式的次方則會少 1。只要多項式的次方仍是正的，就仍是不定式，就繼續套羅必達法則。直到多項式被求導到次方為 0，也就是變成常數，此時極限值就是 0。正式寫出來如下

$$\lim_{x\to\infty}\frac{x^n}{e^x}\overset{L}{=}\lim_{x\to\infty}\frac{nx^{n-1}}{e^x}\overset{L}{=}\lim_{x\to\infty}\frac{n(n-1)x^{n-2}}{e^x}=\cdots\overset{L}{=}\lim_{x\to\infty}\frac{n!}{e^x}=0$$

這個結果最好記起來。反過來的話，$\lim\limits_{x\to\infty}\frac{e^x}{x^n}=\infty$。另外還有

$$\lim_{x\to\infty}\frac{\left(\ln(x)\right)^n}{x}=0$$

無論 n 是多大的數。要驗證這個也可以使用羅必達，但作 $x=e^y$ 的代換會更快！這個結果也最好記起來。

例題 3.7.9 求極限 $\lim\limits_{x\to 0}\frac{(1+x)^{\frac{1}{x}}-e}{x}$。

解

$$\lim_{x\to 0}\frac{(1+x)^{\frac{1}{x}}-e}{x}\overset{L}{=}\lim_{x\to 0}\frac{(1+x)^{\frac{1}{x}}}{1}\left[\frac{1}{x(1+x)}-\frac{\ln(1+x)}{x^2}\right]$$

$$=e\cdot\lim_{x\to 0}\frac{\frac{x}{1+x}-\ln\left(1+x\right)}{x^2}=-e\cdot\lim_{x\to 0}\frac{1}{2(1+x)^2}=-\frac{e}{2}$$

↓ $\lim\limits_{x\to 0}\left(1+x\right)^{\frac{1}{x}}=e$

3.7.2　羅必達法則的誤用探討

羅必達法則雖是利器，但並不是萬用丹，並非什麼極限問題都能用羅必達解決。它甚至是雙面刃，羅必達法則其實有許多應注意的點，以下便整理大家經常犯的錯，這些會害你在考試被扣分！

1. **羅必達法則是分母與分子各自求導**

   有些人會寫成整個式子求導

$$\lim_{x\to a}\frac{f(x)}{g(x)}\overset{L}{=}\lim_{x\to a}\left(\frac{f(x)}{g(x)}\right)'$$

   或是看到相乘時直接各自求導

$$\lim_{x\to a}f(x)g(x)\overset{L}{=}\lim_{x\to a}f'(x)g'(x)$$

   這是根本沒看清楚羅必達法則，這樣的人居然還蠻多的。

2. **原極限須為不定式 $\frac{0}{0}$ 或 $\frac{\infty}{\infty}$**

例如 $\lim\limits_{x\to 0}\frac{\sin(x)}{3+5x}=0$ 並非不定式，上下求導以後 $\lim\limits_{x\to 0}\frac{\cos(x)}{5}=\frac{1}{5}$。

3. **須上求導後的極限存在（或為無窮大），才能保證原極限也存在並且相等（或同為無窮大），而非兩者直接畫等號**

例如 $\lim\limits_{x\to\infty}\frac{x+\sin(x)}{x}=1$，上下求導以後 $\lim\limits_{x\to\infty}\frac{1+\cos(x)}{1}$ 不存在。後者不存在，不能用來推論原極限也不存在。

4. **須 $f(x)$ 與 $g(x)$ 都在 $x=a$ 的附近（可不包含 $x=a$ 本身）可導**

這點是非常顯然的，因為使用羅必達法則，就是要去求 $\lim\limits_{x\to a}\frac{f'(x)}{g'(x)}$，這個極限看的是 $\frac{f'(x)}{g'(x)}$ 在 $x=a$ 附近的行為，既然如此，就必須 $\frac{f'(x)}{g'(x)}$ 在 a 的附近有定義。

下面這題是常見的誤用：

例題 3.7.10 已知 $f'(a)=2$，求 $\lim\limits_{h\to 0}\frac{f(a+h)-f(a-h)}{2h}$。

解

$$\lim_{h\to 0}\frac{f(a+h)-f(a-h)}{2h}=\frac{1}{2}\lim_{h\to 0}\left[\frac{f(a+h)-f(a)}{h}+\frac{f(a-h)-f(a)}{-h}\right]=f'(a)=2$$

錯解 ⚠

$$\lim_{h\to 0}\frac{f(a+h)-f(a-h)}{2h}\overset{L}{=}\lim_{h\to 0}\frac{f'(a+h)+f'(a-h)}{2}=f'(a)=2$$

解出的答案是一樣的，那是錯在哪呢？

所犯的錯誤一：由題目提供條件只知 $f(x)$ 在 $x=a$ 處可導，並不知道在 $x=a$ 附近是否可導，因此前提並不滿足。你根本不知道你寫出 $\lim\limits_{h\to 0}\frac{f'(a+h)+f'(a-h)}{2}$ 是否合法。

所犯的錯誤二: 假如無視錯誤一，還是上下求導了，會遇到第二個問題，那就是做到 $\lim_{h\to 0}\frac{f'(a+h)+f'(a-h)}{2}$ 後應該如何繼續解下去。常見的謬誤是直接代 $h=0$ 得到 $\lim_{h\to 0}\frac{f'(a)+f'(a)}{2}=f'(a)$。但做極限可以直接這樣代值嗎? 除非你知道 $f'(x)$ 在 $x=a$ 是連續的，然而題目沒有說。很多老師教你這種錯誤解法，除了讓你沒學好羅必達法則，可能導致作答被扣分外，更要命的是強化了你「做極限就亂代值」的壞習慣!

現在若是將上一題的條件再弱化一點，沒告訴你 $f'(a)=2$，那就會更突顯出亂用羅必達法則的錯誤，連最後答案都錯了! 我們知道 $f(x)=|x|$ 在 $x=0$ 處是不可導的，就是說 $f'(0)$ 不存在，然而 $\lim_{h\to 0}\frac{f(0+h)-f(0-h)}{2h}=\lim_{h\to 0}\frac{|h|-|-h|}{2h}=0$!

或許你又會好奇，在 $x=a$ 處可導卻不在其附近可導，這真的是有可能的嗎? 那麼以下便舉一具體例子:

設

$$f(x)=\begin{cases} x^3 & , x\in\mathbb{R}\setminus\mathbb{Q} \\ 0 & , x\in\mathbb{Q} \end{cases}$$

以及

$$g(x)=\begin{cases} x^2 & , x\in\mathbb{R}\setminus\mathbb{Q} \\ 0 & , x\in\mathbb{Q} \end{cases}$$

然後驗證

$$f'(0)=\lim_{h\to 0}\frac{f(h)-f(0)}{h}=\lim_{h\to 0}\frac{f(h)}{h}$$

因為

$$-\left|x^3\right|\le f(x)\le\left|x^3\right|$$

所以

$$-\frac{\left|h^3\right|}{h}\le\frac{f(h)}{h}\le\frac{\left|h^3\right|}{h}$$

而

$$\lim_{h\to 0}-\frac{\left|h^3\right|}{h}=0=\lim_{h\to 0}=\frac{\left|h^3\right|}{h}$$

因此由夾擠定理我們知道

$$f'(0)=\lim_{h\to 0}\frac{f(h)}{h}=0$$

然而在 $x \neq 0$ 處顯然 $f(x)$ 並不連續，不連續也就不可導，$g(x)$ 亦同。

如果把它們相除

$$\frac{f(x)}{g(x)} = \begin{cases} x & , x \in \mathbb{R} \setminus \mathbb{Q} \\ 0 & , x \in \mathbb{Q} \setminus \{0\} \end{cases}$$

則顯然極限

$$\lim_{x \to 0} \frac{f(x)}{g(x)} = 0$$

但是假使無視前提去使用羅必達的話

$$\lim_{x \to 0} \frac{f(x)}{g(x)} \overset{L}{=} \lim_{x \to 0} \frac{f'(x)}{g'(x)}$$

由於 $f'(x)$ 與 $g'(x)$ 都只在 $x = 0$ 存在，而做極限 $x \to 0$ 是從 $x = 0$ 的附近趨近到 0，這使得 $\lim_{x \to 0} \frac{f'(x)}{g'(x)}$ 毫無意義！

羅必達法則雖是利器，卻是雙面刃，一個用得不好，就要傷了自己。若在選擇與填充，問題還小。在要求過程的計算題，就會害人自曝其短了！

再來實際看看你有可能失分的例子，下題是政治大學企管系 97 年的微積分考題。

例題 3.7.11 設 $\lim_{x \to \infty} f(x) = \infty$，$\lim_{x \to \infty} g(x) = \infty$，且 $\lim_{x \to \infty} \frac{f(x)}{g(x)} = 3$。求 $\lim_{x \to \infty} \frac{\ln f(x)}{\ln g(x)}$ 之值。

錯解 ⚠

很多人看到題目就開始羅必達了：

$$\begin{aligned} \lim_{x \to \infty} \frac{\ln f(x)}{\ln g(x)} &\overset{L}{=} \lim_{x \to \infty} \frac{g(x)}{f(x)} \cdot \frac{f'(x)}{g'(x)} \\ &= \lim_{x \to \infty} \frac{g(x)}{f(x)} \cdot \lim_{x \to \infty} \frac{f'(x)}{g'(x)} \\ &= \lim_{x \to \infty} \frac{g(x)}{f(x)} \cdot \lim_{x \to \infty} \frac{f(x)}{g(x)} = 1 \end{aligned}$$

可是題目根本沒有說 f, g 可導呀！所以第一步就已經錯了。而最後的 $\lim \frac{f'(x)}{g'(x)} = \lim \frac{f(x)}{g(x)}$ 也是沒注意到羅必達法則的順序。此題正確做法如下：

解

$$\lim_{x\to\infty}\frac{\ln f(x)}{\ln g(x)}=\lim_{x\to\infty}\frac{\ln g(x)+\ln\left[\frac{f(x)}{g(x)}\right]}{\ln g(x)}=1+\lim_{x\to\infty}\frac{\overbrace{\ln\left[\frac{f(x)}{g(x)}\right]}^{\to\ln 3}}{\underbrace{\ln g(x)}_{\to\infty}}=1+0=1$$

最後補充不是誤用，而是無法派上用場的例子：

$$\lim_{x\to\frac{\pi}{2}}\frac{\tan(x)}{\sec(x)}\overset{L}{=}\lim_{x\to\frac{\pi}{2}}\frac{\sec(x)}{\tan(x)}\overset{L}{=}\lim_{x\to\frac{\pi}{2}}\frac{\tan(x)}{\sec(x)}$$

$$\lim_{x\to\infty}\frac{\sqrt{2x+1}}{\sqrt{3x-1}}\overset{L}{=}\lim_{x\to\infty}\frac{2\sqrt{3x-1}}{3\sqrt{2x+1}}\overset{L}{=}\lim_{x\to\infty}\frac{\sqrt{2x+1}}{\sqrt{3x-1}}$$

$$\lim_{x\to 0}\frac{x^2\cos\left(\frac{1}{x}\right)}{\tan(x)}\overset{L}{=}\lim_{x\to 0}\frac{2x\cos\left(\frac{1}{x}\right)+\sin\left(\frac{1}{x}\right)}{\sec^2(x)}$$

使用條件沒有問題，問題是沒有簡化式子。我們使用羅必達法則的目的就是要新的極限比原來極限好處理，但是這個目的並不一定辦得到，可能沒有簡化，甚至變更複雜！

{Exercise}

1. 求出下列極限。

(1) $\lim\limits_{x\to\infty} \frac{\ln(1+e^x)}{1+x}$

(2) $\lim\limits_{x\to 1} \frac{x\left(1-\ln(x)\right)-1}{x\left(x-1\right)^2}$

(3) $\lim\limits_{x\to \frac{\pi}{4}^-} \left(\tan(x)\right)^{\tan(2x)}$

(4) $\lim\limits_{x\to\infty} \frac{x\ln(x)}{e^{2x}}$

(5) $\lim\limits_{x\to 0} \frac{1}{x} - \frac{1}{\sin(x)}$

(6) $\lim\limits_{x\to 0} \frac{6^x-4^x}{x}$

(7) $\lim\limits_{x\to 1} \frac{x^3-x^2+x-1}{x+\ln(x)-1}$

(8) $\lim\limits_{x\to 2} \frac{x^3-8}{x}$

(9) $\lim\limits_{x\to 0} \frac{\cos(2x)-\cos(x)}{\sin^2(x)}$

(10) $\lim\limits_{x\to\infty} \frac{3^x}{x^7}$

(11) $\lim\limits_{x\to 0} \frac{\ln(1+x^2)}{1-\cos(x)}$

(12) $\lim\limits_{x\to 0} \left(x+e^{\frac{x}{2}}\right)^{\frac{2}{x}}$

2. 下列算式哪裡發生錯誤?

$$\lim_{x\to 0^-} \frac{x^2}{\sin(x)} \overset{L}{=} \lim_{x\to 0^-} \frac{2x}{\cos(x)} \overset{L}{=} \lim_{x\to 0^-} \frac{2}{-\sin(x)} = -\infty$$

參考答案: 1. (1) 1 (2) $-\frac{1}{2}$ (3) e^{-1} (4) 0 (5) 0 (6) $\ln(\frac{3}{2})$ (7) 1 (8) 0 (9) $-\frac{3}{2}$ (10) ∞ (11) 2 (12) e^3 2. 第二次羅必達有誤，因 $\lim_{x\to 0^-} \frac{2x}{\cos(x)}$ 並非不定式。

第 4 章

積分

> 只有在微積分發明之後，物理學才成為一門科學。只有在認識到自然現象是連續的之後，構造抽象模型的努力才取得了成功。
>
> Riemann

■ 4.1 積分的定義

積分學源自於求面積的問題，我們已經學過許多求面積的問題。長方形、平行四邊形、梯形、三角形以及其它多邊形等等，這些都是由直線段所圍成的，算是比較容易計算。但是如果由曲線所圍，就沒這麼簡單了。

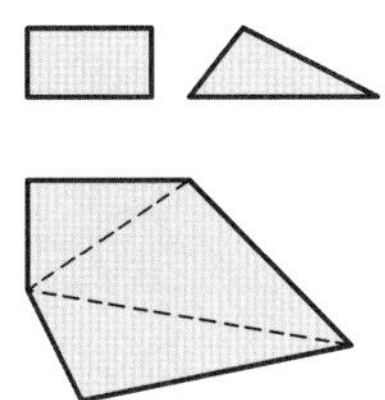

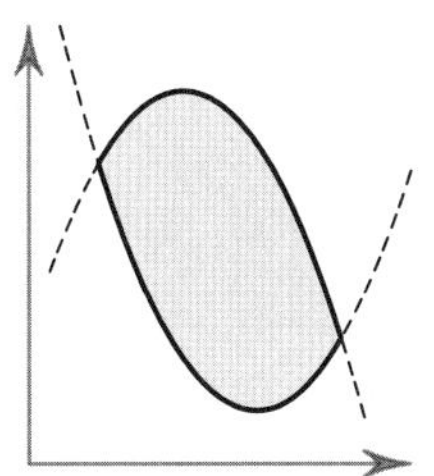

現在有一個函數，我們要討論它在 $[a,b]$ 區間上的曲線下面積。為了簡化討論，先假定此函數在 $[a,b]$ 上非負，接著再討論更複雜的情況。一開始不知道怎麼算，試圖藉由已知來趨向未知。首先將它切成四個子區間，然後每個子區間中以該範圍內的函數最大值為高畫個矩形。這樣算出來的矩形面積和，稱之為**上和**，符號記為 U_n，n 是切出的子區間數。如果在剛剛的過程中，改取函數最小值為矩形的高，這樣算出來的矩形面積和，稱之為 **下和**，符號記為 L_n 。上和會比欲求的曲線下面積多出一點；下和會比欲求的曲線下面積少一點。

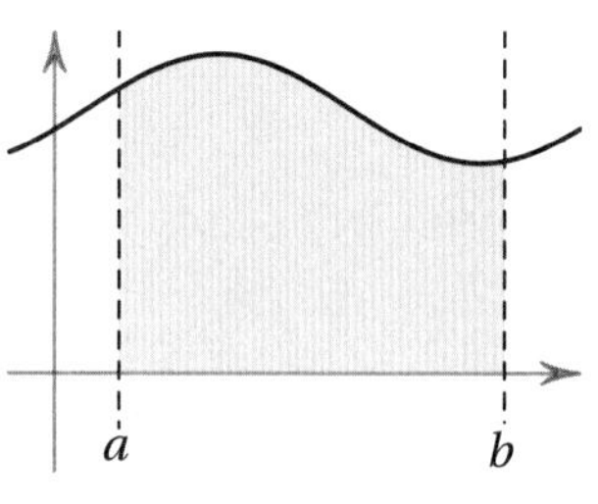

圖 4.1: 曲線下面積

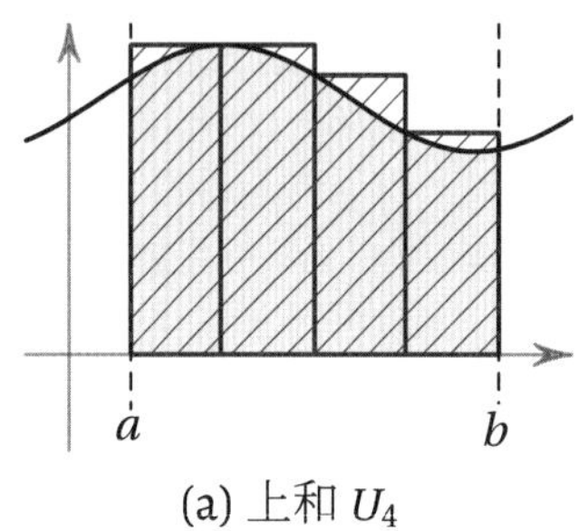

(a) 上和 U_4

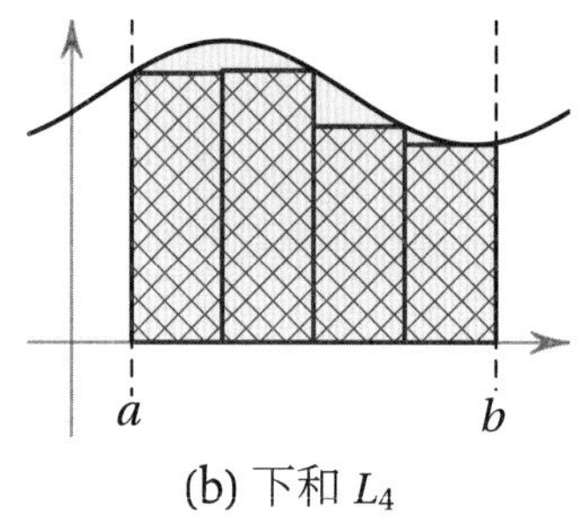

(b) 下和 L_4

圖 4.2: 上下和 $n=4$

如果計算上下和時，切成更多子區間，比方說現在切成七個子區間，那麼上下和與實際面積之間的誤差就會更小。

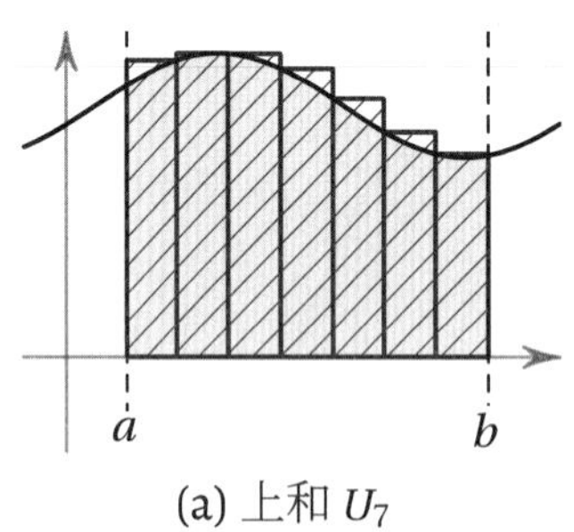

(a) 上和 U_7

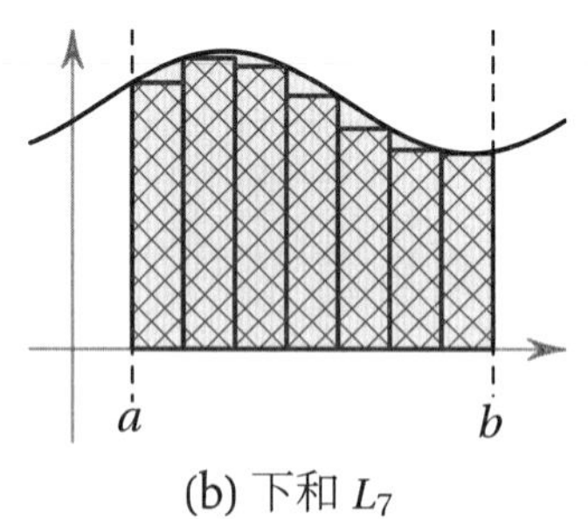

(b) 下和 L_7

圖 4.3: 上下和 $n=7$

更進一步，切成十六個子區間，那麼上下和與實際面積之間的誤差就會更小。隨著這流程這樣越切越細，上下和與實際面積就越來越接近。

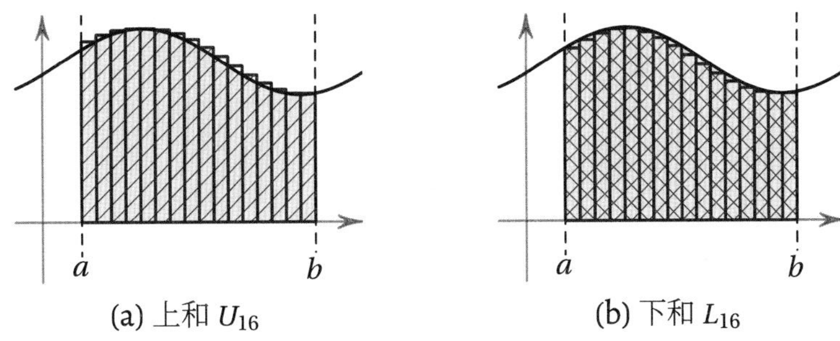

(a) 上和 U_{16}　　(b) 下和 L_{16}

圖 4.4: 上下和 $n = 16$

如果 $f(x)$ 在 $[a,b]$ 上有正有負，還是可以套用一樣流程，只是在 $f(x) < 0$ 的範圍，算出來的「矩形面積」會是負的，這因為我們拿 $f(x)$ 函數值當高。

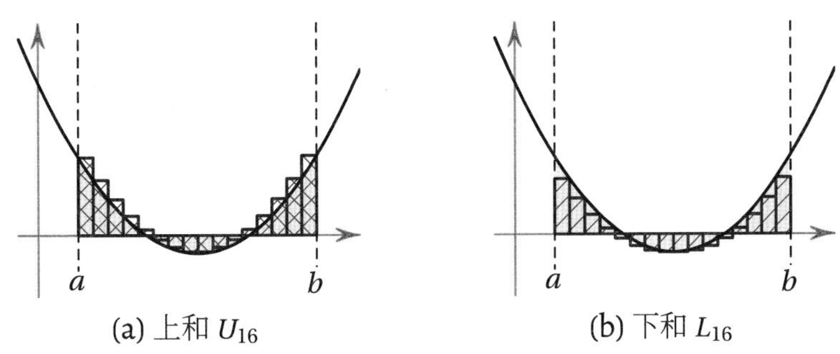

(a) 上和 U_{16}　　(b) 下和 L_{16}

圖 4.5: 上下和

所以，我們須將曲線下面積定為**有號面積** (signed area)。

定義 4.1.1　有號面積

若函數 $f(x)$ 在區間 I_1 上為正、在區間 I_2 上為負，則 $f(x)$ 在 I_1 上的曲線下面積為正、在 I_2 上的曲線下面積為負。

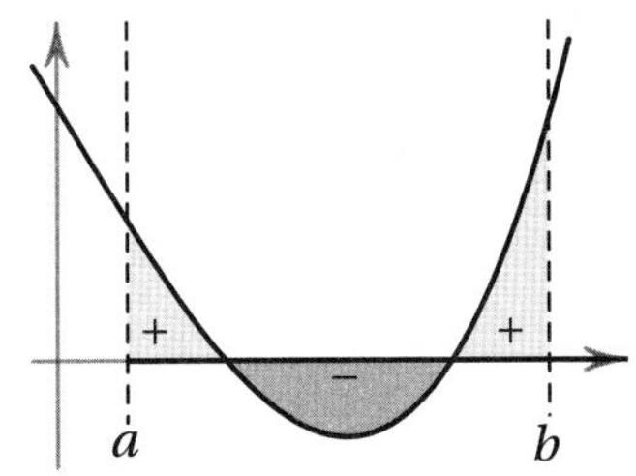

定義 4.1.2

若 f 在 $[a,b]$ 上有定義，$y=f(x)$ 在 $[a,b]$ 的曲線下面積為 A，在 $[a,b]$ 取分割點：$a=x_0<x_1<\cdots<x_{n-1}<x_n=b$，將 $[a,b]$ 分割成等寬的 n 個子區間，每個子區間寬度 $\Delta x_i=x_i-x_{i-1}=\dfrac{b-a}{n}$。若 f 在第 i 個子區間中的最大值發生在 ${x_i}^\star$、最小值在 $x_{i\star}$，則上和 U_n 與下和 L_n 定義為

$$U_n=\sum_{i=1}^{n} f({x_i}^\star)\Delta x_i=\sum_{i=1}^{n} f({x_i}^\star)\Big(\frac{b-a}{n}\Big)$$

$$L_n=\sum_{i=1}^{n} f(x_{i\star})\Delta x_i=\sum_{i=1}^{n} f(x_{i\star})\Big(\frac{b-a}{n}\Big)$$

我們學過夾擠定理，現在既然 $L_n\le A\le U_n$ 必然成立，那麼只要上下和有相同極限，就可以推出曲線下面積。在十七世紀微積分尚在發展的階段，數學家們將曲線想得太美好，以為上下和一定會有相同極限，後來才發現其實有許多函數，它們的上下和並不會有相同極限，才意識到函數**可積性** (integrability) 的問題。所幸在大一微積分課程對此著墨不太多，我們不必耗費太多功夫研讀可積性問題。

定義 4.1.3

若上和 U_n 與下和 L_n 有相同的極限 L，則根據夾擠定理，曲線下面積 A 也會等於 L。此時稱函數 $f(x)$ 在 $[a,b]$ 上可積 (integrable)，並將此曲線下面積表為

$$A=\int_a^b f(x)\,\mathrm{d}x$$

萊布尼茲將拉丁文中的長 s（和的拉丁文 Summa 第一個字母），作為積分的符號 $\int$。而隨著 $n\to\infty$，子區間寬度 $\Delta x\to 0$，便將其寫成 $\mathrm{d}x$。

$$\lim_{n\to\infty}\sum_{i=1}^{n} f({x_i}^\star)\ \Delta x_i$$

$$\Downarrow$$

$$\int_a^b f(x)\ \mathrm{d}x$$

所謂的積分，其實就是連續的加。離散的加法是 $\sum$；連續的加法是 $\int$。微積分的創造，是一種離散到連續的飛躍。自此，若離散情況欲類推至連續情況，就經常與微積分有關。比方說幾個質點求質心，使用 $\sum$；整個物體求質心，使用 $\int$。定力或是一次函數變力作功，求長方形或梯形面積；更複雜的變力作功，使用 $\int$ 求曲線下面積。在一個均勻向量場（重力場、磁場等等）中移動，直接作向量內積（重力或磁力與位移內積）；若是向量場並不均勻，譬如說磁場中各處的磁力不盡相同，那就用到更困難的向量積分。

離散	數列	x_k	Δx_k	Σ	$\frac{\Delta F(x_k)}{\Delta x_k}$
連續	函數	x	$\mathrm{d}x$	$\int$	$\frac{\mathrm{d}F(x)}{\mathrm{d}x}$

例題 4.1.1 求曲線 $y = x^2$ 與 $x = 0$、$x = 1$ 及 x 軸所圍區域面積。

範圍是 $x = 0$ 到 $x = 1$，全長 $1 - 0 = 1$，每個子區間寬度為 $\Delta x = \frac{1-0}{n} = \frac{1}{n}$。由於函數 $f(x) = x^2$ 在區間 $[0,1]$ 上遞增，求上和時每個子區間都是取最右端的點、求下和時每個子區間都是取最左端的點。於是

$$
\begin{aligned}
\text{上和 } U_n &= \frac{1}{n}\cdot\left[\left(\frac{1}{n}\right)^2 + \left(\frac{2}{n}\right)^2 + \cdots + \left(\frac{n}{n}\right)^2\right] \\
&= \frac{1}{n^3}\cdot\left(1^2 + 2^2 \cdots + n^2\right) = \frac{1}{n^3}\cdot\frac{n(n+1)(2n+1)}{6} \\
\text{下和 } L_n &= \frac{1}{n}\cdot\left[\left(\frac{0}{n}\right)^2 + \left(\frac{1}{n}\right)^2 + \cdots + \left(\frac{n-1}{n}\right)^2\right] \\
&= \frac{1}{n^3}\cdot\left(0^2 + 1^2 \cdots + (n-1)^2\right) = \frac{1}{n^3}\cdot\frac{(n-1)n(2n-1)}{6}
\end{aligned}
$$

於是就有

$$\lim_{n\to\infty} U_n = \frac{2}{6} = \frac{1}{3} = \lim_{n\to\infty} L_n$$

便知所求面積為 $\frac{1}{3}$。

做積分有四道流程：切割、取樣、求和、取極限。在上題中，我們分別慢慢用這流程，做出上和與下和的極限，似乎有些麻煩。其實這題已經是非常非常簡潔了！畢竟它只有單項。要是面對更多項，甚至是負數次方、指對數、三角函數，這些做起來可就是大麻煩了！以下稍舉幾例，你不必仔細慢慢看，快速瞄過大概知道有多麻煩就好了。

對於 $\int_0^{\frac{\pi}{2}} \sin(x)\,\mathrm{d}x$，每個子區間寬度 $\Delta x = \dfrac{\frac{\pi}{2}-0}{n} = \dfrac{\pi}{2n}$。$\sin(x)$ 在 $[0, \frac{\pi}{2}]$ 上遞增，故

$$L_n = \sum_{i=0}^{n-1} \frac{\pi}{2n} \sin\left(\frac{i\pi}{2n}\right)$$

由積化和差公式

$$\begin{aligned}
2\sin\left(\frac{i\pi}{2n}\right)\sin\left(\frac{\pi}{4n}\right) &= \cos\left(\frac{(2i-1)\pi}{4n}\right) - \cos\left(\frac{(2i+1)\pi}{4n}\right) \\
\Rightarrow \sin\left(\frac{i\pi}{2n}\right) &= \frac{1}{2\sin\left(\frac{\pi}{4n}\right)}\left[\cos\left(\frac{(2i-1)\pi}{4n}\right) - \cos\left(\frac{(2i+1)\pi}{4n}\right)\right]
\end{aligned}$$

所以

$$\begin{aligned}
L_n &= \frac{\pi}{4n\sin\left(\frac{\pi}{4n}\right)} \sum_{i=0}^{n-1}\left[\cos\left(\frac{(2i-1)\pi}{4n}\right) - \cos\left(\frac{(2i+1)\pi}{4n}\right)\right] \\
&= \frac{\frac{\pi}{4n}}{\sin\left(\frac{\pi}{4n}\right)}\left[\cos\left(\frac{\pi}{4n}\right) - \cos\left(\frac{(2n-1)\pi}{4n}\right)\right]
\end{aligned}$$

於是

$$\lim_{n\to\infty} L_n = 1\cdot(1-0) = 1 \qquad \Rightarrow \int_0^{\frac{\pi}{2}} \sin(x)\,\mathrm{d}x = 1$$

對於一般的 $\int_a^b x^m\,\mathrm{d}x$，我們不知道一般的 $\sum i^m$ 求和公式，怎麼辦呢？於是改變分割方式，不採取等差分割，而用等比分割：

$$x_0 = a,\ x_1 = ar,\ x_2 = ar^2, \cdots, x_i = ar^i, \cdots, x_n = ar^n = b$$

其中

$$r = \sqrt[n]{\frac{b}{a}}$$

於是 （你問我為何只做下和？饒了我吧！）

$$\begin{aligned} L_n &= \sum_{i=0}^{n-1} (ar^i)^m \left(ar^{i+1} - ar^i\right) = a^{m+1}(r-1) \sum_{i=0}^{n-1} r^{(m+1)i} \\ &= a^{m+1}(r-1) \cdot \frac{r^{n(m+1)} - 1}{r^{m+1} - 1} = \left(b^{m+1} - a^{m+1}\right) \cdot \frac{r-1}{r^{m+1} - 1} \end{aligned}$$

因為 $\lim_{n\to\infty} r = 1$，所以

$$\begin{aligned} &\lim_{n\to\infty} L_n = \left(b^{m+1} - a^{m+1}\right) \cdot \lim_{n\to\infty} \frac{r-1}{r^{m+1}-1} = \frac{b^{m+1} - a^{m+1}}{m+1} \\ \Rightarrow &\int_a^b x^m \, \mathrm{d}x = \frac{b^{m+1} - a^{m+1}}{m+1} \end{aligned}$$

此例可見，等差分割不見得是最好的辦法，採用別種分割方式可能使積分計算更簡便。

另外又有一例：$\int_a^b \frac{1}{x^2} \, \mathrm{d}x$，雖是採取等差分割，但取樣時卻不是採取最左或最右端，而是兩端的幾何平均：$x_i{}^\star = \sqrt{x_{i-1} x_i}$。這樣一來，就有

$$\begin{aligned} S_n &= \sum_{i=1}^{n} f(x_i{}^\star) \Delta x_i \\ &= \sum_{i=1}^{n} \frac{1}{x_{i-1} x_i} (x_i - x_{i-1}) = \sum_{i=1}^{n} \left(\frac{1}{x_{i-1}} - \frac{1}{x_i}\right) \\ &= \left[\left(\frac{1}{x_0} - \frac{1}{x_1}\right) + \left(\frac{1}{x_1} - \frac{1}{x_2}\right) + \cdots + \left(\frac{1}{x_{n-1}} - \frac{1}{x_n}\right)\right] = \frac{1}{a} - \frac{1}{b} \end{aligned}$$

高中學科中的諸多題材，是以高度簡化的版本呈現給高中生看，以免根本無法拿來教高中生。積分定義其實也是一樣，前面一開始所介紹，不外乎是高中教材說的，採取等差分割，並考慮上下和。然而這幾例讓你看到了，事實上積分既不必用等差分割，採樣時也不必取子區間中最大最小值。所以，現在是時候給你看大一微積分對於積分的定義了。

定義 4.1.4

函數 f 定義在閉區間 $[a,b]$ 上，P 是 $[a,b]$ 的一個分割：

$$a = x_0 < x_1 < x_2 < \cdots < x_{n-1} < x_n = b$$

第 i 個子區間 $[x_{i-1}, x_i]$ 的寬度為 $\Delta x_i = x_i - x_{i-1}$。$x_i{}^{\star}$ 是第 i 個子區間內的任意取樣點，則

$$\sum_{i=1}^{n} f(x_i{}^{\star})\Delta x_i, \qquad x_{i-1} \le \Delta x_i \le x_i$$

稱為**黎曼和** (Riemann sum)。

高中所學的是特殊的一種黎曼和，現在這是一般形式的黎曼和。

定義 4.1.5　分割的範數

若 P 為區間 $[a,b]$ 上的一個分割，則 P 的範數定義為

$$\|P\| = \max_{1\le i\le n} \Delta x_i$$

即子區間的最大寬度。

定義 4.1.6　定積分

若函數 f 在閉區間 $[a,b]$ 上有定義，且黎曼和的極限

$$\lim_{\|P\|\to 0} \sum_{i=1}^{n} f(x_i{}^{\star})\Delta x_i$$

存在，則稱 f 在 $[a,b]$ 上可積，且

$$\int_a^b f(x)\,\mathrm{d}x = \lim_{\|P\|\to 0} \sum_{i=1}^{n} f(x_i{}^{\star})\Delta x_i$$

稱為**定積分**。a 為積分下限 (lower limit)、b 為積分上限 (upper limit)，$f(x)$ 為被積分函數 (integrand)。

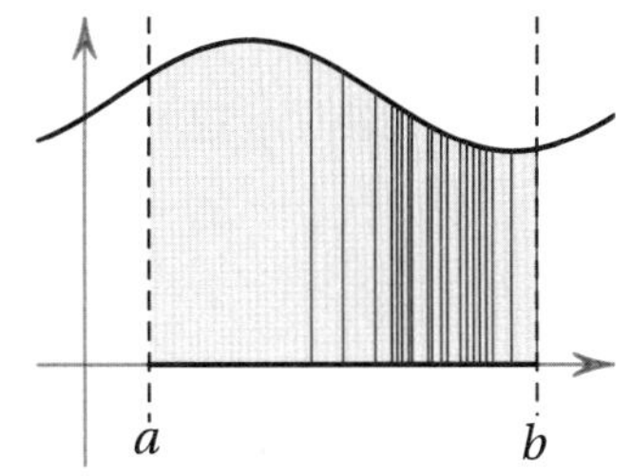

現在在取極限的部分不說 $n\to\infty$ 了，改說 $\|P\|\to 0$，這是怎麼回事呢？$\|P\|$ 是子區間最大寬度，所謂 $\|P\|\to 0$，即是「越切越細」。若要越切越細，必然有 $n\to\infty$，你總不可能切有限刀就想切得無限薄。反過來說，由於分割方式可以任意，$n\to\infty$ 並不能保證越切越細。例如右圖，我幾乎都在右半邊一直切切切，左半邊都沒去動到，這樣的 $n\to\infty$ 就沒有使 $\|P\|\to 0$！

現在這個積分定義的版本，雖使得切割或取樣方式更為自由，但似乎也使我們判定可積性更加困難。因為現在的說法是：無論是如何作分割、分割後如何取樣，只要分割的範數趨近於 0，所有的黎曼和都要趨近同一個值，這樣比原來只限定等差分割複雜多了！以下便介紹關於可積性的充分條件，有了這些就可以比較快判定可積，不用回到定義。

定理 4.1.1　單調函數必可積

若函數 f 在閉區間 $[a,b]$ 上單調，則 f 在 $[a,b]$ 上可積。

定理 4.1.2　連續函數必可積

若函數 f 在閉區間 $[a,b]$ 上連續，則 f 在 $[a,b]$ 上可積。

在前面所示範的 $\int_0^{\frac{\pi}{2}}\sin(x)\,\mathrm{d}x$ 及 $\int_a^b x^m\,\mathrm{d}x$，雖然只寫出下和看似有些偷懶，但其實被積分函數都是連續函數，必然可積！所以只做下和就確定是積分值了。

note

1. 閉區間是重要的，改為開區間便無法保證可積。
2. 上述只是充分非必要條件，函數在 $[a,b]$ 可積不見得在 $[a,b]$ 單調，也不見得在 $[a,b]$ 連續。

數學就是那麼巧妙，我們使用 lim 來定義定積分，有時候卻又可以利用定積分來解極限！例如前面提到，利用等比分割做出了

$$\int_a^b x^m \, \mathrm{d}x = \frac{b^{m+1} - a^{m+1}}{m+1}$$

現在設個具體數字比較容易看：

$$\int_1^2 x^5 \, \mathrm{d}x = \frac{2^6 - 1^6}{6} = \frac{21}{2}$$

根據積分定義，我無論用何種分割、取樣的方式，最後取極限都是同一個值，那麼我又可以寫成等差分割、每個子區間取最右端：

$$\begin{aligned}\int_1^2 x^5 \, \mathrm{d}x &= \lim_{n\to\infty} \sum_{i=1}^{n} \left(1 + \frac{2-1}{n} \cdot i\right)^5 \left(\frac{2-1}{n}\right) \\ &= \lim_{n\to\infty} \frac{1}{n^6} \sum_{i=1}^{n} (n+i)^5 = \frac{21}{2}\end{aligned}$$

原本看到 $\lim\limits_{n\to\infty} \frac{1}{n^6} \sum\limits_{i=1}^{n} (n+i)^5$，很可能會束手無策。但現在根據積分定義，我知道它就是 $\int_1^2 x^5 \, \mathrm{d}x$，那我就知道原來的極限值就是積分的值 $\frac{21}{2}$ 了！

說是這麼說，但我也是從 $\int_1^2 x^5 \, \mathrm{d}x$ 出發寫等差分割，才寫出此極限的。若一開始就看到 $\lim\limits_{n\to\infty} \frac{1}{n^6} \sum\limits_{i=1}^{n} (n+i)^5$，如何認出它是 $\int_1^2 x^5 \, \mathrm{d}x$ 呢？分析如下：

$$\lim_{n\to\infty} \frac{1}{n^6} \sum_{i=1}^{n} (n+i)^5 = \lim_{n\to\infty} \frac{1}{n} \sum_{i=1}^{n} \left(\frac{n+i}{n}\right)^5$$

因為 $\Delta x = \frac{b-a}{n}$，我當然外面留 $\frac{1}{n}$，其餘的丟進 $\sum$ 內。另一方面來說，因 $\sum$ 內是 $(\cdots)^5$，那我丟個五次方進去也非常合理。現在看著 $\frac{n+i}{n}$，當 $i=1$，這是 $\frac{n+1}{n}$，$n\to\infty$ 後趨近 1；當 $i=n$，這是 $\frac{n+n}{n}=2$。如此便知，如果將 $\frac{n+i}{n}$ 看成變數 x，積分範圍是 1 到 2。有了這範圍，子區間寬度就是 $\Delta x = \frac{2-1}{n} = \frac{1}{n}$。又可知 $x_i = x_0 + i \cdot \Delta x = 1 + \frac{i}{n}$。分析至此，便知設 $f(x) = x^5$，有

$$\begin{aligned}\int_1^2 x^5 \, \mathrm{d}x &= \lim_{n\to\infty} \sum_{i=1}^{n} f(x_i)\Delta x \\ &= \lim_{n\to\infty} \sum_{i=1}^{n} \left(1 + \frac{i}{n}\right)^5 \cdot \frac{1}{n} = \lim_{n\to\infty} \frac{1}{n} \sum_{i=1}^{n} \left(\frac{n+i}{n}\right)^5\end{aligned}$$

例題 4.1.2　求極限 $\lim\limits_{n\to\infty}\dfrac{1^5+2^5+\cdots+n^5}{n^6}$。

解

$$\begin{aligned}\lim_{n\to\infty}\frac{1^5+2^5+\cdots+n^5}{n^6}&=\lim_{n\to\infty}\frac{1}{n^6}\sum_{i=1}^{n}i^5\\&=\lim_{n\to\infty}\frac{1}{n}\sum_{i=1}^{n}(\frac{i}{n})^5 \qquad \boxed{\text{外面保留 }\tfrac{1}{n}}\\&=\int_0^1 x^5\,\mathrm{d}x\end{aligned}$$

若將 $\frac{i}{n}$ 看成 x，當 $i=1$，$x=\frac{1}{n}\to 0$；當 $i=n$，$x=\frac{n}{n}=1$。所以被積分函數可看成 x^5，積分範圍 0 到 1，再利用 $\int_a^b x^m\,\mathrm{d}x=\dfrac{b^{m+1}-a^{m+1}}{m+1}$，得知所求為 $\dfrac{1^6-0^6}{6}=\dfrac{1}{6}$。

例題 4.1.3　已知 $\int_0^1\dfrac{1}{1+x}\,\mathrm{d}x=\ln(2)$，求極限 $\lim\limits_{n\to\infty}\left(\dfrac{1}{n+1}+\dfrac{1}{n+2}+\cdots+\dfrac{1}{2n}\right)$。

解

第一步還是一樣要拉 $\frac{1}{n}$ 出來

$$\begin{aligned}&\lim_{n\to\infty}\frac{1}{n}\cdot\left(\frac{1}{1+\frac{1}{n}}+\frac{1}{1+\frac{2}{n}}+\cdots+\frac{1}{2}\right)\\=&\lim_{n\to\infty}\frac{1}{n}\cdot\left(\frac{1}{1+\frac{1}{n}}+\frac{1}{1+\frac{2}{n}}+\cdots+\frac{1}{1+\frac{n}{n}}\right)\\=&\lim_{n\to\infty}\frac{1}{n}\cdot\sum_{i=1}^{n}\frac{1}{1+\frac{i}{n}}\\=&\int_0^1\frac{1}{1+x}\,\mathrm{d}x=\ln(2)\end{aligned}$$

■ 4.2　積分的基本性質

由於積分是在求面積，我們可以利用一些直觀上對面積的理解，列出積分的性質①。當我們熟悉這些性質，也對之後做積分問題大有幫助。

性質 4.2.1　積分的性質

若實數 a, b, c 滿足 $a < b < c$，函數 $f(x), g(x)$ 皆在區間 $[a, b]$ 可積，k 為一實數。則

1. $\int_a^a f(x)\,\mathrm{d}x = 0$
2. $\int_a^b f(x)\,\mathrm{d}x + \int_b^c f(x)\,\mathrm{d}x = \int_a^c f(x)\,\mathrm{d}x$
3. $\int_b^a f(x)\,\mathrm{d}x = -\int_a^b f(x)\,\mathrm{d}x$
4. $\int_a^b f(x) \pm g(x)\ \mathrm{d}x = \int_a^b f(x)\,\mathrm{d}x \pm \int_a^b g(x)\,\mathrm{d}x$
5. $\int_a^b k \cdot f(x)\,\mathrm{d}x = k\int_a^b f(x)\,\mathrm{d}x$
6. 若 $f(x) \geq g(x)$ 在 (a, b) 上恆成立，則 $\int_a^b f(x)\,\mathrm{d}x \geq \int_a^b g(x)\,\mathrm{d}x$
7. 若 $f(x) \geq 0$ 在 (a, b) 上恆成立，則 $\int_a^b f(x)\,\mathrm{d}x \geq 0$

1. 從 $x = a$ 到 $x = a$ 的曲線下面積，寬度是 0，所以面積也是 0。

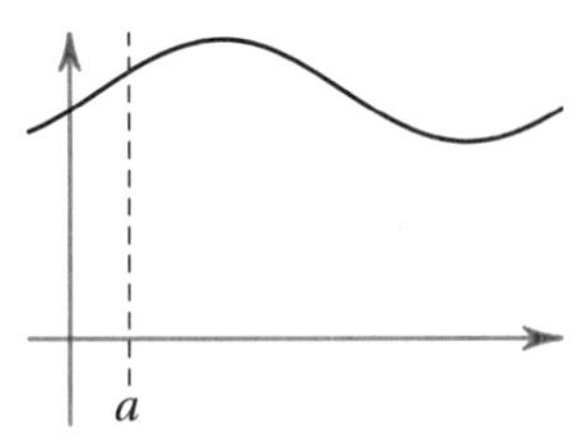

惠施曾云:「無厚，不可積也，其大千里。」其謂此歟!

① 當然也可以進行數學上的證明，但這裡不下此麻煩的功夫。

2. 兩段積分再相加，等於一口氣整段積分。

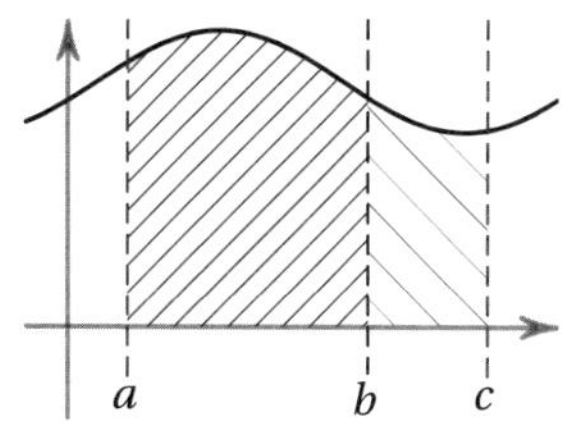

3. 利用 2.

$$\int_a^b f(x)\,\mathrm{d}x + \int_b^a f(x)\,\mathrm{d}x = \int_a^a f(x)\,\mathrm{d}x = 0 \Rightarrow \int_b^a f(x)\,\mathrm{d}x = -\int_a^b f(x)\,\mathrm{d}x$$

4. 先加減再積分等於先積分再加減。

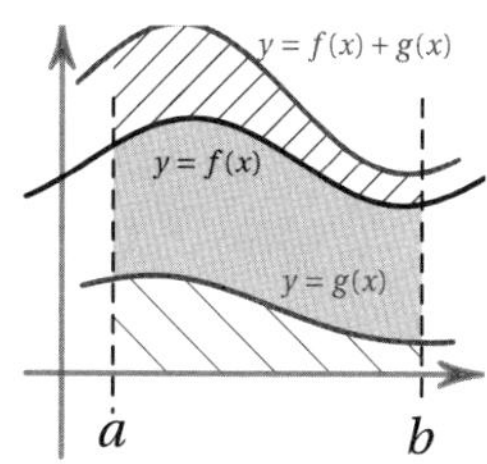

5. 先某倍再積分等於先積分再某倍。

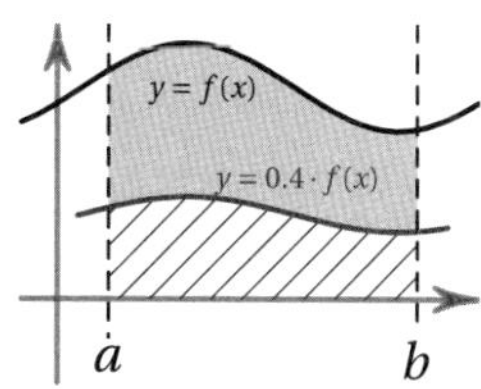

6. 較大的函數，曲線下面積較大。

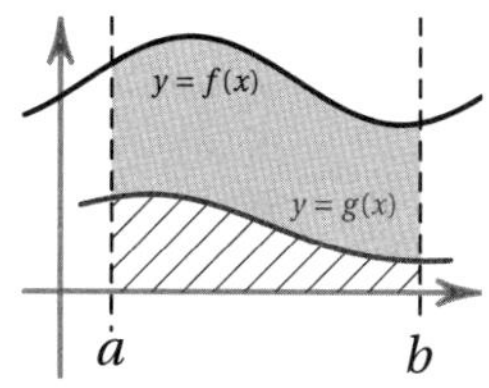

7. 恆非負的函數積分也非負，在上一個性質取 $g(x) = 0$ 就知了。

這些基本性質看來簡單，其實很有用的。例如我們現在知道 $\int_a^b x^m \,\mathrm{d}x = \frac{b^{m+1}-a^{m+1}}{m+1}$，雖是單項的，但有了上面性質，則任意多項式都能套用了！

例題 4.2.1 求積分 $\int_1^3 x^2 - x + 1 \,\mathrm{d}x$。

解

$$\begin{aligned}\int_1^3 x^2 - x + 1 \,\mathrm{d}x &= \int_1^3 x^2 \,\mathrm{d}x - \int_1^3 x \,\mathrm{d}x + \int_1^3 1 \,\mathrm{d}x \\ &= \frac{3^3 - 1^3}{3} - \frac{3^2 - 1^2}{2} + \frac{3^1 - 1^1}{1} \\ &= \frac{26}{3} - 4 + 2 = \frac{20}{3}\end{aligned}$$

另一例如下題這個估值。

例題 4.2.2 證明 $1 \le \int_0^1 \frac{x^4+1}{\sqrt{x^5+1}} \,\mathrm{d}x < \frac{6}{5}$。

解

$$\frac{x^4+1}{\sqrt{x^5+1}} < x^4 + 1 \qquad \boxed{\text{原式分母比 1 大}}$$

$$\Rightarrow \int_0^1 \frac{x^4+1}{\sqrt{x^5+1}} \,\mathrm{d}x < \int_0^1 x^4 + 1 \,\mathrm{d}x = \int_0^1 x^4 \,\mathrm{d}x + \int_0^1 1 \,\mathrm{d}x = \frac{1^5 - 0^5}{5} + 1 = \frac{6}{5}$$

另一邊，若有 $\frac{x^4+1}{\sqrt{x^5+1}} \ge 1$ 在 $[0,1]$ 恆成立，便有 $1 \le \int_0^1 \frac{x^4+1}{\sqrt{x^5+1}} \,\mathrm{d}x$。所以

$$\begin{aligned}&\frac{x^4+1}{\sqrt{x^5+1}} \ge 1 \Leftrightarrow x^4 + 1 \ge \sqrt{x^5+1} \Leftrightarrow \left(x^4+1\right)^2 \ge x^5 + 1 \\ &\Leftrightarrow x^8 + 2x^4 + 1 \ge x^5 + 1 \Leftrightarrow x^8 + 2x^4 \ge x^5\end{aligned}$$

由於 $x^4 \ge x^5$ 在 $[0,1]$ 上恆成立，故 $x^8 + 2x^4 \ge x^4 \ge x^5$ 在 $[0,1]$ 上恆成立，便可推得 $\frac{x^4+1}{\sqrt{x^5+1}} \ge 1$ 在 $[0,1]$ 上恆成立，故 $1 \le \int_0^1 \frac{x^4+1}{\sqrt{x^5+1}} \,\mathrm{d}x$。

在上一題中，無論你大一微積分學得多麼厲害，你也手算不出其精確積分值。但是我們透過簡單估計上下界，就知道積分值在 1 到 1.2 之間。雖然還是不知道精確值，起碼有個範圍。

性質 4.2.2 絕對可積

若函數 f 在 $[a,b]$ 上可積，則 $|f|$ 亦在 $[a,b]$ 上可積，且有

$$\left|\int_a^b f(x)\,\mathrm{d}x\right| \le \int_a^b |f(x)|\,\mathrm{d}x$$

先絕對值再積分，其值大於等於先積分再絕對值，因為先積分可能會有正負相消。這道理就像 $|a+b+c| \le |a|+|b|+|c|$。

性質 4.2.3 週期性

若週期函數 f 在 $[a,b]$ 上可積，p 為 f 的一個正週期，則有

$$\int_a^b f(x)\,\mathrm{d}x = \int_{a+p}^{b+p} f(x)\,\mathrm{d}x$$

性質 4.2.4 奇偶性

若函數 f 在 $[-a,a]$ 上為可積的奇函數，函數 g 在 $[-a,a]$ 上為可積的偶函數。則有

1. $\int_{-a}^{a} f(x)\,\mathrm{d}x = 0$
2. $\int_{-a}^{a} g(x)\,\mathrm{d}x = 2\int_0^a g(x)\,\mathrm{d}x$

這是由於奇函數與偶函數的對稱性,使我們知道 $\int_{-a}^{0} f(x)\,\mathrm{d}x = -\int_0^a f(x)\,\mathrm{d}x$，及 $\int_{-a}^{0} g(x)\,\mathrm{d}x = -\int_0^a g(x)\,\mathrm{d}x$，於是便有上述結果。

最後再介紹一個重要但不難理解的定理。如果有 n 個數，想知道其平均值，只要全部加起來再除以 n 就好了。積分，就是連續的加，所以我們可以利用積分，來將離散的平均數求法改寫成連續的平均值求法。

定理 4.2.1　函數的平均值

函數 f 在 $[a,b]$ 上可積，則 f 在 $[a,b]$ 上函數值的平均值為

$$\frac{1}{b-a}\int_a^b f(x)\,\mathrm{d}x$$

將 a 到 b 這範圍的函數值「加」起來，再除以全長 $b-a$，這就是連續版本的平均值算法。由此又可以介紹積分均值定理:

定理 4.2.2　積分均值定理

函數 f 在 $[a,b]$ 上連續，則存在一點 $c\in(a,b)$，使得

$$f(c)=\frac{1}{b-a}\int_a^b f(x)\,\mathrm{d}x$$

口語來說，a 與 b 之間必有某處，該處之函數值恰好就是這範圍的平均值。積分均值定理與微分均值定理，可以作個類比，它們都有類似的條件、類似的結果。微分均值定理要求在 $[a,b]$ 連續、在 (a,b) 可導；積分均值定理要求在 $[a,b]$ 連續。你說怎麼沒要求在 (a,b) 上可積呢？已經連續了那就可積呀！所以這兩個定理的定理條件是可以類比的。

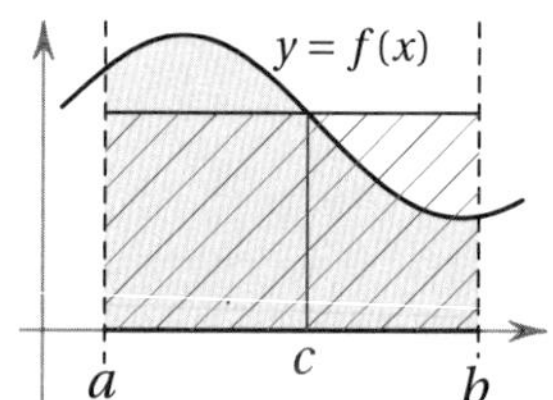

圖 4.6: 積分均值定理

{Exercise}

1. $\int_{-1}^{1} \tan(x^3) \cdot \sqrt{\cos(x)}\, \mathrm{d}x =$ ______ 。

2. 若 $\int_0^1 e^{-x^2}\, \mathrm{d}x = k$，則 $\int_{-1}^{1} e^{-x^2}\, \mathrm{d}x =$ ______ 。

3. 對於 $\int_0^{2\pi} \sin^3(x)\, \mathrm{d}x$，由於積分範圍並不是對於 $x = 0$ 對稱，無法直接使用奇函數的性質。然而若先拆成

$$\int_0^{\pi} \sin^3(x)\, \mathrm{d}x + \int_{\pi}^{2\pi} \sin^3(x)\, \mathrm{d}x$$

針對後項利用週期性寫成 ________，便可由奇函數性質得到積分值為 0 。

4. 設 $f(x)$ 在 $[0,1]$ 連續，且 $\int_0^1 f(x)\, \mathrm{d}x = \sqrt{2}$，證明 $f(x) = \sqrt{2}$ 有實根。

5. (1) 求 $f(x) = \frac{\sin(x)}{x}$ 在 $[\frac{\pi}{4}, \frac{\pi}{3}]$ 上的最大最小值。

   (2) 依據 (1) 估計 $\int_{\frac{\pi}{4}}^{\frac{\pi}{3}} \frac{\sin(x)}{x}\, \mathrm{d}x$ 。

參考答案： 1. 0　2. $2k$　3. $\int_{-\pi}^{0} \sin^3(x)\, \mathrm{d}x$　4. 略

5.(1) $m = f(\frac{\pi}{3}) = \frac{3\sqrt{3}}{2\pi}, M = f(\frac{\pi}{4}) = \frac{2\sqrt{2}}{\pi}$　(2) $\frac{3\sqrt{3}}{2\pi}(\frac{\pi}{3} - \frac{\pi}{4}) \le \int_{\frac{\pi}{4}}^{\frac{\pi}{3}} \frac{\sin(x)}{x}\, \mathrm{d}x \le \frac{2\sqrt{2}}{\pi}(\frac{\pi}{3} - \frac{\pi}{4})$

4.3 微積分基本定理

4.3.1 微積分基本定理第一部分

微分學探討切線斜率，而積分學求面積，看起來是兩回事。然而在微分與積分正被數學家們不斷研究的過程中，某些敏銳的數學家，例如牛頓的老師 **Issac Barrow**，已經隱約察覺此二者之間似乎有互逆的關係。後來牛頓與萊布尼茲，不但都系統性地發展微分與積分，並且也提出了二者之間的互逆關係，由此奠定了微積分學的重要基石。

以積分的定義來說，我們要進行分割、取樣、求和、取極限的步驟，有時還要搭配和差化積公式、有時要改變分割方式，或者改變取樣方式。如此耗費工夫又難寫，等你做完一題積分，秦始皇都已經把萬里長城蓋好了。

然而當我們看出積分與微分的互逆性以後，我們便可以將積分問題的大麻煩（分割、取值、求和、取極限），變為小麻煩（求出反導函數再代值）。仍可能很不好做，但已經簡化不少。

微積分基本定理分為兩個部分，為了討論第一個部分，我們先來認識一種函數 $F(x)$。它的長相是這樣

$$F(x) = \int_a^x f(t)\,\mathrm{d}t$$

可之稱為**變限函數**，照字面看是「將變數放在積分上限」的意思。因此要注意它的變數是放在積分上限的位置。將函數寫成這付德性，是什麼意思呢？就是說現在有一個新函數 F，姑且稱之為面積函數，它是由 f 的曲線下面積定來的。為了不致變數混淆，先作 $y-t$ 圖，就是把 x 軸改稱 t 軸，接著畫 $y=f(t)$。我們現在對於 f 做積分，起點是固定的 a，終點則是會變動的 x。x 的改變，就導致曲線下面積改變，這就是 $F(x)=\int_a^x f(t)\,\mathrm{d}t$ 的意義。

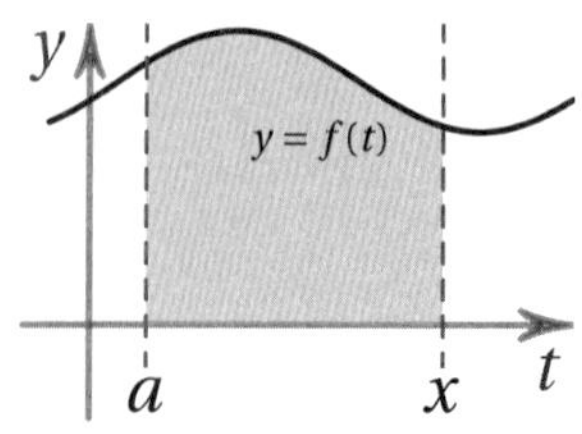

圖 4.7: 變限函數

以下再用一個比喻，來助你理解這個函數的意義，以及微積分基本定理的意思。

假設你早上九點開始唸書。唸書效率總是有高有低的，$f(t)$ 就是你的唸書效率函數。唸書效率乘以唸書時間，就是唸書成果。但因為現在唸書效率函數是曲線，不是固定的，所以沒辦法直接乘，而是唸書效率函數這條曲線下的面積。如果你讀到下午三點，那麼你的唸書成果就是

$$F(15) = \int_9^{15} f(t)\,\mathrm{d}t$$

$f(t)$ 從 $t=9$ 到 $t=15$ 之間的曲線下面積。如果你讀到晚上九點，那麼你的唸書成果就是

$$F(21) = \int_9^{21} f(t)\,\mathrm{d}t$$

$f(t)$ 從 $t=9$ 到 $t=21$ 之間的曲線下面積。中間當然可以去吃飯上廁所啦，那段時間效率變成是 0 而已。所以，$F(x)$ 就是你從早上九點，也就是 $t=9$，唸書唸到 $t=x$ 的時候，這期間所累積的唸書成果。

假設現在你已經唸得很累了，正在考慮要不要去睡覺。你心想，如果現在多唸一小段時間，所造成的唸書成果變化率還蠻大的話，那就先撐著。如果很小的話，那還是先休息好了。

多唸一小段時間，所造成的唸書成果變化率，這不就是將 $F(x)$ 微分嗎？也就是說，如果現在是晚上十點，那麼此時多唸一小段時間，所造成的唸書成果變化率，就是 $F'(22)$。在 $t=x$ 時多唸一小段時間，所造成的唸書成果變化率，就是 $F'(x)$。

可是話說回來，什麼叫做「多唸一小段時間所造成的唸書成果變化率」呢？說穿了不就是唸書效率嗎？也就是說，$F'(22)$ 根本就是 $f(22)$；$F'(x)$ 根本就是 $f(x)$。如果你能理解我在說什麼，這其實就是微積分基本定理的第一部分了！

定理 4.3.1　微積分基本定理第一部分

若函數 $f(x)$ 在區間 $[a,b]$ 上連續，則函數 $F(x) = \int_a^x f(t)\,\mathrm{d}t$ 在 $[a,b]$ 上連續且在 (a,b) 上可導。它的導函數是

$$F'(x) = \frac{\mathrm{d}}{\mathrm{d}x}\int_a^x f(t)\,\mathrm{d}t = f(x),\quad \forall x \in (a,b)$$

例題 4.3.1 求以下函數的導函數：

(1) $\int_1^x \sin(t^2)\,\mathrm{d}t$　　(2) $\int_0^x t^4-3t+3\,\mathrm{d}t$

(3) $\int_0^x \sin(\cos(t))\,\mathrm{d}t$　　(4) $\int_1^x \sqrt{t^3-t^2+55}\,\mathrm{d}t$

解

全都太容易了！要對 $F(x)$ 求導，只須將 x 直接代入 $f(t)$ 之中即可：

(1) $\sin(x^2)$　　(2) x^4-3x+3

(3) $\sin(\cos(x))$　　(4) $\sqrt{x^3-x^2+55}$

例題 4.3.2 $\frac{\mathrm{d}}{\mathrm{d}x}\int_x^1 \sin(t^2)\,\mathrm{d}t$

解

現在變數長在積分下限，怎麼辦呢？很簡單，只要利用積分的性質

$$\frac{\mathrm{d}}{\mathrm{d}x}\int_x^1 \sin(t^2)\,\mathrm{d}t = \frac{\mathrm{d}}{\mathrm{d}x}\left(-\int_1^x \sin(t^2)\,\mathrm{d}t\right) = -\sin(x^2)$$

例題 4.3.3 $\frac{\mathrm{d}}{\mathrm{d}x}\int_1^{x^3} \sin(t^2)\,\mathrm{d}t$

解

現在積分上限不只是 x，是個 x 的函數。這情況稍微複雜一點，但也並不難做，只要視為合成函數再套連鎖規則即可。本來

$$F(x) = \int_a^x f(t)\,\mathrm{d}t$$

現在我們將 x 替換成 $g(x)$，就變成

$$F(g(x)) = \int_a^{g(x)} f(t)\,\mathrm{d}t$$

現在我們要求 $F(g(x))$ 的導函數，那正是合成函數，要用連鎖規則

$$\big(F(g(x))\big)' = F'\big(g(x)\big) \cdot g'(x)$$

所以這一題的做法就是

$$\frac{\mathrm{d}}{\mathrm{d}x}\int_1^{x^3} \sin(t^2)\,\mathrm{d}t = \sin\big((x^3)^2\big) \cdot \big(3x^2\big) = \sin(x^6) \cdot \big(3x^2\big)$$

例題 4.3.4 $\dfrac{\mathrm{d}}{\mathrm{d}x}\displaystyle\int_1^{\sin(x)} \sqrt{1+t^2}\,\mathrm{d}t$

解

$\sqrt{1+\sin^2(x)} \cdot \cos(x)$

例題 4.3.5 $\dfrac{\mathrm{d}}{\mathrm{d}x}\displaystyle\int_{x^4}^{x^3} \sin(t^2)\,\mathrm{d}t$

解

這次上下限都是 x 的函數了。但這次更簡單，利用積分的性質

$$\int_{x^4}^{x^3} \sin(t^2)\,\mathrm{d}t = \int_1^{x^3} \sin(t^2)\,\mathrm{d}t - \int_1^{x^4} \sin(t^2)\,\mathrm{d}t$$

於是

$$\begin{aligned}\frac{\mathrm{d}}{\mathrm{d}x}\int_{x^4}^{x^3} \sin(t^2)\,\mathrm{d}t &= \frac{\mathrm{d}}{\mathrm{d}x}\left(\int_1^{x^3} \sin(t^2)\,\mathrm{d}t - \int_1^{x^4} \sin(t^2)\,\mathrm{d}t\right) \\ &= \frac{\mathrm{d}}{\mathrm{d}x}\int_1^{x^3} \sin(t^2)\,\mathrm{d}t - \frac{\mathrm{d}}{\mathrm{d}x}\int_1^{x^4} \sin(t^2)\,\mathrm{d}t\end{aligned}$$

這樣就化簡為會做的形式啦！至於那 1 是隨便寫的，寫什麼常數都可以，只要它在函數 $\sin(t^2)$ 的定義域內 [a] 就好。所以本題就是

$$\frac{\mathrm{d}}{\mathrm{d}x}\int_1^{x^3} \sin(t^2)\,\mathrm{d}t - \frac{\mathrm{d}}{\mathrm{d}x}\int_1^{x^4} \sin(t^2)\,\mathrm{d}t = \sin(x^6) \cdot \big(3x^2\big) - \sin(x^8) \cdot \big(4x^3\big)$$

[a] 所以被積分函數如果是 $\sqrt{x}$，就不能寫 -1；是 $\ln(x)$，就不能寫 0。

前面對於微積分基本定理提供直觀的詮釋，現在給出證明。

證

$$F(x)=\int_a^x f(t)\,\mathrm{d}t$$

$$F'(x)=\lim_{h\to 0}\frac{F(x+h)-F(x)}{h}=\lim_{h\to 0}\frac{\int_a^{x+h}f(t)\,\mathrm{d}t-\int_a^x f(t)\,\mathrm{d}t}{h}$$

$\boxed{\int_a^b-\int_a^c=\int_c^b}$ $$=\lim_{h\to 0}\frac{\int_x^{x+h}f(t)\,\mathrm{d}t}{h}$$

$\boxed{\text{積分均值定理}}$ $$=\lim_{h\to 0}\frac{f(c)\cdot h}{h}\qquad c\in(x,x+h)$$

$$=\lim_{h\to 0}f(c)$$

$\boxed{f\text{ 連續}}$ $$=f\left(\lim_{h\to 0}c\right)=f(x)$$

最後的地方是因為 $c\in(x,x+h)$， $h\to 0$ 便迫使 $c\to x$。 ■

4.3.2 微積分基本定理第二部分

我們平常更常用到的，是微積分基本定理的第二部分。

定理 4.3.2　微積分基本定理第二部分

若函數 $f(x)$ 在區間 $[a,b]$ 上連續，並函數 $F(x)$ 在 $[a,b]$ 上是 $f(x)$ 的反導函數之一。換句話說

$$F'(x)=f(x),\ x\text{ 在 [a,b] 上}$$

那麼

$$\int_a^b f(x)\,\mathrm{d}x=F(x)\Big|_a^b=F(b)-F(a)$$

證

為方便,先修改啞變數,將 $\int_a^b f(x)\,\mathrm{d}x$ 寫成 $\int_a^b f(t)\,\mathrm{d}t$。設 $G(x)=\int_a^x f(t)\,\mathrm{d}t$,則根據微積分基本定理第一部分,$G'(x)=f(x)$。故 $G(x)$ 是 $f(x)$ 的一個反導函數,滿足 $G(b)-G(a)=\int_a^b f(t)\,\mathrm{d}t-0$。但是定理內容是對於任意反導函數皆成立,目前只說明其中一個反導函數,證明仍不完備。對於 $f(x)$ 的任意反導函數 $F(x)$,它與 $G(x)$ 只差常數,即

$$F(x)=G(x)+C$$

於是

$$F(b)-F(a)=\Big[G(b)+C\Big]-\Big[G(a)+C\Big]=G(b)-G(a)=\int_a^b f(t)\,\mathrm{d}t$$

■

有了微積分基本定理第二部分以後,我們不必每次積分都在做分割、取樣、求和、取極限。只要想辦法找出被積分函數的反導函數之一,再代入上下限並相減即可。所謂「之一」意思是,x^2+7 的導函數是 $2x$,x^2-89 的導函數也是 $2x$。基本上對於任何常數 C,x^2+C 的導函數都是 $2x$。所以 $2x$ 的反導函數有無窮多個,都是 x^2+C。寫哪一個都可以,反正相減就減掉了。通常是不寫,不寫其實就是取 $C=0$ 的意思。

例題 4.3.6 $\int_1^3 x^2\,\mathrm{d}x$

解

由於 $\frac{x^3}{3}$ 的導函數即是 x^2,這就是說 x^2 的反導函數之一是 $\frac{x^3}{3}$。所以

$$\int_1^3 x^2\,\mathrm{d}x=\left.\frac{x^3}{3}\right|_1^3=\frac{3^3}{3}-\frac{1^3}{3}=\frac{26}{3}$$

例題 4.3.7 $\int_0^{\frac{\pi}{6}} \cos(x)\,\mathrm{d}x$

解

$\sin(x)$ 的導函數是 $\cos(x)$，所以

$$\int_0^{\frac{\pi}{6}} \cos(x)\,\mathrm{d}x = \sin(x)\Big|_0^{\frac{\pi}{6}} = \sin\left(\frac{\pi}{6}\right) - \sin(0) = \frac{1}{2}$$

微積分基本定理的第一部分

$$\frac{\mathrm{d}}{\mathrm{d}x}\int_a^x f(t)\,\mathrm{d}t = f(x)$$

就好像是說，如果先將函數 f 做積分，之後再微分，就會回到 f。至於微積分基本定理的第二部分

$$\int_a^b F'(x)\,\mathrm{d}x = F(b) - F(a)$$

則好像是說，如果先將函數 $F(x)$ 微分，之後再積分，就會回到 F。我們將此二部分合起來看，就變成了：

微分與積分是互逆的操作!!!

{Exercise}

1. $\dfrac{\mathrm{d}}{\mathrm{d}x}\displaystyle\int_0^{e^x} \sin(t^2)\,\mathrm{d}t =$ ________。

2. $\dfrac{\mathrm{d}}{\mathrm{d}x}\displaystyle\int_{e^{2x}}^{3} t^2 - 5\ln(t)\,\mathrm{d}t =$ ________。

3. 連續函數 $f(x)$ 滿足 $\displaystyle\int_0^{x^3(x+1)} f(t)\,\mathrm{d}t = e^{1-x}$，則 $f(2) =$ ______。

4. 設 $f(t) = \displaystyle\int_2^{t} \sqrt{\frac{4}{7}+u^3}\,\mathrm{d}u,\ F(x) = \int_1^{\sin(x)} f(t)\,\mathrm{d}t$，則 $F''(\pi) =$ ________。

5. 函數 $f(x) = \displaystyle\int_0^{x} \left[1+\sec(\tan(t))\right]\mathrm{d}t$，則 $(f^{-1})'(0) =$ ______。

6. $\dfrac{\mathrm{d}}{\mathrm{d}x}\displaystyle\int_{\sin(x)}^{x^2} \sqrt{1+t^4}\,\mathrm{d}t =$ ________。

7. 求 $\dfrac{\mathrm{d}}{\mathrm{d}x}\displaystyle\int_{2x}^{x^2} \cos(\sqrt{t})\,\mathrm{d}t$，其中 $x>0$。

8. 若 $\displaystyle\int_0^{x^2} f(t)\,\mathrm{d}t = \sqrt{1+x^2}-1$，則 $f\left(\dfrac{\pi}{2}\right) =$ ______。

9. 若 $f(x) = e^{g(x)},\ g(x) = \displaystyle\int_0^{\sin(\pi x)} \sqrt{1+t^2}\,\mathrm{d}t$，則 $f'(1) =$ ______。

參考答案： 1. $e^x\sin(e^{2x})$ 2. $-2e^{2x}\left(e^{4x}-10x\right)$ 3. $-\frac{1}{7}$ 4. $\sqrt{\frac{4}{7}}$ 5. $\frac{1}{2}$
6. $2x\sqrt{1+x^8}-\cos(x)\sqrt{1+\sin^4(x)}$ 7. $2x\cos(x)-2\cos(\sqrt{2x})$ 8. $\sqrt{\dfrac{1}{4+2\pi}}$ 9. $-\pi$

■ 4.4　不定積分

有了微積分基本定理，我們現在已經可以透過找反導函數的方式來求積分值。既然如此，為了簡化積分運算，我們有必要事先討論並熟悉常見函數的反導函數。為此，我們特地使用一個不加積分範圍的積分號，用以表示所有的反導函數。

定義 4.4.1　不定積分

若 $F(x)$ 的導函數為 $f(x)$，則稱

$$\int f(x)\,\mathrm{d}x = F(x) + C$$

為**不定積分** (indefinite integral)，其中 C 為任意常數。

於是，一開始所探討的積分，就叫做定積分 (definite integral)。定積分寫起來有上下限，不定積分沒有；定積分是求曲線下面積，算出來是個數值，不定積分的結果則是反導函數。

將以前熟悉的求導過程給反過來寫，便可以得到一些不定積分：

$$\begin{aligned}
\frac{\mathrm{d}}{\mathrm{d}x}x = 1 \quad &\Rightarrow \int 1\,\mathrm{d}x = x + C\\
\frac{\mathrm{d}}{\mathrm{d}x}x^2 = 2x \quad &\Rightarrow \int 2x\,\mathrm{d}x = x^2 + C\\
\frac{\mathrm{d}}{\mathrm{d}x}x^3 = 3x^2 \quad &\Rightarrow \int 3x^2\,\mathrm{d}x = x^3 + C\\
\frac{\mathrm{d}}{\mathrm{d}x}\sin(x) = \cos(x) \quad &\Rightarrow \int \cos(x)\,\mathrm{d}x = \sin(x) + C\\
\frac{\mathrm{d}}{\mathrm{d}x}\cos(x) = -\sin(x) \quad &\Rightarrow \int -\sin(x)\,\mathrm{d}x = \cos(x) + C\\
\frac{\mathrm{d}}{\mathrm{d}x}\tan(x) = \sec^2(x) \quad &\Rightarrow \int \sec^2(x)\,\mathrm{d}x = \tan(x) + C\\
\frac{\mathrm{d}}{\mathrm{d}x}e^x = e^x \quad &\Rightarrow \int e^x\,\mathrm{d}x = e^x + C\\
\frac{\mathrm{d}}{\mathrm{d}x}\ln|x| = \frac{1}{x} \quad &\Rightarrow \int \frac{1}{x}\,\mathrm{d}x = \ln|x| + C
\end{aligned}$$

於是可整理如下：

性質 4.4.1

$$\int x^n \, dx = \frac{x^{n+1}}{n+1} + C, \quad n \neq -1$$

$$\int \frac{1}{x} \, dx = \ln|x| + C$$

$$\int e^x \, dx = e^x + C$$

$$\int a^x \, dx = \frac{a^x}{\ln(a)} + C$$

$$\int \sin(x) \, dx = -\cos(x) + C$$

$$\int \cos(x) \, dx = \sin(x) + C$$

$$\int \sec^2(x) \, dx = \tan(x) + C$$

$$\int \csc^2(x) \, dx = -\cot(x) + C$$

$$\int \tan(x)\sec(x) \, dx = \sec(x) + C$$

$$\int \cot(x)\csc(x) \, dx = -\csc(x) + C$$

$$\int \frac{dx}{1+x^2} = \tan^{-1}(x) + C$$

$$\int \frac{dx}{\sqrt{1-x^2}} = \sin^{-1}(x) + C$$

例題 4.4.1 $\int 2x^5 + 7x^3 - \sqrt{11}x^2 + 8x \, dx$

解

$$\begin{aligned}
&\int 2x^5 + 7x^3 - \sqrt{11}x^2 + 8x \, dx \\
=&2\int x^5 \, dx + 7\int x^3 \, dx - \sqrt{11}\int x^2 \, dx + 8\int x \, dx \\
=&2\cdot\frac{x^6}{6} + C_1 + 7\cdot\frac{x^4}{4} + C_2 - \sqrt{11}\cdot\frac{x^3}{3} + C_3 + 8\cdot\frac{x^2}{2} + C_4 \\
=&\frac{x^6}{3} + \frac{7x^4}{4} - \frac{\sqrt{11}x^3}{3} + 4x^2 + C
\end{aligned}$$

例題 4.4.2 $\int 3x + 7 - \frac{23}{x} + \frac{4}{x^2} \, dx$

解

$$\int 3x+7-\frac{23}{x}+\frac{4}{x^2}\,dx = 3\int x\,dx + 7\int 1\,dx - 23\int \frac{1}{x}\,dx + 4\int x^{-2}\,dx$$
$$= \frac{3x^2}{2} + 7x - 23\ln|x| - \frac{4}{x} + C$$

例題 4.4.3 $\int \sqrt{x} - \sqrt[3]{x}\,dx$

解

$$\int \sqrt{x} - \sqrt[3]{x}\,dx = \int x^{\frac{1}{2}} - x^{\frac{1}{3}}\,dx$$
$$= \frac{x^{\frac{3}{2}}}{\frac{3}{2}} - \frac{x^{\frac{4}{3}}}{\frac{4}{3}} = \frac{2x^{\frac{3}{2}}}{3} - \frac{3x^{\frac{4}{3}}}{4} + C$$

例題 4.4.4 $\int \frac{-3x^3+5x-6}{x}\,dx$

解

$$\int \frac{-3x^3+5x-6}{x}\,dx = \int -3x^2+5-\frac{6}{x}\,dx = -x^3+5x-6\ln|x|+C$$

例題 4.4.5 $\int \frac{1+x+x^2}{\sqrt{x}}\,dx$

解

$$\int \frac{1+x+x^2}{\sqrt{x}}\,dx = \int \frac{1}{\sqrt{x}}\,dx + \int \sqrt{x}\,dx + \int x^{\frac{3}{2}}\,dx$$
$$= 2\sqrt{x} + \frac{2x^{\frac{3}{2}}}{3} + \frac{2x^{\frac{5}{2}}}{5} + C$$

例題 4.4.6 $\int \sin(x) - \cos(x) + \sec^2(x)\,\mathrm{d}x$

解

$$\int \sin(x) - \cos(x) + \sec^2(x)\,\mathrm{d}x = -\cos(x) - \sin(x) + \tan(x) + C$$

例題 4.4.7 $\int \frac{\sin(x)}{\cos^2(x)}\,\mathrm{d}x$

解

$$\begin{aligned}\int \frac{\sin(x)}{\cos^2(x)}\,\mathrm{d}x &= \int \frac{1}{\cos(x)} \cdot \frac{\sin(x)}{\cos(x)}\,\mathrm{d}x \\ &= \int \sec(x)\tan(x)\,\mathrm{d}x = \sec(x) + C\end{aligned}$$

例題 4.4.8 $\int 2^x \cdot e^x\,\mathrm{d}x$

解

$$\begin{aligned}\int 2^x \cdot e^x\,\mathrm{d}x &= \int (2e)^x\,\mathrm{d}x \\ &= \frac{(2e)^x}{\ln(2e)} + C = \frac{2^x \cdot e^x}{1 + \ln(2)} + C\end{aligned}$$

微積分基本定理已經幫助我們將做積分的大麻煩轉為小麻煩，但是這個找出反導函數的小麻煩仍是挺不容易，以上數題其實已經是非常基本。大多時候面對各種奇奇怪怪的函數，依然須用各種不同的技巧以做出其不定積分或定積分，後面的主題將會介紹幾種積分技巧。

{Exercise}

1. 求出下列不定積分。

(1) $\int ax + b \,\mathrm{d}x$　　(2) $\int x^2 + \frac{1}{x^2} \,\mathrm{d}x$

(3) $\int a\cos(x) + \frac{b}{\sin^2(x)} \,\mathrm{d}x$　　(4) $\int 6x^2 + 9x \,\mathrm{d}x$

(5) $\int \left(x^2 + 1\right)^2 \,\mathrm{d}x$

2. 求導 $f(x) = e^{4x}$，並利用此結果求 $\int e^{4x} \,\mathrm{d}x$ 。

3. 求導 $f(x) = \cos(x^2)$，並利用此結果求 $\int x\sin(x^2) \,\mathrm{d}x$ 。

4. 求導 $f(x) = x^2e^x$，並利用此結果求 $\int x^2e^x + 2xe^x \,\mathrm{d}x$ 。

參考答案： 1. (1) $\frac{ax^2}{2} + bx + C$ (2) $\frac{x^3}{3} - \frac{1}{x} + C$ (3) $a\sin(x) - b\cot(x) + C$ (4) $2x^3 + \frac{9}{2}x^2 + C$ (5) $\frac{x^5}{5} + \frac{2x^3}{3} + x + C$　2. $f'(x) = 4e^{4x}$, $\int e^{4x} \,\mathrm{d}x = \frac{1}{4}e^{4x} + C$
3. $f'(x) = -2x\sin(x^2)$, $\int x\sin(x^2) \,\mathrm{d}x = -\frac{1}{2}\cos(x^2) + C$
4. $f'(x) = x^2e^x + 2xe^x$, $\int x^2e^x + 2xe^x \,\mathrm{d}x = x^2e^x + C$

■ 4.5　曲線間所圍面積

積分可求出有號面積，那麼若要求區域所圍面積，可分析 $f(x)$ 的正負區間，遇到負的就用減的。例如若要求由曲線 $y=x^3+x^2-2x$ 與 x 軸圍成區域的面積，作出函數圖如右，得知在 -2 到 0 這範圍是正的、0 到 1 是負的。故所求為

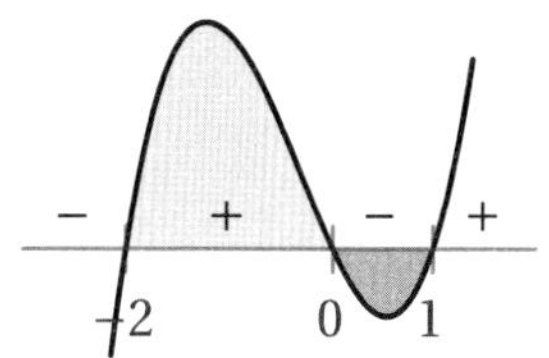

$$\int_{-2}^{0} x^3+x^2-2x\,\mathrm{d}x-\int_{0}^{1} x^3+x^2-2x\,\mathrm{d}x$$

$$=\left(\frac{1}{4}x^4+\frac{1}{3}x^3-x^2\right)\Big|_{-2}^{0}-\left(\frac{1}{4}x^4+\frac{1}{3}x^3-x^2\right)\Big|_{0}^{1}$$

$$=0-\left(4-\frac{8}{3}-4\right)-\left(\frac{1}{4}+\frac{1}{3}-1\right)+0=\frac{8}{3}+\frac{5}{12}=\frac{37}{12}$$

這樣便成功地求出曲線與 x 軸所圍區域面積。現在回頭審視剛剛的做法，我們一開始畫出函數圖形，藉此判斷正負區間。然而有些同學卻卡在不知道如何畫函數圖。雖然我們在大一微積分課程確實學過函數繪圖，但這裡其實有點殺雞用牛刀了。做問題的時候，要明確哪些是主要目的、哪些是次要目的，哪些是藉以達成目的的手段。在這裡，畫出函數圖根本不是我們的目的，我們所需要的資訊不過是函數的正負區間，畫圖只是用來判斷正負的一種手段。要判斷正負並不一定就要畫出圖來，如果不會畫，就不要畫了！

以本例來說，其實只要分析

$$x^3+x^2-2x=x\left(x^2+x-2\right)=x(x+2)(x-1)$$

−　+　−　+
−2　0　1

按照高中所學，簡單分析出正負區間如右圖就好。

用更簡潔的手法來說，曲線 $y=f(x)$ 與 x 軸所圍面積和曲線 $y=|f(x)|$ 與 x 軸所圍面積根本就是一樣的！那我就可以這樣說：

性質 4.5.1　曲線與 x 軸所圍面積

曲線 $y=f(x)$ 與 x 軸、$x=a$、$x=b$ 所圍面積為

$$\int_{a}^{b}|f(x)|\,\mathrm{d}x$$

若方程式 $f(x)=0$ 的最小實根與最大實根分別為 α,β，則

曲線 $y=f(x)$ 與 x 軸所圍面積為

$$\int_{\alpha}^{\beta}\left|f(x)\right|\,\mathrm{d}x$$

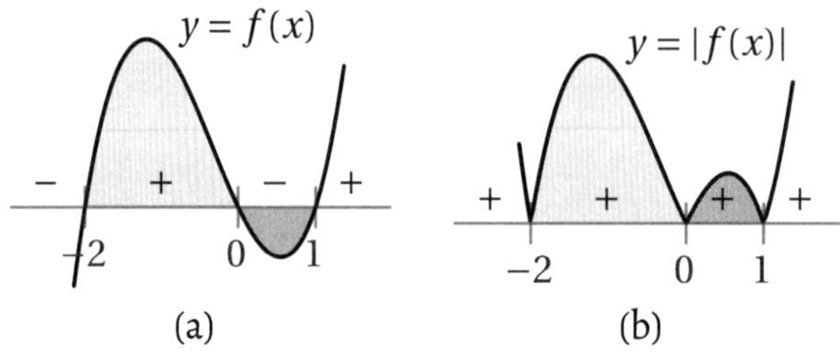

圖 4.8: 曲線與 x 軸所圍面積

例題 4.5.1 求出曲線 $y=\sin(x)$ 與 x 軸、$x=-\frac{\pi}{3}$、$x=\frac{\pi}{2}$ 所圍區域面積。

解

$$\begin{aligned}\int_{-\frac{\pi}{3}}^{\frac{\pi}{2}}\left|\sin(x)\right|\,\mathrm{d}x &= \int_{-\frac{\pi}{3}}^{0}\left|\sin(x)\right|\,\mathrm{d}x+\int_{0}^{\frac{\pi}{2}}\left|\sin(x)\right|\,\mathrm{d}x\\ &= \int_{-\frac{\pi}{3}}^{0}-\sin(x)\,\mathrm{d}x+\int_{0}^{\frac{\pi}{2}}\sin(x)\,\mathrm{d}x\\ &= \cos(x)\Big|_{-\frac{\pi}{3}}^{0}+\Big[-\cos(x)\Big]_{0}^{\frac{\pi}{2}}\\ &= \Big[\cos(0)-\cos\big(-\frac{\pi}{3}\big)\Big]+\Big[-\cos\big(\frac{\pi}{2}\big)-\big(-\cos(0)\big)\Big]\\ &= \Big[1-\frac{1}{2}\Big]+\Big[0+1\Big]=\frac{3}{2}\end{aligned}$$

將曲線 $y=f(x)$ 與 x 軸所圍面積表為 $\int_{a}^{b}\left|f(x)\right|\,\mathrm{d}x$，並不只是為了表達起來比較簡潔而已。現在，我們可以輕易地推廣到兩曲線所圍區域面積。

性質 4.5.2　兩曲線所圍區域面積

曲線 $y=f(x)$ 與 $y=g(x)$、$x=a$、$x=b$ 所圍面積為

$$\int_a^b \left|f(x)-g(x)\right| \mathrm{d}x$$

若方程式 $f(x)=g(x)$ 的最小實根與最大實根分別為 α,β, 則曲線 $y=f(x)$ 與 $y=g(x)$ 所圍面積為

$$\int_\alpha^\beta \left|f(x)-g(x)\right| \mathrm{d}x$$

可見, 曲線 $y=f(x)$ 與 x 軸所圍面積只不過是 $g(x)=0$ 的特殊情況罷了。

例題 4.5.2　求曲線 $y=x(x-2)^2$ 與曲線 $y=2x(x-2)$ 圍成區域面積。

解

設 $f(x)=x(x-2)^2, g(x)=2x(x-2)$

$\Rightarrow f(x)-g(x)=x(x-2)^2-2x(x-2)=x(x-2)(x-4)$

於是可分析出正負區間如右, 並知 $f(x)=g(x)$ 的最小最大實根分別為 $0,4$。故所求為

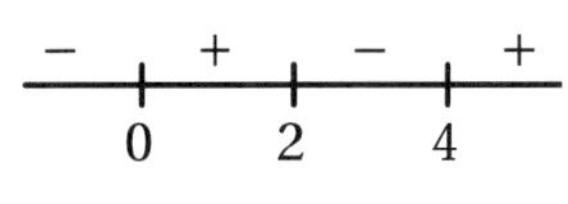

$$\int_0^4 \left|f(x)-g(x)\right| \mathrm{d}x=\int_0^2 x^3-6x^2+8x\,\mathrm{d}x-\int_2^4 x^3-6x^2+8x\,\mathrm{d}x$$

$$=\left(\frac{1}{4}x^4-2x^3+4x^2\right)\Big|_0^2-\left(\frac{1}{4}x^4-2x^3+4x^2\right)\Big|_2^4=8$$

許多同學會先嘗試作出兩曲線圖形如右圖, 於是容易會有疑問, 要如何正確作出此圖, 以便列出

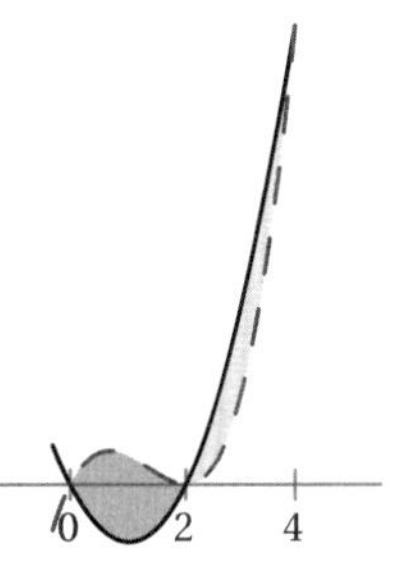

$$\int_0^2 x(x-2)^2-2x(x-2)\,\mathrm{d}x+\int_2^4 2x(x-2)-x(x-2)^2\,\mathrm{d}x$$

要回答此疑問亦不困難, 整個問題點其實就在於, 在 $(0,2)$ 區間與 $(2,4)$ 區間, 分別是 $f(x)$ 和 $g(x)$ 誰比較大。只要分別代個易算的內點, 例如代 $x=1, x=3$ 到兩個函數, 就能判定誰比較大了。然而使用上面所列解法, 就根本不須煩惱作圖問題了。但是請勿誤解我的意思, 這裡並不是在說我提供的方法必然比畫圖簡

便，而是說畫圖只是可用來判斷 $f(x)-g(x)$ 正負的手段之一，不要本末倒置，卡在不會畫圖。以下題為例，若以畫圖來判斷也很快。

例題 4.5.3 求出曲線 $y=x+2$ 與曲線 $y=x^2$、y 軸、$x=1$ 所圍區域面積。

解

設 $f(x)=x+2, g(x)=x^2$，則 $f(x)-g(x)=x+2-x^2=-(x-2)(x+1)$。可知在 $[0,1]$ 區間，$f(x)-g(x)$ 是正的。所以

$$\begin{aligned}\int_0^1 \left|f(x)-g(x)\right| \mathrm{d}x &= \int_0^1 x+2-x^2 \,\mathrm{d}x \\ &= \left[\frac{x^2}{2}+2x-\frac{x^3}{3}\right]_0^1 = \frac{1}{2}+2-\frac{1}{3}=\frac{13}{6}\end{aligned}$$

在上一題中，若是選擇畫圖也很容易。$y=x^2$ 是我們熟悉的拋物線，$y=x+2$ 是個斜率為正、y 截距為 2 的直線。因此很容易畫出並判斷在區間 $[0,1]$ 直線在拋物線上方，便能正確列式。

有時候題目是換個方向，改求曲線與 y 軸所圍區域面積，而此時曲線是由 $x=g(y)$ 所確定。例如曲線 $x=y^2+1$ 與 y 軸、$y=-1$、$y=2$ 所圍面積。這與前面的問題，就只是直接 x,y 互換而已，所以我們將 $x=g(y)$，對 y 積分，列出

$$\int_{-1}^2 y^2+1 \,\mathrm{d}y = \left[\frac{y^3}{3}+y\right]_{-1}^2 = \left[\frac{8}{3}+2\right]-\left[-\frac{1}{3}-1\right]=6$$

{Exercise}

1. 求曲線 $y = x^2$ 與 $y = x^3$ 所圍面積。

2. 求曲線 $y = -x^2$ 與 $y = x - 6$ 所圍面積。

3. 求曲線 $y = \sqrt{x}$ 與 $y = x^3$ 所圍面積。

4. 求曲線 $y = \sin(x)$ 與 $y = \cos(x)$ 在 $[0, \frac{\pi}{2}]$ 間所圍面積。

5. 求曲線 $y = \sin(x)$ 與 $y = 2$ 在 $[-\frac{\pi}{2}, \pi]$ 間所圍面積。

參考答案: 1. $\frac{1}{12}$ 2. $\frac{125}{6}$ 3. $\frac{5}{12}$ 4. $2(\sqrt{2}-1)$ 5. $3\pi - 1$

第 5 章 積分技巧

論各種算學，不外乎加減乘除。余作《學算筆談》，從算學之至淺者起，由漸而深。至第十卷而論微分，第十一卷而論積分，已達今日算學中極深之事矣。微積之外或能更有他種算學深妙於此，亦未可知也。當今之世尚未能有其書，須俟後之算學家創之，非余之所及見矣。

清代數學家華衡芳

■5.1 分部積分

在微分學當中，有求導的積法則

$$(F\cdot G)'=fG+Fg$$

其中 $F'=f$ 及 $G'=g$。那麼，如果是積分的時候遇到是兩個函數乘在一起，可不可以有類似的結果

$$\int fg=Fg+fG$$

呢？如果這樣想的話，這是異想天開。在這條式子的等號兩邊同時求導，便可知道它不成立了！比較正確的路是，我們在微分積法則的式子，左右兩邊

都同時積分

$$\int (F\cdot G)' = F\cdot G = \int fG + \int Fg$$

然後作個移項，便有

$$\int Fg = F\cdot G - \int fG$$

這種技巧就叫做**分部積分**。所以在使用分部積分的時候，先將被積分函數視為兩個東西乘在一起，將其中一個求導，另一個反求導。然後像這樣寫：

$$\int \underset{\downarrow f}{F}\ \overset{G\uparrow}{g} = F\,G - \int f\,G \tag{5.1.1}$$

例題 5.1.1 $\int xe^x\,\mathrm{d}x$

解

xe^x 的反導函數如何寫呢？憑空要想出答案應該頗不容易。x 的導數是 1，而 e^x 反導數是自己，因此我們可以將 x 視為上式中的 F，而 e^x 視為 g。如下所示

$$\begin{aligned}\int \underset{\downarrow 1}{x}\ \overset{e^x\uparrow}{e^x}\,\mathrm{d}x &= x\,e^x - \int 1\cdot e^x\,\mathrm{d}x\\ &= xe^x - e^x + C\end{aligned}$$

例題 5.1.2 $\int x^2\cos(x)\,\mathrm{d}x$

解

我們選擇將 x^2 求導，而 $\cos(x)$ 反求導，如下所示

$$\int \underset{\downarrow 2x}{x^2}\ \overset{\sin(x)\uparrow}{\cos(x)}\,\mathrm{d}x = x^2\sin(x) - \int 2x\cdot\sin(x)\,\mathrm{d}x$$

然後發現新的積分式已經有變簡單一點了，起碼 x 的次方變少了。此時我們可以將 2 提出以後，對著這個積分式再做一次分部積分。於是完整過程如下

$$\begin{aligned}\int x^2\cos(x)\,\mathrm{d}x &= x^2\sin(x) - \int 2x\sin(x)\,\mathrm{d}x\\ &= x^2\sin(x) - 2\Big(x\big(-\cos(x)\big) + \int 1\cdot\cos(x)\,\mathrm{d}x\Big)\\ &= x^2\sin(x) + 2x\cos(x) - 2\sin(x) + C\end{aligned}$$

微積分基本定理告訴我們，做積分的麻煩（分割、取樣、求和、取極限）可以變成反求導的麻煩，由大麻煩變成小麻煩。然而實際上要直接找出反導函數仍是不容易，因此我們需要一些技巧來輔助我們解出反導函數。而分部積分就經常用來處理被積函數有兩個函數乘在一起的時候。

不過因為套了分部積分後，還會變出另一個積分式出來，因此也必須新的積分式有比較好做才行，不然只是白費力氣。那你就會有問題：我怎麼知道兩個函數誰要求導，誰要反求導，來使新的積分式會較好做呢？其實這多少有跡可循的，基本要點是要化繁為簡，隨著一些解積分式經驗的累積，慢慢地會比較知道如何選擇比較好做。

在此我可以先簡單列些基本常見的情況，如果這兩個函數其中有指數函數 e^{cx}，它導數或反導函數基本上都是自己（頂多差常數倍），所以它選擇求導或反求導都不成問題。而 $\sin(x)$ 和 $\cos(x)$ 呢，求導或反求導之後都變對方，求導或反求導兩次就變回自己（頂多差負號），所以它們選擇要求導或反求導也都不成問題。至於 x^n，求導後次方會減少，反求導後次方會增加，所以通常我們會選擇求導。對數 $\ln(x)$ 的話，我們知道求導後是 $\frac{1}{x}$，至於它的反導數呢？好像不知道[①]，所以我們會選擇求導。以上的分析整理如下：

函數	通常的選擇	
e^x	$\nearrow$	$\searrow$
$\sin(x), \cos(x)$	$\nearrow$	$\searrow$
x^n		$\searrow$
$\ln(x)$		$\searrow$

我說「通常」，那意思就是說偶有例外啦。也許你已經注意到，x^n 和 $\ln(x)$ 都說選擇求導，那如果它們放一起該怎麼辦呢？

① 事實上是可以知道其反導數，但要做這個，本身就是用分部積分做出來的。

例題 5.1.3 $\int x^2 \ln(x)\,\mathrm{d}x$

解

對數是更大的麻煩，因此我們選擇 $\ln(x)$ 求導，x^2 反求導，於是

$$\begin{aligned}\int x^2 \ln(x)\,\mathrm{d}x &= \left(\frac{x^3}{3}\right)\ln(x) - \int \left(\frac{x^3}{3}\right)\left(\frac{1}{x}\right)\mathrm{d}x \\ &= \frac{x^3 \ln(x)}{3} - \frac{1}{3}\int x^2\,\mathrm{d}x \\ &= \frac{x^3 \ln(x)}{3} - \frac{x^3}{9} + C\end{aligned}$$

例題 5.1.4 $\int \ln(x)\,\mathrm{d}x$

解

如果被積分函數看起來只有一個東西，其實還是可以看成兩個函數乘在一起，只要補上一個 1 就好了。

$$\begin{aligned}\int 1\cdot\ln(x)\,\mathrm{d}x &= x\ln(x) - \int x\left(\frac{1}{x}\right)\mathrm{d}x \\ &= x\ln(x) - \int 1\,\mathrm{d}x \\ &= x\ln(x) - x + C\end{aligned}$$

當然補上去的 1 肯定是會選擇反求導的,不然就沒意義了。凡是 $\int x^n \ln(x)\,\mathrm{d}x$ 都是一樣的作法，這題其實只是 $n=0$ 的情況。

例題 5.1.5 $\int x^n e^x\,\mathrm{d}x$

解

x^n 通常選擇求導，而 e^x 則無所謂，因此

$$
\begin{aligned}
I_n &= \int x^n e^x \, \mathrm{d}x \\
&= x^n e^x - n\int x^{n-1} e^x \, \mathrm{d}x \\
&= x^n e^x - nI_{n-1}
\end{aligned}
$$

我們將原積分式記為 I_n，接著求出 I_n 的**漸降式**。也就是說，找出 I_n 與 I_{n-1} 之間的遞迴關係。於是便可見，I_n 做一次分部積分以後會得出 I_{n-1}。以此類推，再做一次分部積分會得到 I_{n-2}，做了 n 次以後就會得到 I_0，也就是 $\int e^x \, \mathrm{d}x$，這樣就做得出來了。當然，考試不會真的把次方寫得很大虐待你，頂多二次三次就夠大了。如果你考試時看到 $\int x^{17} e^x \, \mathrm{d}x$，請立即報警處理。

例題 5.1.6 $\int x^2 \cos(x) \, \mathrm{d}x$

解

這題要做兩次分部積分，來將 x 的次方歸零。

$$
\begin{aligned}
\int x^2 \cos(x) \, \mathrm{d}x &= x^2 \sin(x) - 2\int x \sin(x) \, \mathrm{d}x \\
&= x^2 \sin(x) - 2\Big(x\big(-\cos(x)\big) + \int \cos(x) \, \mathrm{d}x\Big) \\
&= x^2 \sin(x) + 2x\cos(x) - 2\sin(x) + C
\end{aligned}
$$

例題 5.1.7 $\int e^x \cos(x) \, \mathrm{d}x$

解

這兩個分別是 e^x 和 $\cos(x)$，那麼不管選哪個方向都是做得出來的。

$$\begin{aligned}\int e^x\cos(x)\,\mathrm{d}x &= \sin(x)e^x - \int \sin(x)e^x\,\mathrm{d}x\\ &= \sin(x)e^x - \left(-\cos(x)e^x + \int \cos(x)e^x\,\mathrm{d}x\right)\\ &= \sin(x)e^x + \cos(x)e^x - \int \cos(x)e^x\,\mathrm{d}x\end{aligned}$$

做到這邊，又跑出原本的積分式了！糟糕，我們做白工了嗎？其實這叫**自含玄機法**，或叫**自套法**，自己弄出自己來，我們只要作個移項就好了

$$2\int e^x\cos(x)\,\mathrm{d}x = \sin(x)e^x + \cos(x)e^x$$

所以

$$\int e^x\cos(x)\,\mathrm{d}x = \frac{\sin(x)e^x + \cos(x)e^x}{2} + C$$

這種指數函數與三角函數乘在一起的積分，幾乎是每一本微積分課本都會提到。

如果是定積分的話，當然也可以使用分部積分，範圍跟著代就好了。

例題 5.1.8 $\int_0^{\frac{\pi}{4}} x\sec^2(x)\,\mathrm{d}x$

解

我們知道 $\sec^2(x)$ 反導數以後是 $\tan(x)$，所以選擇以它做反求導。

$$\begin{aligned}\int_0^{\frac{\pi}{4}} x\sec^2(x)\,\mathrm{d}x &= x\tan(x)\Big|_0^{\frac{\pi}{4}} - \int_0^{\frac{\pi}{4}} \tan(x)\,\mathrm{d}x\\ &= \frac{\pi}{4} - \ln\left|\sec(x)\right|\Big|_0^{\frac{\pi}{4}}\\ &= \frac{\pi}{4} - \ln(\sqrt{2}) = \frac{\pi}{4} - \frac{1}{2}\ln(2)\end{aligned}$$

例題 5.1.9 $\int_1^2 xe^x \, dx$

解

這與第 1 題一樣，只是多了積分範圍

$$\int_1^2 xe^x \, dx = xe^x \Big|_1^2 - \int_1^2 1 \cdot e^x \, dx$$
$$= (2e^2 - e) - \Big[e^x\Big]_1^2$$
$$= (2e^2 - e) - (e^2 - e) = e^2$$

例題 5.1.10 $\int_0^{\frac{\pi}{2}} \sin^n(x) \, dx$

解

$$I_n = \int_0^{\frac{\pi}{2}} \sin^n(x) \, dx = \int_0^{\frac{\pi}{2}} \underbrace{\sin(x)}_{\to -\cos(x)} \cdot \underbrace{\sin^{n-1}(x)}_{\to (n-1)\sin^{n-2}(x)\cos(x)} \, dx$$

$$= -\cos(x) \sin^{n-1}(x) \Big|_0^{\frac{\pi}{2}} - \int_0^{\frac{\pi}{2}} -\cos(x) \cdot (n-1)\sin^{n-2}(x)\cos(x) \, dx$$
$$= 0 + (n-1)\int_0^{\frac{\pi}{2}} \cos^2(x) \cdot \sin^{n-2}(x) \, dx$$
$$= (n-1) \cdot \int_0^{\frac{\pi}{2}} (1 - \sin^2(x)) \cdot \sin^{n-2}(x) \, dx \quad \boxed{\sin^2(x) + \cos^2(x) = 1}$$
$$= (n-1) \cdot \left(\int_0^{\frac{\pi}{2}} \sin^{n-2}(x) \, dx - \int_0^{\frac{\pi}{2}} \sin^n(x) \, dx\right)$$
$$= (n-1)I_{n-2} - (n-1)I_n$$

與先前一樣，又出現 I_n 自己，於是移項

$$nI_n = (n-1)I_{n-2}$$
$$I_n = \frac{n-1}{n} \cdot I_{n-2}$$

$$= \frac{n-1}{n} \times \frac{n-3}{n-2} \cdot I_{n-4}$$

繼續套 $I_{n-2} = \frac{n-3}{n-2} I_{n-4}$

$$= \frac{n-1}{n} \times \frac{n-3}{n-2} \times \frac{n-5}{n-4} \cdot I_{n-6}$$

n 每套一次就減 2，如此不斷地套下去，最後就會有

$$I_n = \begin{cases} \frac{(n-1)!!}{n!!} \cdot I_1 & , n\text{是奇數} \\ \frac{(n-1)!!}{n!!} \cdot I_0 & , n\text{是偶數} \end{cases}$$

其中 $n!!$ 是**雙階乘**：$n!! = n \times (n-2) \times (n-4) \times \cdots$。所以 n 若是奇數會乘到 1，若是偶數會往下乘到 2。而 I_0 與 I_1 分別是 $\int_0^{\frac{\pi}{2}} \mathrm{d}x = \frac{\pi}{2}$ 及 $\int_0^{\frac{\pi}{2}} \sin(x)\,\mathrm{d}x = 1$，所以是

$$I_n = \begin{cases} \frac{(n-1)!!}{n!!} & , n\text{是奇數} \\ \frac{(n-1)!!}{n!!} \cdot \frac{\pi}{2} & , n\text{是偶數} \end{cases} \tag{5.1.2}$$

最後這式子(5.1.2)為 **Wallis** 公式，最好記起來，計算中很好用。

{Exercise}

1. 求出下列不定積分。

(1) $\int x^3\ln(x)\,\mathrm{d}x$　(2) $\int(2x-3)e^x\,\mathrm{d}x$

(3) $\int\frac{3x}{e^{2x}}\,\mathrm{d}x$　(4) $\int x^5\ln(3x)\,\mathrm{d}x$

2. 求出下列定積分。

(1) $\int_0^2 x2^x\,\mathrm{d}x$　(2) $\int_0^{\frac{\pi}{2}} x^2\sin(x)\,\mathrm{d}x$

(3) $\int_0^1\ln(1+x^2)\,\mathrm{d}x$

3. 設 $I_n=\int\big(\ln(x)\big)^n\,\mathrm{d}x$, n 為自然數。試寫出 I_n 的遞迴式,
並計算 $\int\big(\ln(x)\big)^4\,\mathrm{d}x$。

參考答案: 1. (1) $\frac{1}{16}x^4(4\ln(x)-1)+C$ (2) $(2x-5)e^x+C$
(3) $-\frac{3}{4}e^{-2x}(2x+1)+C$ (4) $\frac{x^6}{6}\ln(3x)-\frac{x^6}{36}+C$ 2. (1) $\frac{8}{\ln(2)}-\frac{3}{\big(\ln(2)\big)^2}$ (2) $\pi-2$ (3) $\ln(2)-2+\frac{\pi}{2}$
3. $I_{n+1}=x\big(\ln(x)\big)^{n+1}-(n+1)I_n$, $\int\big(\ln(x)\big)^4\,\mathrm{d}x=I_4=x\big(\ln(x)\big)^4-4x\big(\ln(x)\big)^3+12x\big(\ln(x)\big)^2-24x\ln(x)+24x+C$

■ 5.2　變數代換

當我們遇到

$$\int_1^2 e^{x^2}\,dx$$ ②

這樣的式子時，該如何對付呢？如果被積分函數是 e^x 那就好辦了，但現在它是 e^{x^2}，那麼我是否能夠化繁為簡、化未知為已知呢？來作點嘗試：我說 $u=x^2$，試圖用新的變數代入被積分函數，使它變成

$$\int_1^2 e^u\,dx \tag{5.2.1}$$

這樣是否就可以呢？式子(5.2.1)事實上是錯的，但想法是對的！我們確實可以透過將某一坨東西直接設為新變數的方式，來將被積分函數的長相簡化。我現在就先講剛剛的寫法錯在哪裡，然後演示一遍正確的寫法應該要怎麼寫。

首先，既然我們現在要做的事情叫做**變數代換**，要用新的變數 u 來把 x 代掉，那我們理應把整個積分式都完全換掉，完全用 u 來表達，這樣才會正確。式子(5.2.1)只有一部分換成 u，這樣有 u 也有 x，看起來就很奇怪，這樣我到底是要怎麼積分？所以，我現在來試一次將整個積分式子轉換成用 u 表達的方式：

$$\int_1^2 x^6 e^{x^2}\,\mathrm{d}x$$

令 $u=x^2$，則 $x^6=u^3$

$$=\int_1^2 u^3 e^u\,\mathrm{d}u$$

這樣子，還是不正確。$x^6=u^3$ 的部分換得沒錯，但 $\mathrm{d}x$ 直接變成 $\mathrm{d}u$ 是有問題的，這是因為這兩個通常不直接相等，我們必須研究一下它們之間的關係。這要用到微分 (differential)，微分就是在研究兩個無窮小變量 $\mathrm{d}x$ 與 $\mathrm{d}u$ 之間的關係。現在，我再寫一次：

② 事實上 e^{x^2} 並沒有初等反導函數，所以我們無法計算這個積分的精確值，只能用其它方法來估算它的近似值。

$$2\int_1^2 x^3 e^{x^2}\,\mathrm{d}x$$

令 $u=x^2$，則 $\mathrm{d}u=2x\,\mathrm{d}x,\ x\,\mathrm{d}x=\frac{\mathrm{d}u}{2}$

$$=\int_1^2 ue^u\,\mathrm{d}u$$

這樣就順利地處理 du 的問題啦！可是，還是錯的！錯的地方是積分範圍，我本來寫 1 到 2 的意思是從 $x=1$ 積到 $x=2$，也就是說，完整點的寫法是

$$\int_{x=1}^{x=2} x^3 e^{x^2}\,\mathrm{d}x$$

但這樣標實在是沒有必要的囉嗦，所以省略去「$x=$」的標示。如果我現在積分上下限沒改變，意思豈不就是從 $u=1$ 積到 $u=2$？這樣通常是錯的吧！現在我就將正確的變數代換過程寫一次給你看：

例題 5.2.1 $\int_1^2 2x^3 e^{x^2}\,\mathrm{d}x$

解

令 $u=x^2$，則 $\mathrm{d}u=2x\,\mathrm{d}x$。當 $x=1$，$u=1$；$x=2$，$u=4$。

$$\begin{aligned}
&\int_1^2 2x^3 e^{x^2}\,\mathrm{d}x\\
&=\int_1^2 x^2 e^{x^2}\,2x\,\mathrm{d}x\\
&=\int_1^4 ue^u\,\mathrm{d}u\\
&=\Big[ue^u\Big]_1^4-\int_1^4 e^u\,\mathrm{d}u\\
&=(4e^4-e)-\Big[e^u\Big]_1^4=(4e^4-e)-(e^4-e)=3e^4
\end{aligned}$$

如果是做不定積分的問題，也可以使用變數代換的技巧。差別就在並不須換積分範圍，但要將 u 的表達式換回 x 的表達式，如下所示。

例題 5.2.2 $\int \sin^5(x)\cos(x)\,\mathrm{d}x$

解

令 $u=\sin(x)$，則 $\mathrm{d}u=\cos(x)\,\mathrm{d}x$

$$\int \sin^5(x)\cos(x)\,\mathrm{d}x=\int u^5\,\mathrm{d}u=\frac{u^6}{6}+C$$

現在不必考慮換範圍的問題，但是 $\frac{u^6}{6}+C$ 並不能當作答案，因為原題目是在問 $\sin^5(x)\cos(x)$ 的反導函數。所以我們不能留著 u 的形式，必須將它換回 x 的表達式:

$$\frac{u^6}{6}+C=\frac{\sin^6(x)}{6}+C$$

此次換回 x 的表達式很容易，僅僅是將 $u=\sin(x)$ 代進去而已，在某些時候要換回 x 可能就會很麻煩。

例題 5.2.3 $\int (x+2.7)^{2018}\,\mathrm{d}x$

解

當然不可能乘開。只要代換 $u=x+2.7$，那麼 $\mathrm{d}u=\mathrm{d}x$，於是

$$\int (x+2.7)^{2018}\,\mathrm{d}x=\int u^{2018}\,\mathrm{d}u=\frac{u^{2019}}{2019}+C=\frac{(x+2.7)^{2019}}{2019}+C$$

例題 5.2.4 $\int (x^2+x+1)^6(4x+2)\,\mathrm{d}x$

解

令 $u=x^2+x+1$，則 $\mathrm{d}u=(2x+1)\,\mathrm{d}x \Rightarrow 2(2x+1)\,\mathrm{d}x=2\,\mathrm{d}u$

$$2\int u^6\,\mathrm{d}u=\frac{2u^7}{7}+C=\frac{2(x^2+x+1)^7}{7}+C$$

變數代換的核心想法，就是將被積分函數中的其中一坨東西設為新變數，以使其長相簡化。但我們也看到，我們必須考慮 $\mathrm{d}x$ 該如何代換。所以每當我們寫下令 $u=g(x)$ 時，便要立刻寫下 $\mathrm{d}u=g'(x)\,\mathrm{d}x$ 。然後觀察在被積分函數中是否含有 $g'(x)$，或是它的常數倍。例如在例題 5.2.4 的 $\mathrm{d}u=(2x+1)\,\mathrm{d}x$，又在被積分函數中找到 $2(2x+1)$ 。於是令 $u=x^2+x+1$，順利地通通換掉。為了在做積分時可以盡快看出可以使用變數代換，請你培養出敏感度，可以快速看出某一坨東西是另一坨東西的導函數，或是其導函數的常數倍。我們再看幾個例子：

例題 5.2.5 $\displaystyle\int \frac{4x^3+\frac{1}{3}}{3x^4+x-7}\,\mathrm{d}x$

解

分母有一坨 $3x^4+x-7$，我們能不能將它設成 u 處理掉它呢？那就看它的導函數：$12x^3+1$ 或是其常數倍，有沒有出現在被積分函數中[a]。於是我們發現分子有 $4x^3+\frac{1}{3}$，它是 $12x^3+1$ 的 $\frac{1}{3}$ 倍，所以我們可以開始解題啦：

令 $u=3x^4+x-7$，則 $\mathrm{d}u=(12x^3+1)\,\mathrm{d}x \Rightarrow \left(4x^3+\frac{1}{3}\right)\mathrm{d}x=\frac{1}{3}\,\mathrm{d}u$ 。原式變成

$$\begin{aligned}\int \frac{\frac{1}{3}\,\mathrm{d}u}{u} &= \frac{1}{3}\int \frac{\mathrm{d}u}{u}\\ &= \frac{1}{3}\ln|u|+C=\frac{\ln\left|3x^4+x-7\right|}{3}+C\end{aligned}$$

[a] 當然，所謂的「出現」不能是出現在分母、次方或函數內層之類的，必須是可以和 $\mathrm{d}x$ 乘在一起。

例題 5.2.6 $\displaystyle\int_0^{\frac{\pi}{2}} \sin^{17}(x)\cos(x)dx$

解

看到 $\cos(x)\,\mathrm{d}x$ 就想到，我們可以設 $u=\sin(x)$，於是 $\mathrm{d}u=\cos(x)\,\mathrm{d}x$ 。

而當 $x=0$，$u=\sin(0)=0$；當 $x=\frac{\pi}{2}$，$u=\sin(\frac{\pi}{2})=1$。所以這題就變成

$$\int_0^1 u^{17}\,\mathrm{d}u=\frac{1}{18}$$

例題 5.2.7 $\int \frac{\cos(x)\,\mathrm{d}x}{\sqrt[7]{\sin^{11}(x)}}$

解

被積分函數有一點醜，不過注意到標示部分，應該就不困難了。同樣是設 $u=\sin(x)$，得到

$$\int u^{-\frac{11}{7}}\,\mathrm{d}u=-\frac{7u^{-\frac{4}{7}}}{4}+C=-\frac{7\sin^{-\frac{4}{7}}(x)}{4}+C$$

例題 5.2.8 $\int \frac{e^{\frac{1}{x}}}{x^2}\,\mathrm{d}x$

解

看見 e 的次方是麻煩的 $\frac{1}{x}$，又發現分母有 x^2 [a]。一個是負一次方，一個是負二次方，馬上嗅到變數代換的味道：

設 $u=\frac{1}{x}$，則 $\mathrm{d}u=-\frac{\mathrm{d}x}{x^2}$。於是變成

$$-\int e^u\,\mathrm{d}u=-e^u+C=-e^{\frac{1}{x}}+C$$

[a] 分母！是分母！！所以不要將其視為二次，要看成負二次！

例題 5.2.9 $\int \frac{\sin(\sqrt{x})}{\sqrt{x}}\,\mathrm{d}x$

解

與前一題類似地，一個是二分之一次方，一個是負二分之一次方，正好差一次方。敏感一點！馬上想到做變數代換：

設 $u=\sqrt{x}$，則 $\mathrm{d}u=\frac{\mathrm{d}x}{2\sqrt{x}}$

$$2\int \sin(u)\,\mathrm{d}u=-2\cos(u)+C=-2\cos\left(\sqrt{x}\right)+C$$

例題 5.2.10 $\int \frac{\ln(x)}{x}\,\mathrm{d}x$

解

$\ln(x)$ 與它的導函數 $\frac{1}{x}$ 同時都有出現，敏感一點！！ 可以設 $u=\ln(x)$，$\mathrm{d}u=\frac{\mathrm{d}x}{x}$

$$\begin{aligned}\int \frac{\ln(x)}{x}\,\mathrm{d}x&=\int u\,\mathrm{d}u\\&=\frac{u^2}{2}+C=\frac{\left(\ln(x)\right)^2}{2}+C\end{aligned}$$

例題 5.2.11 $\int \frac{\ln(x^{\frac{3}{7}})}{x}\,\mathrm{d}x$

解

記得對數裡面的次方是可以乘出來的。所以原式等於

$$\frac{3}{7}\int \frac{\ln(x)}{x}\,\mathrm{d}x$$

例題 5.2.12 $\int \frac{1}{x\ln(x)}\,\mathrm{d}x$

解

還是一樣，設 $u=\ln(x)$。$\ln(x)$ 擺在哪裡無所謂，但 x 應該在分母。

例題 5.2.13 $\displaystyle\int \frac{1}{x\ln(x)\ln(\ln(x))}\,\mathrm{d}x$

解

這只是多一層而已，只要設 $u=\ln(\ln(x))$，便有 $\mathrm{d}u=\frac{1}{\ln(x)}\cdot\frac{1}{x}\cdot\mathrm{d}x$。

例題 5.2.14 $\displaystyle\int e^{2x}e^{e^x}\,\mathrm{d}x$

解

如果你一時看不出端倪的話，寫成這樣

$$\int e^x\cdot e^x\cdot e^{e^x}\,\mathrm{d}x$$

總看得出來了吧！所以設 $u=e^x$，$\mathrm{d}u=e^x\,\mathrm{d}x$，就變成

$$\int ue^u\,\mathrm{d}u$$

這個再用分部積分即可做出。

例題 5.2.15 $\displaystyle\int \frac{\sin(x)\cos(x)}{1+\sin^4(x)}\,\mathrm{d}x$

解

這個可能較不明顯，若設 $u=\sin^2(x)$，那麼 $\mathrm{d}u=2\sin(x)\cos(x)\,\mathrm{d}x$。則原式就剛好變成

$$\frac{1}{2}\int\frac{\mathrm{d}u}{1+u^2}=\frac{1}{2}\tan^{-1}(u)+C=\frac{1}{2}\tan^{-1}\left(\sin^2(x)\right)+C$$

note

這題若將分子改成 $\sin(2x)$ 你也要會寫！

我剛剛說我們要找出某一坨東西，及那坨東西的導函數或其常數倍。現在我修正一下說詞，其實如果沒有的話，也是可能可以順利代掉，請看以下這題。

例題 5.2.16 $\int \sin(\ln x)\,\mathrm{d}x$

解

三角函數裡面又一層對數，看起來就複雜，直教人想設 $u=\ln x$ 處理掉它。但是我們發現，$\mathrm{d}u=\frac{\mathrm{d}x}{x}$，在被積分函數當中似乎並沒有 $\frac{1}{x}$。但是沒有關係，我們可以就 $\mathrm{d}u=\frac{\mathrm{d}x}{x}$ 這個式子作點努力，移項一下看能不能有什麼突破。在此我們將 x 從右式移到左式，變成 $x\,\mathrm{d}u=\mathrm{d}x$。

等一下！我這樣寫實在很不好，我們應該要保持一邊是 u 的表達式、一邊是 x 的表達式，所以在移過去的同時，要想辦法將 x 換成用 u 表達。有時或許不大容易，但在此蠻簡單的。既然 $u=\ln x$，那麼 $x=e^u$，所以就寫成 $e^u\,\mathrm{d}u=\mathrm{d}x$。原式就變成

$$\int \sin(u)e^u\,\mathrm{d}u$$

這再用分部積分即可做出。

{Exercise}

1. 求出下列不定積分。

(1) $\int \sqrt{9-x^2}(-2x)\,\mathrm{d}x$　(2) $\int x^3\left(x^4+3\right)^2\,\mathrm{d}x$

(3) $\int \frac{\left(1+\frac{1}{x}\right)^3}{x^2}\,\mathrm{d}x$　(4) $\int \frac{\sin(x)}{\cos^3(x)}\,\mathrm{d}x$

(5) $\int \frac{\sin^3(x)}{\cos(x)}\,\mathrm{d}x$　(6) $\int \frac{e^x}{1+e^x}\,\mathrm{d}x$

(7) $\int \sqrt[3]{1+3\sin(x)}\cos(x)\,\mathrm{d}x$　(8) $\int \frac{\sin(2x)}{1+\sin^2(x)}\,\mathrm{d}x$

(9) $\int \frac{1+\ln(x)}{x\ln(x)+5}\,\mathrm{d}x$　(10) $\int \frac{\sin(\ln(x))+\frac{1}{\ln(x)}}{x}\,\mathrm{d}x$

(11) $\int \frac{2}{t^2}\sqrt{2-\frac{1}{t}}\,\mathrm{d}t$　(12) $\int \frac{\sin(3x+2)}{\cos^5(3x+2)}\,\mathrm{d}x$

2. 求出下列定積分。

(1) $\int_0^1 xe^{-x^2}\,\mathrm{d}x$　(2) $\int_0^1 \sqrt[3]{1+26x}\,\mathrm{d}x$

(3) $\int_0^{\frac{\pi}{4}} \tan(x)\sec^2(x)\,\mathrm{d}x$　(4) $\int_0^1 x^3(1+x^4)^3\,\mathrm{d}x$

(5) $\int_0^1 \frac{x^3+1}{x^4+4x+1}\,\mathrm{d}x$

參考答案： 1. (1) $\frac{2}{3}(9-x^2)^{\frac{3}{2}}+C$ (2) $\frac{1}{12}(x^4+3)^3+C$ (3) $-\frac{1}{4}(1+\frac{1}{x})^4+C$
(4) $\frac{1}{2\cos^2(x)}+C$ (5) $\frac{1}{4}\cos(2x)-\ln\left|\cos(x)\right|$ (6) $\ln(1+e^x)+C$ (7) $\frac{1}{4}(1+3\sin(x))^{\frac{4}{3}}+C$
(8) $\ln(1+\sin^2(x))+C$ (9) $\ln\left|x\ln(x)+5\right|+C$ (10) $-\cos(\ln(x))+\ln(\ln(x))+C$
(11) $\frac{4}{3}(2-\frac{1}{t})^{\frac{3}{2}}+C$ (12) $\frac{1}{12\cos^4(3x+2)}+C$　2. (1) $\frac{1}{2}(1-e^{-1})$ (2) $\frac{30}{13}$ (3) $\frac{1}{2}$ (4) $\frac{15}{16}$ (5) $\frac{\ln 6}{4}$

■ 5.3　參變代換

到目前為止，我們都是用 $u=g(x)$ 的代換形式。其實變數代換法並不見得都要如此，我們也可以換個方向，改將 x 設成參數式 $x=h(t)$，甚至是設 $g(x)=h(t)$。具體做法，請看以下例題。

例題 5.3.1　$\int e^{\sqrt{x}}\,\mathrm{d}x$

解

我們設 $x=t^2$，$\mathrm{d}x=2t\,\mathrm{d}t$。動機很簡單，因為有根號。於是

$$\begin{aligned}\int e^{\sqrt{x}}\,\mathrm{d}x &= 2\int te^t\,\mathrm{d}t \\ &= 2\left(te^t-\int e^t\,\mathrm{d}t\right) \qquad \boxed{\text{分部積分}} \\ &= 2(te^t-e^t)+C=2\left(\sqrt{x}e^{\sqrt{x}}-e^{\sqrt{x}}\right)+C\end{aligned}$$

例題 5.3.2　$\int \sqrt{e^x-1}\,\mathrm{d}x$

解

與上一題的想法有點像，想讓根號內是平方互消。不一樣的是，現在根號裡並不只有 x。我們設 $e^x-1=t^2$，$e^x\,\mathrm{d}x=2t\,\mathrm{d}t$。$e^x$ 移到右邊，因為 $e^x-1=t^2$，所以 $e^x=t^2+1$，於是就有 $\mathrm{d}x=\dfrac{2t\,\mathrm{d}t}{t^2+1}$。原式就變成

$$\begin{aligned}\int \frac{2t^2dt}{t^2+1}\,\mathrm{d}t &= 2\int \frac{t^2+1-1}{t^2+1}\,\mathrm{d}t \\ &= 2\int 1-\frac{1}{t^2+1}\,\mathrm{d}t \qquad \boxed{\frac{\mathrm{d}}{\mathrm{d}x}\tan^{-1}(x)=\frac{1}{1+x^2}\quad \text{要牢記！}} \\ &= 2\left(t-\tan^{-1}(t)\right)+C \\ &= 2\sqrt{e^x-1}-2\tan^{-1}\left(\sqrt{e^x-1}\right)+C\end{aligned}$$

例題 5.3.3　$\displaystyle\int \frac{1}{\sqrt[3]{x}+\sqrt{x}}\,\mathrm{d}x$

解

在被積分函數中同時有 $\sqrt[3]{x}$ 及 $\sqrt{x}$，因此我們找出 2 和 3 的公倍數 6，設 $x=t^6$，$\mathrm{d}x=6t^5\,\mathrm{d}t$

$$
\begin{aligned}
&\int \frac{1}{\sqrt[3]{x}+\sqrt{x}}\,\mathrm{d}x\\
=&6\int \frac{t^5}{t^2+t^3}\,\mathrm{d}t\\
=&6\int \frac{t^3}{1+t}\,\mathrm{d}t\\
=&6\int \frac{\big((t+1)-1\big)^3}{1+t}\,\mathrm{d}t\\
=&6\int \frac{(t+1)^3-3(t+1)^2+3(t+1)-1}{1+t}\,\mathrm{d}t\\
=&6\int (t+1)^2-3(t+1)+3-\frac{1}{1+t}\,\mathrm{d}t\\
=&6\left(\frac{(t+1)^3}{3}-\frac{3(t+1)^2}{2}+3t-\ln(1+t)\right)+C\\
=&6\left(\frac{(\sqrt[6]{x}+1)^3}{3}-\frac{3(\sqrt[6]{x}+1)^2}{2}+3\sqrt[6]{x}-\ln(1+\sqrt[6]{x})\right)+C
\end{aligned}
$$

我將 t^3 寫成 $\big((t+1)-1\big)^3$，是為了能展開成 $(t+1)$ 的冪次的形式。除了這個技巧，也可以再設 $u=1+t$。

例題 5.3.4　$\displaystyle\int \frac{\tan^{-1}(\sqrt{x})}{\sqrt{x}(1+x)}\,\mathrm{d}x$

解

先設 $x=t^2$，$\mathrm{d}x=2t\,\mathrm{d}t$，於是變成

$$2\int\frac{\tan^{-1}(t)}{t(1+t^2)}t\,\mathrm{d}t=2\int\frac{\arctan(t)}{(1+t^2)}\,\mathrm{d}t$$

這時候只要你熟知 $\big(\arctan(x)\big)'=\dfrac{1}{1+x^2}$，就知道下一步要設 $u=\arctan(t)$，$\mathrm{d}u=\dfrac{\mathrm{d}t}{1+t^2}$。所以

$$\begin{aligned}2\int u\,\mathrm{d}u&=u^2+C\\&=\big(\tan^{-1}(t)\big)^2+C\\&=\big(\tan^{-1}(\sqrt{x})\big)^2+C\end{aligned}$$

更老練的作法是設 $u=\tan^{-1}(\sqrt{x})$，你能不能練到這個境界一眼看出呢?

{Exercise}

1. 求出下列積分。

(1) $\displaystyle\int \frac{x+\sqrt[3]{x^2}+\sqrt[6]{x}}{x(1+\sqrt[3]{x})}\,\mathrm{d}x$　　(2) $\displaystyle\int \frac{\mathrm{d}x}{1+\sqrt[3]{x+1}}$

(3) $\displaystyle\int \frac{\sqrt{x-1}}{x}\,\mathrm{d}x$　　(4) $\displaystyle\int_1^8 \frac{\mathrm{d}x}{x+2\sqrt[3]{x}}$

參考答案：　1. (1) $\frac{3}{2}x^{\frac{2}{3}}+6\tan^{-1}(\sqrt[6]{x})+C$
(2) $\frac{3}{2}\left[\sqrt[3]{(x+1)^2}-2\sqrt[3]{x+1}+2\ln\left|1+\sqrt[3]{x+1}\right|\right]+C$
(3) $2\left(\sqrt{x-1}-\tan^{-1}\sqrt{x-1}\right)+C$　(4) $\frac{3}{2}\ln(2)$

■ 5.4 三角代換

我們現在來談某種類型的變數代換，名稱叫**三角代換**。它事實上是參變代換的一種，將 x 設為某個三角函數。因為實在太好用太重要了，因此獨立出一節來。舉一個例子，如果我們想用積分來驗證圓面積 $r^2\pi$，可先設圓方程式 $x^2+y^2=r^2$。移項得到 $y=\sqrt{r^2-x^2}$，這是上半圓的部分。它的曲線下面積就是上半圓面積，其兩倍便是圓面積。亦可只計算四分之一圓，然後再四倍。所以列出積分式

$$4\int_0^r \sqrt{r^2-x^2}\,\mathrm{d}x$$

一樣地，我們想，如果根號裡面是個平方那就好了！於是試著設 $r^2-x^2=t^2$，$-2x\,\mathrm{d}x=2t\,\mathrm{d}t \;\Rightarrow \mathrm{d}x=\frac{t\,\mathrm{d}t}{\sqrt{r^2-t^2}}$，原積分式變成

$$4\int_0^r -\frac{t^2\,\mathrm{d}t}{\sqrt{r^2-t^2}}$$

然後，呃，好像沒有比較好做。像這種問題是有可能遇到的，變數代換主要會遇到兩個問題，第一是能否順利換掉整個積分式。第二就是順利換掉後有變得比較好積分嗎？現在的困境就是換完後似乎沒有比較好積。

我們把剛剛的想法稍作點修改，一樣是希望 r^2-x^2 可以是某東西的平方。有一個我們熟悉的公式便長得像這種形式，那就是三角恆等式

$$1-\sin^2(x)=\cos^2(x)$$

所以改設 $x=r\sin(\theta)$，$\mathrm{d}x=r\cos(\theta)\,\mathrm{d}\theta \;\Rightarrow r^2-x^2=r^2\cos^2(\theta)$。於是

$$4\int_0^r \sqrt{r^2-x^2}\,\mathrm{d}x=4r^2\int_0^{\frac{\pi}{2}} \cos^2(\theta)\,\mathrm{d}\theta$$

遇到 $\sin^2(\theta)$ 或 $\cos^2(\theta)$ 時，可使用半角公式

$$\sin^2(\theta)=\frac{1-\cos(2\theta)}{2} \qquad \cos^2(\theta)=\frac{1+\cos(2\theta)}{2}$$

因此這個積分就變成

$$2r^2\int_0^{\frac{\pi}{2}} 1+\cos(2\theta)\,\mathrm{d}\theta=2r^2\left[\theta+\frac{\sin(2\theta)}{2}\right]_0^{\frac{\pi}{2}}=\pi r^2$$

以上所演示的，便是三角代換的作法了！

為了嚴謹性，這裡作些補充說明。嚴格說起來，我們代換時所寫的 $x=a\sin(\theta)$、$x=a\tan(\theta)$ 及 $x=a\sec(\theta)$，因為新變數 θ 與原來變數 x 之間不是一對一對應關係，這在代換上會造成問題。具體例如使用 $x=\sin(\theta)$ 時，$\sqrt{1-x^2}$ 在 $0<\theta<\frac{\pi}{2}$ 時是 $\cos(\theta)$，然而在 $\frac{\pi}{2}<\theta<\pi$ 時卻是 $-\cos(\theta)$！為了讓 θ 與 x 之間是一對一關係，我們加以限制 θ 的範圍：

$$x=a\sin(\theta)\,,\ -\frac{\pi}{2}\le\theta\le\frac{\pi}{2}$$

$$x=a\tan(\theta)\,,\ -\frac{\pi}{2}<\theta<\frac{\pi}{2}$$

$$x=a\sec(\theta)\,,\ \begin{cases}\pi\le\theta<\frac{\pi}{2} & ,\ \frac{x}{a}\ge 1\\ \frac{\pi}{2}<\theta\le\pi & ,\ \frac{x}{a}\le -1\end{cases}$$

大致來說，這些範圍直接來自反三角函數的值域，所以不太需要額外記誦。但這樣在 $x=a\sec(\theta)$ 的代換上又有個問題，當 $\frac{\pi}{2}<\theta\le\pi$，$\sqrt{x^2-a^2}=-\tan(\theta)$！於是我們再作些小調整：$x=a\sec(\theta),\begin{cases}\pi\le\theta<\frac{\pi}{2} & ,\ \frac{x}{a}\ge 1\\ \pi<\theta\le\frac{3\pi}{2} & ,\ \frac{x}{a}\le -1\end{cases}$ 將第二象限的 θ 改為第三象限後，便使得 $\sqrt{x^2-a^2}=\tan(\theta)$ 恆成立，如此便簡化我們的代換過程。

以下整理三種三角代換：

遇到的形式	聯想到的恆等式	代換	θ 的範圍
a^2-x^2	$1-\sin^2(x)=\cos^2(x)$	$x=a\sin(\theta)$	$-\frac{\pi}{2}\le\theta\le\frac{\pi}{2}$
a^2+x^2	$1+\tan^2(x)=\sec^2(x)$	$x=a\tan(\theta)$	$-\frac{\pi}{2}<\theta<\frac{\pi}{2}$
x^2-a^2	$\sec^2(x)-1=\tan^2(x)$	$x=a\sec(\theta)$	$\begin{cases}\pi\le\theta<\frac{\pi}{2} & ,\ \frac{x}{a}\ge 1\\ \pi<\theta\le\frac{3\pi}{2} & ,\ \frac{x}{a}\le -1\end{cases}$

例題 5.4.1 $\int \frac{dx}{1+x^2}$

解

如果記得 $\tan^{-1}(x)$ 的導函數是 $\frac{1}{1+x^2}$，這題的答案就馬上出來了。若是忘記，可以用三角代換 [a]，令 $x = \tan(\theta)$，$dx = \sec^2(\theta)\, d\theta$。於是

$$\int \frac{dx}{1+x^2} = \int \frac{\sec^2(\theta)\, d\theta}{1+\tan^2(\theta)} \qquad \boxed{1+\tan^2(\theta) = \sec^2(\theta)}$$

$$= \int d\theta = \theta + C = \tan^{-1}(x) + C$$

[a] 說是這麼說，但不可以忘！

例題 5.4.2 $\int \frac{\sqrt{16-x^2}}{x^2}\, dx$

解

令 $x = 4\sin(\theta)$，$dx = 4\cos(\theta)\, d\theta$。於是

$$\int \frac{\sqrt{16-x^2}}{x^2}\, dx = \int \frac{4\cos(\theta)}{16\sin^2(\theta)} \cdot 4\cos(\theta)\, d\theta$$

$$= \int \cot^2(\theta)\, d\theta = \int \left(\csc^2(\theta) - 1\right) d\theta$$

$$= -\cot(\theta) - \theta + C = -\cot\left(\sin^{-1}\left(\frac{x}{4}\right)\right) - \sin^{-1}\left(\frac{x}{4}\right) + C$$

現在處理 $\cot\left(\sin^{-1}(\frac{x}{4})\right)$。我們知道 $\sin\left(\sin^{-1}(\frac{x}{4})\right) = \frac{x}{4}$，為了方便，設 $\alpha = \sin^{-1}(\frac{x}{4})$。在知道 $\sin(\alpha) = \frac{x}{4}$ 的前提下，想求 $\cot(\alpha)$。

$$\cot(\alpha) = \frac{\cos(\alpha)}{\sin(\alpha)} = \frac{\pm\sqrt{1-\sin^2(\alpha)}}{\sin(\alpha)}$$

$$= \pm \frac{\sqrt{1-\frac{x^2}{4^2}}}{\frac{x}{4}} = \pm \frac{2\sqrt{4^2-x^2}}{x}$$

若 $-1 \leq x < 0$，$\sin^{-1}(x)$ 就是第四象限角，於是 $\cot(\alpha)$ 是負的；
若 $0 < x \leq 1$，$\sin^{-1}(x)$ 就是第一象限角，於是 $\cot(\alpha)$ 是正的。
因此可以直接去掉正負，得到 $\cot(\alpha) = \frac{2\sqrt{4^2-x^2}}{x}$。所以最後的答案是

$$-\frac{2\sqrt{4-x^2}}{x} - \sin^{-1}\left(\frac{x}{4}\right) + C$$

例題 5.4.3 $\int \frac{x}{\sqrt{1-x^2}}\,\mathrm{d}x$

解

設 $x = \sin(\theta)$，$\mathrm{d}x = \cos(\theta)\,\mathrm{d}\theta$。於是……等一下！這樣可以，但這題用 $u = 1 - x^2$ 會比較快。別忘了！要敏感一點！

例題 5.4.4 $\int \frac{\sqrt{x^2-1}}{x}\,\mathrm{d}x$

解

設 $x = \sec(\theta)$，$\mathrm{d}x = \sec(\theta)\tan(\theta)\,\mathrm{d}\theta$。則

$$\begin{aligned}
\int \frac{\sqrt{x^2-1}}{x}\,\mathrm{d}x &= \int \frac{\tan(\theta)}{\sec(\theta)} \sec(\theta)\tan(\theta)\,\mathrm{d}\theta \\
&= \int \tan^2(\theta)\,\mathrm{d}\theta \\
&= \int \left(\sec^2(\theta) - 1\right)\mathrm{d}\theta \\
&= \tan(\theta) - \theta + C \\
&= \sqrt{x^2-1} - \sec^{-1}(x) + C
\end{aligned}$$

例題 5.4.5 $\int \frac{\sqrt{x-1}}{x}\,dx$

解

我把上一題根號裡的 x^2 改成 x，用意是想告訴你，三角代換其實沒有這麼狹隘，一定要 $1 \pm x^2$ 或 x^2-1 才能代。在這題的情況，其實我們可以直接設 $x=\sec^2(\theta)$，於是 $dx = 2\sec(\theta)\sec(\theta)\tan(\theta)\,d\theta = 2\sec^2(\theta)\tan(\theta)\,d\theta$。所以

$$
\begin{aligned}
\int \frac{\sqrt{x-1}}{x}\,dx &= \int \frac{\tan(\theta)}{\sec^2(\theta)} \cdot 2\sec^2(\theta)\tan(\theta)\,d\theta \\
&= 2\int \tan^2(\theta)\,d\theta \\
&= 2\int \left(\sec^2(\theta)-1\right)d\theta \\
&= 2\left(\tan(\theta)-\theta\right)+C \qquad \boxed{x=\sec^2(\theta),\ \sqrt{x}=\sec(\theta)} \\
&= 2\tan\left(\sec^{-1}(\sqrt{x})\right) - 2\sec^{-1}(\sqrt{x}) + C \\
&= 2\sqrt{x-1} - 2\sec^{-1}(\sqrt{x}) + C
\end{aligned}
$$

注意本來 $\tan\left(\sec^{-1}(x)\right) = \pm\sqrt{x^2-1}$，這裡卻寫 $\tan\left(\sec^{-1}(\sqrt{x})\right) = \sqrt{x-1}$，直接取正。為什麼呢？因為現在裡面是 $\sqrt{x}$，它是非負的，會被 $\sec^{-1}$ 送到第一象限，接著再取 tan 之後就是正的了。

本題答案也可以寫成

$$2\sqrt{x-1} - 2\tan^{-1}\left(\sqrt{x-1}\right) + C$$

因為 $x=\sec^2(\theta)$，所以 $x-1=\sec^2(\theta)-1=\tan^2(\theta)$，於是 $\theta = \tan^{-1}\left(\sqrt{x-1}\right)$。注意：解題不要因為好像和答案長得不一樣，就以為是自己做錯了。除了可能解答寫錯以外，也有可能其實是同一個解，只不過長相不同。就如本題的 $\sec^{-1}(\sqrt{x}) = \tan^{-1}(\sqrt{x-1})$，乍看以為不一樣。但只要稍微作點運算變形，就可以做出是相等的。

做了以上這題以後，那麼下面也可舉一反三了。

例題 5.4.6 $\int \frac{dx}{\sqrt{1+\sqrt{x}}}$

解

設 $x=\tan^4(\theta)$，則 $dx = 4\tan^3(\theta)\sec^2(\theta)\,d\theta$ 。所以

$$\int \frac{dx}{\sqrt{1+\sqrt{x}}} = \int \frac{4\tan^3(\theta)\sec^2(\theta)\,d\theta}{\sec(\theta)} = 4\int \tan^3(\theta)\sec(\theta)\,d\theta$$

接下來怎麼辦呢？用點小技巧

$$4\int \tan^3(\theta)\sec(\theta)\,d\theta = 4\int \tan^2(\theta)\cdot\tan(\theta)\sec(\theta)\,d\theta$$

把一個 $\tan(\theta)$ 拉出來的用意就是要設 $u=\sec(\theta)$,於是 $du=\tan(\theta)\sec(\theta)\,d\theta$ 。至於 $\tan^2(\theta)$，那只不過是 $\sec^2(\theta)-1$，並不令人困擾。所以變成

$$\begin{aligned} 4\int u^2-1\,du &= \frac{4u^3}{3}-4u+C \\ &= \frac{4\sec^3(\theta)}{3}-4\sec(\theta)+C \end{aligned}$$

最後還要再換回 x，注意 $x=\tan^4(\theta)$, $\sqrt{x}=\tan^2(\theta)$, $\sqrt{1+\sqrt{x}}=\sec(\theta)$

$$\begin{aligned} &= \frac{4}{3}\sec(\theta)\left(\sec^2(\theta)-3\right)+C \\ &= \frac{4}{3}\sqrt{1+\sqrt{x}}\left((1+\sqrt{x})-3\right)+C = \frac{4}{3}(\sqrt{x}-2)\sqrt{1+\sqrt{x}}+C \end{aligned}$$

例題 5.4.7 $\int_0^4 \frac{3x^3}{\sqrt{9+x^2}}\,dx$

解 1

設 $x=3\tan(\theta)$，則 $\mathrm{d}x=3\sec^2(\theta)\,\mathrm{d}\theta$。所以

$$\begin{aligned}\int_0^4 \frac{3x^3}{\sqrt{9+x^2}}\,\mathrm{d}x &= \int_0^{\tan^{-1}(\frac{4}{3})} \frac{81\tan^3(\theta)}{3\sec(\theta)} 3\sec^2(\theta)\,\mathrm{d}\theta \\ &= 81\int_0^{\tan^{-1}(\frac{4}{3})} \tan^3(\theta)\sec(\theta)\,\mathrm{d}\theta \\ &= 81\int_0^{\tan^{-1}(\frac{4}{3})} \left(\sec^2(\theta)-1\right)\tan(\theta)\sec(\theta)\,\mathrm{d}\theta \\ &= 81\left[\frac{\sec^3(\theta)}{3}-\sec(\theta)\right]_0^{\tan^{-1}(\frac{4}{3})} = 125-135+81-27=44\end{aligned}$$

解 2

可用參變代換 $9+x^2=t^2$，則 $2x\,\mathrm{d}x=2t\,\mathrm{d}t$。所以

$$\begin{aligned}\int_0^4 \frac{3x^3}{\sqrt{9+x^2}}\,\mathrm{d}x &= 3\int_3^5 \frac{t^2-9}{\cancel{t}}\cancel{t}\,\mathrm{d}t \\ &= \left[t^3-27t\right]_3^5 = 125-27-135+81=44\end{aligned}$$

例題 5.4.8 $\displaystyle\int \frac{\mathrm{d}x}{e^x\sqrt{e^{2x}+9}}\,\mathrm{d}x$

解

可同時結合參變代換與三角代換，設 $e^x=3\tan(\theta), e^x\,\mathrm{d}x=3\sec^2(\theta)\,\mathrm{d}\theta$ $\Rightarrow \mathrm{d}x=\csc(\theta)\sec(\theta)\,\mathrm{d}\theta$。於是代換成

$$\int \frac{\csc(\theta)\sec(\theta)\,\mathrm{d}\theta}{3\tan(\theta)\cdot 3\sec(\theta)} = \frac{1}{9}\int \cot(\theta)\csc(\theta)\,\mathrm{d}\theta$$

$$= -\frac{1}{9}\csc(\theta)+C = -\frac{\sqrt{1+\cot^2(\theta)}}{9}+C$$

$$= -\frac{\sqrt{1+\frac{1}{\tan^2(\theta)}}}{9}+C = -\frac{\sqrt{1+\frac{9}{e^{2x}}}}{9}+C = -\frac{\sqrt{e^{2x}+9}}{9e^x}+C$$

Exercise

1. 求出下列不定積分。

(1) $\displaystyle\int \frac{\sqrt{16-x^2}}{x}\,\mathrm{d}x$　　(2) $\displaystyle\int \frac{\mathrm{d}x}{\sqrt{x^2-25}}$

(3) $\displaystyle\int \frac{\mathrm{d}x}{\sqrt{4-9x^2}}$　　(4) $\displaystyle\int \frac{\mathrm{d}x}{x^2\sqrt{x^2+1}}$

2. 求出下列定積分。

(1) $\displaystyle\int_{\sqrt{2}}^{2} \frac{\mathrm{d}x}{x^3\sqrt{x^2-1}}$　　(2) $\displaystyle\int_{2}^{4} \frac{\sqrt{x^2-4}}{x}\,\mathrm{d}x$

3. 對於 $\displaystyle\int_0^1 \sqrt{1-x^2}\,\mathrm{d}x$，設 $1-x^2=t^2$ 後，積分式換成 $\displaystyle\int_0^1 \frac{t^2\,\mathrm{d}t}{\sqrt{1-t^2}}$，於是記

$$I=\int_0^1 \sqrt{1-x^2}\,\mathrm{d}x=\int_0^1 \frac{x^2\,\mathrm{d}t}{\sqrt{1-x^2}} \tag{5.4.1}$$

(1) 試求出 $\displaystyle\int_0^1 \frac{\mathrm{d}x}{\sqrt{1-x^2}}$，無論用三角代換或是直接利用被積分函數是某個函數的導函數皆可。

(2) 將 $\sqrt{1-x^2}$ 改寫成 $\dfrac{1-x^2}{\sqrt{1-x^2}}$，接著利用 (5.4.1) 及 (1) 小題來解出 $\displaystyle\int_0^1 \sqrt{1-x^2}\,\mathrm{d}x$。

參考答案：1. (1) $4\ln\left|\frac{4-\sqrt{16-x^2}}{x}\right|+\sqrt{16-x^2}+C$ (2) $\ln\left|x+\sqrt{x^2-25}\right|+C$ (3) $\frac{1}{3}\sin^{-1}(\frac{3x}{2})+C$ (4) $-\frac{\sqrt{x^2+1}}{x}+C$　2. (1) $\frac{\pi+3\sqrt{3}-6}{24}$ (2) $2\sqrt{3}-\frac{2\pi}{3}$
3. (1) $\frac{\pi}{2}$ (2) $I=\int_0^1 \frac{1-x^2}{\sqrt{1-x^2}}\,\mathrm{d}x=\int_0^1 \frac{1}{\sqrt{1-x^2}}\,\mathrm{d}x-I \Rightarrow I=\frac{1}{2}\cdot\frac{\pi}{2}$

■ 5.5　有理函數的積分：部分分式法

遇到積分

$$\int \frac{\mathrm{d}x}{x^2-4} \tag{5.5.1}$$

我們可以因式分解，然後拆成兩項，便容易分別積出

$$\begin{aligned}\int \frac{\mathrm{d}x}{(x+2)(x-2)} &= \frac{1}{4}\int \frac{1}{x-2} - \frac{1}{x+2}\,\mathrm{d}x \\ &= \frac{1}{4}\Big[\ln|x-2| - \ln|x+2|\Big] + C\end{aligned} \tag{5.5.2}$$

至於

$$\int \frac{x^2}{x^2+1}\,\mathrm{d}x$$

可拆成

$$\int 1 - \frac{1}{x^2+1}\,\mathrm{d}x = x - \tan^{-1}(x) + C$$

以上所示，不外簡單拆項與利用 $\int \frac{\mathrm{d}x}{1+x^2} = \tan^{-1}(x) + C$ 。一般來說，若是分子分母更複雜，比方說 $\int \frac{2x^3-4x-8}{(x^2-x)(x^2+4)}\,\mathrm{d}x$，就沒這麼容易了。

現在要探討的主題，就是一般而言，如何對於有理函數 $\frac{N(x)}{D(x)}$ 做積分，其中 $N(x), D(x)$ 為互質③ 的多項式。

假如 $\frac{N(x)}{D(x)}$ 是假分式，即 $\deg N(x) \ge \deg D(x)$，那麼我們可以將其化為帶分式。就是說，先用除法原理寫成

$$N(x) = D(x)Q(x) + r(x)$$

於是原來分式

$$\frac{N(x)}{D(x)} = \frac{D(x)Q(x)+r(x)}{D(x)} = Q(x) + \frac{r(x)}{D(x)}$$

③ 即 $N(x), D(x)$ 最高公因式為 1 。若不互質，消去公因式就好了。

$Q(x)$ 是多項式，積分毫不成問題，所以我們現在只須專注在真分式的處理方式。仿效式子(5.5.1)、式子(5.5.2)的經驗，我們首先對分母作因式分解，再試著把原分式拆開成幾個更簡單的分式。因為在大一微積分我們不太考慮複數的問題，所以可能會有不可分解的二次因式 (ax^2+bx+c)，$b^2-4ac<0$。分母 $D(x)$ 分解後可能是

$$D(x)=\left(x-a_1\right)^{d_1}\left(x-a_2\right)^{d_2}\left(x-a_3\right)^{d_3}\left(x^2+b_1x+c_1\right)^{d_4}\left(x^2+b_2x+c_2\right)^{d_5}$$

有一次因式也有二次因式，各自有其次方。若一堆符號看來頭昏，舉個具體例子：

$$\frac{N(x)}{(x-1)^2(x+3)^5(x^2+x+4)(x^2-2x+5)^3}$$

但這樣看還是有點複雜，讓我們先看看較簡單的

$$\frac{N(x)}{(x+2)^4} \tag{5.5.3}$$

此時的分母是四次式，而我們一開始就預設整個式子是真分式，所以分子 $N(x)$ 必為三次以下。而對於三次以下的 $N(x)$，我們在高中學過，一定可以把它寫成

$$N(x)=a(x+2)^3+b(x+2)^2+c(x+2)+d$$

於是式子(5.5.3)便成

$$\begin{aligned}\frac{a(x+2)^3+b(x+2)^2+c(x+2)+d}{(x+2)^4}&=\frac{a(x+2)^3}{(x+2)^4}+\frac{b(x+2)^2}{(x+2)^4}+\frac{c(x+2)}{(x+2)^4}+\frac{d}{(x+2)^4}\\&=\frac{a}{x+2}+\frac{b}{(x+2)^2}+\frac{c}{(x+2)^3}+\frac{d}{(x+2)^4}\end{aligned}$$

這樣便成功拆成幾項好積的分式。

例題 5.5.1　$\displaystyle\int\frac{2x^3+11x^2+23x+13}{(x+2)^4}\,\mathrm{d}x$

解

如前所示，第一步要解出

$$2x^3+11x^2+23x+13=a(x+2)^3+b(x+2)^2+c(x+2)+d$$

可使用綜合除法來解出那些係數。不過綜合除法並非唯一手段，也可以用比較係數。領導係數是 2，所以右式領導係數 $a=2$；二次係數是 11，所以右式二次係數 $a\cdot 6+b=11 \Rightarrow b=-1$；一次係數是 23，所以右式一次係數 $a\cdot 12+b\cdot 4+c=23 \Rightarrow c=3$；常數項是 13，所以右式常數項 $a\cdot 8+b\cdot 4+c\cdot 2+d=13 \Rightarrow d=-5$。於是

$$\begin{aligned}
&\int \frac{2x^3+11x^2+23x+13}{(x+2)^4}\,\mathrm{d}x \\
=&\int \frac{2(x+2)^3-(x+2)^2+3(x+2)-5}{(x+2)^4}\,\mathrm{d}x \\
=&2\int \frac{\mathrm{d}x}{x+2}-\int \frac{\mathrm{d}x}{(x+2)^2}+3\int \frac{\mathrm{d}x}{(x+2)^3}-5\int \frac{\mathrm{d}x}{(x+2)^4} \\
=&2\ln|x+2|+\frac{1}{x+2}-\frac{3}{2(x+2)^2}+\frac{5}{3(x+2)^3}+C
\end{aligned}$$

處理完分母只有一個一次因式的情形，現在來看分母是多個一次因式

$$\frac{N(x)}{(x+2)^4(x-1)^2} \tag{5.5.4}$$

只要先拆成

$$\frac{N_1(x)}{(x+2)^4}+\frac{N_2(x)}{(x-1)^2} \tag{5.5.5}$$

這樣立刻簡化為剛剛的問題！所以式子(5.5.4)最後會拆成

$$\frac{N(x)}{(x+2)^4(x-1)^2}=\frac{a}{x+2}+\frac{b}{(x+2)^2}+\frac{c}{(x+2)^3}+\frac{d}{(x+2)^4}+\frac{e}{x-1}+\frac{f}{(x-1)^2} \tag{5.5.6}$$

具體以 $\int \frac{5x^2+20x+6}{x^3+2x^2+x}\,\mathrm{d}x$ 為例。先分解分母 $x^3+2x^2+x=x(x^2+2x+1)=x(x+1)^2$，得知被積分函數可分解為

$$\frac{5x^2+20x+6}{x^3+2x^2+x}=\frac{a}{x}+\frac{b}{x+1}+\frac{c}{(x+1)^2} \tag{5.5.7}$$

剛剛介紹不使用綜合除法的方法，其實是因為像現在如果我們還要先拆成 $\frac{N_1(x)}{x}+\frac{N_2(x)}{(x+1)^2}$，再分別用綜合除法，這樣太麻煩了，光是第一步就不好拆。既

然我們已經知道最後會是式子(5.5.7)的形式，只要再設法解出未知係數就好了。為簡便，第一步可先等號兩邊同乘以分母，得到

$$
\begin{aligned}
5x^2+20x+6 &= \left[\frac{a}{x}+\frac{b}{x+1}+\frac{c}{(x+1)^2}\right]\cdot x(x+1)^2 \\
&= a(x+1)^2+bx(x+1)+cx \qquad (5.5.8)
\end{aligned}
$$

接著比較係數

$$
\begin{cases} a+b=5 \\ 2a+b+c=20 \\ a=6 \end{cases} \Rightarrow (a,b,c)=(6,-1,9) \qquad (5.5.9)
$$

這樣就知道

$$
\begin{aligned}
\int \frac{5x^2+20x+6}{x^3+2x^2+x}\,\mathrm{d}x &= 6\int\frac{\mathrm{d}x}{x}-\int\frac{\mathrm{d}x}{x+1}+9\frac{\mathrm{d}x}{(x+1)^2} \\
&= 6\ln|x|-\ln|x+1|-\frac{9}{x+1}+C
\end{aligned}
$$

比較係數並不總是簡便，像此例，比較係數就出現三元一次方程組，只是恰巧其中一個是 $a=6$，導致這裡可以很快解出。若在別題，也許不會這麼舒服。所以這裡我再介紹另一個手法：代數值。因為式子(5.5.8) 的意思是左右兩邊是恆等的，那麼當然我代什麼 x 值進去，函數值皆相等。而在代的時候，盡量代好算的值。注意到右式有兩項含有 $(x+1)$，所以代 $x=-1$：

$$
-9=0+0-c \;\Rightarrow c=9
$$

因為有兩項含有 x，所以代 $x=0$：

$$
6=a+0+0
$$

現在就差 b 了，$x=0$ 和 $x=-1$ 都代過了，怎麼辦呢？此時有兩種選擇：第一，沒人規定一定要看著因式代，那只不過是會出現 0 感覺簡便而已，所以下一步我們可以代 $x=2$，也可以代 $x=1$。代什麼都好，盡可能好算就行。第二，比較二次係數：$5=a+b$。比較係數法與代數值，並不是那麼涇渭分明，不是說你用了一個方法就要直通到底，其實可以靈活地隨時變換方法。

例題 5.5.2 $\int \left(\frac{x}{x^2-3x+2}\right)^2 \mathrm{d}x$

解

$$\begin{aligned}\left(\frac{x}{x^2-3x+2}\right)^2 &= \frac{x^2}{(x-1)^2(x-2)^2}\\ &= \frac{A}{x-1}+\frac{B}{(x-1)^2}+\frac{C}{x-2}+\frac{D}{(x-2)^2}\\ \Rightarrow x^2 &= A(x-1)(x-2)^2+B(x-2)^2+C(x-2)(x-1)^2+D(x-1)^2\end{aligned}$$

$x=1$：

$$B=1$$

$x=2$：

$$D=4$$

比較三次係數及常數項

$$\begin{cases}A+C=0\\ -4A+4B-2C+D=0\end{cases} \Rightarrow A=4, C=-4$$

於是

$$\begin{aligned}&\int \left(\frac{x}{x^2-3x+2}\right)^2 \mathrm{d}x\\ =&\int \frac{4}{x-1}+\frac{1}{(x-1)^2}-\frac{4}{x-2}+\frac{4}{(x-2)^2}\,\mathrm{d}x\\ =&4\int \frac{\mathrm{d}x}{x-1}+\int \frac{\mathrm{d}x}{(x-1)^2}-4\int \frac{\mathrm{d}x}{x-2}+4\int \frac{\mathrm{d}x}{(x-2)^2}\\ =&4\ln|x-1|-\frac{1}{x-1}-4\ln|x-2|-\frac{4}{x-2}+C\end{aligned}$$

例題 5.5.3 $\int \frac{x+1}{x^3+x^2-6x}\,\mathrm{d}x$

解

分解分母 $x^3+x^2-6x=x(x-2)(x+3)$，故

$$\frac{x+1}{x^3+x^2-6x}=\frac{A}{x}+\frac{B}{x-2}+\frac{C}{x+3}$$
$$\Rightarrow x+1=A(x-2)(x+3)+Bx(x+3)+Cx(x-2)$$

$$\text{代值}\Rightarrow\begin{cases}(x=0) & 1=-6A\\(x=2) & 3=10B\\(x=-3) & -2=15C\end{cases}$$

故

$$\int\frac{x+1}{x^3+x^2-6x}\,\mathrm{d}x=-\frac{1}{6}\int\frac{\mathrm{d}x}{x}+\frac{3}{10}\int\frac{\mathrm{d}x}{x-2}-\frac{2}{15}\int\frac{\mathrm{d}x}{x+3}$$
$$=-\frac{1}{6}\ln|x|+\frac{3}{10}\ln|x-2|-\frac{2}{15}\ln|x+3|+C$$

以上便討論完分母只含一次因式的情況，現在我們要接著討論分母含有不可約 (irreducible) 二次式 $ax^2+bx+c, b^2-4ac<0$ 該如何處理。

首先最簡單的情況

$$\int\frac{\mathrm{d}x}{1+x^2}=\tan^{-1}(x)+C$$

接著考慮稍微複雜些，x^2 的係數是 a^2

$$\int\frac{\mathrm{d}x}{1+a^2x^2}$$

我們要善於化未知為已知，設 $u=ax$，於是

$$\int\frac{\frac{1}{a}\,\mathrm{d}u}{1+u^2}=\frac{1}{a}\tan^{-1}(u)+C=\frac{1}{a}\tan^{-1}(ax)+C$$

改為考慮常數項是 b^2

$$\int\frac{\mathrm{d}x}{b^2+x^2}$$

改用參變代換，設 $x = bt$，於是

$$\int \frac{b\,\mathrm{d}t}{b^2 + b^2 t^2} = \frac{b}{b^2}\int \frac{\mathrm{d}t}{1+t^2} = \frac{1}{b}\tan^{-1}(t) + C = \frac{1}{b}\tan^{-1}(\frac{x}{b}) + C$$

最一般的情況

$$\int \frac{\mathrm{d}x}{b^2 + a^2 x^2}$$

設 $ax = bt$

$$\int \frac{\frac{b}{a}\,\mathrm{d}t}{b^2 + b^2 t^2} = \frac{1}{ab}\int \frac{\mathrm{d}t}{1+t^2} = \frac{1}{ab}\tan^{-1}(t) + C = \frac{1}{ab}\tan^{-1}(\frac{a}{b}x) + C$$

所以對於分子是常數、分母是缺一次項的二次式 $\int \frac{\mathrm{d}x}{b^2 + a^2 x^2}$，我們現在都會做了，這一系列都和 $\tan^{-1}$ 有關。至於分子如果是一次式，若設分母為 u，那麼分母的導函數正是純一次項，所以只要直接將分子的兩項分開就好了。具體例子如

$$\int \frac{6x+5}{2+3x^2}\,\mathrm{d}x = \int \frac{6x}{2+3x^2}\,\mathrm{d}x + 5\int \frac{\mathrm{d}x}{2+3x^2}$$

後項就是剛剛才討論出來的類型，前項只要設 $u = 3x^2 + 2,\ \mathrm{d}u = 6x\,\mathrm{d}x$，便可輕鬆做出。

討論完分母為缺一次項二次式的情況，要處理分母為一般的二次式 $\int \frac{\mathrm{d}x}{ax^2 + bx + c}$ 就容易了。化未知為已知，我們只要將其化為缺一次項的形式就好了，這個技巧我們早在國中就學過：配方法。例如

$$\int \frac{\mathrm{d}x}{x^2 + 2x + 5} = \int \frac{\mathrm{d}x}{(x+1)^2 + 2^2}$$

此時只要設 $x + 1 = 2t$，就有

$$\int \frac{2\,\mathrm{d}t}{2^2 t^2 + 2^2} = \frac{1}{2}\tan^{-1}(t) + C = \frac{1}{2}\tan^{-1}(\frac{x+1}{2}) + C$$

所以，分子為常數，分母為一般的不可約二次式，我們也都會做了。至於連分子也是一次式的情況，在討論之前，先回去修改剛剛的作法。剛剛的過程是先配方，再設變數代換。現在修改成直接變數代換：

$$\int \frac{\mathrm{d}x}{x^2 + 2x + 5} = \int \frac{\mathrm{d}t}{t^2 + 2^2}$$

這裡我取一個名稱：配方代換。因為 x^2+2x+5 會配方成 $(x+1)^2+4$，所以設 $t=x+1$。既然前面討論完分母缺一次項的作法，所以有一次項就用配方代換來變成缺一次項。於是對於分子為一次式的情況即可寫成

$$\begin{aligned}\int \frac{3x-1}{x^2+2x+5}\,\mathrm{d}x &= \int \frac{3t-4}{t^2+2^2}\,\mathrm{d}t = 3\int \frac{t\,\mathrm{d}t}{t^2+2^2} - 4\int \frac{\mathrm{d}t}{t^2+2^2} \\ &= \frac{3}{2}\ln\left|t^2+2^2\right| - 4\cdot\frac{1}{2}\tan^{-1}(\frac{t}{2}) + C \\ &= \frac{3}{2}\ln\left|x^2+2x+5\right| - 2\tan^{-1}(\frac{x+1}{2}) + C\end{aligned}$$

就這樣，一般的 $\int \frac{Ax+B}{ax^2+bx+c}\,\mathrm{d}x$ 我們都能對付了。

性質 5.5.1　$\int \frac{Ax+B}{ax^2+bx+c}\,\mathrm{d}x$ 的處理策略

對於 $\int \frac{Ax+B}{ax^2+bx+c}\,\mathrm{d}x$，用配方代換 $t=x+\frac{b}{2a}$，使其變成 $\int \frac{A't+B'}{a't^2+b'}\,\mathrm{d}t$，再拆成 $A'\int \frac{t\,\mathrm{d}t}{a't^2+b'} + B'\int \frac{\mathrm{d}t}{a't^2+b'}$，前者用 $u=a't^2+b'$ 代換、後者和 $\tan^{-1}$ 有關。

理論上，對於

$$\frac{N(x)}{(x+2)^2(x-1)(x^2+2x+5)^3} \tag{5.5.10}$$

我們是可以拆成

$$\frac{A}{x+2} + \frac{B}{(x+2)^2} + \frac{C}{x-1} + \frac{Dx+E}{x^2+2x+5} + \frac{Fx+G}{(x^2+2x+5)^2} + \frac{Hx+I}{(x^2+2x+5)^3} \tag{5.5.11}$$

待決定完係數之後，我們有四類形式的積分要解決：

(1) $\int \frac{\mathrm{d}x}{x+a}$　　(2) $\int \frac{\mathrm{d}x}{(x+a)^n}$

(3) $\int \frac{Ax+B}{ax^2+bx+c}\,\mathrm{d}x$　　(4) $\int \frac{Ax+B}{(ax^2+bx+c)^n}\,\mathrm{d}x$

(1) 與 (2) 是最簡單的，直接可做出來。至於 (3) 則正是剛剛花些篇幅討論出了，所以現在也能對付。最麻煩的是 (4)，比較沒那麼容易。在進行對 (4) 的探討前我先聲明，各個微積分教科書中對此的介紹深淺不一，許多流行的歐美教科書都只是簡單帶過而已。所以你可以視自己需求決定要不要看這裡對 (4) 的討論，也可以先跳去看例題再說。

仿照剛剛的討論，先用配方代換來使分母變成缺一次項：

$$\int \frac{Ax+B}{(ax^2+bx+c)^n}\,\mathrm{d}x = \int \frac{A't+B'}{(a't^2+b')^n}\,\mathrm{d}t$$

再仿照剛剛，拆成

$$A'\int \frac{t\,\mathrm{d}t}{(a't^2+b')^n} + B'\int \frac{\mathrm{d}t}{(a't^2+b')^n}$$

前項直接設分母為 u 就解決了，所以我們剩下 $\int \frac{\mathrm{d}t}{(a't^2+b')^n}$ 的問題。而這又可簡稱為 $\int \frac{\mathrm{d}x}{(x^2+1)^n}$ 的問題，因為正如前面所示，我們總是可以透過代換來讓那兩個係數變成 1 。

先看個簡單一點的 $n=2$：

$$\begin{aligned}\int \frac{\mathrm{d}x}{(x^2+1)^2} &= \int \frac{\sec^2(t)\,\mathrm{d}t}{\sec^4(t)} \qquad \boxed{x=\tan(t)}\\ &= \int \cos^2(t)\,\mathrm{d}t = \frac{1}{2}t + \frac{\sin(2t)}{4} + C\\ &= \frac{1}{2}t + \frac{\sin(t)\cos(t)}{2} + C = \frac{1}{2}t + \frac{1}{2}\cdot\frac{\tan(t)}{\sec^2(t)} + C\\ &= \frac{1}{2}\tan^{-1}(x) + \frac{1}{2}\cdot\frac{x}{x^2+1} + C\end{aligned}$$

看起來只要簡單做個三角代換 $x=\tan(t)$ 就好，不過隨著 n 越大，代換完畢後的 $\int \cos^{2n-2}(t)\,\mathrm{d}t$ 也就越麻煩。實際上也不太須要擔心，因為一般來說，大一微積分課程不會真的拿分母有不可約二次式的高次項來惡搞你。另一個方法是寫出漸降式

$$\begin{aligned}I_n &= \int \frac{\mathrm{d}x}{(x^2+1)^n} = \int \frac{x^2+1-x^2}{(x^2+1)^n}\,\mathrm{d}x\\ &= \int \frac{\mathrm{d}x}{(x^2+1)^{n-1}} - \int x\cdot\frac{x\,\mathrm{d}x}{(x^2+1)^n}\\ \boxed{\text{分部積分}} \quad &= I_{n-1} - \left[-x\cdot\frac{1}{2(n-1)}\cdot\frac{1}{(x^2+1)^{n-1}} + \frac{1}{2(n-1)}\int\frac{\mathrm{d}x}{(x^2+1)^{n-1}}\right]\\ &= \frac{1}{2n-2}\cdot\frac{x}{(x^2+1)^{n-1}} + \frac{2n-3}{2n-2}I_{n-1}\end{aligned}$$

當 $n=1$ 時是我們熟悉的 $I_1=\int\frac{\mathrm{d}x}{x^2+1}=\tan^{-1}(x)+C$。接著依序寫出

$$
\begin{aligned}
I_2&=\frac{1}{2}\cdot\frac{x}{x^2+1}+\frac{1}{2}\tan^{-1}(x)+C\\
I_3&=\frac{1}{4}\cdot\frac{x}{(x^2+1)^2}+\frac{3}{4}I_2\\
&=\frac{1}{4}\cdot\frac{x}{(x^2+1)^2}+\frac{3}{8}\cdot\frac{x}{x^2+1}+\frac{3}{8}\tan^{-1}(x)+C
\end{aligned}
$$

依次類推，理論上所有次方都是能對付的。

例題 5.5.4 $\int\frac{\mathrm{d}x}{x^3+1}$

解

$$
\frac{1}{x^3+1}=\frac{1}{(x+1)(x^2-x+1)}=\frac{A}{x+1}+\frac{Bx+C}{x^2-x+1}
$$

$$
\Rightarrow 1=A(x^2-x+1)+(Bx+C)(x+1)
$$

比較係數得

$$
\begin{cases}A+B=0\\-A+B+C=0\\A+C=1\end{cases}\Rightarrow A=\frac{1}{3},B=-\frac{1}{3},C=\frac{2}{3}
$$

若要代數值，第一步代 $x=-1$ 可得 $A=\frac{1}{3}$；接著代 $x=0$，可避免 B 的出現，得 $A+C=1$；最後再隨意代，或者直接看領導係數，解出 B。於是

$$
\int\frac{\mathrm{d}x}{x^3+1}=\frac{1}{3}\int\frac{\mathrm{d}x}{x+1}-\frac{1}{3}\int\frac{x-2}{x^2-x+1}\,\mathrm{d}x
$$

配方代換 $x-\frac{1}{2}=t$

$$
=\frac{1}{3}\int\frac{\mathrm{d}x}{x+1}-\frac{1}{3}\int\frac{t-\frac{3}{2}}{t^2+\frac{3}{4}}\,\mathrm{d}t
$$

拆項

$$
=\frac{1}{3}\int\frac{\mathrm{d}x}{x+1}-\frac{1}{3}\int\frac{t\,\mathrm{d}t}{t^2+\frac{3}{4}}+\frac{1}{2}\int\frac{\mathrm{d}t}{t^2+\frac{3}{4}}
$$

$$\boxed{t=\frac{\sqrt{3}}{2}k}\quad =\frac{1}{3}\int\frac{\mathrm{d}x}{x+1}-\frac{1}{3}\int\frac{\frac{1}{2}\,\mathrm{d}u}{u}+\frac{1}{2}\int\frac{\frac{\sqrt{3}}{2}\,\mathrm{d}k}{\frac{3}{4}k^2+\frac{3}{4}}$$

$$=\frac{1}{3}\ln|x+1|-\frac{1}{6}\ln|u|+\frac{1}{\sqrt{3}}\int\frac{\mathrm{d}k}{k^2+1}+C$$

$$=\frac{1}{6}\Big(2\ln|x+1|-\ln\left|x^2-x+1\right|\Big)+\frac{1}{\sqrt{3}}\tan^{-1}(k)+C$$

$$=\frac{1}{6}\Big(\ln(x+1)^2-\ln\left|x^2-x+1\right|\Big)+\frac{1}{\sqrt{3}}\tan^{-1}\left(\frac{2t}{\sqrt{3}}\right)+C$$

$$=\frac{1}{6}\ln\left|\frac{(x+1)^2}{x^2-x+1}\right|+\frac{1}{\sqrt{3}}\tan^{-1}\left(\frac{2x-1}{\sqrt{3}}\right)+C$$

有理函數的積分，經常會做到後面式子很複雜。但我們已經理出一般性的策略，只要按這模式，就可以解決有理函數的積分。縱使過程複雜，只要耐著性子寫，通常不難寫出來。

例題 5.5.5 $\int\frac{\mathrm{d}x}{x^4+1}$

解

首先應注意

$$\begin{aligned}x^4+1&=x^4+2x^2+1-2x^2\\&=\left(x^2+1\right)^2-\left(\sqrt{2}x\right)^2\\&=\left(x^2+\sqrt{2}x+1\right)\left(x^2-\sqrt{2}x+1\right)\end{aligned}\quad\boxed{\text{平方差公式}}$$

所以

$$\frac{1}{x^4+1}=\frac{Ax+B}{x^2+\sqrt{2}x+1}+\frac{Cx+D}{x^2-\sqrt{2}x+1}$$

$$\Rightarrow 1=(Ax+B)\left(x^2-\sqrt{2}x+1\right)+(Cx+D)\left(x^2+\sqrt{2}x+1\right)$$

比較常數項，可得 $B+D=1$；比較 x^3 係數，可得 $A+C=0$；比較 x^2 係數，可得 $B-\sqrt{2}A+D+\sqrt{2}C=1+2\sqrt{2}C=0$；最後再比較一次係數，就

可以解出 $A=\frac{\sqrt{2}}{4},B=\frac{1}{2},C=-\frac{\sqrt{2}}{4},D=\frac{1}{2}$。於是

$$\begin{aligned}
\int\frac{\mathrm{d}x}{x^4+1}&=\int\frac{\frac{\sqrt{2}}{4}x+\frac{1}{2}}{x^2+\sqrt{2}x+1}\,\mathrm{d}x+\int\frac{-\frac{\sqrt{2}}{4}x+\frac{1}{2}}{x^2-\sqrt{2}x+1}\,\mathrm{d}x\\
&=\frac{\sqrt{2}}{4}\int\frac{x+\sqrt{2}}{x^2+\sqrt{2}x+1}\,\mathrm{d}x-\frac{\sqrt{2}}{4}\int\frac{x-\sqrt{2}}{x^2-\sqrt{2}x+1}\,\mathrm{d}x\\
&=\frac{\sqrt{2}}{4}\left(\int\frac{t+\frac{\sqrt{2}}{2}}{t^2+\frac{1}{2}}\,\mathrm{d}t-\int\frac{k-\frac{\sqrt{2}}{2}}{k^2+\frac{1}{2}}\,\mathrm{d}k\right)\\
&=\frac{\sqrt{2}}{4}\left(\int\frac{t}{t^2+\frac{1}{2}}\,\mathrm{d}t-\int\frac{k}{k^2+\frac{1}{2}}\,\mathrm{d}k\right)+\frac{1}{4}\left(\int\frac{\mathrm{d}t}{t^2+\frac{1}{2}}+\int\frac{\mathrm{d}k}{k^2+\frac{1}{2}}\right)\\
&=\frac{\sqrt{2}}{8}\left(\ln\left|t^2+\frac{1}{2}\right|-\ln\left|k^2+\frac{1}{2}\right|\right)+\frac{1}{4}\left(\sqrt{2}\tan^{-1}(\sqrt{2}t)+\sqrt{2}\tan^{-1}(\sqrt{2}k)\right)+C\\
&=\frac{\sqrt{2}}{8}\ln\left|\frac{x^2+\sqrt{2}x+1}{x^2-\sqrt{2}x+1}\right|+\frac{\sqrt{2}}{4}\left(\tan^{-1}\left(\sqrt{2}x+1\right)-\tan^{-1}\left(\sqrt{2}x-1\right)\right)+C\\
&=\frac{\sqrt{2}}{8}\ln\left|\frac{x^2+\sqrt{2}x+1}{x^2-\sqrt{2}x+1}\right|+\frac{\sqrt{2}}{4}\tan^{-1}\left(\frac{\sqrt{2}x}{1-x^2}\right)+C
\end{aligned}$$

例題 5.5.6　$\displaystyle\int\frac{x^2-1}{(x^2+1)(x+2)}\,\mathrm{d}x$

解

$$\frac{x^2-1}{(x^2+1)(x+2)}=\frac{A}{x+2}+\frac{Bx+C}{x^2+1}$$
$$\Rightarrow x^2-1=A(x^2+1)+(Bx+C)(x+2)$$

代 $x=-2$ 得 $3=5A$；代 $x=0$ 得 $-1=A+2C$；比較領導係數得 $1=A+B$。故可解出 $A=\frac{3}{5},B=\frac{2}{5},C=-\frac{4}{5}$。於是

$$\begin{aligned}
\int\frac{x^2-1}{(x^2+1)(x+2)}\,\mathrm{d}x&=\frac{3}{5}\int\frac{\mathrm{d}x}{x+2}+\frac{2}{5}\int\frac{x\,\mathrm{d}x}{x^2+1}-\frac{4}{5}\int\frac{\mathrm{d}x}{x^2+1}\\
&=\frac{3}{5}\ln|x+2|+\frac{1}{5}\ln\left|x^2+1\right|-\frac{4}{5}\tan^{-1}(x)+C
\end{aligned}$$

{Exercise}

1. 求出下列積分。

(1) $\int \frac{dx}{x^2+4x+5}$

(2) $\int \frac{x^2+1}{(x+1)(x-1)^3}\,dx$

(3) $\int \frac{x+1}{x^2+x+1}\,dx$

(4) $\int \frac{x^2+6x+4}{x^3+9x^2+12x}\,dx$

(5) $\int \frac{x^3+x^2+x-1}{x^2+2x+2}\,dx$

2. 利用適當的變數代換，轉換為有理函數的積分，再用部分分式做出答案。

(1) $\int \frac{e^{4x}}{(e^{2x}-1)^3}\,dx$

(2) $\int \frac{1+\ln(x)}{x(3+2\ln(x))^2}\,dx$

(3) $\int \frac{\cos(\theta)\,d\theta}{\sin^2(\theta)-2\sin(\theta)-8}$

參考答案： 1. (1) $\tan^{-1}(x+2)+C$ (2) $\frac{\ln(x-1)}{4}-\frac{\ln(x+1)}{4}-\frac{1}{2(x-1)}-\frac{1}{2(x-1)^2}+C$
(3) $\frac{1}{2}\ln(x^2+x+1)+\frac{1}{\sqrt{3}}\tan^{-1}\left(\frac{2x+1}{\sqrt{3}}\right)+C$ (4) $\frac{1}{3}\ln|x|+\frac{1}{3}\ln\left|x^2+9x+12\right|+C$ (5) $\frac{1}{2}x^2-x+\frac{1}{2}\ln(x^2+2x+2)+C$ 2. (1) $-\frac{1}{2(e^{2x}-1)}-\frac{1}{4(e^{2x}-1)^2}+C$
(2) $\frac{1}{4}\ln|3+2\ln(x)|+\frac{1}{4(3+2\ln(x))}+C$ (3) $\frac{1}{6}\ln\left|\frac{\sin(\theta)-4}{\sin(\theta)+2}\right|+c$

5.6　三角函數的積分

我們現在來集中討論，被積分函數是由三角函數所組成，這情況下該怎麼處理。將會靈活運用前面所學的幾個積分技巧，因此若有必要，請隨時回去複習變數代換、分部積分等等重要的積分手法。

5.6.1　三角函數的冪次

將求導公式反過來寫，我們可以得到

$$\int \sin(x)\,\mathrm{d}x = -\cos(x) + C \qquad \int \cos(x)\,\mathrm{d}x = \sin(x) + C$$

$$\int \sec^2(x)\,\mathrm{d}x = \tan(x) + C \qquad \int \sec(x)\tan(x)\,\mathrm{d}x = \sec(x) + C$$

至於像 $\int \tan(x)\,\mathrm{d}x$，便須另行他法。

例題 5.6.1　$\int \tan(x)\,\mathrm{d}x$

解

$$\begin{aligned}
\int \tan(x)\,\mathrm{d}x &= \int \frac{\sin(x)}{\cos(x)}\,\mathrm{d}x && \boxed{\text{看到 } \sin(x)\,\mathrm{d}x \text{ 想到 } u=\cos(x)} \\
&= -\int \frac{\mathrm{d}u}{u} = -\ln|u| + C = -\ln\left|\cos(x)\right| + C \\
&= \ln\left|\sec(x)\right| + C && \boxed{-1 \text{ 丟到對數裡的次方}}
\end{aligned}$$

例題 5.6.2　$\int \sec(x)\,\mathrm{d}x$

解

$$\begin{aligned}
\int \sec(x)\,\mathrm{d}x &= \int \frac{\mathrm{d}x}{\cos(x)} && \boxed{\text{接著上下同乘 } \cos(x) \text{ 湊出 } \cos(x)\,\mathrm{d}x} \\
&= \int \frac{\cos(x)\,\mathrm{d}x}{\cos^2(x)} && \boxed{\text{於是可設 } u=\sin(x)}
\end{aligned}$$

$$
\begin{aligned}
&= \int \frac{\cos(x)\,\mathrm{d}x}{1-\sin^2(x)} = \int \frac{\mathrm{d}u}{1-u^2} = \int \frac{\mathrm{d}u}{(1-u)(1+u)} \\
&= \frac{1}{2}\int \left(\frac{1}{1-u} + \frac{1}{1+u}\right)\mathrm{d}u \\
&= \frac{1}{2}\Big(-\ln|1-u| + \ln|1+u|\Big) + C && \boxed{\text{注意那個負號}} \\
&= \frac{1}{2}\ln\left|\frac{1+u}{1-u}\right| + C && \boxed{\text{對數相減併成相除}} \\
&= \frac{1}{2}\ln\left|\frac{1+\sin(x)}{1-\sin(x)}\right| + C \\
&= \frac{1}{2}\ln\left|\frac{\big(1+\sin(x)\big)^2}{1-\sin^2(x)}\right| + C && \boxed{\text{上下同乘 } 1+\sin(x)} \\
&= \frac{1}{2}\ln\left|\frac{\big(1+\sin(x)\big)^2}{\cos^2(x)}\right| + C \\
&= \ln\left|\frac{1+\sin(x)}{\cos(x)}\right| + C && \boxed{\tfrac{1}{2}\text{ 丟到對數裡的次方}} \\
&= \ln\big|\sec(x) + \tan(x)\big| + C
\end{aligned}
$$

note

做別的積分經常在過程中出現 $\int \sec(x)\,\mathrm{d}x$，與其每次都寫這一長串，不如直接把這結果記起來。

例題 5.6.3 $\int \sin^3(x)\cos^5(x)\,\mathrm{d}x$

解

先將一個 $\sin(x)$ 拉到最右邊去

$$\int \sin^3(x)\cos^5(x)\,\mathrm{d}x = \int \sin^2(x)\cos^5(x)\sin(x)\,\mathrm{d}x$$

這樣子，看到那個 $\sin(x)\,\mathrm{d}x$，便想到設 $u=\cos(x)$，於是 $\mathrm{d}u=-\sin(x)\,\mathrm{d}x$。至於那個 $\sin^2(x)$，則是 $1-\cos^2(x)$，所以是 $1-u^2$。於是變成

$$\begin{aligned}-\int(1-u^2)u^5\,\mathrm{d}u&=\int u^7-u^5\,\mathrm{d}u\\&=\frac{u^8}{8}-\frac{u^6}{6}+C=\frac{\cos^8(x)}{8}-\frac{\cos^6(x)}{6}+C\end{aligned}$$

一開始也可以改拉一個 $\cos(x)$ 出來，所以就變成是設 $u=\sin(x)$，於是 $\mathrm{d}u=\cos(x)\,\mathrm{d}x$，$\cos^4(x)=(\cos^2(x))^2=(1-\sin^2(x))^2=(1-u^2)^2$。所以

$$\begin{aligned}\int\sin^3(x)\cos^5(x)\,\mathrm{d}x&=\int\sin^3(x)\cos^4(x)\cos(x)\,\mathrm{d}x\\&=\int u^3(1-u^2)^2\,\mathrm{d}u\end{aligned}$$

這個再乘開便可積出。當然，顯然前一個方法好點。

例題 5.6.4　$\int\sin^6(x)\cos^3(x)\,\mathrm{d}x$

解

先拉一個 $\cos(x)$ 出來，於是與前面相仿

$$\begin{aligned}\int\sin^6(x)\cos^3(x)\,\mathrm{d}x&=\int\sin^6(x)\cos^2(x)\cos(x)\,\mathrm{d}x\\&=\int u^6(1-u^2)\,\mathrm{d}u\end{aligned}$$

然後再乘開積出。然而，如果我們是將 $\sin(x)$ 拉一個出來，卻會遇到困難

$$\begin{aligned}\int\sin^6(x)\cos^3(x)\,\mathrm{d}x&=\int\sin^5(x)\cos^3(x)\sin(x)\,\mathrm{d}x\\&=-\int(1-u^2)^{\frac{5}{2}}u^3\,\mathrm{d}u\end{aligned}$$

可以看到，$\sin(x)$ 的部分被換成長相比較醜的 $(1-u^2)^{\frac{5}{2}}$。此時若要硬是做

下去，也不是不可以。我們再設 $t=1-u^2$，$\mathrm{d}t=-2u\,\mathrm{d}u$，於是變成

$$\begin{aligned}-\int(1-u^2)^{\frac{5}{2}}u^3\,\mathrm{d}u&=\int(1-u^2)^{\frac{5}{2}}u^2(-u)\,\mathrm{d}u\\&=\frac{1}{2}\int t^{\frac{5}{2}}(1-t)\,\mathrm{d}t=\frac{1}{2}\int t^{\frac{5}{2}}-t^{\frac{7}{2}}\,\mathrm{d}t\end{aligned}$$

雖然可以硬做出來，但用前一個方法顯然好多了。

前兩個例子，第一個是拉 $\sin(x)$ 或 $\cos(x)$ 出來都可以，第二個是拉其中一個比較不好做。這是因為，當我們將偶次的 $\sin^6(x)$ 拉一個 $\sin(x)$ 出來，它就變成奇次。而拉一個 $\sin(x)$ 出來的下一步，就是想設 $u=\cos(x)$，所以下一個任務是要將奇次的 $\sin(x)$ 寫成用 u 表達。我們知道 $\sin^2(x)=1-\cos^2(x)$，於是任何偶次的 $\sin^{2n}(x)$ 都可以寫成 $(1-u^2)^n$。但如果 $\sin(x)$ 是奇次的，如前面的 $\sin^5(x)$，就會變成很醜的 $(1-u^2)^{\frac{5}{2}}$。

所以，我們應當選擇奇次的，將它拉一個出去，這樣它就會剩偶次，會比較好用 u 來表達。如果 $\sin(x)$ 與 $\cos(x)$ 都是奇次的，那麼不管拉誰出去都可以。

例題 5.6.5 $\int\cos^7(x)\,\mathrm{d}x$

解

雖然看起來沒有 $\sin(x)$ [a]，但也一樣是拉一個出去

$$\begin{aligned}\int\cos^7(x)\,\mathrm{d}x&=\int\cos^6(x)\cos(x)\,\mathrm{d}x\\&=\int(1-u^2)^3\,\mathrm{d}u\\&=\int 1-3u^2+3u^4-u^6\,\mathrm{d}u\\&=u-u^3+\frac{3u^5}{5}-\frac{u^7}{7}+C\\&=\sin(x)-\sin^3(x)+\frac{3\sin^5(x)}{5}-\frac{\sin^7(x)}{7}+C\end{aligned}$$

[a] 要的話，你也可以硬說這是 $\cos^7(x)\sin^0(x)$。

例題 5.6.6 $\int \sin^2(x)\,\mathrm{d}x$

解

被積分函數是 $\sin^2(x)$ 或 $\cos^2(x)$ 時，可用半角公式

$$\sin^2(\theta) = \frac{1-\cos(2\theta)}{2} \qquad \cos^2(\theta) = \frac{1+\cos(2\theta)}{2}$$

所以就是

$$\begin{aligned}\int \sin^2(x)\,\mathrm{d}x &= \int \frac{1-\cos(2x)}{2}\,\mathrm{d}x \\ &= \frac{1}{2}\int 1-\cos(2x)\,\mathrm{d}x \\ &= \frac{1}{2}\left(x-\frac{\sin(2x)}{2}\right)+C\end{aligned}$$

亦可選擇用分部積分

$$\begin{aligned}\int \sin(x)\cdot\sin(x)\,\mathrm{d}x &= -\cos(x)\sin(x)+\int \cos(x)\cdot\cos(x)\,\mathrm{d}x \\ &= -\cos(x)\sin(x)+\int \left(1-\sin^2(x)\right)\mathrm{d}x\end{aligned}$$

$$\Rightarrow 2\int \sin^2(x)\,\mathrm{d}x = x-\cos(x)\sin(x)+C$$

$$\int \sin^2(x)\,\mathrm{d}x = \frac{1}{2}\Big(x-\cos(x)\sin(x)\Big)+C$$

由於 $\sin(2x) = 2\sin(x)\cos(x)$，這與上一個結果一樣。

例題 5.6.7 $\int \cos^4(x)\,\mathrm{d}x$

解

四次方可看成平方再平方

$$\int \cos^4(x)\,\mathrm{d}x = \int \left(\cos^2(x)\right)^2\mathrm{d}x = \int \left(\frac{1+\cos(2x)}{2}\right)^2\mathrm{d}x$$

$$
\begin{aligned}
&= \frac{1}{4}\int 1+2\cos(2x)+\cos^2(2x)\,\mathrm{d}x \\
&= \frac{1}{4}\int 1+2\cos(2x)+\frac{1+\cos(4x)}{2}\,\mathrm{d}x \qquad \boxed{\text{再套一次半角}} \\
&= \frac{1}{8}\int 2+4\cos(2x)+1+\cos(4x)\,\mathrm{d}x \\
&= \frac{1}{8}\left(2x+2\sin(2x)+x+\frac{\sin(4x)}{4}\right)+C \\
&= \frac{3x}{8}+\frac{\sin(2x)}{4}+\frac{\sin(4x)}{32}+C
\end{aligned}
$$

例題 5.6.8 $\int \sin^n(x)\,\mathrm{d}x$

解

$$
\begin{aligned}
I_n &= \int \sin^n(x)\,\mathrm{d}x \\
&= \int \sin^{n-1}(x)\cdot\sin(x)\,\mathrm{d}x \\
&= -\cos(x)\sin^{n-1}(x)+(n-1)\int \cos(x)\cdot\sin^{n-2}(x)\cos(x)dx \\
&= -\cos(x)\sin^{n-1}(x)+(n-1)\int \cos^2(x)\cdot\sin^{n-2}(x)dx \\
&= -\cos(x)\sin^{n-1}(x)+(n-1)\int (1-\sin^2(x))\cdot\sin^{n-2}(x)dx \\
&= -\cos(x)\sin^{n-1}(x)+(n-1)\left(\int \sin^{n-2}(x)dx-\int \sin^n(x)dx\right) \\
&= -\cos(x)\sin^{n-1}(x)+(n-1)I_{n-2}-(n-1)I_n
\end{aligned}
$$

做到這裡，出現 I_n 自己，於是移項

$$
\begin{aligned}
nI_n &= -\cos(x)\sin^{n-1}(x)+(n-1)I_{n-2} \\
I_n &= \frac{-\cos(x)\sin^{n-1}(x)}{n}+\frac{n-1}{n}I_{n-2}
\end{aligned}
$$

這樣便做出一個遞迴式，可以建立 I_n 與 I_{n-2} 之間的關係。所以我們可使用這個遞迴式，將次方降低，每套一次就會讓次方少 2 。例如

$$\begin{aligned}\int \sin^7(x)\,\mathrm{d}x = I_7 &= \frac{-\cos(x)\sin^6(x)}{7}+\frac{6}{7}I_5\\ &= \frac{-\cos(x)\sin^6(x)}{7}+\frac{6}{7}\left(\frac{-\cos(x)\sin^4(x)}{5}+\frac{4}{5}I_3\right)\end{aligned}$$

後面再繼續套，即可做出。

上面做出的遞迴式雖然醜，但是若改為定積分，範圍 0 到 $\frac{\pi}{2}$，結果倒是比較簡潔：

$$\begin{aligned}I_n &= \int_0^{\frac{\pi}{2}} \sin^n(x)\,\mathrm{d}x\\ \Rightarrow I_n &= \left[\frac{-\cos(x)\sin^{n-1}(x)}{n}\right]_0^{\frac{\pi}{2}}+\frac{n-1}{n}I_{n-2} = 0+\frac{n-1}{n}I_{n-2}\\ \Rightarrow I_n &= \frac{n-1}{n}\frac{n-3}{n-2}I_{n-4} \quad \boxed{\text{繼續套用遞迴關係}}\\ &= \frac{n-1}{n}\frac{n-3}{n-2}\frac{n-5}{n-4}I_{n-6}=\cdots\\ &= \begin{cases}\frac{n-1}{n}\cdot\frac{n-3}{n-2}\cdots\frac{4}{5}\cdot\frac{2}{3}\cdot I_1 & n\text{為奇數}\\ \frac{n-1}{n}\cdot\frac{n-3}{n-2}\cdots\frac{3}{4}\cdot\frac{1}{2}\cdot I_0 & n\text{為偶數}\end{cases}\end{aligned}$$

因為遞迴關係會使足碼 n 一次降兩個，所以根據 n 的奇偶性，最後停下來的也就分別是 I_0 與 I_1 。而這兩個又分別是

$$I_0=\int_0^{\frac{\pi}{2}}\sin^0(x)\,\mathrm{d}x=\frac{\pi}{2} \qquad I_1=\int_0^{\frac{\pi}{2}}\sin(x)\,\mathrm{d}x=1$$

並且定義雙階乘：

定義 5.6.1　雙階乘

$$n!! = \begin{cases} n\times(n-2)\times(n-4)\times\cdots\times 1 & n\text{為奇數}\\ n\times(n-2)\times(n-4)\times\cdots\times 2 & n\text{為偶數}\end{cases}$$

於是可將上面結果整理成：

性質 5.6.1　Wallis 公式

$$\int_0^{\frac{\pi}{2}} \sin^n(x)\,\mathrm{d}x = \int_0^{\frac{\pi}{2}} \cos^n(x)\,\mathrm{d}x = \begin{cases} \dfrac{(n-1)!!}{n!!} & n\text{為奇數} \\ \dfrac{(n-1)!!}{n!!}\cdot\dfrac{\pi}{2} & n\text{為偶數} \end{cases}$$

Wallis 公式非常好用，強烈建議要記起來！要記起來！要記起來！

例題 5.6.9　$\int \sin^2(x)\cos^2(x)\,\mathrm{d}x$

解

此時 $\sin(x)$ 和 $\cos(x)$ 都是偶次，但兩者次方恰好一樣，所以可套倍角公式

$$\begin{aligned}\int \sin^2(x)\cos^2(x)\,\mathrm{d}x &= \int \big(\sin(x)\cos(x)\big)^2\,\mathrm{d}x \\ &= \int \left(\frac{\sin(2x)}{2}\right)^2 \mathrm{d}x = \frac{1}{4}\int \sin^2(2x)\,\mathrm{d}x \\ &= \frac{1}{4}\int \frac{1-\cos(4x)}{2}\,\mathrm{d}x = \frac{1}{8}\left(x - \frac{\sin(4x)}{4}\right) + C\end{aligned}$$

也可以都轉成 $\sin(x)$ 的冪次：

$$\begin{aligned}\int \sin^2(x)\cos^2(x)\,\mathrm{d}x &= \int \sin^2(x)\big(1-\sin^2(x)\big)\,\mathrm{d}x \\ &= \int \sin^2(x)\,\mathrm{d}x - \int \sin^4(x)\,\mathrm{d}x \\ &= \int \sin^2(x)\,\mathrm{d}x - \left(\frac{-\cos(x)\sin^3(x)}{4} + \frac{3}{4}\int \sin^2(x)\,\mathrm{d}x\right) \\ &= \frac{1}{4}\int \sin^2(x)\,\mathrm{d}x + \frac{\cos(x)\sin^3(x)}{4} \\ &= \frac{1}{4}\left(\frac{-\cos(x)\sin(x)}{2} + \frac{1}{2}\int \mathrm{d}x\right) + \frac{\cos(x)\sin^3(x)}{4}\end{aligned}$$

便做出一樣的結果。

例題 5.6.10 $\int \sin^4(x)\cos^6(x)\,\mathrm{d}x$

解

如果是用半角公式的話

$$\int \sin^4(x)\cos^6(x)\,\mathrm{d}x = \int \left(\frac{1-\cos(2x)}{2}\right)^2\left(\frac{1+\cos(2x)}{2}\right)^3 dx$$

耐心點可以做出來。如果改試試將 $\sin^4(x)$ 換成 $\cos(x)$ 表達

$$\begin{aligned}\int \sin^4(x)\cos^6(x)\,\mathrm{d}x &= \int (1-\cos^2(x))^2\cos^6(x)\,\mathrm{d}x \\ &= \int \cos^6(x) - 2\cos^8(x) + \cos^{10}(x)\,\mathrm{d}x\end{aligned}$$

其中

$$\begin{aligned}\int \cos^{10}(x)\,\mathrm{d}x &= \int \cos^9(x)\cos(x)\,\mathrm{d}x \\ &= \cos^9(x)\sin(x) - 9\int \cos^8(x)(-\sin(x))\sin(x)\,\mathrm{d}x \\ &= \cos^9(x)\sin(x) + 9\int \cos^8(x)\sin^2(x)\,\mathrm{d}x \\ &= \cos^9(x)\sin(x) + 9\int \cos^8(x)(1-\cos^2(x))\,\mathrm{d}x \\ &= \cos^9(x)\sin(x) + 9\int \cos^8(x)\,\mathrm{d}x - 9\int \cos^{10}(x)\,\mathrm{d}x\end{aligned}$$

$$10\int \cos^{10}(x)\,\mathrm{d}x = \cos^9(x)\sin(x) + 9\int \cos^8(x)\,\mathrm{d}x \qquad \boxed{\text{移項到左邊}}$$

$$\int \cos^{10}(x)\,\mathrm{d}x = \frac{\cos^9(x)\sin(x)}{10} + \frac{9}{10}\int \cos^8(x)\,\mathrm{d}x$$

所以

$$\begin{aligned}&\int \cos^6(x) - 2\cos^8(x) + \cos^{10}(x)\,\mathrm{d}x \\ =&\frac{\cos^9(x)\sin(x)}{10} - \frac{11}{10}\int \cos^8(x)\,\mathrm{d}x + \int \cos^6(x)\,\mathrm{d}x\end{aligned}$$

接著繼續套遞迴式讓 8 次降到 6 次，6 次再降到 4 次，……。可以做，但相當麻煩，等做完一題，秦始皇都把萬里長城蓋好了。

這兩種方法都極度麻煩，能不能仿照上一題用倍角公式呢？寫成

$$\int \sin^4(x)\cos^6(x)\,\mathrm{d}x = \int \big(\sin(x)\cos(x)\big)^4\cos^2(x)\,\mathrm{d}x$$

$$= \frac{1}{16}\int \sin^4(2x)\Big(\frac{1+\cos(2x)}{2}\Big)\,\mathrm{d}x = \frac{1}{32}\Big(\int \sin^4(2x)\,\mathrm{d}x + \int \sin^4(2x)\cos(2x)\,\mathrm{d}x\Big)$$

這兩個積分，前一個用 $\int \sin^n(x)\,\mathrm{d}x$ 的遞迴式寫，後一個設 $u=\sin(2x)$。

例題 5.6.11 $\displaystyle\int \frac{\mathrm{d}x}{\sin^2(x)\cos^2(x)}$

解 1

$$\int \frac{\mathrm{d}x}{\sin^2(x)\cos^2(x)} = \int \frac{\mathrm{d}x}{\left(\frac{\sin(2x)}{2}\right)^2} = 4\int \csc^2(2x)\,\mathrm{d}x = -2\cot(2x)+C$$

解 2

技巧性地把分子寫成

$$\int \frac{\sin^2(x)+\cos^2(x)}{\sin^2(x)\cos^2(x)}\,\mathrm{d}x = \int \frac{\mathrm{d}x}{\cos^2(x)} + \int \frac{\mathrm{d}x}{\sin^2(x)} = \tan(x)-\cot(x)+C$$

請問兩個解法的答案是否一樣？

例題 5.6.12 $\displaystyle\int_0^{\frac{2\pi}{3}} \sqrt{1+\cos(4x)}\,\mathrm{d}x$

解

半角公式還有另一個使用時機，就是像這題

$$\int_0^{\frac{2\pi}{3}} \sqrt{1+\cos(4x)}\,\mathrm{d}x = \int_0^{\frac{2\pi}{3}} \sqrt{2\cos^2(2x)}\,\mathrm{d}x$$

$$= \sqrt{2}\int_0^{\frac{2\pi}{3}} \left|\cos(2x)\right| \mathrm{d}x \qquad \boxed{\sqrt{x^2} = |x|}$$

$$= \sqrt{2}\int_0^{\frac{\pi}{4}} \cos(2x)\,\mathrm{d}x - \sqrt{2}\int_{\frac{\pi}{4}}^{\frac{2\pi}{3}} \cos(2x)\,\mathrm{d}x$$

$$= \sqrt{2}\left[\frac{\sin(2x)}{2}\right]_0^{\frac{\pi}{4}} - \sqrt{2}\left[\frac{\sin(2x)}{2}\right]_{\frac{\pi}{4}}^{\frac{2\pi}{3}}$$

$$= \sqrt{2} + \frac{\sqrt{6}}{4}$$

例題 5.6.13 $\displaystyle\int \tan^9(x)\sec^2(x)\,\mathrm{d}x$

解

看到 $\sec^2(x)\,\mathrm{d}x$ 就想到設 $u = \tan(x)$

$$\int \tan^9(x)\sec^2(x)\,\mathrm{d}x = \int u^9\,\mathrm{d}u = \frac{u^{10}}{10} + C = \frac{\tan^{10}(x)}{10} + C$$

例題 5.6.14 $\displaystyle\int \tan^5(x)\sec^4(x)\,\mathrm{d}x$

解

有了前一題的經驗，這一題我們將 $\sec^2(x)$ 拉出來

$$\int \tan^5(x)\sec^4(x)\,\mathrm{d}x = \int \tan^5(x)\sec^2(x)\sec^2(x)\,\mathrm{d}x$$

$$= \int u^5\left(1+u^2\right)\mathrm{d}u = \int u^5 + u^7\,\mathrm{d}u$$

$$= \frac{u^6}{6} + \frac{u^8}{8} + C$$

$$= \frac{\tan^6(x)}{6} + \frac{\tan^8(x)}{8} + C$$

例題 5.6.15 $\int \tan^3(x)\sec^5(x)\,\mathrm{d}x$

解

這回 $\sec(x)$ 是奇次，如果我們仍將 $\sec^2(x)$ 拉出去，那麼所剩的仍是奇次，用 $\tan(x)$ 去表達將會很醜。但注意到 $\tan(x)$ 也是奇次，所以這次改將 $\sec(x)$ 和 $\tan(x)$ 各拉一個，目的是設 $u=\sec(x)$

$$\begin{aligned}\int \tan^3(x)\sec^5(x)\,\mathrm{d}x &= \int \tan^2(x)\sec^4(x)\tan(x)\sec(x)\,\mathrm{d}x\\ &= \int (u^2-1)u^4\,\mathrm{d}u = \int u^6-u^4\,\mathrm{d}u\\ &= \frac{u^7}{7}-\frac{u^5}{5}+C = \frac{\sec^7}{7}-\frac{\sec^5}{5}+C\end{aligned}$$

例題 5.6.16 $\int \tan^2(x)\,\mathrm{d}x$

解

只要利用 $1+\tan^2(x)=\sec^2(x)$ 即可

$$\int \tan^2(x)\,\mathrm{d}x = \int \left(\sec^2(x)-1\right)\mathrm{d}x = \tan(x)-x+C$$

例題 5.6.17 $\int \sec^3(x)\,\mathrm{d}x$

解

$$\begin{aligned}\int \sec^3(x)\,\mathrm{d}x &= \int \sec^2(x)\sec(x)\,\mathrm{d}x\\ &= \tan(x)\sec(x) - \int \tan(x)\sec(x)\tan(x)\,\mathrm{d}x\\ &= \tan(x)\sec(x) - \int \left(\sec^2(x)-1\right)\sec(x)\,\mathrm{d}x\end{aligned}$$

$$
\begin{aligned}
&= \tan(x)\sec(x) - \int \sec^3(x)\,\mathrm{d}x + \int \sec(x)\,\mathrm{d}x \\
\Rightarrow 2\int \sec^3(x)\,\mathrm{d}x &= \tan(x)\sec(x) + \int \sec(x)\,\mathrm{d}x \\
\Rightarrow \int \sec^3(x)\,\mathrm{d}x &= \frac{\tan(x)\sec(x)}{2} + \frac{1}{2}\int \sec(x)\,\mathrm{d}x \\
&= \frac{\tan(x)\sec(x)}{2} + \frac{1}{2}\ln\left|\sec(x)+\tan(x)\right| + C
\end{aligned}
$$

例題 5.6.18 $\int \sec^n(x)\,\mathrm{d}x$

解

先將 $\sec^2(x)$ 拉出來，目的是等一下要做分部積分

$$
\begin{aligned}
I_n &= \int \sec^n(x)\,\mathrm{d}x \\
&= \int \sec^2(x)\sec^{n-2}(x)\,\mathrm{d}x \\
&= \tan(x)\sec^{n-2}(x) - (n-2)\int \tan(x)\sec^{n-3}(x)\sec(x)\tan(x)\,\mathrm{d}x \\
&= \tan(x)\sec^{n-2}(x) - (n-2)\int (\sec^2(x)-1)\sec^{n-2}(x)\,\mathrm{d}x \\
&= \tan(x)\sec^{n-2}(x) - (n-2)I_n + (n-2)I_{n-2} \\
\Rightarrow (n-1)I_n &= \tan(x)\sec^{n-2}(x) + (n-2)I_{n-2} \\
\Rightarrow I_n &= \frac{\tan(x)\sec^{n-2}(x)}{n-1} + \frac{n-2}{n-1}I_{n-2}
\end{aligned}
$$

5.6.2 含有 sin(x) 及 cos(x) 的有理式

接下來談一種情況，被積分函數是將 $\sin(x)$ 或 $\cos(x)$ 代入有理式的結果，例如 $\frac{1}{1+\sin(x)}$, $\frac{\sin(x)+\cos(x)}{5+2\sin(x)}$ 等等。

例題 5.6.19 $\int \frac{\mathrm{d}x}{1+\sin(x)}$

解

$$\begin{aligned}\int \frac{\mathrm{d}x}{1+\sin(x)} &= \int \frac{1-\sin(x)}{1-\sin^2(x)}\,\mathrm{d}x \qquad \boxed{\text{上下同乘 } 1-\sin(x)}\\ &= \int \frac{1-\sin(x)}{\cos^2(x)}\,\mathrm{d}x\\ &= \int \sec^2(x)-\sec(x)\tan(x)\,\mathrm{d}x\\ &= \tan(x)-\sec(x)+C\end{aligned}$$

上一題這是特殊情況，如果像是 $\int \frac{\mathrm{d}x}{5+4\sin(x)}$ 便無法故技重施了。這裡介紹一個特殊的代換方式，**Weierstrass 代換**：設 $u=\tan\left(\frac{x}{2}\right)$。這是一個萬能的代換，一看到三角有理式就能使用這個辦法，以下介紹出 $\mathrm{d}x$、$\sin(x)$ 及 $\cos(x)$ 該如何代換掉，就能處理掉三角有理式。

$$\begin{aligned}u &= \tan\left(\frac{x}{2}\right)\\ \Rightarrow \mathrm{d}u &= \frac{1}{2}\sec^2\left(\frac{x}{2}\right)\mathrm{d}x = \frac{1}{2}\left(1+\tan^2\left(\frac{x}{2}\right)\right)\mathrm{d}x\end{aligned}$$

$$\boxed{\text{再移項}} \qquad \Rightarrow \mathrm{d}x = \frac{2\,\mathrm{d}u}{1+u^2} \tag{5.6.1}$$

$$\begin{aligned}\sin(x) &= 2\sin\left(\frac{x}{2}\right)\cos\left(\frac{x}{2}\right) = 2\tan\left(\frac{x}{2}\right)\cos^2\left(\frac{x}{2}\right)\\ &= \frac{2\tan\left(\frac{x}{2}\right)}{\sec^2\left(\frac{x}{2}\right)} = \frac{2\tan\left(\frac{x}{2}\right)}{1+\tan^2\left(\frac{x}{2}\right)}\\ &= \frac{2u}{1+u^2}\end{aligned} \tag{5.6.2}$$

$$\begin{aligned}\cos(x) &= 2\cos^2\left(\frac{x}{2}\right)-1\\ &= \frac{2}{\sec^2\left(\frac{x}{2}\right)}-1 = \frac{2}{1+\tan^2\left(\frac{x}{2}\right)}-1\\ &= \frac{2}{1+u^2}-1 = \frac{1-u^2}{1+u^2}\end{aligned} \tag{5.6.3}$$

性質 5.6.2　Weierstrass 代換

設 $u=\tan\left(\frac{\theta}{2}\right)$，則有

$$\begin{aligned}\mathrm{d}\theta &= \frac{2\,\mathrm{d}u}{1+u^2}\\ \sin(\theta) &= \frac{2u}{1+u^2}\\ \cos(\theta) &= \frac{1-u^2}{1+u^2}\end{aligned}$$

例題 5.6.20　$\displaystyle\int\frac{\mathrm{d}x}{5+4\sin(x)}$

解

$$\begin{aligned}\int\frac{\mathrm{d}x}{5+4\sin(x)} &= \int\frac{\frac{2\,\mathrm{d}u}{1+u^2}}{5+\frac{8u}{1+u^2}}\\ &= \int\frac{2\,\mathrm{d}u}{5(1+u^2)+8u}\end{aligned}$$

這樣，就化為一般的有理函數接著再用部分分式做出。

只是它萬能歸萬能，卻不見得是最簡潔的辦法，它通常要寫蠻久的。像 $\int\frac{\mathrm{d}x}{1+\sin(x)}$，用此代換就會比較慢。但是我們通常想不到比較簡潔的做法，因此三角有理式還是經常用此代換法。

5.6.3　巧妙的代換

接下來再介紹一種特殊狀況，可以用一個很巧妙好用的技巧。如果說你遇到定積分的積分範圍是 0 到 $\frac{\pi}{2}$，以及被積分函數是 $f\big(\sin(\theta)\big)$。這樣寫的意思是，它可以看成某個函數被以 $x=\sin(\theta)$ 代入，例如 $e^{\sin(\theta)}$，$\frac{\sin^3(\theta)}{\ln(2+\sin(\theta))}$，

$\sin(\theta)\cos^2(\theta)$④，$\cos\big(k\sin(\theta)\big)$ 等等都是，然而像 $\theta\cdot\sin(\theta)$ 就不是。那麼就會有

$$\int_0^{\frac{\pi}{2}} f\big(\sin(\theta)\big)\,\mathrm{d}\theta = \int_0^{\frac{\pi}{2}} f\big(\cos(\theta)\big)\,\mathrm{d}\theta$$

原因很簡單，我們只須設 $\theta = \frac{\pi}{2} - \alpha$，便會有

$$\int_0^{\frac{\pi}{2}} f\big(\sin(\theta)\big)\,\mathrm{d}\theta = \int_{\frac{\pi}{2}}^{0} f\big(\cos(\alpha)\big)(-\,\mathrm{d}\alpha) = \int_0^{\frac{\pi}{2}} f\big(\cos(\alpha)\big)\,\mathrm{d}\alpha$$

然後將 α 改寫回 θ。

例題 5.6.21 $\displaystyle\int_0^{\frac{\pi}{2}} \frac{\sin^2(x)}{\sin^2(x)+\cos^2(x)}\,\mathrm{d}x$

解

$$I = \int_0^{\frac{\pi}{2}} \frac{\sin^2(x)}{\sin^2(x)+\cos^2(x)}\,\mathrm{d}x = \int_0^{\frac{\pi}{2}} \frac{\cos^2(x)}{\cos^2(x)+\sin^2(x)}\,\mathrm{d}x$$

所以

$$\begin{aligned} 2I &= \int_0^{\frac{\pi}{2}} \frac{\sin^2(x)}{\sin^2(x)+\cos^2(x)}\,\mathrm{d}x + \int_0^{\frac{\pi}{2}} \frac{\cos^2(x)}{\sin^2(x)+\cos^2(x)}\,\mathrm{d}x \\ &= \int_0^{\frac{\pi}{2}} 1\,\mathrm{d}x = \frac{\pi}{2} \qquad \Rightarrow I = \frac{\pi}{4} \end{aligned}$$

類似地也有

$$\int_0^{\pi} f(\sin(\theta))\,\mathrm{d}\theta = 2\int_0^{\frac{\pi}{2}} f(\sin(\theta))\,\mathrm{d}\theta$$

這個只要先將原積分式拆成兩個

$$\int_0^{\pi} f(\sin(\theta))\,\mathrm{d}\theta = \int_0^{\frac{\pi}{2}} f(\sin(\theta))\,\mathrm{d}\theta + \int_{\frac{\pi}{2}}^{\pi} f(\sin(\theta))\,\mathrm{d}\theta$$

④ $\cos^2(\theta) = 1 - \sin^2(\theta)$。

然後對右邊的積分作 $\alpha = \pi - \theta$ 的代換即可得到。同樣道理也有

$$\begin{aligned}\int_0^{\pi} f(\cos(\theta))\,\mathrm{d}\theta &= \int_0^{\frac{\pi}{2}} f\big(\cos(\theta)\big)\,\mathrm{d}\theta + \int_0^{\frac{\pi}{2}} f\big(-\cos(\theta)\big)\,\mathrm{d}\theta \\ &= \int_0^{\frac{\pi}{2}} f\big(\cos(\theta)\big) + f\big(-\cos(\theta)\big)\,\mathrm{d}\theta\end{aligned}$$

例題 5.6.22 $\displaystyle\int_0^{\pi} \cos(\theta)\cos\big(k\cos(\theta)\big)\,\mathrm{d}\theta$

解

設 $f(x) = x\cos\big(kx\big)$，故 $\cos(\theta)\cos\big(k\cos(\theta)\big)$ 即 $f(\cos(\theta))$ 。於是

$$\begin{aligned}&\int_0^{\pi} \cos(\theta)\cos\big(k\cos(\theta)\big)\,\mathrm{d}\theta \\ =& \int_0^{\pi} f\big(\cos(\theta)\big)\,\mathrm{d}\theta \\ =& \int_0^{\frac{\pi}{2}} f\big(\cos(\theta)\big) + f\big(-\cos(\theta)\big)\,\mathrm{d}\theta \\ =& \int_0^{\frac{\pi}{2}} \cos(\theta)\cos\big(k\cos(\theta)\big) + \Big[-\cos(\theta)\cos\big(-k\cos(\theta)\big)\Big]\,\mathrm{d}\theta \\ =& \int_0^{\frac{\pi}{2}} \cos(\theta)\cos\big(k\cos(\theta)\big) - \cos(\theta)\cos\big(k\cos(\theta)\big)\,\mathrm{d}\theta = 0\end{aligned}$$

{Exercise}

1. 求出下列不定積分。

(1) $\int \cos^5(x)\sin(x)\,\mathrm{d}x$　(2) $\int \sin^3(3x)\,\mathrm{d}x$

(3) $\int \frac{\cos^5(x)}{\sqrt{\sin(x)}}\,\mathrm{d}x$　(4) $\int \frac{\sin(2x)}{1+\sin^2(x)}\,\mathrm{d}x$

(5) $\int \frac{\sin(x)+\cos(x)}{\sin(x)\cos(x)}\,\mathrm{d}x$　(6) $\int \frac{\sin(2x)}{\sqrt{9-\cos^4(x)}}\,\mathrm{d}x$

(7) $\int \sin^5(x)\cos^2(x)\,\mathrm{d}x$　(8) $\int \frac{\cos(x)\,\mathrm{d}x}{\sin(x)\big(1-\sin(x)\big)}$

2. 求出下列定積分，注意適時使用 **Wallis** 公式。

(1) $\int_0^{\frac{\pi}{2}} \cos^9(x)\,\mathrm{d}x$　(2) $\int_0^{\pi} \sin^3(x)\,\mathrm{d}x$

(3) $\int_0^{\frac{\pi}{2}} \frac{\cos(x)}{1+\sin(x)}\,\mathrm{d}x$　(4) $\int_0^{\frac{\pi}{2}} \sin^5(\theta)\cos^5(\theta)\,\mathrm{d}\theta$

參考答案： 1. (1) $-\frac{\cos^6(x)}{6}+C$ (2) $-\frac{1}{3}\cos(3x)+\frac{\cos^3(3x)}{9}+C$
(3) $2\sqrt{\sin(x)}-\frac{4}{5}\sin^{\frac{5}{2}}(x)+\frac{2}{9}\sin^{\frac{9}{2}}(x)+C$ (4) $\ln(1+\sin^2(x))+C$ (5) $\ln\left|\frac{\sec(x)+\tan(x)}{\csc(x)+\cot(x)}\right|+C$
(6) $-\sin^{-1}(\frac{\cos^2(x)}{3})+C$ (7) $-\frac{\cos^3(x)}{3}+\frac{2\cos^5(x)}{5}-\frac{\cos^7(x)}{7}+C$ (8) $\ln\left|\frac{\sin(x)}{1-\sin(x)}\right|+C$
2. (1) $\frac{8!!}{9!!}=\frac{128}{315}$ (2) $\frac{4}{3}$ (3) $\ln(2)$ (4) $\frac{1}{60}$

■ 5.7　瑕積分

之前探討積分，都是在有界的區間上，並且函數也是有界的。然而在許多問題中，我們必須面對區間或函數是無界的。這種問題，就叫做**瑕積分** (improper integral)。微積分的核心思想，正是以有涯逐無涯。既然已會做有界的情況，只要再由有界趨向無界便成了。具體情形，分為兩類討論。

5.7.1　第一類瑕積分（積分範圍無界）

第一類瑕積分，是積分的範圍是無界的。最基本的形式如

$$\int_1^{\infty} \frac{1}{x}\,\mathrm{d}x$$

想求 $y = \frac{1}{x}$ 的曲線下面積，然而積分範圍卻是積到無窮遠處。如前所示，這樣無法直接套用老方法。那我們就先只做到某個 b 點，就是把積分上限改成某個有限的 b 值。這樣又變回有界區間，又可以用以前的方法做了：

$$\int_1^{b} \frac{1}{x}\,\mathrm{d}x = \ln(x)\Big|_1^{b} = \ln(b)$$

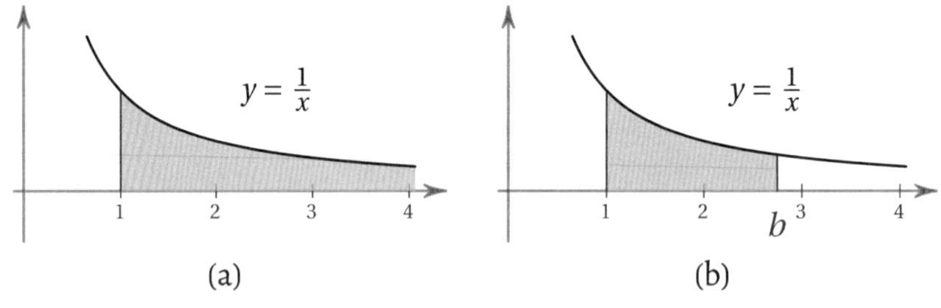

(a)　　(b)

接著做一件事，將那個 b 推推推，一直推到無窮遠處。

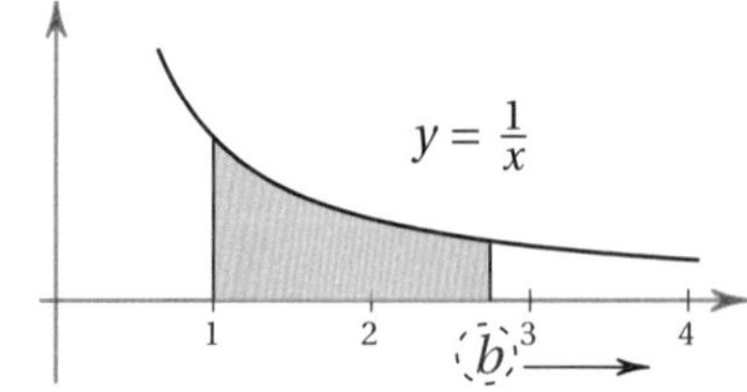

也就是說，取極限將 b 趨向無限大。所以這個瑕積分的寫法便是

$$\int_1^\infty \frac{1}{x}\,\mathrm{d}x = \lim_{b\to\infty}\int_1^b \frac{1}{x}\,\mathrm{d}x = \lim_{b\to\infty}\ln(b) = \infty$$

以這道瑕積分來說，取出來的極限是無限大，也就是極限不存在，這代表這個瑕積分是發散的。就是說，當我們把 b 越推越遠時，曲線下面積並不會趨近到一個有限的值，而是無止盡地大下去。再舉一例

$$\begin{aligned}\int_1^\infty \frac{1}{1+x^2}\,\mathrm{d}x &= \lim_{b\to\infty}\int_1^b \frac{1}{1+x^2}\,\mathrm{d}x\\ &= \lim_{b\to\infty}\tan^{-1}(x)\Big|_1^b = \lim_{b\to\infty}\tan^{-1}(b)-\tan^{-1}(1)\\ &= \frac{\pi}{2}-\frac{\pi}{4}=\frac{\pi}{4}\end{aligned}$$

此例的瑕積分收斂，曲線 $y=\frac{1}{1+x^2}$ 從 $x=1$ 到無窮遠處，這無限寬廣的曲線下面積是 $\frac{\pi}{4}$。

第一類瑕積分的作法就是這樣了，先將無限大改為有限的 b，再將這個 b 趨向無限大。這個極限如果存在，就是瑕積分收斂，代表這曲線下面積是有限的。而這個極限如果不存在，就是瑕積分發散。

發散有兩種：無限大型發散與振盪型發散。前面 $\int_1^\infty \frac{1}{x}\,\mathrm{d}x$ 即為無限大型發散，另一個更明顯的例子是 $\int_0^\infty x\,\mathrm{d}x$。而振盪型發散例如 $\int_1^\infty \sin(x)\,\mathrm{d}x$，被積分函數有時正有時負，隨著 b 越來越大，整個面積時增時減，並沒有趨近到一個定值。

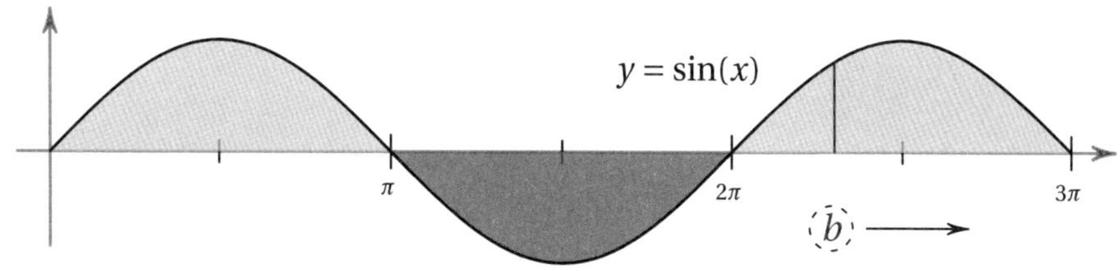

圖 5.1: 振盪型發散

第一類瑕積分的另一種情況，積分下限與積分上限都跑到無窮遠處。此時作法也類似，但我們要先拆成兩邊去做。

例如

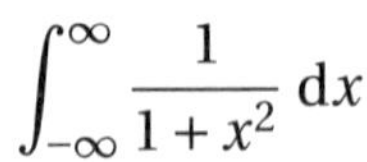

$$\int_{-\infty}^{\infty} \frac{1}{1+x^2}\,\mathrm{d}x$$

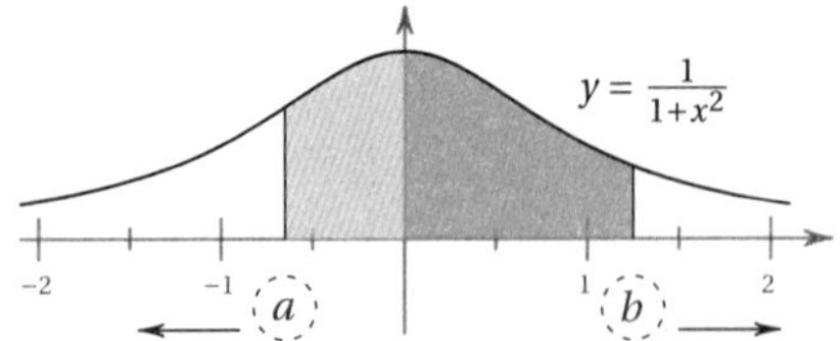

先拆成

$$\int_{-\infty}^{0} \frac{1}{1+x^2}\,\mathrm{d}x + \int_{0}^{\infty} \frac{1}{1+x^2}\,\mathrm{d}x$$

接著寫成

$$\lim_{a\to-\infty}\int_{a}^{0} \frac{1}{1+x^2}\,\mathrm{d}x + \lim_{b\to\infty}\int_{0}^{b} \frac{1}{1+x^2}\,\mathrm{d}x$$

然後再分別做出來。

請注意！！ 我分別寫成 a 和 b，在圖中也故意畫得讓這兩個離原點不一樣遠。這意思就是說，你跑向北，我跑向南，我們倆必須各自跑各自的。絕不可說好兩人用一樣的速度跑，或是我用你兩倍的速度跑。我們倆必須各自獨立地去跑，中途都不知道對方已經跑到哪裡。所以便用不同符號 a 和 b，表示毫不相干，各自獨立地趨向 ∞ 和 $-\infty$。

如果你沒注意到這件事的話，可能就會發生這種錯誤：

$$\begin{aligned}\int_{-\infty}^{\infty} x\,\mathrm{d}x &= \lim_{b\to\infty}\int_{-b}^{b} x\,\mathrm{d}x && \boxed{x\text{ 是奇函數}}\\ &= \lim_{b\to\infty} 0 && \boxed{\text{抵消成 }0}\\ &= 0\end{aligned}$$

然而正確的寫法是這樣

$$\begin{aligned}\int_{-\infty}^{\infty} x\,\mathrm{d}x &= \lim_{a\to-\infty}\int_{a}^{0} x\,\mathrm{d}x + \lim_{b\to\infty}\int_{0}^{b} x\,\mathrm{d}x\\ &= \lim_{a\to-\infty}\left[\frac{x^2}{2}\right]_a^0 + \lim_{b\to\infty}\left[\frac{x^2}{2}\right]_0^b\\ &= \lim_{a\to-\infty} -\frac{a^2}{2} + \lim_{b\to\infty}\frac{b^2}{2}\\ &= \infty - \infty\end{aligned}$$

無限大不可以作相減，所以不存在。因為我們根本不知道 a 和 b 究竟誰跑得快、快多少。所以也不知道抵消狀況如何。所以，千萬注意！遇到

$$\int_{-\infty}^{\infty} f(x)\,\mathrm{d}x$$

千萬不要說 $f(x)$ 是奇函數所以抵消成 0！而應該拆成兩邊，如前面所做那樣。如果兩邊都收斂，整個瑕積分才會收斂。只要其中任何一個發散，整個瑕積分就發散。

5.7.2　第二類瑕積分（函數無界）

第二類瑕積分，是被積分函數無界。最基本的形式如

$$\int_0^1 \frac{1}{x}\,\mathrm{d}x$$

在 0 附近，函數會跑到無窮大，所以這是函數無界的狀況。此時稱 $x=0$ 處為**瑕點** (singular point)。類似地，我們在比 0 大的地方取一個點 b，再將 b 推推推，推到趨近 0 。

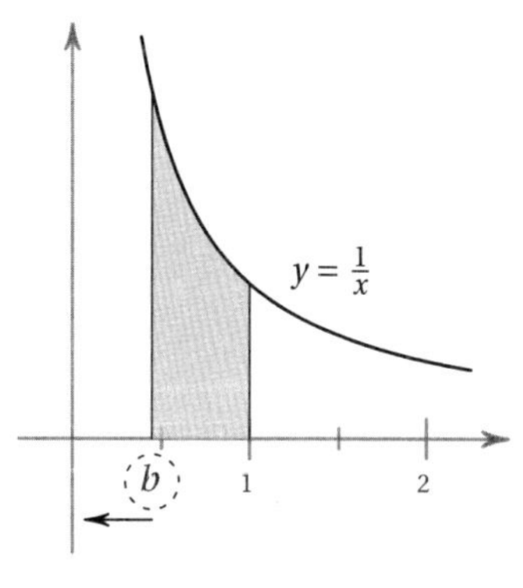

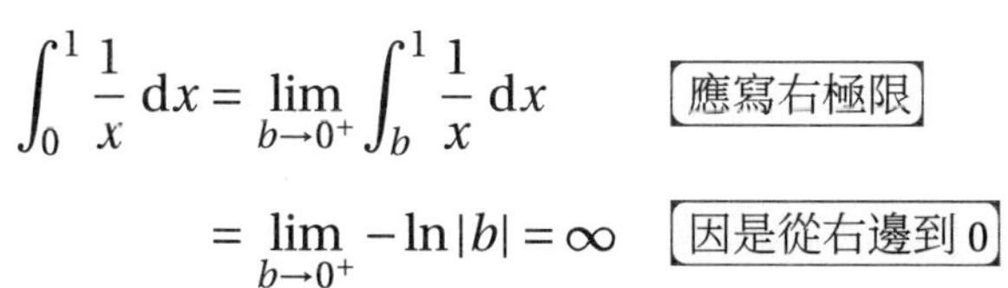

$$\int_0^1 \frac{1}{x}\,\mathrm{d}x = \lim_{b\to 0^+}\int_b^1 \frac{1}{x}\,\mathrm{d}x \qquad \boxed{\text{應寫右極限}}$$

$$= \lim_{b\to 0^+} -\ln|b| = \infty \qquad \boxed{\text{因是從右邊到 0}}$$

如果說瑕點不是積分區域的邊界，而是在內部。換句話說，積分區域橫跨過瑕點。那麼我們就分為瑕點的左右兩邊去做。

$$\int_{-1}^1 \frac{1}{x}dx = \lim_{a\to 0^-}\int_{-1}^a \frac{1}{x}dx + \lim_{b\to 0^+}\int_b^1 \frac{1}{x}dx$$

$$= \lim_{a\to 0^-} \ln|a| + \lim_{b\to 0^+} -\ln|b|$$

$$= \infty - \infty$$

例題 5.7.1　求積分 $\int_0^1 \frac{\mathrm{d}x}{\sqrt{x}}$。

解

函數 $\frac{1}{\sqrt{x}}$ 在 $x=0$ 附近無界，所以這是第二類瑕積分。

$$\begin{aligned}\int_0^1 \frac{\mathrm{d}x}{\sqrt{x}} &= \lim_{b\to 0^+}\int_b^1 \frac{\mathrm{d}x}{\sqrt{x}}\\ &= \lim_{b\to 0^+} 2\sqrt{x}\Big|_b^1 = \lim_{b\to 0^+} 2-2\sqrt{b} = 2\end{aligned}$$

例題 5.7.2　求積分 $\int_{-\infty}^{\infty} \frac{\mathrm{d}x}{x^2}$。

解

這一題兩類皆是，應拆成四個：

$$\int_{-\infty}^{-7}\frac{\mathrm{d}x}{x^2}+\int_{-7}^{0}\frac{\mathrm{d}x}{x^2}+\int_{0}^{3}\frac{\mathrm{d}x}{x^2}+\int_{3}^{\infty}\frac{\mathrm{d}x}{x^2}$$

-7 是隨便寫的，只要它是某個負數即可；3 也是隨便寫的，只要它是某個正數即可。拆成這四個以後，必須四個全部收斂，才會是原瑕積分收斂。只要有其中任何一個發散，那麼原瑕積分就發散了。

雖說隨便寫，實際上還是挑好算的比較好，所以這樣寫

$$\begin{aligned}\int_{-\infty}^{\infty}\frac{\mathrm{d}x}{x^2} &= \int_{-\infty}^{-1}\frac{\mathrm{d}x}{x^2}+\int_{-1}^{0}\frac{\mathrm{d}x}{x^2}+\int_{0}^{1}\frac{\mathrm{d}x}{x^2}+\int_{1}^{\infty}\frac{\mathrm{d}x}{x^2}\\ &= \lim_{a\to-\infty}\int_a^{-1}\frac{\mathrm{d}x}{x^2}+\lim_{b\to 0^-}\int_{-1}^{b}\frac{\mathrm{d}x}{x^2}+\lim_{c\to 0^+}\int_c^1\frac{\mathrm{d}x}{x^2}+\lim_{d\to\infty}\int_1^d\frac{\mathrm{d}x}{x^2}\\ &= \lim_{a\to-\infty}\left[\frac{-1}{x}\right]_a^{-1}+\lim_{b\to 0^-}\left[\frac{-1}{x}\right]_{-1}^{b}+\lim_{c\to 0^+}\left[\frac{-1}{x}\right]_c^{1}+\lim_{d\to\infty}\left[\frac{-1}{x}\right]_1^{d}\\ &= \lim_{a\to-\infty}\left(1+\frac{1}{a}\right)+\lim_{b\to 0^-}\left(-\frac{1}{b}-1\right)+\lim_{c\to 0^+}\left(-1+\frac{1}{c}\right)+\lim_{d\to\infty}\left(-\frac{1}{d}+1\right)\end{aligned}$$

由於中間那兩項極限不存在，所以原瑕積分發散。

5.7.3 瑕積分的斂散性

目前看來，瑕積分不過就是改寫成極限形式。頂多注意某些細節，但有時瑕積分做起來還是頗麻煩。接下來要介紹，不按正常程序做完求積分與取極限，直接判斷出瑕積分收斂或發散，這麼做有時會讓我們的工作簡化。比方說我只是想知道是否收斂，並不關心若收斂的話其值為何，那我便不必辛苦做出積分又求極限。又或者，雖然我會想知道收斂到何值，但如果能先判斷出它是發散的，那我也不必再算了。先討論一個基本重要的情況。

例題 5.7.3 討論 $\int_1^{\infty} \frac{\mathrm{d}x}{x^p}$ 的收斂情況。

解

先討論 $p = 1$ 時，此時是

$$\int_1^{\infty} \frac{\mathrm{d}x}{x}$$

獨立出來討論就是因為 $\frac{1}{x}$ 做積分比較特別，跟其它次方不一樣。接著

$$\lim_{a\to\infty} \int_1^{a} \frac{\mathrm{d}x}{x} = \lim_{a\to\infty} \ln(x)\Big|_1^a = \lim_{a\to\infty} \ln(a) = \infty$$

這是發散。至於 $p \neq 1$ 時

$$\lim_{a\to\infty} \int_1^{a} \frac{\mathrm{d}x}{x^p} = \lim_{a\to\infty} \frac{x^{1-p}}{1-p}\Big|_1^a = \lim_{a\to\infty} \frac{a^{1-p}}{1-p} - \frac{1}{1-p}$$

若 $p < 1$，則 a 的次方是正的，那麼 $a \to \infty$ 時 $\frac{a^{1-p}}{1-p}$ 也趨向 ∞，發散。若 $p > 1$，則 a 的次方是負的，那麼 $a \to \infty$ 時 $\frac{a^{1-p}}{1-p}$ 趨近到 0，收斂。

接著再與 $p = 1$ 的情況合起來，結論便是：

$$\int_1^{\infty} \frac{\mathrm{d}x}{x^p} = \begin{cases} \frac{1}{p-1} & p > 1 \\ \text{發散} & p \leq 1 \end{cases}$$

光看這個例子還不夠有用，我們再來看一個有用的性質：

性質 5.7.1

如果在 $x > a$ 的地方，a 是某個常數，$f(x) \geq g(x) \geq 0$ 都成立，那麼

1. 若 $\int_a^\infty f(x)dx$ 收斂，那麼 $\int_a^\infty g(x)\,\mathrm{d}x$ 必也收斂。
2. 若 $\int_a^\infty g(x)\,\mathrm{d}x$ 發散，那麼 $\int_a^\infty f(x)\,\mathrm{d}x$ 必也發散。

這是很容易理解的，一個恆非負的函數 $g(x)$，從 a 到 ∞ 積起來，為什麼瑕積分會發散呢？那肯定是趨近到無窮大型發散，絕非振盪型發散。而現在又有另一個函數 $f(x)$，它在積分區域內永不小於 $g(x)$，那麼積分起來一定也無限大。而如果 $f(x)$ 積起來是收斂的，現在有一個永不大於它的非負函數 $g(x)$，積起來一定也會收斂。

這就使得前面那個例子變得有用了：

性質 5.7.2

a 是任意正數

$$\int_a^\infty \frac{\mathrm{d}x}{x^p}$$

在 $p \leq 1$ 時發散，$p > 1$ 時收斂。

例題 5.7.4 判斷 $\int_1^\infty \frac{\mathrm{d}x}{x^4+2x^3+x^2+7}$ 的斂散性。

解

分母被我故意寫的有點複雜，但只要說

$$0 \leq \frac{1}{x^4+2x^3+x^2+7} \leq \frac{1}{x^4}$$

在 $x \geq 1$ 恆成立，再配合 $\int_1^\infty \frac{\mathrm{d}x}{x^4}$ 收斂 $(p > 1)$，則原瑕積分也收斂。

例題 5.7.5 判斷 $\int_1^\infty \frac{\sin^2(x)}{x^2}\,\mathrm{d}x$ 的斂散性。

解

由於

$$0 \le \sin^2(x) \le 1$$

所以

$$0 \le \frac{\sin^2(x)}{x^2} \le \frac{1}{x^2}$$

恆成立。而我們又知道 $\int_1^\infty \frac{\mathrm{d}x}{x^2}$ 是收斂的（$p > 1$），所以原瑕積分也收斂。

例題 5.7.6 判斷 $\int_1^\infty \frac{\sqrt{1+\frac{1}{x^4}}}{x}\,\mathrm{d}x$ 的斂散性。

解

$$\frac{\sqrt{1+\frac{1}{x^4}}}{x} > \frac{1}{x} > 0$$

在 $x \ge 1$ 恆成立。因為 $\int_1^\infty \frac{\mathrm{d}x}{x}$ 是發散的，所以原瑕積分也發散。

例題 5.7.7 判斷 $\int_1^\infty e^{-x^2}\,\mathrm{d}x$ 的斂散性。

解

e^{-x^2} 沒有初等反導函數，但只要利用

$$0 \le e^{-x^2} \le e^{-x}$$

在 $x \ge 1$ 時成立，以及將 $\int_1^\infty e^{-x}\,\mathrm{d}x$ 計算出來，得知它是收斂的，來推論原瑕積分也收斂。

以上是一般教材會用的作法，但也可以直接說：因為 $e^t > t$ 恆在 $t > 1$ 時成立，代 $t = x^2$ 後 $e^{x^2} > x^2$ 在 $x > 1$ 時恆成立，所以 $0 \le \frac{1}{e^{x^2}} < \frac{1}{x^2}$ 在 $x > 1$ 恆成立。而 $\int_1^\infty \frac{1}{x^2}\,\mathrm{d}x$ 收斂 ($p > 1$)，所以 $\int_1^\infty e^{-x^2}\,\mathrm{d}x$ 收斂。

最後，我們來看個有趣的事實。

加百列的號角

將曲線 $y = \frac{1}{x}$ 下區域 $(x \geq 1)$ 繞 x 軸作旋轉，便可得到加百列的號角 (Gabriel's Horn)：

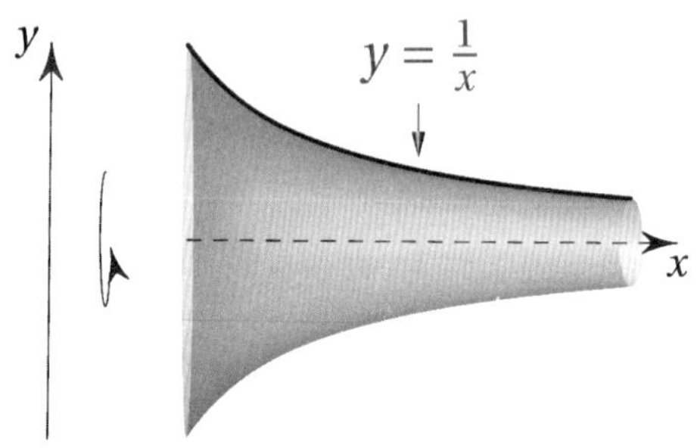

要求這個旋轉體的體積，使用圓盤法，可列式出

$$\pi \int_1^{\infty} \frac{\mathrm{d}x}{x^2}$$

明顯它是收斂的 $(p > 1)$，其值是 π。若要求它的表面積，便是

$$2\pi \int_1^{\infty} \frac{\sqrt{1 + \frac{1}{x^4}}}{x} \,\mathrm{d}x$$

這在剛剛的例題中已出現過，它是發散的！

因此，眼前的這個號角，它的體積是有限的，但表面積是無限大！這麼詭異的事，在微積分草創時期的十七世紀，引來眾學者之間的爭論。

其中，英國哲學家 **Thomas Hobbes** (1588-1679)，他便宣稱：只有神經病才會相信這個！他認為，既然體積是有限的，那我們可以將有限的油漆裝入這個號角。既然都裝入油漆了，那麼這些油漆應也足以漆上號角的表面，那麼號角的表面積怎麼會是無限大呢？

這位哲學家所犯的謬誤是：我們塗油漆時，無論其厚度有多薄，它總是有一個固定的厚度。這個厚度不會無止盡地小下去，總不可能比分子還小吧！然而這個號角，事實上它會無止盡地變窄下去。以致形成這個直觀上聽起來頗為奇怪的，體積有限但表面積卻無限大的號角。不過考慮到科學史，當時的人還沒有原子分子的概念，所以他會這樣想也是挺正常。

加百列是聖經中記載的天使長，在聖經最後一卷書啟示錄當中，第七位天使吹響號角，宣佈審判之日到來。而在某些傳說中，認為這個吹響號角的天使就是加百列。

{ *Exercise* }

1. 求出下列瑕積分。

(1) $\displaystyle\int_{3}^{\infty} xe^{-x}\,\mathrm{d}x$　　(2) $\displaystyle\int_{-\infty}^{\infty} \frac{\mathrm{d}x}{x^2+b^2}$

(3) $\displaystyle\int_{0}^{\infty} e^{-x}\cos(x)\,\mathrm{d}x$　　(4) $\displaystyle\int_{7}^{\infty} \frac{\mathrm{d}x}{x\big(\ln(x)\big)^2}$

(5) $\displaystyle\int_{0}^{5} \frac{\mathrm{d}x}{5^2-x^2}$　　(6) $\displaystyle\int_{1}^{3} \frac{\mathrm{d}x}{\sqrt[3]{x-2}}$

(7) $\displaystyle\int_{\frac{1}{\pi}}^{\infty} \frac{\mathrm{d}x}{5^2-x^2}$　　(8) $\displaystyle\int_{0}^{\infty} \frac{x\,\mathrm{d}x}{x^4+1}$

(9) $\displaystyle\int_{1}^{\infty} \frac{(x-1)\,\mathrm{d}x}{x^4+x^3+x^2+x}$　　(10) $\displaystyle\int_{-\infty}^{\infty} \frac{e^x\,\mathrm{d}x}{1+e^{2x}}$

2. 判斷下列瑕積分的斂散性。

(1) $\displaystyle\int_{0}^{1} \frac{\mathrm{d}x}{x^2+\sqrt{x}}$　　(2) $\displaystyle\int_{0}^{\infty} \sin(x)\cos(x)\,\mathrm{d}x$

(3) $\displaystyle\int_{0}^{\infty} e^{-2018x}\left|\sin(x)\right|\mathrm{d}x$　　(4) $\displaystyle\int_{0}^{\infty} \frac{\mathrm{d}x}{\sqrt[3]{x}+x^2}$

(5) $\displaystyle\int_{0}^{\frac{\pi}{2}} \frac{\mathrm{d}x}{x\cos(\sqrt[3]{x})}$　　(6) $\displaystyle\int_{0}^{1} \frac{\ln(x)}{1-x^2}\,\mathrm{d}x$

3. 無論 k 是何定值，$\displaystyle\int_{0}^{\infty} \frac{\mathrm{d}x}{x^k}$ 皆發散，這樣說正確嗎?

參考答案：1. (1) $4e^{-3}$ (2) $\frac{\pi}{\sqrt{b}}$ (3) $\frac{1}{2}$ (4) $\frac{1}{\ln 7}$ (5) ∞ (6) $\frac{3}{2}(\sqrt[3]{9}-1)$ (7) 發散 (8) $\frac{\pi}{4}$ (9) $\frac{\pi}{4}-\ln(2)$ (10) $\frac{\pi}{2}$　2. (1) 收斂 (2) 發散 (3) 收斂 (4) 收斂 (5) 發散 (6) 收斂

第 6 章

積分的應用

> 上帝才不在乎我們的數學困難, 他老練地用積分在行事。
>
> Albert Einstein

6.1 曲線弧長

積分源自曲線下面積的問題，但反過來說，積分式並不一定都是在求曲線下面積。當我們要求在區間 $[a,b]$ 上的曲線下面積的時候，我們是先分割、取樣、求和

$$\sum_{i=1}^{n} f(x_i{}^{\star})\Delta x_i \tag{6.1.1}$$

接著再取極限

$$\lim \sum_{i=1}^{n} f(x_i{}^{\star})\Delta x_i \tag{6.1.2}$$

如果這個極限存在，便是曲線下面積，並且將符號寫成

$$\int_a^b f(x)\,\mathrm{d}x \tag{6.1.3}$$

也就是說，$\sum$ 就是做離散情況的「加」；而 $\int$ 則是在做連續狀況的「加」。這兩個其實是一種「類推」(analogy)，都是「加」，只不過分別是在離散或連續的情況。

如果我們將求和的式子作些修改，比方說

$$\sum_{i=1}^{n} x_i^* f(x_i^*)\Delta x_i$$

取極限

$$\lim \sum_{i=1}^{n} x_i^* f(x_i^*)\Delta x_i$$

這極限若存在，便成了

$$\int_a^b x f(x)\,\mathrm{d}x$$

此時，這個積分式當然就不是 $y = f(x)$ 這條曲線的曲線下面積。如果式子 (6.1.1) 改成

$$\sum_{i=1}^{n} \Delta x_i$$

這樣等於只是把每個區間寬度加起來，那麼不管有沒有取極限都會加成 $[a, b]$ 區間的總長度 $b - a$。取極限以後就變成積分

$$\int_a^b \mathrm{d}x = b - a \tag{6.1.4}$$

由此可知，積分式內若不寫被積分函數①，便是將積分區域的長度積出來。因為 $\mathrm{d}x$ 就是 x 的微小變化，那麼將所有的 $\mathrm{d}x$ 加起來就會是總變化 $b - a$。當然，這簡直沒有實用性可言，我們直接 $b - a$ 就好了，不會寫成這個積分。但介紹這個的用意，其一是介紹並非用來求曲線下面積的積分，其二是這類寫法到了之後學多重積分後，就變得較有用處。

我們現在便要來討論一種積分的應用，它不是在求曲線下的面積，而是求曲線的弧長。我先這麼說：曲線弧長 L 就是

$$L = \int_{x=a}^{x=b} \mathrm{d}s \tag{6.1.5}$$

這與式子 (6.1.4) 類似，剛剛是把 x 的微小變化 $\mathrm{d}x$ 加起來，成了 x 的總變化 $b - a$。現在，$\mathrm{d}s$ 是弧長的微小變化，稱之為**微分弧長** (differential arc)。所以式子 (6.1.5) 就是將微分弧長通通加起來，那當然就會是總弧長了。但光是式子 (6.1.5) 這長相，我們還是不知道實際動手要怎麼計算。所以接下來我再

① 不寫其實也等於被積分函數是 1。

介紹，如何將積分式中的 ds 轉換為 dx，轉換完以後就變成跟以前做的積分一樣，對 x 做積分，這樣我們就會做了。

對於想求弧長的範圍，同樣先作分割，將每個分割點連成割線，再將各個割線段長加總起來。隨著分割越來越細，在理想的情況②，總和就會趨近到所欲求的弧長。

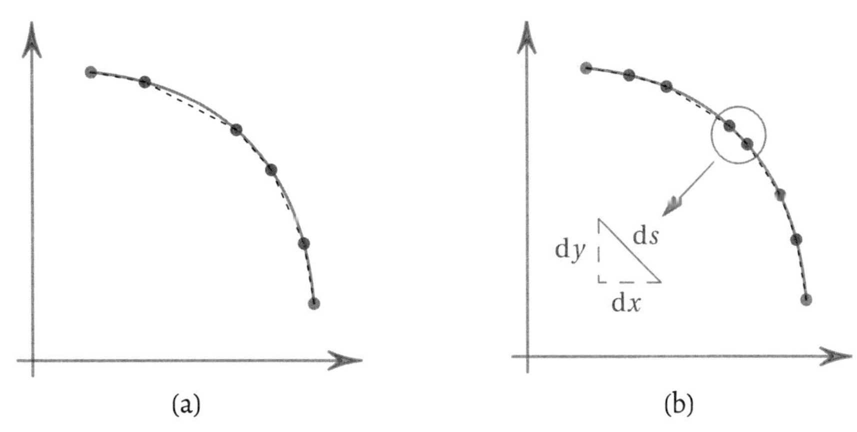

圖 6.1: 微分弧長 ds

若抓其中一小段極微小的微分弧長 ds 來看，即使原本是有弧度的，在無窮小的情況下也幾乎是直線。此時，根據畢氏定理，我們可知

$$\mathrm{d}s = \sqrt{\mathrm{d}x^2 + \mathrm{d}y^2}$$

所以原積分式變成

$$L = \int_{x=a}^{x=b} \sqrt{\mathrm{d}x^2 + \mathrm{d}y^2} \tag{6.1.6}$$

為了便於計算，把 dx 拉出來，得到

$$L = \int_a^b \sqrt{1^2 + \left(\frac{\mathrm{d}y}{\mathrm{d}x}\right)^2}\,\mathrm{d}x \tag{6.1.7}$$

② 類似原本求面積時有可積性的問題，分割越來越細後並不一定有極限，如果能順利趨近到欲求之弧長，我們稱之為可求長 (rectifiable)。在大一微積分課程中，並不太關注這種問題，只要學會算法即可。

性質 6.1.1　曲線弧長

若 f 的導函數 f' 在 $[a,b]$ 上連續，則曲線 $y=f(x)$ 在點 $A(a,f(a))$ 到 $B(b,f(b))$ 之間的弧長為

$$L=\int_{x=a}^{x=b}\mathrm{d}s=\int_a^b\sqrt{1+\left[f'(x)\right]^2}\,\mathrm{d}x=\int_a^b\sqrt{1+\left(\frac{\mathrm{d}y}{\mathrm{d}x}\right)^2}\,\mathrm{d}x$$

例題 6.1.1　求曲線 $y=\frac{1}{3}(x^2+2)^{\frac{3}{2}}$ 由 $x=0$ 到 $x=3$ 之間的弧長。

解

$$\begin{aligned}\frac{\mathrm{d}y}{\mathrm{d}x}&=\frac{1}{3}\cdot\frac{3}{2}(x^2+2)^{\frac{1}{2}}\cdot 2x=x\sqrt{x^2+2}\\ \Rightarrow L&=\int_0^3\sqrt{1+x^2\left(x^2+2\right)}\,\mathrm{d}x\\ &=\int_0^3\sqrt{1+2x^2+x^4}\,\mathrm{d}x\\ &=\int_0^3 1+x^2\,\mathrm{d}x=\left[x+\frac{x^3}{3}\right]_0^3=12\end{aligned}$$

例題 6.1.2　求曲線 $y=\ln\left(\cos(x)\right)$ 由 $x=0$ 到 $x=\frac{\pi}{4}$ 之間的弧長。

解

$$\begin{aligned}\frac{\mathrm{d}y}{\mathrm{d}x}&=-\frac{\sin(x)}{\cos(x)}=-\tan(x)\\ \Rightarrow L&=\int_0^{\frac{\pi}{4}}\sqrt{1+\tan^2(x)}\,\mathrm{d}x\\ &=\int_0^{\frac{\pi}{4}}\sqrt{\sec^2(x)}\,\mathrm{d}x=\int_0^{\frac{\pi}{4}}\sec(x)\,\mathrm{d}x\\ &=\ln\left|\sec(x)+\tan(x)\right|\Big|_0^{\frac{\pi}{4}}=\ln\left(\sqrt{2}+1\right)\end{aligned}$$

例題 6.1.3 求曲線 $y=\frac{1}{2}(e^x+e^{-x})$ 由 $x=0$ 到 $x=2$ 之間的弧長。

解

$$\frac{\mathrm{d}y}{\mathrm{d}x}=\frac{1}{2}(e^x-e^{-x})$$

$$\Rightarrow 1+\left(\frac{\mathrm{d}y}{\mathrm{d}x}\right)^2=1+\frac{1}{4}(e^{2x}-2+e^{-2x})=\frac{1}{4}(e^{2x}-2+e^{-2x}+4)$$

$$=\frac{1}{4}(e^{2x}+2+e^{-2x})=\left(\frac{1}{2}(e^x+e^{-x})\right)^2$$

$$\Rightarrow L=\int_0^2\frac{1}{2}(e^x+e^{-x})\,\mathrm{d}x=\frac{1}{2}\Big[e^x-e^{-x}\Big]_0^2=\frac{1}{2}(e^2-e^{-2})$$

note

此題極為常見，應留意平方關係的巧妙設計。

例題 6.1.4 求曲線 $y=\frac{x^{\frac{3}{2}}}{3}-x^{\frac{1}{2}}$ 由 $x=1$ 到 $x=9$ 之間的弧長。

解

$$\frac{\mathrm{d}y}{\mathrm{d}x}=\frac{1}{2}x^{\frac{1}{2}}-\frac{1}{2}x^{-\frac{1}{2}}$$

$$\Rightarrow 1+\left(\frac{\mathrm{d}y}{\mathrm{d}x}\right)^2=1+\frac{1}{4}\left(x-2+\frac{1}{x}\right)=\frac{1}{4}\left(x-2+\frac{1}{x}+4\right)$$

$$=\frac{1}{4}\left(x+2+\frac{1}{x}\right)=\left(\frac{1}{2}(x^{\frac{1}{2}}+x^{-\frac{1}{2}})\right)^2$$

$$\Rightarrow L=\int_1^9\frac{1}{2}(x^{\frac{1}{2}}+x^{-\frac{1}{2}})\,\mathrm{d}x=\left[\frac{x^{\frac{3}{2}}}{3}+x^{\frac{1}{2}}\right]_1^9$$

$$=\left(\frac{3^3}{3}+3\right)-\left(\frac{1}{3}+1\right)=\frac{32}{3}$$

例題 6.1.5　求曲線 $y=x^{\frac{3}{2}}$ 由 $x=0$ 到 $x=4$ 之間的弧長。

解

$$\frac{dy}{dx}=\frac{3}{2}x^{\frac{1}{2}} \quad \Rightarrow 1+\left(\frac{dy}{dx}\right)^2=1+\frac{9}{4}x$$

$$\Rightarrow L=\int_0^4\sqrt{1+\frac{9}{4}x}\,dx=\frac{4}{9}\int_1^{10}\sqrt{u}\,du$$

$$=\frac{4}{9}\left[\frac{2}{3}u^{\frac{3}{2}}\right]_1^{10}=\frac{8}{27}\left(10\sqrt{10}-1\right)$$

有一種情況，我們會發現列出來的積分式不好處理。例如曲線 $y=x^{\frac{2}{3}}$，$\frac{dy}{dx}=\frac{2}{3}x^{-\frac{1}{3}}$，於是求 $x=0$ 到 $x=8$ 之間弧長為

$$\int_0^8\sqrt{1+\frac{4}{9}x^{-\frac{2}{3}}}\,dx$$

這積分式看來不好處理。設 $\frac{2}{3}x^{-\frac{1}{3}}=\tan(\theta)$ 是能做，但會做比較久。另一個辦法是寫成 $\frac{\sqrt{9x^{\frac{2}{3}}+4}}{3x^{\frac{1}{3}}}$，再設 $u=9x^{\frac{2}{3}}+4$，但這個比較不容易想到。

回想一下，我們原本是將 ds 把 dx 抽出來，成了

$$ds=\sqrt{dx^2+dy^2}=\sqrt{1+\left(\frac{dy}{dx}\right)^2}\,dx$$

如果我們改成是將 dy 抽出來，就成了

$$ds=\sqrt{\left(\frac{dx}{dy}\right)^2+1}\,dy$$

所以我們可以改成做 y 方向的積分！於是剛剛的問題，我們可將 $y=x^{\frac{2}{3}}$ 改寫成 $x=y^{\frac{3}{2}}$ 。當 $x=0$ 時 $y=0$；當 $x=8$ 時 $y=4$ 。便可列出積分式為

$$\int_0^4\sqrt{1+(\frac{3}{2}y^{\frac{1}{2}})^2}\,dy$$

正和上一題長相一樣，這樣便比較好做了。

如果所欲求弧長的對象是參數式所表示的曲線，只須由拉 $\mathrm{d}x$ 出來改為拉 $\mathrm{d}t$ 出來：

$$\mathrm{d}s = \sqrt{\mathrm{d}x^2 + \mathrm{d}y^2} = \sqrt{\left(\frac{\mathrm{d}x}{\mathrm{d}t}\right)^2 + \left(\frac{\mathrm{d}y}{\mathrm{d}t}\right)^2}\,\mathrm{d}t \tag{6.1.8}$$

性質 6.1.2　參數式曲線求弧長

若曲線 C 由參數式 $\begin{cases} x = f(t) \\ y = g(t) \end{cases}$，$a \le t \le b$ 所決定，其中 f' 與 g' 在區間 $[a,b]$ 上連續且不同時為 0。則此段曲線弧長為

$$L = \int_{t=a}^{t=b} \mathrm{d}s = \int_a^b \sqrt{\left[f'(t)\right]^2 + \left[g'(t)\right]^2}\,\mathrm{d}t = \int_a^b \sqrt{\left(\frac{\mathrm{d}x}{\mathrm{d}t}\right)^2 + \left(\frac{\mathrm{d}y}{\mathrm{d}t}\right)^2}\,\mathrm{d}t$$

例題 6.1.6　利用圓的參數式 $\begin{cases} x = r\cos(t) \\ y = r\sin(t) \end{cases}$ 計算圓周長。

解

$$L = \int_0^{2\pi} \sqrt{\left[-r\sin(t)\right]^2 + \left[r\cos(t)\right]^2}\,\mathrm{d}t = \int_0^{2\pi} \sqrt{r^2}\,\mathrm{d}t = r\int_0^{2\pi} \mathrm{d}t = 2\pi r$$

例題 6.1.7　曲線由參數式 $\begin{cases} x = e^{-t}\cos(t) \\ y = e^{-t}\sin(t) \end{cases}$，$0 \le t \le \frac{\pi}{2}$ 決定，求其弧長。

解

$$\frac{\mathrm{d}x}{\mathrm{d}t} = -e^{-t}\big(\sin(t) + \cos(t)\big), \quad \frac{\mathrm{d}y}{\mathrm{d}t} = e^{-t}\big(\cos(t) - \sin(t)\big)$$

$$\Rightarrow L = \int_0^{\frac{\pi}{2}} \sqrt{e^{-2t}\big(2\sin^2(t) + 2\cos^2(t)\big)}\,\mathrm{d}t$$

$$= \sqrt{2}\int_0^{\frac{\pi}{2}} e^{-t}\,\mathrm{d}t = \sqrt{2}\left[-e^{-t}\right]_0^{\frac{\pi}{2}} = \sqrt{2}\left(1 - e^{-\frac{\pi}{2}}\right)$$

例題 6.1.8　求星形線 $x^{\frac{2}{3}}+y^{\frac{2}{3}}=1$ 在第一象限部分的弧長。

解

移項得 $y=\left(1-x^{\frac{2}{3}}\right)^{\frac{3}{2}}$，代入弧長公式得……等一下，這也太麻煩了！在參數式求導的主題中，我們介紹過可先進行參數化：

$$\begin{cases} x=\cos^3(t) \\ y=\sin^3(t) \end{cases},\ 0\le t\le 2\pi \tag{6.1.9}$$

而現在只計算第一象限，t 範圍改為 0 到 $\frac{\pi}{2}$，故可列式為

$$\begin{aligned}
L&=\int_0^{\frac{\pi}{2}}\sqrt{\left(\frac{\mathrm{d}x}{\mathrm{d}t}\right)^2+\left(\frac{\mathrm{d}y}{\mathrm{d}t}\right)^2}\,\mathrm{d}t\\
&=\int_0^{\frac{\pi}{2}}\sqrt{\left(-3\cos^2(t)\sin(t)\right)^2+\left(3\sin^2(t)\cos(t)\right)^2}\,\mathrm{d}t\\
&=3\int_0^{\frac{\pi}{2}}\sqrt{\cos^4(t)\sin^2(t)+\sin^4(t)\cos^2(t)}\,\mathrm{d}t\\
&=3\int_0^{\frac{\pi}{2}}\cos(t)\sin(t)\sqrt{\cos^2(t)+\sin^2(t)}\,\mathrm{d}t\\
&=3\int_0^{\frac{\pi}{2}}\cos(t)\sin(t)\,\mathrm{d}t=3\int_0^1 u\,\mathrm{d}u=\frac{3}{2}
\end{aligned}$$

例題 6.1.9　曲線由參數式 $\begin{cases} x=\ln\left(\sec(t)+\tan(t)\right)-\sin(t) \\ y=\cos(t) \end{cases},\ 0\le t\le\frac{\pi}{3}$ 決定，求其弧長。

解

$$\begin{aligned}
\frac{\mathrm{d}x}{\mathrm{d}t}&=\frac{\sec(t)\tan(t)+\sec^2(t)}{\sec(t)+\tan(t)}-\cos(t)=\sec(t)-\cos(t)\\
\frac{\mathrm{d}y}{\mathrm{d}t}&=-\sin(t)
\end{aligned}$$

$$
\begin{aligned}
\Rightarrow L &= \int_0^{\frac{\pi}{3}} \sqrt{\left(\sec(t)-\cos(t)\right)^2+\left(-\sin(t)\right)^2}\, \mathrm{d}t \\
&= \int_0^{\frac{\pi}{3}} \sqrt{\sec^2(t)-2+1}\, \mathrm{d}t \\
&= \int_0^{\frac{\pi}{3}} \sqrt{\tan^2(t)}\, \mathrm{d}t = \int_0^{\frac{\pi}{3}} \tan(t)\, \mathrm{d}t \\
&= -\ln\left|\cos(t)\right| \Big|_0^{\frac{\pi}{3}} \\
&= -\ln\frac{1}{2}+\ln 1 = \ln 2
\end{aligned}
$$

{*Exercise*}

1. 求出下列曲線在給定範圍的曲線弧長。

   (1) $y=\frac{x^3}{6}+\frac{1}{2x},\ 1\le x\le 2$　　(2) $y=\frac{1}{2}x^2,\ 0\le x\le 1$

   (3) $y=\frac{x^4}{8}+\frac{1}{4x^2},\ 1\le x\le 2$　　(4) $y=\sqrt{e^x}+\frac{1}{\sqrt{e^x}},\ 0\le x\le \ln(3)$

2. 曲線由參數式 $x=t^2,\ y=t^3,\ 0\le t\le 1$ 所確定，求其弧長。

參考答案： 1. (1) $\frac{17}{12}$ (2) $\frac{\sqrt{2}}{2}+\frac{\ln(\sqrt{2}+1)}{2}$ (3) $\frac{33}{16}$ (4) $\frac{2}{\sqrt{3}}$　2. $\frac{13\sqrt{13}-8}{27}$

■ 6.2 求體積

一開始介紹積分時，都說它用來求曲線下面積。但積分的用途其實很廣，並不是只能來拿求面積問題，有許多問題是一點一點地積累起來的，都可以用積分來表示。《荀子 · 大略》：「夫盡小者大，積微成著，……」意思是說，微小的事物，經過長期積累，也會變得顯著。後來清朝學者李善蘭，於 1859 年翻譯中國第一本微積分教科書時，據此③ 而使用了「微分」、「積分」等詞。像是求曲線弧長，$\mathrm{d}s$ 便是「微」，微小的弧長。做積分

$$\int_a^b \mathrm{d}s$$

這便是積微成著：將許多微小的弧長積出一段曲線的弧長。

同理也可以用來求體積。我們先回想求面積的狀況，若要求曲線下的面積，我們之前的作法是，切割成許多子區間，然後用許多長方形的面積和去求近似面積。接著又取極限，讓每個長方形的寬度趨近到零。對此，我們可以用口語粗略地說，我們將一條一條線去積出了面積。積分式子便是

$$\int_a^b f(x)\,\mathrm{d}x$$

同樣道理，一個三維物體，也可以先切割成許多「盤子」，將這些薄盤的體積加總起來，得到近似的體積。接著再取極限，讓每個盤子厚度趨近零。可以粗略地說：我們用一個一個面，積出了體積。積分式子長這樣

$$V = \int_a^b A(x)\,\mathrm{d}x$$

因此，若我們能夠分析出一個物體的「截面積函數」$A(x)$，便可以將體積給積出來了。截面積函數 $A(x)$ 是代表，在 $x = 3$ 處，我們用一個垂直於 x 軸的平面與該物體相交，截出一個面，其面積就是 $A(3)$ 。

舉一個具體的例子，我們知道錐體的體積公式，是 $\frac{Ah}{3}$，其中 A 是底面積而 h 是高。所以圓錐的體積便是 $\frac{\pi r^2 h}{3}$，那麼底圓半徑為 2 而高為 4 的圓錐，體積便是 $\frac{16\pi}{3}$，現在我們試圖用積分來驗證它。

首先將圓錐的頂點設為原點，並且讓 x 軸垂直底面。如果我們用一個個圓盤的體積來加總，便會有近似的體積。接著再取極限後，圓盤們的厚度趨

③ 其實這只是猜測，李善蘭用詞的真正來源沒人能確定。

近到零，變成是用一片一片的圓，它們面積積出圓錐體積。所以我們要設法寫出截面積函數 $A(x)$，這截面積函數是我們用垂直於 x 軸的平面與圓錐相交，看看當 x 是某值時，所相應截出的截圓面積會是多少。而圓面積是 $r^2\pi$，所以我們可以先求截圓半徑函數 $r(x)$：不同的 x 值所對應的截圓半徑，於是 $A(x) = r^2(x)\pi$ 。

我們由側面往圓錐看過去，看起來是直角三角形，兩股邊分別為圓錐的底面半徑 2 及高 4 。

如右圖所分析，$r(x)$ 與 x 和圓錐側面，形成較小的直角三角形。由於相似關係，我們可以列式

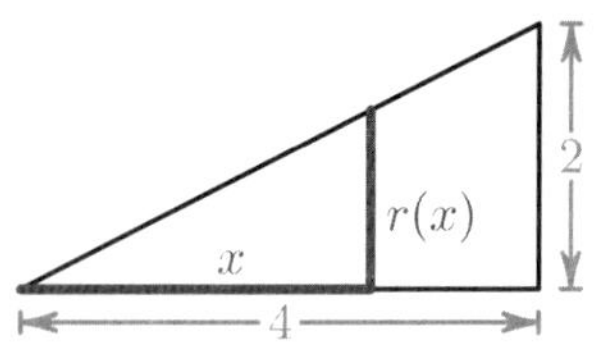

$$\frac{r(x)}{x} = \frac{2}{4}$$

再經過移項處理以後，便可得到 $r(x) = \frac{1}{2}x$，於是截面積函數 $A(x) = \frac{1}{4}x^2\pi$ 。我們便可列出積分式

$$\int_0^4 \frac{1}{4}\pi x^2 \, \mathrm{d}x$$

這樣便可以積出 $\frac{16\pi}{3}$ 來。

例題 6.2.1　利用 $V = \int_a^b A(x) \, \mathrm{d}x$ 導出球體積公式。

解

設球心為原點，半徑為 R 。垂直 x 軸的平面所截的截面也是圓，因此仍然先求 $r(x)$ 。根據畢氏定理，我們可知

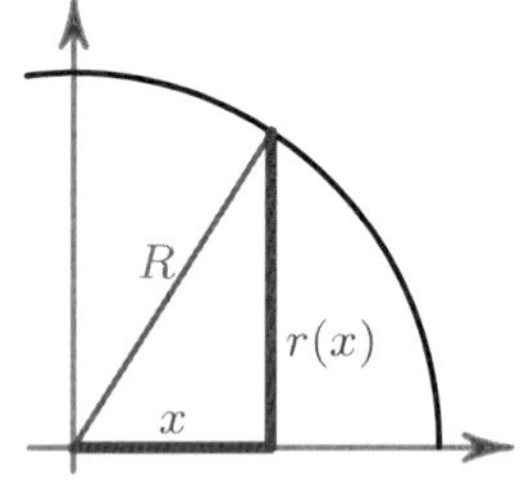

$$r^2(x) = R^2 - x^2$$

所以 $A(x) = r^2(x)\pi = \left(R^2 - x^2\right)\pi$ 。於是

$$\begin{aligned}\int_{-R}^{R} \left(R^2 - x^2\right)\pi \, \mathrm{d}x &= \pi \int_{-R}^{R} R^2 \, \mathrm{d}x - \pi \int_{-R}^{R} x^2 \, \mathrm{d}x \\ &= 2\pi R^3 - \frac{2\pi R^3}{3} = \frac{4\pi R^3}{3}\end{aligned}$$

例題 6.2.2 金字塔高 h，底面是邊長 a 的正方形。求此金字塔體積。

解

設頂端為原點，面垂直 x 軸。垂直 x 軸的任意平面，會與金字塔截出正方形。因此寫 $A(x)=L^2(x)$，$L(x)$ 是所截出的正方形邊長。

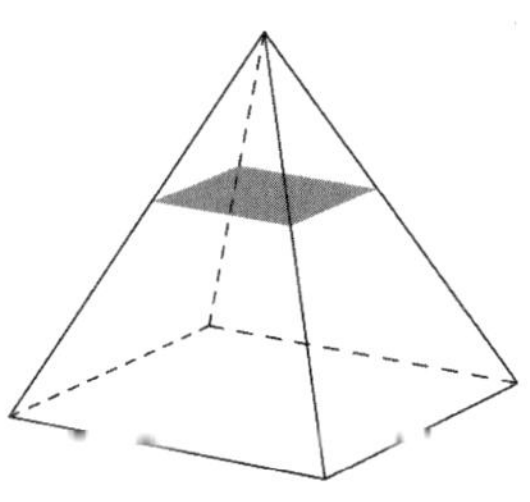

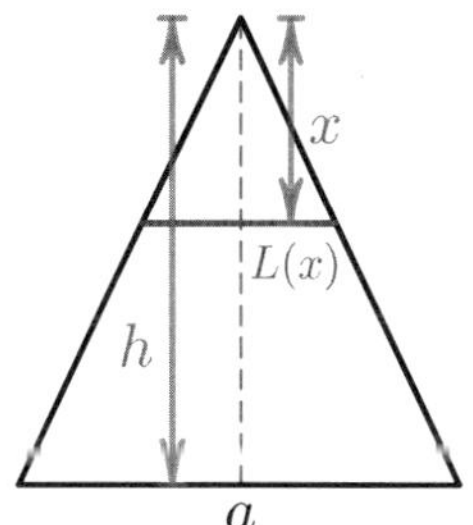

若從側面看過去，一樣看起來是三角形，利用相似關係列出

$$\frac{L(x)}{x}=\frac{a}{h}$$

所以可得到 $L(x)=\frac{ax}{h}$，於是 $A(x)=\frac{a^2x^2}{h^2}$。便可列出積分式

$$\int_0^h \frac{a^2x^2}{h^2}\,\mathrm{d}x=\frac{a^2x^3}{3h^2}\Big|_0^h=\frac{a^2h}{3}$$

例題 6.2.3 一物體 R 的底面是在 xy-平面上的單位圓，垂直 x 軸的平面與 R 的截面皆為斜邊在底面的等腰直角三角形，求 R 體積。

解

這敘述看來頗為怪異，R 事實上是長這樣

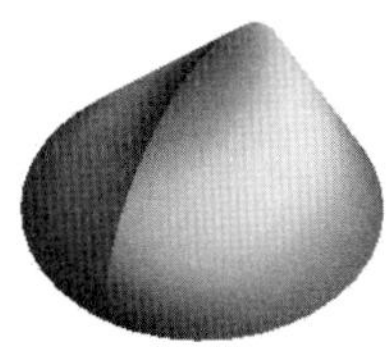

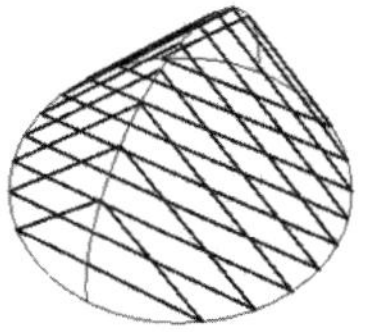

不過不知道它長相其實也沒關係，光靠題目敘述就已經有足夠資訊，知

道該如何列式了。在某個 x 值處，平面與物體的底面所截長度，設為 $L(x)$ 。該處與物體的截面是等腰直角三角形，所以截面積函數 $A(x) = \frac{L^2(x)}{4}$ 。至於 $L(x)$ 也不難求出，先寫出單位圓是 $y = \pm\sqrt{1-x^2}$，馬上就知道 $L(x) = 2\sqrt{1-x^2}$ 。所以列出積分式

$$\int_{-1}^{1} \frac{4(1-x^2)}{4}\,\mathrm{d}x = \int_{-1}^{1} 1-x^2\,\mathrm{d}x = \frac{4}{3}$$

{Exercise}

1. 一物體的底面是 xy-平面上 $y=\sqrt{x}, y=0, x=4$ 所圍區域，垂直 x 軸的平面與此物體的截面皆是正方形，求其體積。

2. 一物體對於 xy-平面上下對稱，其與 xy-平面的截面是 $y=x^2, y=2-x^2$ 所圍區域，而垂直 x 軸的平面與此物體的截面皆是圓，求此物體體積。

3. 試驗證直圓錐的體積公式 $V=\frac{\pi r^2 h}{3}$，其中 r 為底圓半徑，h 為高。

參考答案：　1. 8　2. $\frac{16}{15}\pi$　3. 略

■ 6.3　旋轉體體積

6.3.1　圓盤法

曲線 $y=\sqrt{x}$ 之下，$0\le x\le 1$。若將這段區域繞著 x 軸作旋轉，便會得到一個立體，稱之為**旋轉體**。因為是繞著 x 軸作旋轉，所以此時 x 軸是**旋轉軸**。若是我們拿刀以垂直旋轉軸的方向切成許多圓盤，再將這許多圓盤加起來，便可近似旋轉體體積。隨著圓盤的厚度越切越細（$\Delta x\to 0$），便等於利用積分的想法積出旋轉體體積，這個方法便是**圓盤法**（disk method）。

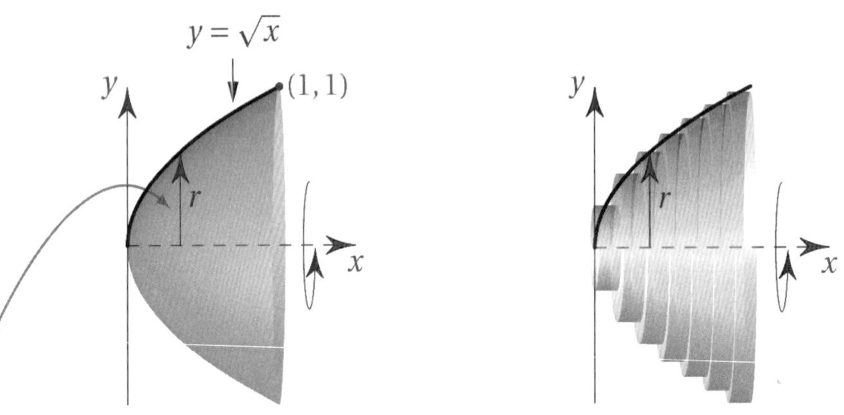

說穿了其實就是 $V=\int_a^b A(x)dx$ 的某種特例：$A(x)=r^2(x)\pi$。所以圓盤法求旋轉體體積，就是

$$V=\pi\int_a^b r^2(x)\,\mathrm{d}x$$

其實之前介紹用積分求體積時，它便已經出現了。我們將 $y=2x$ 底下，$0\le x\le 2$ 的區域，繞著 x 軸作旋轉，得到一個高為 2，底面圓半徑 4 的圓錐。我們將 $y=\sqrt{R^2-x^2}$ 底下，繞著 x 軸作旋轉，得到球。所以當時在演示求體積時，其實已演示了圓盤法！

現在來看曲線 $y=\sqrt{x}$ 之下，$0\le x\le 1$，這區域繞 x 軸所成旋轉體。接著求 $r(x)$，這很簡單，它就是曲線 $y=\sqrt{x}$ 到旋轉軸之間的距離。

所以，當旋轉軸就是 x 軸的時候，$r(x)$ 就是 $f(x)$，因此

$$V=\pi\int_a^b f^2(x)\,\mathrm{d}x$$

但請不要死記此積分式，因為只要旋轉軸不是 x 軸，譬如說 $y=f(x)$ 繞著 $y=-2$ 作旋轉，那麼 $r(x)$ 就是曲線 $f(x)$ 到旋轉軸 $y=-2$ 之間的距離 $\left|f(x)-(-2)\right|$，那麼積分式應該是

$$V=\pi\int_a^b r^2(x)\,\mathrm{d}x=\pi\int_a^b \big(f(x)-(-2)\big)^2\,\mathrm{d}x$$

性質 6.3.1　圓盤法

在曲線 $y=f(x)$ 之下，$x=a$ 和 $x=b$ 之間的區域，繞著 $y=c$ 作旋轉所形成的旋轉體體積為

$$V=\pi\int_a^b r^2(x)\,\mathrm{d}x=\pi\int_a^b \big(f(x)-c\big)^2\,\mathrm{d}x$$

只要記 $\pi\int_a^b r^2(x)\,\mathrm{d}x$ 就好了，看到題目再判斷 $r(x)$ 怎麼寫。

例題 6.3.1　求曲線 $y=\sec(x)$ 下，$0\le x\le\frac{\pi}{4}$ 的區域，繞 x 軸旋轉的體積。

解

$r(x)$ 就是曲線到旋轉軸的距離，故

$$\int_0^{\frac{\pi}{4}} \underbrace{\overbrace{\sec^2(x)}^{r^2(x)}\,\pi}_{A(x)}\,\mathrm{d}x=\pi\tan(x)\Big|_0^{\frac{\pi}{4}}=\pi$$

例題 6.3.2　求曲線 $x=1-y^2$ 與 y 軸所夾區域，繞 y 軸旋轉的體積。

解

現在是另一個方向轉，這樣用圓盤法就改成對 y 積分，其它原則皆相同。解 $1-y^2=0$，得到 $y=\pm1$，得知此區域的範圍是 $-1\le y\le 1$。

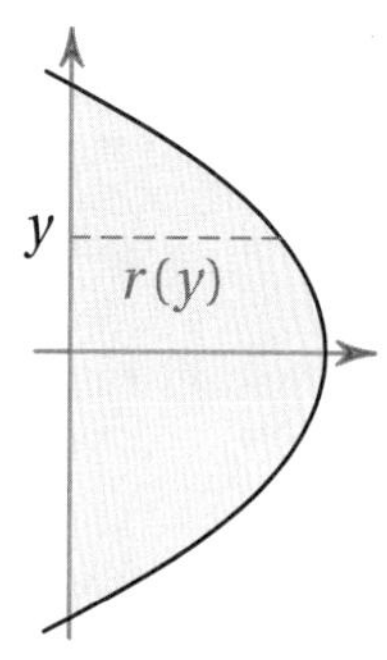

圓盤法是與旋轉軸垂直地切，而現在旋轉軸是鉛直線 $x=0$，所以我們現在水平地切一條線段。由於是水平地切，便知道我們是要對 y 做積分。拉出曲線到

旋轉軸之間的距離，這就是 $r(y)$。於是便可列式

$$\pi\int_{-1}^{1} r^2(y)\,\mathrm{d}y = \pi\int_{-1}^{1}\left(1-y^2\right)^2\,\mathrm{d}y$$

$$=2\pi\int_{0}^{1} y^4-2y^2+1\,\mathrm{d}y \qquad \boxed{\text{偶函數}}$$

$$=2\pi\left[\frac{y^5}{5}-\frac{2y^3}{3}+y\right]_0^1=\frac{16\pi}{15}$$

例題 6.3.3 求曲線 $y=e^{-x}$ 下，$0\le x\le \ln(2)$ 的區域，繞 $y=-1$ 旋轉的體積。

解

再強調一次，千萬不要一看到旋轉體的題目，就套用 $\pi\int_a^b f^2(x)\,\mathrm{d}x$。這樣背公式直接套，在此題就會錯了。應該要記得，使用圓盤法時，截面積函數 $A(x)=r^2(x)\pi$。所以體積 $V=\int_a^b A(x)\,\mathrm{d}x=\pi\int_a^b r^2(x)\,\mathrm{d}x$。等我們看到題目以後，再去找 $r(x)$ 就好了。

$r(x)$ 就是曲線到旋轉軸的距離，曲線是 $y=e^{-x}$，而旋轉軸現在是 $y=-1$，所以 $r(x)$ 就是 $\left|e^{-x}-(-1)\right|$，於是 $r^2(x)$ 便是 $\left(e^{-x}-(-1)\right)^2$。所以便可列式

$$\pi\int_0^{\ln(2)}\left(e^{-x}+1\right)^2\,\mathrm{d}x$$

$$=\pi\int_0^{\ln(2)} e^{-2x}+2e^{-x}+1\,\mathrm{d}x$$

$$=\pi\left[\frac{e^{-2x}}{-2}-2e^{-x}+x\right]_0^{\ln(2)}$$

$$=\left[\left(\frac{2^{-2}}{-2}-2\times 2^{-1}+\ln(2)\right)-\left(-\frac{1}{2}-2+0\right)\right]\pi$$

$$=\left(\ln(2)+\frac{11}{8}\right)\pi$$

接下來探討一個稍微複雜一點點的狀況，真的只有一點點。如果說不是由一條曲線下的區域，而是由曲線 $y=f(x)$ 與 $y=g(x)$ 所圍成的區域，旋轉成一個旋轉體。此時雖仍可用圓盤法的想法，但我們現在切出來的，就變得不是圓盤，而是同心圓。

若同心圓外圈半徑 R 而內圈半徑 r，則同心圓面積為 $\left(R^2-r^2\right)\pi$，因此 $A(x)=\left(R^2(x)-r^2(x)\right)\pi$。要找出 $R(x)$ 與 $r(x)$ 並不困難，只要看兩條曲線誰距離旋轉軸較遠，它到旋轉軸距離即是 $R(x)$；較近的那個，它到旋轉軸距離即是 $r(x)$。

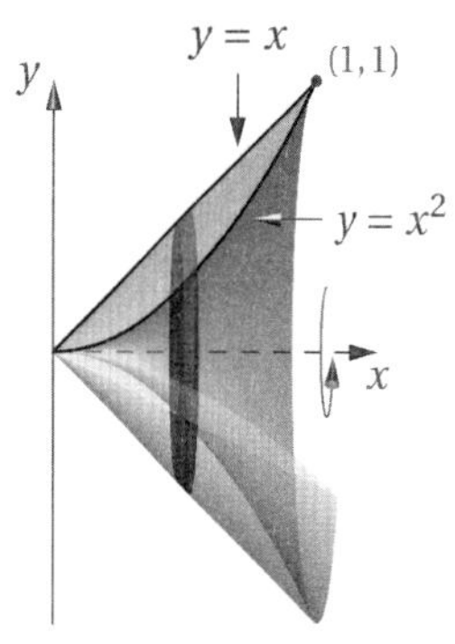

圖 6.2: washer method

這個方法，叫做 washer method。中文譯名則較雜亂，有叫圓環法，有叫墊圈法，還有叫環圈法。但在此就不特地給它起個名字了，因為它基本上仍是圓盤法的想法，只不過切出來不是圓盤而已，其實根本沒機會與前一個搞混，溝通上問題並不大，因此仍以圓盤法稱之。

例題 6.3.4 在 $0\le x\le\frac{\pi}{4}$，曲線 $y=\sec(x)$ 之下曲線 $y=\tan(x)$ 之上。繞 x 軸作旋轉以後，求此旋轉體體積。

解

由於 $\sec(x)=\dfrac{1}{\cos(x)},\tan(x)=\dfrac{\sin(x)}{\cos(x)}$，所以即使題目沒告訴我們誰在上誰在下，我們也容易知道[a] $\sec(x)\ge\tan(x)$。所以就可以列式

$$\int_0^{\frac{\pi}{4}}\underbrace{\left(\overbrace{\sec^2(x)}^{R^2(x)}-\overbrace{\tan^2(x)}^{r^2(x)}\right)\pi}_{A(x)}\,\mathrm{d}x=\int_0^{\frac{\pi}{4}}\pi\,\mathrm{d}x=\frac{\pi^2}{4}$$

[a] 不知道也沒關係，列反了只不過變負的，負的不對勁自己再換過來就好。

例題 6.3.5 由曲線 $y=\sqrt{x}$、$x=4$ 及 x 軸所圍成的區域，分別繞 x 與 y 軸，各成一旋轉體，請求出此二旋轉體之體積。

解

繞 x 軸轉：

則視為曲線 $y=\sqrt{x}$ 以下，$0\le x\le 4$ 之間的區域。因此列式

$$\pi\int_0^4 \left(\sqrt{x}\right)^2 \mathrm{d}x = \pi\int_0^4 x\,\mathrm{d}x = \pi\left[\frac{x^2}{2}\right]_0^4 = 8\pi$$

繞 y 軸轉:

則視為曲線 $x=y^2$ 以上，$x=4$ 以下[a]，$0\le y\le 2$[b] 之間的區域。這樣的旋轉體，切下去的截面會是同心圓。因此列式

$$\pi\int_0^2 4^2-(y^2)^2\,\mathrm{d}y = \pi\int_0^2 16-y^4\,\mathrm{d}y = \pi\left[16y-\frac{y^5}{5}\right]_0^2 = \frac{128}{5}\pi$$

[a]此時已翻過來看，因此「上」是 x 較大的方向，也就是原本的右；「下」則是 x 較小的方向，也就是原本的左。

[b]在曲線 $y=\sqrt{x}$ 上，$x=4$ 時，對應的 y 值是 2。

6.3.2　剝殼法

相較於圓盤法是與旋轉軸垂直地切，現在我們與旋轉軸平行地切。我們在未旋轉前就先切，然後仔細觀察其中一個子區間，發現它在旋轉以後，會形成圓柱殼。接著取極限，讓每個子區間的寬度趨近到零以後，圓柱殼就會變成圓柱面。

原本與旋轉軸垂直地切，可切出圓盤。現在我們改個方式，將旋轉體有如剝洋蔥般地，以旋轉軸為中心由內往外剝，便剝出大小不一的圓柱面。

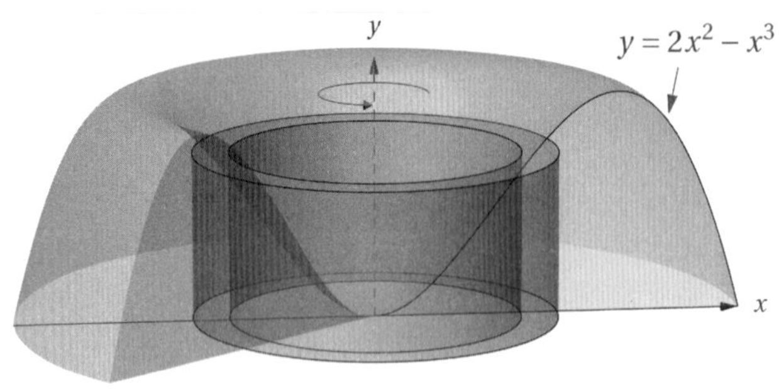

圖 6.3: 剝殼法

若一個圓柱的高是 h，圓半徑 r，則其側表面積是 $2\pi rh$，所以 $A(x)=$

$2\pi r(x)h(x)$。於是

$$V = \int_a^b A(x)\,\mathrm{d}x = \int_a^b 2\pi r(x)h(x)\,\mathrm{d}x$$

至於 $r(x)$ 及 $h(x)$ 該怎麼寫呢？我們將曲線 $y = f(x)$ 之下，$a \le x \le b$，這區域繞 y 軸旋轉。旋轉之前在區域上，沿著與旋轉軸平行的方向切下去，然後觀察它隨著旋轉形成圓柱。

可以看出，曲線的高 $f(x)$ 便是圓柱的高 $h(x)$；而 x 距離旋轉軸便是圓半徑 $r(x)$。所以此時

$$\int_a^b 2\pi r(x)h(x)\,\mathrm{d}x = \int_a^b 2\pi x f(x)\,\mathrm{d}x$$

但與圓盤法時狀況一樣，並不建議死記此式，因為只要旋轉軸一改變，$r(x)$ 就不是 x 了。而且區域也不見得是曲線與 x 軸所夾，可能是曲線 $y = f(x)$ 跟直線 $y = -2$ 所夾，這樣 $h(x)$ 就應該是 $\left|f(x) - (-2)\right|$ 才對。甚至有可能是曲線 $y = f(x)$ 和曲線 $y = g(x)$ 所圍，那麼 $h(x)$ 就是 $\left|f(x) - g(x)\right|$。

性質 6.3.2 剝殼法

在曲線 $y = f(x)$ 之下，曲線 $y = g(x)$ 之上，$x = a$ 和 $x = b$ 之間的區域，繞著 $x = d$ 作旋轉所形成的旋轉體。其體積為

$$V = 2\pi \int_a^b r(x)h(x)\,\mathrm{d}x = 2\pi \int_a^b |x - d|\,\left|f(x) - g(x)\right|\,\mathrm{d}x$$

note

圓盤法只要記 $\pi \int r^2(x)dx$，臨場再看 $r(x)$ 在哪裡並列式；剝殼法只要記 $2\pi \int r(x)h(x)dx$，臨場再看 $r(x), h(x)$ 在哪裡。而這兩個如果一時忘記了，想一下原理即可寫出。圓盤法把許多圓盤積起來；剝殼法把許多圓柱殼積起來。這樣一想，下一步就可以寫出來了。

例題 6.3.6　曲線 $y=e^{-x^2}$，$0\le x\le 1$，繞 y 軸作旋轉，求此旋轉體體積。

解

先將此區域畫出[a]。旋轉軸是 y 軸，所以便畫出一條平行於它的鉛直線，切在區域中某處。所切出來的這段長是 $f(x)$，它便是 $h(x)$。而它與旋轉軸的距離是 x，它便是 $r(x)$。就這樣，我們不記 $2\pi\int xf(x)\,\mathrm{d}x$ 也能很快寫出來，而且不怕題目改變旋轉軸。所以

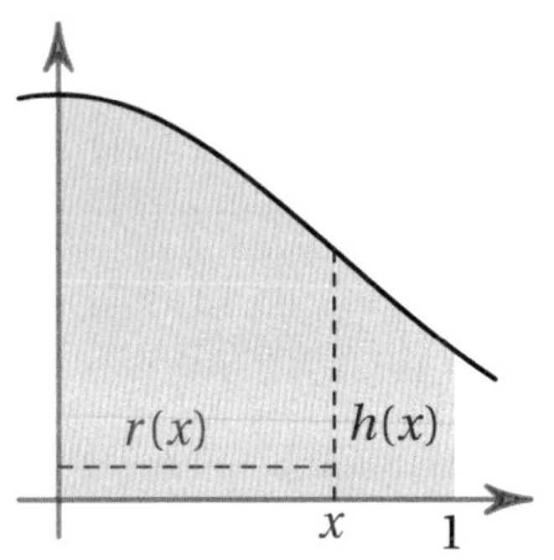

圖 6.4: $y=e^{-x^2}$ 繞 y 軸

$$
\begin{aligned}
&2\pi\int_0^1 xe^{-x^2}\,\mathrm{d}x\\
=&-\pi\int_0^{-1} e^u\,\mathrm{d}u && \boxed{u=-x^2}\\
=&\pi\int_{-1}^0 e^u\,\mathrm{d}u && \boxed{\text{交換上下限}}\\
=&\left(1-\frac{1}{e}\right)\pi
\end{aligned}
$$

[a] 不必畫得多麼精準，畫個大概就行了。首先 $f(0)=1$，接著稍微有點遞減的感覺，這樣就夠了。現在只是要輔助我們列式，圖可以不用太精準。

例題 6.3.7　曲線 $y=x^2$ 與 $y=2x$ 所圍區域，繞 y 軸作旋轉，求此旋轉體體積。

解

先解 $x^2=2x$，得到 $x=0$ 或 2，得知此區域的範圍是 $0\le x\le 2$。簡單畫圖可知 $y=2x$ 在上，$y=x^2$ 在下。不畫圖也知道，在 0 到 2 中間隨便抓一個來代，譬如說抓 $x=1$ 代代看，很容易就知道 $y=2x$ 在上，$y=x^2$ 在下。

同樣地，跟旋轉軸平行的方向是鉛直方向，因此在此區域上畫鉛直線切過它。可以看出 $h(x)$ 就是 $\left|2x-x^2\right|$，因為兩曲線間並沒有交換大小關係，所以若不加絕對值也沒問題。至於 $r(x)$ 就是 x 到旋轉軸的距離，而

旋轉軸是 y 軸，即 $x=0$，故可知 $r(x)=|x-0|=x$。於是列式

$$\begin{aligned}&2\pi\int_0^2 x(2x-x^2)\,\mathrm{d}x\\=&2\pi\int_0^2 2x^2-x^3\,\mathrm{d}x\\=&2\pi\left[\frac{2x^3}{3}-\frac{x^4}{4}\right]_0^2\\=&2\pi\left[\frac{16}{3}-4\right]=\frac{8\pi}{3}\end{aligned}$$

許多同學在學習求旋轉體的體積時，都有個問題：我怎麼知道什麼時候使用圓盤法，什麼時候使用剝殼法呢？關於這個問題，理論上是都可以的，只不過圓盤法是與旋轉軸方向垂直地切，而剝殼法是平行地切。

例如右圖中，這區域繞 y 軸旋轉出圓錐來。如果我們使用圓盤法，那就水平地切。因為是水平地切，所以積分式是對 y 積分，於是也要將 $y=1-x$ 反過來寫，變成 $x=1-y$，以及找出 $r(y)$。y 的範圍 0 到 1，因為當 $x=0$ 時 $y=1$，當 $x=1$ 時 $y=0$。如果我們使用剝殼法，那就鉛直地切，並找出 $h(x)$ 及 $r(x)$。

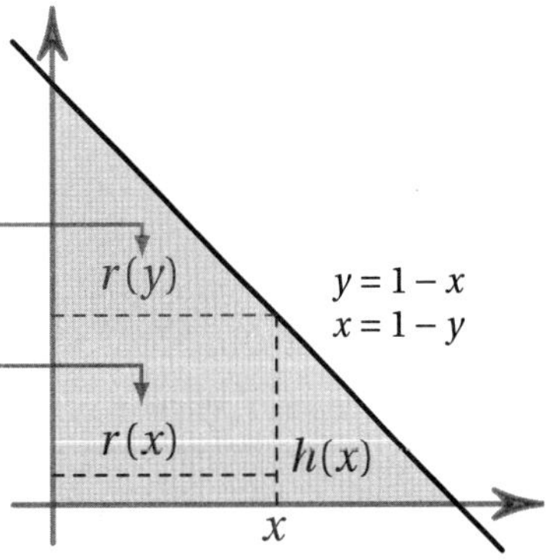

圖 6.5: $y=1-x$ 繞 y 軸

所以我們可以分別列式，圓盤法是

$$\pi\int_0^1 (1-y)^2\,\mathrm{d}y$$

而剝殼法是

$$2\pi\int_0^1 x(1-x)\,\mathrm{d}x$$

理論上都可以，但實際上仍可能因為某個方向較困難，而採取另一個方向。譬如說 $y=x^3-\sin(x+2)$，你不知道怎麼反過來寫 $x=g(y)$，所以只好寫對 x 積分的那個方向。

還有一種情況, 兩個方向要列式都可以, 但一個可以簡單列, 另一個較麻煩。例如右圖的狀況, 要用剝殼法可以很快地列式。然而如果要用圓盤法, 要水平地切。雖然反過來寫 $x=g(y)$ 並無問題, $x=e^y-\frac{3}{2}$, 但 $r(y)$ 會有點問題。可以看出, 區域中直線 $y=\ln(\frac{3}{2})$ 下方, 是由 $x=0$ 到 $x=1$ 。然而直線 $y=\ln(\frac{3}{2})$ 上方, 是由 $x=e^y-\frac{3}{2}$ 到 $x=1$ 。這就是說, 我根本沒辦法用一個 $r(y)$ 去表達, 我如果硬要寫圓盤法的話, 變成要這樣列式:

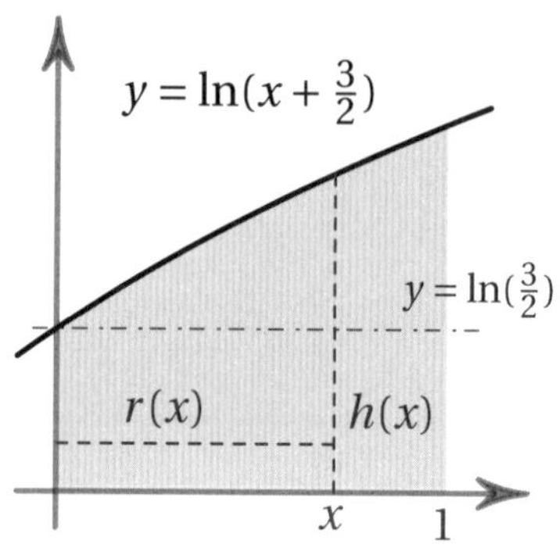

$$\pi\int_0^{\ln(\frac{3}{2})}1^2\,\mathrm{d}y+\pi\int_{\ln(\frac{3}{2})}^{\ln(\frac{5}{2})}\left(1^2-\left(e^y-\frac{3}{2}\right)^2\right)\mathrm{d}y$$

為了找出上下區域的分界, 還要解出當 $x=0$ 時 $y=\ln(\frac{3}{2})$ 。要列式是可以, 但搞得很麻煩, 其實當初一眼就可看出鉛直地切會比較好了。

另外也有一種情況, 可能列式起來都沒有問題, 但由於不同方法會列出不同的積分式, 那我們當然選擇比較好積的那個。隨著做了幾道習題, 累積了一點經驗, 可以比較快判斷。如果無法一眼看出哪個比較好, 當使用其中一個方法寫起來卡卡的時, 再換另一個就好了, 其實問題也不大。

{ Exercise }

1. 求曲線 $y=2x$ 與 x 軸所圍區域繞 $x=2$ 旋轉形成之體積。

2. 求曲線 $y=x^2+1$ 與 $y=x+1$ 所圍區域繞 y 軸旋轉形成之體積。

3. 求曲線 $y=\sin(2x)$ 在 $[0,\frac{\pi}{2}]$ 與 x 軸所圍區域繞 y 軸旋轉形成之體積。

4. 求曲線 $y=\frac{\sqrt{2x}}{1+x^2}$ 在 $[0,1]$ 與 x 軸所圍區域繞 x 軸旋轉形成之體積。

5. 求曲線 $y=\sqrt{x^2+1}$ 在 $[0,1]$ 與 x 軸所圍區域繞 y 軸旋轉形成之體積。

6. 求 $y=\frac{1}{x}, x=0, y=\frac{1}{2}, y=4$ 所圍區域繞 $x=6$ 旋轉形成之體積。

7. 求 $y=\frac{1}{\sqrt{x+1}}$ 在 $[0,4]$ 與 x 軸所圍區域繞 x 軸旋轉形成之體積。

參考答案： 1. $\frac{8\pi}{3}$ 2. $\frac{\pi}{6}$ 3. $\frac{\pi^2}{2}$ 4. $\frac{\pi}{2}$ 5. $(\frac{4\sqrt{2}-2}{3})\pi$ 6. $\pi\left[12\ln(8)-\frac{7}{4}\right]$ 7. $\pi\ln(5)$

■ 6.4 旋轉體的表面積

旋轉體的表面積可看成是許多圓周長累積而成。對於非負函數 $f(x)$，$y=f(x)$ 繞 x 軸形成的旋轉體，在 $x=k$ 處的截圓半徑為 $r(k)=f(k)$，截圓的圓周長是 $2\pi r(k)=2\pi f(k)$。於是現在將 $2\pi f(x)$ 對 $\mathrm{d}s$ 積分，便可得到旋轉體的表面積。

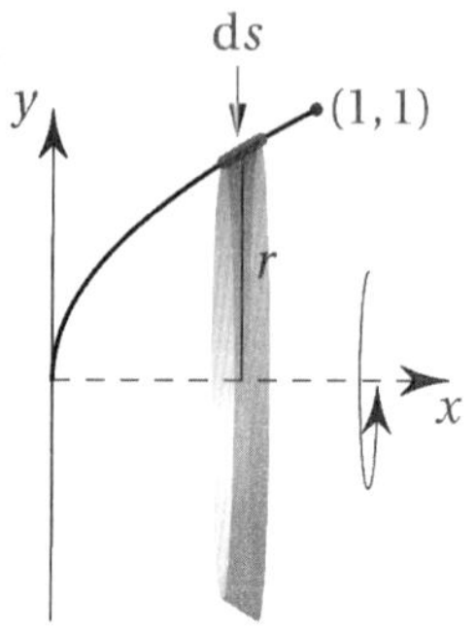

性質 6.4.1 旋轉體的表面積

曲線 $y=f(x)$，$x=a$ 到 $x=b$ 的範圍，繞著 $y=c$ 作旋轉所形成的旋轉體表面積為

$$\begin{aligned} S &= 2\pi\int_a^b r(x)\,\mathrm{d}s \\ &= 2\pi\int_a^b |f(x)-c|\sqrt{1+\left[f'(x)\right]^2}\,\mathrm{d}x \end{aligned}$$

例題 6.4.1 求曲線 $y=2\sqrt{x}$，$0\le x\le 1$ 的範圍，繞 x 軸旋轉的表面積。

解

$$\frac{\mathrm{d}y}{\mathrm{d}x}=\frac{1}{\sqrt{x}}$$

$$\begin{aligned} \Rightarrow S &= 2\pi\int_0^1 2\sqrt{x}\sqrt{1+\frac{1}{x}}\,\mathrm{d}x \\ &= 4\pi\int_0^1 \sqrt{x+1}\,\mathrm{d}x \\ &= 4\pi\cdot\left[\frac{2}{3}(x+1)^{\frac{3}{2}}\right]_0^1 \\ &= \frac{8\pi}{3}\left(2\sqrt{2}-1\right) \end{aligned}$$

例題 6.4.2　求曲線 $y=\sqrt{9-x^2}$，$0\le x\le 2$ 的範圍，繞 x 軸旋轉的表面積。

解

$$\frac{dy}{dx}=\frac{-x}{\sqrt{9-x^2}}$$

$$1+\left(\frac{dy}{dx}\right)^2=1+\frac{x^2}{9-x^2}=\frac{9}{9-x^2}$$

$$\Rightarrow S=2\pi\int_0^2\sqrt{9-x^2}\cdot\sqrt{\frac{9}{9-x^2}}\,dx$$

$$=2\pi\int_0^2 3\,dx=12\pi$$

例題 6.4.3　試驗證半徑為 R 的球表面積為 $4\pi R^2$。

解

半徑為 R 的球可視為 $y=f(x)=\sqrt{R^2-x^2}$ 與 x 軸所圍區域繞 x 軸旋轉一圈而得，故可列式

$$\frac{dy}{dx}=\frac{-x}{\sqrt{R^2-x^2}}$$

$$\Rightarrow S=2\pi\int_{-R}^{R}\sqrt{R^2-x^2}\sqrt{1+\frac{x^2}{R^2-x^2}}\,dx$$

$$=2\pi\int_{-R}^{R}R\,dx=4\pi R^2$$

例題 6.4.4　求曲線 $y^2=4x$，$0\le x\le 3$ 的範圍，繞 x 軸旋轉的表面積。

解

注意現在並不是 $y=f(x)$ 的形式！使用隱函數求導

$$2y\frac{\mathrm{d}y}{\mathrm{d}x}=4 \Rightarrow \frac{\mathrm{d}y}{\mathrm{d}x}=\frac{2}{y}$$

$$1+\left(\frac{\mathrm{d}y}{\mathrm{d}x}\right)^2=1+\frac{4}{y^2}=\frac{y^2+4}{y^2}$$

$$\Rightarrow S=2\pi\int_0^3 y\sqrt{\frac{y^2+4}{y^2}}\,\mathrm{d}x=2\pi\int_0^3\sqrt{4x+4}\,\mathrm{d}x=4\pi\int_0^3\sqrt{x+1}\,\mathrm{d}x$$

$$=4\pi\left[\frac{2}{3}(x+1)^{\frac{3}{2}}\right]_0^3=\frac{8\pi}{3}\left(8-1\right)=\frac{56\pi}{3}$$

例題 6.4.5　求曲線 $x=y^3$，$0\le x\le 1$ 的範圍，繞 y 軸旋轉的表面積。

解

$$\frac{\mathrm{d}x}{\mathrm{d}y}=3y^2$$

$$1+\left(\frac{\mathrm{d}x}{\mathrm{d}y}\right)^2=1+9y^4$$

$$\Rightarrow S=2\pi\int_0^1 y^3\cdot\sqrt{1+9y^4}\,\mathrm{d}y$$

$$=\frac{\pi}{18}\int_1^{10}\sqrt{u}\,\mathrm{d}u=\frac{\pi}{18}\left[\frac{2}{3}u^{\frac{3}{2}}\right]_1^{10}=\frac{\pi}{27}\left(10\sqrt{10}-1\right)$$

{Exercise}

1. $f(x)=2\sqrt{x}, 1\le x\le 2$，求曲線 $y=f(x)$ 繞 x 軸所成旋轉體表面積。

2. $f(x)=\sqrt{9-x^2}, -2\le x\le 2$，求曲線 $y=f(x)$ 繞 x 軸所成旋轉體表面積。

3. $f(x)=\sin(x), 0\le x\le \frac{\pi}{2}$，求曲線 $y=f(x)$ 繞 x 軸所成旋轉體表面積。

4. 求星形線 $x^{\frac{2}{3}}+y^{\frac{2}{3}}=1$ 繞 x 軸所成旋轉體之表面積。

5. 利用 $\mathrm{d}s=\sqrt{[x'(t)]^2+y'(t)]^2}\,\mathrm{d}t$，計算擺線

   $\begin{cases} x=a(t-\sin(t)) \\ y=a(1-\cos(t)) \end{cases}, 0\le t\le 2\pi$ 繞 x 軸所成旋轉體之表面積。

參考答案： 1. $\frac{8\pi}{3}(3\sqrt{3}-2\sqrt{2})$ 2. 24π 3. $\pi(\sqrt{2}+\ln(1+\sqrt{2}))$ 4. $\frac{12}{5}\pi$ 5. $\frac{64}{3}\pi a^2$

第 7 章 特殊函數

> 上帝已經將最出色最完美的智慧和數學的理解力賦予了最優秀的人類。
>
> Pappus

■ 7.1 雙曲函數

7.1.1 雙曲函數的定義

一個圓心在原點的單位圓，其直角坐標方程式為

$$x^2 + y^2 = 1 \tag{7.1.1}$$

而我們可以寫出它的參數式

$$\begin{cases} x = \cos(t) \\ y = \sin(t) \end{cases}$$

這樣寫，一方面是將 x, y 代回原方程式是符合的；另一方面，我們可以賦予參數 t 幾何意義：夾角。

至於一個左右向的雙曲線，若中心在原點，兩軸皆為 2。則標準式

$$x^2 - y^2 = 1 \tag{7.1.2}$$

如果我們設參數式

$$\begin{cases} x = \sec(t) \\ y = \tan(t) \end{cases}$$

這樣代入也會合方程式，但就不像剛剛，t 具有這樣簡單的幾何意義[①]。

於是現在有一個問題：我們能不能重新設一個參數式，能夠使其參數 t 是能具有簡單的幾何意義呢？甚至得寸進尺，能不能讓雙曲線參數式的 t，與圓參數式的 t，幾何意義是很相近的？

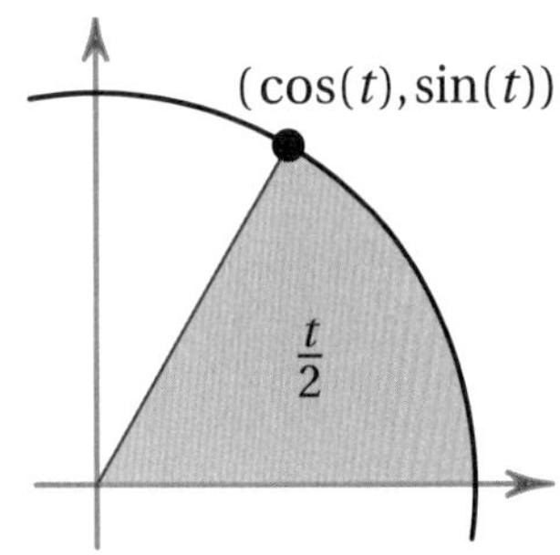

我們先回頭處理一下圓的狀況。剛剛說 t 是夾角，現在稍微修改一下我們的說詞。由於扇形面積

$$A = \frac{1}{2}r^2 t \tag{7.1.3}$$

所以，如果是單位圓，$r = 1$，那麼就會有

$$t = 2A \tag{7.1.4}$$

所以我們現在就說：t 是單位圓上的動點，往圓心拉一條線段後，再與 x 軸所圍扇形面積的兩倍。

我們現在希望，寫出雙曲線新的參數式，使其參數 t 是：雙曲線上動點往雙曲線中心拉一條線段後，再與 x 軸及雙曲線所圍，這樣一個區域的面積的兩倍。我們現在就先畫出 $x^2 - y^2 = 1$，然後取一個動點 $P(h,k)$。自 P 點向 x 軸引垂線，垂足為 M，如右圖。三角形 OPM 的面積，扣掉斜線區域的面積後，正是我們要的面積 $\frac{t}{2}$。而至於斜線區域面積，它便是雙曲線下的面積，因此可列積分式來求。所以

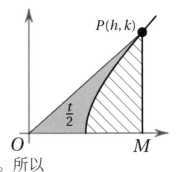

$$\begin{aligned} \frac{t}{2} &= \frac{1}{2}hk - \int_1^h \sqrt{x^2-1}\,\mathrm{d}x \\ &= \frac{1}{2}h\sqrt{h^2-1} - \frac{1}{2}\left[x\sqrt{x^2-1} - \ln\left(x+\sqrt{x^2-1}\right)\right]_1^h \\ &= \frac{1}{2}\ln\left(h+\sqrt{h^2-1}\right) \end{aligned}$$

① 有人畫了複雜的圖，硬是將這裡的 t 的幾何意義展示出來，但這樣顯然不會令我們滿意。

所以移項解出

$$t = \ln\left(h + \sqrt{h^2 - 1}\right)$$

我們想要的 t 已經出來了！接著再做些處理

$$\begin{aligned}
e^t &= h + \sqrt{h^2 - 1} && \boxed{\text{放入 } e \text{ 的次方中}} \\
e^t - h &= \sqrt{h^2 - 1} \\
e^{2t} - 2he^t + h^2 &= h^2 - 1 \\
e^{2t} + 1 &= 2he^t \\
h &= \frac{e^t + e^{-t}}{2} && \boxed{\text{將 } 2e^t \text{ 除到左邊}}
\end{aligned}$$

(h, k) 是雙曲線上的動點，滿足 $h^2 - k^2 = 1$，因此

$$\begin{aligned}
k^2 &= h^2 - 1 \\
&= \frac{e^{2t} + 2 + e^{-2t}}{4} - 1 = \frac{e^{2t} - 2 + e^{-2t}}{4} \\
\Rightarrow k &= \frac{e^t - e^{-t}}{2}
\end{aligned}$$

我們現在再將動點 (h, k) 的符號改寫回 x, y，這便是我們要的參數式

$$\begin{cases} x = \dfrac{e^t + e^{-t}}{2} \\ y = \dfrac{e^t - e^{-t}}{2} \end{cases} \tag{7.1.5}$$

成功了！我們將參數式這樣設，那麼 t 的幾何意義便是那塊區域面積的兩倍！真的與圓的情況相仿！

於是現在我們就這麼說，$\cos(t)$ 與 $\sin(t)$ 可稱之為圓函數，因為它們可設圓的參數式。而現在有兩個函數，它們可以設雙曲線的參數式，並使 t 的幾何意義會與圓的情況相仿。這兩個函數，便稱之為**雙曲函數**（hyperbolic function）。由於與 $\cos(t)$ 和 $\sin(t)$ 相仿，便分別稱呼為 hyperbolic sine、hyperbolic cosine。可分別簡寫的為 sinh 與 cosh，所以雙曲函數便是

$$\sinh(x) = \frac{e^x - e^{-x}}{2} \qquad \cosh(x) = \frac{e^x + e^{-x}}{2}$$

接著，我們用與三角函數類似的寫法，來寫出

$$\tanh(x) = \frac{\sinh(x)}{\cosh(x)} = \frac{e^x - e^{-x}}{e^x + e^{-x}} = \frac{e^{2x} - 1}{e^{2x} + 1}$$
$$\coth(x) = \frac{\cosh(x)}{\sinh(x)} = \frac{e^x + e^{-x}}{e^x - e^{-x}} = \frac{e^{2x} + 1}{e^{2x} - 1}$$
$$\operatorname{sech}(x) = \frac{1}{\cosh(x)} = \frac{2}{e^x + e^{-x}}$$
$$\operatorname{csch}(x) = \frac{1}{\sinh(x)} = \frac{2}{e^x - e^{-x}}$$

這便是六個雙曲函數的定義。由定義明顯可見，$\sinh(x)$ 是奇函數，因為 $\sinh(-x) = \frac{e^{-x} - e^x}{2} = -\frac{e^x - e^{-x}}{2} = -\sinh(x)$ 。類似地，由定義可見 $\cosh(x)$ 是偶函數。

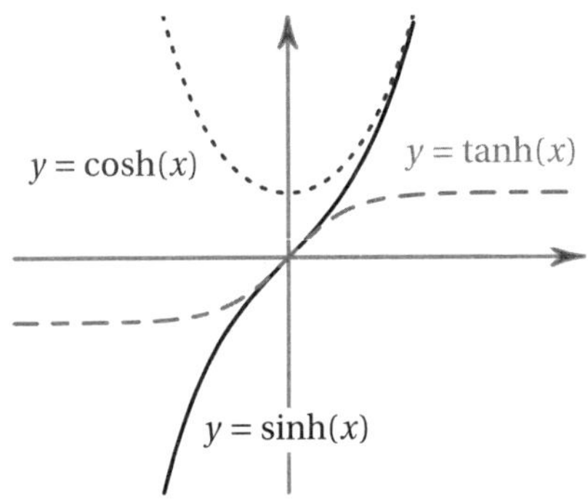

7.1.2　雙曲函數的基本公式

$x = \cos(t), y = \sin(t)$ 能滿足圓方程式 $x^2 + y^2 = 1$ 。也就是說

$$\cos^2(t) + \sin^2(t) = 1$$

這便是三角函數的平方恆等式。再將等號兩邊同除以 $\cos^2(t)$，便有

$$1 + \tan^2(t) = \sec^2(t)$$

改同除以 $\sin^2(t)$，便有

$$\cot^2(t) + 1 = \csc^2(t)$$

就這樣，便輕易地把三角函數的三個平方恆等式寫出來。

至於雙曲函數，也有類似的三個平方恆等式。也是類似的做法，由於 $x=\cosh(t), y=\sinh(t)$ 能滿足雙曲線方程式 $x^2-y^2=1$ 。也就是說

$$\cosh^2(t)-\sinh^2(t)=1$$

這便是雙曲函數的平方恆等式。再將等號兩邊同除以 $\cosh^2(t)$，便有

$$1-\tanh^2(t)=\operatorname{sech}^2(t)$$

改同除以 $\sinh^2(t)$，便有

$$\coth^2(t)-1=\operatorname{csch}^2(t)$$

這樣，三個平方恆等式都寫出來了。跟三角函數的情況頗像，但略有不同。

雙曲函數的很多公式，都是與三角函數的情況非常像，但又偶有不同。例如和角公式

$$\sinh(x+y)=\sinh(x)\cosh(y)+\cosh(x)\sinh(y)$$
$$\cosh(x+y)=\cosh(x)\cosh(y)+\sinh(x)\sinh(y)$$
$$\tanh(x+y)=\frac{\tanh(x)+\tanh(y)}{1+\tanh(x)\tanh(y)}$$

以上只要代入定義便可以驗證了，只是寫起來有點麻煩，在此姑且略去。顯見，和三角函數的和角公式幾乎一模一樣，只有兩處的正負號改掉。而這種改正負號的情況，似乎目前還不造成我們的記誦負擔，因為此三式一律都正號，無一負號，反而很好記。

接著將和角公式中的 y 也用 x 代掉，可得倍角公式

$$\sinh(2x)=2\sinh(x)\cosh(x)$$
$$\cosh(2x)=\cosh^2(x)+\sinh^2(x)$$
$$=2\cosh^2(x)-1$$
$$=1+2\sinh^2(x)$$
$$\tanh(2x)=\frac{2\tanh(x)}{1+\tanh^2(x)}$$

再將 $\frac{x}{2}$ 代在畫底線的式子裡的 x，代完再移項整理可得半角公式

$$\sinh^2\left(\frac{x}{2}\right) = \frac{\cosh(x) - 1}{2}$$
$$\cosh^2\left(\frac{x}{2}\right) = \frac{\cosh(x) + 1}{2}$$

於是你可能就有點頭大了，有些地方與三角函數的情況正負號不一樣，也不像和角公式一樣全部都取正號，那到底該怎麼記呢？

以下便介紹一個方法，可直接由三角函數的公式推到雙曲函數的公式。這方法就是：凡是三角函數公式看到有兩個 sin，轉到雙曲函數就差負號！

例如平方恆等式

$$\cos^2(x) + \sin^2(x) = 1$$

看到有 $\sin(x)$ 的二次，轉成雙曲函數時就讓它差負號，變成

$$\cosh^2(x) - \sinh^2(x) = 1$$

至於和角公式

$$\cos(x + y) = \cos(x)\cos(y) - \sin(x)\sin(y)$$

看到那個 $\sin(x)\sin(y)$，轉成雙曲函數時就讓它差負號，變成

$$\cosh(x + y) = \cosh(x)\cosh(y) + \sinh(x)\sinh(y)$$

而半角公式

$$\sin^2\left(\frac{x}{2}\right) = \frac{1 - \cos(x)}{2}$$

看到等號左邊有 $\sin^2\left(\frac{x}{2}\right)$，就讓它差負號

$$-\sinh^2\left(\frac{x}{2}\right) = \frac{1 - \cosh(x)}{2}$$

就這樣！

如果你感到好奇，理由如下。我們知道

$$e^{ix} = \cos(x) + i\sin(x)$$

如果你不知道，只要將 ix 代入 e^x 的馬克勞林展開當中，便有

$$\begin{aligned} e^{ix} &= 1 + ix - \frac{x^2}{2} - \frac{ix^3}{3!} + \cdots \\ &= \left(1 - \frac{x^2}{2!} + \cdots\right) + i\left(x - \frac{x^3}{3!} + \cdots\right) \\ &= \cos(x) + i\sin(x) \end{aligned}$$

然後再將 $-x$ 代入上式的 x 中，可得

$$e^{-ix} = \cos(x) - i\sin(x)$$

將兩式寫在一起

$$\begin{aligned} e^{ix} &= \cos(x) + i\sin(x) \\ e^{-ix} &= \cos(x) - i\sin(x) \end{aligned}$$

將二式相加除以 2、及相減除以 $2i$，可得

$$\begin{aligned} \cos(x) &= \frac{e^{ix} + e^{-ix}}{2} \\ \sin(x) &= \frac{e^{ix} - e^{-ix}}{2i} \end{aligned}$$

注意到等號右邊，和雙曲函數的定義實在長得很像！這其實就是

$$\begin{aligned} \cos(x) &= \frac{e^{ix} + e^{-ix}}{2} = \cosh(ix) \\ \sin(x) &= \frac{e^{ix} - e^{-ix}}{2i} = -i\sinh(ix) \end{aligned} \tag{7.1.6}$$

至此，三角函數直接轉換成雙曲函數的方法，已經做出來了！如果想求雙曲函數轉成三角函數，那就將 $-ix$ 代到式子(7.1.6) 上面的 x，便有

$$\begin{aligned} \cosh(x) &= \cos(-ix) = \cos(ix) \\ -i\sinh(x) &= \sin(-ix) && \boxed{\text{接著同乘以 } i} \\ \sinh(x) &= i\sin(-ix) = -i\sin(ix) \end{aligned}$$

所以現在便可知道，為什麼有兩個 sin 就差負號，原因就是

$$\begin{aligned}\sin(x)\sin(y) &= (-i\sinh(ix))(-i\sinh(iy))\\ &= -\sinh(ix)\sinh(iy)\end{aligned}$$

負號來自兩個 i 乘起來得到 -1！以 cos 的和角公式為例：

$$\begin{aligned}\cosh(x+y) &= \cos(ix+iy)\\ &= \cos(ix)\cos(iy)-\sin(ix)\sin(iy)\\ &= \cosh(-x)\cosh(-y)-(-i\sinh(-x))(-i\sinh(-y))\\ &= \cosh(x)\cosh(y)+\sinh(x)\sinh(y)\end{aligned}$$

果然兩個 sin 就會變號！

三角函數中還有棣美弗（De Moive）公式

$$\big(\cos(x)\pm i\sin(x)\big)^n = \cos(nx)\pm i\sin(nx)$$

現在我們利用三角函數與雙曲函數之間的轉換，可得

$$\big(\cosh(ix)\pm\sinh(ix)\big)^n = \cos(inx)\pm\sin(inx)$$

亦即（再將 $-ix$ 代入上式的 x）

$$\big(\cosh(x)\pm\sinh(x)\big)^n = \cosh(nx)\pm\sinh(nx)$$

7.1.3　雙曲函數的導函數

接著討論雙曲函數的導函數。這是非常簡單的，只要寫

$$\frac{\mathrm{d}}{\mathrm{d}x}\sinh(x) = \frac{\mathrm{d}}{\mathrm{d}x}\left(\frac{e^x-e^{-x}}{2}\right) = \frac{e^x+e^{-x}}{2} = \cosh(x)$$

這樣就出來了！同理也有

$$\frac{\mathrm{d}}{\mathrm{d}x}\cosh(x) = \frac{\mathrm{d}}{\mathrm{d}x}\left(\frac{e^x+e^{-x}}{2}\right) = \frac{e^x-e^{-x}}{2} = \sinh(x)$$

至於 $\tanh(x)$ 則這樣寫

$$\frac{\mathrm{d}}{\mathrm{d}x}\tanh(x) = \frac{\mathrm{d}}{\mathrm{d}x}\left(\frac{\sinh(x)}{\cosh(x)}\right)$$

$$\boxed{\text{商法則}} \quad = \frac{\cosh(x)\cosh(x) - \sinh(x)\sinh(x)}{\cosh^2(x)}$$

$$\boxed{\cosh^2(t) - \sinh^2(t) = 1} \quad = \frac{1}{\cosh^2(x)} = \operatorname{sech}^2(x)$$

剩下三個也是類似做法，就留給你當練習了②。我列出結果：

$$\frac{\mathrm{d}}{\mathrm{d}x}\coth(x) = -\operatorname{csch}^2(x)$$

$$\frac{\mathrm{d}}{\mathrm{d}x}\operatorname{sech}(x) = -\tanh(x)\operatorname{sech}(x)$$

$$\frac{\mathrm{d}}{\mathrm{d}x}\operatorname{csch}(x) = -\coth(x)\operatorname{csch}(x)$$

寫完以後可以發現，這與三角函數的情況幾乎是一模一樣的！差別只在於，三角函數的導函數，列出來會是正、負、正、負、正、負。雙曲函數的導函數則是正、正、正、負、負、負。

7.1.4 反雙曲函數

接下來討論反雙曲函數。設

$$y = \sinh^{-1}(x)$$

則

$$\sinh(y) = x$$

也就是說

$$x = \frac{e^y - e^{-y}}{2}$$

將 2 乘過去，並等號兩邊同乘以 e^y，便可整理出 e^y 的一元二次方程式

$$e^{2y} - 2xe^y - 1 = 0$$

用公式解可得到

$$\begin{aligned} e^y &= \frac{2x \pm \sqrt{4x^2+4}}{2} \\ &= x \pm \sqrt{x^2+1} \end{aligned}$$

② 我寫得太少你會看不清楚，但我寫得太多則會剝奪你練習的機會！

由於指數函數恆正，等號右邊絕無可能取負號，否則會變小減大是負的。取正號後兩邊取對數，便有

$$y = \sinh^{-1}(x) = \ln\left|x + \sqrt{x^2+1}\right|$$

不過，以上這個方法雖見於各教科書，但這樣寫實在太麻煩了！有個比較快的方法，直接用

$$e^y = \sinh(y) + \cosh(y) \qquad \left(= \frac{e^y - e^{-y}}{2} + \frac{e^y + e^{-y}}{2}\right)$$

配合

$$\sinh(y) = x,\ \cosh(y) = \sqrt{\sinh^2(y)+1} = \sqrt{x^2+1}$$

便可得到

$$e^y = \sinh(y) + \cosh(y) = x + \sqrt{x^2+1}$$

兩邊取對數

$$y = \ln\left|x + \sqrt{x^2+1}\right|$$

同樣地，如果要求 $y = \cosh^{-1}(x)$，就寫

$$\begin{aligned} e^y &= \sinh(y) + \cosh(y) \\ &= \sqrt{x^2-1} + x \\ \Rightarrow y &= \ln\left|\sqrt{x^2-1} + x\right|,\ x \geq 1 \end{aligned}$$

至於 $\tanh^{-1}(x)$，倒可直接用定義比較快

$$x = \tanh(y) = \frac{e^{2y}-1}{e^{2y}+1}$$

分母乘到左邊

$$xe^{2y} + x = e^{2y} - 1$$

於是

$$e^{2y} = \frac{1+x}{1-x}$$

兩邊取對數

$$2y = \ln\left(\frac{1+x}{1-x}\right)$$

於是

$$y = \tanh^{-1}(x) = \frac{1}{2}\ln\left(\frac{1+x}{1-x}\right),\ |x| < 1$$

另外三個由於倒數關係，只要將 $\frac{1}{x}$ 代入 $\tanh^{-1}(x)$ 即可得 $\coth^{-1}(x)$，以此類推。所以

$$\coth^{-1}(x) = \frac{1}{2}\ln\left(\frac{1+x}{x-1}\right),\ |x| > 1$$

$$\operatorname{sech}^{-1}(x) = \ln\left|\frac{\sqrt{1-x^2}}{x} + \frac{1}{x}\right|,\ 0 < x \le 1$$

$$\operatorname{csch}^{-1}(x) = \ln\left|\frac{\sqrt{1+x^2}}{|x|} + \frac{1}{x}\right|,\ x \ne 0$$

後面標的範圍只不過是來自雙曲函數的值域。譬如說 $\tanh(x)$ 的值域是 $|y| < 1$，所以 $\tanh^{-1}(x)$ 的定義域就是 $|x| < 1$ 。

7.1.5 反雙曲函數的導函數

$$\frac{\mathrm{d}}{\mathrm{d}x}\sinh^{-1}(x) = \frac{\mathrm{d}}{\mathrm{d}x}\ln\left|x + \sqrt{x^2+1}\right|$$

$$= \frac{1 + \frac{x}{\sqrt{x^2+1}}}{x + \sqrt{x^2+1}}$$

接著分子分母同乘以 $\sqrt{x^2+1} - x$

$$= \frac{\sqrt{x^2+1} - x + x - \frac{x^2}{\sqrt{x^2+1}}}{x^2+1-x^2} = \sqrt{x^2+1} - \frac{x^2}{\sqrt{x^2+1}}$$

$$= \frac{x^2+1-x^2}{\sqrt{x^2+1}} = \frac{1}{\sqrt{1+x^2}}$$

但這樣一路做下來實在很累，不如直接使用反函數求導法

$$\frac{\mathrm{d}y}{\mathrm{d}x}=\frac{1}{\frac{\mathrm{d}x}{\mathrm{d}y}}$$

欲求導 $y=\sinh^{-1}(x)$，先反過來寫 $x=\sinh(y)$，將其對 y 求導後放分母

$$\frac{1}{\cosh(y)}$$

接下來要將 y 換回 x。套平方恆等式，則得到

$$\frac{1}{\sqrt{1+\sinh^2(y)}}=\frac{1}{\sqrt{1+x^2}}$$

這樣快多了！於是我將六個反雙曲函數的導函數列出如下

$$\frac{\mathrm{d}}{\mathrm{d}x}\sinh^{-1}(x)=\frac{1}{\frac{\mathrm{d}}{\mathrm{d}y}\sinh(y)}=\frac{1}{\cosh(y)}=\frac{1}{\sqrt{1+x^2}}$$

$$\frac{\mathrm{d}}{\mathrm{d}x}\cosh^{-1}(x)=\frac{1}{\frac{\mathrm{d}}{\mathrm{d}y}\cosh(y)}=\frac{1}{\sinh(y)}=\frac{1}{\sqrt{x^2-1}}$$

$$\frac{\mathrm{d}}{\mathrm{d}x}\tanh^{-1}(x)=\frac{1}{\frac{\mathrm{d}}{\mathrm{d}y}\tanh(y)}=\frac{1}{\operatorname{sech}^2(y)}=\frac{1}{1-x^2}$$

$$\frac{\mathrm{d}}{\mathrm{d}x}\coth^{-1}(x)=\frac{1}{\frac{\mathrm{d}}{\mathrm{d}y}\coth(y)}=\frac{1}{-\operatorname{csch}^2(y)}=\frac{1}{1-x^2}$$

$$\frac{\mathrm{d}}{\mathrm{d}x}\operatorname{sech}^{-1}(x)=\frac{1}{\frac{\mathrm{d}}{\mathrm{d}y}\operatorname{sech}(y)}=\frac{1}{-\operatorname{sech}(y)\tanh(y)}=\frac{1}{x\sqrt{1-x^2}}$$

$$\frac{\mathrm{d}}{\mathrm{d}x}\operatorname{csch}^{-1}(x)=\frac{1}{\frac{\mathrm{d}}{\mathrm{d}y}\operatorname{csch}(y)}=\frac{1}{-\operatorname{csch}(y)\coth(y)}=-\frac{1}{|x|\sqrt{1+x^2}}$$

■ 7.2 gamma 函數

高中時學過階乘

$$n! = n \times (n-1) \times \cdots \times 2 \times 1 \tag{7.2.1}$$

按照這樣的定義，無法直接代 $n = 0$ 去得到 0! 。我們另外定義 $0! = 1$，這樣定義是好的，因為它可相容 n 個人作直線排列有 $n!$ 種方法：0 個人排列有一種方法，就是不排。亦可相容 $n! = n \times (n-1)!$：

$$1! = 1 \times 0! \tag{7.2.2}$$

還能不能再定義其它數的階乘呢？比方說負的整數。先思考一下 $(-1)!$ 能如何定義，再來套用看看 $n! = n \times (n-1)!$：

$$0! = 0 \times (-1)! \tag{7.2.3}$$

無論我們將 $(-1)!$ 定義為何值，都無法使(7.2.3)成立，所以 $(-1)!$ 還是保留無定義。那麼以此類推，$(-2)!$、$(-3)!$、……所有負整數的階乘皆不定義。

讓我們的思維再飛躍一點，能不能定義非整數的階乘呢？這樣，我們須推廣階乘的定義。

定義 7.2.1 gamma 函數

gamma 函數 $\Gamma(x)$ 定義為

$$\Gamma(x) = \int_0^\infty t^{x-1}e^{-t}\,\mathrm{d}t$$

性質 7.2.1 gamma 函數的性質

1. $\Gamma(1) = 1$
2. $\Gamma(x+1) = x\Gamma(x)$

證

1.

$$\Gamma(1)=\int_0^\infty e^{-t}\,\mathrm{d}t=\lim_{b\to\infty}-e^{-t}\Big|_0^b=1$$

2.

$$\Gamma(x+1)=\int_0^\infty t^x e^{-t}\,\mathrm{d}t=\lim_{b\to\infty}-t^x e^{-t}\Big|_0^b+x\int_0^\infty t^{x-1}e^{-t}\,\mathrm{d}t \quad \boxed{\text{分部積分}}$$
$$=0+x\Gamma(x)$$

■

於是，$\Gamma(2)=1\cdot\Gamma(1)=1, \Gamma(3)=2\cdot\Gamma(2)=2, \Gamma(4)=3\cdot\Gamma(3)=6, \Gamma(5)=4\cdot\Gamma(4)=24,\cdots$，gamma 函數正滿足階乘的性質！

性質 7.2.2

對於任意實數 $n\neq-1,-2,-3,\cdots$，$\Gamma(n+1)=n!$。

既然 gamma 函數能相容於原有的非負整數階乘，若是能計算出其它的 gamma 函數值，那便能推廣階乘了！首先要先認識這個重要的積分。

性質 7.2.3

$$\int_0^\infty e^{-x^2}\,\mathrm{d}x=\frac{\sqrt{\pi}}{2}$$

有了這個積分值，現在可以來計算 $\Gamma(\frac{1}{2})$：

$$\Gamma\left(\frac{1}{2}\right)=\int_0^\infty t^{-\frac{1}{2}}e^{-t}\,\mathrm{d}t$$
$$=2\int_0^\infty \cancel{u^{-1}}e^{-u^2}\cancel{u}\,\mathrm{d}u$$
$$=2\int_0^\infty e^{-u^2}\,\mathrm{d}u=2\cdot\frac{\sqrt{\pi}}{2}=\sqrt{\pi}$$

現在我們可以說：$(-\frac{1}{2})!=\Gamma(\frac{1}{2})=\sqrt{\pi}$。有了這個之後，緊接著就能說

$$\left(\frac{1}{2}\right)!=\frac{1}{2}\times\left(-\frac{1}{2}\right)!=\frac{\sqrt{\pi}}{2}$$

$$(\frac{3}{2})! = \frac{3}{2} \times (\frac{1}{2})! = \frac{3\sqrt{\pi}}{4}$$

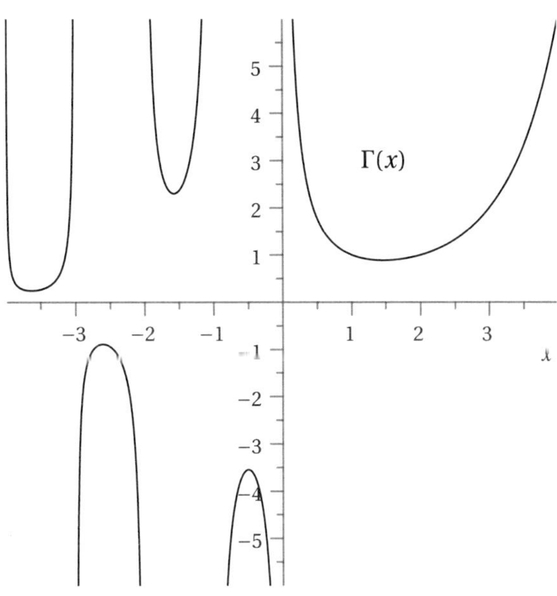

圖 7.1: gamma 函數

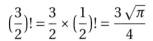

在大部分的大一微積分課程中，比較少介紹 gamma 函數，然而在機率統計、偏微分方程及組合數學等等領域中，gamma 函數皆扮演重要角色。以機率統計來說，有一種重要的機率分配叫做 gamma 分配，便是以 gamma 函數來定義。

第 8 章

無窮級數

> 數學是上帝描述自然的符號。
>
> 黑格爾

■ 8.1　無窮級數的收斂與發散

在高中時有學過，例如

$$1, \frac{1}{2}, \frac{1}{4}, \frac{1}{8}$$

這是等比數列，如果把它們加起來

$$1 + \frac{1}{2} + \frac{1}{4} + \frac{1}{8}$$

這就是等比級數。如果把剛剛的等比數列，繼續寫下去，無窮無盡。便會得到

$$1, \frac{1}{2}, \frac{1}{4}, \frac{1}{8}, \cdots$$

這就是無窮等比數列，它有無窮多項。如果將無窮等比數列求和

$$1 + \frac{1}{2} + \frac{1}{4} + \frac{1}{8} + \cdots$$

這就是無窮等比級數。**無窮級數**就是將無窮數列的每一項加起來。而這裡所舉的無窮等比級數，由於公比 $r = \frac{1}{2}$，滿足 $|r| < 1$，所以是收斂。收斂的意思

是說，如果我們真的把這無窮多項加起來，會是某個定值。像這裡就是

$$1+\frac{1}{2}+\frac{1}{4}+\frac{1}{8}+\cdots=\frac{1}{1-\frac{1}{2}}=2$$

假如公比是 2，那便會發散，發散就是不收斂。可分為兩種情況，公比是 2 的話便會是

$$1+2+4+8+\cdots$$

很明顯越加越大，跑到無窮大去了，這當然是一種不收斂。假如公比是 −1：

$$1+(-1)+1+(-1)+1+\cdots$$

這個無窮級數加起來是多少呢？是會正負都相消成零呢？還是怎麼回事？

其實我們剛剛講得有點不清不楚，到底什麼叫無窮多項加起來呢？有限多項的數，要加起來的時候，我們隨意把它們調換順序、加括號都無所謂。但很奇怪的是，在有限的世界中適用的規則，到了無窮的世界中，常常都行不通了。例如我這樣加括號

$$\big(1+(-1)\big)+\big(1+(-1)\big)+\cdots$$

這樣求和的結果就是 0 。然而如果我這樣加括號

$$1+\big((-1)+1\big)+\big((-1)+1\big)+\cdots$$

這樣求和的結果卻是 1 。啊糟了，到底是怎麼樣？

為了徹底解決這問題、避免爭議。我們先來定義清楚，到底什麼叫做無窮級數的和。

定義 8.1.1　部分和

數列 $\{a_n\}$，其部分和為

$$S_n=a_1+a_2+a_3+\cdots+a_n=\sum_{k=1}^{n}a_k$$

簡單來說，部分和 (partial sum) S_n 就是把數列的前 n 項加起來。定義好部分和，於是我們就這樣定義無窮級數的和：

定義 8.1.2 無窮級數的和

若部分和的極限存在:

$$\lim_{n\to\infty} S_n = \lim_{n\to\infty} \sum_{k=1}^{n} a_k = S$$

則稱無窮級數 $\sum\limits_{n=1}^{\infty} a_n$ 的和為 S。

所以，無窮級數收斂就是部分和的極限收斂；無窮級數發散就是部分和的極限發散。而極限發散又可分為無窮大型發散，以及振盪型發散。回頭來看剛剛的問題，如果 n 是奇數的話，$S_n = 1 + (-1) + 1 + \cdots + 1 = 1$；如果 n 是偶數的話，$S_n = 1 + (-1) + 1 + \cdots + (-1) = 0$。於是 $\lim\limits_{n\to\infty} S_n$ 不存在，因為部分和 S_n 會在 1 和 0 這兩個值間跳來跳去，並不趨近到一個定值。所以公比 $r = -1$ 的情況，無窮等比級數發散。

我們知道 n 項等比級數的公式是

$$a_1 + a_1 r + \cdots + a_1 r^{n-1} = \frac{a_1\left(1 - r^n\right)}{1 - r}$$

這其實就是部分和 S_n。至於無窮等比級數，照前面定義就是

$$S = \lim_{n\to\infty} S_n = \lim_{n\to\infty} \frac{a_1\left(1 - r^n\right)}{1 - r} \Rightarrow \begin{cases} = \dfrac{a_1}{1 - r} & ,|r| < 1 \\ \text{發散} & ,\text{其它} \end{cases}$$

這樣一看，為什麼 $|r| < 1$ 時收斂且和為 $\frac{a_1}{1-r}$，而其它情況發散，原因就很明白了。

然而，無窮等比級數只是眾多無窮級數中的其中一種而已。我們現在要探討的是，遇到一般的無窮級數，我有沒有辦法判斷出它是收斂還是發散的呢？由於無窮級數在數學分析中是非常重要、應用廣泛的工具，因此無窮級數的斂散性便成了一個重要課題。

前面演示了一遍求出部分和 $S_n = \frac{a_1(1-r^n)}{1-r}$，然後看 $\lim S_n$ 是收斂或發散，藉以判斷無窮級數的斂散性。這個方法，其實一般來說是很少用到的，因為一般來說我們很難把部分和公式求出。譬如說我隨便寫一個：$\sum \frac{2^n}{n!}$，就求不出來了。

因此，數學家們探究了好幾種技巧，不依靠部分和就判斷出級數的斂散性。不幸地，每一個辦法都不是萬能的，每一種檢驗法都有其失效的時候。我

們根本就沒有一個萬能的辦法可以使用！我們所能夠做的，就只有分別去熟悉使用各個檢驗法，某些級數可以用檢驗法 A 來判斷斂散性，某些級數可以用檢驗法 B 來判斷斂散性。但是我看到級數的當下，怎麼知道我該使用哪個檢驗法？這就是無窮級數這個主題難的地方，須要多加練習、用心體會、好好熟練。

在介紹許多檢驗法以前，我們先來討論一些無窮級數的基本性質。

性質 8.1.1

若 $\sum\limits_{n=0}^{\infty} a_n$ 與 $\sum\limits_{n=0}^{\infty} b_n$ 皆收斂，其值分別為 A 和 B。c 為一常數，m 為某正整數。

1. $\sum\limits_{n=0}^{\infty} ca_n$ 也是收斂級數，其值為 cA
2. $\sum\limits_{n=0}^{\infty} (a_n + b_n)$ 也是收斂級數，其值為 $A+B$
3. $\sum\limits_{n=m}^{\infty} a_n$ 也是收斂級數

前兩個性質都很好理解，既然無窮級數的斂散是由部分和的極限定的，那麼這兩個其實就是極限的性質來的。而第三個性質也相當顯然。從第 m 項的 a_m 開始加，只不過少加了有限多項而已，當然也是收斂。

例題 8.1.1　探討級數 $\sum\limits_{n=0}^{\infty}\left[\left(\frac{2}{3}\right)^n+\left(\frac{6}{7}\right)^n\right]$ 的斂散性。

解

由於 $\sum\left(\frac{2}{3}\right)^n$ 和 $\sum\left(\frac{6}{7}\right)^n$ 都是等比級數，公比的絕對值也都小於 1，兩者皆收斂，所以此級數也是收斂。想計算其值亦可，就是

$$\frac{1}{1-\frac{2}{3}}+\frac{1}{1-\frac{6}{7}}=3+7=10$$

例題 8.1.2　探討級數 $\sum_{n=0}^{\infty} \frac{2^n + 3^n}{6^n}$ 的斂散性。

解

只要分開寫就好了

$$\frac{2^n + 3^n}{6^n} = \frac{2^n}{6^n} + \frac{3^n}{6^n} = \frac{1}{3^n} + \frac{1}{2^n}$$

看出原級數就是 $\sum_{n=0}^{\infty} \left[\frac{1}{3^n} + \frac{1}{2^n}\right]$，這是兩個收斂的等比級數拿來相加，所以收斂。其值為

$$\begin{aligned}\sum_{n=0}^{\infty} \left[\frac{1}{3^n} + \frac{1}{2^n}\right] &= \sum_{n=0}^{\infty} \frac{1}{3^n} + \sum_{n=0}^{\infty} \frac{1}{2^n} \\ &= \frac{1}{1-\frac{1}{3}} + \frac{1}{1-\frac{1}{2}} = \frac{3}{2} + 2 = \frac{7}{2}\end{aligned}$$

例題 8.1.3　探討級數 $\sum_{n=0}^{\infty} \frac{3^{n+1}}{\pi^n}$ 的斂散性。

解

先將一個 3 提出來，變成

$$3\sum_{n=0}^{\infty} \frac{3^n}{\pi^n} = 3\sum_{n=0}^{\infty} \left(\frac{3}{\pi}\right)^n$$

這其實是一個無窮等比級數，公比是 $\frac{3}{\pi}$，收斂。

例題 8.1.4　探討級數 $\sum_{n=0}^{\infty} e^{-3n}$ 的斂散性。

解

寫成 $\sum (e^{-3})^n$ 便可看出這其實是公比 e^{-3} 的等比級數，所以收斂。

從以上幾題可見，基本性質相當好用，可以將較複雜的級數分解成較簡單、我們知其斂散性的級數，因此要在介紹各種檢驗法之前先行討論。

另外再列舉與發散級數有關的性質。

性質 8.1.2

若 $\sum\limits_{n=0}^{\infty} a_n$ 與 $\sum\limits_{n=0}^{\infty} b_n$ 皆發散，$\sum\limits_{n=0}^{\infty} c_n$ 收斂。k 為一非零常數，m 為某正整數。

1. $\sum\limits_{n=0}^{\infty} ka_n$ 也發散
2. $\sum\limits_{n=0}^{\infty} (a_n + c_n)$ 發散
3. $\sum\limits_{n=0}^{\infty} (a_n + b_n)$ 可能發散也可能收斂
4. $\sum\limits_{n=m}^{\infty} a_n$ 也發散

前兩個也都很顯然，發散級數的每一項都乘上一個常數，怎麼可能會變成收斂呢？除非那個常數是 0 。發散與收斂相加，多加收斂的部分並不能阻攔發散的趨勢，因此仍是發散。

比較不明顯的是第三個。兩個發散級數相加的話，有可能彼此發散的部分會抵消掉，變成收斂。譬如說取 $a_n = \frac{1}{3^n} - n$，$b_n = n$，那麼 $a_n + b_n = \frac{1}{3^n}$，等比級數收斂。或是取 $a_n = (-1)^n$，$b_n = (-1)^{n+1}$，於是 $a_n + b_n = 0$，收斂。

介紹完基本性質，便可以開始討論各種檢驗斂散性的方法。而前面所介紹的基本性質，是隨時可能會用到的。

我們先想想，如果一個無窮級數收斂的話，那麼數列的一般項 a_n 要趨近到 0 。這原因很顯然，如果一般項趨近到一個非零的數 L，那麼到後面就會一直加與 L 很接近的數，一直加到正或負無窮大。而如果一般項跳來跳去，不趨近一個定值的話，部分和也是會跟著跳來跳去，於是無窮級數發散。

定理 8.1.1

若無窮級數 $\sum\limits_{n=1}^{\infty} a_n$ 收斂，則必有

$$\lim_{n\to\infty} a_n = 0$$

但反之不然。

證

$\sum a_n$ 收斂，設其和為 S。由於 $S_n = a_1 + \cdots + a_n$，而 $S_{n-1} = a_1 + \cdots + a_{n-1}$，可知 a_n 可寫成 $S_n - S_{n-1}$。所以

$$\lim_{n\to\infty} a_n = \lim_{n\to\infty}\left(S_n - S_{n-1}\right) = \lim_{n\to\infty} S_n - \lim_{n\to\infty} S_{n-1} = S - S = 0$$

■

反之不然，就是說，光由 $\lim a_n = 0$ 是不足以推論 $\sum a_n$ 收斂的。這件事可能比較不那麼直觀，我們來看一個例子。調和級數

$$\sum_{n=1}^{\infty} \frac{1}{n} = 1 + \frac{1}{2} + \frac{1}{3} + \frac{1}{4} + \frac{1}{5} + \cdots$$

它是收斂還是發散的呢？直覺好像是會收斂，畢竟一般項是 $\frac{1}{n}$，看起來會越來越小，實在難以想像這個級數會一直加到無窮大。現在我們稍微加點括號

$$(1) + \left(\frac{1}{2}\right) + \left(\frac{1}{3} + \frac{1}{4}\right) + \left(\frac{1}{5} + \cdots + \frac{1}{8}\right) + \cdots$$

有看出我加括號的規則嗎？每個括號內的最後一項都是 $\frac{1}{2^n}$。接著我說

$$\begin{aligned}
&(1) + \left(\frac{1}{2}\right) + \left(\frac{1}{3} + \frac{1}{4}\right) + \left(\frac{1}{5} + \cdots + \frac{1}{8}\right) + \cdots \\
\geq &(1) + \left(\frac{1}{2}\right) + \left(\frac{1}{4} + \frac{1}{4}\right) + \left(\frac{1}{8} + \ldots + \frac{1}{8}\right) + \cdots
\end{aligned}$$

如果我讓每個括號，裡面的每一項都改寫成最右邊，也就是最小的那一項。

這樣改寫，當然整個和就會變小了。然後我們將每個括號裡加起來

$$
\begin{aligned}
&= (1) + (\frac{1}{2}) + (2 \times \frac{1}{4}) + (4 \times \frac{1}{8}) + \cdots \\
&= 1 + \frac{1}{2} + \frac{1}{2} + \frac{1}{2} + \cdots
\end{aligned}
$$

一直加 $\frac{1}{2}$，很明顯就是會發散到無窮大的。然而原本的調和級數還比這個大，所以也會發散到無窮大。

性質 8.1.3

調和級數 $1 + \frac{1}{2} + \frac{1}{3} + \cdots + \frac{1}{n} + \cdots$ 發散。

例題 8.1.5 探討級數 $\sum_{n=0}^{\infty} \frac{n^2 - 3n + 6}{2n^2 + 8n - 3}$ 的斂散性。

解

一般項 $\frac{n^2 - 3n + 6}{2n^2 + 8n - 3}$ 的極限為

$$\lim_{n\to\infty} \frac{n^2 - 3n + 6}{2n^2 + 8n - 3} = \frac{1}{2} \neq 0$$

若級數收斂則一般項必趨近到零。反過來說，若一般項趨近到非零的數，或是根本極限不存在，則級數發散。

例題 8.1.6 探討級數 $\sum_{n=0}^{\infty} \sin(n)$ 的斂散性。

解

$\lim_{n\to\infty} \sin(n)$ 不存在，故級數發散。

判斷級數的斂散性，目前我們會兩招：看一般項有沒有趨近到零、看它是不是等比級數。另外還有一個，其實高中已經學過的。

例題 8.1.7 探討級數 $\sum_{n=1}^{\infty} \frac{1}{n(n+1)}$ 的斂散性。

解

由於
$$\frac{1}{n(n+1)} = \frac{1}{n} - \frac{1}{n+1}$$
所以部分和
$$\begin{aligned} S_n &= \sum_{k=1}^{n} \frac{1}{k(k+1)} = \sum_{k=1}^{n} \frac{1}{k} - \frac{1}{k+1} \\ &= \left(\frac{1}{1} - \frac{1}{2}\right) + \left(\frac{1}{2} - \frac{1}{3}\right) + \left(\frac{1}{3} - \frac{1}{4}\right) + \cdots + \left(\frac{1}{n} - \frac{1}{n+1}\right) \\ &= 1 - \frac{1}{n+1} \end{aligned}$$
於是無窮級數
$$\sum_{n=1}^{\infty} \frac{1}{n(n+1)} = \lim_{n\to\infty} S_n = \lim_{n\to\infty} 1 - \frac{1}{n+1} = 1$$
收斂。

像這種會前後項相消的，叫做 telescoping series。中文譯名有非常多種，有叫裂項級數、重級數、重疊級數、縮疊級數、伸縮級數、套迭級數，還有叫嵌入級數。比較常見的譯名，叫做望遠鏡級數。望遠鏡級數並不一定都收斂，我們必須謹慎檢視其部分和究竟是否收斂。

例題 8.1.8 探討級數 $\sum_{n=0}^{\infty} \sqrt{n+3} - \sqrt{n+2}$ 的斂散性。

解

$$\begin{aligned} S_n &= \sum_{k=0}^{n} \sqrt{k+3} - \sqrt{k+2} \\ &= \left(\sqrt{3} - \sqrt{2}\right) + \left(\sqrt{4} - \sqrt{3}\right) + \cdots + \left(\sqrt{n+3} - \sqrt{n+2}\right) \\ &= \sqrt{n+3} - \sqrt{2} \end{aligned}$$

於是無窮級數

$$\sum_{n=0}^{\infty} \sqrt{n+3}-\sqrt{n+2} = \lim_{n\to\infty} S_n = \lim_{n\to\infty} \sqrt{n+3}-\sqrt{2} = \infty$$

發散。

例題 8.1.9 探討級數 $\sum_{n=0}^{\infty} \tan^{-1}(n+1)-\tan^{-1}(n)$ 的斂散性。

解

$$\begin{aligned} S_n &= \sum_{k=0}^{n} \tan^{-1}(k+1)-\tan^{-1}(k) \\ &= \left(\tan^{-1}(1)-\tan^{-1}(0)\right)+\cdots+\left(\tan^{-1}(n+1)-\tan^{-1}(n)\right) \\ &= \tan^{-1}(n+1)-\tan^{-1}(0) = \tan^{-1}(n+1) \end{aligned}$$

於是無窮級數

$$\sum_{n=0}^{\infty} \tan^{-1}(n+1)-\tan^{-1}(n) = \lim_{n\to\infty} S_n = \lim_{n\to\infty} \tan^{-1}(n+1) = \frac{\pi}{2}$$

收斂。

{Exercise}

1. 檢驗下列級數的斂散性。

(1) $\sum\limits_{n=1}^{\infty}\left(\frac{e}{\pi}\right)^n$

(2) $\sum\limits_{n=1}^{\infty}\cos(n)$

(3) $\sum\limits_{n=1}^{\infty}\frac{1}{1+\left(\frac{14}{15}\right)^n}$

(4) $\sum\limits_{n=1}^{\infty}\left(\tan^{-1}(1)\right)^n$

(5) $\sum\limits_{n=1}^{\infty}\left(\tan(1)\right)^n$

(6) $\sum\limits_{n=1}^{\infty}\frac{1}{n(n+2)}$

(7) $\sum\limits_{n=1}^{\infty}\ln\left(\frac{2n+1}{3n-1}\right)$

參考答案: 1. 收斂 2. 發散 3. 發散 4. 收斂 5. 發散 6. 收斂 7. 發散

■ 8.2　積分審斂法

數列可視為在一個函數上取正整數點。譬如說函數 $f(x)=\dfrac{1}{x}$，我們代所有 $n=1,2,\cdots$ 的點，便得到 $f(n)=\dfrac{1}{n}$，便有了數列 $a_n=f(n)=\dfrac{1}{n}$。

假設函數 f 恆正且遞減到零，在其上取正整數點，得到數列 $a_n=f(n)$。將 $f(x)$ 底下，$x\geq 1$ 的部分，分割成無限多個寬度為 1 的子區間。每個子區間上都取最左端函數值當高，於是做出如圖 8.1(a) 的許多矩形。

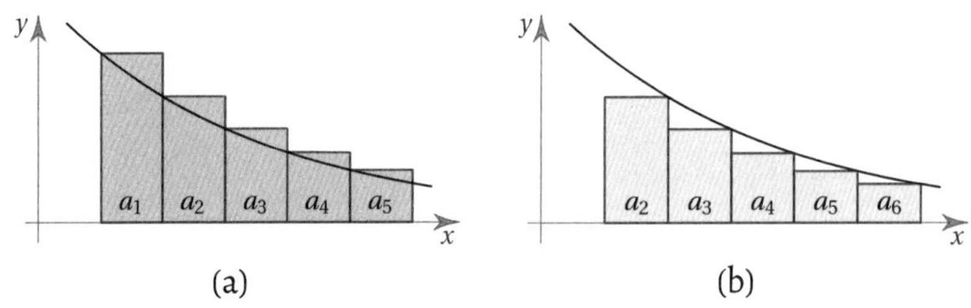

圖 8.1: 數列求和與瑕積分對應

每個矩形都超出函數一些，那麼將這無窮多個矩形加總，面積會大於曲線下面積。第一個矩形的高是 $f(1)=a_1$，寬度是 1，因此面積是 $a_1\times 1=a_1$。同理，第二個矩形面積 a_2、第三個是 a_3，以此類推。於是，無窮多個矩形面積加總，便是無窮級數

$$\sum_{n=1}^{\infty} a_n$$

至於曲線下面積，由於範圍是 $[1,\infty)$，所以便是瑕積分

$$\int_1^{\infty} f(x)\,\mathrm{d}x$$

無窮多個長方形加起來，面積會大於曲線下面積，意即

$$\int_1^{\infty} f(x)\,\mathrm{d}x<\sum_{n=1}^{\infty} a_n \tag{8.2.1}$$

如果每個子區間都改取右端點，則會變成圖 8.1(b)。每一個矩形都會整個在函數下方，第一個矩形的高是 $f(2)=a_2$，面積也是 a_2。第二個矩形的面積是 a_3，以此類推。這些矩形加起來面積小於曲線下面積，即

$$\sum_{n=2}^{\infty} a_n<\int_1^{\infty} f(x)\,\mathrm{d}x \tag{8.2.2}$$

將式子 (8.2.1) 及式子 (8.2.2) 合起來，便是

$$\sum_{n=2}^{\infty} a_n < \int_1^{\infty} f(x)\,\mathrm{d}x < \sum_{n=1}^{\infty} a_n \tag{8.2.3}$$

如果瑕積分 $\int_1^{\infty} f(x)\,\mathrm{d}x$ 發散，必為無限大。因為 $f(x)$ 恆正，絕無可能振盪型發散。而級數 $\sum_{n=1}^{\infty} a_n$ 更大，所以也是無限大。如果瑕積分 $\int_1^{\infty} f(x)\,\mathrm{d}x$ 收斂，此時無窮級數 $\sum_{n=2}^{\infty} a_n$ 又比瑕積分還小，不可能加到無限大去。而 a_n 恆正，所以也不會是振盪型發散，可見它也跟著收斂，從而 $\sum_{n=1}^{\infty} a_n$ 也收斂。

性質 8.2.1 積分審斂法

若函數 $f(x)$ 在區間 $[a,\infty)$ 上是恆正並遞減到 0 的，a 為一正整數，而數列 $a_n = f(n)$。則瑕積分 $\int_a^{\infty} f(x)\,\mathrm{d}x$ 與無窮級數 $\sum_{n=1}^{\infty} a_n$ 同斂散。

要求恆正遞減，是為了確保式子 (8.2.1) 及 (8.2.2) 成立。若改成 f 恆負遞增到 0 也可以 (why?)。至於區間為什麼是寫 $[a,\infty)$，是因為有些函數在前面有增有減，到了 $x \geq a$ 以後才開始遞減，這樣也沒關係。這樣瑕積分 $\int_a^{\infty} f(x)\,\mathrm{d}x$ 會與 $\sum_{n=a}^{\infty} a_n$ 同斂散，而其又與 $\sum_{n=1}^{\infty} a_n$ 同斂散。

例題 8.2.1 探討級數 $\sum_{n=1}^{\infty} \frac{1}{n^p}$，$p > 0$ 的斂散性。

解

$\frac{1}{x^p}$ 很明顯是遞減到 0 的。於是做瑕積分

$$\int_1^{\infty} \frac{1}{x^p}\,\mathrm{d}x \qquad \Rightarrow \begin{cases} \text{發散} & p \leq 1 \\ \text{收斂} & p > 1 \end{cases}$$

因此，根據積分審斂法，無窮級數 $\sum_{n=1}^{\infty} \frac{1}{n^p}$ 在 $p \leq 1$ 時發散；$p > 1$ 時收斂。這個結果十分重要、有用，務必要熟記。

例題 8.2.2　探討級數 $\sum_{n=0}^{\infty} e^{-n}$ 的斂散性。

解

e^{-x} 也很明顯是遞減到 0 的。接著做瑕積分

$$\int_1^\infty e^{-x}\,\mathrm{d}x = \lim_{b\to\infty}\int_1^b e^{-x}\,\mathrm{d}x = \lim_{b\to\infty}\Big[-e^{-x}\Big]_1^b$$
$$= \lim_{b\to\infty} e^{-1} - e^{-b} = e^{-1} + 0$$

收斂。於是根據積分審斂法，原級數也收斂。此題直接認出是收斂的無窮等比級數會比較快，使用積分審斂法只是作為一種演示。

例題 8.2.3　探討級數 $\sum_{n=2}^{\infty} \frac{1}{n\ln(n)}$ 的斂散性。

解

明顯 $\frac{1}{x\ln(x)}$ 是遞減到 0 。接著寫出瑕積分

$$\int_2^\infty \frac{1}{x\ln(x)}\,\mathrm{d}x$$

觀察到 $\ln(x)$ 的導函數是 $\frac{1}{x}$，正好就出現在此處。因此設 $u = \ln(x)$，$\mathrm{d}u = \frac{\mathrm{d}x}{x}$

$$\int_2^\infty \frac{1}{x\ln(x)}\,\mathrm{d}x = \int_{\ln(2)}^\infty \frac{\mathrm{d}u}{u}$$

發散，故原級數發散。

例題 8.2.4　探討級數 $\sum_{n=3}^{\infty} \frac{1}{n\ln(n)\ln\big(\ln(n)\big)}$ 的斂散性。

解

這題與前一題類似，只不過多一層而已。先寫出瑕積分

$$\int_3^{\infty} \frac{\mathrm{d}x}{x\ln(x)\ln\big(\ln(x)\big)}$$

接著設 $u=\ln\big(\ln(x)\big)$，$\mathrm{d}u=\dfrac{\mathrm{d}x}{x\ln(x)}$。於是

$$\int_3^{\infty} \frac{\mathrm{d}x}{x\ln(x)\ln\big(\ln(x)\big)} = \int_{\ln(\ln(3))}^{\infty} \frac{du}{u}$$

發散，故原級數發散。

例題 8.2.5 探討級數 $\sum\limits_{n=1}^{\infty} ne^{-n}$ 的斂散性。

解

對於函數 $f(x)=xe^{-x}$，導函數 $f'(x)=e^{-x}-xe^{-x}=(1-x)e^{-x}$ 在 $x>1$ 都是負的，因此在 $x\ge 1$ 以後是遞減的。於是做瑕積分

$$\begin{aligned}
\int_1^{\infty} xe^{-x}\,\mathrm{d}x &= -xe^{-x}\Big|_1^{\infty} + \int_1^{\infty} e^{-x}\,\mathrm{d}x \qquad \boxed{\text{分部積分}}\\
&= -\lim_{b\to\infty} xe^{-x}\Big|_1^{b} + \int_1^{\infty} e^{-x}\,\mathrm{d}x\\
&= -\lim_{b\to\infty} be^{-b} + e^{-1} + \int_1^{\infty} e^{-x}\,\mathrm{d}x\\
&= e^{-1} + \int_1^{\infty} e^{-x}\,\mathrm{d}x
\end{aligned}$$

確認收斂就可以停手了[a]，不必做到完。畢竟我們只是在看收斂發散，把瑕積分做出值來也毫無幫助。

[a]那怎麼知道 $\int_1^{\infty} e^{-x}\,\mathrm{d}x$ 收斂？它與 $\sum e^{-n}$ 同斂散，而後者是等比級數！

例題 8.2.6 探討級數 $\sum\limits_{n=0}^{\infty} \dfrac{\tan^{-1}(n)}{1+n^2}$ 的斂散性。

解 1

此題分母分子皆遞增，比較沒那麼明顯看出遞減。我們可這樣分析：對於函數 $f(x)=\frac{\tan^{-1}}{1+x^2}$，其導函數 $f'(x)=\frac{1-2x\tan^{-1}(x)}{(1+x^2)^2}$，代 $x=1$ 可知這至少在 $x\geq 1$ 以後都是負的[a]，因此 $\frac{\tan^{-1}(x)}{1+x^2}$ 在 $x\geq 1$ 以後都是遞減的。

接著寫出瑕積分

$$\int_1^{\infty}\frac{\tan^{-1}(x)}{1+x^2}\,\mathrm{d}x$$

很明顯[b]，可設 $u=\tan^{-1}(x)$，$\mathrm{d}u=\frac{\mathrm{d}x}{1+x^2}$。當 $x=1$ 時，$u=\frac{\pi}{4}$；當 $x\to\infty$ 時，$u\to\frac{\pi}{2}$。於是

$$\int_1^{\infty}\frac{\tan^{-1}(x)}{1+x^2}\,\mathrm{d}x=\int_{\frac{\pi}{4}}^{\frac{\pi}{2}}u\,\mathrm{d}u$$

代完就變成不是瑕積分了，也不必花時間去算出來，我們並不關心其值。反正它收斂，於是原級數收斂。

解 2

判斷瑕積分斂散時直接使用比較

$$\int_1^{\infty}\frac{\tan^{-1}(x)}{1+x^2}\,\mathrm{d}x\leq\int_1^{\infty}\frac{\frac{\pi}{2}}{1+x^2}\,\mathrm{d}x$$

後者收斂，故前者亦收斂，則原級數收斂。

因為我們對積分的變數代換有一定熟悉，促使我們看到此級數想到使用積分審斂法，但轉成瑕積分後不一定非要用變數代換不可。

[a] 我們沒有必要知道其精確的正負區間！所以直接隨便代吧！

[b] 不覺得明顯嗎？那你可能需要再多練練變數代換技巧，或是你對 $\tan^{-1}(x)$ 的求導並不熟悉。

例題 8.2.7　探討級數 $\sum_{n=3}^{\infty}\frac{1}{\ln(n)^{\ln(\ln(n))}}$ 的斂散性。

解

這題也明顯遞減。接著寫出瑕積分

$$\int_3^\infty \frac{\mathrm{d}x}{\ln(x)^{\ln(\ln(x))}}$$

我們設 $u=\ln(\ln(x))$， $\mathrm{d}u=\frac{\mathrm{d}x}{x\ln(x)}$，作個移項可得 $e^{e^u+u}\,\mathrm{d}u=\mathrm{d}x$ 。於是

$$\int_3^\infty \frac{\mathrm{d}x}{\ln(x)^{\ln(\ln(x))}}=\int_{\ln(\ln(3))}^\infty \frac{e^{e^u+u}\,\mathrm{d}u}{(e^u)^u}$$

不必被這積分的長相嚇到，我們只須看瑕積分到底收不收斂，並非一定要真的做出來。我們只要這樣寫

$$\begin{aligned}&\int_{\ln(\ln(3))}^\infty \frac{e^{e^u+u}\,\mathrm{d}u}{(e^u)^u}\\ =&\int_{\ln(\ln(3))}^\infty e^{e^u+u-u^2}\,\mathrm{d}u>\int_{\ln(\ln(3))}^\infty e^0\,\mathrm{d}u\end{aligned}$$

後者發散，前者更大，也發散。於是原級數也發散。

有了積分審斂法，我們便可以將判斷級數斂散性問題，轉為判斷瑕積分斂散性。這招並不總是有用，但只要條件滿足、瑕積分好做，積分審斂法便能派上用場。但也要切記，使用積分審斂法，我們只關心瑕積分的斂散性，因為它與無窮級數同斂散。並不關心如果收斂的話，會收斂到何值。畢竟這個瑕積分的值，也不會等於無窮級數的和，所以不必執著於做出瑕積分的值。

{*Exercise*}

1. 用積分審斂法檢驗下列級數的斂散性。

(1) $\sum\limits_{n=1}^{\infty} \frac{3^{\frac{1}{n}}}{n^2}$　　(2) $\sum\limits_{n=1}^{\infty} \frac{1}{n\sqrt{n}}$

(3) $\sum\limits_{n=1}^{\infty} \ln\left(1+\frac{1}{n^2}\right)$　　(4) $\sum\limits_{n=1}^{\infty} \frac{n^2}{e^{\frac{n}{3}}}$

(5) $\sum\limits_{n=1}^{\infty} \frac{n}{n^4+2n^2+1}$　　(6) $\sum\limits_{n=1}^{\infty} \frac{n}{n^4+1}$

參考答案： 1. (1) 收斂 (2) 收斂 (3) 收斂 (4) 收斂 (5) 收斂 (6) 收斂

■ 8.3 比較審斂法

在判斷瑕積分斂散性時，有一個好用的性質。

性質 8.3.1 瑕積分的比較審斂法

如果在 $x > a$ 處，a 是某個常數，$f(x) \geq g(x) \geq 0$ 恆成立，則

1. 若 $\int_a^\infty f(x)\,\mathrm{d}x$ 收斂，那麼 $\int_a^\infty g(x)\,\mathrm{d}x$ 必也收斂
2. 若 $\int_a^\infty g(x)\,\mathrm{d}x$ 發散，那麼 $\int_a^\infty f(x)\,\mathrm{d}x$ 必也發散

在判斷無窮級數的斂散性時，也有類似的性質可用。

性質 8.3.2 級數的比較審斂法

如果在 $n \geq a$ 時，a 是某個正整數，$b_n \geq a_n \geq 0$ 恆成立，那麼

1. 若 $\sum b_n$ 收斂，那麼 $\sum a_n$ 必也收斂
2. 若 $\sum a_n$ 發散，那麼 $\sum b_n$ 必也發散

這也很好理解，$\sum a_n$ 每一項非負，若發散必為無限大發散。然而 $\sum b_n$ 都已經收斂了，$\sum a_n$ 比它還小，所以無法發散，唯有收斂。同理，$\sum a_n$ 都已經發散了，必為無限大，$\sum b_n$ 比它還要大，所以也會無限大發散。

另外要注意的是，恆正是個重要的條件。千萬不要拿一個不是恆正的級數，說它一般項不大於另一個收斂級數的一般項，這樣是行不通的。

例題 8.3.1 判斷 $\sum_{n=1}^{\infty} \frac{1}{2+n^3}$ 的斂散性。

解

由於

$$0 \leq \frac{1}{2+n^3} \leq \frac{1}{n^3}$$

以及 $\sum \frac{1}{n^3}$ 是收斂的（$p > 1$）。故由比較審斂法，原級數收斂。

例題 8.3.2 判斷 $\sum_{n=2}^{\infty} \frac{\sin^2(\frac{1}{n})}{n^{\frac{9}{8}}}$ 的斂散性。

解

由於

$$0 \leq \frac{\sin^2(\frac{1}{n})}{n^{\frac{9}{8}}} \leq \frac{1}{n^{\frac{9}{8}}}$$

以及 $\sum \frac{1}{n^{\frac{9}{8}}}$ 是收斂的 ($p > 1$) 。故由比較審斂法，原級數收斂。

例題 8.3.3 判斷 $\sum_{n=1}^{\infty} \sin^2(\frac{1}{n})$ 的斂散性。

解

由於

$$\sin(x) \leq x, (x \geq 0) \Rightarrow 0 \leq \sin^2(x) \leq x^2$$

所以

$$0 \leq \sin^2(\frac{1}{n}) \leq \frac{1}{n^2}$$

而 $\sum \frac{1}{n^2}$ 是收斂的，故原級數收斂。

雖然前幾題看起來輕易地解開，但如果將題目作點小修改，分別改成

$$\sum_{n=2}^{\infty} \frac{1}{n^3 - 2}$$

$$\sum_{n=1}^{\infty} \frac{1}{n^{\frac{9}{8}} \sin^2(\frac{1}{n})}$$

$$\sum_{n=1}^{\infty} \sin^2(\frac{1}{\sqrt{n}})$$

這樣就無法說它們小於等於另一個收斂級數，只能說它們大於等於另一個收斂級數或小於等於另一個發散級數

$$\sum_{n=2}^{\infty}\frac{1}{n^3-2} \geq \sum_{n=2}^{\infty}\frac{1}{n^3}$$
$$\sum_{n=1}^{\infty}\frac{1}{n^{\frac{9}{8}}\sin^2(\frac{1}{n})} \geq \sum_{n=1}^{\infty}\frac{1}{n^{\frac{9}{8}}}$$
$$\sum_{n=1}^{\infty}\sin^2(\frac{1}{\sqrt{n}}) \leq \sum_{n=1}^{\infty}\frac{1}{n}$$

然而這樣是沒有用的，這樣不會有任何結論。

比較審斂法有另一個版本，可解決以上問題。

性質 8.3.3 極限比較審斂法

$\sum a_n$ 和 $\sum b_n$ 皆為正項級數，並且兩者相除做極限

$$\lim_{n\to\infty}\frac{a_n}{b_n}$$

1. 若極限值為 0，則當 $\sum b_n$ 收斂時，可推論 $\sum a_n$ 必也收斂；當 $\sum a_n$ 發散時，可推論 $\sum b_n$ 必也發散
2. 若極限是趨近無限大，則當 $\sum a_n$ 收斂時，可推論 $\sum b_n$ 必也收斂；當 $\sum b_n$ 發散時，可推論 $\sum a_n$ 必也發散
3. 若極限值為一非零的有限數，則 $\sum b_n$ 和 $\sum b_n$ 同斂散

這些都很好理解。

如果說 $\lim\frac{a_n}{b_n}=0$，表示在 n 很大的時候，a_n 遠遠小於 b_n。那麼根據比較審斂法，$\sum b_n$ 收斂的話 $\sum a_n$ 也會收斂；$\sum a_n$ 發散的話 $\sum b_n$ 也會發散。

如果說 $\lim\frac{a_n}{b_n}=\infty$，表示在 n 很大的時候，a_n 遠遠大於 b_n。那麼根據比較審斂法，$\sum a_n$ 收斂的話 $\sum b_n$ 也會收斂；$\sum b_n$ 發散的話 $\sum a_n$ 也會發散。

而如果 $\lim\frac{a_n}{b_n}=c\neq 0$，表示在 n 很大的時候，a_n 差不多都是 b_n 的 c 倍左右。在一個無窮級數前乘上非 0 的 c，並不會改變其斂散性，因此 $\sum a_n$ 和 $\sum b_n$ 會同時收斂發散。

雖然這個版本，仍會有無結論的情況，但至少能處理的狀況更多了。

例題 8.3.4 判斷 $\sum_{n=2}^{\infty}\frac{1}{n^3-2}$ 的斂散性。

解

$$\lim_{n\to\infty}\frac{\frac{1}{n^3-2}}{\frac{1}{n^3}}=1$$

而 $\sum\frac{1}{n^3}$ 收斂，故 $\sum\frac{1}{n^3-2}$ 收斂。看到原級數分母是三次，就知道應該是收斂了。於是拿 $\frac{1}{n^3}$ 來做極限比較審斂，即可做出。

例題 8.3.5 判斷 $\sum_{n=1}^{\infty}\frac{1}{n^{\frac{9}{8}}\sin^2(\frac{1}{n})}$ 的斂散性。

解

$$\lim_{n\to\infty}\frac{\frac{1}{n^{\frac{9}{8}}\sin^2(\frac{1}{n})}}{\frac{1}{n^{\frac{9}{8}}\cdot\frac{1}{n^2}}}=1$$

而 $\sum\frac{1}{\frac{1}{n^{\frac{9}{8}}\cdot\frac{1}{n^2}}}=\sum\frac{1}{n^{\frac{7}{8}}}$ 發散 ($p<1$)，故 $\sum\frac{1}{n^{\frac{9}{8}}\sin^2(\frac{1}{n})}$ 發散。之所以會想到拿這個級數來比較，是由於 $\lim_{x\to 0}\frac{\sin(x)}{x}=1$ 。

例題 8.3.6 判斷 $\sum_{n=1}^{\infty}\sin^2(\frac{1}{\sqrt{n}})$ 的斂散性。

解

$$\lim_{n\to\infty}\frac{\sin^2(\frac{1}{\sqrt{n}})}{\frac{1}{n}}=1$$

所以 $\sum\sin^2(\frac{1}{\sqrt{n}})$ 發散。

{Exercise}

1. 用比較審斂法檢驗下列級數的斂散性。

(1) $\sum_{n=1}^{\infty} \frac{2}{n^2+n+1}$　(2) $\sum_{n=1}^{\infty} \frac{n^3+n}{n^4-n^2+5}$

(3) $\sum_{n=1}^{\infty} \frac{1}{\sqrt{6n^3+5}}$　(4) $\sum_{n=1}^{\infty} \frac{\sqrt[3]{n}}{n^2+n}$

(5) $\sum_{n=1}^{\infty} \frac{2}{n-\ln(n)}$　(6) $\sum_{n=1}^{\infty} \frac{\sin^4(n+2)}{6^n+1}$

(7) $\sum_{n=1}^{\infty} \frac{3n+4^n}{2n+5^n}$　(8) $\sum_{n=1}^{\infty} \frac{1}{n^{1+\ln(n)}}$

(9) $\sum_{n=1}^{\infty} \frac{1}{1+e^n}$　(10) $\sum_{n=1}^{\infty} \frac{\sqrt{n+1}-\sqrt{n-1}}{n}$

2. 對於 $\sum_{n=1}^{\infty} \frac{1}{n^{\sqrt{n}}}$，無法直接使用 p 級數的結論，須使用比較審斂。

(1) 試選定適當的 p 級數作為比較，確認原級數的斂散性。

(2) 以下解法是否正確?

設 $a_n = \frac{1}{2^n}, b_n = \frac{1}{n^{\sqrt{n}}}$，雖然前幾項 a_n 比較小，但 $n \geq 5$ 便滿足 $a_n > b_n$ 。由於 $\sum a_n = \sum \frac{1}{2^n}$ 是收斂的無窮等比級數，故由比較審斂法知原級數收斂。

參考答案： 1. (1) 收斂 (2) 發散 (3) 收斂 (4) 收斂 (5) 發散 (6) 收斂 (7) 收斂 (8) 收斂 (9) 收斂 (10) 收斂　2. (1) 可選 $\frac{1}{n^2}$ (2) 不正確。事實上當 $n \geq 17$ 恆滿足 $a_n < b_n$，只有在 $5 \leq n \leq 15$ 時才有 $a_n > bn$。這例子說明我們不能列出前幾項來斷言整體。

■ 8.4　比值審斂法與根值審斂法

以下介紹兩個很有用的檢定方法。

性質 8.4.1　d'Alembert 比值審斂法

對於級數 $\sum a_n$，若極限

$$\lim_{n\to\infty}\left|\frac{a_{n+1}}{a_n}\right| = L$$

1. $L<1$，則級數收斂
2. $L>1$，則級數發散
3. $L=1$，則無結論

這有個簡單的理解方式。如果 $L=0.7$，表示當 n 很大的時候，每一項都大約是前一項的 0.7 倍左右[①]，所以此級數和收斂的無窮等比級數是很相近的。同理，如果 $L=1.2$，表示當 n 很大的時候，每一項都大約是前一項的 1.2 倍左右，所以此級數和發散的無窮等比級數是很相近的。

而如果我們拿 $\sum \frac{1}{n}$ 及 $\sum \frac{1}{n^2}$ 來做，會得到

$$\lim_{n\to\infty}\frac{\frac{1}{n+1}}{\frac{1}{n}} = 1 \quad 及 \quad \lim_{n\to\infty}\frac{\frac{1}{(n+1)^2}}{\frac{1}{n^2}} = 1$$

然而前者發散後者收斂，這說明 $L=1$ 是收斂與發散都有可能的。

例題 8.4.1　判斷 $\sum\limits_{n=1}^{\infty}\frac{1}{n!}$ 的斂散性。

解

$$\lim_{n\to\infty}\frac{\frac{1}{(n+1)!}}{\frac{1}{n!}} = \lim_{n\to\infty}\frac{n!}{(n+1)!} = \lim_{n\to\infty}\frac{1}{n+1} = 0 < 1$$

故原級數收斂。也可以比較審斂，利用 $\frac{1}{n!} = \frac{1}{n(n-1)(n-2)\cdots 1} < \frac{1}{n(n-1)}$。

① 若用 $\epsilon-\delta$ 的語言來說：任給 $\epsilon>0$，皆存在 $N>0$ 使得只要 $n>N$，就有 $\left|\frac{a_{n+1}}{a_n}-0.7\right|<\epsilon$。

例題 8.4.2 判斷 $\sum_{n=1}^{\infty} \frac{5^n}{1+6^n}$ 的斂散性。

解

$$\lim_{n\to\infty} \frac{\frac{5^{n+1}}{1+6^{n+1}}}{\frac{5^n}{1+6^n}} = \lim_{n\to\infty} \frac{5(1+6^n)}{1+6^{n+1}}$$

$$= \lim_{n\to\infty} \frac{5(\frac{1}{6^n}+1)}{\frac{1}{6^n}+6} = \frac{5}{6} < 1$$

故原級數收斂。

性質 8.4.2 Cauchy 根值審斂法

對於級數 $\sum a_n$，若極限

$$\lim_{n\to\infty} \sqrt[n]{|a_n|} = L$$

1. $L<1$，則級數收斂
2. $L>1$，則級數發散
3. $L=1$，則無結論

例題 8.4.3 判斷 $\sum_{n=1}^{\infty} \frac{3^n}{5^n}$ 的斂散性。

解

$$\lim_{n\to\infty} \left(\frac{3^n}{5^n}\right)^{\frac{1}{n}} = \frac{3}{5} < 1$$

故原級數收斂。當然這是收斂的等比級數，只是用來練習根值審斂。

例題 8.4.4 判斷 $\sum_{n=1}^{\infty} (\frac{n}{5n-2})^{2n}$ 的斂散性。

解

$$\lim_{n\to\infty}\left[\left(\frac{n}{5n-2}\right)^{2n}\right]^{\frac{1}{n}}=\lim_{n\to\infty}\left(\frac{n}{5n-2}\right)^{2}=\left(\frac{1}{5}\right)^{2}<1$$

故原級數收斂。

例題 8.4.5 判斷 $\sum_{n=1}^{\infty}\frac{n^9}{2^n}$ 的斂散性。

解

$$\lim_{n\to\infty}\left(\frac{n^9}{2^n}\right)^{\frac{1}{n}}=\lim_{n\to\infty}\frac{\left(n^9\right)^{\frac{1}{n}}}{2}=\lim_{n\to\infty}\frac{\left(n^{\frac{1}{n}}\right)^{9}}{2}$$

而由於 $\lim_{n\to\infty}n^{\frac{1}{n}}=1$，因此極限值為 $\frac{1}{2}<1$，原級數收斂。

例題 8.4.6 判斷 $\sum_{n=1}^{\infty}\frac{3n}{\left(\ln(n)\right)^n}$ 的斂散性。

解

$$\lim_{n\to\infty}\left(\frac{3n}{\left(\ln(n)\right)^n}\right)^{\frac{1}{n}}=\lim_{n\to\infty}\frac{3^{\frac{1}{n}}n^{\frac{1}{n}}}{\ln(n)}=\lim_{n\to\infty}\frac{1}{\ln(n)}<1$$

故原級數收斂。

使用這兩個檢定法並不困難，做出極限後與 1 比大小就好了。難的是，當你遇到一個級數，怎麼知道可以用比值審斂或是根值審斂呢？

其實做數學的時候，常常是沒有一定的法則。很多時候是要動手去試，這個方法試失敗了就換一個方法，最終試出正確的解法出來。有時可能只是我一時想不到該怎麼辦，我就拿學過的檢驗法套看看，試誤幾次就做出來了。

然而，說是這麼說，其實許多時候還是有跡可循的。例如 a_n 本身就掛個 n 次方，那麼我用根值審斂下去，n 次與 $\frac{1}{n}$ 次就會互消了。或者是由於我事先知道 $\lim_{n\to\infty}n^{\frac{1}{n}}=1$，所以若有看到 n 或 n^k，就知道可以試試根值檢驗。我說可以的意思不是說所做出的極限值一定大於或小於 1，只是至少這極限我們大概會做。以下再多演示幾題，用心體會。

例題 8.4.7 判斷 $\sum_{n=1}^{\infty} \frac{n!n!}{(2n)!}$ 的斂散性。

解

一般項裡有階乘，用比值審斂可使大部分都相消

$$\lim_{n\to\infty} \frac{\frac{(n+1)!(n+1)!}{(2n+2)!}}{\frac{n!n!}{(2n)!}} = \lim_{n\to\infty} \frac{(n+1)(n+1)}{(2n+1)(2n+2)} = \frac{1}{4} < 1$$

故原級數收斂。

例題 8.4.8 判斷 $\sum_{n=1}^{\infty} \frac{5^n}{n!}$ 的斂散性。

解

$$\lim_{n\to\infty} \frac{\frac{5^{n+1}}{(n+1)!}}{\frac{5^n}{n!}} = \lim_{n\to\infty} \frac{5}{n+1} < 1$$

所以原級數收斂。

例題 8.4.9 判斷 $\sum_{n=1}^{\infty} \frac{n^n}{e^{n^2}}$ 的斂散性。

解

看長相便想到根值審斂

$$\lim_{n\to\infty} \left(\frac{n^n}{e^{n^2}}\right)^{\frac{1}{n}} = \lim_{n\to\infty} \frac{n}{e^n} = 0 < 1$$

無論 k 多大，$\lim_{n\to\infty} \frac{n^k}{e^n} = 0$。故原級數收斂。

例題 8.4.10 判斷 $\sum_{n=1}^{\infty} \frac{2\cdot4\cdots2n}{(2n)!}$ 的斂散性。

解

用比值審斂可以消去大部分

$$\lim_{n\to\infty} \frac{\frac{2\cdot4\cdots(2n+2)}{(2n+2)!}}{\frac{2\cdot4\cdots2n}{(2n)!}} = \lim_{n\to\infty} \frac{2n+2}{(2n+1)(2n+2)} = \lim_{n\to\infty} \frac{1}{2n+1} < 1$$

故原級數收斂。

例題 8.4.11 判斷 $\sum_{n=1}^{\infty} \frac{n^n}{(2^n)^2}$ 的斂散性。

解 1

看到這長相就想到用根值審斂

$$\lim_{n\to\infty} \left(\frac{n^n}{(2^n)^2}\right)^{\frac{1}{n}} = \lim_{n\to\infty} \frac{n}{2^2} = \infty$$

故原級數發散。

解 2

若是用比值審斂其實也可以

$$\lim_{n\to\infty} \frac{\frac{(n+1)^{n+1}}{(2^{n+1})^2}}{\frac{n^n}{(2^n)^2}} = \lim_{n\to\infty} \frac{(n+1)^n(n+1)}{n^n\cdot2^2} = \lim_{n\to\infty} \underbrace{\left(1+\frac{1}{n}\right)^n}_{\to e} \cdot \frac{n+1}{4} = \infty$$

{*Exercise*}

1. 用比值審斂法或根植審斂法檢驗下列級數的斂散性。

(1) $\sum_{n=1}^{\infty} \frac{n^3}{3^n}$　　(2) $\sum_{n=1}^{\infty} \frac{n!}{2^n}$

(3) $\sum_{n=1}^{\infty} \frac{e^n}{n!}$　　(4) $\sum_{n=1}^{\infty} \frac{3^n}{(n+1)^n}$

(5) $\sum_{n=1}^{\infty} \frac{(n!)^2}{(3n)!}$　　(6) $\sum_{n=1}^{\infty} \frac{n^3}{(\ln 2)^n}$

(7) $\sum_{n=1}^{\infty} \left(\frac{n}{3n-1}\right)^n$　　(8) $\sum_{n=1}^{\infty} \frac{1}{(\ln n)^n}$

(9) $\sum_{n=1}^{\infty} \frac{\left(\frac{4}{3}\right)^n}{n^3}$

參考答案： 1. (1) 收斂 (2) 發散 (3) 收斂 (4) 收斂 (5) 收斂
(6) 發散 (7) 收斂 (8) 收斂 (9) 發散

■ 8.5　交錯級數審斂法

如果說一個級數，一項正、下一項負、再下一項正、……，如此地正負交錯，我們便稱之為**交錯級數**。而關於交錯級數，如果它滿足某些條件的話，便可保證它是收斂的。

性質 8.5.1　Leibniz 交錯級數審斂法

對於級數 $\sum a_n$，若滿足以下條件

1. 正負交錯
2. $|a_n|$ 在某一項後開始遞減
3. $\lim\limits_{n\to\infty} a_n = 0$

則級數 $\sum a_n$ 收斂。

第三個條件是當然，級數收斂本來就要有一般項趨向 0 了。第一個條件也當然，我們正是在討論交錯級數。所以等於再留意第二個條件，三個條件都有了便可保證收斂，以下我們來分析原因。

為了方便，記 $b_n = |a_n|$。如果說 $b_n \searrow 0$ ②，再搭配正負交錯

$$b_1 - b_2 + b_3 - b_4 + b_5 - \cdots$$

我先這樣幫它加括號

$$(b_1 - b_2) + (b_3 - b_4) + (b_5 - b_6) + \cdots$$

由於 $b_n \searrow$，前一項都不小於後一項，所以每個括號都大於等於 0。於是這樣一個括號一個括號地加，是遞增的。

接下來改這樣加括號

$$b_1 + (-b_2 + b_3) + (-b_4 + b_5) + (-b_6 + b_7) + \cdots$$

前一項都不小於後一項，所以每個括號都小於等於 0。而總和是 b_1 加上這些小於等於 0 的括號，所以總和會小於等於 b_1。

也就是說，部分和是遞增並且有界（不大於 b_1）的。遞增又有上界，就必然會收斂。因為有上界代表它不會跑到無限大，而遞增也確保了它不會忽增忽減跑來跑去。也就是說，既不會是無限大型發散，也不會是振盪型發散。而部分和收斂，就是級數收斂。

② 這個符號是遞減到 0 的意思。

例題 8.5.1 判斷 $\sum_{n=1}^{\infty}(-1)^{n+1}\frac{1}{n}$ 的斂散性。

解

從一般項的長相中，有個 $(-1)^{n+1}$，便可見它是正負交錯的。明顯地，$\frac{1}{n}$ 是遞減到 0 的。所以此級數滿足交錯級數收斂。

本來調和級數 $\sum\frac{1}{n}$ 是發散的，但乘上 $(-1)^n$ 後，便相消成收斂。

例題 8.5.2 判斷 $\sum_{n=1}^{\infty}\frac{(-3)^n}{n!}$ 的斂散性。

解

先將 -1 抽出來，得到

$$\sum(-1)^n\frac{3^n}{n!}$$

看出是正負交錯。接著

$$\begin{aligned}0 \le \lim_{n\to\infty}\frac{3^n}{n!} &= \lim_{n\to\infty}\left(\frac{3}{1}\right)\left(\frac{3}{2}\right)\boxed{\left(\frac{3}{3}\right)\cdots\left(\frac{3}{n-1}\right)}\left(\frac{3}{n}\right)\\ &\le \lim_{n\to\infty}\left(\frac{3}{1}\right)\left(\frac{3}{2}\right)\left(\frac{3}{n}\right)=0\end{aligned}$$

每個括號皆小於 1，丟掉後會變大

所以 $\lim_{n\to\infty}\frac{3^n}{n!}=0$。接著做

$$\frac{a_{n+1}}{a_n}=\frac{\frac{3^{n+1}}{(n+1)!}}{\frac{3^n}{n!}}=\frac{3}{n+1}<1$$

最後的不等式在 $n>2$ 恆成立，也就是說，$\frac{a_{n+1}}{a_n}$ 在 $n>2$ 都比 1 小，可知 $\{a_n\}$ 在 $n>2$ 是遞減的。綜合以上，$\sum_{n=3}^{\infty}(-1)^n\frac{3^n}{n!}$ 滿足交錯級數收斂。而 $\sum_{n=1}^{\infty}(-1)^n\frac{3^n}{n!}$ 與它差了有限項，這不影響斂散性，所以也同樣是收斂。

判斷正項數列遞減與否有好幾個辦法，下列這三種較為常見：

1. $a_{n+1}-a_n \le 0$，在 $n \ge k$ 以後恆成立，代表數列 $\langle a_n \rangle$ 在 $n \ge k$ 以後遞減。
2. $\dfrac{a_{n+1}}{a_n} \le 1$，在 $n \ge k$ 以後恆成立，代表數列 $\langle a_n \rangle$ 在 $n \ge k$ 以後遞減。
3. 寫出函數 $f(x)$ 使得 $f(n)=a_n$。若 $f'(x) \le 0$ 在 $x \ge k$ 以後恆成立，代表函數 $f(x)$ 在 $n \ge k$ 以後遞減，於是數列 $\langle a_n \rangle$ 也在 $n \ge k$ 以後遞減。

例題 8.5.3　判斷 $\sum\limits_{n=1}^{\infty}(-1)^{n+1}\left(\sqrt{n+1}-\sqrt{n}\right)$ 的斂散性。

解

看到 $(-1)^{n+1}$ 知道有正負交錯。接著做反有理化，得到

$$\sqrt{n+1}-\sqrt{n}=\frac{(n+1)-n}{\sqrt{n+1}+\sqrt{n}}=\frac{1}{\sqrt{n+1}+\sqrt{n}}$$

很明顯它遞減到 0，故滿足交錯級數收斂。也可以寫出函數

$$f(x)=\sqrt{x+1}-\sqrt{x} \Rightarrow f'(x)=\frac{1}{2\sqrt{x+1}}-\frac{1}{2\sqrt{x}}<0$$

這樣也可以得知遞減。但是我們要驗證一般項極限是否為 0，仍是要做反有理化，所以倒不如一開始就反有理化。

例題 8.5.4　判斷 $\sum\limits_{n=1}^{\infty}(-1)^{n+1}\dfrac{2^n}{4^n+1}$ 的斂散性。

解

看到 $(-1)^{n+1}$ 知道有正負交錯。接著做後項減前項

$$\frac{2^{n+1}}{4^{n+1}+1}-\frac{2^n}{4^n+1}=\frac{2\cdot 2^n\cdot 4^n+2\cdot 2^n-4\cdot 2^n\cdot 4^n-2^n}{(4^{n+1}+1)(4^n+1)}$$

$$=\frac{-2\cdot 2^n\cdot 4^n+2^n}{(4^{n+1}+1)(4^n+1)}=\frac{(1-2\cdot 4^n)2^n}{(4^{n+1}+1)(4^n+1)}<0$$

$a_{n+1}-a_n<0$ 恆成立，表示 $\{a_n\}$ 是遞減的。再配合

$$0\le \lim_{n\to\infty}\frac{2^n}{4^n+1}\le \lim_{n\to\infty}\frac{2^n}{4^n}=0$$

故 $\lim_{n\to\infty}\frac{2^n}{4^n+1}=0$，因此原級數滿足交錯級數收斂。

例題 8.5.5 判斷 $\sum_{n=1}^{\infty}(-1)^{n+1}\frac{(n!)^2}{(2n)!}$ 的斂散性。

解

看到 $(-1)^{n+1}$ 知道有正負交錯。接著做

$$\frac{a_{n+1}}{a_n}=\frac{\frac{((n+1)!)^2}{(2n+2)!}}{\frac{(n!)^2}{(2n)!}}=\frac{(n+1)^2}{(2n+1)(2n+2)}<1$$

恆成立，可知 $\{a_n\}$ 遞減。再做極限

$$\begin{aligned}0\le \lim_{n\to\infty}\frac{(n!)^2}{(2n)!}&=\lim_{n\to\infty}\frac{1\cdot 2\cdots(n-1)\cdot n}{(n+1)\cdot(n+2)\cdots(2n-1)\cdot(2n)}\\&\le \lim_{n\to\infty}\frac{1}{n}=0\end{aligned}$$

可知 $\lim_{n\to\infty}\frac{(n!)^2}{(2n)!}=0$，故原級數滿足交錯級數收斂。

定理 8.5.1　交錯級數的誤差估計

對於收斂的交錯級數 $\sum a_n=S$，若對前 n 項求和，得到部分和 S_n。則其與總和 S 的差必滿足

$$|S_n-S|<|a_{n+1}|$$

證

為了簡便，設 $b_n = |a_n|$。而總和與部分和的差

$$S - S_n = \begin{cases} b_{n+1} - b_{n+2} + b_{n+3} - b_{n+4} + \cdots & ,\text{若 } a_n < 0 \\ -b_{n+1} + b_{n+2} - b_{n+3} + b_{n+4} - \cdots & ,\text{若 } a_n > 0 \end{cases}$$

是哪一個，端看第 n 項是正或負。然而掛絕對值以後必為

$$|S - S_n| = b_{n+1} - b_{n+2} + b_{n+3} - b_{n+4} + \cdots$$

這是因為如果我們加括號

$$(b_{n+1} - b_{n+2}) + (b_{n+3} - b_{n+4}) + \cdots$$

可看出每個括號都是大減小，皆非負。因此

$$\begin{aligned} |S - S_n| &= b_{n+1} - b_{n+2} + b_{n+3} - b_{n+4} + \cdots \\ &= b_{n+1} + \underbrace{(-b_{n+2} + b_{n+3})}_{\leq 0} + \underbrace{(-b_{n+4} + b_{n+5})}_{\leq 0} + \cdots \\ &< b_{n+1} = |a_{n+1}| \end{aligned}$$

■

這個誤差估計法的用處在於，收斂的級數，有時有一些技巧求出此級數的和，但更多時候是難以得知。所以就有個問題，我能不能做了有限多項的和以後，得知這有限多項的和，與無窮多項的總和誤差大概是多少呢？這樣子雖然沒有求出總和的精確值，但起碼也可以估計了。

如前所示，在交錯級數的情況中，要估計誤差是非常非常簡單的。假如你做了前 7 項的和，那麼你將第 8 項掛個絕對值，誤差將比這還小，就這樣，就這麼簡單。

例題 8.5.6 對於無窮級數 $\sum_{n=1}^{\infty}(-1)^n\frac{\ln(n)}{n}$，試估計其總和與部分和 S_{15} 的誤差。

解

對於函數

$$\frac{\ln(x)}{x}$$

將其求導，得到

$$\frac{1-\ln(x)}{x^2}<1$$

這在 $x>3$ 以後恆成立，可知原級數在 $n\geq 3$ 以後遞減。再配合

$$\lim_{n\to\infty}\frac{\ln(n)}{n}=0$$

可知原級數滿足交錯級數收斂。

部分和

$$S_{15}=\sum_{n=1}^{15}(-1)^n\frac{\ln(n)}{n}$$

與原級數總和

$$S=\sum_{n=1}^{\infty}(-1)^n\frac{\ln(n)}{n}$$

之間的誤差為

$$|S-S_{15}|<|a_{16}|=\left|(-1)^{16}\frac{\ln(16)}{16}\right|=\frac{\ln(16)}{16}$$

可知誤差必小於 $\frac{\ln(16)}{16}$。若在沒有計算機的情況下想略知其數值，可以再做

$$\frac{\ln(16)}{16}<\frac{\log_2 16}{16}=\frac{4}{16}=\frac{1}{4}$$

所以可知誤差一定比 0.25 小。

例題 8.5.7　對於無窮級數 $\sum_{n=1}^{\infty}(-1)^n\frac{1}{n}$，應取幾項方可確保誤差小於 0.01?

解

我們要解出 k，使得部分和的誤差

$$|S-S_k|<\frac{1}{100}$$

而我們知道

$$|S-S_k|<|a_{k+1}|=\frac{1}{k+1}$$

所以如果我們能夠挑選適當的 k，使得

$$\frac{1}{k+1}<\frac{1}{100}$$

那麼合起來便會有

$$|S-S_k|<\frac{1}{k+1}<\frac{1}{100}$$

所以我們可以取 $k=100$。也許實際上只要做七十幾項就可讓誤差小於 0.01，但我們無法精算誤差，只能作估計，我們只能確定做了 100 項誤差就一定小於 0.01。

{Exercise}

1. 檢驗下列級數的斂散性。

(1) $\sum_{n=1}^{\infty} \frac{(-1)^n n}{3n^2+2}$

(2) $\sum_{n=1}^{\infty} \frac{(-1)^n n}{2n+1}$

(3) $\sum_{n=1}^{\infty} \frac{(-1)^n n}{2^n}$

(4) $\sum_{n=1}^{\infty} (-1)^n \ln\left(1+\frac{1}{n}\right)$

(5) $\sum_{n=1}^{\infty} (-1)^n \frac{\sqrt{n}+1}{n+1}$

參考答案: 1. (1) 收斂 (2) 發散 (3) 收斂 (4) 收斂 (5) 收斂

■ 8.6　條件收斂與絕對收斂

無窮級數

$$1-\frac{1}{2}+\frac{1}{3}-\frac{1}{4}+\cdots \tag{8.6.1}$$

使用交錯級數審斂，可輕易得知它是收斂的，於是我們記它的總和為 S ③。接著我們將等號兩邊除以 2，得到

$$\frac{1}{2}-\frac{1}{4}+\frac{1}{6}-\frac{1}{8}+\cdots=\frac{S}{2} \tag{8.6.2}$$

接著上式加下式

$$
\begin{array}{rl}
 & 1-\frac{1}{2}+\frac{1}{3}-\frac{1}{4}+\frac{1}{5}-\frac{1}{6}+\cdots=S \\
+) & 0+\frac{1}{2}+0-\frac{1}{4}+0+\frac{1}{6}+\cdots=\frac{1}{2}S \\
\hline
 & 1+0+\frac{1}{3}-\frac{1}{2}+\frac{1}{5}+0+\cdots=\frac{3}{2}S
\end{array}
$$

無視那些 0，我們得到

$$1+\frac{1}{3}-\frac{1}{2}+\frac{1}{5}+\cdots=\frac{3}{2}S \tag{8.6.3}$$

仔細一看，級數 (8.6.3) 其實就是由級數 (8.6.1) 重排而來。本來有一個收斂的無窮級數，其和為 S。然而將其做了**級數重排**以後，便得到不同的和 $\frac{3}{2}S$。如果又用另一種重排方式

$$
\begin{aligned}
&1-\frac{1}{2}-\frac{1}{4}+\frac{1}{3}-\frac{1}{6}-\frac{1}{8}+\frac{1}{5}-\frac{1}{10}-\frac{1}{12}+\cdots \\
&=\left(1-\frac{1}{2}\right)-\frac{1}{4}+\left(\frac{1}{3}-\frac{1}{6}\right)-\frac{1}{8}+\left(\frac{1}{5}-\frac{1}{10}\right)-\frac{1}{12}+\cdots \\
&=\frac{1}{2}-\frac{1}{4}+\frac{1}{6}-\frac{1}{8}+\frac{1}{10}-\frac{1}{12}+\cdots \\
&=\frac{1}{2}\left(1-\frac{1}{2}+\frac{1}{3}-\frac{1}{4}+\frac{1}{5}-\frac{1}{6}+\right)=\frac{1}{2}S
\end{aligned}
$$

所以這次重排以後得到 $\frac{1}{2}S$。

---

③ S 事實上等於 $\ln 2$，現在不重要，簡單當作 S 即可。

這聽來十分詭異。如果是有限的數字相加，無論我們如何調換順序都不會影響總和。可是上述例子中我們卻看到，我們將無窮級數做重排以後，居然得到不一樣的總和！

然而，卻不是所有收斂的無窮級數都會有這樣的性質。有些無窮級數無論怎麼重排，其和皆不變。那麼，到底哪些級數會有這樣的性質，哪些沒有呢？且讓我們對於收斂的無窮級數做進一步的分類，再加以探討。

定義 8.6.1　絕對收斂

無窮級數 $\sum a_n$，若將其每一項皆掛上絕對值，掛完以後的級數 $\sum |a_n|$ 是收斂的，則稱級數 $\sum a_n$ 為絕對收斂。

絕對收斂的無窮級數，本身一定是收斂的，所以說這是收斂級數的一個進一步分類。

定理 8.6.1

若無窮級數 $\sum |a_n|$ 收斂，則 $\sum a_n$ 必也收斂，但反之不然。

證

由於

$$0 \le a_n + |a_n| \le 2|a_n|$$

利用比較審斂法，我們可由 $\sum 2|a_n|$ 收斂，得知 $\sum a_n + |a_n|$ 也收斂。因此 $\sum a_n = \sum(a_n + |a_n|) - |a_n| = \sum(a_n + |a_n|) - \sum |a_n|$ 也是收斂。

反過來說，舉一反例，級數 $\sum(-1)^n \frac{1}{n}$ 可由交錯級數審斂得知是收斂的。但每一項掛絕對值以後，便是調和級數 $\sum \frac{1}{n}$ 發散。 ■

定義 8.6.2　條件收斂

若無窮級數 $\sum a_n$ 是收斂的，但將其每一項皆掛上絕對值後的級數 $\sum |a_n|$ 是發散的，則稱級數 $\sum a_n$ 為條件收斂。

像前面的例子，級數 $\sum(-1)^n \frac{1}{n}$ 便是條件收斂。現在透過這兩個定義，我們便可將收斂的級數再細分為兩類：絕對收斂與條件收斂。

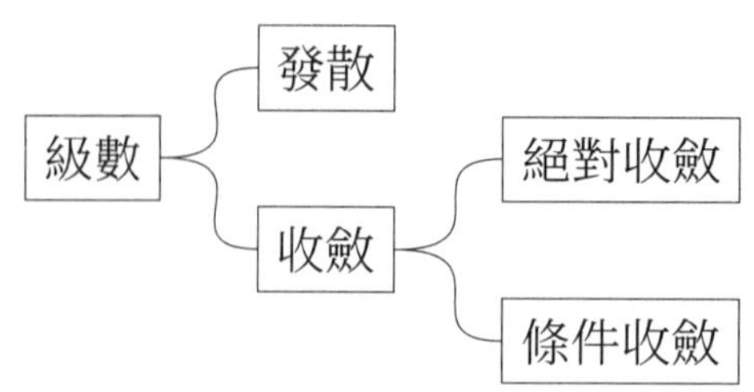

定理 8.6.2　Riemann 級數重排定理

若級數 $\sum a_n$ 是條件收斂的，則任給實數 M，皆必然存在某種重排方式，使得新的級數之和為 M。也存在某些重排方式，使得新的級數發散。

只要是條件收斂的級數，不管你指定要收斂到什麼數，或是要正負無窮大、振盪型發散，我都可以透過重新排列的方式，滿足你的要求。

然而，若是絕對收斂的級數，無論如何重排，級數和皆不變。

例題 8.6.1　判斷級數 $\sum_{n=1}^{\infty}(-1)^n\frac{1}{n^{\frac{9}{8}}}$ 是條件收斂、絕對收斂或是發散。

解

看起來只不過是 p 級數再掛正負號，所以若將其每一項掛絕對值，得到 $\sum\frac{1}{n^{\frac{9}{8}}}$ 收斂（$p>1$），故原級數為絕對收斂。

例題 8.6.2　判斷級數 $\sum_{n=1}^{\infty}\frac{(-1)^n(n+2)}{n(n+1)}$ 是條件收斂、絕對收斂或是發散。

解

試試交錯級數收斂。首先檢查掛絕對值後是否遞減，可以將其寫成

$$\frac{n+2}{n(n+1)}=\frac{n+1+1}{n(n+1)}=\frac{n+1}{n(n+1)}+\frac{1}{n(n+1)}=\frac{1}{n}+\frac{1}{n(n+1)}$$

兩項分別都明顯是遞減，加起來仍是遞減。再來，明顯地

$$\lim_{n\to\infty}\frac{(n+2)}{n(n+1)}=0$$

所以此級數滿足交錯級數收斂。

然而各項掛絕對值後，觀察到分母是 2 次、分子是 1 次，整個來說大約是 −1 次，應該是發散的。我們可以拿 −1 次的 $\frac{1}{n}$ 來使用極限比較

$$\lim_{n\to\infty}\frac{\frac{(n+2)}{n(n+1)}}{\frac{1}{n}}=\lim_{n\to\infty}\frac{(n+2)}{(n+1)}=1$$

因此它與 $\sum\frac{1}{n}$ 同斂散，所以是發散的。那麼原級數便是條件收斂。

例題 8.6.3 判斷級數 $\sum_{n=1}^{\infty}\frac{(-1)^n(n-5)(n+3)}{(n+7)^2}$ 是條件收斂、絕對收斂或是發散。

解

分母與分子同次，很明顯一般項並不趨近到 0，所以發散。

在前三題之中，絕對收斂、條件收斂和發散都各舉了一例。從這些例子中可見，條件收斂必須掛絕對值與沒掛都各做一次，分別得到發散與收斂。然而絕對收斂就不必做沒掛的情況，發散也不必再掛絕對值了。

我要說的是，我們可以盡可能先猜猜看此級數是哪一種情況，如果看起來像是絕對收斂，那我就先掛絕對值去做做看，成功地做出收斂以後就不必再做了；如果看起來像是發散，那我就不掛絕對值做做看，做出是發散那也不必再做了。若是猜錯的話，便只好再做第二次。而如果它是條件收斂，便沒有猜對猜錯的問題，無論如何都是要掛與不掛絕對值各做一次。

例題 8.6.4 判斷級數 $\sum_{n=1}^{\infty}\frac{(-4)^n}{n+7^n}$ 是條件收斂、絕對收斂或是發散。

解

先將 −1 抽出，寫成 $\sum(-1)^n\frac{4^n}{n+7^n}$。此時看它的長相，發覺如果把分母的 n 拿掉，就會變成收斂的無窮等比級數。所以使用比較審斂法

$$0\le\frac{4^n}{n+7^n}\le\frac{4^n}{7^n}$$

最右邊為收斂的無窮等比級數，故原級數為絕對收斂。

例題 8.6.5 判斷級數 $\sum_{n=1}^{\infty} \frac{\cos(n\pi)\ln(n)}{n}$ 是條件收斂、絕對收斂或是發散。

解

由於 $\cos(\pi) = -1, \cos(2\pi) = 1, \cdots$，得知 $\cos(n\pi)$ 其實就等於 $(-1)^n$。故原級數可寫成 $\sum(-1)^n \frac{\ln(n)}{n}$ 所以試試交錯級數審斂，先檢查是否遞減，寫出函數

$$\frac{\ln(x)}{x}$$

然後求導得到

$$\frac{1-\ln(x)}{x^2}$$

這在 $x > e$ 以後是負的，可知 $\frac{\ln(n)}{n}$ 在 $n \geq 3$ 以後是遞減的。而它也很明顯趨近到 0，因為我們熟知

$$\lim_{n\to\infty} \frac{\left(\ln(n)\right)^k}{n} = 0$$

無論 k 是一個多大的數。而在此等於是 $k = 1$ 的情況。條件皆滿足了，所以原級數收斂。然而各項掛絕對值以後，很明顯有

$$\frac{\ln(n)}{n} > \frac{1}{n} \; (n \geq 3)$$

根據比較審斂可知其發散，故原級數是條件收斂。

例題 8.6.6 判斷級數 $\sum_{n=1}^{\infty} (-1)^n n^3 \left(\frac{4}{5}\right)^n$ 是條件收斂、絕對收斂或是發散。

解

由於它的長相有 n 次方，所以聯想到根值審斂法。而 n^3 的部分也不

成問題，因為我們知道 $\lim n^{\frac{1}{n}} = 1$。所以做極限

$$\lim_{n\to\infty}\left(n^3\left(\frac{4}{5}\right)^n\right)^{\frac{1}{n}} = \lim_{n\to\infty}\left(n^{\frac{1}{n}}\right)^3\frac{4}{5} = \frac{4}{5} < 1$$

故原級數為絕對收斂。

也可以使用比值審斂

$$\lim_{n\to\infty}\frac{(n+1)^3\left(\frac{4}{5}\right)^{n+1}}{n^3\left(\frac{4}{5}\right)^n}$$

$$= \lim_{n\to\infty}\left(1+\frac{1}{n}\right)^3\frac{4}{5} = \frac{4}{5} < 1$$

長相有 n 次方，不只可用根值審斂直接消去次方，用比值審斂也可消去大部分。

而如果想用交錯級數審斂，壞處之一是檢查是否遞減到 0 時較麻煩，其二是確認完它收斂以後還要掛絕對值再做一次，那不如一開始就掛絕對值做。

例題 8.6.7　判斷級數 $\sum_{n=1}^{\infty}(-1)^n\frac{\sin(n)}{n^2}$ 是條件收斂、絕對收斂或是發散。

解

看到長相聯想到 $\sum\frac{1}{n^2}$ 是收斂的。而分子 $\sin(n)$ 也是有界的，於是比較審斂

$$0 \le \frac{\sin(n)}{n^2} \le \frac{1}{n^2}$$

所以原級數為絕對收斂。

這題若將分子改成其它有界函數，做法仍相同。例如 $\sum(-1)^n\frac{\tan^{-1}(x)}{n^2}$，我們可以說

$$0 \le \frac{\tan^{-1}(x)}{n^2} \le \frac{\frac{\pi}{2}}{n^2}$$

最右邊是收斂的 $\sum\frac{1}{n^2}$ 再多乘一個常數 $\frac{\pi}{2}$，仍是收斂。

例題 8.6.8 判斷級數 $\sum_{n=1}^{\infty}(-1)^n\left(1-\cos\left(\frac{1}{n}\right)\right)$ 是條件收斂、絕對收斂或是發散。

解

使用半角公式

$$2\sin^2(x)=1-\cos(2x)$$

所以原級數可寫成

$$\sum_{n=1}^{\infty}(-1)^n 2\sin^2\left(\frac{1}{2n}\right)$$

此時，因為我們熟知

$$\lim_{x\to 0}\frac{\sin(x)}{x}=1$$

所以聯想到可以試著做極限比較審斂法

$$\lim_{n\to\infty}\frac{2\sin^2\left(\frac{1}{2n}\right)}{\left(\frac{1}{2n}\right)^2}=2$$

而 $\sum\frac{1}{4n^2}$ 是收斂的，所以 $\sum 2\sin^2\left(\frac{1}{2n}\right)$ 也是收斂的。故原級數為絕對收斂。

例題 8.6.9 判斷級數 $\sum_{n=1}^{\infty}(-1)^n\frac{\ln\left(1+\frac{1}{n}\right)}{\sqrt{n}}$ 是條件收斂、絕對收斂或是發散。

解

由於 $0\le\ln(1+x)\le x$，所以使用比較審斂

$$0\le\frac{\ln\left(1+\frac{1}{n}\right)}{\sqrt{n}}\le\frac{\frac{1}{n}}{\sqrt{n}}=\frac{1}{n^{\frac{3}{2}}}$$

由於 $\sum\frac{1}{n^{\frac{3}{2}}}$ 收斂，故原級數為絕對收斂。

看到這裡，你大概覺得頗不服氣，誰想得到 $0\le\ln(1+x)\le x$ 呀？我在

此傳授另一招：隨便寫一個 p 級數來極限作比較。譬如說拿 $\sum \frac{1}{\sqrt{n}}$，於是

$$\begin{aligned}&\lim_{n\to\infty}\frac{\frac{\ln(1+\frac{1}{n})}{\sqrt{n}}}{\frac{1}{\sqrt{n}}}\\&=\lim_{n\to\infty}\ln\left(1+\frac{1}{n}\right)=0\end{aligned}$$

由於 $\sum \frac{1}{\sqrt{n}}$ 是發散的，所以這樣沒有結論。

失敗了沒關係，把次方再改一下，這次改成拿 $\sum \frac{1}{n^{\frac{3}{2}}}$ 來作比較

$$\begin{aligned}\lim_{n\to\infty}\frac{\frac{\ln(1+\frac{1}{n})}{\sqrt{n}}}{\frac{1}{n^{\frac{3}{2}}}}&=\lim_{n\to\infty}\frac{\ln(1+\frac{1}{n})}{\frac{1}{n}}\\&=\lim_{n\to\infty}n\cdot\ln\left(1+\frac{1}{n}\right)\\&=\lim_{n\to\infty}\ln\left(1+\frac{1}{n}\right)^n=\ln(e)=1\end{aligned}$$

由於 $\sum \frac{1}{n^{\frac{3}{2}}}$ 收斂，所以原級數絕對收斂。

所以，當你不知所措的時候，或許可以像這樣，拿幾個不同的次方來試試。

例題 8.6.10 判斷級數 $\sum\limits_{n=1}^{\infty}(-1)^n ne^{-n^2}$ 是條件收斂、絕對收斂或是發散。

解 1

若對變數代換還熟悉，一看就會想到先掛絕對值用積分審斂，但要先確認它是遞減到 0 。一般項趨向 0 是明顯，而檢查遞減可以求導，也可以用

$$\frac{\frac{n+1}{e^{(n+1)^2}}}{\frac{n}{e^{n^2}}} = \frac{n+1}{n} e^{-2n-1} < 1$$

於是便可以積分

$$\int_1^\infty x e^{-x^2}\,\mathrm{d}x = \frac{1}{2}\int_1^\infty e^{-u}\,\mathrm{d}u \qquad \boxed{u = x^2\,,\ \mathrm{d}u = 2x\,\mathrm{d}x}$$

再強調一次，積分審斂法只是看其相應的瑕積分是否收斂，並不須老實做完，像現在我們可以停在這裡。因為 $\int_1^\infty e^{-u}\,\mathrm{d}u$ 與 $\sum e^{-n}$ 同斂散，而後者是收斂等比級數，所以瑕積分也收斂，從而原級數是絕對收斂。

解 2

也可以使用根值審斂法，做極限

$$\lim_{n\to\infty} \left(ne^{-n^2}\right)^{\frac{1}{n}} = \lim_{n\to\infty} n^{\frac{1}{n}} e^{-n} = 0 < 1$$

因此原級數絕對收斂。

解 3

使用比值審斂也可以，做極限

$$\lim_{n\to\infty} \frac{\frac{n+1}{e^{(n+1)^2}}}{\frac{n}{e^{n^2}}} = \lim_{n\to\infty} \frac{n+1}{n} e^{-2n-1} = 0 < 1$$

因此原級數絕對收斂。

解 4

還可以用極限比較審斂，因為我們熟知

$$\lim_{n\to\infty} \frac{n^k}{e^n} = 0$$

無論 k 是多大的數。所以我們可以隨便拿一個收斂的 p 級數來作比較，做極限

$$\lim_{n\to\infty}\frac{\frac{n}{e^{n^2}}}{\frac{1}{n^7}}=\lim_{n\to\infty}\frac{n^8}{e^{n^2}}=0$$

故原級數為絕對收斂。

解 5

或是直接說它小於一個收斂的無窮等比級數，便可利用比較審斂來說原級數絕對收斂。例如試圖說明

$$0<ne^{-n^2}<e^{-n}$$

而這等同於要說明

$$n<\frac{e^{-n}}{e^{-n^2}}=e^{n^2-n}$$

這其實很好做，只要穿插一個

$$n<e^n<e^{n^2-n}$$

右邊的不等式在 $n>2$ 以後成立。

此題許多審斂法都可以用，條條大路通羅馬。

{Exercise}

1. 檢驗下列級數是絕對收斂、條件收斂還是發散。

(1) $\sum_{n=1}^{\infty}\frac{(-3)^n(1+n^2)}{n!}$　　(2) $\sum_{n=1}^{\infty}\frac{(-1)^n}{\sqrt{n}}$

(3) $\sum_{n=1}^{\infty}(-1)^n\frac{\tan^{-1}(\sqrt{n^2+3})}{n^2+3}$　　(4) $\sum_{n=1}^{\infty}\frac{\cos(n\pi)}{n}$

(5) $\sum_{n=1}^{\infty}\frac{(-n)^n}{5^{n^2}}$　　(6) $\sum_{n=1}^{\infty}(-1)^n(\sqrt[n]{n}-1)^n$

(7) $\sum_{n=1}^{\infty}(-1)^n\cos\left(\frac{1}{n}\right)$

參考答案: 1. (1) 絕對收斂 (2) 條件收斂 (3) 絕對收斂 (4) 條件收斂 (5) 絕對收斂 (6) 絕對收斂 (7) 發散

■ 8.7 冪級數

在前面幾個主題，討論的皆是數項級數 $\sum a_n$ 的斂散性。所謂的數項級數，其每一項 a_n 都是數。另外有種比較不一樣的類型，叫做**函數項級數**。函數項級數 $\sum f_n(x)$ 的每一項 $f_n(x)$ 都是函數。以下稍舉數例：

數項級數	函數項級數
$1+3+5+7+\cdots$	$\sin(x)+\sin(2x)+\sin(3x)+\sin(4x)+\cdots$
$\frac{3}{2}+\frac{5}{2^2}+\frac{7}{2^3}+\frac{9}{2^4}+\cdots$	$\frac{x}{1-x^2}+\frac{2x}{1-2^3x^2}+\frac{3x}{1-3^3x^2}+\frac{4x}{1-4^3x^2}+\cdots$

原本函數項級數的每一項 $f_n(x)$ 都是函數，然而如果代了一些值進去，比方說 $x=3$，於是每一項 $f_n(3)$ 又是數了，代完就是個數項級數 $\sum f_n(3)$。例如函數項級數 $\sum \frac{x^n}{n!}$，代 $x=3$ 之後變成數項級數 $\sum \frac{3^n}{n!}$。有些數項級數會收斂，有些會發散。因此函數項級數可能在 x 代了某些值之後收斂，代了某些值發散。

不過，一般的函數項級數討論起來困難多了，通常是留到高等微積分去正式談。大一微積分通常只處理較簡單而且用處廣的情況：其一般項 $f_n(x)$ 為冪函數 a_nx^n，這樣的級數便是冪級數 $\sum a_nx^n$，也就是「無窮的多項式」。在高中多項式的主題，我們學過

$$ax^3+bx^2+cx+d$$

可以平移成

$$a'(x-2)^3+b'(x-2)^2+c'(x-2)+d'$$

因此冪級數也同樣可以作平移，正式介紹如下：

性質 8.7.1 冪級數

形如

$$\sum_{n=0}^{\infty} a_nx^n = a_0+a_1x+a_2x^2+\cdots+a_nx^n+\cdots$$

稱為以 $x=0$ 為中心的冪級數。而形如

$$\sum_{n=0}^{\infty} a_n(x-c)^n = a_0+a_1(x-c)+a_2(x-c)^2+\cdots+a_n(x-c)^n+\cdots$$

稱為以 $x=c$ 為中心的冪級數。

有關冪級數的收斂發散，先舉個最簡單的例子：

$$\sum_{n=0}^{\infty} x^n = 1 + x + x^2 + x^3 + \cdots + x^n + \cdots$$

這其實就是無窮等比級數，首項是 1、公比是 x。便容易知道，代 $x = 0.6$ 會收斂，代 $x = -3$ 會發散。較一般地來說，凡是 $-1 < x < 1$，代了皆收斂，其餘的值代了皆發散。這種情況我們就這樣講：冪級數 $\sum x^n$ 的 **收斂區間** (interval of convergence) 為 $(-1,1)$ 。我們可以注意到：冪級數 $\sum x^n$ 以 $x = 0$ 為中心，而其收斂區間 $(-1,1)$ 亦是以 $x = 0$ 為中心。這並不是巧合，事實上，一個冪級數 $\sum a_n(x-c)^n$ 的收斂區間必然是以 $x = c$ 為中心的。既然如此，我們便將收斂區間長度的一半稱為 **收斂半徑** (radius of convergence)。這就好比圓的半徑是直徑的一半，圓心到圓周的距離就是半徑的大小。

性質 8.7.2　冪級數收斂區間的可能性

冪級數 $\sum a_n(x-c)^n$ 的收斂區間只有以下三種可能：

1. 級數只在 $x = c$ 時收斂，其餘皆發散
2. 級數的收斂區間為整個實數 $\mathbb{R}$，即 x 代任意實數值後級數皆收斂
3. 級數的收斂區間為 $[c-R, c+R]$、$(c-R, c+R)$、$(c-R, c+R]$ 或 $[c-R, c+R)$，其中 R 為收斂半徑

冪級數 $\sum a_n(x-c)^n$ 之所以必然在一個以 $x = c$ 為中心的區間收斂，第一，$x = c$ 代進去後各項皆 0，當然收斂。第二，假設有某個 $k_1 \neq c$，使得冪級數代 k_1 後收斂，那麼對於任意 $k_2 \neq c$ 滿足 $|k_2 - c| < |k_1 - c|$，白話點講，就是 k_2 比 k_1 還要靠近 c，那麼代 $x = k_2$ 後必也收斂。粗略地解釋，既然 $|k_2 - c| < |k_1 - c|$，那麼 $|k_2 - c|^n$ 也比 $|k_1 - c|^n$ 還小，於是 $\sum a_n(k_2 - c)^n$ 會比 $\sum a_n(k_1 - c)^n$ 收斂得快。如此，便知道收斂的範圍必為以 $x = c$ 為中心的區間。

討論至此，求冪級數收斂區間的策略就比較簡單了。其步驟為：先試圖求收斂半徑 R，若 $R = 0$，則為第一個情況，只在 $x = c$ 收斂；若 $R = \infty$，則為第二個情況，在整個實數 $\mathbb{R}$ 皆收斂；若 R 為一個非零定值，則為第三個情況，此時須再進一步確認端點的收斂情形，就是直接將 x 代端點的值進去看是否收斂。

現在我們只差求收斂半徑 R 的方法，就可以完善求解收斂區間的步驟了！為以下討論的方便，設 $\rho = \lim\limits_{n\to\infty} \left|\dfrac{a_{n+1}}{a_n}\right|$ 。設冪級數 $\sum\limits_{n=0}^{\infty} a_n(x-c)^n$，使用比值審

斂得到

$$\lim_{n\to\infty}\left|\frac{a_{n+1}(x-c)^{n+1}}{a_n(x-c)^n}\right| = \lim_{n\to\infty}\left|\frac{a_{n+1}}{a_n}\right|\cdot|x-c| = \rho\lim_{n\to\infty}|x-c| \tag{8.7.1}$$

如果 $\rho=\infty$，那麼除非 $x=c$，否則(8.7.1)極限為 ∞，級數發散。也就是說，此時為第一種情況，只在 $x=c$ 收斂；如果 $\rho=0$，那麼無論 x 為何值，(8.7.1)極限為 $0<1$，級數收斂。也就是說，此時為第二種情況，收斂區間為整個實數 $\mathbb{R}$；如果 ρ 是個非零的數，那麼若 $|x-c|<\frac{1}{\rho}$，就有(8.7.1)極限小於 1，級數收斂。什麼叫做若 $|x-c|<\frac{1}{\rho}$ 級數就收斂？意思是級數至少在 $\left(c-\frac{1}{\rho},c+\frac{1}{\rho}\right)$ 收斂。至於 $(-\infty,c-\frac{1}{\rho})\cup(c+\frac{1}{\rho},\infty)$，則會使(8.7.1)極限大於 1，發散。也就是說，此時為第三種情況，收斂半徑 $R=\frac{1}{\rho}$。但是，此時尚不確定在區間的端點，也就是 $x=c\pm R$ 處是否收斂，因為會使(8.7.1)極限等於 1，以比較審斂來說是無結論的，須另外判斷。總結以上討論，若我們接受 $\frac{1}{\infty}=0$、$\frac{1}{0}=\infty$ 這樣的記號，便可簡單對收斂區間下結論：

性質 8.7.3 計算收斂半徑

記 $\frac{1}{\infty}=0$、$\frac{1}{0}=\infty$、$\rho=\lim_{n\to\infty}\left|\frac{a_{n+1}}{a_n}\right|$。則 $\sum a_n(x-c)^n$ 收斂半徑 $R=\frac{1}{\rho}$。

例題 8.7.1 求 $\sum_{n=0}^{\infty}x^n$ 的收斂區間。

解

$$\rho=\lim_{n\to\infty}\frac{1}{1}=1$$

故收斂半徑 $R=1$，收斂區間至少為 $(-1,1)$。為判斷端點，代 $x=1$ 得 $\sum_{n=0}^{\infty}1$ 明顯是無限大型發散；代 $x=-1$ 得 $\sum_{n=0}^{\infty}(-1)^n$ 為振盪型發散。故收斂區間為 $(-1,1)$。

例題 8.7.2 求 $\sum\limits_{n=0}^{\infty}\frac{x^n}{n!}$ 的收斂區間。

解

$$\rho=\lim_{n\to\infty}\frac{\frac{1}{(n+1)!}}{\frac{1}{n!}}=\lim_{n\to\infty}\frac{1}{n+1}=0$$

故收斂半徑為無窮大，收斂區間為 $(-\infty,\infty)$。

例題 8.7.3 求 $\sum\limits_{n=1}^{\infty}\frac{(3x-2)^n}{n}$ 的收斂區間。

解

首先整理 $\frac{(3x-2)^n}{n}=\frac{3^n\left(x-\frac{2}{3}\right)^n}{n}$，所以

$$\rho=\lim_{n\to\infty}\frac{\frac{3^{n+1}}{n+1}}{\frac{3^n}{n}}=\lim_{n\to\infty}\frac{3n}{n+1}=3$$

故收斂半徑 $R=\frac{1}{3}$，收斂區間至少 $\left(\frac{1}{3},1\right)$。為判斷端點，代 $x=1$ 得 $\sum\limits_{n=0}^{\infty}\frac{1}{n}$ 發散；代 $x=\frac{1}{3}$ 得 $\sum\limits_{n=0}^{\infty}\frac{(-1)^n}{n}$ 交錯級數收斂。故收斂區間為 $\left[\frac{1}{3},1\right)$。

例題 8.7.4 求 $\sum\limits_{n=0}^{\infty}\frac{n}{n+2}(-2x)^n$ 的收斂區間。

解

首先整理 $\frac{n}{n+2}(-2x)^n=\frac{n}{n+2}(-1)^n\cdot 2^n\cdot x^n$，所以

$$\rho=\lim_{n\to\infty}\frac{\frac{n+1}{n+3}\cdot 2^{n+1}}{\frac{n}{n+2}\cdot 2^n}=\lim_{n\to\infty}\frac{2(n+1)(n+2)}{n(n+3)}=2$$

故收斂半徑 $R=\frac{1}{2}$，收斂區間至少為 $(-\frac{1}{2},\frac{1}{2})$。為判斷端點，代 $x=\frac{1}{2}$ 得 $\sum_{n=0}^{\infty}\frac{n}{n+2}(-1)^n$、代 $x=-\frac{1}{2}$ 得 $\sum_{n=0}^{\infty}\frac{n}{n+2}$，這兩個級數的一般項都不趨近到 0，故皆發散。所以收斂區間為 $(-\frac{1}{2},\frac{1}{2})$。

例題 8.7.5 求 $\sum_{n=1}^{\infty}\frac{n!}{n^n}(x-5)^n$ 的收斂半徑。

解

$$\rho=\lim_{n\to\infty}\frac{\frac{(n+1)!}{(n+1)^{n+1}}}{\frac{n!}{n^n}}=\lim_{n\to\infty}\frac{\frac{n!}{(n+1)^n}}{\frac{n!}{n^n}}$$

$$=\lim_{n\to\infty}\left(\frac{n}{n+1}\right)^n=\lim_{n\to\infty}\left(1-\frac{1}{n+1}\right)^n=\frac{1}{e}$$

故收斂半徑 $R=e$。

例題 8.7.6 求 $\sum_{n=0}^{\infty}\left(\frac{n}{n+1}\right)^{n^2}x^n$ 的收斂半徑。

解

$$\rho=\lim_{n\to\infty}\frac{\left(\frac{n+1}{n+2}\right)^{n^2+2n+1}}{\left(\frac{n}{n+1}\right)^{n^2}}=\lim_{n\to\infty}\left(\frac{(n+1)^2}{n(n+2)}\right)^{n^2}\left(\frac{n+1}{n+2}\right)^{2n}\left(\frac{n+1}{n+2}\right)$$

$$=\lim_{n\to\infty}\left(1+\frac{1}{n^2+2n}\right)^{n^2}\cdot\lim_{n\to\infty}\left(1-\frac{1}{n+2}\right)^{2n}\cdot\lim_{n\to\infty}\left(\frac{n+1}{n+2}\right)$$

$$=\lim_{n\to\infty}\left(1+\frac{1}{n^2+2n}\right)^{n^2+2n}\cdot\left(1+\frac{1}{n^2+2n}\right)^{-2n}\cdot e^{-2}\cdot 1$$

$$=e\cdot 1\cdot e^{-2}\cdot 1=\frac{1}{e}$$

故收斂半徑 $R=e$。

在上一題中，計算 ρ 時極限處理起來有些麻煩。其實，前面介紹 $\rho = \lim_{n\to\infty}\left|\frac{a_{n+1}}{a_n}\right|$，那是由比值審斂來的。我們也可以改用根植審斂，寫成 $\rho = \lim_{n\to\infty}\sqrt[n]{|a_n|}$，這樣在計算上就變成

$$\rho = \lim_{n\to\infty}\sqrt[n]{\left(\frac{n}{n+1}\right)^{n^2}} = \lim_{n\to\infty}\left(1-\frac{1}{n+1}\right)^n = \frac{1}{e}$$

這樣的計算就簡便多了。

例題 8.7.7　求 $\sum_{n=1}^{\infty}\frac{3^n+(-2)^n}{n}(x+1)^n$ 的收斂區間。

解

$$\rho = \lim_{n\to\infty}\frac{\frac{3^{n+1}+(-2)^{n+1}}{n+1}}{\frac{3^n+(-2)^n}{n}} = \lim_{n\to\infty}\frac{n}{n+1}\cdot\frac{3+\frac{(-2)^{n+1}}{3^n}}{1+\frac{(-2)^n}{3^n}} = 1\cdot\frac{3+0}{1+0} = 3$$

故 $R=\frac{1}{3}$，收斂區間至少 $(-\frac{4}{3},-\frac{2}{3})$。為判斷端點，代 $x=-\frac{4}{3}$ 得

$$\sum_{n=0}^{\infty}\frac{3^n+(-2)^n}{n}\cdot\left(-\frac{1}{3}\right)^n = \sum_{n=0}^{\infty}\frac{(-1)^n}{n}+\sum_{n=0}^{\infty}\frac{(\frac{2}{3})^n}{n}$$

前項為交錯級數收斂，後項則注意 $\sum(\frac{2}{3})^n$ 為收斂的等比級數，而 $0<\frac{(\frac{2}{3})^n}{n}<(\frac{2}{3})^n$，故由比較審斂知收斂。因此代 $x=-\frac{4}{3}$ 後為兩個收斂級數的和，結果收斂。代 $x=-\frac{2}{3}$ 得

$$\sum_{n=0}^{\infty}\frac{3^n+(-2)^n}{n}\cdot\frac{1}{3^n} = \sum_{n=0}^{\infty}\frac{1}{n}+\sum_{n=0}^{\infty}\frac{(-\frac{2}{3})^n}{n}$$

前項為調和級數發散，後項收斂，因此代 $x=-\frac{2}{3}$ 後為發散級數與收斂級數的和，結果發散。故收斂區間為 $\left[-\frac{4}{3},-\frac{2}{3}\right)$。

{Exercise}

1. 求出下列冪級數的收斂半徑。

(1) $\sum_{n=1}^{\infty} \frac{(nx)^n}{n!}$ (2) $\sum_{n=1}^{\infty} \frac{(2n)!x^{2n}}{n!}$

(3) $\sum_{n=1}^{\infty} \frac{(3x+2)^n}{\sqrt{n}}$

2. 求出下列冪級數的收斂區間。

(1) $\sum_{n=1}^{\infty} nx^n$ (2) $\sum_{n=1}^{\infty} \frac{nx^n}{2^n}$

(3) $\sum_{n=1}^{\infty} \frac{(-1)^n x^n}{n^{\frac{1}{2}} \cdot 7^n}$ (4) $\sum_{n=1}^{\infty} \left(\frac{3n}{n+1}\right)^n x^n$

(5) $\sum_{n=1}^{\infty} \frac{n^2 x^n}{3n-1}$ (6) $\sum_{n=1}^{\infty} (7x-3)^n$

(7) $\sum_{n=1}^{\infty} \frac{(-1)^{n+1} \times 3 \times 7 \times \cdots \times (4n-1)}{4^n}(x+5)^n$ (8) $\sum_{n=1}^{\infty} \frac{(x-3)^n}{\sqrt{n}}$

參考答案: 1. (1) $\frac{1}{e}$ (2) 0 (3) $\frac{1}{3}$ 2. (1) $(-1,1)$ (2) $(-2,2)$ (3) $(-7,7]$ (4) $(-\frac{1}{3},\frac{1}{3})$ (5) $(-1,1)$ (6) $(\frac{2}{7},\frac{4}{7})$ (7) $x=-5$ (8) $[2,4)$

第 9 章

泰勒展開

> 微積分是一把萬能的鑰匙，它打開了幾何學以至於整個自然界的秘密。
>
> 貝克萊主教

■ 9.1　泰勒展開：多項式逼近函數

多項式是一個很棒的函數，好處之一是它可以求導無限多次。這種函數應該發予良民證，實在太棒了！不過就這點而言還不夠特別，指數函數、三角函數也都可以發予良民證。

多項式還有一個好處是比較好代值，譬如說 $p(x) = x^{23} - 5x^{18} + 7x^{11} + 6x^3 - 8$，如果我們要算 $p(3.01)$，很煩，但起碼還能算。那如果是遇到其它函數呢？譬如說 $\sin(1)$，就不會算那麼久了，因為根本不會。

數學上常常是化繁為簡、化未知為已知。所以就有個想法，當我遇到一個函數 $f(x)$，可不可以寫出一個多項式 $p(x)$，是可以跟它非常接近的呢？至少，在我要算的點的附近是很接近的。譬如說剛剛的 $\sin(1)$，如果我的多項式只能在 $[-1,2]$ 上跟 $\sin(x)$ 很接近，那其實也夠用了。待我將這個多項式寫出來之後，凡是在這「附近」裡面，我就可以將原本想對 $f(x)$ 做的事情，改對 $p(x)$ 做，舉凡加、減、乘、除、次方、代入、微分、積分等等。所以當然，這個「附近」的範圍，能越大就越好。

舉個例子，下圖有條曲線 $f(x) = \dfrac{x^3 - 6x^2 + 9x + 3}{1.58^x}$，它並不是多項式。現在，

我找到一個三次多項式 $p(x) = 12.241687 - 8.2648x + 1.7988x^2 - 0.1065x^3$，它與 $f(x)$ 在 $x = 3$ 的附近還蠻接近的。離 $x = 3$ 遠一點之後，兩條曲線才越差越多。千萬不要被我的例子的函數長相嚇到了，在後面我們並不需要找出長這麼醜的多項式。

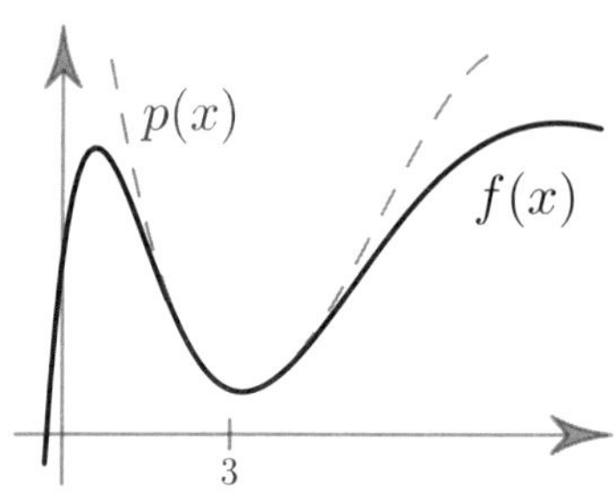

圖 9.1: 以多項式逼近函數

牛頓在處理某些函數時，用了一些奇技淫巧寫出多項式來逼近[①]。後來他的一個學生，**Brook Taylor**，在 1715 年時，提出一般性的理論，探討求出一個函數的多項式逼近的一般方法。

如果我們現在想找個 $p(x)$ 在 $x = a$ 的附近去逼近 $f(x)$。這個逼近的想法是這樣的：首先，兩個函數值 $f(a)$ 與 $p(a)$ 當然希望能一樣。接著，假如 $f(x)$ 可導的話，若它們在 $x = a$ 處的切線斜率也能夠一樣，那麼這兩個就更接近了。也就是說，兩者一階導數相等 $f'(a) = p'(a)$，這叫做一階切近。再來，假如 $f(x)$ 二階可導，如果又有 $f''(a) = p''(a)$，那麼這兩個便更加接近了，這叫做二階切近。以此類推、得寸進尺。只要 $f(x)$ 是 k 階可導，我都希望 $f^{(k)}(x)$ 與 $p^{(k)}(x)$ 能夠相等，這叫做 k 階切近。如果 $f(x)$ 在 $x = a$ 處無窮可導的話，那我就希望寫一個冪級數，可以與 $f(x)$ 在 $x = a$ 處的任意階導數都相等。

k 階切近

$f(x)$		$p(x)$
$f(a)$	$=$	$p(a)$
$f'(a)$	$=$	$p'(a)$
	$\vdots$	
$f^k(a)$	$=$	$f^k(a)$

① 事實上，在微積分草創時期，除了牛頓也有其它許多數學家諸如 **Gregory**、萊布尼茲、**Johan Bernoulli**、棣美弗等等，都寫出某些函數的多項式逼近。

按此想法，便可以將一個無窮可導的函數 $f(x)$ 在 $x=a$ 處展開成：

$$\begin{aligned} f(x) &= f(a)+f'(a)(x-a)+\frac{f''(a)}{2!}(x-a)^2+\cdots+\frac{f^{(n)}(a)}{n!}(x-a)^n+\ldots \\ &= \sum_{n=0}^{\infty}\frac{f^{(n)}(a)}{n!}(x-a)^n \end{aligned} \tag{9.1.1}$$

它的一般項形式是 $\frac{f^{n}(a)}{n!}(x-a)^n$。為什麼會這樣呢？為了檢驗等號右邊的確就是我們理想中的 $p(x)$，我們試著在等號右邊代 $x=a$、求導之後代 $x=a$、求導兩次之後代 $x=a$、……看看是否分別都等於 $f(a)$、$f'(a)$、$f''(a)$、……。

直接代 a，一次項以上全部都有 $(x-a)$，所以代入以後全是零，只剩 $f(a)$：

$$f(a)=f(a)+0+0+\cdots \tag{9.1.2}$$

若是我們對等號兩邊先求導一次，得到

$$f'(x)=0+f'(a)+\frac{f''(a)}{2!}\times 2(x-a)+\cdots+\frac{f^{(n)}(a)}{n!}\times n(x-a)^{n-1}+\cdots \tag{9.1.3}$$

此時常數項 $f(a)$ 求導後不見了。至於二次以上的項，求導完都至少還有一個 $(x-a)$。接著代 $x=a$，得到

$$f'(a)=0+f'(a)+0+\cdots+0+\cdots \tag{9.1.4}$$

所以在求導完之後代 a 時，二次以上的項也全跟著不見了，於是只剩一次項。而原來一次項 $f'(a)(x-a)$ 求導後，就是 $f'(a)$。

一般而言，求導 n 次後

$$f^{(n)}(x)=0+0+\cdots+f^{(n)}(a)+f^{(n+1)}(a)(x-a)+\cdots \tag{9.1.5}$$

所有 $n-1$ 次以下的項全部變成零，而 $n+1$ 次以上的項，在求導完以後全部都還有至少一個 $(x-a)$，所以在微完之後代 a 時，它們也全跟著不見了，所以只剩 n 次項。而 n 次項 $\frac{f^{(n)}(a)}{n!}(x-a)^n$ 求導 n 次以後，也成為常數。值是多少呢？因為求導 n 次以後會乘以 $n!$ ②，所以就是 $\frac{f^{(n)}(a)}{n!}\times n!=f^{(n)}(a)$。在以上的檢驗過程中，你大概就能明白為什麼一般項長那樣了，擺個 $n!$ 在分母就是特意要拿來消的。

現在知道用 k 階切近的辦法來將函數展開成多項式了，刻不容緩，我們馬上來試刀吧！

② 求導第一次會乘以 n，求導第二次乘以 $n-1$，求導第三次乘以 $n-2$，……

例題 9.1.1　試求 e^x 的馬克勞林展開。

解

所謂的馬克勞林 (Maclaurin) 展開，意思只不過是在 $x=0$ 處的泰勒展開，也就是說

$$f(x)=f(0)+f'(0)x+\frac{f''(0)}{2!}x^2+\ldots+\frac{f^{(n)}(0)}{n!}x^n+\ldots \tag{9.1.6}$$

我們想要寫出這個出來，就必須知道 e^x 在 $x=0$ 處的各階導數。不過這太容易了，e^x 不管怎麼微分都還是 e^x，代 0 以後就是 1。於是有

$$\begin{aligned} e^x &=1+x+\frac{x^2}{2!}+\frac{x^3}{3!}+\ldots+\frac{x^n}{n!}+\ldots \\ &=\sum_{n=0}^{\infty}\frac{x^n}{n!} \end{aligned}$$

例題 9.1.2　試求 $\sin(x)$ 的馬克勞林展開。

解

$\sin(x)$ 的高階導函數具有規律

$$\begin{array}{rclcrcl} f(x) &=& \sin(x) && f'(x) &=& \cos(x) \\ f''(x) &=& -\sin(x) && f^{(3)}(x) &=& -\cos(x) \\ f^{(4)}(x) &=& \sin(x) && f^{(5)}(x) &=& \cos(x) \\ &\vdots& && &\vdots& \end{array}$$

再配合 $\sin(0)=0$、$\cos(0)=1$，便易知

$$\begin{aligned} \sin(x) &=x-\frac{x^3}{3!}+\frac{x^5}{5!}-\frac{x^7}{7!}+\ldots \\ &=\sum_{n=0}^{\infty}\frac{(-1)^n x^{2n+1}}{(2n+1)!} \end{aligned}$$

$\cos(x)$ 的情況十分類似，你就自己動手寫吧！

e^x 與 $\sin(x)$ 及 $\cos(x)$ 的高階導函數都有很簡單的規律，所以用一般的方法寫出馬克勞林展開都是很容易的。而且收斂區間都是整個實數 $\mathbb{R}$ [3]，所以就算代一百萬，兩邊也是相等的。現在我們來檢查一件事，我剛剛說，只要在收斂區間內，本來想對 $f(x)$ 做的一些事，可以改對 $p(x)$ 做。我們知道 e^x 求導後是自己，於是我們將

$$1+x+\frac{x^2}{2!}+\frac{x^3}{3!}+\ldots+\frac{x^n}{n!}+\ldots$$

作**逐項求導**，得到

$$0+1+x+\frac{x^2}{2!}+\frac{x^3}{3!}+\ldots+\frac{x^n}{n!}+\ldots$$

真的等於自己。我們再檢查 $\sin(x)$ 求導後是 $\cos(x)$，將

$$x-\frac{x^3}{3!}+\frac{x^5}{5!}-\frac{x^7}{7!}+\ldots$$

作逐項求導，得到

$$1-\frac{x^2}{2}+\frac{x^4}{4!}-\frac{x^6}{6!}+\ldots$$

果然就是 $\cos(x)$ 的展開。

式子 (9.1.1) 好用在它具有一般性。一般而言，只要 $f(x)$ 能夠求導 k 次，我就可以照著操作寫出一個 k 次多項式來逼近它。卻不代表我們只能這樣做，有時候用這個方法會因為高階導數不太好寫而變得較為繁複。

事實上，我們還是可以根據各種不同函數的不同長相，用一些特殊的方法來寫出逼近多項式出來。在 Brook Taylor 於 1715 年提出他的理論以前，那些十七世紀的微積分先鋒們就各自寫出 $\sin(x)$、$\cos(x)$、$\arctan(x)$ 等等函數的展開，各自用了些奇奇怪怪的辦法。不過放心，在此我們只介紹些基本、好掌握的辦法。

譬如說 $\frac{1}{1-x}$，除了用那個一般的做法外，也可直接寫出

$$1+x+x^2+x^3+\ldots+x^n+\ldots=\sum_{n=0}^{\infty}x^n$$

為什麼呢？因為這就是無窮等比級數的和呀。從此還得知了，收斂區間就是 $-1<x<1$ [4]。

③ 判斷收斂區間的方法留待後面介紹。

④ 公比的絕對值要小於 1。

那麼 $\frac{1}{1+2x}$ 呢？把它看成 $\frac{1}{1-(-2x)}$ 就可以了，也就是說，將 $-2x$ 代在 $\frac{1}{1-x}$ 中的 x 裡面。於是就成為

$$1+(-2x)+(-2x)^2+\ldots+(-1)^n 2^n x^n+\ldots=\sum_{n=0}^{\infty}(-1)^n 2^n x^n$$

至於收斂區間，我們也將 $-2x$ 代入 $-1<x<1$，得到 $-1<-2x<1$，再化簡成 $-\frac{1}{2}<x<\frac{1}{2}$。

至於 $\ln(1+x)$ 呢？我們知道它的導函數是 $\frac{1}{1+x}$，所以我們先寫出

$$1-x+x^2-x^3+\ldots=\sum_{n=0}^{\infty}(-1)^n x^n$$

然後作逐項積分，得到

$$C+x-\frac{x^2}{2}+\frac{x^3}{3}-\cdots=C+\sum_{n=0}^{\infty}\frac{(-1)^n x^{n+1}}{n+1}$$

為了決定 C，代 $x=0$，得 $\ln(1+0)=0=C+0+0+\cdots$，所以 $C=0$。於是

$$\ln(1+x)=\sum_{n=0}^{\infty}\frac{(-1)^n x^{n+1}}{n+1}=\sum_{n=1}^{\infty}\frac{(-1)^{n-1}x^n}{n} \quad ⑤$$

至於收斂區間問題，原本 $\frac{1}{1+x}$ 收斂區間是 $-1<x<1$，我們是拿它作積分來的，所以範圍大致一樣，唯有端點可能發生改變，變成 $-1<x\le 1$ ⑥。想知道為什麼會多個 1，可以將 1 代入冪級數，得到 $\sum_{n=1}^{\infty}\frac{(-1)^{n-1}}{n}$，交錯級數收斂 ⑦。

那如果是 $\sin(x)\cos(x)$ 呢？可以先各自展開再相乘。也可以看成 $\frac{\sin(2x)}{2}$，所以從 $\sin(x)$ 的展開用 $2x$ 代，然後整個除以 2，便有

$$\frac{\sin(2x)}{2}=\frac{1}{2}\left(2x-\frac{2^3x^3}{3!}+\ldots\right)=\left(x-\frac{2^2x^3}{3!}+\ldots\right)$$

那如果是 $\arctan(x)$ 怎麼辦呢？它求導後是 $\frac{1}{1+x^2}$ 嘛，所以我們先寫出

---

⑤ 這裡對足碼做了一點平移，新的 n 是舊的 n 加上 1，原來的 n 從 0 開始，那麼新的 n 就會從 1 開始。而 $(-1)^{n-1}$ 若改寫成 $(-1)^{n+1}$ 亦可，畢竟 $(-1)^2=1$。

⑥ 不包含 -1 是顯而易見的，因為代入 $\ln(1+x)$ 會變成 $\ln 0$，然而對數裡必須是正的。

⑦ 一般來說，冪級數收斂不代表它就會收斂到原來函數，後面會再談這部分。

$$1 - x^2 + x^4 - \ldots = \sum_{n=0}^{\infty} (-1)^n x^{2n}$$

然後做逐項積分，得到

$$C + x - \frac{x^3}{3} + \frac{x^5}{5} - \ldots = C + \sum_{n=0}^{\infty} \frac{(-1)^n x^{2n+1}}{2n+1}$$

為了決定 C 是多少，代 $x=0$，得到

$$\arctan(0) = C + 0 + 0 + \ldots$$

所以 $C=0$，便知 $\arctan(x)$ 的展開就是

$$\arctan(x) = x - \frac{x^3}{3} + \frac{x^5}{5} - \ldots = \sum_{n=0}^{\infty} \frac{(-1)^n x^{2n+1}}{2n+1}$$

接著各自將 -1 和 1 代入冪級數，都有交錯級數收斂，因此收斂區間也是從原本的 $-1<x<1$ 變成 $-1 \le x \le 1$。

那如果是 $\sqrt{1+x}$ 又怎麼辦呢？它就是 $(1+x)^{\frac{1}{2}}$，高中曾學過二項式定理

$$(x+y)^n = C_0^n y^n + C_1^n y^{n-1} x + C_2^n y^{n-2} x^2 + \ldots + C_n^n x^n \tag{9.1.7}$$

若 $y=1$ 就是

$$(x+1)^n = C_0^n + C_1^n x + C_2^n x^2 + \ldots + C_n^n x^n$$

那是用在次方 n 是正整數的情況，我們現在次方不是正整數，也可以用嗎？牛頓在處理這問題的時候，將二項式定理推廣了，所以答案是可以的！所以我重寫一次

$$(x+1)^\alpha = C_0^\alpha + C_1^\alpha x + C_2^\alpha x^2 + \ldots \tag{9.1.8}$$

這對任何實數 α 都成立。這樣你可能產生一個問題，像 $C_3^{\frac{1}{2}}$ 該如何計算？回想一下：

$$C_3^7 = \frac{7 \times 6 \times 5}{1 \times 2 \times 3}$$

推廣方法就是照著寫

$$C_3^{\frac{1}{2}} = \frac{\frac{1}{2} \times (-\frac{1}{2}) \times (-\frac{3}{2})}{1 \times 2 \times 3} = \frac{1}{16}$$

從這推廣方法也可得知，本來式子 (9.1.7) 的寫法會停在 $C_n^n x^n$ 。但次方非正整數的時候，式子 (9.1.8) 可以一直寫下去，無窮多項。

於是我們現在就來處理 $\sqrt{1+x}$，寫成

$$(1+x)^{\frac{1}{2}} = C_0^{\frac{1}{2}} + C_1^{\frac{1}{2}}x + C_2^{\frac{1}{2}}x^2 + C_3^{\frac{1}{2}}x^3 + \ldots$$

前兩項的係數都不須特地算，因為任何數取 0 都是 1、任何數取 1 都是自己。另外算一下

$$C_2^{\frac{1}{2}} = \frac{\frac{1}{2}\times(-\frac{1}{2})}{1\times 2} = -\frac{1}{8}$$
$$C_3^{\frac{1}{2}} = \frac{\frac{1}{2}\times(-\frac{1}{2})\times(-\frac{3}{2})}{1\times 2\times 3} = \frac{1}{16}$$

假如你還要繼續多算幾項的話，其實不須要慢慢寫，只要每次都在分子分母各補一項就好了。以 $C_4^{\frac{1}{2}}$ 為例，

$$C_4^{\frac{1}{2}} = \frac{\frac{1}{2}\times(-\frac{1}{2})\times(-\frac{3}{2})\times(-\frac{5}{2})}{1\times 2\times 3\times 4} = \frac{1\times(-\frac{5}{2})}{16\times 4}$$

以此類推，要計算 $C_5^{\frac{1}{2}}$ 時，就分子補上 $-\frac{7}{2}$，分母補上 5 。所以

$$(1+x)^{\frac{1}{2}} = 1 + \frac{x}{2} - \frac{x^2}{8} + \frac{x^3}{16} - \cdots = \sum_{n=0}^{\infty} C_n^{\frac{1}{2}} x^n$$

至於 arcsin(*x*)，它求導後是 $\frac{1}{\sqrt{1-x^2}}$，我們可以先做 $(1+t)^{-\frac{1}{2}}$ 的展開

$$1 - \frac{t}{2} + C_2^{-\frac{1}{2}}t^2 + C_3^{-\frac{1}{2}}t^3 + \ldots = 1 - \frac{t}{2} + \frac{3t^2}{8} - \frac{5t^3}{16} + \ldots$$

接著代 $t = -x^2$ ，便有

$$1 + \frac{x^2}{2} + \frac{3x^4}{8} + \frac{5x^6}{16} + \ldots$$

好啦，接著可以做逐項積分：

$$C + x + \frac{x^3}{2\cdot 3} + \frac{3x^5}{8\cdot 5} + \frac{5x^7}{16\cdot 7} + \ldots$$

代 $x=0$，得到

$$\arcsin(0)=0=C+0+0+\dots$$

所以 $C=0$，於是 $\arcsin(x)$ 的展開就是

$$\arcsin(x)=x+\frac{x^3}{2\cdot 3}+\frac{3x^5}{8\cdot 5}+\frac{5x^7}{16\cdot 7}+\dots$$

收斂區間由 $-1<x<1$ 變成 $-1\le x\le 1$。判斷方法較難，但不知道亦無妨。

目前為止寫了這一堆，就是想呈現給你看，在許多時候我們都避開了需要高階求導的辦法。因為那好用歸好用，但寫起來常常很麻煩。幸好我們常可以透過求導、積分、代入、加減乘除等等手段，來將所要處理的函數，用更基本、我們知道如何展開的函數來導出它的展開。以下將一些基本常見的函數展開整理在下面：

	函數	冪級數展開	收斂區間
★	e^x	$1+x+\frac{x^2}{2!}+\frac{x^3}{3!}+\ldots+\frac{x^n}{n!}+\cdots$	$\mathbb{R}$
★	$\sin(x)$	$x-\frac{x^3}{3!}+\frac{x^5}{5!}-\frac{x^7}{7!}+\cdots$	$\mathbb{R}$
★	$\cos(x)$	$1-\frac{x^2}{2!}+\frac{x^4}{4!}-\frac{x^6}{6!}+\cdots$	$\mathbb{R}$
★	$\frac{1}{1-x}$	$1+x+x^2+x^3+\cdots+x^n+\cdots$	$(-1,1)$
⋆	$\frac{1}{1+x}$	$1-x+x^2-x^3+\cdots+(-1)^n x^n+\cdots$	$(-1,1)$
⋆	$\ln(1+x)$	$x-\frac{x^2}{2}+\frac{x^3}{3}-\cdots$	$(-1,1]$
	$\arctan(x)$	$x-\frac{x^3}{3}+\frac{x^5}{5}-\cdots$	$[-1,1]$
★	$(x+1)^\alpha$	$C_0^\alpha+C_1^\alpha x+C_2^\alpha x^2+\cdots$	$(-1,1)$
	$\sqrt{1+x}$	$1+\frac{x}{2}-\frac{x^2}{8}+\frac{x^3}{16}-\cdots$	$[-1,1]$
	$\arcsin(x)$	$x+\frac{x^3}{2\cdot 3}+\frac{3x^5}{8\cdot 5}+\cdots$	$[-1,1]$

★ 請你背起來，其它的便可由這些推得。

⋆ 可以不背，能背起來更好。

只有五個要背而已，而且第一個實在很好記，第二、三個長得和第一個很像可以一起背，第四個是無窮等比級數，第五個也只是二項式定理的推廣，所以記誦的負擔並不大。

例題 9.1.3 試求 xe^x 的馬克勞林展開。

解

先展開

$$e^x = 1 + x + \frac{x^2}{2!} + \frac{x^3}{3!} + \cdots$$

接著整個乘以 x，便有

$$xe^x = x + x^2 + \frac{x^3}{2!} + \frac{x^4}{3!} + \cdots$$

例題 9.1.4 求 e^{-x^2} 的馬克勞林展開。

解

先展開

$$e^t = 1 + t + \frac{t^2}{2!} + \frac{t^3}{3!} + \cdots$$

接著用 $t = -x^2$ 代入，便有

$$e^{-x^2} = 1 - x^2 + \frac{x^4}{2!} - \frac{x^6}{3!} + \cdots$$

例題 9.1.5 求 $\frac{x^2}{1+x^3}$ 的馬克勞林展開。

解

我們可以將 $\frac{x^2}{1+x^3}$ 拆成 $x^2 \cdot \frac{1}{1+x^3}$，所以先展開

$$\frac{1}{1-(-x^3)} = 1 - x^3 + x^6 - x^9 + \cdots$$

然後跟 x^2 相乘，也就是說每一項的次方都增加二，變成

$$\frac{x^2}{1+x^3} = x^2 - x^5 + x^8 - x^{11} + \cdots$$

也可以將其視為 $\ln(1+x^3)$ 的導函數再除以 3，但應該還是前一個方法快些。

這題若以 $\sum$ 的形式來寫，就是

$$x^2 \cdot \frac{1}{1+x^3} = x^2 \cdot \sum_{n=0}^{\infty}(-x^3)^n = x^2 \cdot \sum_{n=0}^{\infty}(-1)^n x^{3n} = \sum_{n=0}^{\infty}(-1)^n x^{3n+2}$$

例題 9.1.6　求 $\frac{1}{3-2x}$ 的馬克勞林展開。

解

注意分母那邊是 3 不是 1，所以沒辦法直接套我們有背的那個。但這很容易解決，只要將 3 提出來，便有

$$\frac{1}{3} \cdot \frac{1}{1-\frac{2x}{3}} = \frac{1}{3} \cdot \left(1 + (\frac{2x}{3}) + (\frac{2x}{3})^2 + (\frac{2x}{3})^3 + \cdots\right)$$

例題 9.1.7　將 e^x 於 $x=2$ 處做泰勒展開。

解

這次不是馬克勞林展開了，而是要在 $x=2$ 的地方展開。有個小技巧！我先設 $t=x-2$，那麼 $e^x = e^{t+2}$，在 $x=2$ 處就是在 $t=0$ 處。因此我們就有

$$e^{t+2} = e^2 \cdot e^t = e^2\left(1 + t + \frac{t^2}{2!} + \frac{t^3}{3!} + \ldots\right)$$

此時再用 $t=x-2$ 代回去

$$e^2 + e^2(x-2) + \frac{e^2}{2!}(x-2)^2 + \frac{e^2}{3!}(x-2)^3 + \ldots$$

若以 $\sum$ 的形式來寫，就是

$$e^2 \cdot e^t = e^2 \cdot \sum_{n=0}^{\infty} \frac{t^n}{n!}$$

用 $t = x-2$ 代回去

$$e^2 \cdot \sum_{n=0}^{\infty} \frac{(x-2)^n}{n!} = \sum_{n=0}^{\infty} \frac{e^2}{n!}(x-2)^n$$

例題 9.1.8 將 $\ln(x)$ 於 $x=3$ 處做泰勒展開。

解

這題也類似，在 $x=3$ 處做泰勒展開會做出形如 $\sum a_n(x-3)^n$ 的冪級數，所以我們就設 $t=x-3$，使 $\ln(x)$ 變成 $\ln(t+3)$，然後做馬克勞林展開，做完再代回 x。由於是 $t+3$ 不是 $t+1$，所以寫成

$$\begin{aligned}\ln(t+3) &= \ln 3 + \ln\left(1+\frac{t}{3}\right)\\ &= \ln 3 + \left((\frac{t}{3}) - \frac{(\frac{t}{3})^2}{2} + \frac{(\frac{t}{3})^3}{3} - \cdots\right)\end{aligned}$$

接著代 $t=x-3$ 回去

$$\begin{aligned}&= \ln 3 + \frac{(x-3)}{3} - \frac{(\frac{(x-3)}{3})^2}{2} + \frac{(\frac{(x-3)}{3})^3}{3} + \cdots\\ &= \ln 3 + \frac{(x-3)}{3} - \frac{(x-3)^2}{18} + \frac{(x-3)^3}{81} + \cdots\end{aligned}$$

若以 $\sum$ 的形式來寫，就是

$$\begin{aligned}\ln(t+3) &= \ln 3 + \ln(1+\frac{t}{3})\\ &= \ln 3 + \sum_{n=1}^{\infty} \frac{(-1)^{n+1}}{n3^n} t^n\end{aligned}$$

接著代 $t=x-3$ 回去

$$=\ln 3+\sum_{n=1}^{\infty}\frac{(-1)^{n+1}}{n3^n}(x-3)^n$$

用這樣寫好像比較好喔。不但寫的人比較簡便，看的人也較一目了然。

例題 9.1.9 求 $\ln\left(\sqrt{\frac{1+x}{1-x}}\right)$ 的馬克勞林展開。

解

不要被 $\ln\left(\sqrt{\frac{1+x}{1-x}}\right)$ 的長相嚇到了，對數裡的乘除就是加減、對數裡的次方就是乘。所以

$$\begin{aligned}\ln\left(\sqrt{\frac{1+x}{1-x}}\right)&=\frac{1}{2}\cdot\Big(\ln(1+x)-\ln(1-x)\Big)\\&=\frac{1}{2}\cdot\Big(\sum_{n=1}^{\infty}\frac{(-1)^{n+1}x^n}{n}-\sum_{n=1}^{\infty}\frac{-x^n}{n}\Big)\\&=\frac{1}{2}\cdot\sum_{n=1}^{\infty}\frac{(-1)^{n+1}+1}{n}x^n\end{aligned}$$

觀察當 n 是奇數的時候，$(-1)^{n+1}+1=1+1=2$，然而當 n 是偶數的時候，$(-1)^{n+1}+1=-1+1=0$。所以

$$\begin{aligned}&=\frac{1}{2}\cdot\sum_{n=0}^{\infty}\frac{2}{2n+1}x^{2n+1}\\&=\sum_{n=0}^{\infty}\frac{x^{2n+1}}{2n+1}\end{aligned}$$

例題 9.1.10 求 $\tan(x)$ 的馬克勞林展開。

解

由於 $\tan(x)=\frac{\sin(x)}{\cos(x)}$ 所以可以拿 $\sin(x)$ 與 $\cos(x)$ 的展開來相除。這裡

介紹另外一招，**待定係數法**。就是先設

$$\tan(x) = a_0 + a_1 x + a_2 x^2 + a_3 x^3 + \cdots$$

注意到 $\tan(x)$ 是奇函數，所以它必然只有奇次項。於是可以寫成

$$\tan(x) = a_1 x + a_3 x^3 + \cdots$$

沒注意到也沒關係，等下還是會解出 $a_0 = a_2 = \cdots = 0$。然後我們寫成

$$\sin(x) = \tan(x) \cdot \cos(x)$$

所以就有

$$x - \frac{x^3}{3!} + \cdots = \left(a_1 x + a_3 x^3 + \cdots\right) \cdot \left(1 - \frac{x^2}{2!} + \cdots\right)$$

比較等號兩邊的一次項，我們有

$$1 = a_1 \times 1$$

接著再比較三次項，我們有

$$-\frac{1}{6} = a_1 \times \left(-\frac{1}{2}\right) + a_3 \times 1$$

看我們需要將 $\tan(x)$ 展開到幾次項，就比較到幾次項。

Exercise

1. 求出下列函數在 $x = a$ 處的泰勒展開。

   (1) $f(x) = \tan^{-1}(x^2)$, $a = 0$　　(2) $f(x) = \dfrac{e^x}{1-x}$, $a = 0$

   (3) $f(x) = \ln(1+e^x)$, $a = 0$　　(4) $f(x) = \dfrac{3}{x}$, $a = 1$

   (5) $f(x) = \tan(x)$, $a = \dfrac{\pi}{4}$　　(6) $f(x) = x\cos(x)$, $a = 0$

2. 設 $f(x) = \begin{cases} e^x - 1 & , x \geq 0 \\ x + \frac{x^2}{2} + \frac{x^3}{6} & , x < 0 \end{cases}$

   (1) f 在 $x = 0$ 是否連續?

   (2) f 在 $x = 0$ 是否可導?

   (3) 寫出 f 的三階馬克勞林展開。

3. 試利用綜合除法將 $f(x) = 3x^3 - 2x^2 + 4x + 1$ 寫成 $a(x-1)^3 + b(x-1)^2 + c(x-1) + d$，並將 f 在 $x = 1$ 處展開，兩者是否結果一致?

4. 欲求 $f(x) = e^{3x^2-2}$ 的馬克勞林展開，並不能直接將 $3x^2 - 2$ 代入 e^x 的展開得到 $1 + (3x^2-2) + \dfrac{(3x^2-2)^2}{2!} + \cdots + \dfrac{(3x^2-2)^n}{n!} + \cdots$，因為形式上差很多。試著先寫成 $f(x) = \dfrac{1}{e^2} \cdot e^{3x^2}$ 後，求出 f 的馬克勞林展開。

參考答案： 1. (1) $\sum_{n=0}^{\infty} \frac{(-1)^n}{2n+1} x^{4n+2}$ (2) $1 + 2x + \frac{5}{2}x^2 + \frac{8}{3}x^3 + \frac{65}{24}x^4 + \cdots$
(3) $\ln(2) + \frac{x}{2} + \frac{x^2}{8} - \frac{x^4}{192} + \cdots$ (4) $3 - 3(x-1) + 3(x-1)^2 - 3(x-1)^3 + \cdots$
(5) $1 + 2\left(x - \frac{\pi}{4}\right) + 2\left(x - \frac{\pi}{4}\right)^2 + \frac{8}{3}\left(x - \frac{\pi}{4}\right)^3 + \cdots$ (6) $x - \frac{x^3}{2!} + \frac{x^5}{4!} - \frac{x^7}{6!} + \cdots$
2. (1) 是 (2) 是 (3) $x + \frac{x^2}{2} + \frac{x^3}{6}$
3. 略　4. $\frac{1}{e^2} + \frac{3x^2}{e^2} + \frac{3^2x^4}{2! \cdot e^2} + \frac{3^3x^6}{3! \cdot e^2} + \cdots$

■ 9.2　多項式逼近的應用

在一開始介紹為什麼要做泰勒展開時，便已提過我們可以很好代值。譬如說 sin(1)，我們可以寫出它的泰勒展開

$$x-\frac{x^3}{3!}+\frac{x^5}{5!}-\frac{x^7}{7!}+\cdots$$

然後將 $x=1$ 代入

$$1-\frac{1}{3!}+\frac{1}{5!}-\frac{1}{7!}+\cdots$$

你如果做這無窮多次的加減乘除，便可以得到 sin(1) 的精確值了。當然，我是說笑的，實務上怎麼可能真的做無窮多項。實際上我們可以只做幾項就好，雖然只做前幾項就不是 sin(1) 的精確值了，但所做出來的近似值與精確值通常相差不遠⑧。

例題 9.2.1　估計 e 的近似值。

解

我們可以利用 $e^x=1+x+\frac{x^2}{2!}+\cdots$，代入 $x=1$，便有

$$\begin{aligned} e &= 1+1+\frac{1}{2}+\frac{1}{6}+\frac{1}{24}+\cdots \\ &\fallingdotseq 1+1+\frac{1}{2}+\frac{1}{6}+\frac{1}{24}=2.7083 \end{aligned}$$

只取前五項加起來是 2.7083，而精確值是 2.718281828…，看起來已經頗為接近。

例題 9.2.2　估計 ln2 的近似值。

解

從 $\ln(1+x)$ 代 $x=1$ 之後就是 ln2 了。檢查一下收斂區間，的確有包含到 1，所以可以代。假使要估計 ln3，便不可以直接從 $\ln(1+x)$ 代了，因

⑧ 實際上有些級數可能會收斂得很慢，以至於我們要算很多項才有辦法讓誤差夠小。因此在微積分課程裡我們要學會估算誤差大約是多少，這留待後面介紹。

為 $x=2$ 並不在收斂區間內。

$$\begin{aligned}\ln 2 &= 1-\frac{1}{2}+\frac{1}{3}-\frac{1}{4}+\cdots \\ &\doteqdot 1-\frac{1}{2}+\frac{1}{3}-\frac{1}{4} \\ &= \frac{7}{12}\end{aligned}$$

但這個級數收斂得很慢，ln2 的精確值大約是 0.693，然而我們只算前四項的結果 $\frac{7}{12}$ 約是 0.583，這誤差有點大。想估得更精確，要算很多項。

例題 9.2.3 估計 π 的近似值。

解

想估計 π 有很多種辦法，其中一個方法是利用 $\arctan(1)=\frac{\pi}{4}$，也就是說 $\pi=4\arctan(1)$，所以我們先做 $\arctan(x)$ 的展開

$$x-\frac{x^3}{3}+\frac{x^5}{5}-\cdots$$

然後代 $x=1$，再乘以 4，於是

$$\begin{aligned}\pi &= 4\arctan(1) \\ &= 4\left(1-\frac{1}{3}+\frac{1}{5}-\cdots\right)\end{aligned}$$

不過用這個方法也收斂得很慢，算到一千項了才精確到小數點後三位。

例題 9.2.4 估計 $\int_0^1 e^{x^2}dx$ 的近似值。

解

e^{x^2} 沒有初等反導函數，所以無法利用微積分基本定理求出這個積分

的精確值。但我們可以利用泰勒展開，計算前幾項來求近似值：

$$
\begin{aligned}
\int_0^1 e^{x^2}\,dx &= \int_0^1 \left(1 + x^2 + \frac{x^4}{2!} + \cdots\right) dx \\
&= \left(x + \frac{x^3}{3} + \frac{x^5}{5 \cdot 2!} + \cdots\right)\Bigg|_0^1 \\
&= 1 + \frac{1}{3} + \frac{1}{5 \cdot 2!} + \cdots \\
&\doteqdot 1 + \frac{1}{3} + \frac{1}{5 \cdot 2!} + \frac{1}{7 \cdot 3!} + \frac{1}{9 \cdot 4!} \\
&\doteqdot 1.4618
\end{aligned}
$$

用數學軟體去估這個積分，大約是 1.46265，我們取前五項做起來就已經頗接近了。

例題 9.2.5　求 $\lim\limits_{x \to 0} \dfrac{\tan(x) - \sin(x)}{x^3}$。

解

我們將 $\tan(x)$ 與 $\sin(x)$ 都展開，得到

$$
\begin{aligned}
&\lim_{x \to 0} \frac{\left(x + \frac{x^3}{3} + \cdots\right) - \left(x - \frac{x^3}{3!} + \cdots\right)}{x^3} \\
&= \lim_{x \to 0} \frac{\frac{x^3}{2} + \cdots}{x^3} = \frac{1}{2}
\end{aligned}
$$

因為 $x \to 0$，所以我們直接只比較次方最小的，因此展開到三次項就可以了。

由此題可見，在做極限時使用泰勒展開，可能會簡化不少過程。反觀羅必達法則，它許多時候好用，但有一些缺點。其一是，你可能事先不知道要求導幾次才結束，甚至可能根本沒有結束的時候。其二是，就算你知道要求導七次好了，你有那個勇氣做下去嗎？等你做完一題，秦始皇都已經把萬里長城蓋好了。因此，許多時候用泰勒展開也是處理極限式的一個好選擇。

例題 9.2.6 求 $\lim\limits_{x\to 0}\dfrac{\sin(x)}{e^x-1}$。

解

這題用羅必達也可很快做出來，若是用泰勒展開:

$$\lim_{x\to 0}\frac{x-\cdots}{\left(1+x+\cdots\right)-1}=1$$

實在很快，才展開到一次項而已。像這種題目簡直可以不拿筆算，直接盯著題目就心算出來了。然後對著題目說:「我一眼就把你看穿了!」。

例題 9.2.7 判斷級數 $\sum\limits_{n=1}^{\infty}\left[\sqrt[n]{n}-1\right]$ 的斂散性。

解

$$\begin{aligned}
n^{\frac{1}{n}}-1&=e^{\frac{\ln n}{n}}-1\\
&=\left[1+\frac{\ln n}{n}+\frac{1}{2}\left(\frac{\ln n}{n}\right)^2+\cdots\right]-1\\
&=\frac{\ln n}{n}+\frac{1}{2}\left(\frac{\ln n}{n}\right)^2+\cdots>\frac{\ln n}{n}>\frac{1}{n}\ (n\geq 3)
\end{aligned}$$

因 $\sum\limits_{n=1}^{\infty}\dfrac{1}{n}$ 發散，故原級數發散。

高階導數的規律有時是不容易找出來的，所以前面便演示了，如何一直避開高階求導來泰勒展開。而巧妙地，我們卻可因此回頭來解決高階導數問題。就是說，若展開出

$$f(x)=a_0+a_1x+a_2x^2+\cdots+a_nx^n+\cdots$$

而如果我們要用一般的方法

$$f(x)=f(0)+f'(0)x+\frac{f''(0)}{2!}x^2+\cdots+\frac{f^{(n)}(0)}{n!}x+\cdots$$

也會做出一樣的展開。於是，我可以兩相比較，得到

$$\begin{aligned} f(0) &= a_0 \\ f'(0) &= a_1 \\ \frac{f''(0)}{2!} &= a_2 \\ &\vdots \\ \frac{f^{(n)}(0)}{n!} &= a_n \end{aligned}$$

所以，如果我們想知道 $f^{(23)}(0)$，我就可以將 $f(x)$ 做馬克勞林展開，然後將第 23 階係數乘以 23!，便會等於 $f^{(23)}(0)$。這是因為

$$\frac{f^{(23)}(0)}{23!} = a_{23}$$

而如果是想知道 $f^{(23)}(3)$，便不能用馬克勞林展開，必須使用 $a = 3$ 的泰勒展開

$$f(x) = f(3) + f'(3)(x-3) + \frac{f''(3)}{2!}(x-3)^2 + \cdots + \frac{f^{(n)}(3)}{n!}(x-3)^n + \ldots$$

接著因為第 23 階係數是 $\frac{f^{(23)}(3)}{23!}$，所以將第 23 階係數乘以 23!，便是 $f^{(23)}(3)$。

例題 9.2.8　若 $f(x) = x^6 e^{x^3}$，求 $f^{(60)}(0)$。

解

$$e^t = 1 + t + \frac{t^2}{2!} + \cdots + \frac{t^n}{n!} + \cdots$$

$$\boxed{t = x^3} \quad e^{x^3} = 1 + x^3 + \frac{x^6}{2!} + \cdots + \frac{x^{3n}}{n!} + \cdots$$

$$x^6 e^{x^3} = x^6 + x^9 + \frac{x^{12}}{2!} + \cdots + \frac{x^{3n+6}}{n!} + \cdots$$

從中找出第 60 階，就是 $\frac{x^{60}}{18!}$。將它的係數乘以 60!，得到

$$f^{(60)}(0) = \frac{1}{18!} \times 60!$$

{Exercise}

1. 求出下列極限。

(1) $\displaystyle\lim_{x\to 0}\left(\frac{\tan^{-1}(x)}{x}\right)^{\frac{1}{x^2}}$

(2) $\displaystyle\lim_{x\to 0}\frac{2\sin(x)-\tan^{-1}(x)-x}{x^5}$

(3) $\displaystyle\lim_{x\to 0}\frac{x\sin^2(x)}{3x\cos(x)-\sin(3x)}$

(4) $\displaystyle\lim_{x\to 0}\frac{\sin(x)-x\cos(x)}{\tan^{-1}(x)-\sin(x)}$

(5) $\displaystyle\lim_{x\to 0}\frac{\ln(1+x^2)}{1-\cos(x)}$

(6) $\displaystyle\lim_{x\to 0}\frac{1-\sqrt{1+x^2}\cos(x)}{\tan^4(x)}$

(7) $\displaystyle\lim_{x\to 0}\frac{e^x\sin(x)-x(1+x)}{x^3}$

(8) $\displaystyle\lim_{x\to 0}\frac{e^x+e^{-x}-2}{x^2}$

(9) $\displaystyle\lim_{x\to 0}\frac{\sqrt{1+x^4}-\sqrt[3]{1-2x^4}}{x\big(1-\cos(x)\big)\tan(\sin(x))}$

(10) $\displaystyle\lim_{x\to 0^+}\left(\cot(x)-\frac{1}{x}\right)\left(\cot(x)+\frac{1}{x}\right)$

(11) $\displaystyle\lim_{x\to 0}\frac{\cos(x)-e^{-\frac{x^2}{2}}+\frac{x^4}{12}}{x^6}$

2. $f(x)=\tan^{-1}(x^3)$，則 $f^{2018}(0)=$ ________ 。

3. 若欲估計 $\ln(3)$，不能展開 $\ln(1+x)$ 之後代 $x=2$，因為其收斂區間只有 $(-1,1]$ 。然而若考慮 $f(x)=\ln\dfrac{1+x}{1-x}$，再代 $x=\dfrac{1}{2}$ 便得到 $f(\frac{1}{2})=\ln(3)$，所以可以展開 $f(x)$ 再代。

(1) 請按此步驟完成 $\ln(3)$ 的估計。

(2) 是否對於任意 $\ln(k), k>0$，皆有辦法使用泰勒展開估計?

4. 設 $f(x)=\dfrac{1+x+x^2}{1-x+x^2}$:

(1) 對 f 作馬克勞林展開。

(2) 求 $f^{(4)}(0)$ 。

5. $\{x\}=x-[x]$，其中 $[x]$ 為高斯函數。現在要計算 $\displaystyle\lim_{n\to\infty}\sqrt[n]{n!}\{e\cdot n!\}$ 。

(1) 我們現在知道可以將 e 寫成

$$1+\frac{1}{1!}+\frac{1}{2!}+\frac{1}{3!}+\cdots+\frac{1}{n!}+\cdots \tag{9.2.1}$$

為了分析 $\{e\cdot n!\}$，將 (9.2.1) 乘上 $n!$ 後，用兩個大括號分別將整數部分與尾數部分括起來。

(2) 因為 $\{x\}$ 就是取 x 的尾數部分，現在不看上一小題做出的整數部分，試估計尾數部分的上下界，使其上下界皆在 $n\to\infty$ 時趨近 0。（比方說估計出 $\frac{1}{n^2}\le$ 尾數部分 $\le\frac{1}{n}$。）

(3) 根據上述結果，配合 $\lim\limits_{n\to\infty}\frac{\sqrt[n]{n!}}{n}=\frac{1}{e}$，利用夾擠定理求出

$\lim\limits_{n\to\infty}\sqrt[n]{n!}\{e\cdot n!\}=\frac{1}{e}$。

參考答案： 1. (1) $e^{-\frac{1}{3}}$ (2) $-\frac{11}{60}$ (3) $\frac{1}{3}$ (4) -2 (5) 2 (6) $\frac{1}{3}$ (7) $\frac{1}{3}$ (8) 1 (9) $\frac{7}{3}$ (10) $-\frac{2}{3}$ (11) $\frac{7}{360}$ 2. 0 3. 略 4. (1) $1+2x+2x^2-2x^4+\cdots$ (2) -48
5. (1) $e\times n!=\left(n!+\cdots+n+1\right)+\left(\frac{1}{(n+1)}+\frac{1}{(n+1)(n+2)}+\frac{1}{(n+1)(n+2)(n+3)}+\cdots\right)$
(2) $\frac{1}{n+1}\le\frac{1}{(n+1)}+\frac{1}{(n+1)(n+2)}+\frac{1}{(n+1)(n+2)(n+3)}+\cdots\le\frac{1}{n}$ (3) 略

■ 9.3 泰勒定理與餘項

如前所示，雖然我們實際上沒辦法寫出無窮多項出來，但常常只要寫個前幾項就已有不錯的近似，寫越多項就越逼近。如下圖所示，$\sin(x)$ 的馬克勞林展開，寫得越多項，在 $x = 0$ 附近就與 $\sin(x)$ 越像。

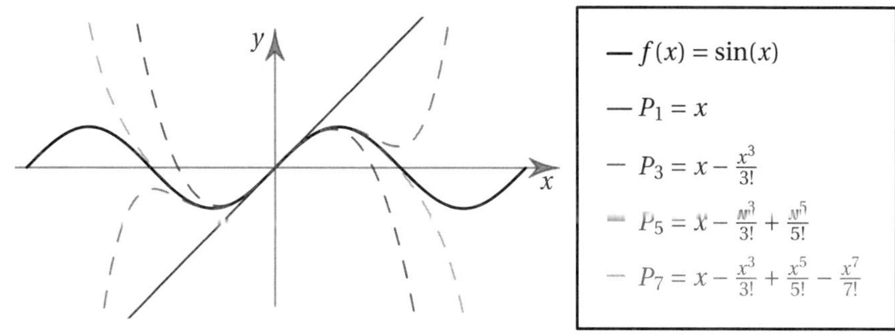

圖 9.2: $\sin(x)$ 與 k 階切近

現在我們來討論，如果我們預想好要近似到某種準確度，那麼能不能在展開前，預先估一下我們大概要算幾項呢？或者是，當我寫了 n 項出來，我如何知道我估的近似值跟精確值的誤差有多少呢？

定理 9.3.1 泰勒定理

若 $f(x)$ 在某個包含 a 點的開區間 I 上 $n+1$ 階可導，則對於任意的 $x \in I$，$f(x)$ 都可以展開為

$$f(x) = f(a) + f'(a)(x-a) + \cdots + \frac{f^{(n)}(a)}{n!}(x-a)^n + R_n(x)$$

其中

$$R_n(x) = \frac{f^{(n+1)}(c)}{(n+1)!}(x-a)^{n+1} \text{ ,} c \text{ 介於 } x \text{ 和 } a \text{ 之間}$$

這個定理告訴我們，如果一個函數在某個開區間上可以求導 17 次的話，那麼我們就可以照著這個一般式來寫出泰勒展開，寫到第 16 階。至於它與原來的函數的差，我們就用 $R_{16}(x)$ 來代表這個差。就是說

$$R_{16}(x) = f(x) - p_{16}(x), \quad p_{16}(x) \text{ 是展開到第 16 階的泰勒多項式}$$

一般來說，展開出 n 階的話，便有 $R_n(x)$ 來代表差。也就是說

$$R_n(x) = f(x) - p_n(x), \quad p_n(x)\text{是展開到第 } n \text{ 階的泰勒多項式}$$

這叫做**餘項**（remainder），又稱**誤差項**（error term）。這定理還告訴我們餘項長什麼樣子，只要先照著泰勒多項式的一般項寫法，寫出下一項

$$\frac{f^{(n+1)}(c)}{(n+1)!}(x-a)^{n+1}$$

但注意 $f^{(n+1)}(\ )$ 裡面，那邊不是照著抄 a，而是改成某一個 c。這個 c 是介於 x 和 a 之間的某個數。這樣寫就剛好會是原函數與 n 階泰勒多項式之間的差。接著再把這個差，掛上絕對值，就是誤差。也就是說

$$\text{誤差} = \left|R_n(x)\right| = \left|f(x) - p_n(x)\right| = \left|\frac{f^{(n+1)}(c)}{(n+1)!}(x-a)^{n+1}\right|$$

至於 c，我們只知道是 x 和 a 間的某個數，並不知道到底是多少，這樣有用嗎？實際上我們可以用估計的方式，來說：無論 c 是何值，這個誤差都小於等於某個值，如此一來雖無法確知誤差是多少，但至少可確定誤差不會超過那個值。以下來點實際的例子讓你更了解我在說什麼。

例題 9.3.1　以 5 階泰勒多項式估計 sin(1) 的近似值時，誤差大約是多少？

解

$$x - \frac{x^3}{3!} + \frac{x^5}{5!}$$

寫出 $\sin(x)$ 的 5 階馬克勞林展開後，代入 $x = 1$，得到

$$1 - \frac{1}{3!} + \frac{1}{5!} = \frac{101}{120} \doteqdot 0.8416667$$

這就是我們對 sin(1) 的估計值。現在我們想知道，這個估計值與精確值的誤差大概是多少。我們知道餘項

$$R_5(x) = \frac{f^{(6)}(c)}{6!}x^6$$

馬克勞林展開 $a = 0$，再代 $x = 1$，並且誤差要掛絕對值，所以寫

$$\left|R_5(1)\right| = \left|\frac{f^{(6)}(c)}{6!}\right|$$

而 $\sin(x)$ 的六階導函數就是 $-\sin(x)$，所以是

$$\left|R_5(1)\right| = \left|\frac{\sin(c)}{6!}\right|$$

不知道 c 無妨，我們知道 $|\sin(x)| \le 1$ 恆成立，所以我們可以說

$$\left|R_5(1)\right| = \left|\frac{\sin(c)}{6!}\right| \le \frac{1}{6!} \doteqdot 0.001389$$

這樣寫的意思是：我不知道誤差的大小究竟如何。但至少可以確定的是它不會超過 0.001389。也許事實上 c 離 0 很近，使得 $\sin(c)$ 很小，誤差值實際上又遠小於 0.001389。但我不管那麼多，反正我也求不出 c。至少我能確定，它一定不會超過 0.001389 就對了。實際用數學軟體求 $\left|\sin(1)-\frac{101}{120}\right|$，得到大約 0.000195682。還真比 0.001389 小了許多。

例題 9.3.2 以 4 階泰勒多項式估計 e 的近似值時，誤差大約是多少？

解

e^x 的 4 階馬克勞林展開，並且代 $x=1$，得到

$$1+1+\frac{1}{2!}+\frac{1}{3!}+\frac{1}{4!} \doteqdot 2.708333333$$

誤差則是

$$\left|R_4(1)\right| = \left|\frac{e^c}{5!}\right|$$

e^x 的 5 階導函數仍是 e^x，接著代 c。x 是代 1，所以 $0<c<1$，這代表 $e^0<e^c<e^1$。e 大約是 2.7，為了簡便，我說它小於 3 也沒關係。所以

$$\left|R_4(1)\right| = \left|\frac{e^c}{5!}\right| < \frac{e}{5!} < \frac{3}{5!} = 0.025$$

我們不知道誤差是多少，但至少有信心說誤差不超過 0.025。而精確誤差值是 $2.718281828-2.708333333 \doteqdot 0.009948495$，的確沒有超過。

例題 9.3.3 請估計 sin(1) 的近似值使誤差小於 0.0001 。

解

剛剛是指定寫出 5 階泰勒展開，估計誤差是多少。現在是反過來，指定誤差應控制在一定範圍內，我們要估一下至少須寫到幾階。

我們知道誤差

$$\left|R_{2k+1}(1)\right| = \left|\frac{\sin(c)}{(2k+2)!}\right| < \frac{1}{(2k+2)!}$$

所以只要 $\frac{1}{(2k+2)!} < 0.0001$，便可確保誤差也小於 0.0001 。所以解

$$\frac{1}{(2k+2)!} < \frac{1}{10000} \Rightarrow (2k+2)! > 10000$$

動手算算看，$6! = 720$ 不夠，$8! = 720 \times 56 >$[a] $700 \times 50 > 10000$ 。所以只要 $2k+2 = 8$ 就可滿足誤差要求，也就是說要寫出 $2k+1 = 7$ 階泰勒展開。

[a] 只是確認大於 10000，不關心精確值。所以不必傻傻地慢慢算。

例題 9.3.4 請估計 $\int_0^1 e^{-x^2}\,\mathrm{d}x$ 使其誤差小於 0.001 。

解

e^{-x^2} 並沒有初等反導函數，所以沒辦法套用微積分基本定理來做出這個積分的精確值。但我們可以將它展開

$$\begin{aligned}&\int_0^1 \left(1 - x^2 + \frac{x^4}{2!} - \frac{x^6}{3!} + \cdots\right) \mathrm{d}x \\ =&x - \frac{x^3}{3} + \frac{x^5}{5\cdot 2!} - \frac{x^7}{7\cdot 3!} + \cdots \Big|_0^1 \\ =&1 - \frac{1}{3} + \frac{1}{5\cdot 2!} - \frac{1}{7\cdot 3!} + \frac{1}{9\cdot 4!} - \cdots \doteqdot 0.7475\end{aligned}$$

最後那個無窮級數，它是個交錯級數，我只加到 $\frac{1}{9\cdot 4!}$ 那一項。而根據交錯級數的誤差估計法，誤差會小於將下一項掛絕對值，所以這裡的誤差

會小於

$$\frac{1}{11\cdot 5!}=\frac{1}{1320}<0.001$$

這樣的確就確保誤差值小於 0.001 了。

你可能有疑問，我怎麼那麼厲害知道要加到 $\frac{1}{9\cdot 4!}$ 那一項？這是因為我首先知道交錯級數的誤差估計法，誤差會小於將下一項掛絕對值。於是我就直接看看哪一項我是可以很確定它掛絕對值會小於 0.001 的，便看到 $-\frac{1}{11\cdot 5!}$ 這一項。既然這一項掛絕對值會小於 0.001，那麼我加到它的前一項，誤差就會小於 0.001 了。

現在知道餘項該怎寫，便可以用它來看收斂區間了。首先必須慎重強調的是，同樣是「收斂區間」，泰勒展開的收斂區間與冪級數的收斂區間，意義並不相同。

冪級數的收斂區間是指：這區間內的 x，代入冪級數後，所形成的級數會收斂。而泰勒展開的收斂區間是指：這區間內的 x，代入泰勒級數以後，所形成的數項級數不但會收斂，還要等於直接將 x 代在原函數。

兩者真的有區別嗎？舉例來說，這個函數

$$f(x)=\begin{cases} e^{-\frac{1}{x^2}} & ,\ x\neq 0 \\ 0 & ,\ x=0 \end{cases} \tag{9.3.1}$$

它在 $x=0$ 處的各階導數都是 0

$$f(0)=f'(0)=f''(0)=\cdots=0$$

於是它的馬克勞林展開便是

$$0+0+0+\cdots$$

這個長相很特別的「冪級數」，不管 x 代多少，都是每項皆 0，所以冪級數的收斂區間是 $\mathbb{R}$。但函數 $f(x)$ 只有在 $x=0$ 的時候函數值才是 0，其它時候函數值皆不為 0，所以泰勒展開的收斂區間只有 $x=0$ 處。

例題 9.3.5 求 $\sin(x)$ 馬克勞林展開的收斂區間。

解

將 $\sin(x)$ 展開至第 $2k+1$ 階 [a]，則餘項為

$$R_{2k+1}(x) = \frac{\sin(c)}{(2k+2)!}x^{2k+2}$$

所以 $2k+1$ 階泰勒多項式與原函數的誤差是

$$\left|R_{2k+1}(x)\right| = \left|\frac{\sin(c)}{(2k+2)!}x^{2k+2}\right| \le \left|\frac{x^{2k+2}}{(2k+2)!}\right|$$

如果我們做出無窮多項，那麼誤差便是

$$\lim_{k\to\infty}\left|R_{2k+1}\right| \le \lim_{k\to\infty}\left|\frac{x^{2k+2}}{(2k+2)!}\right| = 0$$

這意思是說，無論 x 是多少，餘項都會隨著 k 越來越大而趨近到 0 。也就是收斂區間是整個實數。

[a]因為 $\sin(x)$ 的泰勒展開只有奇次項。

前面在求泰勒展開的收斂區間時，直接求展開出來的冪級數收斂區間。但現在又說，泰勒展開的收斂區間與冪級數收斂區間是不同一回事，應該要用 $\lim_{n\to\infty} R_n = 0$ 來確認。這並不是因為我還沒介紹餘項，所以前面姑且用錯誤的方法求出錯誤的區間。而是因為，雖然對於有些函數，例如前面的 (9.3.1) ，其泰勒展開的收斂區間與冪級數收斂區間並不相同，但還是有某些函數，這兩區間是一模一樣的。像這種函數，實在太棒了！將它寫出泰勒級數出來，只要冪級數收斂的地方，也必然就收斂到原來的函數。這種函數，我們稱之為**解析函數**，並且頒予特級良民證，以資感謝。一般常見的多項式、指數函數、對數函數、三角函數等等，都是解析函數。而解析函數彼此拿來做加減乘除、合成，出來的結果也是解析函數。既然是解析函數，那我只須求泰勒級數的冪級數收斂區間，就會等同於泰勒展開的收斂區間了。

最後做點補充，一般讀者不一定要看。其實，餘項有不止一種寫法。前面所介紹的，叫做**拉格朗日型餘項** (Lagrange form of the remainder)。我們回想一下拉格朗日均值定理:

$$f(b) - f(a) = f'(c)(b-a),\ b > c > a$$

仔細一看，它根本就是做零階泰勒展開

$$f(x) = f(a) + R_0(x)$$

然後再代 $x = b$ 嘛！所以帶有拉格朗日型餘項的泰勒定理，其實就是更高階的均值定理。

餘項的另一種寫法，叫做**皮亞諾型餘項** (Peano form of the remainder)。

定理 9.3.2　皮亞諾型餘項的泰勒定理

若 $f(x)$ 在某個包含 a 點的開區間 I 上 $n+1$ 階可導，則對於任意的 $x \in I$，$f(x)$ 都可以展開為

$$f(x) = f(a) + f'(a)(x-a) + \cdots + \frac{f^{(n)}(a)}{n!}(x-a)^n + R_n(x)$$

其中

$$R_n(x) = o\big((x-a)^n\big)$$

這個寫法，涉及了 Landau **小 o 記號**，這是德國數學家 **Edmund Landau** 用來描述函數的漸近行為的符號。如果 $\lim\limits_{x\to 0}\frac{f(x)}{x^3} = 0$，我們就記為 $f(x) = o(x^3)$，意思是說 $f(x)$ 是比 x^3 更高階的無窮小。換句話說，$f(x)$ 跑到 0 比 x^3 跑到 0 還快！

所以說，皮亞諾型餘項的寫法是簡單標註高階無窮小。例如原本寫

$$e^x = 1 + x + \frac{x^2}{2!} + \frac{x^3}{3!} + \frac{x^4}{4!} + \cdots$$

帶有皮亞諾型餘項的寫法就寫成

$$e^x = 1 + x + \frac{x^2}{2!} + \frac{x^3}{3!} + \frac{x^4}{4!} + o\big(x^4\big)$$

口語來說，$\frac{x^4}{4!}$ 這一項之後那些我所沒寫出的，是比 x^4 更高階的無窮小！

之前介紹過利用泰勒展開求極限：

$$\begin{aligned}\lim_{x\to 0}\frac{\tan(x)-\sin(x)}{x^3} &= \lim_{x\to 0}\frac{\left(x+\frac{x^3}{3}+\cdots\right)-\left(x-\frac{x^3}{3!}+\cdots\right)}{x^3}\\ &= \lim_{x\to 0}\frac{\frac{x^3}{2}+\cdots}{x^3} = \frac{1}{2}\end{aligned}$$

現在可寫成帶有皮亞諾型餘項的寫法：

$$\lim_{x\to 0}\frac{\tan(x)-\sin(x)}{x^3}=\lim_{x\to 0}\frac{\left(x+\frac{x^3}{3}+o(x^3)\right)-\left(x-\frac{x^3}{3!}+o(x^3)\right)}{x^3}$$
$$=\lim_{x\to 0}\frac{\frac{x^3}{2}+o(x^3)}{x^3}=\frac{1}{2}$$

比起原本寫點點點，現在的寫法明確指出那些是更高階的無窮小，所以在做極限時是可以略去不看的。

Peano 型餘項的另外一個好處是簡便地處理極大極小理論：

例題 9.3.6 試證：若函數 f 在 $x=a$ 處 n 階可導，且

$$f'(a)=f''(a)=\cdots=f^{(n-1)}(a)=0,\ f^{(n)}(a)\neq 0$$

則當 n 為奇數時,$x=a$ 不是極值點;當 n 為偶數時,若 $f^{(n)}(a)<0$, $x=a$ 是極大點。若 $f^{(n)}(a)>0$，$x=a$ 是極小點。

解

根據已知作泰勒展開：

$$f(x)=f(a)+f'(a)(x-a)+\frac{f''(a)}{2!}(x-a)^2$$
$$+\cdots+\frac{f^{(n)}(a)}{n!}(x-a)^n+o\left((x-a)^n\right)$$
$$=f(a)+0+0+\cdots+\frac{f^{(n)}(a)}{n!}(x-a)^n+o\left((x-a)^n\right)$$
$$\Rightarrow f(x)-f(a)=(x-a)^n\left[\frac{1}{n!}f^{(n)}(a)+o(1)\right]$$

由於 $o(1)$ 是比 1 還高階的無窮小，它不會改變 $\frac{1}{n!}f^{(n)}(a)$ 的正負號。換句話說，$\frac{1}{n!}f^{(n)}(a)+o(1)$ 與 $f^{(n)}(a)$ 同號。故當 n 為奇數，$(x-a)^n$ 在 $x=a$ 的左右兩側異號，即 $f(x)-f(a)$ 在 $x=a$ 的左右兩側異號，$x=a$ 處不是極值；當 n 為偶數，$(x-a)^n$ 在 $x=a$ 的左右兩側皆正，則若 $f^{(n)}(a)>0$，$f(x)-f(a)$ 在 $x=a$ 的左右兩側皆為正，$x=a$ 處是極小值。同理，若 $f^{(n)}(a)<0$，$x=a$ 處是極大值。

另外，還有個**積分型餘項** (integral form of the remainder)。

定理 9.3.3 積分型餘項的泰勒定理

若 $f(x)$ 在某個包含 a 點的開區間 I 上 $n+1$ 階可導，並且 $f^{n+1}(x)$ 在此區間上連續，則對於任意的 $x \in I$，$f(x)$ 都可以展開為

$$f(x) = f(a) + f'(a)(x-a) + \cdots + \frac{f^{(n)}(a)}{n!}(x-a)^n + R_n(x)$$

其中

$$R_n(x) = \int_a^x \frac{f^{(n+1)}(t)}{n!}(x-t)^n \,\mathrm{d}t$$

由微積分基本定理:

$$f(x) = f(a) + \int_a^x f'(t)\,\mathrm{d}t$$

接著做分部積分

$$\begin{aligned}
&= f(a) + \Big[(t-x)f'(t)\Big]_{t=a}^{t=x} - \int_a^x (t-x)f''(t)\,\mathrm{d}t \\
&= f(a) + (x-a)f'(a) - \int_a^x (t-x)f''(t)\,\mathrm{d}t
\end{aligned}$$

繼續做分部積分

$$\begin{aligned}
&= f(a) + (x-a)f'(a) - \left[\frac{(t-x)^2}{2}f''(t)\right]_{t=a}^{t=x} + \int_a^x \frac{(t-x)^2}{2}f'''(t)\,\mathrm{d}t \\
&= f(a) + (x-a)f'(a) + \frac{(x-a)^2}{2}f''(a) + \int_a^x \frac{(t-x)^2}{2}f'''(t)\,\mathrm{d}t
\end{aligned}$$

如此反復做分部積分，便有

$$f(x) = f(a) + (x-a)f'(a) + \frac{(x-a)^2}{2}f''(a) + \cdots + \frac{(x-a)^n}{n!}f^{(n)}(a) + R_n(x)$$

其中

$$R_n(x) = (-1)^n \int_a^x \frac{(t-x)^n}{n!}f^{(n+1)}(t)\,\mathrm{d}t = \int_a^x \frac{(x-t)^n}{n!}f^{(n+1)}(t)\,\mathrm{d}t$$

由微積分基本定理出發，反復做分部積分，便得到帶有積分型餘項的泰勒定理。所以，泰勒定理也可看成微積分基本定理的推廣。

泰勒理論是微分學的巔峰。它是高階切近，比起作切線的一階切近，是更高階的近似；它是微積分基本定理的推廣；它是高階的拉格朗日均值定理。應用上，它可以輕易作出極限、估計函數值、估計積分，又可證明極大極小理論。一學到泰勒理論，當有種「會當凌絕頂，一覽眾山小。」⑨之感！

⑨ 杜甫《望岳》。

{ *Exercise* }

1. 當 x 足夠小時，我們可利用 $1+\frac{x}{2}$ 來近似 $\sqrt{1+x}$。若 $|x|<0.1$，試估計誤差大小。

2. 試估計 $\int_0^1 \sin(x^2)\,\mathrm{d}x$ 使誤差小於 0.0001。

3. 在介紹羅必達的常見誤用時，談到若 $f'(a)=2$ 求 $\lim_{h\to 0}\frac{f(a+h)-f(a-h)}{2h}$，不能對此極限使用羅必達法則，因為 f 在 $x=a$ 附近不知是否可導。若是使用泰勒展開 $f(x)=f(a)+f'(a)(x-a)+o(x-a)$，寫成

$$\lim_{h\to 0}\frac{\left[f(a)+2h+o(h-a)\right]-\left[f(a)-2h+o(h-a)\right]}{2h}=2$$

這樣是否正確呢?

參考答案： 1. 誤差小於 1.25×10^{-3}　2. 約為 0.310281385281　3. 正確

■ 9.4　冪級數的和函數

之前不斷地討論，將函數展開成冪級數。現在要反過來，看到冪級數，反求它是哪個函數展開而來的。譬如說我們看到

$$\sum_{n=1}^{\infty}\frac{3^n x^n}{n!}$$

認出它是由

$$e^x=\sum_{n=0}^{\infty}\frac{x^n}{n!}$$

將 $3x$ 代入 x 當中，再扣掉 $n=0$ 那一項。便知

$$\sum_{n=1}^{\infty}\frac{3^n x^n}{n!}=\sum_{n=0}^{\infty}\frac{(3x)^n}{n!}-1=e^{3x}-1$$

我們要先熟知一些基本的級數展開。然後將所遇到的級數，試圖透過代入、微分、積分、……等等方式，做一些變形。直接能套入基本的展開後，便可以解出原函數了。舉例來說：

$$f(x)=\sum_{n=1}^{\infty}\frac{x^n}{n2^n}$$

欲求 $f(x)$。這個可以看成由

$$g(x)=\sum_{n=1}^{\infty}\frac{x^n}{n}$$

代入 $\frac{x}{2}$，也就是說 $g\left(\frac{x}{2}\right)=f(x)$。所以我們先試圖求出 $g(x)$，再代 $\frac{x}{2}$ 來得到 $f(x)$。

首先將 $g(x)$ 求導，得到

$$g'(x)=\sum_{n=1}^{\infty}x^{n-1}$$

將 $n-1$ 改成 n，那麼舊的 $n=1$ 會是新的 $n=0$。便改成

$$g'(x)=\sum_{n=0}^{\infty}x^n$$

這叫做足碼平移。如果我講得簡短，你看不太懂，我就寫個詳細版的足碼平移。設 $n-1=k$。當 $n=1$ 時，$k=1-1=0$。於是

$$\sum_{n=1}^{\infty} x^{n-1} = \sum_{k=0}^{\infty} x^k$$

接著再把足碼 k 改回 n 就好了，不改也無所謂。

現在看到這，想到

$$\frac{1}{1-x} = \sum_{n=0}^{\infty} x^n$$

其實應該說，是一開始就想到這個，才會對 $g(x)$ 求導。而為什麼一開始能夠想到，是因為原級數 x 的次方有 n，分母也有 n，求導以後會消掉！

所以現在我們知道

$$g'(x) = \frac{1}{1-x}$$

於是等號兩邊做積分後，得到

$$g(x) = -\ln(1-x) + C$$

為了解出 C，代 $x=0$ 得到

$$\begin{aligned} g(0) &= \sum_{n=1}^{\infty} \frac{0^n}{n} = 0 \\ &= -\ln(1-0) + C = 0 + C \end{aligned}$$

所以 $C=0$。於是

$$f(x) = g\left(\frac{x}{2}\right) = -\ln\left(1-\frac{x}{2}\right)$$

這樣便成功地由題目所給的級數，反求出它是哪個函數的展開了！

如果你答一道不定積分題，可以將你的答案求導看看，作為驗算。類似地，我們現在也可以將此結果做展開，看會不會得到題目給的級數。

$$\begin{aligned} -\ln\left(1-\frac{x}{2}\right) &= -\ln\left(1+(-\frac{x}{2})\right) \\ &= -\sum_{n=1}^{\infty} \frac{(-1)^{n+1}(-\frac{x}{2})^n}{n} = \sum_{n=1}^{\infty} \frac{(-1)^n(-1)^n x^n}{n2^n} = \sum_{n=1}^{\infty} \frac{x^n}{n2^n} \end{aligned}$$

果然沒錯。

例題 9.4.1 $f(x)=\sum_{n=1}^{\infty} nx^n$，求 $f(x)$。

將

$$\frac{1}{1-x}=\sum_{n=0}^{\infty} x^n$$

等號兩邊同時求導，得到

$$\frac{\mathrm{d}}{\mathrm{d}x}\left(\frac{1}{1-x}\right)=\frac{\mathrm{d}}{\mathrm{d}x}\left(\sum_{n=0}^{\infty} x^n\right)=\frac{\mathrm{d}}{\mathrm{d}x}\left(1+\sum_{n=1}^{\infty} x^n\right)$$

$$\Rightarrow \frac{1}{(1-x)^2}=\sum_{n=1}^{\infty} nx^{n-1}$$

接著再足碼平移，將 $n-1$ 改成 n，那麼舊的 $n=1$ 會是新的 $n=0$。便改成

$$\frac{1}{(1-x)^2}=\sum_{n=0}^{\infty} (n+1)x^n$$

拆開成

$$\sum_{n=0}^{\infty}(n+1)x^n=\sum_{n=0}^{\infty} nx^n+\sum_{n=0}^{\infty} x^n$$

$$\Rightarrow \frac{1}{(1-x)^2}=f(x)+\frac{1}{1-x}$$

$$\Rightarrow f(x)=\frac{1}{(1-x)^2}-\frac{1}{1-x}=\frac{1-(1-x)}{(1-x)^2}=\frac{x}{(1-x)^2}$$

你可能會覺得困惑，我怎麼想得到要拿 $\frac{1}{1-x}$ 來求導呢？其實我是故意的，我就是想要藉此來介紹

$$\frac{1}{1-x}=\sum_{n=0}^{\infty} x^n$$

$$\frac{1}{(1-x)^2}=\sum_{n=0}^{\infty} (n+1)x^n$$

$$\frac{2}{(1-x)^3}=\sum_{n=0}^{\infty} (n+1)(n+1)x^n$$

從第一式求導後再足碼平移，可得第二式。再求導一次後再足碼平移。得到第三式。沒學過時，你當然很可能想不到這樣做。而你現在學起來，以後就會很有用的。

若不用這招，其實還是有方法做出來。我們先想：若將原級數積分，會得到

$$\sum_{n=1}^{\infty}\frac{n}{n+1}x^{n+1}$$

這樣很糟糕，並沒有簡化式子，反而變更醜了。必須將係數的 n 改成 $n+1$，才能在積分的時候消掉。所以就先將原級數拆成

$$\sum_{n=0}^{\infty}nx^n=\sum_{n=1}^{\infty}nx^n=\sum_{n=1}^{\infty}(n+1-1)x^n=\sum_{n=1}^{\infty}(n+1)x^n-\sum_{n=1}^{\infty}x^n$$

後項就是 $\frac{1}{1-x}-1$，現在來處理前項，先稱之為 $g(x)$。將 $g(x)$ 積分得到

$$G(x)=\sum_{n=1}^{\infty}x^{n+1}+C$$

$$\boxed{\text{足碼平移}}\quad=\sum_{n=2}^{\infty}x^n+C=\frac{1}{1-x}-x-1+C$$

所以

$$g(x)=G'(x)=\left(\frac{1}{1-x}-x\right)'=\frac{1}{(1-x)^2}-1$$

這樣便得到，原級數就是

$$\left(\frac{1}{(1-x)^2}-1\right)-\left(\frac{1}{1-x}-1\right)=\frac{1}{(1-x)^2}-\frac{1}{1-x}$$

為什麼要求冪級數的和函數？這應用有很多。舉例來說，當我們遇到積分

$$\int\frac{(x-1)e^x}{x^2}\,\mathrm{d}x$$

有一個巧妙的解法是，先拆成

$$\int\left(\frac{1}{x}-\frac{1}{x^2}\right)e^x\,\mathrm{d}x=\int\frac{e^x}{x}\,\mathrm{d}x-\int\frac{e^x}{x^2}\,\mathrm{d}x$$

然後，不理後項，對前項做分部積分

$$\left[\frac{e^x}{x}+\int\frac{e^x}{x^2}dx\right]-\int\frac{e^x}{x^2}dx$$

這樣就可以和右邊那樣互消，所以答案就是

$$\frac{e^x}{x}+C$$

但是，你看到題目時可能沒辦法很快想到這種巧妙的互消，於是你卡一段時間以後，便可試試用泰勒展開來硬爆出這題

$$\begin{aligned}
&\int\frac{e^x}{x}\,\mathrm{d}x-\int\frac{e^x}{x^2}\,\mathrm{d}x\\
&=\left(\int\frac{\sum_{n=0}^{\infty}\frac{x^n}{n!}}{x}\,\mathrm{d}x\right)-\left(\int\frac{\sum_{n=0}^{\infty}\frac{x^n}{n!}}{x^2}\,\mathrm{d}x\right)\\
&=\left(\int\frac{1}{x}\,\mathrm{d}x+\int\frac{\sum_{n=1}^{\infty}\frac{x^n}{n!}}{x}\,\mathrm{d}x\right)-\left(\int\frac{1}{x^2}\,\mathrm{d}x+\int\frac{1}{x}\,\mathrm{d}x+\int\frac{\sum_{n=2}^{\infty}\frac{x^n}{n!}}{x^2}\,\mathrm{d}x\right)\\
&=\left(\int\frac{1}{x}\,\mathrm{d}x+\int\sum_{n=1}^{\infty}\frac{x^{n-1}}{n!}\,\mathrm{d}x\right)-\left(\int\frac{1}{x^2}\,\mathrm{d}x+\int\frac{1}{x}\,\mathrm{d}x+\int\sum_{n=2}^{\infty}\frac{x^{n-2}}{n!}\,\mathrm{d}x\right)\\
\boxed{\text{足碼平移}}\ &=\left(\int\sum_{n=0}^{\infty}\frac{x^n}{(n+1)!}\,\mathrm{d}x\right)-\left(\int\frac{1}{x^2}\,\mathrm{d}x+\int\sum_{n=0}^{\infty}\frac{x^n}{(n+2)!}\,\mathrm{d}x\right)\\
\boxed{\text{同次項合併}}\ &=-\int\frac{1}{x^2}\,\mathrm{d}x+\int\sum_{n=0}^{\infty}\left(\frac{1}{(n+1)!}-\frac{1}{(n+2)!}\right)x^n\,\mathrm{d}x\\
&=\frac{1}{x}+\int\sum_{n=0}^{\infty}\frac{n+1}{(n+2)!}x^n\,\mathrm{d}x+C\\
\boxed{\int\text{和}\sum\text{交換}}\ &=\frac{1}{x}+\sum_{n=0}^{\infty}\int\frac{n+1}{(n+2)!}x^n\,dx+C\\
&=\frac{1}{x}+\sum_{n=0}^{\infty}\frac{x^{n+1}}{(n+2)!}+C
\end{aligned}$$

目前算是積分完了，得到一個級數解。接下來我們進一步地，試著解出此級數是哪個函數的展開。先做足碼平移

$$=\frac{1}{x}+\sum_{n=2}^{\infty}\frac{x^{n-1}}{n!}+C \qquad \boxed{\text{平移後分母變成 } n!}$$

$$= \frac{1}{x} + \frac{\sum_{n=2}^{\infty} \frac{x^n}{n!}}{x} + C \qquad \boxed{\text{因為 } e^x \text{ 的展開也是分母 } n!}$$

$$= \frac{1}{x} + \frac{e^x - x - 1}{x} + C \qquad \boxed{\text{但 } n \text{ 從 2 開始，所以比 } e^x \text{ 少前兩項}}$$

$$= \frac{1}{x} + \frac{e^x}{x} - 1 - \frac{1}{x} + C = \frac{e^x}{x} + C \qquad \boxed{\text{常數減 1 仍是常數}}$$

果然可以硬是做出來。雖然麻煩得多，但當你想不到比較好的解法時，便可以試著這樣搞出來。

還有一個更重要的應用，就是求級數和。比方說我們想求

$$\sum_{n=0}^{\infty} (-1)^n \frac{1}{2n+1}$$

若定義

$$f(x) = \sum_{n=0}^{\infty} (-1)^n \frac{x^{2n+1}}{2n+1}$$

那麼我們想算的，其實就是 $f(1)$ 。至於我在分子所寫的，為什麼是 x^{2n+1}，而不是別的次方，這是因為求導以後就可以和分母互消！所以

$$f'(x) = \sum_{n=0}^{\infty} (-1)^n x^{2n} = \sum_{n=0}^{\infty} (-1)^n (x^2)^n = \sum_{n=0}^{\infty} (-x^2)^n$$

如此便可認出，這是由

$$\frac{1}{1-x} = \sum_{n=0}^{\infty} x^n$$

將 $-x^2$ 代到 x 內。因此

$$f'(x) = \frac{1}{1-\left(-x^2\right)} = \frac{1}{1+x^2}$$

積分以後得到

$$f(x) = \tan^{-1}(x) + C$$

由於我們定的 $f(x)$ 並沒有常數項，立知 $C=0$ 。所以原級數便等於

$$f(1) = \tan^{-1}(1) = \frac{\pi}{4}$$

例題 9.4.2 求級數 $\sum_{n=1}^{\infty}\frac{1}{n2^n}$。

解

首先定

$$g(x)=\sum_{n=1}^{\infty}\frac{x^n}{n}$$

則原級數和等於 $g\left(\frac{1}{2}\right)$。接下來求導

$$g'(x)=\sum_{n=1}^{\infty}x^{n-1}=\sum_{n=0}^{\infty}x^n=\frac{1}{1-x}$$

因此

$$g(x)=-\ln(1-x)+C$$

我們所定的 $g(x)$ 並沒有常數項，所以 $C=g(0)=0$。於是

$$g\left(\frac{1}{2}\right)=-\ln(1-\frac{1}{2})=-\ln\left(\frac{1}{2}\right)=\ln(2)$$

例題 9.4.3 求級數 $\frac{1^2}{0!}+\frac{2^2}{1!}+\frac{3^2}{2!}+\frac{4^2}{3!}+\ldots$。

解

這便是求

$$\sum_{n=0}^{\infty}\frac{(n+1)^2}{n!}$$

我們定

$$f(x)=\sum_{n=0}^{\infty}\frac{(n+1)^2}{n!}x^n$$

那麼我們想求的級數和便是 $f(1)$。為了將分子的 $(n+1)^2$ 消掉，做積分

$$F(x)=\sum_{n=0}^{\infty}\frac{n+1}{n!}x^{n+1}+C$$

接著拆開成

$$\sum_{n=0}^{\infty}\frac{n}{n!}x^{n+1}+\sum_{n=0}^{\infty}\frac{1}{n!}x^{n+1}+C$$

$$=\sum_{n=1}^{\infty}\frac{n}{n!}x^{n+1}+\sum_{n=0}^{\infty}\frac{1}{n!}x^{n+1}+C \qquad \boxed{\text{那項是 0，可移去}}$$

$$=\sum_{n=1}^{\infty}\frac{1}{(n-1)!}x^{n+1}+x\sum_{n=0}^{\infty}\frac{1}{n!}x^{n}+C$$

$$=\sum_{n=0}^{\infty}\frac{1}{n!}x^{n+2}+x\sum_{n=0}^{\infty}\frac{1}{n!}x^{n}+C \qquad \boxed{\text{前項做足碼平移}}$$

$$=x^2\sum_{n=0}^{\infty}\frac{1}{n!}x^{n}+x\sum_{n=0}^{\infty}\frac{1}{n!}x^{n}+C=(x^2+x)e^x+C$$

所以

$$f(x)=F'(x)=(x^2+3x+1)e^x$$

則原級數等於 $f(1)=5e$。

也可以用另一個方法，將 $f(x)$ 拆成

$$\sum_{n=0}^{\infty}\frac{(n+1)^2}{n!}x^n=\sum_{n=0}^{\infty}\frac{n(n-1)+3n+1}{n!}x^n$$

這樣拆的用意是，下一步可以分成幾項後分別去和分母消

$$=\sum_{n=0}^{\infty}\frac{n(n-1)}{n!}x^n+\sum_{n=0}^{\infty}\frac{3n}{n!}x^n+\sum_{n=0}^{\infty}\frac{1}{n!}x^n$$

$$=\sum_{n=2}^{\infty}\frac{n(n-1)}{n!}x^n+\sum_{n=1}^{\infty}\frac{3n}{n!}x^n+\sum_{n=0}^{\infty}\frac{1}{n!}x^n \qquad \boxed{\text{先將等於 0 的幾項去掉}}$$

$$=\sum_{n=2}^{\infty}\frac{1}{(n-2)!}x^n+3\sum_{n=1}^{\infty}\frac{1}{(n-1)!}x^n+\sum_{n=0}^{\infty}\frac{1}{n!}x^n$$

$$=\sum_{n=0}^{\infty}\frac{1}{n!}x^{n+2}+3\sum_{n=0}^{\infty}\frac{1}{n!}x^{n+1}+\sum_{n=0}^{\infty}\frac{1}{n!}x^n \qquad \boxed{\text{足碼平移}}$$

$$=x^2\sum_{n=0}^{\infty}\frac{1}{n!}x^n+3x\sum_{n=0}^{\infty}\frac{1}{n!}x^n+\sum_{n=0}^{\infty}\frac{1}{n!}x^n$$

$$=x^2e^x+3xe^x+e^x=(x^2+3x+1)e^x$$

{Exercise}

1. (1) 求 $\int_0^x te^t\,\mathrm{d}t$ 的馬克勞林展開。

   (2) 求 $\sum_{n=0}^{\infty}\frac{1}{n!(n+2)}$。

2. $\sum_{n=0}^{\infty}\frac{2^n(n+1)}{n!}=$ ______ 。

3. $\sum_{n=0}^{\infty}\frac{2^n(n^2+1)}{n!}=$ ______ 。

4. 函數 $f(x)=\sum_{n=0}^{\infty}(n+1)3^{n+1}x^n$，則 $f\left(\frac{1}{6}\right)=$ ______ 。

5. 求 $\sum_{n=1}^{\infty}n^2x^{n-1}$ 的和函數。

6. 求 $\sum_{n=0}^{\infty}\frac{(2n+1)}{n!}x^{2n}$ 的和函數。

7. 求 $\sum_{n=0}^{\infty}\frac{n^2+1}{2^n n!}x^n$ 的和函數。

參考答案： 1. (1) $\sum_{n=0}^{\infty}\frac{x^{n+2}}{n!(n+2)}$　(2) 1　2. $3e^2$　3. $7e^2$　4. 12
5. $\frac{1+x}{(1-x)^3}$　6. $e^{x^2}(1+2x^2)$　7. $\left(1+\frac{x}{2}+\frac{x^2}{4}\right)e^{\frac{x}{2}}$

第 10 章

極坐標

> 一個國家只有數學蓬勃的發展, 才能展現它國力的強大。數學的發展和至善和國家繁榮昌盛密切相關。
>
> 拿破崙

■ 10.1 極坐標簡介

我們平常所慣用的直角坐標系, 是由笛卡兒所提出的, 因此又叫笛卡兒坐標系。它的原理就好像, 你自己是原點, 當我問你西瓜在哪裡, 你就說:「西瓜在我往東四步、往北三步的地方。」於是笛卡兒坐標就寫成 (4,3) 來表示西瓜的坐標。

笛卡兒坐標當然是非常好用的, 但它其實跟我們日常習慣有點不一樣。我們判斷物品與我們的相對位置時, 通常是看它方位在哪、距離我們多遠。所以你可能改回答:「在我的朝北 53° 東方向看, 前方五步的地方。」於是現在可能就會改寫成 (5,53°) 。像這樣寫, 便是**極坐標** (polar coordinates) 的想法。標上與原點的距離, 以及方向, 寫成 (r,θ) 。

不過, 以上只是稍微演示一下其概念, 與實際極坐標的標法有點不同。極坐標上在標方向的時候, 我們並不是看它和北邊夾幾度角, 而是它和 x 軸正向夾幾度角。所以前述例子, 若要以正確的極坐標寫法, 應該要寫成 (5,37°) 。所以極坐標 (r,θ), 是分別透露了該點距離原點有多遠、該點與原點連線後與

x 軸正向夾幾度角。簡單標三個點以作演示：$A(2,30°), B(3,135°), C(1.5,220°)$

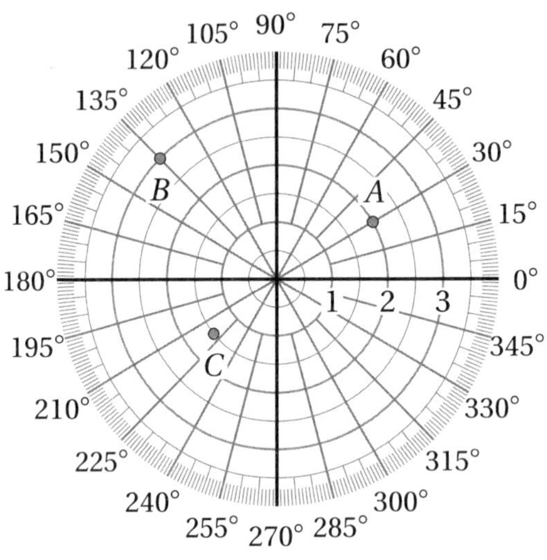

圖 10.1: 極坐標圖

圖10.1是畫在極坐標圖上面，描點的時候就可以較方便地找出 r、θ 的位置。不過，即使我們是直接在直角坐標圖上畫，或是自己在空白紙上手描，也並不很麻煩，只要大略地抓一下距離及角度就好了。

如果先有一個點的直角坐標，要如何轉換成極坐標呢？舉例來說，若 P 點的直角坐標是 $(\sqrt{3},1)$，我們先將 P 點及 r、θ 標出來：

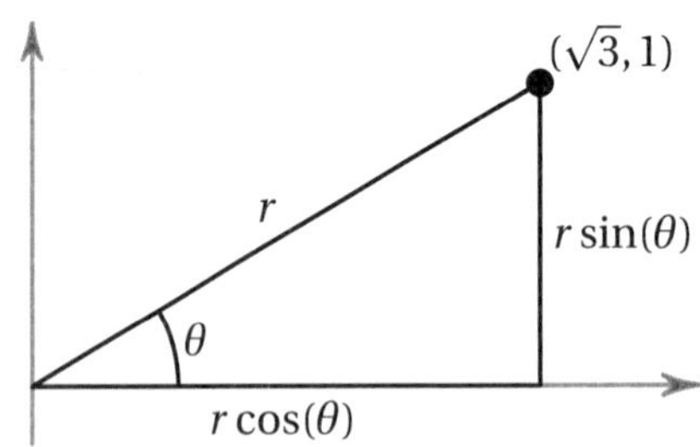

圖 10.2: 直角坐標系轉換極坐標

r 是 P 點到原點距離，所以是 2。至於 θ，當然，根據我們對此特殊三角形的認識，知道是 $\frac{\pi}{6}$。不過為了解說，我當作不知道。直角坐標與極坐標之

間的關係，從圖中可看出來，為

$$\begin{cases} x = r\cos(\theta) \\ y = r\sin(\theta) \end{cases} \tag{10.1.1}$$

還可以將上下式作相除，得到

$$\frac{y}{x} = \tan\theta$$

所以回到剛剛問題中，我們知道

$$\tan(\theta) = \frac{1}{\sqrt{3}}$$

於是 θ 可能是 $\frac{\pi}{6}$ 或 $\frac{7\pi}{6}$，但由於 x, y 都是正的，我們知道 θ 顯然是第一象限角，所以應該是 $\frac{\pi}{6}$。這樣便轉換完畢，直角坐標中的 $(\sqrt{3}, 1)$ 轉換成極坐標以後是 $\left(2, \frac{\pi}{6}\right)$。

性質 10.1.1

直角坐標 (x, y) 與極坐標 (r, θ) 之間的轉換關係為

$$\begin{cases} x = r\cos(\theta) \\ y = r\sin(\theta) \end{cases}$$

極坐標的基本概念應不難懂，然而有幾個須注意的地方，以下這幾個特性使得同一個點可以有很多個不同的極坐標表示。

首先，原點距離原點是 0，所以在極坐標中，原點的 r 就是 0。至於 θ，則寫多少都可以。所以在極坐標中，$(0, 12°) = (0, 213°) = (0, 65°)$。

另一個要注意的是，由於同界角[①] 的關係，所以 $(2, 17°) = (2, 377°) = (2, -343°) = (2, 737°) = \cdots\cdots$。角度的部分任意加減 360° 的整數倍，都表示同一個點。

不只如此，r 也有正負號的問題。比方說曹植在你東邊距離七步，你當然可以說：「曹植在我往東看，前方七步。」然而你卻也可以這樣講：「曹植在我往西看，後方七步。」這樣講是有點奇怪，誰沒事會像這樣子講話？但這樣的描述卻也是正確的，當你面向西時，他的確在你的後方七步。

① 兩角度差了 360° 的 n 倍，等於是差了 n 圈，仍在同一位置。

暫且別管曹植了，他不會走過來。我的意思是說，同樣的位置，你可以把 r 多個負號，則 θ 就多 180°。$(7,0^\circ)$ 這個坐標，與 $(-7,180^\circ)$ 這坐標，是同一個點！講得更一般一點，(R,α) 與 $(-R,\alpha+\pi)$，會是同一個點！所以 $(3,\frac{\pi}{4})=(-3,\frac{\pi}{4}+\pi),(5,\frac{\pi}{6})=(-5,\frac{\pi}{6}+\pi)$。

將以上討論作個整理：

性質 10.1.2

1. 任意的 θ，$(0,\theta)$ 都是代表原點
2. 任意整數 k，$(R,\alpha)=(R,\alpha+2k\pi)$ 同界角
3. $(R,\alpha)=(-R,\alpha+\pi)$

除了將一個點的直角坐標轉換為極坐標以外，我們還可將一個曲線的直角坐標方程式，轉換為極坐標方程式。先舉個最簡單的例子：圓心在原點，半徑為 3 的圓。由於圓周上動點，距離原點永遠都是 3，這就是說 r 恆等於 3。因此這個圓的極坐標方程式，就是 $r=3$。至於說 θ 的範圍，由於動點就繞著原點一圈跑完，可以知道就是 $0\leq\theta\leq 2\pi$。

除了上面這個最簡單特例外，我們須知道如何由直角坐標方程式轉換成極坐標方程式。可以利用 $x=r\cos(\theta),y=r\sin(\theta)$ 來作代入到這個圓的直角坐標方程式 $x^2+y^2=9$，得到 $r^2\cos^2(\theta)+r^2\sin^2(\theta)=9$。由於 $\cos^2(\theta)+\sin^2(\theta)=1$，故可簡化為 $r^2=9$，亦即 $r=\pm 3$。寫 $r=3$ 或 $r=-3$ 都可以，理由是前面所提過的，$(R,\alpha)=(-R,\alpha+\pi)$。雖然不同的 θ 在二者中代表不同的動點，但所有介於 0 到 2π 的 θ 繞完以後，都是形成我們要的那個圓。

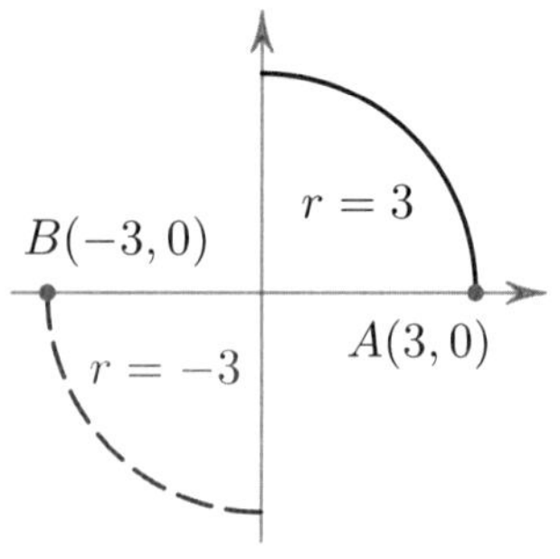

如果你看不太懂，請看右圖。對於 $r=3$ 這條曲線來說，當 $\theta=0$ 時，它的動點位在 A 點。而至於 $r=-3$ 來說，當 $\theta=0$ 時，它的動點位在 B 點。沒錯吧？你往東看時，在你背後三步的地方，便是你往西看，前方三步處。當 θ 由 0 開始跑，跑到 $\frac{\pi}{2}$。對於 $r=3$ 這條曲線來說，動點跑出的軌跡是第一象限的部分；對於 $r=-3$ 這條曲線來說，動點跑出的軌跡是第三象限的部分。等到將 θ 從 0 到 2π 完整跑完以後，動點便完整地跑出一個圓，這兩條曲線就會完全重合了。

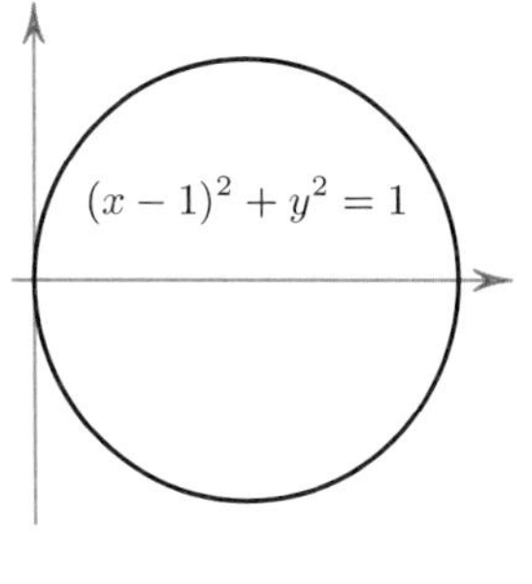

再介紹另一種圓：$(x-1)^2+y^2=1$。乘開得到

$$x^2-2x+y^2=0$$

再代 $x=r\cos(\theta), y=r\sin(\theta)$，便有

$$r^2\cos^2(\theta)-2r\cos(\theta)+r^2\sin^2(\theta)=0$$

利用平方恆等式 $\cos^2(\theta)+\sin^2(\theta)=1$，可得

$$r^2-2r\cos(\theta)=0$$

消去 r 以後並移項，得到

$$r=2\cos(\theta)$$

這樣便完成了。

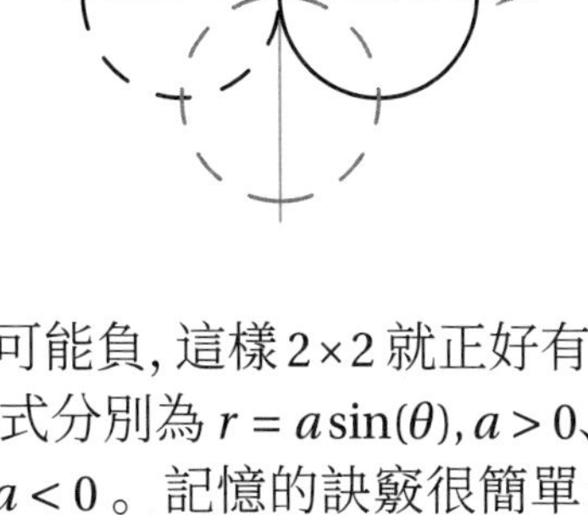

這種圓請你將其極坐標方程式的形式記起來，因為在大一微積分中很常碰到。所謂的「這種」是指：圓心在坐標軸上，並且圓周會通過原點。而這種圓又有上下左右四個情況。這種圓的極坐標方程式的模樣都是

$$r=a\begin{cases}\sin(\theta)\\ \cos(\theta)\end{cases} \tag{10.1.2}$$

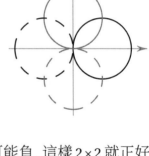

這種樣子。$\sin(\theta)$ 或 $\cos(\theta)$ 其中一種，而 a 又可能正可能負，這樣 2×2 就正好有四種情形。具體說起來，上、下、右、左的極坐標方程式分別為 $r=a\sin(\theta), a>0$、$r=a\sin(\theta), a<0$、$r=a\cos(\theta), a>0$、$r=a\cos(\theta), a<0$。記憶的訣竅很簡單：cos 和 x 有關、sin 和 y 有關，所以方程式中有 cos 的就是圓心在 x 軸上、有 sin 的就是圓心在 x 軸上。若 a 是正的，圓心就在 x 軸正向或 y 軸正向；若 a 是負的，圓心就在 x 軸負向或 y 軸負向。

最後還有一件很重要的事必須交代！就是 θ 的範圍！許多初學者會以為，這是圓嘛！那當然就是一圈，0 到 2π。不是這樣的！所謂的 θ，是動點拉到原點後，這條拉出來的線與 x 軸正向所夾的角。所以當我們面對 $r=3$ 這個圓，我們並不是因為「這是個圓，動點跑了一圈」這樣的理由而說 θ 是從 0 到 2π。而是因為「動點繞了原點跑整整一圈」才說 θ 是從 0 到 2π。而我們現在面對的這個圓，它並沒有繞原點跑一圈嘛！

$r=\cos\theta$ 這個圓，θ 是 $-\frac{\pi}{2}$ 到 $\frac{\pi}{2}$。你可以背起來，以下闡釋原因。

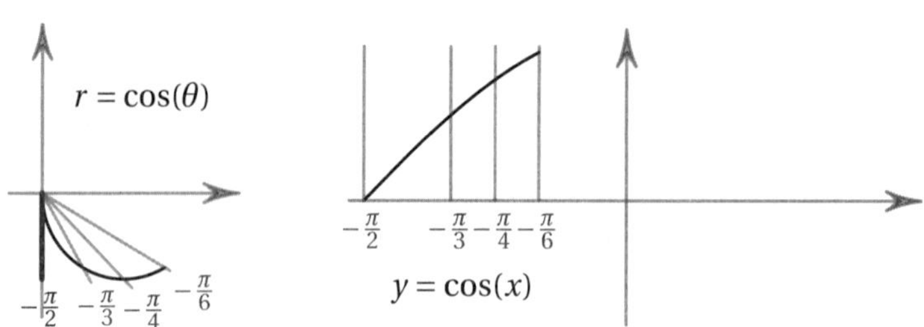

圖 10.3: 配合直角坐標系畫極坐標圖

首先解 $\cos(\theta) = 0$ 得 $\pm\frac{\pi}{2}$，先從 $\theta = -\frac{\pi}{2}$ 出發，觀察隨著 θ 變動，r 跟著如何變動。當 $\theta = -\frac{\pi}{2}$，$r = 0$，動點在原點。θ 開始增加，r 也從 0 遞增。隨著 θ 在第四象限角越來越大，動點離原點越來越遠。參考圖10.3。

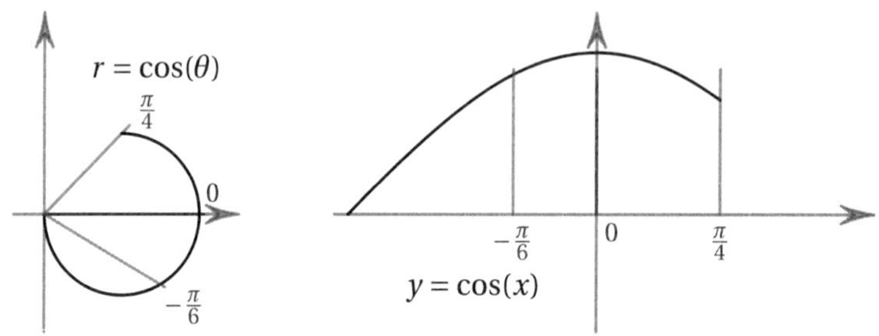

圖 10.4: 配合直角坐標系畫極坐標圖

動點繼續跑到 $\theta = 0$ 時，達到 $\cos(\theta)$ 的極大值，此時離原點是最遠了。接下來 θ 要進入第一象限角，$\cos(\theta)$ 開始遞減。跑到 $\theta = \frac{\pi}{6}$ 時，動點形成的軌跡如圖10.4。等到動點跑到 $\theta = \frac{\pi}{2}$ 時，r 又回到 0，就跑完一整個圓了！

如果我們讓 θ 繼續增加，就來到第二象限。$\cos(\theta)$ 取第二象限角是負的，由 0 遞減到 -1。所以當方向是朝第二象限看的時候，動點是在背後，也就是第四象限。

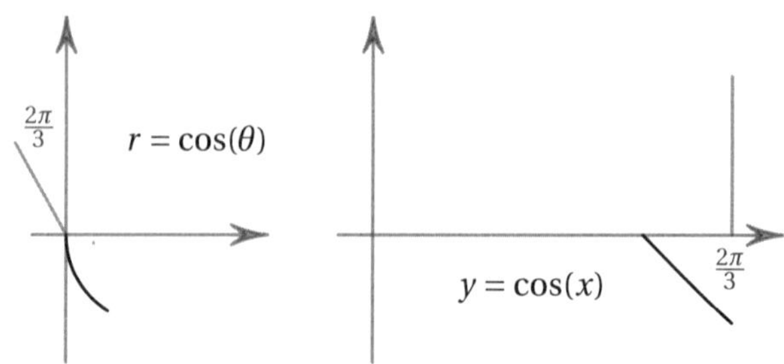

圖 10.5: 配合直角坐標系畫極坐標圖

若 θ 從 $\frac{\pi}{2}$ 跑到 $\frac{3\pi}{2}$，會再跑完一次完整的圓。但這已經是將同樣的路徑跑第二遍啦！所以 $\frac{\pi}{2} \le \theta \le \frac{3\pi}{2}$ 的部分不須要列進來。

類似的手法，當我們看到 $r = 5\sin\theta$，可分析出它是位於上方，θ 的範圍是 0 到 π。

再來看一個常見的曲線：心形線。它的極坐標方程式是 $r = 1 - \cos(\theta)$，長相如圖 10.6(a)。

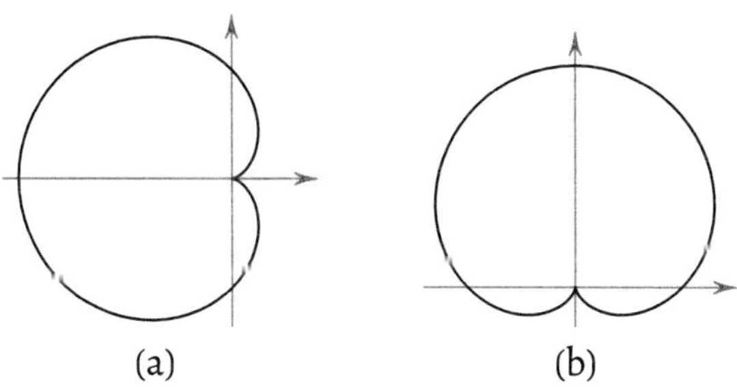

(a)　(b)

圖 10.6: 心形線

有點像愛心，所以我們稱之為**心形線**（cardioid)。心形線也會有上下左右四個方向。譬如說 $r = 1 + \sin(\theta)$，方向如圖 10.6(b)。

心形線方程式的形式是

$$r = a\left(1 \pm \begin{cases} \sin(\theta) \\ \cos(\theta) \end{cases}\right)$$

取正負號、取 $\sin\theta$ 或 $\cos\theta$，這樣一共就 $2 \times 2 = 4$ 種。至於外面乘個常數 a，只不過是圖形的伸縮。哪個方向配哪個方程式，我們可以注意愛心的底部。如果方程式中有 cos，底部就位於 x 軸上，若有 sin，底部就位於 y 軸上。$\pm$ 那邊若取正號，底部就在 x 軸正向或 y 軸正向；若取負號，底部就在 x 軸負向或 y 軸負向。至於 θ 的範圍，動點會繞原點一圈，所以 θ 是 0 到 2π。

曲線的極坐標方程式，並不見得都會是 $r = r(\theta)$ 的形式。譬如說 $y = x$ 這條直線，就寫成 $\theta = \frac{\pi}{4}$。仔細一看，沒錯嘛，任意的實數 r 配上 $\frac{\pi}{4}$，的確就形成 $y = x$ 這條直線出來。當然我們也可以和前面一樣，代 $x = r\cos\theta, y = r\sin\theta$，得到 $r\sin\theta = r\cos\theta$。接著消去 r 並且移項，得到 $\tan\theta = 1$，而這便等同於 $\theta = \frac{\pi}{4}$。或是你要寫 $\theta = \frac{5\pi}{4}$ 之類的，都可以，都會是同一條（why?)。甚至極坐標的方程式也可以長這樣

$$r^2 = \cos(2\theta)$$

例題 10.1.1 將下列直角坐標方程式轉換為極坐標方程式:

(1) $x^2+y^2=9$　　(2) $x^2+(y-4)^2=16$

(3) $x=3$　　(4) $2x+y=4$

解

(1) 這是以原點為圓心、半徑為 3 的圓, 故顯然其極坐標方程式為 $r=3$ 或 $r=-3$。若代 $x=r\cos(\theta), y=\sin(\theta)$ 得 $x^2+y^2=r^2\cos^2(\theta)+r^2\sin^2(\theta)=r^2=9 \Rightarrow r=\pm 3$。

(2) 這是圓心在 y 軸上且通過原點的圓, 是 $r=a\sin(\theta)$ 的形式。圓心位於 y 軸正向, 且直徑為 8, 故 $a=8$, 其極坐標方程式為 $r=8\sin(\theta)$。若欲代 $x=r\cos(\theta), y=\sin(\theta)$, 可先乘開為 $x^2+y^2-8y=0$, 此時再代得 $r^2-8r\sin(\theta)=0 \Rightarrow r=8\sin(\theta)$。

(3) $r\cos(\theta)=3 \Rightarrow r=3\sec(\theta)$

(4) $2r\cos(\theta)+r\sin(\theta)=4 \Rightarrow r=\dfrac{4}{2\cos(\theta)+\sin(\theta)}$

例題 10.1.2 將下列極坐標方程式轉換為直角坐標方程式:

(1) $r=-6\cos(\theta)$　　(2) $r^2=6\sin(2\theta)$　　(3) $r=\dfrac{3}{2+\cos(\theta)}$

解

(1) 這是圓心在坐標軸上且會通過原點的圓, 由 cos 及 $a=-6<0$ 看出圓心位於 x 軸負向、半徑為 $\frac{6}{2}=3$, 所以其直角坐標方程式為 $(x+3)^2+y^2=9$。若要利用 $x=r\cos(\theta), y=r\sin(\theta)$, 可先等號兩邊同乘以 r 得到 $r^2=-6r\cos(\theta) \Rightarrow x^2+y^2=-6x \Rightarrow (x+3)^2+y^2=9$。

(2) $r^2=6\sin(2\theta)=12\sin(\theta)\cos(\theta) \Rightarrow r^4=12\big(r\sin(\theta)\big)\big(r\cos(\theta)\big)$
$\Rightarrow \big(x^2+y^2\big)^2=12xy$

(3) $r\big(2+\cos(\theta)\big)=3 \Rightarrow 2r=3-r\cos(\theta) \Rightarrow 4r^2=\big(3-r\cos(\theta)\big)^2 \Rightarrow 4\big(x^2+y^2\big)=\big(3-x\big)^2 \Rightarrow 3x^3+6x+4y^2-9=0$

接下來介紹極坐標當中的對稱。先回憶一下在直角坐標的情況，如果將 $-x$ 代到方程式中的 x，代完方程式仍長一樣，則其圖形會對 $x=0$，也就是 y 軸對稱。一個例子是拋物線 $y=x^2$。類似地，若將 $-y$ 代到方程式中的 y，結果方程式仍長一樣，便知圖形會對 $y=0$，也就是 x 軸對稱。一個例子是雙曲線 $y^2-x^2=1$，它同時也對 y 軸對稱。而如果同時將 $-x,-y$ 分別代到方程式中的 x,y，結果方程式仍長一樣。我們說這是對原點對稱，就是說把圖形繞著原點轉 180° 後，圖形還是長一樣。例如 $y=\sin x$。如果把方程式中的 x 和 y 交換後，結果方程式仍長一樣。這種情況就是圖形對於 $y=x$ 這條線對稱。例如圓 $x^2+y^2=1$，它也同時包含了上述所有對稱，相當完美。

簡述完直角坐標的對稱情況之後，接下來我們討論極坐標的情況。如果說將 $-\theta$ 代入極坐標方程式的 θ，代完方程式長相不變，我們便知它的圖形對 $\theta=0$ 對稱，即上下對稱。而這件事，又等同於直角坐標中對 x 軸對稱。

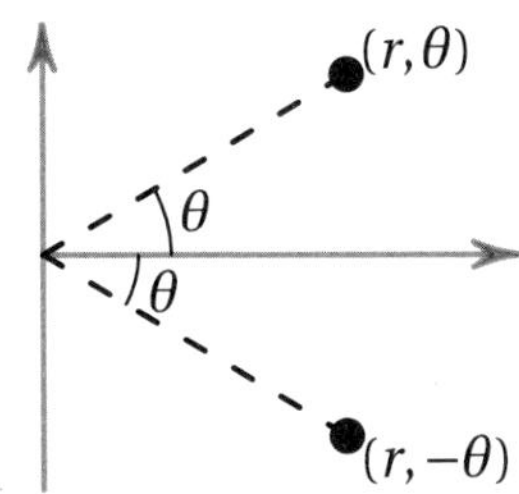

圖 10.7: 上下對稱

那麼，直角坐標中對 y 軸對稱，在極坐標中應該是如何呢？先畫個圖來看看，看起來似乎就是：如果由 $\theta=\frac{\pi}{2}$ 出發，加減任意 θ 角都對應到相同的 r，這樣就是直角坐標中對 y 軸對稱。

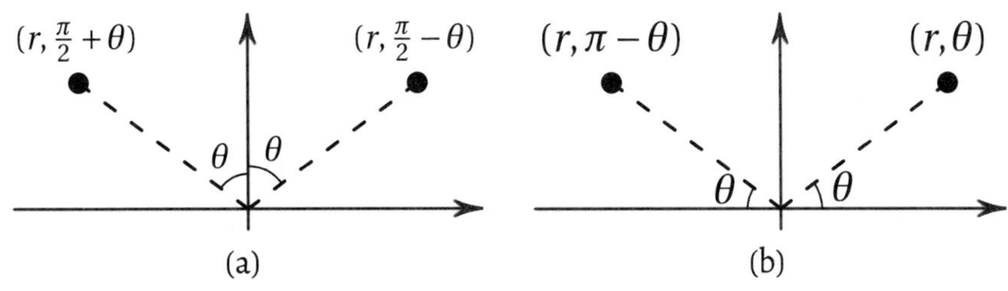

圖 10.8: 左右對稱

不過這樣麻煩了點，這件事怎麼實際應用呢？倒不如像圖10.8 (b)這樣看。將 $\pi-\theta$ 代入極坐標方程式中的 θ，代完後方程式長相不變，我們便知它的圖

形對 $\theta=\frac{\pi}{2}$ 對稱，即左右對稱。

至於說直角坐標中的奇函數對稱情況：對原點對稱，就是圖形如果繞著原點轉 180°，轉完後圖形仍長得一樣。那也就是說，隨便抓曲線上某個點出來，把它轉 180° 後，仍然在曲線上。將 $\pi+\theta$ 代入極坐標方程式的 θ，代完後方程式長相不變，便知它的圖形對原點對稱。前面談過，$(r,\pi+\theta)=(-r,\theta)$，所以亦可說成：將 $-r$ 代到極坐標方程式的 r，代完長相不變，便知其圖形對原點對稱。

性質 10.1.3 極坐標中的對稱情況

若對於任意位在圖形上的點 (r,θ)，

1. $(r,-\theta)$ 必也在圖形上，則圖形對 $\theta=0$ 對稱，即上下對稱
2. $(r,\pi-\theta)$ 必也在圖形上，則圖形對 $\theta=\frac{\pi}{2}$ 對稱，即左右對稱
3. $(r,\pi+\theta)$ 或 $(-r,\theta)$ 必也在圖形上，則圖形對原點對稱

例題 10.1.3 判斷以下曲線的對稱性：

(1) $r=5+4\cos(\theta)$

(2) $r=\dfrac{2}{1+\sin(\theta)}$

(3) $r^2=8\cos(2\theta)$

解

(1) 看到 $\cos(\theta)$ 知代 $-\theta$ 到原 θ 處後方程式不變，故圖形上下對稱。

(2) 看到 $\sin(\theta)$ 知代 $\pi-\theta$ 到原 θ 處後方程式不變，故圖形左右對稱。

(3) 代 $-\theta$ 到原 θ 處、代 $\pi-\theta$ 到原 θ 處及代 $-r$ 到原 r 處，方程式皆不變，故圖形同時有上下對稱、左右對稱、對原點對稱。

■ 10.2 極坐標中的常見曲線

現在再來欣賞、探究幾條常見的曲線。

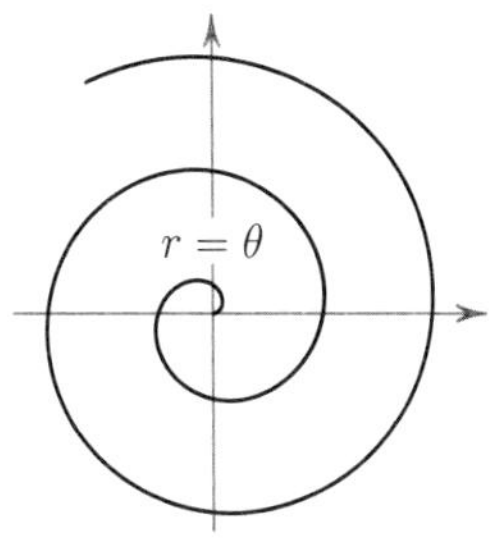

圖 10.9: 螺線

右圖這叫**阿基米德螺線**，這是為了紀念阿基米德研究出一些螺形曲線的性質而如此命名的。也有另一個稱呼，叫**等速螺線**，或簡稱叫**螺線**。因為現在 $r(\theta)$ 並不是只由三角函數這種週期函數組成，所以並不會繞一定角度後回到原來位置。r 就這樣一直遞增上去，離原點越來越遠。較一般而言，把方程式乘個常數，變成 $r=a\theta$，乘完也是螺線，多乘以 a 只不過是圖形的伸縮。至於 θ 的範圍，是 $\theta\geq 0$。

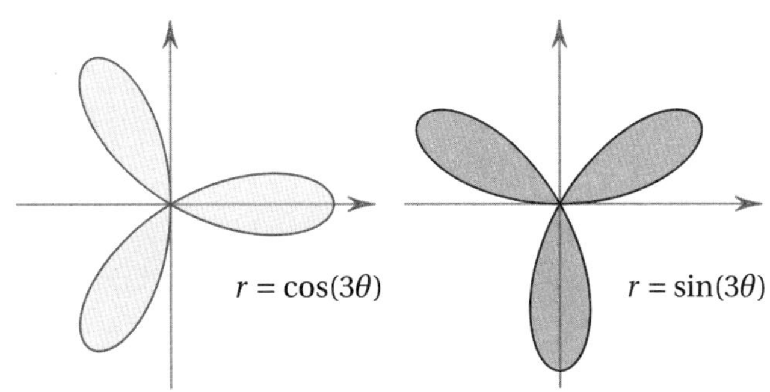

上圖這叫**三瓣玫瑰線**。方程式為 $r=\cos(3\theta)$ 或 $r=\sin(3\theta)$。長得差不多，只不過稍微旋轉一點角度。另外也有四瓣玫瑰線，如下圖。

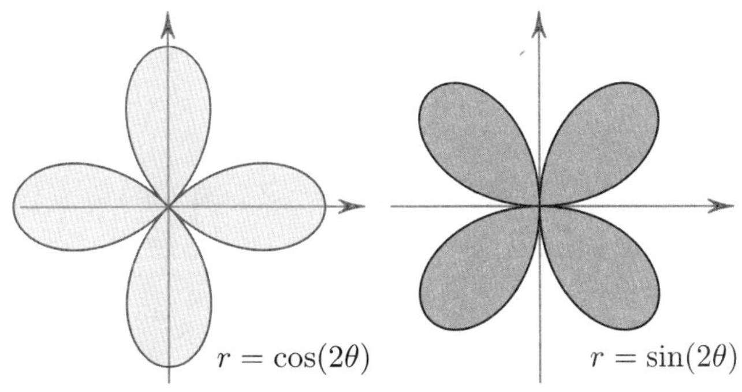

現在我們稍費點功夫，來仔細看玫瑰線的範圍，希望你看了以後可以更掌握住求出 θ 範圍的方法。

以 $r=\cos(3\theta)$ 為例。我們第一步先找出最特別的點：$r=0$ 的地方。於是解方程式 $r=\cos(3\theta)=0$，得到 $\theta=\pm\frac{\pi}{6}$，所以先描出 $\theta=\frac{\pi}{6}$ 和 $\theta=-\frac{\pi}{6}$。

而我們知道，當 θ 從 $-\frac{\pi}{6}$ 跑到 $\frac{\pi}{6}$，這對 $\cos(3\theta)$ 來說，它內部是從 $-\frac{\pi}{2}$ 跑到 $\frac{\pi}{2}$，也就是第四、第一象限角。所以其值是由 0 出發，開始遞增，遞增到 $\theta=0$ 時來到極大值 $r=1$，接著開始遞減，$\theta=\frac{\pi}{6}$ 回到 $r=0$。當 θ 超過 $\frac{\pi}{6}$、還沒到 $\frac{\pi}{2}$ 時，cos 內部的角來到第二、三象限，取值為負。既然這段期間 r 是負的，動點就往對面跑。等 θ 來到 $\frac{\pi}{2}$ 時，動點剛好回到原點。

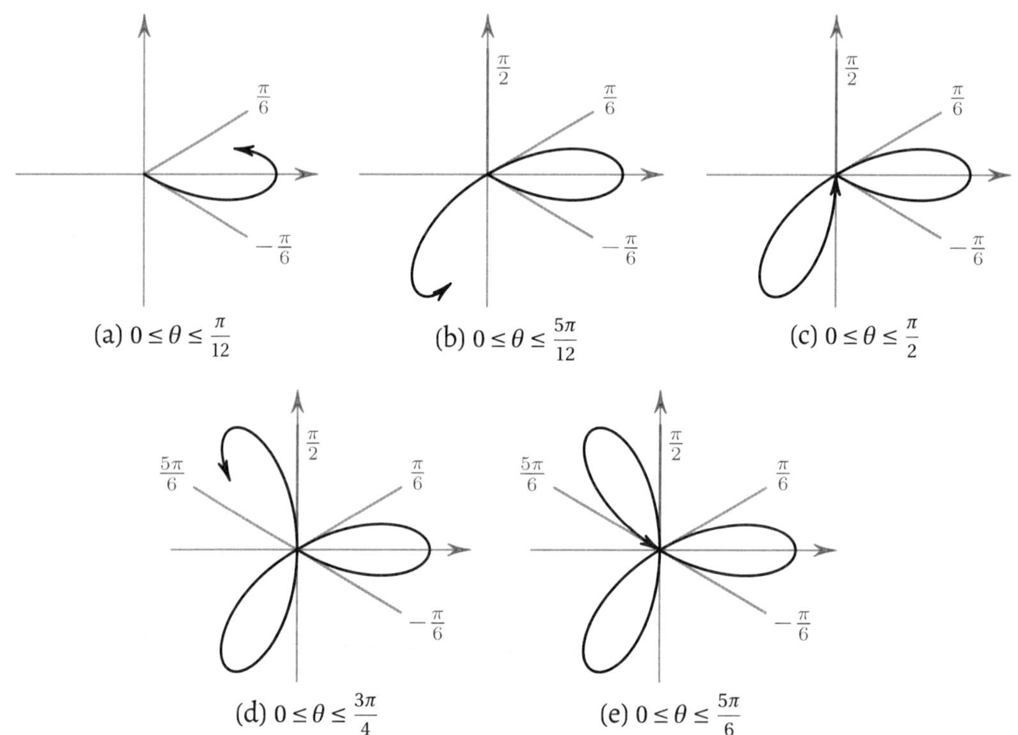

(a) $0\le\theta\le\frac{\pi}{12}$ (b) $0\le\theta\le\frac{5\pi}{12}$ (c) $0\le\theta\le\frac{\pi}{2}$

(d) $0\le\theta\le\frac{3\pi}{4}$ (e) $0\le\theta\le\frac{5\pi}{6}$

同樣道理，當 θ 超過 $\frac{\pi}{2}$、還沒到 $\frac{5\pi}{6}$ 時，cos 內部的角來到第四、一象限，取值為正。等 θ 來到 $\frac{5\pi}{6}$ 時，動點又回到原點。

如果 θ 再繼續增加，在 $\frac{5\pi}{6}\le\theta\le\frac{7\pi}{6}$ 這範圍，cos 內部是第二、三象限，取值為負。這時候動點又要到對面，便跑出與剛剛 $-\frac{\pi}{6}$ 到 $\frac{\pi}{6}$ 這段重疊的路徑。所以若要描述 $r=\cos(3\theta)$ 的 θ 範圍，用 $-\frac{\pi}{6}\le\theta\le\frac{5\pi}{6}$ 就可以了，或者也可以用 $0\le\theta\le\pi$ (why?)。

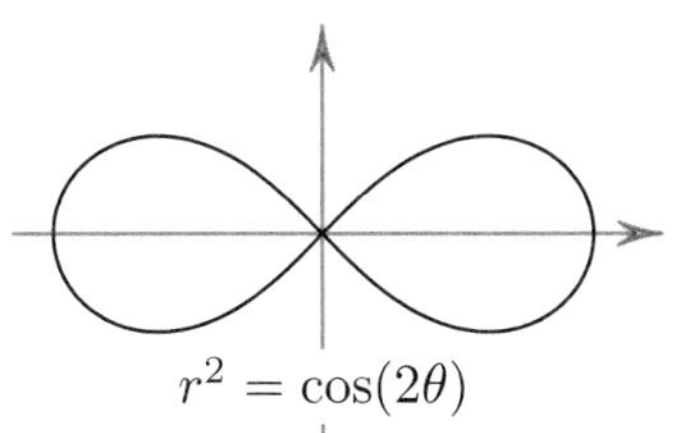

這個叫**雙紐線**（lemiscate），長得像無限大的符號。它的直角坐標方程式是

$$\left(x^2+y^2\right)^2=\left(x^2-y^2\right)$$

1694 年，數學家 **Johan Bernoulli** 開始研究雙紐線，並將它命名為 lemniscatus，這在拉丁文中是「懸掛的絲帶」的意思。他為了求雙鈕線的弧長，而導致了對**橢圓積分**的研究。橢圓積分並不在大一微積分範圍內，它屬於較困難的領域。

如果要看雙紐線的 θ 範圍，相當容易。由等號左邊的 r^2，我們就知道它非負，所以等號右邊的 $\cos(2\theta)$ 也須非負。則 2θ 的範圍可以是由 $-\frac{\pi}{2}$ 到 $\frac{\pi}{2}$，也可以是由 $\frac{3\pi}{2}$ 到 $\frac{5\pi}{2}$。這等於是讓 $\cos(2\theta)$ 取第四、第一象限角。

這樣便得到 2θ 的範圍，接著只要再除以 2，就得到 θ 的範圍是由 $-\frac{\pi}{4}$ 到 $\frac{\pi}{4}$（右邊那瓣），以及 $\frac{3\pi}{4}$ 到 $\frac{5\pi}{4}$（左邊那瓣）。

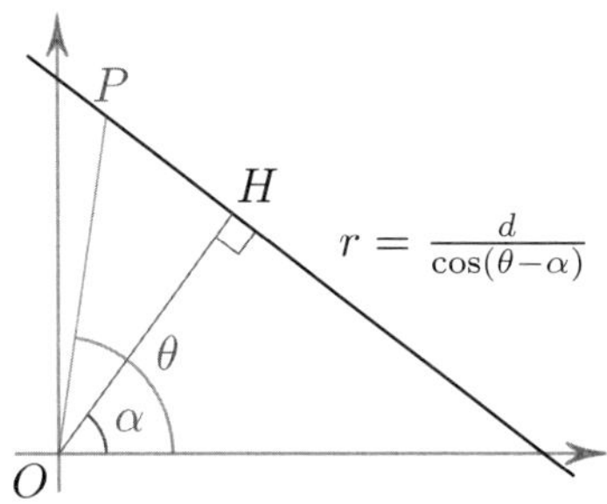

直線的極坐標方程，只要代 $x = r\cos(\theta), y = r\sin(\theta)$ 就出來了，不過這裡提供另一種看法。設原點 O 到直線的垂足為 H，O 到直線的的距離 $d = \overline{OH}$，$\overline{OH}$ 與 x 軸正向夾 α。若動點 P 的 θ 比 α 大，那麼 $\overline{OP}$ 與 $\overline{OH}$ 夾角為 $\theta-\alpha$，因 $\triangle POH$ 為直角三角形，故 $r\cos(\theta-\alpha) = d \Rightarrow r = \dfrac{d}{\cos(\theta-\alpha)}$。這樣就是直線的極坐標方程式了！

接下來再介紹一系列的曲線。對於 $a, b > 0$，形如

$$r = a + b \begin{cases} \sin(\theta) \\ \cos(\theta) \end{cases} \tag{10.2.1}$$

稱為**蚶線** (limacon)。若 $a = b$ 即為先前介紹的心形線。若 $b > a$ 則會有內圈，如圖 10.10 (a)；若 $b < a < 2b$ 則無內圈，稱為凹蚶線；若 $a \geq 2b$ 則稱為凸蚶線。

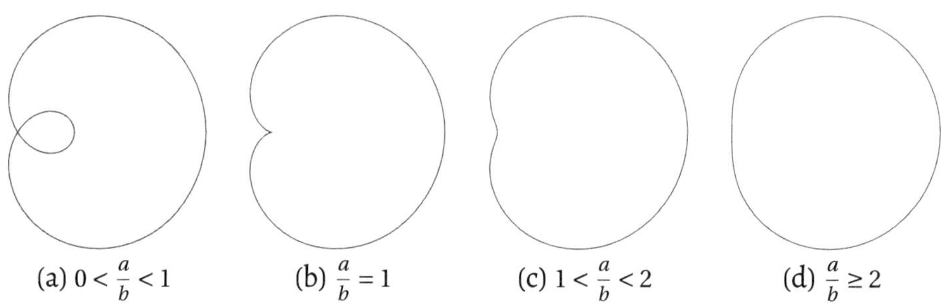

(a) $0 < \frac{a}{b} < 1$　(b) $\frac{a}{b} = 1$　(c) $1 < \frac{a}{b} < 2$　(d) $\frac{a}{b} \geq 2$

圖 10.10: $r = a + b\cos(\theta)$

■ 10.3 極坐標求面積

當我們要在極坐標系中求面積，比方說曲線 $r = f(\theta)$，範圍是 $\theta = \alpha$ 到 $\theta = \beta$，仿照以前學過的積分定義，先作出分割

$$\alpha = \theta_0 < \theta_1 < \cdots < \theta_n = \beta$$

按此分割將曲線「之下」的區域作切割。直角坐標系中，所謂的曲線之下，是曲線 $y = f(x)$ 以下、x 軸（$y = 0$）以上；極坐標系中，所謂的曲線之下，是曲線 $r = f(\theta)$ 以下、原點（$r = 0$）以上。所以切割時一律由原點出發，畫到 $(r_k, \theta_k) = (f(\theta_k), \theta_k)$，如下圖 (a)。

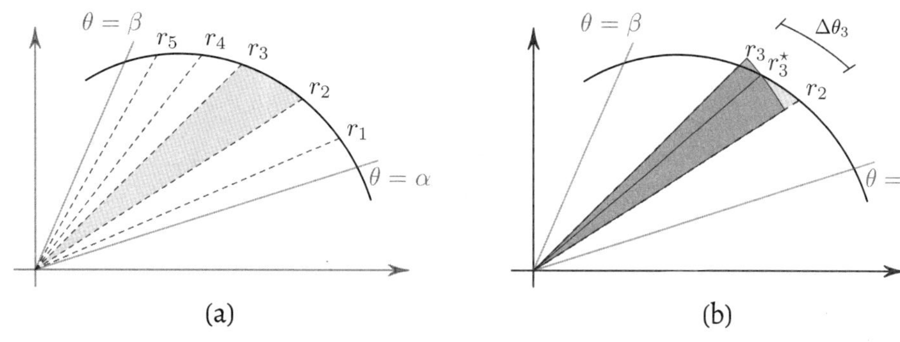

(a) (b)

在第 k 個子區間 $[\theta_{k-1}, \theta_k]$ 中，選取一點 $\theta_k^\star$ 作為樣本點，$r_k^\star = f(\theta_k^\star)$ 作為該子區間的代表高度。在直角坐標系中，有了子區間的代表高度後，就能畫出矩形代表該子區間的曲線下面積；在極坐標系中，則是畫出扇形，如上圖 (b)。所以第 k 個子區間的代表扇形面積為

$$A_k = \frac{1}{2}(r_k^\star)^2 \Delta\theta_k = \frac{1}{2}\big(f(\theta_k^\star)\big)^2 \Delta\theta_k$$

所有這些扇形面積總和

$$\sum_{k=1}^{n} A_k = \sum_{k=1}^{n} \frac{1}{2}\big(f(\theta_k^\star)\big)^2 \Delta\theta_k$$

再取個極限後得到

$$A = \lim_{\|P\| \to 0} \sum_{k=1}^{n} A_k$$

$$= \lim_{\|P\|\to 0} \sum_{k=1}^{n} \frac{1}{2}\left(f(\theta_k^\star)\right)^2 \Delta\theta_k$$

$$= \int_\alpha^\beta \frac{1}{2}\left(f(\theta)\right)^2 \mathrm{d}\theta$$

性質 10.3.1　極坐標曲線下面積

極坐標系的曲線 $r = f(\theta)$，在 $[\alpha, \beta]$ 的曲線下面積為

$$\frac{1}{2}\int_\alpha^\beta \left(f(\theta)\right)^2 \mathrm{d}\theta = \frac{1}{2}\int_\alpha^\beta r^2 \mathrm{d}\theta$$

例題 10.3.1　求曲線 $r = 3$ 所圍面積。

解

這是圓心為原點、半徑為 3 的圓，其 θ 範圍是 0 到 2π 。故列式

$$A = \frac{1}{2}\int_0^{2\pi} 3^2 \mathrm{d}\theta = \frac{1}{2}\cdot 9\cdot 2\pi = 9\pi$$

例題 10.3.2　求三瓣玫瑰線 $r = 2\cos(3\theta)$ 內部面積。

解

按照之前討論，$-\frac{\pi}{6} \le \theta \le \frac{\pi}{6}$ 即為一瓣，只要計算這一瓣面積再乘以 3 即可：

$$\begin{aligned} A = 3\cdot\frac{1}{2}\int_{-\frac{\pi}{6}}^{\frac{\pi}{6}} \left(2\cos(3\theta)\right)^2 \mathrm{d}\theta &= 3\cdot\int_0^{\frac{\pi}{6}} 4\cos^2(3\theta)\theta & \boxed{\text{偶函數}} \\ &= 6\cdot\int_0^{\frac{\pi}{6}} 1+\cos(6\theta)\,\mathrm{d}\theta & \boxed{\text{半角公式}} \\ &= 6\cdot\left[\theta + \frac{\sin(6\theta)}{6}\right]_0^{\frac{\pi}{6}} \\ &= 6\cdot\left[\frac{\pi}{6}+0\right] = \pi \end{aligned}$$

例題 10.3.3 求蚶線 $r=1+2\cos(\theta)$ 內圈面積。

解

解 $1+2\cos(\theta)=0$，解出 $\theta=\frac{2\pi}{3}$ 或 $\frac{4\pi}{3}$，便知內圈的範圍是 $\frac{2\pi}{3}\le\theta\le\frac{4\pi}{3}$。故列式

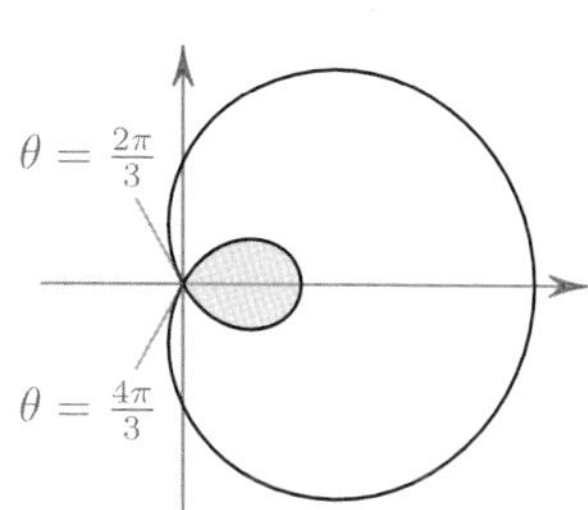

$$
\begin{aligned}
A&=\frac{1}{2}\int_{\frac{2\pi}{3}}^{\frac{4\pi}{3}}\left(1+2\cos(\theta)\right)\mathrm{d}\theta\\
&=\frac{1}{2}\int_{\frac{2\pi}{3}}^{\frac{4\pi}{3}}\left(1+4\cos(\theta)+4\cos^2(\theta)\right)\mathrm{d}\theta\\
&=\frac{1}{2}\int_{\frac{2\pi}{3}}^{\frac{4\pi}{3}}\left(3+4\cos(\theta)+2\cos(2\theta)\right)\mathrm{d}\theta \qquad \boxed{\text{半角公式}}\\
&=\frac{1}{2}\Big[3\theta+4\sin(\theta)+\sin(2\theta)\Big]_{\frac{2\pi}{3}}^{\frac{4\pi}{3}}=\pi-\frac{3}{2}\sqrt{3}
\end{aligned}
$$

性質 10.3.2　極坐標系中曲線間面積

若在 $[\alpha,\beta]$ 恆有 $f(\theta)\ge g(\theta)\ge 0$，則曲線 $r=f(\theta)$ 與 $r=g(\theta)$ 及 $\theta=\alpha$、$\theta=\beta$ 所圍區域面積為

$$\frac{1}{2}\int_{\alpha}^{\beta}\left(f^2(\theta)-g^2(\theta)\right)\mathrm{d}\theta$$

例題 10.3.4 求曲線 $r=1$ 內、曲線 $r=1-\cos(\theta)$ 外的區域面積。

解

解 $1=1-\cos(\theta)$ 可得 $\theta=\pm\frac{\pi}{2}$，得知範圍為 $-\frac{\pi}{2}\le\theta\le\frac{\pi}{2}$，故列式

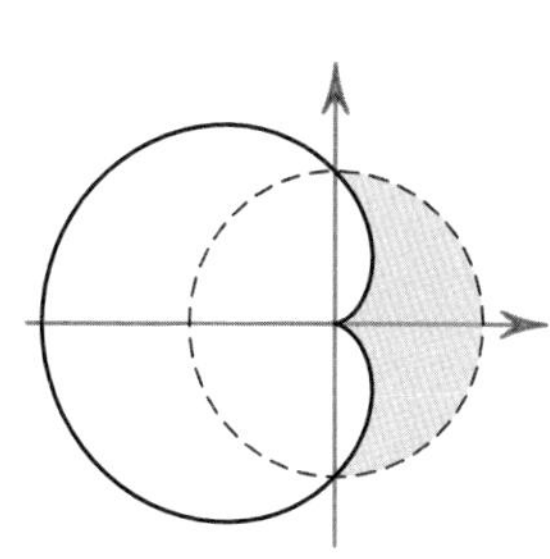

$$A=2\cdot\frac{1}{2}\int_0^{\frac{\pi}{2}}1^2-\left(1-\cos(\theta)\right)^2\mathrm{d}\theta$$

$$
\begin{aligned}
&= \int_0^{\frac{\pi}{2}} \left(2\cos(\theta) - \cos^2(\theta)\right) d\theta \\
&= \int_0^{\frac{\pi}{2}} \left(2\cos(\theta) - \frac{1+\cos(2\theta)}{2}\right) d\theta \\
&= \left[2\sin(\theta) - \frac{\theta}{2} - \frac{\sin(2\theta)}{4}\right]_0^{\frac{\pi}{2}} = 2 - \frac{\pi}{4}
\end{aligned}
$$

例題 10.3.5 求曲線 $r = 3\sin(\theta)$ 內、曲線 $r = 1+\sin(\theta)$ 外的區域面積。

解

解 $3\sin(\theta) = 1+\sin(\theta)$ 可得 $\theta = \frac{\pi}{6}$ 或 $\frac{5\pi}{6}$，得知範圍為 $\frac{\pi}{6} \le \theta \le \frac{5\pi}{6}$，故列式

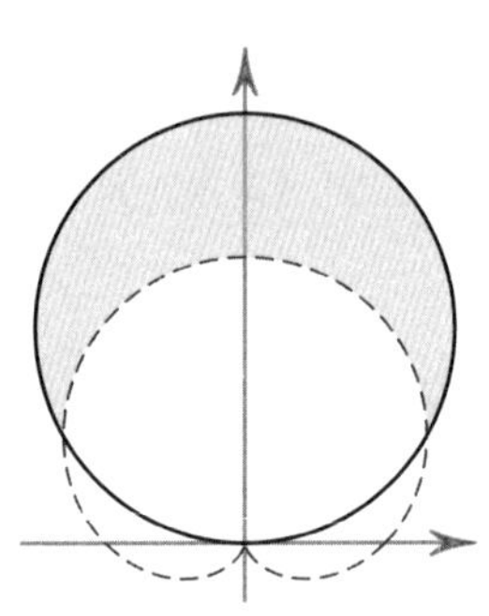

$$
\begin{aligned}
A &= 2\cdot\frac{1}{2}\int_{\frac{\pi}{6}}^{\frac{\pi}{2}} \left[\left(3\sin(\theta)\right)^2 - \left(1+\sin(\theta)\right)^2\right] d\theta \\
&= \int_{\frac{\pi}{6}}^{\frac{\pi}{2}} \left(8\sin^2(\theta) - 1 - 2\sin(\theta)\right) d\theta \\
&= \int_{\frac{\pi}{6}}^{\frac{\pi}{2}} \left(3 - 4\cos(2\theta) - 2\sin(\theta)\right) d\theta \qquad \boxed{\text{半角公式}} \\
&= 3\theta - 2\sin(2\theta) + 2\cos(\theta)\Big|_{\frac{\pi}{6}}^{\frac{\pi}{2}} = \pi
\end{aligned}
$$

仔細看看上面這題，其實兩曲線還交於原點，但是解方程式時並沒有解出這一點。雖然在此題並無影響，但是解別的問題時，如果純粹解方程式，可能會無法找出正確積分範圍。這是因為，在極坐標系中，同一個點有許多不同的表示，但解方程式只能解出相同坐標。以上題來說，$r = 3\sin(\theta)$ 在原點坐標是 $(0,0)$，$r = 1+\sin(\theta)$ 在原點坐標則是 $(0, \frac{3\pi}{2})$，這是直接解聯立無法解出的。所以想知道極坐標中兩曲線相交情形，不畫圖而只解方程式是有風險的。

例題 10.3.6 求 $r = 2\cos(\theta)$ 與 $r = 2\sin(\theta)$ 內部交集區域面積。

解

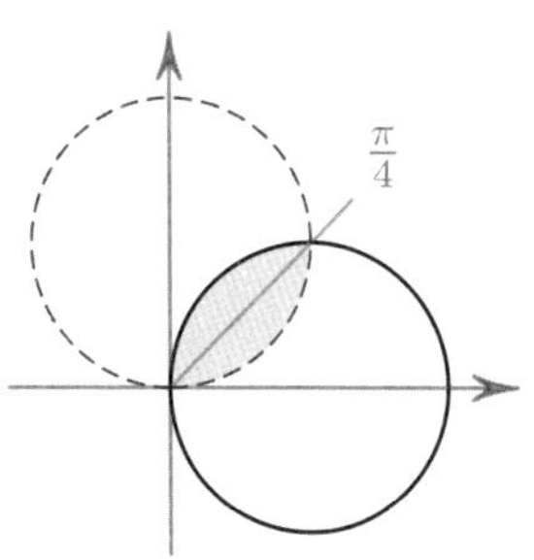

求解方程式 $2\cos(\theta)=2\sin(\theta)$ 可解出 $\theta=\frac{\pi}{4}$。但是方程式只解出一個解，代表它們圖形只有一個交點嗎？作圖後可以發現，它們還交於原點。我們知道，對於任意的 θ 值，$(0,\theta)$ 皆是原點。而現在正是此種情況：當 $\theta=0$ 時，$2\sin(\theta)=0$；當 $\theta=\frac{\pi}{2}$ 時，$2\cos(\theta)=0$。它們是在不同的 θ 使得 r 為 0！

當我們求解了方程式又作圖後，便很輕易看出交於兩點。但是現在不要寫太快變成

$$\frac{1}{2}\int_0^{\frac{\pi}{4}} 4\cos^4(\theta)-4\sin^2(\theta)\,\mathrm{d}\theta$$

現在的區域與前幾題的情況不一樣，現在是：當 $0\le\theta\le\frac{\pi}{4}$，是 $r=2\sin(\theta)$ 曲線下面積；當 $\frac{\pi}{4}\le\theta\le\frac{\pi}{2}$，是 $r=2\cos(\theta)$ 曲線下面積。所以應該列式為

$$\frac{1}{2}\int_0^{\frac{\pi}{4}} 4\sin^2(\theta)\,\mathrm{d}\theta+\frac{1}{2}\int_{\frac{\pi}{4}}^{\frac{\pi}{2}} 4\cos^2(\theta)\,\mathrm{d}\theta$$

或是更老練地，看出對稱性，寫成

$$2\cdot\frac{1}{2}\int_0^{\frac{\pi}{4}} 4\sin^2(\theta)\,\mathrm{d}\theta=2\int_0^{\frac{\pi}{4}} 1-\cos(2\theta)\,\mathrm{d}\theta=\frac{\pi}{2}-1$$

可見，作圖可幫助我們確認交點，也能輔助我們正確地列積分式。

例題 10.3.7 求 $r=2\big(1+\cos(\theta)\big)$ 與 $r=2\sin(\theta)$ 內部交集區域面積。

解

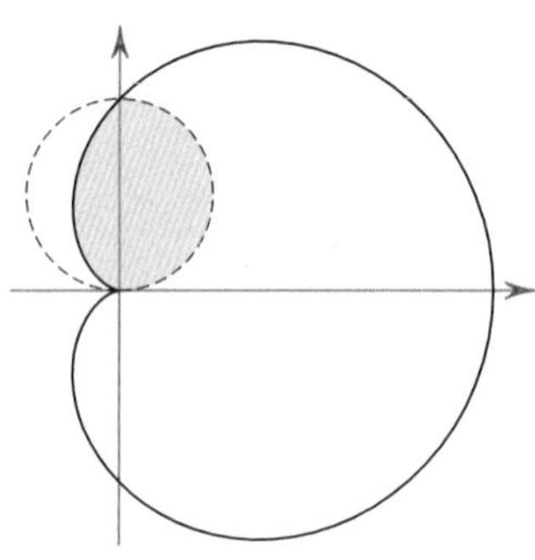

$$\frac{1}{2}\int_0^{\frac{\pi}{2}} 4\sin^2(\theta)\,\mathrm{d}\theta + \frac{1}{2}\int_{\frac{\pi}{2}}^{\pi} 4\big(1+\cos(\theta)\big)^2\,\mathrm{d}\theta$$

$$= \frac{\pi}{2} + \frac{1}{2}\int_0^{\frac{\pi}{2}} 4\big(1-\cos(\alpha)\big)^2\,\mathrm{d}\alpha$$

$$= \frac{\pi}{2} + 2\int_0^{\frac{\pi}{2}} 1 - 2\cos(\theta) + \cos^2(\alpha)\,\mathrm{d}\alpha$$

$$= \frac{\pi}{2} + \pi - 4 + \frac{\pi}{2} = 2\pi - 4$$

{Exercise}

1. 求出下列極坐標曲線在給定區間的曲線下面積。

   (1) $r = 2\sqrt{\cos(2\theta)}$, $-\frac{\pi}{4} \le \theta \le \frac{\pi}{4}$ (2) $r = \tan(\theta)$, $0 \le \theta \le \frac{\pi}{4}$

   (3) $r = \cos 2\left(\frac{\theta}{2}\right)$, $0 \le \theta \le 2\pi$

2. 求圓 $r = 4\sin(\theta)$ 內部面積，注意選定正確的積分範圍。

3. 求 $r = \sqrt{3}\sin(\theta)$ 與 $r = 1 + \cos(\theta)$ 內部交集區域面積。

4. 求心形線 $r = 1 + \cos(\theta)$ 內部、圓 $r = 1$ 外部區域面積。

參考答案： 1. (1) 2 (2) $\frac{1}{2}[1 - \frac{\pi}{4}]$ (3) $\frac{3}{8}\pi$ 2. 4π 3. $\frac{3}{4}(\pi - \sqrt{3})$ 4. $2 + \frac{\pi}{4}$

10.4　極坐標求弧長

若要對極坐標曲線 $r = f(\theta)$ 求弧長，首先注意

$$\begin{cases} x = r\cos(\theta) = f(\theta)\cos(\theta) \\ y = r\sin(\theta) = f(\theta)\sin(\theta) \end{cases}$$

然後對 θ 求導，注意連鎖規則，得到

$$\begin{cases} \dfrac{\mathrm{d}x}{\mathrm{d}\theta} = f'(\theta)\cos(\theta) - f(\theta)\sin(\theta) \\ \dfrac{\mathrm{d}y}{\mathrm{d}\theta} = f'(\theta)\sin(\theta) + f(\theta)\cos(\theta) \end{cases}$$

將它們平方相加得到

$$\begin{aligned} \left(\frac{\mathrm{d}x}{\mathrm{d}\theta}\right)^2 + \left(\frac{\mathrm{d}y}{\mathrm{d}\theta}\right)^2 &= \left[f'(\theta)\right]^2\cos^2(\theta) + \left[f(\theta)\right]^2\sin^2(\theta) - \cancel{2f'(\theta)f(\theta)\cos(\theta)\sin(\theta)} \\ &\quad + \left[f'(\theta)\right]^2\sin^2(\theta) + \left[f(\theta)\right]^2\cos^2(\theta) + \cancel{2f'(\theta)f(\theta)\cos(\theta)\sin(\theta)} \\ &= \left[f'(\theta)\right]^2\left(\cos^2(\theta) + \sin^2(\theta)\right) + \left[f(\theta)\right]^2\left(\sin^2(\theta) + \cos^2(\theta)\right) \\ &= \left[f(\theta)\right]^2 + \left[f'(\theta)\right]^2 \qquad \boxed{\sin^2(\theta) + \cos^2(\theta) = 1} \\ &= r^2 + \left(\frac{\mathrm{d}r}{\mathrm{d}\theta}\right)^2 \end{aligned}$$

於是微分弧長 $\mathrm{d}s$ 可表為

$$\begin{aligned} \mathrm{d}s &= \sqrt{\mathrm{d}x^2 + \mathrm{d}y^2} \\ &= \sqrt{\left(\frac{\mathrm{d}x}{\mathrm{d}\theta}\right)^2 + \left(\frac{\mathrm{d}y}{\mathrm{d}\theta}\right)^2}\,\mathrm{d}\theta \qquad \boxed{\text{把 } \mathrm{d}\theta \text{ 拉出來}} \\ &= \sqrt{r^2 + \left(\frac{\mathrm{d}r}{\mathrm{d}\theta}\right)^2}\,\mathrm{d}\theta \end{aligned}$$

性質 10.4.1 極坐標曲線求弧長

極坐標曲線 $r = f(\theta)$, $\alpha \le \theta \le \beta$ 弧長為

$$
\begin{aligned}
S &= \int_{\theta=\alpha}^{\theta=\beta} \mathrm{d}s \\
&= \int_{\alpha}^{\beta} \sqrt{\left[f(\theta)\right]^2 + \left[f'(\theta)\right]^2}\ \mathrm{d}\theta \\
&= \int_{\alpha}^{\beta} \sqrt{r^2 + \left(\frac{\mathrm{d}r}{\mathrm{d}\theta}\right)^2}\ \mathrm{d}\theta
\end{aligned}
$$

例題 10.4.1 求心形線 $r(\theta) = a\big(1 - \cos(\theta)\big)$ 的周長。

解

$$
\begin{aligned}
S &= 2\int_0^{\pi} \sqrt{a^2\big(1+\cos(\theta)\big)^2 + a^2\big(-\sin(\theta)\big)^2}\ \mathrm{d}\theta \\
&= 2\sqrt{2}\,a\int_0^{\pi} \sqrt{1+\cos(\theta)}\ \mathrm{d}\theta \\
&= 4a\int_0^{\pi} \sqrt{\cos^2\left(\frac{1}{2}\theta\right)}\ \mathrm{d}\theta = 4a\int_0^{\pi} \left|\cos^2\left(\frac{1}{2}\theta\right)\right| \mathrm{d}\theta \\
&= 4a\int_0^{\pi} \cos^2\left(\frac{1}{2}0\right)\ \mathrm{d}\theta = 4a\left[2\sin\left(\frac{1}{2}\theta\right)\right]_0^{\pi} = 8a
\end{aligned}
$$

note

所有心形線 $r = a\big(1 \pm \cos(\theta)\big)$、$r = a\big(1 \pm \sin(\theta)\big)$ 只差旋轉，周長皆 $8a$。

例題 10.4.2 求圓 $r(\theta) = R$ 的周長。

解

$$
S = \int_0^{2\pi} \sqrt{R^2 + 0^2}\ \mathrm{d}\theta = 2\pi R
$$

例題 10.4.3 求對數螺線 $r(\theta)=e^{\theta}$ 由 $\theta=0$ 到 $\theta=2\pi$ 的周長。

解

$$\begin{aligned}S&=\int_0^{2\pi}\sqrt{\left(e^{\theta}\right)^2+\left(e^{\theta}\right)^2}\,\mathrm{d}\theta\\&=\sqrt{2}\int_0^{2\pi}e^{\theta}\,\mathrm{d}\theta=\sqrt{2}\left[e^{\theta}\right]_0^{2\pi}=\sqrt{2}\left(e^{2\pi}-1\right)\end{aligned}$$

例題 10.4.4 求曲線 $r(\theta)=\theta^2$ 由 $\theta=0$ 到 $\theta=2$ 的周長。

解

$$\begin{aligned}S&=\int_0^{2}\sqrt{\theta^4+4\theta^2}\,\mathrm{d}\theta\\&=\int_0^{2}\theta\sqrt{\theta^2+4}\,\mathrm{d}\theta\\&=\int_4^{8}\sqrt{u}\,\mathrm{d}u\qquad\boxed{u=\theta^2+4}\\&=\frac{1}{2}\cdot\frac{2}{3}\left[u^{\frac{3}{2}}\right]_4^8=\frac{1}{3}\left(16\sqrt{2}-8\right)\end{aligned}$$

例題 10.4.5 求曲線 $r(\theta)=\cos^2\left(\frac{\theta}{2}\right)$ 由 $\theta=0$ 到 $\theta=2\pi$ 的周長。

解 1

$$\begin{aligned}&\frac{\mathrm{d}r}{\mathrm{d}\theta}=-\cos\left(\frac{\theta}{2}\right)\sin\left(\frac{\theta}{2}\right)\\&\Rightarrow S=\int_0^{2\pi}\sqrt{\cos^4\left(\frac{\theta}{2}\right)+\cos^2\left(\frac{\theta}{2}\right)\sin^2\left(\frac{\theta}{2}\right)}\,\mathrm{d}\theta\end{aligned}$$

$$
\begin{aligned}
&= \int_0^{2\pi} \left|\cos\left(\frac{\theta}{2}\right)\right| \sqrt{\cos^2\left(\frac{\theta}{2}\right) + \sin^2\left(\frac{\theta}{2}\right)}\, \mathrm{d}\theta \\
&= \int_0^{2\pi} \left|\cos\left(\frac{\theta}{2}\right)\right| \cdot 1\, \mathrm{d}\theta \\
&= \int_0^{\pi} \cos\left(\frac{\theta}{2}\right) \mathrm{d}\theta - \int_{\pi}^{2\pi} \cos\left(\frac{\theta}{2}\right) \mathrm{d}\theta \\
&= 2\sin\left(\frac{\theta}{2}\right)\Big|_0^{\pi} - 2\sin\left(\frac{\theta}{2}\right)\Big|_{\pi}^{2\pi} \\
&= 2\big[(1-0)-(0-1)\big] = 4
\end{aligned}
$$

解 2

$$
r(\theta) = \cos^2\left(\frac{\theta}{2}\right) = \frac{1+\cos(\theta)}{2} \qquad \boxed{\text{半角公式}}
$$

這其實是 $a = \frac{1}{2}$ 的心形線，其 $\theta = 0$ 到 $\theta = 2\pi$ 的周長為 $8a = 4$。

{Exercise}

1. 求出下列極坐標曲線在給定區間的弧長。

   (1) $r = 1 + \sin(\theta)$, $0 \le \theta \le \frac{\pi}{2}$　　(2) $r = 4\sin(\theta)$, $0 \le \theta \le \pi$

   (3) $r = \sin^2\left(\frac{\theta}{2}\right)$, $0 \le \theta \le \pi$　　(4) $r = \left(\sin\frac{\theta}{4}\right)^4$, $0 \le \theta \le \pi$

參考答案：　1. (1) $2\sqrt{2}$　(2) 4π　(3) 2 (4) $\frac{8-5\sqrt{2}}{3}$

第 11 章

多變數的微分學

> 微積分是連續運動和變化模式的研究。17 世紀牛頓和萊布尼茲發明了微積分，為科學家提供了描述連續運動的一種數學上的精確方法。
>
> Devlin

11.1 多變函數簡介

在此之前的主題，都是圍繞著單變數函數

$$y = f(x)$$

在談。現在開始要進入多變數的世界。譬如說兩變數函數

$$z = f(x, y)$$

這樣子定義域是二維，而值域是一維。所以函數圖畫出來，就是三維的圖形。對照來說，單變數函數畫出來，會是二維平面上的曲線；兩變數函數畫出來，會是三維空間中的曲面。高中數學裡其實就談過一點點兩變數函數，例如平面

$$z = 2x - 3y + 8$$

或是球

$$x^2 + y^2 + z^2 = 9$$

這樣是隱函數的形式。另外像這樣的函數

$$z = x^2 + y^2$$

以前就沒學過了，我們現在來試著分析它的圖形大概長什麼樣子。

在地理中學過等高線圖，這是一種將三維曲面（山坡面）在二維紙面上示意的一個辦法。我們現在也可以來作一個等高線圖（或叫等值線圖），分別讓 $z = 1, 2, 3, 4, 5$，於是就有 $x^2 + y^2 = 1, x^2 + y^2 = 2, \cdots, x^2 + y^2 = 5$ 五條曲線。

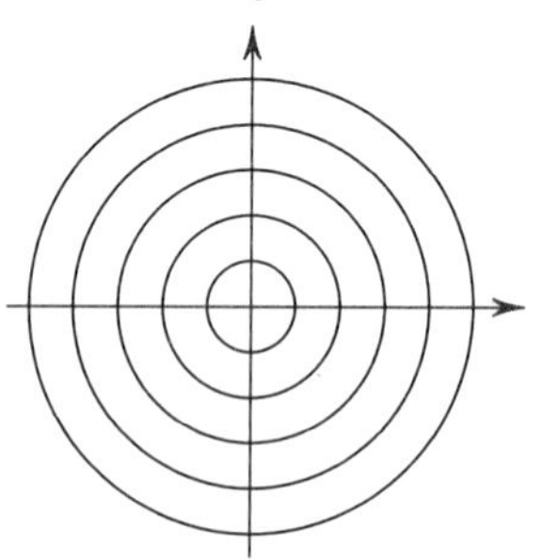

繪製等高線，換個說法就是，我們用許多不同的 $z = c$ 平面，來與曲面相交，然後觀察相交情況。像剛剛，我們就取了 $c = 1, 2, 3, 4, 5$ 來與曲面各交出一條曲線。發現 c 值越大，所交出的就是半徑越大的圓。

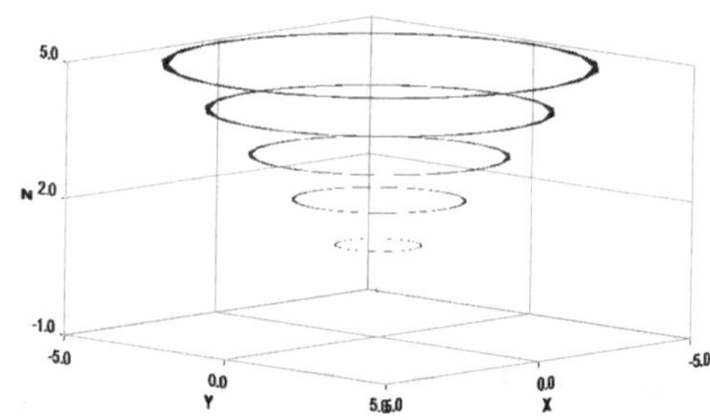

同樣道理，我們也可以用許多不同的 $x = c$ 或 $y = c$ 平面，來與曲面相交，然後觀察相交情況。至於所謂的，$x = c$ 平面與曲面 $z = x^2 + y^2$ 的相交狀況，在代數上就是解聯立

$$\begin{cases} x = c \\ z = x^2 + y^2 \end{cases}$$

所以只要將 $x = c$ 代入，得到

$$z = c^2 + y^2$$

此時我們一看，發現這就是 zy-平面上的拋物線。如果 c 越大，整個拋物線就越往上（z 軸的正向方向）平移。

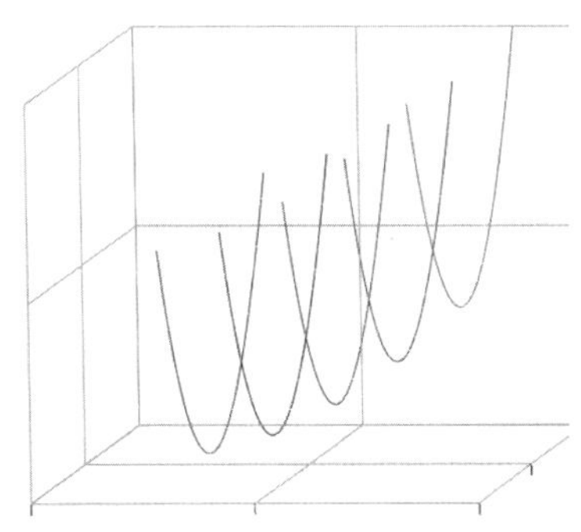

整合以上資訊，得到此曲面的長相是

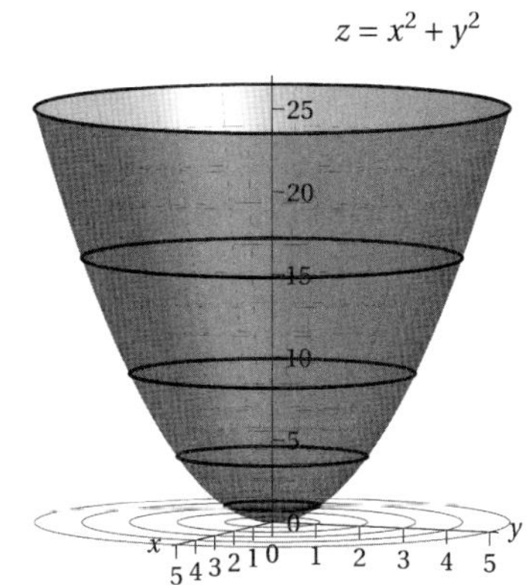

所以，以 $x = c$、$y = c$、$z = c$ 各種方向，及各種不同的 c 值，觀察這些平面與曲面的相交狀況，可能有助於我們更了解曲面長相。但如果曲面長得更複雜，譬如說 $z = (x + y^2)\sin(\frac{x+3}{y})$，這招就行不通了。

微積分接下來的主題，開始將之前所做的事，凡是求極限、微分、求極值、積分等等，對象改成多變數函數去探討。其實許多時候，我們並不需要知道函數圖形，就如我們在單變數時做這些問題，也不是每題都要把函數畫出來才能做。但偶爾遇到一些情況，我們需要大概知道它長什麼樣子，那你就可以像前面所演示那樣去分析它，但 c 值不一定要取很多個，也可以每個方向簡單看一個就好。例如遇到

$$z = \frac{x^2}{16} + \frac{y^2}{4}$$

我們用 $z=c$ 去截，會截出橢圓，因為代 $z=c$ 得到

$$c=\frac{x^2}{16}+\frac{y^2}{4}$$

並且隨著 c 越大，此橢圓越大。如果改用 $x=c$ 去截，則會是拋物線。因為代 $x=c$ 得到

$$z=\frac{c^2}{16}+\frac{y^2}{4}$$

用 $y=c$ 去截，同樣是拋物線。這樣的方法，可以大致分析曲面的長相。

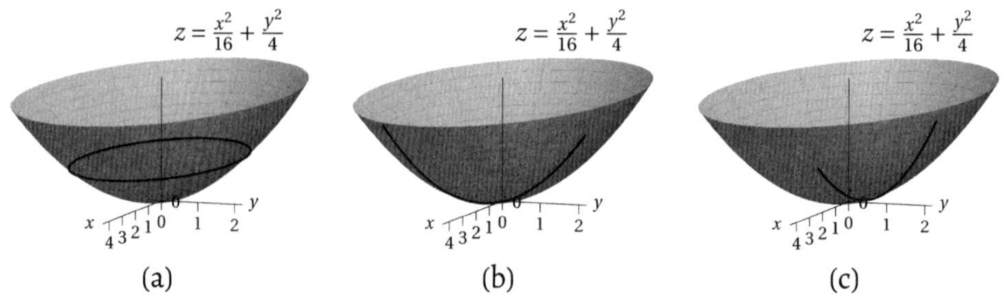

(a)　(b)　(c)

所以同樣道理，像是

$$z=4x^2+9y^2$$
$$z^2=x-y^2$$
$$x^2+4y^2-9z^2=9$$

這些都可以依樣畫葫蘆。

■ 11.2　多變函數的極限

以前曾探討單變數函數的極限，例如

$$\lim_{x\to 3} f(x)$$

這是在問：當 x 越來越靠近 3 的時候，$f(x)$ 會跟著趨近到何值。而多變數函數也可以探討極限，例如

$$\lim_{(x,y)\to(3,4)} f(x,y)$$

這是在問：當 (x,y) 越來越靠近 $(3,4)$ 的時候，$f(x,y)$ 會跟著趨近到何值。

無論是單變數或是多變數的極限問題，都是在看：當自變數越來越靠近定義域中的某個點，是否應變數隨之趨近到某個值，無論自變數以哪種路徑、方向靠近那個點。然而在單變函數的情況，由於定義域只有一維，因此所謂的「無論哪種路徑、哪種方向」說穿了就只有「從左方和從右方」這兩個方向。所以以前我們會說：極限存在若且唯若左右極限存在並相等。而現在我們探討多變數函數，定義域起碼是二維以上，那麼靠近時就會有無限多種路徑、無限多種方向。

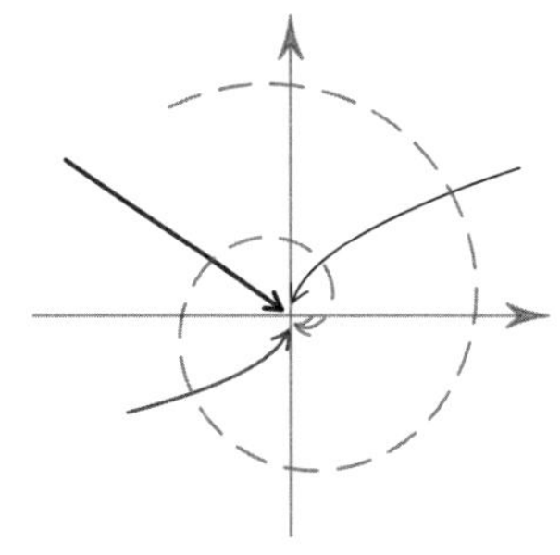

圖 11.1: 多種路徑趨近原點

這樣看起來，多變函數取極限豈不是很難？有些題目的確不大容易，我們先從比較簡單的探討起吧。

例題 11.2.1　求極限 $\displaystyle\lim_{(x,y)\to(3,2)} \frac{x^2-y^3}{x+y}$。

解

這種最簡單了，分子分母都是連續函數，可以直接代，代完分母也不是零。因此

$$\lim_{(x,y)\to(3,2)} \frac{x^2-y^3}{x+y} = \frac{3^2-2^3}{3+2} = \frac{1}{5}$$

做起來跟單變數的情況類似。

例題 11.2.2 求極限 $\lim_{(x,y)\to(1,1)} \frac{x^2-y^2}{x-y}$。

解

此時是不定式 $\left(\frac{0}{0}\right)$ 了。仿照單變數的情況這樣寫:

$$\lim_{(x,y)\to(1,1)} \frac{x^2-y^2}{x-y} = \lim_{(x,y)\to(1,1)} \frac{(x+y)\cancel{(x-y)}}{\cancel{x-y}} = \lim_{(x,y)\to(1,1)} x+y=2$$

例題 11.2.3 求極限 $\lim_{(x,y)\to(0,0)} \frac{x^2-y^2}{x^2+xy}$。

解

做單變函數極限時，我們會因為左右極限不相等，藉以判斷極限不存在。做多變函數極限也可以使用類似的論證方法，在無限多種路徑中，只要取任兩路徑造成極限不相等，便可判斷極限不存在。

在此題中我們設 $y=mx$，然後代入原極限式。這麼做的意思是：我們沿著直線 $y=mx$ 趨近到原點，不同的 m 代表不同斜率。

$$\begin{aligned}\lim_{(x,y)\to(0,0)} \frac{x^2-y^2}{x^2+xy} &= \lim_{x\to 0} \frac{x^2-m^2x^2}{x^2+mx^2} \\ &= \lim_{x\to 0} \frac{1-m^2}{1+m} = \frac{1-m^2}{1+m}\end{aligned}$$

做出一個包含 m 的表達式，這意思是說：如果用不同斜率 m 的直線趨近原點，極限值也會跟著不同，因此極限不存在。

例題 11.2.4 求極限 $\lim_{(x,y)\to(3,2)} \frac{x^3+xy^2}{4x^2y-2y^3}$。

解

這題一樣用 $y=mx$ 代入，便可得到一個與 m 有關的極限值。這代表：以不同斜率 m 的直線趨近原點，會有不同極限值。

要如何看到題目就馬上想到可以用這個方法呢？要點相當簡單。在前一題當中，注意到分子的每一項都是二次項；分母的每一項也都是二次項，分子與分母是**齊次**。而就是因為分子分母的每一項都是二次項，一旦我們作 $y=mx$ 代換，就會變成每一項都是 x 的二次項，於是就可以將分子分母的 x^2 消掉。

而這一題也類似。我們可發現，分子與分母的每一項都是三次，是齊次。因此仍用 $y=mx$ 代入

$$\lim_{(x,y)\to(0,0)}\frac{x^3+xy^2}{4x^2y-2y^3}=\lim_{x\to 0}\frac{x^3+m^2x^3}{4mx^3-2m^3x^3}\qquad\boxed{\text{將 } x^3 \text{ 消去}}$$

$$=\lim_{x\to 0}\frac{1+m^2}{4m-2m^3}=\frac{1+m^2}{4m-2m^3}$$

極限值會隨著斜率 m 不同而不同，故極限不存在。

例題 11.2.5 求極限 $\lim_{(x,y)\to(0,0)}\frac{x^2y}{x^4+y^2}$。

解

這一題就不是齊次了，如果說仍要使用 $y=mx$ 代入的話

$$\lim_{(x,y)\to(0,0)}\frac{x^2y}{x^4+y^2}=\lim_{x\to 0}\frac{mx^3}{x^4+m^2x^2}$$

$$=\lim_{x\to 0}\frac{mx}{x^2+m^2}=0$$

所以極限值為 0 嗎？不是的！我們這麼做，也只不過得知以各種斜率的直線 [a]來趨近到原點，極限值都會是 0 。但如果是其它路徑，譬如說拋物線路徑呢？螺線路徑呢？

路徑有無限多種，根本不可能一一試盡。因此當我們用類似 $y=mx$ 這種方法時，其實不能用來論證極限存在，只能用來說明極限不存在，如同前面兩題。

這一題我們注意到：分母分子，x 與 y 的次方正好都是 $2:1$ 。因此我們設 $y=kx^2$，拋物線路徑，不同的 k 值代表不同的拋物線。

$$\lim_{(x,y)\to(0,0)} \frac{x^2 y}{x^4+y^2} = \lim_{x\to 0} \frac{kx^4}{x^4+k^2x^4} = \lim_{x\to 0} \frac{k}{1+k^2} = \frac{k}{1+k^2}$$

極限值隨著 k 值的不同而不同。也就是說隨著不同開口的拋物線趨近原點，函數值就趨近到不同的值，因此極限不存在。

[a] 但還不包括鉛直線，因為通過原點的鉛直線是 $x=0$，無法用 $y=mx$ 表示。

例題 11.2.6 求極限 $\lim_{(x,y)\to(0,0)} \frac{x^2 y}{x^2+y^2}$。

解

這一題比較好的作法是：注意到

$$\left|\frac{x^2}{x^2+y^2}\right| \le 1$$

所以

$$0 \le \left|\frac{x^2 y}{x^2+y^2}\right| \le |y|$$

然而

$$\lim_{(x,y)\to(0,0)} |y| = 0$$

因此根據夾擠定理

$$\lim_{(x,y)\to(0,0)} \left|\frac{x^2 y}{x^2+y^2}\right| = 0$$

於是去掉絕對值後，也就是原極限，也是趨近 0。

例題 11.2.7 求極限 $\lim_{(x,y)\to(0,0)} \frac{\sin(x^2+y^2)}{x^2+y^2}$。

解

看到這題有覺得很眼熟嗎？只要設 $t = x^2 + y^2$，於是

$$\lim_{(x,y)\to(0,0)} \frac{\sin(x^2+y^2)}{x^2+y^2} = \lim_{t\to 0} \frac{\sin(t)}{t} = 1$$

因為兩處都有 $x^2 + y^2$，所以我們將這一整坨設成 t，便成了單變數極限。這種機會並不多，常常是各處長得不一樣。

例題 11.2.8 $f(x,y) = \begin{cases} \frac{x^3+y^3}{x^2+y^2} & ,\ (x,y) \neq (0,0) \\ C & ,\ (x,y) = (0,0) \end{cases}$ 在 $(0,0)$ 連續，求 C 值。

解

$f(x,y)$ 在 $(0,0)$ 連續就是

$$f(0,0) = \lim_{(x,y)\to(0,0)} f(x,y)$$

所以這題其實等於是在問 $\lim_{(x,y)\to(0,0)} f(x,y)$。

由於

$$\left|\frac{x^3}{x^2+y^2}\right| = \left|\frac{x^2}{x^2+y^2}\right| \cdot |x| \leq |x|$$

而

$$\lim_{(x,y)\to(0,0)} |x| = 0$$

因此

$$\lim_{(x,y)\to(0,0)} \left|\frac{x^3}{x^2+y^2}\right| = 0 \quad \Rightarrow \lim_{(x,y)\to(0,0)} \frac{x^3}{x^2+y^2} = 0$$

同理也有

$$\lim_{(x,y)\to(0,0)} \frac{y^3}{x^2+y^2} = 0$$

於是

$$\lim_{(x,y)\to(0,0)} \frac{x^3+y^3}{x^2+y^2} = \lim_{(x,y)\to(0,0)} \frac{x^3}{x^2+y^2} + \lim_{(x,y)\to(0,0)} \frac{y^3}{x^2+y^2} = 0+0=0$$

例題 11.2.9 求極限 $\displaystyle\lim_{(x,y,z)\to(0,0,0)} \frac{2x^2+xy-3yz+z^2}{x^2+y^2+z^2}$。

解

現在有三個變數了，不過不必擔心。注意到這根本就是齊次的，我們又可以用不同方向的直線來造成不同極限值。具體寫法如下：

$$設\begin{cases} x=t \\ y=t \\ z=kt \end{cases}$$

不同的 k 值會形成不同方向的直線。代入極限式

$$\begin{aligned}&\lim_{t\to0}\frac{2t^2+t^2-3kt^2+k^2t^2}{t^2+t^2+k^2t^2}\\ =&\lim_{t\to0}\frac{3-3k+k^2}{2+k^2}=\frac{3-3k+k^2}{2+k^2}\end{aligned}$$

極限值隨著 k 的不同而不同。也就是說不同方向趨近原點的直線，就趨近到不同的極限值，因此極限不存在。

例題 11.2.10 求極限 $\displaystyle\lim_{(x,y,z)\to(0,0,0)} \frac{x^2+xy+yz^2}{x^2+y^2+z^4}$。

解

這次不是齊次了。不過注意到，z 的次方好像都是人家的兩倍。假如我們將 z 的次方都減半

$$\frac{x^2+xy+yz}{x^2+y^2+z^2}$$

就會變齊次了。所以我們這樣設

$$\begin{cases} x=t^2 \\ y=t^2 \\ z=kt \end{cases}$$

讓 z 的次方只有 x, y 的一半。接著代入原極限式

$$\lim_{(x,y,z)\to(0,0,0)} \frac{x^2+xy+yz^2}{x^2+y^2+z^4} = \lim_{t\to 0} \frac{t^4+t^4+k^2t^4}{t^4+t^4+k^4t^4} = \lim_{t\to 0} \frac{2+k^2}{2+k^4} = \frac{2+k^2}{2+k^4}$$

隨著 k 值不同而不同，極限不存在。設參數時 k 並不一定要擺在 z 那裡，也可以改放在 x 或 y，別漏寫 k 就好。

例題 11.2.11 求極限 $\displaystyle\lim_{(x,y,z)\to(0,0,0)} \frac{xyz}{x^2+y^2+z^2}$。

解

分母二次，分子則多達三次。看起來答案應為 0，因為分子次方較高，跑到 0 比較快。具體解法可以這樣寫：

$$\left|\frac{xyz}{x^2+y^2+z^2}\right| \leq \left|\frac{xyz}{x^2+y^2}\right|$$

這個不等式是因為：將分母丟去一項後，分母變小，於是整個數就變大。接下來要想辦法將 $\frac{xy}{x^2+y^2}$ 弄掉，所以要找出它不大於誰。因為

$$x^2+y^2 \geq 2\sqrt{x^2\cdot y^2} = 2|xy| \qquad \boxed{\text{算幾不等式}}$$

所以

$$\left|\frac{xy}{x^2+y^2}\right| \leq \frac{1}{2}$$

於是

$$0 \leq \left|\frac{xyz}{x^2+y^2}\right| \leq \frac{1}{2}|z|$$

由於

$$\lim_{(x,y,z)\to(0,0,0)} \frac{1}{2}|z| = 0$$

根據夾擠定理，可知

$$\lim_{(x,y,z)\to(0,0,0)}\left|\frac{xyz}{x^2+y^2+z^2}\right|=0$$

所以拆絕對值之後，原極限值也是 0。

單變數的極限，有 $\epsilon-\delta$ 定義，現在介紹多變數極限的版本。

定義 11.2.1　多變數極限的定義

$\lim\limits_{(x,y)\to(a,b)} f(x,y)=L$ 的定義是：
任意給定一個正數 ϵ，都相應地存在一個正數 δ。使得：
只要 $0<\sqrt{(x-a)^2+(y-b)^2}<\delta$，便會有 $|f(x)-L|<\epsilon$。

{ Exercise }

1. 求出下列極限。

(1) $\lim_{(x,y)\to(2,1)} 5-x^2+3xy$

(2) $\lim_{(x,y)\to(0,0)} e^{x+2y}\cos(3x+4y)$

(3) $\lim_{(x,y)\to(0,0)} \frac{x^2y^2}{x^2+y^2}$

(4) $\lim_{(x,y)\to(0,0)} \frac{x^2y}{x^4+y^2}$

(5) $\lim_{(x,y)\to(0,0)} \frac{x^4-y^4}{x^4+x^2y^2+y^4}$

(6) $\lim_{(x,y)\to(0,0)} \frac{x^3-y^3}{x^2+y^2}$

參考答案：　1. (1) 7 (2) 1 (3) 0 (4) 不存在 (5) 不存在 (6) 0

■ 11.3　偏導數

考試成績可能是個多變函數，我們將其表為

$$成績 = f(天資, 資源, 付出時間)$$

我們可能想知道，在其它條件固定的情況下，一個人如果天資變高，那麼隨之造成的成績變化是如何；也可能想知道，在其它條件固定的情況下，一個人如果付出時間更多，那麼隨之造成的成績變化是如何。

回到數學來說，這問題可能是這樣

$$z = f(x,y) = x^2 - xy + y^2$$

於是 $f(2,3) = 7$。現在我們想問：將 $y = 3$ 固定，如果 x 增加一些，隨之造成 z 的變化率如何？既然都說 $y = 3$ 固定住了，那麼我一開始就將 $y = 3$ 代入

$$z = f(x,3) = x^2 - 3x + 9$$

代入以後便變成一個單變函數，可視之為

$$z = g(x) = x^2 - 3x + 9$$

那麼，此時的所謂的 x 增加一些隨之造成 z 的變化率，便是 $g'(x) = 2x - 3$ 了。而原問題的答案，由於是在 $x = 2$ 處，所以是 $g'(2) = 1$。

像這種問題，就叫做**偏微分**，意思是只對其中一個變數作微分，其它變數都固定住。而偏微導之後的函數便是**偏導函數**。在此例中，我們說這是將 $f(x,y)$ 於 $(2,3)$ 處對 x 作偏微分。符號上，可寫成 $f_x(2,3)$。

例題 11.3.1　$f(x,y) = \sin(xy)$，求 $f_x(1,2)$。

解

此題求 $f(x,y) = \sin(xy)$ 於 $(1,2)$ 處對 x 的偏導數。先代 $y = 2$：

$$f(x,2) = g(x) = \sin(2x)$$

於是

$$g'(x) = 2\cos(2x)$$

接著再代 $x = 1$ 便得到 $2\cos(2)$。

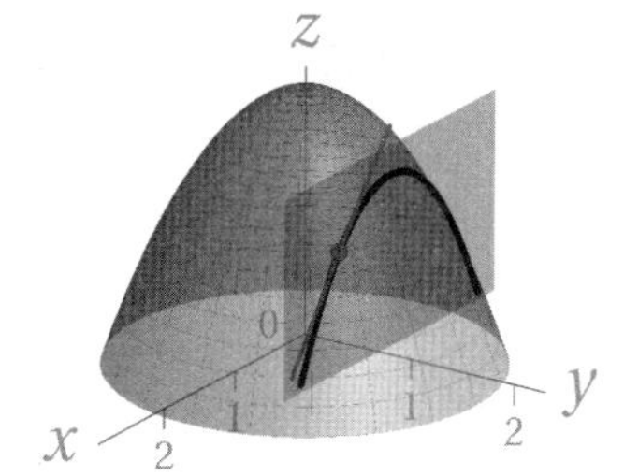

偏導數可用此圖闡釋。想要求 $f_x(2,1)$，便先用 $y=1$ 這平面，與原曲面交於一曲線。接著再對 x 求導，然後代 $x=2$。也就是此曲線上於 $x=2$ 處的切線斜率。上一題所使用的方法，便是完全按照此一想法。先代 $y=2$，接著對 x 求導，然後再代 $x=1$。

但我們可以改用另一個方法，直接對 $f(x,y)$ 作偏微導，得到另一兩變數函數 $f_x(x,y)$，然後再代 $(x,y)=(1,2)$。這樣寫跟單變數的情況一樣，先求導函數再代點。所以我們必須探討，如何直接對 $f(x,y)$ 作偏微導得到 $f_x(x,y)$。

回想一下單變數函數的導函數定義

$$f'(x)=\lim_{h\to 0}\frac{f(x+h)-f(x)}{h}$$

我們現在可以完全仿照這個定義，寫出

$$f_x(x,y)=\lim_{h\to 0}\frac{f(x+h,y)-f(x,y)}{h}$$

這樣表示 y 坐標都沒變，而考慮 x 方向的切線斜率。而這樣寫，y 在極限式中便完全是常數。也就是說，我們可以將兩變數函數 $f(x,y)$ 中的 y 看成是常數，然後對 x 求導，這麼做的結果就是偏導函數了。

例題 11.3.2 $f(x,y)=2x^3+xy-5y^2$，求 $f_x(x,y)$。

解

將 y 視為常數，對 x 求導，便得到

$$f_x(x,y)=6x^2+y+0$$

例題 11.3.3 $f(x,y)=\cos(xy)$，求 $f_x(x,y)$。

解

將 y 視為常數，對 x 求導，便得到

$$f_x(x,y)=-y\sin(xy)$$

不必懷疑你的眼睛，就是這麼簡單。將 y 視為常數以後，看起來就像是只有 x 的單變數函數。接著求導的時候真的都跟單變數時一樣，有時該套用積法則、商法則、連鎖規則等等，用起來都是一樣的。

類似地，$f(x,y)$ 對 y 偏微分的定義便是

$$f_y(x,y)=\lim_{h\to 0}\frac{f(x,y+h)-f(x,y)}{h}$$

實作起來就是，將 x 視為常數，對 y 求導。

例題 11.3.4　$f(x,y)=xe^{3y}$，求 $f_x(1,2)$ 及 $f_y(1,2)$。

解

將 y 視為常數，對 x 求導，得到

$$f_x(x,y)=e^{3y}$$

將 x 視為常數，對 y 求導，得到

$$f_y(x,y)=3xe^{3y}$$

接著再代 $(x,y)=(1,2)$，便可以得到

$$f_x(1,2)=e^6$$
$$f_y(1,2)=3e^6$$

偏導函數還有一些其它符號，就如同單變數時 $f'(x)$ 可寫成 $\frac{\mathrm{d}y}{\mathrm{d}x}$，$f_x(x,y)$ 也可寫成 $\frac{\partial y}{\partial x}$，長得與 $\frac{\mathrm{d}y}{\mathrm{d}x}$ 頗像，但我們將 d 改成 ∂ [①]，以示單變數微分與多變數偏微分的區別。另外，也可寫成 $D_xf(x,y)$。

例題 11.3.5　$f(x,y)=\sqrt{x^2+y^2}$，求 $\frac{\partial f}{\partial x}$。

解

① 口語讀作 partial。

對 x 偏微導，將 y 視為常數。

$$\frac{\partial}{\partial x}\left(\sqrt{x^2+y^2}\right) = \frac{1}{2\sqrt{x^2+y^2}}\cdot 2x = \frac{x}{\sqrt{x^2+y^2}}$$

例題 11.3.6 $f(x,y)=\int_y^x \sin(t^2)\,\mathrm{d}t$，求 $\frac{\partial f}{\partial x}$ 及 $\frac{\partial f}{\partial y}$ 。

解

對 x 偏微分，將 y 視為常數。套用微積分基本定理

$$D_x \int_y^x \sin(t^2)\,\mathrm{d}t = \sin(x^2)$$

對 y 偏微導，將 x 視為常數。套用微積分基本定理

$$D_y \int_y^x \sin(t^2)\,\mathrm{d}t = D_y\left(-\int_x^y \sin(t^2)\,\mathrm{d}t\right) = -\sin(y^2)$$

千萬不要試圖先積分再求導，$\sin(t^2)$ 並沒有初等反導函數。

單變函數時，可以做高階導函數，而多變數時，也可以做高階偏導函數，但情況會較複雜點。

舉例來說

$$f(x,y)=x^3+xy+y^3$$

則一階偏導函數分別為

$$f_x(x,y)=3x^2+y\,,\ f_y(x,y)=x+3y^2$$

一階偏導函數的偏導函數，便是二階偏導函數

$$f_{xx}(x,y)=6x\ ,\quad f_{xy}(x,y)=1$$
$$f_{yx}(x,y)=1\ ,\quad f_{yy}(x,y)=6y$$

有必要解釋一下符號。f_{xy} 就是在 f_x 再多下標一個 y，因此就是先對 x 偏微分以後再對 y 偏微分。同理，f_{yx} 就是先對 y 偏微分以後再對 x 偏微分。

另外還要注意，當高階偏導函數是寫成 ∂ 的符號時，$\dfrac{\partial^2 f}{\partial y \partial x}$ 是先對 x 偏微再對 y 偏微，與剛剛方向反過來。這樣是有道理的，並非是故意要寫相反惡整同學②。

f_{xy} 的寫法，因為是用下標的，所以下標 x 以後，再多下標個 y。至於 $\dfrac{\partial^2 f}{\partial y \partial x}$ 的寫法，由於是將 $\dfrac{\partial}{\partial x}$ 視為一個運算子，對 x 偏微分的運算子。因此，「先對 x 偏微再對 y 偏微」這件事，便是先對 f 掛一個 $\dfrac{\partial}{\partial x}$，得到 $\dfrac{\partial}{\partial x} f$。接著再掛一個 $\dfrac{\partial}{\partial y}$，得到 $\dfrac{\partial}{\partial y}\dfrac{\partial}{\partial x} f$，於是便是 $\dfrac{\partial^2}{\partial y \partial x} f$ 了。至於 f_{xx} 及 f_{yy}，則寫成 $\dfrac{\partial^2 f}{\partial x^2}$ 和 $\dfrac{\partial^2 f}{\partial y^2}$。

例題 11.3.7　$f(x,y) = x\sin(y) + ye^{xy}$，求二階偏導函數。

解

先求出一階偏導函數

$$
\begin{aligned}
\frac{\partial f}{\partial x} &= \sin(y) + y^2 e^{xy} \\
\frac{\partial f}{\partial y} &= x\cos(y) + e^{xy} + xye^{xy} = x\cos(y) + (1+xy)e^{xy}
\end{aligned}
$$

接著再求出二階偏導函數

$$
\begin{aligned}
\frac{\partial^2 f}{\partial x^2} &= y^3 e^{xy} \\
\frac{\partial^2 f}{\partial y \partial x} &= \cos(y) + 2ye^{xy} + xy^2 e^{xy} = \cos(y) + (2y + xy^2)e^{xy} \\
\frac{\partial^2 f}{\partial x \partial y} &= \cos(y) + ye^{xy} + y(1+xy)e^{xy} = \cos(y) + (2y + xy^2)e^{xy} \\
\frac{\partial^2 f}{\partial y^2} &= -x\sin(y) + xe^{xy} + x(1+xy)e^{xy} = -x\sin(y) + (2x + x^2 y)e^{xy}
\end{aligned}
$$

② 如果是的話，數學家也是整到自己比較多。

有沒有注意到 $\frac{\partial^2 f}{\partial y \partial x}$ 和 $\frac{\partial^2 f}{\partial x \partial y}$ 剛好相等呢？那不是巧合，這兩個在某些條件下就會相等。

講得更一般點，只要滿足某些條件，偏微分的順序不會影響結果。譬如說

$$\frac{\partial^4 f}{\partial y^3 \partial x} = \frac{\partial^4 f}{\partial y \partial x \partial y^2}$$

同樣是四階偏導函數，也同樣是對 y 三次、對 x 一次。改變偏微分的順序，結果相等。

至於到底是什麼條件，這可以暫時不管，在大一微積分及工數中幾乎都成立，等到學習數學系大二的高等微積分再來討論它。

例題 11.3.8 $f(x,y,z) = \ln\left(y^2 z + \sin(x)\right)$，求 f_{zx}、f_{xz} 及 f_{zz}。

解

先求

$$f_z = \frac{y^2}{y^2 z + \sin(x)}$$

於是二階偏導函數

$$f_{zx} = -\frac{y^2 \cos(x)}{(y^2 z + \sin(x))^2}$$

$$f_{zz} = -\frac{y^4}{(y^2 z + \sin(x))^2}$$

至於 f_{xz}，它與 f_{zx} 相等。

例題 11.3.9

$$f(x,y) = \begin{cases} \dfrac{xy}{x^2+y^2} &, (x,y) \neq (0,0) \\ 0 &, (x,y) = (0,0) \end{cases}$$

，求 $f_x(0,0)$ 及 $f_y(0,0)$。

解

回憶一下：如果 f 是單變數分段定義函數，分別在 $I_1, \ldots, I_n$ 等區間上，定義為 $f_1, \cdots, f_n$。而 a 點是其中某個區間 I_k 中的內點，那麼我們才

可以直接利用求導公式將 f_k 求導之後再代點。然而如果是各個區間交界處，或是 f 在某個點單獨定義，只好用導數定義去做。

現在多變數求偏導數也是一樣道理，此題由於 f 是單獨在原點 $(0,0)$ 一個點上去定義，所以必須用偏導數定義來求：

$$\begin{aligned} f_x(0,0) &= \lim_{h\to 0}\frac{f(h,0)-f(0,0)}{h} \\ &= \lim_{h\to 0}\frac{0}{h} = 0 \end{aligned}$$

$$\begin{aligned} f_y(0,0) &= \lim_{h\to 0}\frac{f(0,h)-f(0,0)}{h} \\ &= \lim_{h\to 0}\frac{0}{h} = 0 \end{aligned}$$

所以 $f_x(0,0)=f_y(0,0)=0$。

在上一題中，透過代 $y=mx$ 的方式，可知 $\lim\limits_{(x,y)\to(0,0)} f(x,y)$ 不存在。極限不存在，因此 $f(x,y)$ 在 $(0,0)$ 這一點並不連續。

在單變數的情況中，可微必然連續。然而此題我們卻看見，函數在原點雖不連續，但在原點卻兩個方向的偏導數皆存在。

由於「可微必然連續」這件事並無法從單變數微分推廣到偏導數，因此偏導數並不是單變數微分推廣到多變數的一個完美類推。

{Exercise}

1. 求出下列函數的一階偏導數。

(1) $f(x,y,z)=x^2y^3z^4$　(2) $f(x,y,z)=x^2+y^3+z^4$

(3) $f(x,y,z)=e^{xyz}$　(4) $f(x,y)=xy+\dfrac{x}{x^2+y^2}$

(5) $f(x,y)=4x^3-3x^2y^2+2x+3y$　(6) $f(x,y)=\tan^{-1}(x-2y)$

2. $F(x,y)=\displaystyle\int_{x-y}^{x+y}\frac{e^t}{t}\,\mathrm{d}t$，則 $\dfrac{\partial F}{\partial y}=$ ______。

3. $z=y^x\ln(xy)$，求 z_{xx} 及 z_{yx}。

4. $f(x,y)=x^2y-\ln(x+y)$，則 $f_{xy}(1,1)=$ ______。

參考答案： 1. (1) $f_x=2xy^3z^4, f_y=3x^2y^2z^4, f_z=4x^2y^3z^3$
(2) $f_x=2x, f_y=3y^2, f_z=4z^3$ (3) $f_x=yze^{xyz}, f_y=xze^{xyz}, f_z=xye^{xyz}$
(4) $f_x=y+\frac{y^2-x^2}{(x^2+y^2)^2}, f_y=x-\frac{2xy}{(x^2+y^2)^2}$ (5) $f_x=12x^2-6y^2x+2, f_y=-6x^2y+3$
(6) $f_x=\frac{1}{1+(x-2y)^2}, f_y=\frac{-2}{1+(x-2y)^2}$　2. $\frac{e^{x+y}}{x+y}+\frac{e^{x-y}}{x-y}$
3. $z_{xx}=y^x\ln(y)[\ln(y)\ln(xy)+\frac{2}{x}]-\frac{y^x}{x^2}z_{yx}=y^{x-1}[x\ln(y)\ln(xy)+1+\ln(xy)+\ln(y)]$　4. $\frac{9}{4}$

■ 11.4　全微分

11.4.1　通俗不嚴謹的討論

在單變函數中，有微分 (differential)，它是在研究兩個無窮小增量 dy 與 dx 之間的關係。而在多變函數 $z=f(x,y)$ 也可以做類似的事情，研究無窮小增量 dz 與另兩個無窮小增量 dx, dy 之間的關係。此時，我們稱之為**全微分** (total differential)。

單變數時，微分（differential）的寫法是

$$\mathrm{d}y = f'(x)\,\mathrm{d}x$$

dy 是 dx 乘上某個東西，而那東西就是將 y 對 x 求導 (differentiate)。

至於多變數的情況也類似，dz 是在 dx 與 dy 前面分別乘上某東西，然後再加起來。在 dx 前面所乘的，就是 z 對 x 作偏微導；在 dy 前面所乘的，就是 z 對 y 作偏微導。於是便有

$$\mathrm{d}z = f_x(x,y)\,\mathrm{d}x + f_y(x,y)\,\mathrm{d}y$$

用另一個符號寫的話便是

$$\mathrm{d}z = \frac{\partial f}{\partial x}\,\mathrm{d}x + \frac{\partial f}{\partial y}\,\mathrm{d}y$$

例題 11.4.1　$z=f(x,y)=x^3-xy+y^2$，求全微分 dz。

解

$$\begin{aligned}\mathrm{d}z &= \frac{\partial f}{\partial x}\,\mathrm{d}x + \frac{\partial f}{\partial y}\,\mathrm{d}y \\ &= (3x^2-y)\,\mathrm{d}x + (-x+2y)\,\mathrm{d}y\end{aligned}$$

differential 的應用是線性逼近，total differential 的應用也是線性逼近。不同在於，differential 是用切線代替曲線，total differential 則變成是用切平面代替曲面。

如果變數更多，全微分也都類似寫法：對於 $f(x_1,x_2,\cdots,x_n)$，

$$\mathrm{d}f = \frac{\partial f}{\partial x_1}\,\mathrm{d}x_1 + \frac{\partial f}{\partial x_2}\,\mathrm{d}x_2 + \cdots + \frac{\partial f}{\partial x_n}\,\mathrm{d}x_n$$

例題 11.4.2 估計 $\sqrt{(5.02)^2+(11.99)^2}$。

解

顯見它很接近 $\sqrt{5^2+12^2}=13$。因此我們設 $z=f(x,y)=\sqrt{x^2+y^2}$, $\Delta x=0.02, \Delta y=-0.01$, 並計算

$$f_x(x,y)=\frac{x}{\sqrt{x^2+y^2}}, f_y(x,y)=\frac{y}{\sqrt{x^2+y^2}}$$

代入 $(x,y)=(5,12)$ 得到

$$f_x(5,12)=\frac{5}{13}, f_y(5,12)=\frac{12}{13}$$

於是利用全微分, 可估計

$$\begin{aligned} dz &= f_x(5,12)\,dx+f_y(5,12)\,dy \\ &\doteqdot f_x(5,12)\Delta x+f_y(5,12)\Delta y \\ &= \frac{5}{13}(0.02)+\frac{12}{13}(-0.01)=-\frac{2}{1300} \end{aligned}$$

所以

$$\sqrt{(5.02)^2+(11.99)^2}\doteqdot 13-\frac{2}{1300}$$

例題 11.4.3 一張桌布長 60 公分, 寬 45 公分。在製作時可能會有 ±0.02 公分的誤差, 請問製作出來的桌布最大與最小面積約為多少?

解

這題若直接乘 60.02×45.02, 59.98×44.98 也不算難做。而如果用全微分來估計的話, 設 $z=xy$, 則偏導數 $z_x=y$, $z_y=x$ 。因此最大面積時

$$dz\doteqdot 45\times 0.02+60\times 0.02=2.1$$

面積大約是 $60\times 45+2.1$ 。而最小面積時

$$dz\doteqdot 45\times(-0.02)+60\times(-0.02)=-2.1$$

面積大約是 $60\times 45-2.1$ 。

例題 11.4.4 請估計 $\tan(44^\circ)\cos(62^\circ)$。

解

它很接近 $\tan(\frac{\pi}{4})\cos(\frac{\pi}{3})$。設 $z = f(x,y) = \tan(x)\cos(y)$，$f(\frac{\pi}{4},\frac{\pi}{3}) = \frac{1}{2}$。則偏導數

$$z_x = \sec^2(x)\cos(y)\text{，} z_y = -\tan(x)\sin(y)$$

用全微分估計

$$\begin{aligned}dz &\doteqdot \sec^2(\frac{\pi}{4})\cos(\frac{\pi}{3})(-\frac{\pi}{180}) - \tan(\frac{\pi}{4})\sin(\frac{\pi}{3})(\frac{2\pi}{180})\\ &= 2\cdot\frac{1}{2}(-\frac{\pi}{180}) - 1\cdot\frac{\sqrt{3}}{2}(\frac{2\pi}{180}) = -\frac{(1+\sqrt{3})\pi}{180}\end{aligned}$$

於是

$$\tan(44^\circ)\cos(62^\circ) \doteqdot \frac{1}{2} - \frac{(1+\sqrt{3})\pi}{180}$$

例題 11.4.5 請估計 $0.98^{3.03}$。

解

它很接近 1^3。設 $z = f(x,y) = x^y$, $f(1,3) = 1$。則偏導數

$$z_x = yx^{y-1}, z_y = x^y\ln(x)$$

用全微分估計

$$\begin{aligned}dz &\doteqdot (3\cdot 1^2)\cdot(-0.02) + 1^3\cdot\ln(1)\cdot(0.03)\\ &= -0.06 + 0\end{aligned}$$

於是

$$0.98^{3.03} \doteqdot 1 - 0.06 = 0.94$$

11.4.2 理論探討

由定義看來，偏導數

$$f_x(a,b)=\lim_{h\to 0}\frac{f(a+h,b)-f(a,b)}{h} \tag{11.4.1}$$

就像是單變數導數的類推，定義方式看來差不多。但由於可偏導不見得連續，所以偏導數並不是單變數微分的完美類推。現在要討論出另一種定義方式，使其在單變數時相容於原本的可微定義，並且在多變數中能夠保有單變數微分的一些性質，比方說多變數的可微保證連續。

由線性逼近的觀點，所謂的可微，就是可以用切線來局部近似曲線。在多變數中，所謂的可微，就是可以用切面來局部近似曲面。所以，我們提出以下定義.

定義 11.4.1 單變數函數的可微定義

若存在一個線性函數 $T(x)=mx$ 使得:

$$\lim_{h\to 0}\frac{f(a+h)-f(a)-T(h)}{h}=0$$

則稱 f 在 $x=a$ 處可微，並且 $f'(a)=m$ 。

這樣定是什麼意思呢？我們來看一下右圖。將 $f(a+h)-f(a)$ 再扣掉 $T(h)$，這便是線性逼近的誤差。此誤差必須非常小，有多小呢？當 $h\to 0$ 時，與 h 相除還是趨近到 0 。換句話說，這誤差跑到 0 比 h 還快!

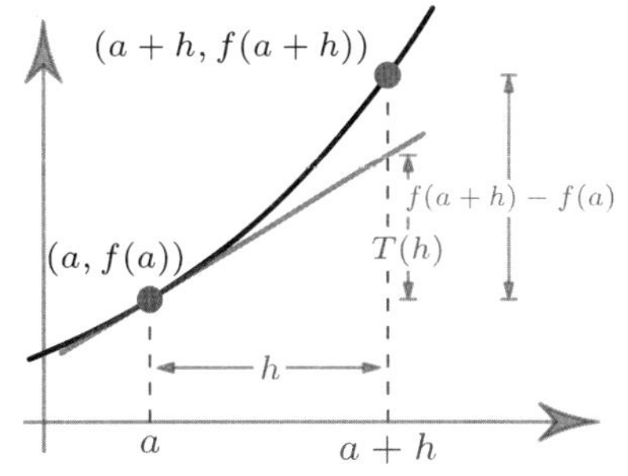

現在將一樣的講法套用在兩變數函數的情況。

定義 11.4.2 兩單變數函數的可微定義

若存在一個線性函數 $T(x)=mx+ny$ 使得:

$$\lim_{(h,k)\to(0,0)}\frac{f(a+h,b+k)-f(a,b)-T(h,k)}{\sqrt{h^2+k^2}}=0$$

則稱 f 在 $(x,y)=(a,b)$ 處可微。

注意 $(a+h, b+k)$ 就是點 (a,b) 加上向量 (h,k)，$\sqrt{h^2+k^2}$ 就是向量 (h,k) 的長度，所以單變數與兩變數的微分定義寫法是極為相近的。

也可以利用小 o 符號寫成另一種描述方式：

定義 11.4.3　單變數函數的可微定義

若存在一個線性函數 $T(x) = mx$ 使得：

$$f(a+h) = f(a) + T(h) + o(h)$$

則稱 f 在 $x = a$ 處可微，並且 $f'(a) = m$。

定義 11.4.4　兩變數函數的可微定義

若存在一個線性函數 $T(x,y) = mx + ny$ 使得：

$$f(a+h, b+k) = f(a,b) + T(h,k) + o\left(\sqrt{h^2+k^2}\right)$$

則稱 f 在 $(x,y) = (a,b)$ 處可微。

定理 11.4.1　兩變數函數可微必然連續

若兩變數函數 $f(x,y)$ 在 $(x,y) = (a,b)$ 處可微，則 f 在 $(x,y) = (a,b)$ 處連續。

證

$$\begin{aligned}
&\lim_{(h,k)\to(0,0)} f(a+h, b+k) \\
=& \lim_{(h,k)\to(0,0)} f(a,b) + T(h,k) + o\left(\sqrt{h^2+k^2}\right) \\
=& \lim_{(h,k)\to(0,0)} f(a,b) + mh + nk = f(a,b)
\end{aligned}$$

極限值等於函數值，故連續。 ■

{Exercise}

1. 求出下列函數的全微分 $\mathrm{d}f$。

   (1) $f(x,y)=e^{xy}\ln(x)$ (2) $f(x,y)=\dfrac{y}{x}$

   (3) $f(x,y)=\tan^{-1}\left(\dfrac{y}{x}\right)$

2. 利用全微分估算 $\sqrt{\dfrac{0.93}{1.02}}$。

3. 利用全微分估算 $\sqrt[3]{2.97^2-1.01^2}$。

參考答案: 1. (1) $\mathrm{d}f=(y\ln(x)+\frac{1}{x})e^{xy}\,\mathrm{d}x+x\ln(x)e^{xy}\,\mathrm{d}y$ (2) $\mathrm{d}f=\frac{-y\,\mathrm{d}x+x\,\mathrm{d}y}{x^2}$ (3) $\frac{-y}{x^2+y^2}\,\mathrm{d}x+\frac{x}{x^2+y^2}\,\mathrm{d}y$ 2. 0.955 3. 1.98333

■ 11.5　多變數的連鎖規則

在單變數的時候，如果我們要對合成函數 $f(u(x))$ 求導，我們必須使用連鎖規則

$$f'(u(x)) \cdot u'(x)$$

而在多變數要作偏微分時，如果遇到合成函數，也會有連鎖規則。只是多變數的合成情況較為複雜，且讓我們來一一討論。

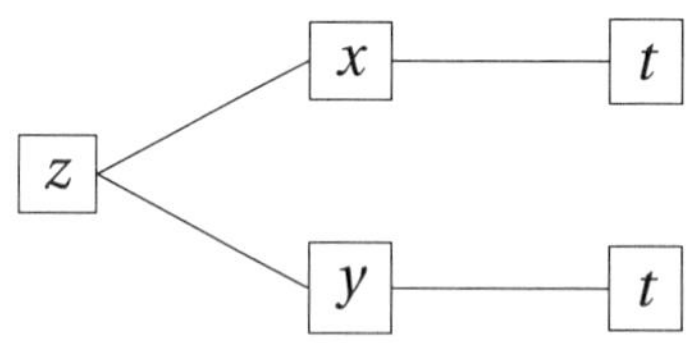

如果說 $z = f(x, y)$，而 x, y 又分別有參數 t。那麼一共有兩層，第一層是 $z = f(x, y)$，第二層是 $x = x(t)$ 及 $y = y(t)$。現在的問題是：z 要對 t 求導，應該怎麼使用連鎖規則。

在單變數的情況中，我們可以不嚴謹地這麼說：若 $y = f(u)$，u 底下還有一層，是 $u(x)$。也就是說，將 $y = f(u(x))$ 對 x 求導。我們先對 $y = f(u)$ 寫出微分（differential）

$$\mathrm{d}y = \frac{\mathrm{d}y}{\mathrm{d}u}\,\mathrm{d}u$$

接著，由於 u 底下還有一層 x，我們就在等號兩邊同除以 $\mathrm{d}x$

$$\frac{\mathrm{d}y}{\mathrm{d}x} = \frac{\mathrm{d}y}{\mathrm{d}u}\frac{\mathrm{d}u}{\mathrm{d}x}$$

這樣子便寫出連鎖規則了。

多變數的情況也可以用一樣講法。現在是 $z = f(x(t), y(t))$ 要對 t 求導，我們只看第一層的話，z 有兩個變數，x 和 y。但若看到第二層時，z 就只有一個變數 t。也就是說，$z = f(x(t), y(t))$ 可視為 $z = g(t)$。

舉個具體的例子，若 $z = xy$，而 $x = \cos(t), y = \sin(t)$。這樣有兩層，第一層是兩變數 x, y，第二層是一個變數 t。如果我們將 $x = \cos(t), y = \sin(t)$ 代入，就會得到 $z = \cos(t)\sin(t)$。此時等於說 z 是單變數函數，可表為 $z = g(t)$。所以我們所要探討的「z 對 t 求導」，就是 $\frac{\mathrm{d}z}{\mathrm{d}t} = g'(t)$。仿照剛剛單變數時的作法，先寫出全微分

$$\mathrm{d}z = \frac{\partial f}{\partial x}\,\mathrm{d}x + \frac{\partial f}{\partial y}\,\mathrm{d}y$$

接著再同除以 $\mathrm{d}t$，得到

$$\frac{\mathrm{d}z}{\mathrm{d}t}=\frac{\partial f}{\partial x}\frac{\mathrm{d}x}{\mathrm{d}t}+\frac{\partial f}{\partial y}\frac{\mathrm{d}y}{\mathrm{d}t}$$

這樣就出來了，這便是多變數的連鎖規則。

除了套用此規則之外，也可以如前面所說，先將 $x=x(t), y=y(t)$ 代入，變成 $z=g(t)$ 之後，直接在此時做單變數微分 $g'(t)$，這樣也可以。有時是套連鎖規則比較好做，有時是代掉以後再求導比較好做。

例題 11.5.1 若 $z=f(x,y)=xy, x=\cos(t), y=\sin(t)$，求 $\frac{\mathrm{d}z}{\mathrm{d}t}$。

解

如果先代掉再求導，就是先代成

$$z=\cos(t)\sin(t)$$

接著再對 t 求導，得到

$$-\sin(t)\sin(t)+\cos(t)\cos(t)=\cos(2t)$$

如果套用連鎖規則的話，便是

$$\begin{aligned}\frac{\mathrm{d}z}{\mathrm{d}t}&=\frac{\partial f}{\partial x}\frac{\mathrm{d}x}{\mathrm{d}t}+\frac{\partial f}{\partial y}\frac{\mathrm{d}y}{\mathrm{d}t}=y\frac{\mathrm{d}x}{\mathrm{d}t}+x\frac{\mathrm{d}y}{\mathrm{d}t}\\&=\sin(t)\big(-\sin(t)\big)+\cos(t)\cos(t)=\cos(2t)\end{aligned}$$

兩個方法都可以。

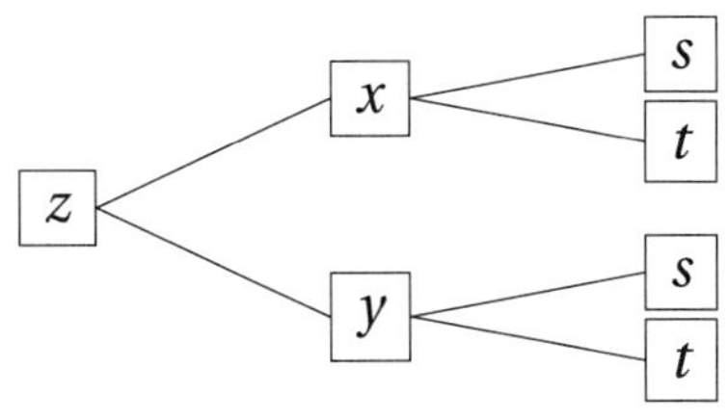

如果說 $z=f(x,y)$，而 x,y 又分別有兩個變數 s,t。那麼一共有兩層，第一層是 $z=f(x,y)$，第二層是 $x=x(s,t)$ 及 $y=y(s,t)$。現在的問題是，z 要對 s 或 t 偏微分，應該要怎麼使用連鎖規則。

如果將 $x = x(s,t)$ 及 $y = y(s,t)$ 代入的話，會得到 $z = f\big(x(s,t), y(s,t)\big) = g(s,t)$，我們想要求 $z_s(s,t)$ 及 $z_t(s,t)$ 。

同樣地，先寫出全微分

$$\mathrm{d}z = \frac{\partial f}{\partial x}\,\mathrm{d}x + \frac{\partial f}{\partial y}\,\mathrm{d}y$$

接著再同除以 $\mathrm{d}s$，得到

$$\frac{\mathrm{d}z}{\mathrm{d}s} = \frac{\partial f}{\partial x}\frac{\mathrm{d}x}{\mathrm{d}s} + \frac{\partial f}{\partial y}\frac{\mathrm{d}y}{\mathrm{d}s}$$

但這樣寫好像怪怪的，x, y 都有兩個變數，所以對 s 微分時是偏微分，因此那邊要將 d 改成 ∂。而 z 也是有 s, t 兩個變數，所以一樣是要將 d 改成 ∂。於是

$$\frac{\partial z}{\partial s} = \frac{\partial f}{\partial x}\frac{\partial x}{\partial s} + \frac{\partial f}{\partial y}\frac{\partial y}{\partial s}$$

同理，寫出全微分以後，同除以 $\mathrm{d}t$，得到

$$\frac{\mathrm{d}z}{\mathrm{d}t} = \frac{\partial f}{\partial x}\frac{\mathrm{d}x}{\mathrm{d}t} + \frac{\partial f}{\partial y}\frac{\mathrm{d}y}{\mathrm{d}t}$$

然後再改成

$$\frac{\partial z}{\partial t} = \frac{\partial f}{\partial x}\frac{\partial x}{\partial t} + \frac{\partial f}{\partial y}\frac{\partial y}{\partial t}$$

例題 11.5.2　若 $z = f(x,y) = x^2 + y^2$，$x = s+t, y = s-t$，求 $\frac{\partial z}{\partial s}$ 及 $\frac{\partial z}{\partial t}$ 。

解

如果先代再求導：

$$z = x^2 + y^2 = (s+t)^2 + (s-t)^2 = 2s^2 + 2t^2$$

那麼

$$\frac{\partial z}{\partial s} = 4s \qquad \frac{\partial z}{\partial t} = 4t$$

如果用連鎖規則

$$\frac{\partial z}{\partial s}=\frac{\partial f}{\partial x}\frac{\partial x}{\partial s}+\frac{\partial f}{\partial y}\frac{\partial y}{\partial s}$$
$$=(2x)(1)+(2y)(1)$$
$$=2(s+t)+2(s-t)=4s$$

$$\frac{\partial z}{\partial t}=\frac{\partial f}{\partial x}\frac{\partial x}{\partial t}+\frac{\partial f}{\partial y}\frac{\partial y}{\partial t}$$
$$=(2x)(1)+(2y)(-1)$$
$$=2(s+t)-2(s-t)=4t$$

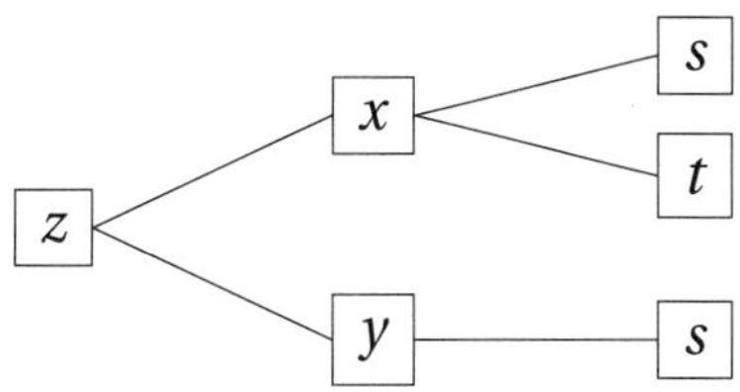

如果說 $z=f(x,y)$，而 x 又有兩個變數 s,t，但 y 只有單變數 s。那麼一共有兩層，第一層是 $z=f(x,y)$，第二層是 $x=x(s,t)$ 及 $y=y(s)$。現在的問題是，z 要對 s 或 t 偏微分，應該要怎麼使用連鎖規則。

如果將 $x=x(s,t)$ 及 $y=y(s)$ 代入的話，會得到 $z=f\big(x(s,t),y(s)\big)=g(s,t)$，我們想要求 $z_s(s,t)$ 及 $z_t(s,t)$。

同樣地，先寫出全微分

$$\mathrm{d}z=\frac{\partial f}{\partial x}\mathrm{d}x+\frac{\partial f}{\partial y}\mathrm{d}y$$

接著再同除以 $\mathrm{d}s$，得到

$$\frac{\mathrm{d}z}{\mathrm{d}s}=\frac{\partial f}{\partial x}\frac{\mathrm{d}x}{\mathrm{d}s}+\frac{\partial f}{\partial y}\frac{\mathrm{d}y}{\mathrm{d}s}$$

接著作點修改，對 z 來說它有 s,t 兩個變數，對 x 來說它也有 s,t 兩個變數，但對 y 來說，它只有 s 一個變數。所以

$$\frac{\partial z}{\partial s}=\frac{\partial f}{\partial x}\frac{\partial x}{\partial s}+\frac{\partial f}{\partial y}\frac{\mathrm{d}y}{\mathrm{d}s}$$

z 和 x 的地方要將 d 改成 ∂，因為它們都有兩個變數。y 那邊則不必改。

如果寫出全微分以後，同除以 $\mathrm{d}t$，得到

$$\frac{\mathrm{d}z}{\mathrm{d}t}=\frac{\partial f}{\partial x}\frac{\mathrm{d}x}{\mathrm{d}t}+\frac{\partial f}{\partial y}\frac{\mathrm{d}y}{\mathrm{d}t}$$

注意，y 只有一個變數 s，並沒有 t，因此它整個對 t 而言就是常數。所以將它對 t 求導，就是 0。於是就成了

$$\frac{\partial z}{\partial t}=\frac{\partial f}{\partial x}\frac{\partial x}{\partial s}+0$$

多變函數的合成狀況，可以有非常多種。但大致可以整理成三類：

1. 第二層都只有一個變數
2. 第二層都有多個變數
3. 第二層的變數個數不一樣多

而我在前面已代表性地每一類都介紹了。並且，這樣看下來可能你已經發現，其實也不是要每一類都去弄清楚該要怎麼做，然後辛苦地分別將每一類的式子記起來。其實可以歸納成：

1. 先寫出全微分，接著看現在是要對哪個變數求導，就整個除以它的無窮小增量。
2. 對 d 作點修改，多變數的就將 d 改成 ∂，單變數的不必改，無此變數的就 0。

就這樣，掌握這兩個步驟就可以將多變數的連鎖規則寫出了！完全不必費力去背各種式子。

例題 11.5.3 若 $f(x,y)=\tan^{-1}(x^2y^2), x=st+t^3, y=s^2t-ts+t^2$，求 $\left.\frac{\partial f}{\partial s}\right|_{(s,t)=(1,1)}$ 之值。

解

前面的例子當中，你看了可能覺得，幹嘛學多變數連鎖規則，直接代再求導不是都更快嗎？那是前面的例子都太簡單了，這題如果你仍要先代再求導，就會做得很辛苦。如果用連鎖規則

$$\begin{aligned}\frac{\mathrm{d}f}{\mathrm{d}s} &= \frac{\partial f}{\partial x}\frac{\partial x}{\partial s} + \frac{\partial f}{\partial y}\frac{\partial y}{\partial s} \\ &= \frac{2xy^2}{1+x^4y^4}\cdot t + \frac{2yx^2}{1+x^4y^4}\cdot(2st-t)\end{aligned}$$

到這裡先暫停一下，別像前面的例子一樣繼續將 x, y 代換成 s, t。因為如果我們寫半天，代換成全都是 s, t 以後，不是還要代 $(s,t)=(1,1)$ 嗎？既然這樣，何不現在就開始代？由於 $x = st+t^3, y = s^2t-ts+t^2$，代 $(s,t)=(1,1)$ 可得到 $(x,y)=(2,1)$。所以我們現在只須代 $(x,y,s,t)=(2,1,1,1)$

$$\begin{aligned}&\left.\frac{2xy^2}{1+x^4y^4}\cdot t + \frac{2yx^2}{1+x^4y^4}\cdot(2st-t)\right|_{(x,y,s,t)=(2,1,1,1)} \\ &= \frac{4}{17}\cdot 1 + \frac{8}{17}\cdot 1 = \frac{12}{17}\end{aligned}$$

{Exercise}

1. $z = e^{2x^2+y^2}, x = u\ln(v), y = ve^u$，求 z_x。

2. $z = \sin(xy), x = e^t, y = t^2$，求 $\frac{\mathrm{d}z}{dt}$。

3. $f(x, y, z) = \sin(xyz), x = u^2v, y = v^2t, z = t$，求 f_u, f_v, f_t。

4. $z = \frac{y}{x}, x = u + v, y = uv$，求 z_u 及 z_v。

5. $z = u^3v^5, u = x + y, v = x - y$，求 z_y。

6. 若 $f(x, y)$ 滿足

$$f(tx, ty) = t^n f(x, y) \tag{11.5.1}$$

則稱 $f(x, y)$ 是 n 次齊次函數。試證明：若 $f(x, y)$ 是 n 次齊次函數，則

$$x\frac{\partial f}{\partial x}(x, y) + y\frac{\partial f}{\partial y}(x, y) = nf(x, y)$$

（提示：將式子 (11.5.1) 對 t 求導）

參考答案： 1. $e^{2u^2(\ln(v))^2+v^2e^{2u}}(\frac{4u^2\ln(v)}{v} + 2ve^{2u})$ 2. $(t^2+2t)e^t\cos(t^2e^t)$
3. $f_u = 2uv^3t^2\cos(u^2v^3t^2), f_v = 3u^2v^2t^2\cos(u^2v^3t^2), f_t = 2u^2v^3t\cos(u^2v^3t^2)$
4. $z_u = \frac{v^2}{(u+v)^2}, z_v = \frac{u^2}{(u+v)^2}$ 5. $-2(x+4y)(x+y)^2(x-y)^4$ 6. 略

■ 11.6 多變數的隱函數求導

單變數時，有時會遇到隱函數，例如

$$x^2+y^2=4$$

如果想求 y'，就要用隱函數求導。因為 y 是 x 的函數，姑且標註一下

$$x^2+\left(y(x)\right)^2=4$$

此時去對 x 求導，由於 $\left(y(x)\right)^2$ 有兩層，須套用連鎖規則

$$2x+2y\cdot y'=0$$

接著再移項得到

$$y'=-\frac{x}{y}$$

而多變數的時候，也會有隱函數，例如

$$x^2+y^2+z^2=9$$

求 z_x，只須掌握同一原則即可。我們注意 z 是 x,y 的函數，因此標註一下

$$x^2+y^2+\left(z(x,y)\right)^2=9$$

然後在等號兩邊對 x 偏微導。注意 $\left(z(x,y)\right)^2$ 有兩層，要用連鎖規則，得到

$$2x+2z\cdot z_x=0$$

接著再移項得

$$z_x=-\frac{x}{z}$$

同理也可得到

$$z_y=-\frac{y}{z}$$

因此，不管是單變數或是多變數的隱函數求導，皆可掌握同一原則，套用連鎖規則下去，之後再移項。

例題 11.6.1 $x+y-z=\tan^{-1}(yz)$，求 z_x。

解

兩邊同時對 x 偏微導，得到

$$1-z_x=\frac{yz_x}{1+y^2z^2}$$

移項

$$(1-z_x)\left(1+y^2z^2\right)=yz_x$$
$$\left(1+y^2z^2\right)-z_x\left(1+y^2z^2\right)=yz_x$$
$$\left(1+y^2z^2\right)=\left(y+1+y^2z^2\right)z_x$$
$$\Rightarrow z_x=\frac{1+y^2z^2}{y+1+y^2z^2}$$

例題 11.6.2 $xy^2+\sin(x+y)+yz^2=8$，求 z_x 及 z_y。

解

對 x 偏微導，得到

$$y^2+\cos(x+y)+2yz\cdot z_x=0$$
$$\Rightarrow z_x=-\frac{y^2+\cos(x+y)}{2yz}$$

對 y 偏微導，得到

$$2xy+\cos(x+y)+z^2+2yz\cdot z_y=0$$
$$\Rightarrow z_y=-\frac{2xy+\cos(x+y)}{2yz}$$

現在再介紹另一個辦法。當我們看到隱函數 $g(x,y,z)=C$，在等號兩邊同時對 x 做偏微導，此時等號左邊要做多變數的連鎖規則。先寫出全微分

$$\mathrm{d}g=\mathrm{d}C$$
$$g_x\,\mathrm{d}x+g_y\,\mathrm{d}y+g_z\,\mathrm{d}z=0$$

然後同除以 $\mathrm{d}x$，得到

$$g_x\cdot 1+0+g_z\cdot z_x=0$$

1 是來自 x 對 x 求導；0 是來自 y 對 x 求導，這是由於現在 x,y 是 z 的變數，x 和 y 彼此是獨立變數，所以是 0。接著再移項得到

$$z_x=-\frac{g_x}{g_z}$$

這意思是說，當我們遇到隱函數 $f(r,s,t)=C$ 時，若想求出 $\frac{\partial t}{\partial s}$，就將整個 f 對 s 偏微導，接著除以整個 f 對 t 偏微導，再掛個負號。同理也有

$$z_y=-\frac{g_y}{g_z}$$

這個辦法在單變數的隱函數求導其實也是可行的。對於隱函數 $g(x,y)=C$，則

$$\frac{\mathrm{d}y}{\mathrm{d}x}=-\frac{g_x}{g_y}$$

例題 11.6.3 $x^3-xy+y^2-\cos(x^2y)=0$，求 $\frac{\mathrm{d}y}{\mathrm{d}x}$。

解

這是單變數的隱函數求導，現在我們來試試新學到的辦法

$$\frac{\mathrm{d}y}{\mathrm{d}x}=-\frac{g_x}{g_y}=-\frac{3x^2-y+2xy\sin(x^2y)}{-x+2y+x^2\sin(x^2y)}$$

好像更快了。

例題 11.6.4 $xe^{yz}+3\ln(y)\arctan(e^y)-2\ln(7)=0$，求 $\frac{\partial z}{\partial x}$ 在 $(\sqrt{8},\sqrt{2},e)$ 處的值。

解

$$\frac{\partial z}{\partial x}=-\frac{g_x}{g_z}=-\frac{e^{yz}}{xye^{yz}}=\frac{-1}{xy}$$

再代點 $(\sqrt{8},\sqrt{2},e)$，得到 $\frac{-1}{4}$。

例題 11.6.5 $e^z=xyz$，求 $\frac{\partial z}{\partial x}$ 及 $\frac{\partial z}{\partial y}$。

解

設 $g(x,y,z)=e^z-xyz=0$，則

$$\frac{\partial z}{\partial x}=-\frac{g_x}{g_z}=-\frac{-yz}{e^z-xy}=\frac{yz}{e^z-xy}$$

至於 $\frac{\partial z}{\partial y}$，注意到 $g(x,y,z)$ 對於 x,y 是對稱的，就是說，x,y 互換後長相不變：$g(y,x,z)=e^z-yxz=0$，所以直接把剛剛的結果 $\frac{\partial z}{\partial x}=\frac{yz}{e^z-xy}$ 作個 x,y 互換便能得到 $\frac{\partial z}{\partial y}=\frac{xz}{e^z-xy}$。

{Exercise}

1. $x^2 - xy + y^2 - x + y = 0$，求 $\frac{\mathrm{d}y}{\mathrm{d}x}$。

2. $x^2 + y^2 + z^2 = 1$，求 z_x 及 z_y。

3. $z^3 - xy + yz + y^3 - 2 = 0$，求 z_x 及 z_y。

4. $e^{\frac{x}{z}} + e^{\frac{y}{z}} = 2e$，求 z_x 及 z_y。

5. $e^{-xy}e^z = 2z$，求 z_x 及 z_y。

參考答案： 1. $\frac{\mathrm{d}y}{\mathrm{d}x} = \frac{y-2x+1}{2y-x+1}$　2. $z_x = -\frac{x}{z}, z_y = -\frac{y}{z}$　3. $z_x = -\frac{y}{3z^2+y}, z_y = -\frac{x-z-3y^2}{3z^2+y}$
4. $z_x = \frac{ze^{\frac{x}{z}}}{xe^{\frac{x}{z}}+ye^{\frac{y}{z}}}, z_y = \frac{ze^{\frac{y}{z}}}{xe^{\frac{x}{z}}+ye^{\frac{y}{z}}}$　5. $z_x = \frac{ye^{-xy}}{e^z-2}, z_y = \frac{xe^{-xy}}{e^z-2}$

■ 11.7　梯度、方向導數與切平面

11.7.1　梯度的定義

對於兩變數函數 $f(x,y)$，其梯度 $\nabla f(x,y)$ 定義為

$$\nabla f(x,y) = \left(\frac{\partial f}{\partial x}, \frac{\partial f}{\partial y}\right)$$

若是變數有三個，則 $\nabla f(x,y,z)$ 定義為

$$\nabla f(x,y,z) = \left(\frac{\partial f}{\partial x}, \frac{\partial f}{\partial y}, \frac{\partial f}{\partial z}\right)$$

一般而言，一個有 n 個變數的函數 $f(x_1,x_2,\ldots,x_n)$，取梯度以後便得到一個 n 維的向量函數。而其第一個分量就是對第一個變數作偏微導；第二個分量就是對第二個變數作偏微導，以此類推。也就是說

$$\nabla f(x_1,x_2,\cdots,x_n) = \left(\frac{\partial f}{\partial x_1}, \frac{\partial f}{\partial x_2}, \cdots, \frac{\partial f}{\partial x_n}\right)$$

例題 11.7.1　$f(x,y) = x^2y + \sin(xy)$，求其在點 $(2,3)$ 處的梯度。

解

$$\nabla f(x,y) = \left(\frac{\partial f}{\partial x}, \frac{\partial f}{\partial y}\right) = \big(2xy + y\cos(xy),\, x^2 + x\cos(xy)\big)$$

所以

$$\nabla f(2,3) = (12 + 3\cos(6),\, 4 + 2\cos(6))$$

這樣的定義不算難懂，但我們目前也只知道它在數學式上是如何定義，並不明白這樣的向量有何幾何意義，這將在後面討論。

11.7.2　方向導數

如果你去爬山，正在山坡上的某處時。此時我問你，你那邊的斜率大概多少？你一定感到無法回答，要再反問我：「你是指朝哪個方向看？」通常在山坡上，朝著四面八方各種方向看過去，看起來的斜率應該會不盡相同。

單變數的導數，便是在求斜率。多變函數時，也可以做類似事情。但如前所述，由於定義域已不只一維，因此在同一個點上，可能朝各個方向的斜率都不盡相同。

這種問題，便是**方向導數**（directional derivative），且讓我們先定睛於兩變數的情況。設函數 $z = f(x, y)$，而在定義域 xy-平面上有一點 (a, b) 及單位向量 $\overrightarrow{u}$ 。我們想問，曲面 $z = f(x, y)$ 在 (a, b) 處，沿 $\overrightarrow{u}$ 的方向的斜率會是多少。符號上，是記為 $D_{\overrightarrow{u}} f(a, b)$ 。裡面的 a, b 標示出是在何處；下標的單位向量則標示是往哪個方向。

既然 $\overrightarrow{u}$ 是單位向量，就可以寫成 $\big(\cos(\theta), \sin(\theta)\big)$ 。接著定義一個新函數

$$F(t) = f(a + t\cos(\theta), b + t\sin(\theta))$$

意思是從點 (a, b) 出發，沿 $(\cos(\theta), \sin(\theta))$ 方向，走 t 單位長之後的函數值。而當然，$F(0) = f(a + 0, b + 0) = f(a, b)$ 。

這樣子定義了以後，只要將 $F(t)$ 對 t 求導後再代 $t = 0$ [3]，便會是 f 於 (a, b) 處沿 $(\cos(\theta), \sin(\theta))$ 方向的方向導數。也就是說

$$D_{\overrightarrow{u}} f(a, b) = F'(0)$$

而要把 $F'(0)$ 作出來，只須使用連鎖規則

$$\begin{aligned}
&\frac{\mathrm{d}}{\mathrm{d}t} f(\overbrace{a + t\cos(\theta)}^{x}, \overbrace{b + t\sin(\theta)}^{y})\Big|_{t=0} \\
&= \frac{\partial}{\partial x} f(a, b) \frac{\mathrm{d}x}{\mathrm{d}t} + \frac{\partial}{\partial y} f(a, b) \frac{\mathrm{d}y}{\mathrm{d}t} \\
&= \frac{\partial}{\partial x} f(a, b) \cos(\theta) + \frac{\partial}{\partial y} f(a, b) \sin(\theta)
\end{aligned}$$

兩兩相乘再加起來，可視為向量內積

$$\left(\frac{\partial}{\partial x} f(a, b), \frac{\partial}{\partial y} f(a, b)\right) \cdot (\cos(\theta), \sin(\theta))$$

注意左邊那個向量，正是我們剛學到的梯度！因此可寫成

$$\nabla f(a, b) \cdot (\cos(\theta), \sin(\theta))$$

所以，計算方向導數，便是取該點的梯度，再與單位向量 $\overrightarrow{u}$ 作內積。

[3] 因為 $(x, y) = (a, b)$ 處是 $t = 0$ 時。

性質 11.7.1

$f(x,y)$ 於點 (a,b) 處，沿著單位向量 $\overrightarrow{u}$ 的方向，的方向導數為

$$D_{\overrightarrow{u}} f(a,b) = \nabla f(a,b) \cdot \overrightarrow{u}$$

例題 11.7.2 $f(x,y) = x^2 + y^2$，$\overrightarrow{v} = (1,1)$。計算方向導數 $D_{\overrightarrow{v}} f(-3,2)$。

解

$$\nabla f(-3,2) = \left(\frac{\partial}{\partial x} f(-3,2) \, , \, \frac{\partial}{\partial y} f(-3,2)\right) = \left(2x\Big|_{(-3,2)} \, , \, 2y\Big|_{(-3,2)} \right) = (-6,4)$$

注意 $\overrightarrow{v}$ 並非單位向量，要將它單位化。由於它的長度是 $\sqrt{2}$，所以除以 $\sqrt{2}$，得到 $\overrightarrow{v} = \frac{1}{\sqrt{2}}(1,1)$。所以

$$D_{\overrightarrow{v}} f(-3,2) = (-6,4) \cdot \frac{1}{\sqrt{2}}(1,1) = -\frac{2}{\sqrt{2}} = -\sqrt{2}$$

現在來想一個問題。不是先給你方向再問你方向導數，而是問說，在 $f(a,b)$ 處，朝哪個方向看起來，會有最大的方向導數。

由於方向導數可用梯度與單位向量作內積

$$D_{\overrightarrow{u}} f(a,b) = \nabla f(a,b) \cdot \overrightarrow{u}$$

而向量內積又可寫成

$$\left|\nabla f(a,b)\right| \cdot \left|\overrightarrow{u}\right| \cdot \cos(\phi)$$

其中 ϕ 是兩向量 $\nabla f(a,b)$ 與 $\overrightarrow{u}$ 之夾角。

我們注意，由於 $\nabla f(a,b)$ 是取完梯度以後，又已代入點 (a,b) 了。所以它已是一個固定向量，也因此其長度 $\left|\nabla f(a,b)\right|$ 為一定值，姑且記之為 C。而至於 $\overrightarrow{u}$，它是單位向量，長度根本是 1。也就是說，現在整個式子的變數根本就只有 ϕ:

$$C \cdot 1 \cdot \cos(\phi)$$

問哪個方向會有最大的方向導數，等同於，問怎樣的 ϕ 會使上式極大。那當然便是 $\cos(\phi) = 1$ 時，也就是 $\phi = 0$ 時，會使方向導數最大。而所謂的 $\phi = 0$ 時，即是梯度 $\nabla f(a,b)$ 與單位向量 $\overrightarrow{u}$ 同向之時。

所以，剛剛那問題，在 $f(a,b)$ 處，朝哪個方向看起來，會有最大的方向導數。答案便是與梯度 $\nabla f(a,b)$ 同向的那個方向。

我再把這句話反過來講。梯度 $\nabla f(a,b)$ 這個向量，它是朝哪個方向呢？它是朝著，會使得函數 $f(x,y)$ 在 (a,b) 處，有最大方向導數的那個方向。

而這最大方向導數的值又是如何呢？由於取 $\cos(\phi)=1$ 了，所以

$$C\cdot 1\cdot \cos(\phi)=C\cdot 1\cdot 1=C$$

C 是剛剛用來記 $\left|\nabla f(a,b)\right|$ 的。所以，最大方向導數的值，就是梯度 $\nabla f(a,b)$ 的長度。綜合以上討論，我們便可歸納出梯度 $\nabla f(a,b)$ 的幾何意義。

性質 11.7.2　梯度向量的幾何意義

函數 $z=f(x,y)$，其在點 (a,b) 處的梯度 $\nabla f(a,b)$ 是一個向量，其幾何意義為：

1. 就方向而言，它朝著使得函數 $f(x,y)$ 在 (a,b) 處有最大方向導數的方向
2. 就長度而言，其長度為那個最大方向導數的值

例題 11.7.3 熱鍋上的螞蟻急著想盡快往較低溫處跑。鍋子位於 $x^2+y^2\le 1$，牠此時正在原點 $(0,0)$，而鍋子的溫度函數是 $170\cos(y+xy)+9(x^2+x+2y)$。此時牠應朝哪個方向移動？

解

為了不被煮熟趕快逃跑，這隻熱鍋上的螞蟻急得像熱鍋上的螞蟻。在此危急關頭，正所謂「急中生智」，牠在一瞬之間領悟了微積分，知道此時要算最小方向導數。最大方向導數是取 $\cos(\phi)=1$，而最小就是取 $\cos(\phi)=-1$。也就是說，跟梯度向量的方向反向。於是先求出梯度

$$\begin{aligned}&\nabla f(0,0)\\ &=\left(170y\sin(y+xy)+9(2x+1)\Big|_{(0,0)},170(1+x)\sin(y+xy)+9(2)\Big|_{(0,0)}\right)=(9,18)\end{aligned}$$

因此牠要往 $(-1,-2)$ 的方向移動，才會降溫最快。不過即使往降溫最快的方向跑，溫度仍然很高，所以牠還是被煮熟了。

例題 11.7.4 有一座山的坡面為曲面 $100(x^2+y^2-2x-3y+2xy)$。此時你在 $(x,y)=(1,2)$ 處，請問你那邊看起來坡度最大是多少斜率？

解

先求出梯度

$$\nabla f(1,2)=\left(100(2x-2+2y)\big|_{(1,2)},100(2y-3+2x)\big|_{(1,2)}\right)=(400,300)$$

梯度向量的長度，便是最大方向導數的值：$\sqrt{400^2+300^2}=500$

例題 11.7.5 若 $f(x,y,z)$ 點 P 沿著 $\overrightarrow{u}=(1,1,-1)$ 方向有最大方向導數 $2\sqrt{3}$。
(1) 求 f 在 P 點的梯度 $\nabla f(P)$。
(2) 求 f 在 P 點沿著 $\overrightarrow{v}=(1,1,0)$ 方向的方向導數。

解

(1) 由題意 f 在 P 點的梯度 $\nabla f(P)$ 與 $\overrightarrow{u}=(1,1,-1)$ 同向，可設為 $\nabla f(P)=t(1,1,-1)$。又 $\nabla f(P)$ 的長度與最大方向導數的值 $2\sqrt{3}$ 相同，而 $(1,1,-1)$ 的長度是 $\sqrt{3}$，故 $t=2$，$\nabla f(P)=(2,2,-2)$。

(2) 先將 $(1,1,0)$ 單位化得到 $\frac{1}{\sqrt{2}}$，則 $D_{\overrightarrow{v}}(P)=(2,2,-2)\cdot(1,1,0)=2\sqrt{2}$。

其實,梯度的幾何意義還沒有討論完。如果我們遇到的是隱函數 $g(x,y,z)=C$。雖然也是三維空間中的曲面，但如果此時取梯度，得到 $\nabla g(x,y,z)=\left(\frac{\partial f}{\partial x},\frac{\partial f}{\partial y},\frac{\partial f}{\partial z}\right)$。此情況所取的梯度，幾何意義就會不一樣了。

我們先對於隱函數 $g(x,y,z)=C$，等號兩邊作微分 (differenial)

$$\mathrm{d}g=\mathrm{d}C$$

因 C 是常數所以 $\mathrm{d}C=0$；而 $\mathrm{d}g$ 則用全微分寫，得到

$$g_x\,\mathrm{d}x+g_y\,\mathrm{d}y+g_z\,\mathrm{d}z=0$$

兩兩相乘再加起來，可視之為兩向量作內積。因此寫成

$$(g_x,g_y,g_z)\cdot(\mathrm{d}x,\mathrm{d}y,\mathrm{d}z)=0$$

又可寫成

$$\nabla g(x,y,z)\cdot \mathrm{d}\overrightarrow{X}=0$$

其中 $\mathrm{d}\overrightarrow{X}=(\mathrm{d}x,\mathrm{d}y,\mathrm{d}z)$。我簡寫成此符號，是為要強調，它是代表沿著曲面 $g(x,y,z)=C$ 上作的一個微小變動。它可以是各種方向，只要是沿著曲面上的。現在我們分析的結果是，這個沿著曲面上任意方向的微小變動 $\mathrm{d}\overrightarrow{X}$，它跟梯度向量 $\nabla g(x,y,z)$ 內積為 0，也就是垂直。梯度向量跟沿著曲面不管怎麼拉的向量都垂直，所以這個梯度向量即是**法向量**。

性質 11.7.3 梯度的幾何意義

一個三維中的曲面，若將其表達成顯函數形式 $z=f(x,y)$，其在點 (a,b) 處的梯度 $\nabla f(a,b)$，是一個向量。此向量的幾何意義為：

1. 方向：它朝著使得函數 $f(x,y)$ 在 (a,b) 處有最大方向導數的方向
2. 長度：其長度為那個最大方向導數的值

若將其表達成隱函數形式 $g(x,y,z)=C$，其在點 (a,b,c) 處的梯度 $\nabla g(a,b,c)$，是曲面在 (a,b,c) 處的法向量。

已知隱函數，要將其寫成顯函數形式，可能會很困難。然而已知顯函數的情況下，要寫成隱函數就非常簡單。譬如說 $z=x^2+2y+7$，只要簡單地將 z 移過去，得到 $x^2+2y+7-z=0$，這樣就有隱函數形式了。

另外，雖然前面是以三維中的曲面為例，但二維中的曲線也是同樣道理的。譬如說 $y=3x+4$ 是一條直線。若將 y 移項得到 $3x-y+4=0$，此時作梯度得到 $(3,-1)$，這便是直線的法向量。而如果是圓 $x^2+y^2=4$，作梯度得到 $(2x,2y)$，接著再代點之後，就會得到該點的梯度，也就是該處的法向量。

如果說對於曲面 $z=f(x,y)$，為了繪製等高線圖，設了 $z=c_1,c_2,\cdots,c_n$，而得到 $f(x,y)=c_1,f(x,y)=c_2,\cdots,f(x,y)=c_n$。這些都是二維平面曲線的隱函數形式。

我的意思是說，看清楚了，同樣是 $\nabla f(a,b)$。對於曲面來說，$\nabla f(a,b)$ 是在它的顯函數形式之下取梯度後，代 $(x,y)=(a,b)$；對曲線來說，$\nabla f(a,b)$ 是在它的隱函數形式之下取梯度後，代 $(x,y)=(a,b)$。

所以說，同一個向量 $\nabla f(a,b)$，它是在曲面 $z=f(x,y)$ 上的 $(x,y)=(a,b)$ 處，指著最大方向導數的方向，且其長度就是最大方向導數的值；而它同時也是在某一條等高線 $f(x,y)=c_k$ 上的 $(x,y)=(a,b)$ 處的法向量。

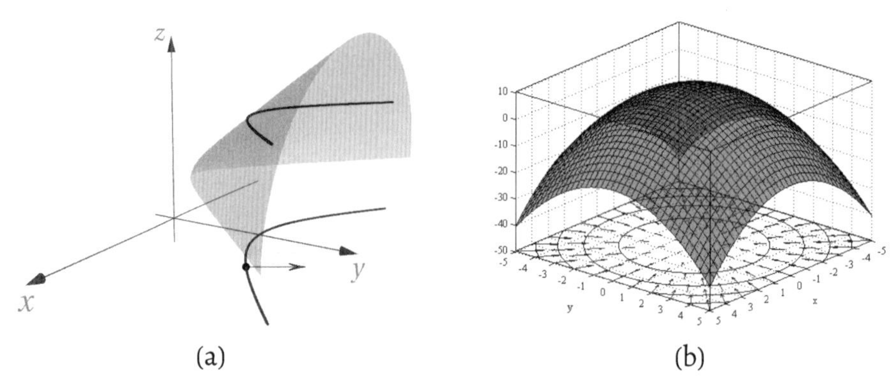

(a)　　(b)

圖 11.2: 梯度幾何意義

如圖 11.2(a) 所示, 畫出曲面 $z=f(x,y)$ 及它的某一條等高線 $f(x,y)=c$。對曲面的顯函數 $z=f(x,y)$ 或是對等高線的隱函數 $f(x,y)=c$ 在 $(x,y)=(1,3)$ 處取梯度, 取出來是同樣的向量 $\nabla f(1,3)$。這條向量, 正是那條等高線 $f(x,y)=c$ 在 $(x,y)=(1,3)$ 處的法向量。同時, 曲面在 $(x,y,z)=(1,3,f(1,3))$ 處, 朝著向量 $\nabla f(1,3)$ 方向, 即是最大方向導數的方向, 並且向量的長度就是最大方向導數的值。

例題 11.7.6　求曲線 $x^3+y^3-\frac{9}{2}xy=0$ 於 $(2,3)$ 處的切線方程式。

解

原本在單變數微分學中的隱函數求導, 現在也可以將其取梯度

$$\nabla\left(x^3+y^3-\frac{9}{2}xy\right)=\left(3x^2-\frac{9y}{2},3y^2-\frac{9x}{2}\right)$$

接著代點 $(2,3)$, 得到

$$\left(12-\frac{27}{2},27-9\right)=\left(-\frac{3}{2},18\right)$$

這是曲線 $(2,3)$ 處的法向量, 同時也是以 $(2,3)$ 為切點的切線之法向量 [a]。因此切線方程式便為

$$-\frac{3}{2}(x-2)+18(y-3)=0$$

[a]相切即有共同的法向量。

11.7.3 切平面

前面示範了以梯度來求出切線方程式。而如果是給定一個曲面，想要求切平面方程式的話，也可以用梯度來做。

例題 11.7.7 曲面 $x^2+4y^2=z^2$，求以 $(3,2,5)$ 為切點的切平面方程式。

解

先移項得到

$$x^2+4y^2-z^2=0$$

此情況取梯度

$$\nabla(x^2+4y^2-z^2)=(2x,8y,-2z)$$

接著再代點 $(3,2,5)$ 可得法向量 $(6,16,-10)$ 。於是切平面方程式即為

$$3(x-3)+8(y-2)-5(z-5)=0$$

例題 11.7.8 曲面 $z=\ln(x^2+y^2)$，求以 $(1,0,0)$ 為切點的切面方程式。

解

先移項

$$\ln(x^2+y^2)-z=0$$

取梯度

$$\left(\frac{2x}{x^2+y^2},\frac{2y}{x^2+y^2},-1\right)$$

代入點 $(1,0,0)$

$$(2,0,-1)$$

於是可知切平面方程式為

$$2(x-1)-z=0$$

{Exercise}

1. 求出下列函數在給定點 P 及方向 $\overrightarrow{u}$ 的方向導數。

   (1) $f(x,y)=x-\sin(xy)$, $P=\left(1,\frac{\pi}{2}\right)$, $\overrightarrow{u}=\left(\frac{1}{2},\frac{\sqrt{3}}{2}\right)$

   (2) $f(x,y)=xy^2$, $P=(1,3)$, $\overrightarrow{u}=(4,5)$

   (3) $f(x,y,z)=x^2y^2z$, $P=(2,1,4)$, $\overrightarrow{u}=(1,2,2)$

   (4) $f(x,y)=\tan^{-1}(x)$, $P=(1,-1)$, $\overrightarrow{u}=(2,3)$

2. $f(x,y)=\ln(x^2+y^2)$，在 $P(3,4)$ 處，朝哪個方向有最大方向導數？最大方向導數值是多少？

3. 求出下列曲面在給定點的切平面方程式。

   (1) $z=x^y$, $(2,2,4)$　(2) $\ln\left(1+x^2-y^2\right)+\sin^2(z)=0$, $(1,1,0)$

   (3) $z=e^{-xy}+y$, $(0,1,2)$　(4) $z\sin(x)+z\cos(y)+3z^2+5z=7$, $(0,\pi,1)$

參考答案：　1. (1) $\frac{1}{2}$ (2) $3\sqrt{3}$ (3) $\frac{208}{3}$ (4) $-\frac{7}{30}$
2. 朝 $(\frac{6}{25},\frac{8}{25})$ 方向有最大方向導數，值為 $\frac{2}{5}$
3. (1) $4(x-2)+4\ln2(y-2)-(z-4)=0$ (2) $x-y=0$ (3) $x-(y-1)-z=0$ (4) $x+10(z-1)=0$

■ 11.8　多變函數的極值問題

單變數與多變數之間，常有類推，在求極值的問題上也是如此。單變數時如果要找出極大極小值，就先從三種嫌疑犯著手：導數為 0 處、不可導處、端點。極值發生在不可導處的情況，在微積分課程中較少出現，多數時候我們就找導數為 0 處和代端點。然而導數為 0 也不見得是極值，是極值的話也有分極大與極小值。因此又有二階檢定，二階導數小於 0 便是極大，大於 0 是極小，二階導數等於 0 的話則二階檢定失效，暫時難以判定。

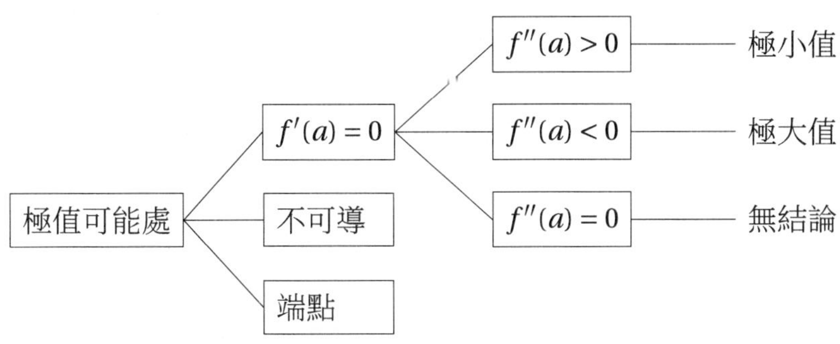

圖 11.3: 單變數求極值（二階測試）

兩變數函數求極值的流程也是類似。單變數中，極值發生處若可微，就有水平切線，因此極值發生處的一階導數為 0；類推到兩變數，極值發生處若可微，就有水平切面，所以 $f_x(a,b)=f_y(a,b)=0$ 。

至於極值的二階測試，則會變得更複雜。二階導數改為做二階偏導數，但是二階偏導數一共有四個，如何將這四個併成一個呢？就是用黑塞行列式 (Hessian determinant)。

定義 11.8.1　黑塞行列式

若 $f(x,y)$ 的各個二階偏導數盡都存在，那麼 $f(x,y)$ 在 (a,b) 處的黑塞行列式為

$$\begin{aligned} H(a,b) &= \begin{vmatrix} f_{xx}(a,b) & f_{xy}(a,b) \\ f_{yx}(a,b) & f_{yy}(a,b) \end{vmatrix} \\ &= f_{xx}(a,b)f_{yy}(a,b) - f_{xy}(a,b)f_{yx}(a,b) \end{aligned}$$

如果 $H(a,b)>0$，則 (a,b) 處是極值。如果 $H(a,b)<0$，則 (a,b) 處不是極值。不是極值的時候，我們稱之為鞍點（saddle point）。就像你坐在馬鞍上時，你屁股所坐的地方，前後向看起來，你坐的地方是極小；左右向看起來，你坐的地方是極大。

而 $H(a,b)>0$，若要進一步看究竟是極大或極小，只要看二階偏導數 $f_{xx}(a,b)$ 的正負號。正號時是極小，負號時是極大，為 0 時無結論。

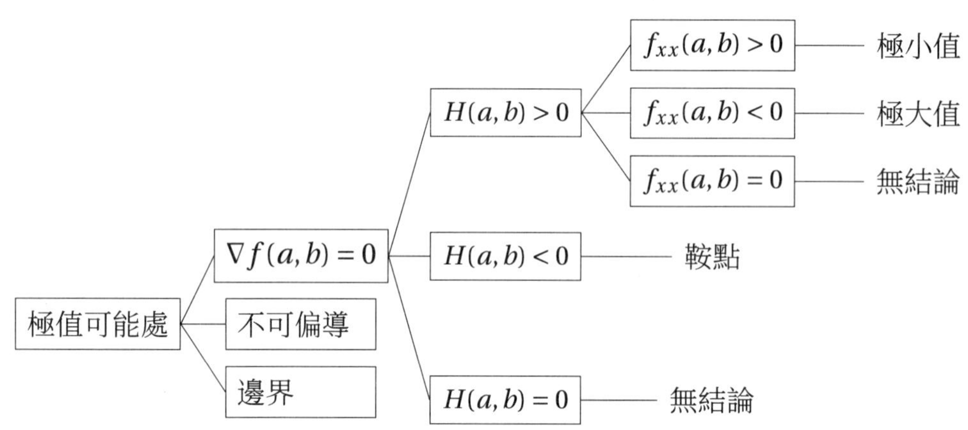

圖 11.4: 多變數求極值

例題 11.8.1　請求出 $f(x,y)=9xy-x^3-y^3$ 的極值。

解

首先偏微導

$$f_x(x,y)=9y-3x^2, f_y(x,y)=9x-3y^2$$

然後解

$$\begin{cases} f_x(x,y)=9y-3x^2=0 \\ f_y(x,y)=9x-3y^2=0 \end{cases}$$

一個很明顯的解就是 $(x,y)=(0,0)$ 。欲找其它解，先兩式都約掉 3 以後，並移項得到

$$\begin{cases} 3y=x^2 \\ 3x=y^2 \end{cases}$$

將上式平方

$$9y^2 = x^4$$

接著再拿下式來代

$$x^4 = 9y^2 = 9(3x) = 27x$$

$x = 0$ 的情況剛剛已找出來。若 $x \neq 0$，則約掉 x 得

$$x^3 = 27$$

所以 $x = 3$，接著可再得到 $y = 3$。因此 $f_x(x,y) = f_y(x,y) = 0$ 一共有 $(0,0)$ 和 $(3,3)$ 兩組解。

接著再做二階偏導數

$$f_{xx}(x,y) = 6x\text{ , }f_{xy}(x,y) = 9$$

由於原函數對於 x, y 是對稱的，也就是說，如果我把它的 x, y 反過來寫，長相仍相同。所以另外兩個二階偏導直接將 x, y 反過來寫

$$f_{yy}(x,y) = 6y\text{ , }f_{yx}(x,y) = 9$$

接著先來看 $(0,0)$，$f_{xx}(0,0) = 0$，$f_{yy}(0,0) = 0$，另外兩個不用代。於是黑塞行列式

$$H(0,0) = \begin{vmatrix} 0 & 9 \\ 9 & 0 \end{vmatrix} = -81 < 0$$

因此 $(0,0)$ 處為鞍點。

至於 $(3,3)$，$f_{xx}(3,3) = 18$，$f_{yy}(3,3) = 18$。於是黑塞行列式

$$H(3,3) = \begin{vmatrix} 18 & 9 \\ 9 & 18 \end{vmatrix} > 0$$

不必傻傻地慢慢算，$18 \times 18 - 9 \times 9$ 明顯大於 0。我們只須知道大於 0 或小於 0，不必知道其值。因此 $(3,3)$ 處是極值，而根據 $f_{xx}(3,3) = 18 > 0$ 得知 $f(3,3) = 27$ 是極小值。

在單變數極值問題中，如果題目給你範圍，例如 $f(x)$ 在區間 $[-1,3]$ 上的極值。如果我們在此範圍的內點，也就是 $-1 < x < 3$ 之內，去找導數為 0 處及不可導處，所找出來的這些點，都叫**臨界點**。然而除了臨界點以外，還要看一下端點 -1 和 3。

而在多變數極值問題中，範圍就變得較複雜，不像單變數時可能只是一

個區間。此時的範圍可能是一個圓、一個三角形，或是更複雜。這時候我們不說「端點」，而說「邊界」。其實端點也就是區間的邊界，這也是單變數到多變數的類推。

那麼，邊界上的極值應該如何看呢？以下再舉例題來說明。

例題 11.8.2　請求出 $f(x,y)=x^2+y^2-xy$ 的極值，範圍是 $|x|\le 1$，$|y|\le 1$。

解

此題的範圍如右圖。首先偏微導

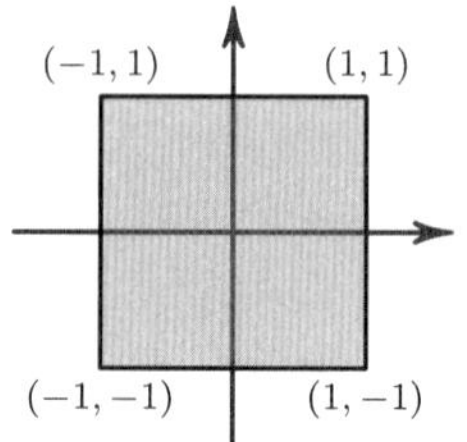

$$f_x(x,y)=2x-y, f_y(x,y)=2y-x$$

然後解

$$\begin{cases} f_x(x,y)=2x-y=0 \\ f_y(x,y)=2y-x=0 \end{cases}$$

解得 $(0,0)$ 是唯一的臨界點。接著再做二階偏導數

$$f_{xx}(x,y)=2, f_{xy}(x,y)=-1$$

$$f_{yx}(x,y)=-1, f_{yy}(x,y)=2$$

於是黑塞行列式

$$H(0,0)=\begin{vmatrix} 2 & -1 \\ -1 & 2 \end{vmatrix}>0$$

再配合 $f_{xx}(0,0)>0$，得知 $f(0,0)=0$ 為極小值。

以上，我們做完了內點的部分，邊界還要另外再考慮。一般來說，要考慮邊界並不容易。不過此例的邊界是多邊形，那就太容易了。多邊形的每個邊都是線段，而非曲線。我們可以直接代直線方程式，來讓兩變數問題變為單變數問題。

具體來說，像這一題我們處理右邊那條邊，也就是

$$x=1, -1\le y\le 1$$

那我們就將 $x=1$ 代入原函數 $f(x,y)=x^2+y^2-xy$，得到 $f(1,y)=y^2-y+1, -1\le y\le 1$。接著用配方法便易知當 $y=\frac{1}{2}$ 時有極小，當 y 離 $\frac{1}{2}$ 最遠，也就是 $y=-1$ 時有極大。這樣我們便得知，在右邊那條邊上，極小值是 $f\left(1,\frac{1}{2}\right)=\frac{3}{4}$，極大值是 $f(1,-1)=3$

同樣道理，下面那條邊上，就是

$$y=-1, -1\le x\le 1$$

將 $y=-1$ 代入原函數 $f(x,y)=x^2+y^2-xy$，得到 $f(x,-1)=x^2+x+1, -1\le x\le 1$。接著便與前面相同，變成處理單變數問題。

上下左右四個邊都代過一次，便處理完邊界上的情況了。應該很簡單，所以就讓我偷懶不寫完吧。

例題 11.8.3 請求出 $f(x,y)=9xy-x^3-y^3$ 的極值，範圍是頂點為 $(-1,2),(-1,-1),(2,-1)$ 的三角形之邊界及內部。

解

這個函數其實前面做過了，只不過多加個範圍。前面做出在 $(0,0)$ 處是鞍點，$(3,3)$ 處是極小值。但是 $(3,3)$ 並不在範圍之內，所以必須排除。這樣一來，內點便無極值。

至於邊界，則是三條線段

$$x=-1\ ,\ -1\le y\le 2$$
$$y=-1\ ,\ -1\le x\le 2$$
$$x+y=1\ ,\ -1\le x\le 2$$

第一條代入原函數，得到

$$f(-1,y)=-9y+1-y^3\ ,\ -1\le y\le 2$$

微分求極值，解

$$-9-3y^2=0$$

無解，所以直接看兩端 $y=-1$，$y=2$，得到

$$f(-1,-1)=11\text{ , }f(-1,2)=-25$$

便分別是這條邊上的極大與極小。

接著代第二條，不必真的代下去，注意對稱性，直接可得

$$f(-1,-1)=11\text{ , }f(2,-1)=-25$$

分別是這條邊上的極大與極小。

最後代第三條，移項成 $y=1-x$ 再代，得到

$$f(x,1-x)=9x(1-x)-x^3-(1-x)^3=-12x^2+12x-1\text{ , }-1\leq x\leq 2$$

便易知當 $x=\frac{1}{2}$ 時有極大值 $f\left(\frac{1}{2},\frac{1}{2}\right)=2$。兩端則剛剛都算過了，$f(-1,2)=-25, f(2,-1)=-25$。

最後作總結。$f\left(\frac{1}{2},\frac{1}{2}\right)=2$ 及 $f(-1,-1)=11$ 是極大值，$f(-1,2)=f(2,-1)=-25$ 是極小值。其中 2 與 -25 分別是絕對極大值與絕對極小值。

在前兩例之中，都得利於邊界是多邊形，我們只要一直將直線線段代掉，使兩變數函數變回單變數。然而一般而言，若是邊界是曲線，而非直線，那可能就沒這麼簡單了。

有時候可能還是可以想得到一些技巧來搞出來，譬如說求 $f(x,y)=xy$ 的極值，範圍是 $x^2+y^2\leq 1$。內部，也就是 $x^2+y^2<1$，就跑一次那個流程，解出臨界點並做二階測試。至於邊界，也就是 $x^2+y^2=1$，無法簡單地移項代入來簡化為單變數問題。但其實可以設 $x=\cos(\theta), y=\sin(\theta)$，便得到 $g(\theta)=\cos(\theta)\sin(\theta)$。就變成單變數的極值問題了，而這似乎也很合理，你在單位圓的圓周上取點找極值，所找的點的確只和 θ 有關。

但這仍然只是很特殊的情況，如果邊界再更複雜一點點，也許就想不到辦法可以簡化成單變數極值問題了。就算想得出來，可能也費了你很大的工夫，來想出那個技巧。

在下一個主題中，將會探討一般而言我們如何處理這種問題。

Exercise

1. 求出下列函數的極值。

   (1) $f(x,y)=x^2-2x+y^2-2y+3$

   (2) $f(x,y)=x^2+xy-y^2-2x+y+5$

   (3) $f(x,y)=xy+\frac{50}{x}+\frac{20}{y}$, $x>0, y>0$

   (4) $f(x,y)=x^3+y^2-2xy+7x-8y+2$

參考答案： 1. (1) $(x,y)=(1,1)$ 處有極小值 1 (2) 無極值，有鞍點 $(\frac{3}{5},\frac{4}{5})$
(3) $(x,y)=(5,2)$ 處有極小值 30 (4) $(x,y)=(1,5)$ 處有極小值 -15

■ 11.9　拉格朗日乘子法

我們在高中時可能就已聽過一位很有名的數學家，瑞士數學家歐拉 (**Leonhard Euler**④，1707-1783)。他不但是公認十八世紀最偉大的數學家，還是目前史上最多產的數學家。所著作的書及論文，多達八百八十六本，跨及非常多領域。平均每年發表約八百頁的高水準學術論文，並且與貝多芬類似地，他瞎了眼以後生產論文的速度更快了！

如果你生長在十八世紀，你就可以將你遇到的數學疑難，寄到德國柏林科學院，交給非常強大的 **Euler** 來解決，他幾乎什麼難題都做得出來。但是當時有一個**條件極值**的問題，Euler 長期以來一直沒有解開。

條件極值的問題是這樣的：例如我們想求 $z=xy$ 的極值。可是又有條件限制：$x^2+xy-y^3=2$。換句話說，我們是要由那些符合方程式 $x^2+xy-y^3=2$ 的點，從中抓來代入 $z=xy$，看看哪些點代起來會有極大值或極小值。

當時有一位初生不畏虎的青年，**Joseph-Louis Lagrange**。他在 17 歲以前都還對數學沒有興趣，有一天無意中讀了英國 **Edmund Halley**⑤ 的文章以後，開始產生對數學的興趣，並開始學習數學。而當他 19 歲時，便寄了一封信給 **Euler**，告訴他說條件極值的問題，其實可以很輕易地解決。**Euler** 看了他的信以後，便抱著頭說：「天啊，這麼簡單我怎麼沒想到！」隨後，**Lagrange** 便聲名大噪，並當上皇家炮兵學校的教授，19 歲的教授。日後也作出許多非常傑出的研究，拿破崙稱讚他是「數學上高聳的金字塔」。

這故事告訴我們，即使本來對數學沒有興趣也沒關係，還是有可能克服數學的。為了幫助你成為現代的 **Lagrange**，我們就先來學習如何求解條件極值，這個方法稱為拉格朗日乘子法 (Lagrange multiplier method)。

先將目標函數設為 $z=f(x,y)=xy$，我們要求它的極值。至於限制條件，先設為 $g(x,y)=x^2+y^2=1$。也就是說，現在要從單位圓上取點，來找出哪些點會讓 $z=xy$ 會有極值。

我們先在坐標平面上，畫出 $x^2+y^2=1$。並在同一張圖上畫出目標函數 $z=xy$ 的等高線圖，比方說畫 $z=0.1,0.2,0.4,0.6,0.8$ 時的等高線。

我現在是要從 $x^2+y^2=1$ 上面抓點來代 $z=xy$，那麼我抓的點，一定會是 $x^2+y^2=1$ 和某條等高線的交點。在 $z=0.1,0.2,0.4$ 的這幾條等高線，都還與條件限制 $x^2+y^2=1$ 有相交。但 $z=0.6,0.8$ 這兩條，就跑出去了，我將它們標為較淺色，表示那不是我們關注的。

---

④ 許多中文書翻成尤拉，這是犯了以英文發音的毛病，應該要以德文發音才對。

⑤ 哈雷彗星 (Halley's Comet) 便是以他命名。

將某一條等高線，越往某個方向拉，z 值就會越來越大或是越來越小。在此例中，等高線越往圓外，z 值就越大。我們現在是要找極值，所以就拚命地將等高線往圓外拉，一直拉到不能再拉為止。什麼叫做「不能再拉」呢？就是仍然與 $x^2+y^2=1$ 有相交，但再拉就會跑出去了。也就是相切的時候！

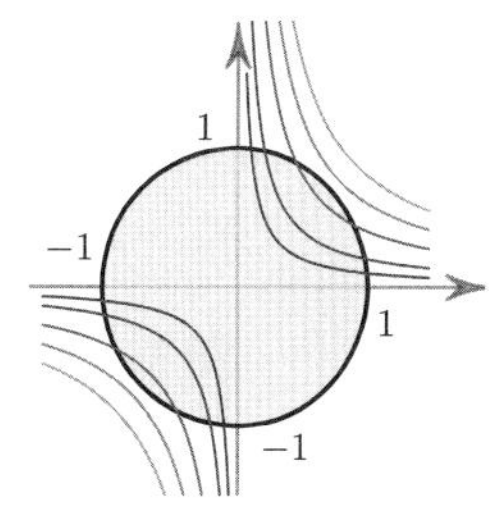

所以，我們要找的那些點，就是條件限制 $x^2+y^2=1$ 與目標函數 $z=xy$ 的等高線相切的那些點。既然相切，它們在切點的法向量是平行的！於是，我們現在只要分別求條件限制 $g(x,y)=x^2+y^2=1$ 與等高線們 $f(x,y)=xy=c_k$ 的法向量，並解出如何讓它們平行。

如果將一個隱函數，取了梯度以後，並代入點 P，便會是它在點 P 處的法向量。而我們的條件限制 $g(x,y)=x^2+y^2=1$ 與等高線們 $f(x,y)=xy=c_k$，正是隱函數的形式。至於兩個向量平行，就是其中一個向量為另一個向量的常數倍。總結以上，我們要求解

$$\nabla f(x,y)=\lambda\nabla g(x,y)$$

也就是

$$\begin{cases} f_x(x,y)=\lambda g_x(x,y) \\ f_y(x,y)=\lambda g_y(x,y) \end{cases}$$

解出符合的 (x,y)。至於那個 λ，稱為拉格朗日乘子 (Lagrange multiplier)。為什麼符號要用 λ，可能是因為 Lagrange 的 L 對應到希臘字母就是 λ。

另外我們也別忘記，我們所找出的點，一定要符合條件限制 $g(x,y)$。所以精確地說，應該是：

性質 11.9.1 拉格朗日乘子法 (Lagrange multiplier method)

在條件限制 $g(x,y)=k$ 的情況之下，欲求目標函數 $f(x,y)$ 的極值。先解出所有的 (x,y,λ) 滿足

$$\begin{cases} f_x(x,y)=\lambda g_x(x,y) \\ f_y(x,y)=\lambda g_y(x,y) \\ g(x,y)=k \end{cases}$$

接著將解出的這些 (x,y)，代到目標函數 $f(x,y)$ 中，代出最大的即為極大值，最小的就是極小值。

例題 11.9.1 求 $f(x,y)=xy$ 的極值，條件為 $x^2+y^2=1$。

解

這一題條件限制在單位圓上，我們可以設 $x=\cos(\theta), y=\sin(\theta)$，代入目標函數，使其變成單變函數極值問題。然而這方法並不夠一般，只要目標函數和條件限制改一下，立刻就派不上用場。所以我們還是來練習拉格朗日乘子法吧！分別偏微導以後，得到

$$\begin{cases} y=2\lambda x \\ x=2\lambda y \\ x^2+y^2=1 \end{cases}$$

將 $y=2\lambda x$ 代入 $x=2\lambda y$，得到 $x=2\lambda(2\lambda x)=4\lambda^2 x$，若 $x=0$，則 $y=2\lambda x=0$，這不合條件限制 $x^2+y^2=1$。所以 $x\neq 0$，便可從 $x=4\lambda^2 x$ 等號兩邊消掉 x，得到 $1=4\lambda^2$，解出 $\lambda=\pm\frac{1}{2}$。

當 $\lambda=\frac{1}{2}$ 時，代入方程式可得到 $x=y$。再將 $x=y$ 代入 $x^2+y^2=1$，可解得 $x=y=\pm\frac{\sqrt{2}}{2}$。

當 $\lambda=-\frac{1}{2}$ 時，代入方程式可得到 $x=-y$，再將 $x=-y$ 代入 $x^2+y^2=1$，解得 $(x,y)=\left(\frac{\sqrt{2}}{2},-\frac{\sqrt{2}}{2}\right)$ 或 $\left(-\frac{\sqrt{2}}{2},\frac{\sqrt{2}}{2}\right)$。

將所解出四組解代入目標函數，得到 $f\left(\frac{\sqrt{2}}{2},\frac{\sqrt{2}}{2}\right)=f\left(-\frac{\sqrt{2}}{2},-\frac{\sqrt{2}}{2}\right)=\frac{1}{2}$，$f\left(\frac{\sqrt{2}}{2},-\frac{\sqrt{2}}{2}\right)=f\left(-\frac{\sqrt{2}}{2},\frac{\sqrt{2}}{2}\right)=-\frac{1}{2}$。所以極大值是 $\frac{1}{2}$，極小值是 $-\frac{1}{2}$。

例題 11.9.2 求 $f(x,y)=x^2+y^2$ 的極值，條件為 $x^2-2x+y^2-4y=0$。

解

先列出聯立方程組

$$\begin{cases} 2x=\lambda(2x-2) \\ 2y=\lambda(2y-4) \\ x^2-2x+y^2-4y=0 \end{cases}$$

將第一式與第二式交叉相乘，得到

$$\lambda(xy-y)=\lambda(xy-2x)$$

若 $\lambda=0$，則 $x=y=0$。若 $\lambda\neq 0$，將其消去後，可得 $y=2x$，將此代入條件限制 $x^2-2x+y^2-4y=0$，可得

$$5x^2-10x=0$$

解得 $x=0$ 或 2。若 $x=0$，則 $y=0$，這個解剛剛出現過了。若 $x=2$，則 $y=4$。將這兩點分別代入，得到 $f(0,0)=0, f(2,4)=20$，便分別是極小值與極大值。

例題 11.9.3 求 $f(x,y)=ye^{-\left(x^2+y^2\right)}$ 的極值，範圍是 $x^2+y^2\leq 1$。

解

多變數求極值的流程，便是先在區域內部找臨界點，此題的內部便是 $x^2+y^2<1$，然後作二階檢定以確認是鞍點或極大極小。接著再考慮邊界上的點，此題的邊界是 $x^2+y^2=1$。而這樣的問題，正是條件極值問題。所以，多變函數求極值，在考慮邊界時，若是邊界不夠簡單，無法直接代掉變回單變數極值問題，便可使用拉格朗日乘子法。

先處理內部，偏微導

$$\begin{aligned}f_x(x,y)&=-2xye^{-\left(x^2+y^2\right)}\\f_y(x,y)&=e^{-\left(x^2+y^2\right)}-2y^2e^{-\left(x^2+y^2\right)} && \boxed{\text{積法則}}\\&=\left(1-2y^2\right)e^{-\left(x^2+y^2\right)}\end{aligned}$$

現在解 $f_x(x,y)=f_y(x,y)=0$。由於指數函數恆正，永不等於 0，所以我們可以消去它。於是變成解

$$-2xy=0=1-2y^2$$

容易解出 $(0,\pm\frac{\sqrt{2}}{2})$ 兩個點。接著來耐心地作二階偏微導，得到

$$
\begin{aligned}
f_{xx}(x,y) &= -2ye^{-\left(x^2+y^2\right)} + 4x^2ye^{-\left(x^2+y^2\right)} \\
&= \left(4x^2y-2y\right)e^{-\left(x^2+y^2\right)} \\
f_{yy}(x,y) &= -4ye^{-\left(x^2+y^2\right)} + \left(4y^3-2y\right)e^{-\left(x^2+y^2\right)} \\
&= \left(4y^3-6y\right)e^{-\left(x^2+y^2\right)}
\end{aligned}
$$

好像做得有點累，所幸另外兩個不必慢慢去做。$f_{xx}(x,y)$ 是將 $f_x(x,y)$ 再對 x 作一次偏微導，$f_{xy}(x,y)$ 則是再對 y 作一次偏微分。而我們可注意到，$f_x(x,y) = -2xye^{\left(x^2+y^2\right)}$，它的長相是對於 x, y 對稱的，就是說將 x, y 對調以後函數長相仍不變。所以當我們已做出將它對 x 偏微分的結果後，那麼將它對 y 偏微分只須 x, y 對調，得到

$$
f_{xy}(x,y) = \left(4y^2x-2x\right)e^{-\left(x^2+y^2\right)}
$$

偏導數順序不影響結果，所以 $f_{yx}(x,y) = f_{xy}(x,y)$。於是黑塞行列式

$$
H(x,y) = \begin{vmatrix} \left(4x^2y-2y\right)e^{-\left(x^2+y^2\right)} & \left(4y^2x-2x\right)e^{-\left(x^2+y^2\right)} \\ \left(4y^2x-2x\right)e^{-\left(x^2+y^2\right)} & \left(4y^3-6y\right)e^{-\left(x^2+y^2\right)} \end{vmatrix}
$$

不要被這長相嚇到了，我們只是要看它的正負，所以恆正的指數函數可以直接消掉，而不影響正負。得到

$$
\begin{vmatrix} 4x^2y-2y & 4y^2x-2x \\ 4y^2x-2x & 4y^3-6y \end{vmatrix}
$$

而且我們也沒必要先將行列式乘開後再代點，我們可以先代點再乘開，在它們長相比較可怕時這麼做會比較省力。所以先代 $(0, \frac{\sqrt{2}}{2})$，得到

$$
\begin{vmatrix} -\sqrt{2} & 0 \\ 0 & -2\sqrt{2} \end{vmatrix} > 0
$$

是極值。而因 $f_{xx}(0, \frac{\sqrt{2}}{2}) < 0$，這個點是極大值 $f(0, \frac{\sqrt{2}}{2}) = \frac{e^{-\frac{1}{2}}}{\sqrt{2}}$。接著代

$(0,-\frac{\sqrt{2}}{2})$，得到

$$\begin{vmatrix} \sqrt{2} & 2 \\ 2 & 2\sqrt{2} \end{vmatrix} > 0$$

也是極值。因 $f_{xx}(0,-\frac{\sqrt{2}}{2}) > 0$，這個點是極小值 $f(0,-\frac{\sqrt{2}}{2}) = -\frac{e^{-\frac{1}{2}}}{\sqrt{2}}$。

內部做完了，現在來找邊界上，也就是 $x^2+y^2=1$ 上面。我們用拉格朗日乘子法，列出

$$-2xye^{-\left(x^2+y^2\right)} = 2\lambda x$$

$$\left(1-2y^2\right)e^{-\left(x^2+y^2\right)} = 2\lambda y$$

先看第一個式子，一個可能性是 $x=0$。那麼代入條件限制得到 $y=\pm 1$，所以就有 $(0,\pm 1)$ 兩個點。

若是 $x \neq 0$，那麼可將第一個式子的等號兩邊消去 x，得到

$$-2ye^{-\left(x^2+y^2\right)} = 2\lambda$$

將此結果代到第二個式子，得到

$$\left(1-2y^2\right)e^{-\left(x^2+y^2\right)} = -2y^2e^{-\left(x^2+y^2\right)}$$

這樣會得出 $1=0$，所以不合。

將我們解出的兩個點 $(0,\pm 1)$ 代入目標函數，得到 $f(0,1)=e^{-1}$ 及 $f(0,-1)=-e^{-1}$。

所以一共有這四個極值，如果想知道絕對極值，由於 $\frac{e^{-\frac{1}{2}}}{\sqrt{2}} > e^{-1}$[a]，所以內部的那兩個點就分別是絕對極大與絕對極小。

[a] 兩邊平方得到 $\frac{e^{-1}}{2} > e^{-2} \Rightarrow e > 2$。

例題 11.9.4 平面中有一條曲線 $x^2+xy+y^2=1$，求它與原點最近與最遠距離。

解

與原點的距離，即 $\sqrt{x^2+y^2}$，所以這就是目標函數。但它有根號畢竟不便，我們可以姑且將目標函數改成 x^2+y^2，求出這個的最大最小值後再開根號即可。

接著列出聯立方程組

$$\begin{cases} 2x=\lambda(2x+y) \\ 2y=\lambda(x+2y) \\ x^2+xy+y^2=1 \end{cases}$$

將第一式與第二式作交叉相乘，得到

$$2x\lambda(x+2y)=2y\lambda(2x+y)$$

若 $\lambda=0$，將 λ 代回第一式與第二式，可以得到 $x=y=0$。再將 $(x,y)=(0,0)$ 代入條件限制 $x^2+xy+y^2=1$ 後，發現不合。

若 $\lambda\neq0$，將 2λ 消去後，可得

$$x^2+2xy=2xy+y^2$$

可解出 $x^2=y^2$，$x=\pm y$。

將 $x=y$ 代入條件限制 $x^2+xy+y^2=1$ 中，得到 $3y^2=1$，所以 $(x,y)=\left(\pm\frac{\sqrt{3}}{3},\pm\frac{\sqrt{3}}{3}\right)$。而這兩個點代入目標函數 x^2+y^2，可得 $\frac{2}{3}$ [a]。

改以 $x=-y$ 代入，得到 $y^2=1$ 則可得 $(x,y)=(\pm1,\mp1)$。而這兩個點代入目標函數，得到 2。

總結以上，最近距離為 $\sqrt{\frac{2}{3}}$，最遠距離為 $\sqrt{2}$。

[a] 題目其實沒問極值發生在何處，所以不必將 (x,y) 解出，直接用 $y^2=x^2=\frac{1}{3}$ 代入目標函數即可。

例題 11.9.5　空間中有一平面 $x+2y+3z=13$，求它與原點最近距離。

解

雖然前面在講解拉格朗日乘子法時，是利用兩變數的情況來說明，

但到了三變數時，其實還是一樣道理，仍是解兩個函數取梯度後平行。而目標函數此時先設為 $x^2+y^2+z^2$，做出極值以後再開根號。

列出聯立方程組

$$\begin{cases} 2x=\lambda \\ 2y=2\lambda \\ 2z=3\lambda \\ x+2y+3z=13 \end{cases}$$

由前三個式子可以立即看出 $x:y:z=1:2:3$。於是設 $x=k, y=2k, z=3k$，代入條件限制後得到

$$13k=13$$

所以 $k=1$，$(x,y,z)=(1,2,3)$，最近距離便是

$$\sqrt{1^2+2^2+3^2}=\sqrt{14}$$

上一題在解聯立時，也可先處理前三個式子，得到

$$\lambda=2x=y=\frac{2z}{3}$$

接著再代入條件限制後解出 (x,y,z)。這與我用的方法，看起來是很類似的。但我故意要這麼寫，目的是想要演示：將 λ 解出並非我們的目的！很多同學在做拉格朗日乘子法時，會陷入想要解出 λ 的迷思，好像看很多例題都先將它解出來，再解出 (x,y,z)，於是也都跟著這麼操作，結果卻卡半天解不出來。是的，若能將 λ 解出來，的確會讓未知數少一個，從而使我們解 (x,y,z) 變得容易。但請不要捨本逐末，卡在解不出的 λ 卡半天，卻沒注意到可以不解 λ 就直接解出 (x,y,z)。

例題 11.9.6 求 $f(x,y)=x^2-y^2$ 的極值，條件為 $x^2+y^2=4$。

解

列出聯立方程

$$\begin{cases} 2x=2\lambda x \\ -2y=2\lambda y \\ x^2+y^2=4 \end{cases}$$

由第一式，若 $x \neq 0$，將 $2x$ 消掉，可得 $\lambda = 1$，接著第二式將 $2y$ 消掉，得到 $\lambda = -1$，發生矛盾。故 $x = 0$，解得 $y = \pm 2$。代入目標函數，得到 $f(0, \pm 2) = -4$。同樣道理，在第二式中，由 $y = 0$ 代入條件限制，可解出 $x = \pm 2$。代入目標函數，得到 $f(\pm 2, 0) = 4$。所以極大值是 4，極小值是 -4

所以請記住，不要直接消掉，要考慮到你消的東西為 0 的可能性。此例也又演示了一次，沒解 λ 也是可以求出極值。請記得，解出 λ 有好處，但非必要！

例題 11.9.7 求 $f(x, y, z) = e^{-xy}$ 的極大值，條件為 $x^2 + 4y^2 = 1$。

解

列出聯立方程

$$\begin{cases} -ye^{-xy} = 2\lambda x \\ -xe^{-xy} = 8\lambda y \\ x^2 + 4y^2 = 1 \end{cases}$$

將第一式與第二式交叉相乘，得到

$$8\lambda y^2 e^{-xy} = 2\lambda x^2 e^{-xy}$$

若 $\lambda = 0$，代回第一、二式會得到 $x = y = 0$，不合。所以可以消去得到

$$4y^2 = x^2$$

再把這代回條件限制 $x^2 + 4y^2 = 1$，可解得 $x^2 = \frac{1}{2}$，$x = \pm\frac{\sqrt{2}}{2}$。所以解就一共有 $(\pm\frac{\sqrt{2}}{2}, \pm\frac{\sqrt{2}}{4})$ 四個點。代回目標函數之後即可知極大值是 $e^{\frac{1}{4}}$，極小值是 $e^{-\frac{1}{4}}$。

此例又演示了一次，沒解 λ 而直接解出 (x, y)。

例題 11.9.8 求 $f(x, y, z) = x^2 + 2y - z^2$ 的極大值，條件為 $2x - y = 0$ 及 $y + z = 0$。

解

這次有兩個條件了！怎麼辦呢？當條件限制有兩個函數，$g(x,y,z)=C_1$ 及 $h(x,y,z)=C_2$ 時，其實列聯立方程的時候也是差不多，就寫成

$$\begin{cases}\nabla f(x,y,z)=\lambda\nabla g(x,y,z)+\mu\nabla h(x,y,z)\\ g(x,y,z)=C\\ h(x,y,z)=C_2\end{cases}$$

多列一個進來就對了。簡單地說，$\nabla f(x,y,z)$ 會落在 $\nabla g(x,y,z)$ 和 $\nabla h(x,y,z)$ 這兩個向量所張的平面上，所以便可寫成它們倆各自乘一個常數後再相加。於是在此題，便列出

$$\begin{cases}2x=2\lambda\\ 2=-\lambda+\mu\\ -2z=\mu\\ 2x-y=0\\ y+z=0\end{cases}$$

由第一式與第三式，立得 $\lambda=x$ 及 $\mu=-2z$。接著代入第二式，得到 $2=-x-2z$。移項成 $x=-2z-2$ 以後代到第四式，得到 $y=2x=-4z-4$。再與第五式合起來看，得到 $y=-4z-4=-z$，解出 $z=-\frac{4}{3}$，於是 $y=\frac{4}{3}$ 及 $x=\frac{2}{3}$。所以極大值是 $f(\frac{2}{3},\frac{4}{3},-\frac{4}{3})=\frac{4}{3}$。

拉格朗日乘子法的流程並不困難，就算你並不明白它的背後原理，光是將這方法死記下來也可以用。難是難在解聯立方程的時候，技巧千變萬化，沒有一定的方法。而這也唯有多做題目、多嘗試錯誤、多用心思考了。

{Exercise}

1. 求 $f(x,y)=x^2y$ 在 $x^2+2y^2=6$ 限制條件下的最大值與最小值。

2. 求 $(1,0)$ 到 $\frac{x^2}{4}+y^2=1$ 最短距離。

3. 函數 $f(x,y,z)=x^2yz$ 在球面 $x^2+y^2+z^2=4$ 的最小值為 ______ 。

4. 求 $f(x,y)=xy+x^3$ 在 $\frac{x^2}{4}+\frac{y^2}{2}\leq 1$ 的最大最小值。

5. 求 $f(x,y)=2+x^2+y^2$ 在 $x^2+\frac{y^2}{4}\leq 1$ 的最大最小值。

參考答案： 1. 最大值 4，最小值 -4　2. $\sqrt{\frac{2}{3}}$　3. $-\sqrt{2}$　4. $\pm 6\sqrt{2}$
5. 最大值 6，最小值 2

第 12 章

重積分

由是，一切曲線、曲線所函面、曲面、曲面所函體，昔之所謂無法者，今皆有法；昔之視為至難者，今皆至易。嗚呼！算術至此觀止矣，蔑以加矣。

清代數學家李善蘭

■ 12.1 二重積分

在單變數的世界中，如果我們要求在區間 $[a,b]$ 上，曲線 $y=f(x)$ 下的面積，其做法是先分割、取樣、求和

$$\sum f(x_i{}^*)\Delta x_i$$

接著取極限，讓每一個子區間的寬度都趨近到 0

$$\lim \sum f(x_i{}^*)\Delta x_i$$

取完極限以後逼近到曲線下面積，便是

$$\int_a^b f(x)\,\mathrm{d}x$$

其中符號 $\int$ 與 $\sum$ 類似，都是「加」的意思。summation 的第一個字母 s，對應到希臘文的大寫字母就是 $\sum$ 。而後來萊布尼茲在創立微積分學說時，將 s

拉長，便成了積分符號 $\int$。而那些 Δx_i，由於都趨近到 0 了，便是無窮小增量 $\mathrm{d}x$。而下標的 a 與上標的 b 則是標示積分範圍的起點與終點。而積分範圍的記號也不一定要這樣標，你也可以標成

$$\int_I f(x)\,\mathrm{d}x$$

其中 I 是區間 $[a,b]$。這樣寫就是簡單地標示是在區間 I 上面積分。

數學中常常可見類推，單變數與多變數中也多有類推。我們將單變數的積分，類推到兩變數的積分，在一個二維區域 D 上，曲面 $z=f(x,y)$ 下的體積。便類推成

$$\iint_D f(x,y)\,\mathrm{d}A$$

此時是二維的積分，稱之為**二重積分**。而它也可以寫成有積分上下限的寫法，我們現在就來看看應該怎麼寫。

先來想個最簡單的情況，積分範圍 D 是一個長方形，$1\le x\le 4, 1\le y\le 6$。我們現在要求這個長方形內的曲面下體積。

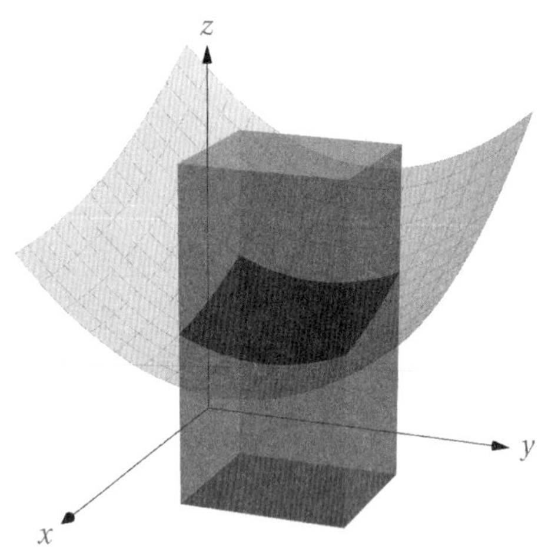

我們仍然是用分割、取樣、求和這一套流程，而分割的方法，便是先 x 方向地切，由 $x=1$ 開始切，一直切到 $x=4$。切完以後改 y 方向地切，由 $y=1$ 開始切，一直切到 $y=6$。切完取點，並求和，便可寫出

$$\sum_{j=1}^{m}\sum_{i=1}^{n} f(x_i^*,y_j^*)\Delta x_i \Delta y_j$$

接著 x 方向與 y 方向都越切越細，於是這個和趨近到曲面下體積

$$\int_1^6 \int_1^4 f(x,y)\,\mathrm{d}x\,\mathrm{d}y$$

而寫成這樣以後，便可做**迭次積分**來做出。

具體來說，若 $f(x,y)=x+xy^2-2y$，現在要來做迭次積分，就是先做內層的**偏積分**

$$\begin{aligned}
&\int_1^6 \int_1^4 x+xy^2-2y\,\mathrm{d}x\,\mathrm{d}y \\
=&\int_1^6 \left[\frac{x^2}{2}+\frac{x^2y^2}{2}-2xy\right]_1^4 \mathrm{d}y \\
=&\int_1^6 \frac{15}{2}+\frac{15y^2}{2}-6y\,\mathrm{d}y
\end{aligned}$$

接著再做外層的積分

$$\begin{aligned}
&\int_1^6 \frac{15}{2}+\frac{15y^2}{2}-6y\,\mathrm{d}y \\
=&\frac{15}{2}y+\frac{5y^3}{2}-3y^2\Big|_1^6
\end{aligned}$$

而順序上不見得要先 x 再 y，也可以寫成

$$\int_1^4 \int_1^6 x+xy^2-2y\,\mathrm{d}y\,\mathrm{d}x$$

這樣就變成先對 y 偏積分，做出來再對 x 積分。

定理 12.1.1

若區域 $D=\{(x,y)\mid a\le x\le b, c\le y\le d\}$，且 $f(x,y)$ 在 D 上連續，則

$$\begin{aligned}
&\iint_D f(x,y)\,\mathrm{d}A \\
=&\int_c^d \int_a^b f(x,y)\,\mathrm{d}x\,\mathrm{d}y \\
=&\int_a^b \int_c^d f(x,y)\,\mathrm{d}y\,\mathrm{d}x
\end{aligned}$$

接下來來看稍微複雜一點點的積分範圍，D 是由 $(1,1),(4,1),(1,6)$ 三個點所成的三角形。

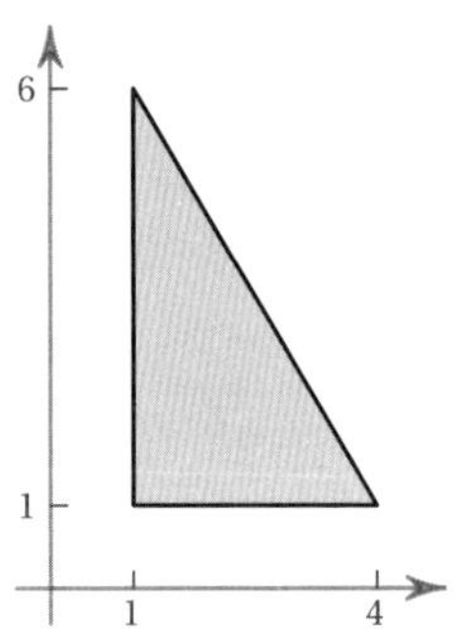

初學的同學常犯的毛病是，將這個積分也寫成

$$\int_1^6 \int_1^4 f(x,y)\,\mathrm{d}x\,\mathrm{d}y$$

因為他們以為，只要看積分範圍 x 最大到哪裡、最小到哪裡；y 最大到哪裡、最小到哪裡。接著將這些數字填上去就好了。但可想而知，這一定是不對的，這樣列出來的積分式，就跟前面我們積分範圍是長方形的狀況一模一樣了。

那麼，到底應該如何寫積分上下限呢？其實，當我們遇到一個二重積分

$$\int\int f(x,y)\,\mathrm{d}x\,\mathrm{d}y$$

當我們要寫內層的積分上下限時，我們所寫的，並非積分範圍最左邊和最右邊能碰觸到多遠。而是，這個積分範圍，左右向來看，是由哪一條曲線到哪一條曲線所圍。接著再看，上下向來看，是由哪一條曲線到哪一條曲線所圍。以前面長方形的例子來說，左右向來看，是由 $x=1$ 到 $x=4$ 所圍，因此就在內層積分下限標上 $(x=)1$，在上限標上 $(x=)4$。接著上下向來看，是由 $y=1$ 到 $y=6$ 所圍，因此就在外層積分下限標上 $(y=)1$，在上限標上 $(y=)6$。

而現在，D 是由 $(1,1),(4,1),(1,6)$ 三個點所成的三角形。三角形的三個邊，其直線方程式分別為 $x=1, y=1, 5x+3y=23$。如果我們要先積 x 再積 y，先左右向來看，是由 $x=1$ 到 $x=\frac{23}{5}-\frac{3y}{5}$ 所圍，因此就在內層的積分下限標上 1，上限標上 $\frac{23}{5}-\frac{3y}{5}$。

目前為止，我們已經標了

$$\int\int_1^{\frac{23}{5}-\frac{3y}{5}} f(x,y)\,\mathrm{d}x\,\mathrm{d}y$$

就圖形上看來，等同是已經告訴人家，積分範圍可由 $x=1$ 和 $x=\frac{23}{5}-\frac{3y}{5}$ 圍起，但仍描述得不夠精確。

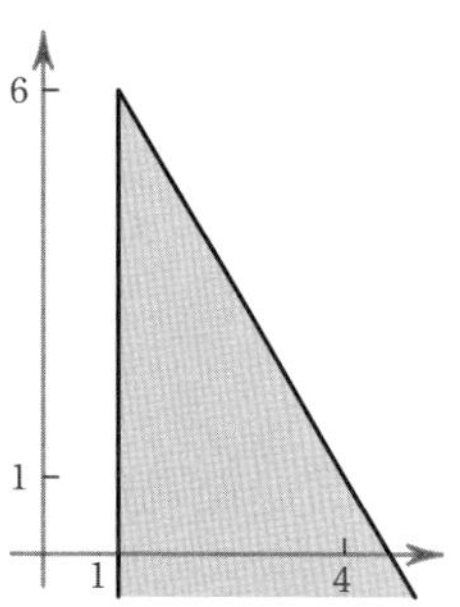

我們現在要看的是，目前如上圖這樣的區域，我如何再用兩條曲線圍起，使得圍完以後就是積分範圍 D 呢？只要簡單地用 $y=1$ 和 $y=6$ 這兩條直線就好了！

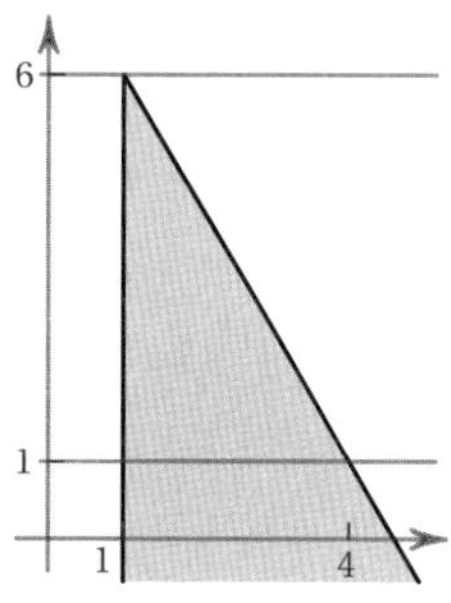

因此便在外層的積分上下限填入 1 和 6

$$\int_1^6 \int_1^{\frac{23}{5}-\frac{3y}{5}} f(x,y)\,\mathrm{d}x\,\mathrm{d}y$$

這樣便完成了！

在內層的積分上下限，出現了外層的變數 y，這是沒有關係的。待將內層做了對 x 偏積分以後，接著再做外層的 y 的積分。此時就不能在 y 的積分上下限，出現內層的變數 x。這裡的上下限只能寫常數，這樣才會積完以後是純數字。

以下舉幾個例題，一方面繼續演示如何找積分上下限，一方面演示如何換積分順序。

例題 12.1.1 求 $f(x,y)=3x^2+2y$ 在 $D=\{(x,y)\mid 0\le x\le 1, 0\le y\le 1\}$ 上的積分。

解

積分範圍是長方形，這種最簡單了。如果我們先積 x 再積 y，先看左右向，是由 $x=0$ 到 $x=1$。接著看上下向，是由 $y=0$ 到 $y=1$。因此列出積分式

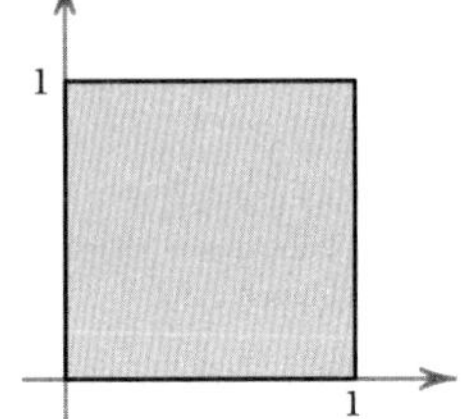

$$\int_0^1\int_0^1 3x^2+2y\,\mathrm{d}x\,\mathrm{d}y$$

接著先做內層的偏積分

$$\int_0^1 \left[x^3+2xy\right]_0^1 \mathrm{d}y=\int_0^1 1+2y\,\mathrm{d}y$$

下一步再對 y 積分即可。

如果我們要換個積分順序，由於是長方形，所以可以直接換

$$\int_0^1\int_0^1 3x^2+2y\,\mathrm{d}y\,\mathrm{d}x$$

我們慢慢看的話，可以發現是對的。先看 y 方向，也就是上下向，是由 $y=0$ 到 $y=1$。再來看 x 方向，也就是左右向，是由 $x=0$ 到 $x=1$。

例題 12.1.2 求 $\iint_D 3x^2+2y\,\mathrm{d}A$，$D$ 是由 $x=0, y=0, x+y=1$ 所圍成的三角形。

解

如果我們先積 x 再積 y，先看左右向，x 的下界是 $x=0$，上界是 $x=1-y$。用這兩條線圍完以後，只要再用 $y=0$ 和 $y=1$ 圍起，即成此積分範圍。因此列出積分式

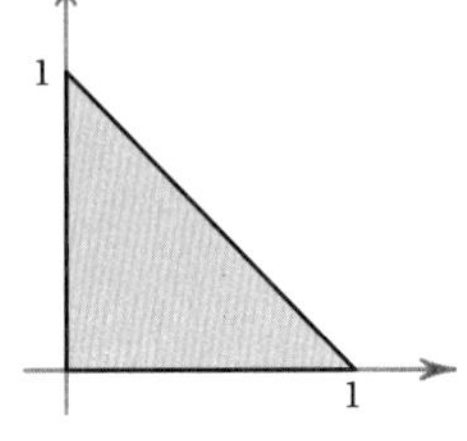

$$\int_0^1\int_0^{1-y} 3x^2+2y\,\mathrm{d}x\,\mathrm{d}y$$

接著先做內層的偏積分

$$\int_0^1 \left[x^3+2xy\right]_0^{1-y} \mathrm{d}y = \int_0^1 (1-y)^3+2(1-y)y\,\mathrm{d}y$$

下一步再乘開後對 y 積分即可。

如果我們要換個積分順序，要小心了，現在積分範圍並不是長方形，並不能直接換成

$$\int_0^{1-y}\int_0^1 3x^2+2y\,\mathrm{d}y\,\mathrm{d}x$$

因為內層上下限可以填入外層的變數，但外層的上下限不可以填內層的變數。所以，所謂的交換積分順序，可千萬不是直接把兩個上下限交換就算了。而是改變了 x,y 的順序以後，我們要重新看上下限怎麼寫。

先看上下向，y 的下界是 $y=0$，上界是 $y=1-x$。用這兩條線圍完以後，只要再用 $x=0$ 和 $x=1$ 圍起，即成此積分範圍。因此列出積分式

$$\int_0^1\int_0^{1-x} 3x^2+2y\,\mathrm{d}y\,\mathrm{d}x$$

然後再由內而外依序積出來。

例題 12.1.3 求 $\displaystyle\iint_D 3x^2+2y\,\mathrm{d}A$，$D$ 是由 $y=0, y=x, x+y=2$ 所圍成的三角形。

解

如果我們先積 x 再積 y，先看左右向，x 的下界是 $x=y$，上界是 $x=2-y$。用這兩條線圍完以後，只要再用 $y=0$ 和 $y=1$ 圍起，即成此積分範圍。因此列出積分式

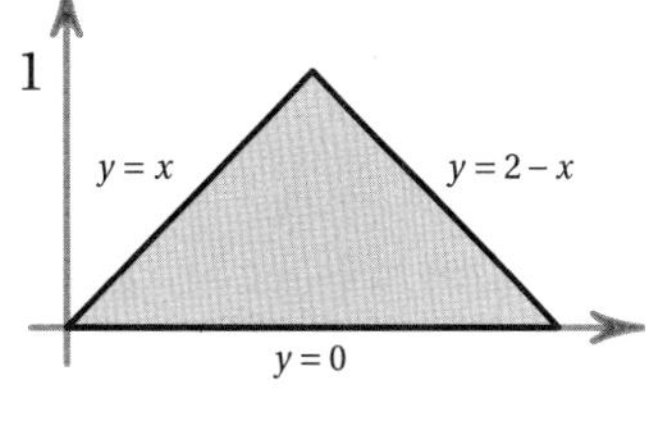

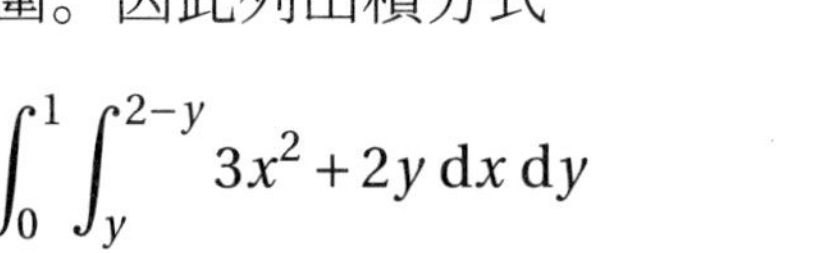

$$\int_0^1\int_y^{2-y} 3x^2+2y\,\mathrm{d}x\,\mathrm{d}y$$

如果我們要換積分順序，先看 y 的下界是 $y=0$，而上界是⋯⋯咦?好像怪怪的。仔細一看，y 的上界有兩段，這根本無法用一個表達式來表達，此時我們唯有一刀將積分範圍切成 D_1, D_2 兩個區域。

先看 D_1，y 的下界為 $y=0$，上界為 $y=x$。x 的下界為 $x=0$，上界為 $x=1$。所以可寫出積分式

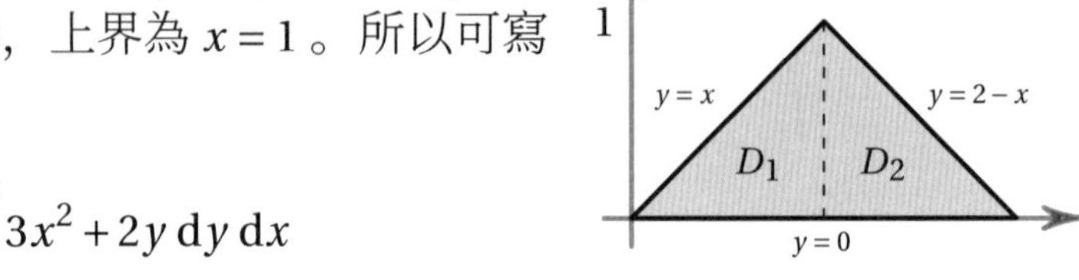

$$\int_0^1\int_0^x 3x^2+2y\,\mathrm{d}y\,\mathrm{d}x$$

接著看 D_2，y 的下界為 $y=0$，上界為 $y=2-x$。x 的下界為 $x=1$，上界為 $x=2$。所以可寫出積分式

$$\int_1^2\int_0^{2-x} 3x^2+2y\,\mathrm{d}y\,\mathrm{d}x$$

所以這一題，如果我們的積分順序，要用先積 y 再積 x 的順序，那就應該拆成兩個積分式來寫

$$\int_0^1\int_0^x 3x^2+2y\,\mathrm{d}y\,\mathrm{d}x+\int_1^2\int_0^{2-x} 3x^2+2y\,\mathrm{d}y\,\mathrm{d}x$$

不是不可以，但這樣列式就較麻煩。因此當我們看到像這樣的積分範圍，就會傾向選擇 $\mathrm{d}x\,\mathrm{d}y$ 的順序去列式。

例題 12.1.4 求 $\int_0^1\int_y^1 e^{x^2}\,\mathrm{d}x\,\mathrm{d}y$。

解

e^{x^2} 沒有初等反導函數，我們無法套用微積分基本定理，找出反導函數以後再代上下限。但在此，我們可以巧妙地避開這問題。

我們來換個積分順序。為了輔助我們寫積分上下限，先辨別一下積分範圍是哪裡。x 的下界是 $x=y$，上界是 $x=1$。至於 y 的下界是 $y=0$，上界是 $y=1$，於是便可畫出。

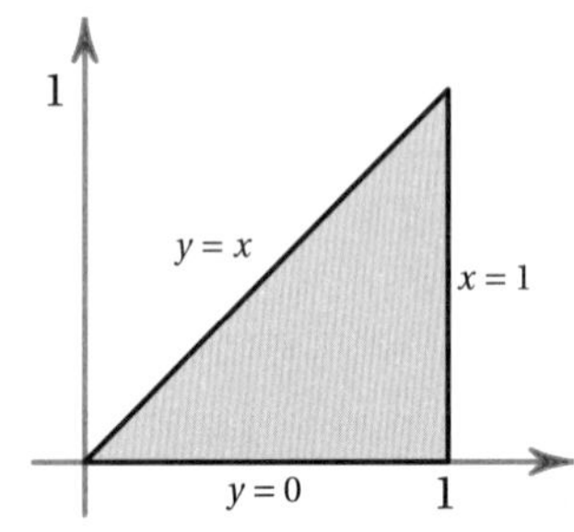

畫出積分範圍以後，便可寫下

$$\begin{aligned}&\int_0^1\int_0^x e^{x^2}\,\mathrm{d}y\,\mathrm{d}x\\=&\int_0^1\left[ye^{x^2}\right]_0^x\mathrm{d}x=\int_0^1 xe^{x^2}\,\mathrm{d}x\end{aligned}$$

寫到這裡便是重點所在了，為什麼要換積分順序，是因為先積 y 而積出了一個 x 出來，現在便可使用變數代換。設 $u=x^2$，$\mathrm{d}u=2x\,\mathrm{d}x$，接著就可以順利地積出來了！

所以，在選擇積分順序時，除了考量積分範圍以外，被積分函數的長相也是考量之一。

例題 12.1.5 $\displaystyle\int_0^1\int_y^1\frac{\sin(x)}{x}\,\mathrm{d}x\,\mathrm{d}y$

解

此題與上一題的積分範圍一模一樣，只改了被積分函數而已。$\frac{\sin(x)}{x}$ 也同樣是找不到初等反導函數，無法直接對 x 作積分。因此我們交換積分順序

$$\begin{aligned}&\int_0^1\int_0^x\frac{\sin(x)}{x}\,\mathrm{d}y\,\mathrm{d}x\\=&\int_0^1\left[y\frac{\sin(x)}{x}\right]_0^x\mathrm{d}x\\=&\int_0^1\sin(x)\,\mathrm{d}x\end{aligned}$$

就這樣，由於我們改先積 y，積完就將分母的 x 消掉，消完便可以做了！

雖然二重積分是在求曲面下的體積，這乍聽是個三維空間的問題。但事實上，如前面幾題的過程所見，其實我們只須畫出二維的積分範圍，藉以輔助我們寫出積分上下限。因此你無須擔心自己的空間概念較差，而難以應付二重積分的問題。只要畫出二維的區域，而且畫區域時不需要畫得十分精準，你所畫的圖不要差得太離譜，差到影響到判斷上下界，基本上對於列上下限都不成問題。

如果是求兩曲面 $z=f(x,y)$ 及 $z=g(x,y)$ 間所圍區域體積，只要將 $f(x,y)$ 及 $g(x,y)$ 相減掛絕對值再積分即可，而積分範圍便是兩曲面所圍區域交線投影到 xy-平面，所以想列積分上下限，就把兩曲面交線投影到 xy-平面。

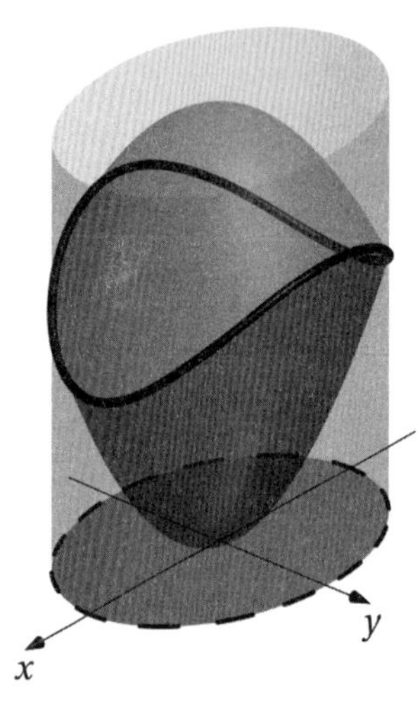

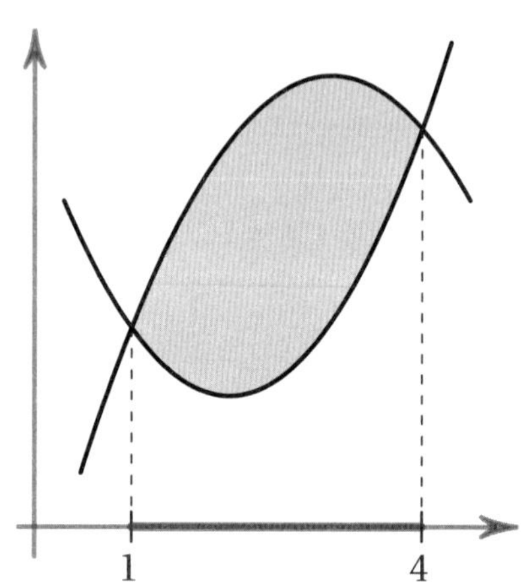

或許你對最後一句比較好奇，為何列積分上下限要將交線投影？其實這和單變數的積分是一樣的。對於曲線 $y=f(x)$ 與 $y=g(x)$ 所夾區域面積，如果我們解出兩曲線交於 $x=1$ 及 $x=4$ 處，就知道所夾區域投影到 x 軸上是 $1\le x\le 4$，積分範圍便是 $x=1$ 到 $x=4$，而積分上下限就是這個範圍的邊界 $x=1$ 與 $x=4$，正是兩曲線交點投影到 x 軸。

例題 12.1.6　求兩曲面 $z=x^2+y^2$ 與 $z=8-x^2-y^2$ 所圍區域的體積。

解

解方程式

$$\begin{cases} z=x^2+y^2 \\ z=8-x^2-y^2 \end{cases} \Rightarrow x^2+y^2=8-x^2-y^2 \Rightarrow x^2+y^2=4$$

所解出的 $x^2+y^2=4$ 就是在 xy-平面上的投影。而在此範圍內，曲面 $z=8-x^2-y^2$ 在上，曲面 $z=x^2+y^2$ 在下，所以可列出積分式

$$\int_{-2}^{2}\int_{-\sqrt{4-x^2}}^{\sqrt{4-x^2}}\left(\left(8-x^2-y^2\right)-\left(x^2+y^2\right)\right)\mathrm{d}y\,\mathrm{d}x$$

注意無論是積分範圍還是兩個曲面的函數，都是對 $x=0$ 對稱也對 $y=0$ 對稱，所以可以只對第一象限積分再四倍：

$$
\begin{aligned}
&4\int_0^2\int_0^{\sqrt{4-x^2}}\left(\left(8-x^2-y^2\right)-\left(x^2+y^2\right)\right)\mathrm{d}y\,\mathrm{d}x\\
=&8\int_0^2\int_0^{\sqrt{4-x^2}}\left(4-x^2-y^2\right)\mathrm{d}y\,\mathrm{d}x\\
=&8\int_0^2\left[\left(4-x^2\right)y-\frac{y^3}{3}\right]_0^{\sqrt{4-x^2}}\mathrm{d}x\\
=&8\int_0^2\frac{2}{3}\left(4-x^2\right)^{\frac{3}{2}}\,\mathrm{d}x=\frac{16}{3}\int_0^2\left(4-x^2\right)^{\frac{3}{2}}\,\mathrm{d}x\\
=&\frac{16}{3}\int_0^{\frac{\pi}{2}}\left(2\cos(\theta)^2\right)^{\frac{3}{2}}2\cos(\theta)\,\mathrm{d}\theta=\frac{256}{3}\int_0^{\frac{\pi}{2}}\cos^4(\theta)\,\mathrm{d}\theta\\
=&\frac{256}{3}\times\frac{3}{4}\times\frac{1}{2}\times\frac{\pi}{2}=16\pi \qquad \boxed{\text{Wallis 公式}}
\end{aligned}
$$

在介紹曲線弧長時有提過，我們可以寫

$$\int_a^b \mathrm{d}x=b-a$$

就是在積分式中並沒有寫被積分函數，這樣就會把積分範圍的大小算出來。當然單變數的積分這樣寫，毫無實用性可言，直接 $b-a$ 就好了何必還列個積分式。

然而在二重積分，就比較有意義一點了。當我們列出積分式

$$\iint_D \mathrm{d}A$$

就會將積分範圍 D 的面積給算出來。

或者是你也可以這樣想，若是不寫，等於是被積分函數是 $f(x,y)=1$：

$$\iint_D 1\,\mathrm{d}A$$

這是求平面 $z=1$ 下的體積。而因為高度恆等於 1，所以體積便等於底面積乘上 1 。所以不看單位，單就值來說，體積跟底面積是一樣大的，這便知道這個積分可將底面積，也就是積分範圍的面積給算出來。

例題 12.1.7 求 $y=x^2$ 與 $y=2x$ 所圍區域面積。

解

我們用二重積分來求，因此現在來考慮積分上下限要怎麼寫。這次我不畫圖了，畫圖只是要輔助我們看積分上下限，而有些時候我們甚至不需要畫圖來輔助。以此題來說，我們先解聯立

$$\begin{cases} y=x^2 \\ y=2x \end{cases}$$

解得 $x=0$ 或 2，$y=0$ 或 4，這便知道有兩交點 $(0,0),(2,4)$。用想的也知道拋物線 $y=x^2$ 在下，直線 $y=2x$ 在上。想不出亦無妨，就抓中間的某個 x 值來代，譬如說代 $x=1$，就分別得到 $y=1$ 和 $y=2$。這樣代完一看，就知道拋物線在下而直線在上。

於是便可列式

$$\begin{aligned}&\int_0^2\int_{x^2}^{2x} \mathrm{d}y\,\mathrm{d}x\\ =&\int_0^2 \Big[y\Big]_{x^2}^{2x}\mathrm{d}x\\ =&\int_0^2 2x-x^2\,dx\\ =&\left[x^2-\frac{x^3}{3}\right]_0^2=\frac{4}{3}\end{aligned}$$

這題演示了，如果你不太會畫圖，連個大概都畫不出來，也許可以直接用代點的方式得知哪一條是上界、哪一條是下界。

接下來討論對稱性的考慮。在單變數積分中，若 $f(x)$ 是奇函數，則

$$\int_{-a}^{a} f(x)\,dx=0$$

若 $f(x)$ 是偶函數，則

$$\int_{-a}^{a} f(x)\,dx=2\int_0^a f(x)\,dx$$

在重積分也有類似的性質。若 $f(x,y)$ 對 x 而言是奇函數，就是說

$$f(-x,y)=-f(x,y)$$

恆成立，則只要積分範圍 D 對於 $x=0$ 是對稱的，便有

$$\iint_D f(x,y)\,\mathrm{d}A=0$$

同樣道理，若 $f(x,y)$ 對 y 而言是奇函數，就是說

$$f(x,-y)=-f(x,y)$$

恆成立，則只要積分範圍 D 對於 $y=0$ 是對稱的，便有

$$\iint_D f(x,y)\,\mathrm{d}A=0$$

而若 $f(x,y)$ 對 x 而言是偶函數，就是說

$$f(-x,y)=f(x,y)$$

恆成立，則只要積分範圍 D 對於 $x=0$ 是對稱的，便有

$$\iint_D f(x,y)\,\mathrm{d}A=2\iint_{D_1} f(x,y)\,\mathrm{d}A$$

其中 D_1 是將 D 由 $x=0$ 一刀分為二之後的某個區域。同樣道理，若 $f(x,y)$ 對 y 而言是偶函數，就是說

$$f(x,-y)=f(x,y)$$

恆成立，則只要積分範圍 D 對於 $y=0$ 是對稱的，便有

$$\iint_D f(x,y)\,\mathrm{d}A=2\iint_{D_2} f(x,y)\,\mathrm{d}A$$

其中 D_2 是將 D 由 $y=0$ 一刀分為二之後的某個區域。

例題 12.1.8 $\int_0^1 \int_{-1}^1 \sin(xy^2)\,\mathrm{d}x\,\mathrm{d}y$

解

由於 $\sin(xy^2)$ 對於 x 是奇函數，而積分範圍又對 $x=0$ 是對稱的，因此

$$\int_0^1 \int_{-1}^1 \sin(xy^2)\,\mathrm{d}x\,\mathrm{d}y = 0$$

例題 12.1.9 求 $f(x,y)=\sin(xy)$ 在 $D=\{(x,y) \mid x^2+y^2 \le 1\}$ 上的積分。

解

由於 $\sin(xy)$ 對於 x 是奇函數，而積分範圍又對 $x=0$ 是對稱的，因此

$$\iint\limits_D \sin(xy)\,\mathrm{d}A = 0$$

此題的被積分函數對 y 也是奇函數，積分範圍對 $y=0$ 也對稱，所以上述過程將 x 改成 y 也成立。

再來，談一種特別好做的特殊狀況。如果說積分範圍是長方形，那麼如前面所提，這樣很容易列出積分上下限，寫起來全都是常數沒有變數。如果說，不僅如此，被積分函數 $f(x,y)$ 還剛好可視為純粹 x 的函數 $g(x)$ 乘上純粹 y 的函數 $h(y)$。① 如果這兩個條件都成立的話，積分式可寫成

$$\int_c^d \int_a^b g(x)h(y)\,\mathrm{d}x\,\mathrm{d}y$$

此時，我們可以寫成

$$\left(\int_a^b g(x)\,\mathrm{d}x\right) \times \left(\int_c^d h(y)\,\mathrm{d}y\right)$$

分別 $g(x)$ 對 x 積分、$h(y)$ 對 y 積分，然後再乘起來。

① 舉例來說，$f(x,y)=x^2\sin(y)$ 可視為只有 x 沒有 y 的函數 x^2，乘上只有 y 沒有 x 的函數 $\sin(y)$。然而大部分的函數，像是 $f(x,y)=x^2+y-\sqrt{x-y}$，就沒有辦法這樣。

為什麼會這樣，理由也相當簡單。原本那個積分式，我們先做內層對 x 的偏積分。此時 $h(y)$ 完全沒有 x，視之為常數。

$$\int_c^d \int_a^b g(x)\,h(y)\,\mathrm{d}x\,\mathrm{d}y$$

那麼它就可以被提到外面，變成

$$\int_c^d h(y) \int_a^b g(x)\,\mathrm{d}x\,\mathrm{d}y$$

接著，我們作出 $\int_a^b g(x)\,\mathrm{d}x$ 以後，它就是一個數值。此數當然也是常數，所以下一步對 y 積分時，又可以提出去，變成

$$\int_a^b g(x)\,\mathrm{d}x \int_c^d h(y)\,\mathrm{d}y$$

例題 12.1.10 $\int_0^{\frac{\pi}{2}} \int_1^3 x^2 \sin(y)\,\mathrm{d}x\,\mathrm{d}y$

解

$$\begin{aligned}
&\int_0^{\frac{\pi}{2}} \int_1^3 x^2 \sin(y)\,\mathrm{d}x\,\mathrm{d}y \\
=&\left(\int_1^3 x^2\,\mathrm{d}x\right) \times \left(\int_0^{\frac{\pi}{2}} \sin(y)\,\mathrm{d}y\right) \\
=&\left[\frac{x^3}{3}\right]_1^3 \times \Big[-\cos(y)\Big]_0^{\frac{\pi}{2}} \\
=&\left(\frac{27}{3}-\frac{1}{3}\right) \times \left(\cos(0)-\cos(\frac{\pi}{2})\right) \\
=&\frac{26}{3}
\end{aligned}$$

{Exercise}

1. $\int_0^1 \int_3^{4-x^2} \frac{xe^{2y}}{4-y}\, \mathrm{d}y\, \mathrm{d}x =$ ________。

2. $\iint_{x^2+y^2\le 1} \left(\frac{x^3}{1+x^6+y^6} + 3 \right) \mathrm{d}A =$ ________。

3. $\int_0^1 \int_{\sqrt{y}}^1 \frac{ye^{x^2}}{x^3}\, \mathrm{d}x\, \mathrm{d}y =$ ________。

4. $\int_0^1 \int_x^1 y^2 e^{xy}\, \mathrm{d}y\, \mathrm{d}x =$ ________。

5. 計算 $\iint_R e^x\, \mathrm{d}A,\quad R = \left\{ (x,y) \,\middle|\, |x| \le y \le |x|+2, y \le 4 \right\}$。

參考答案： 1. $\frac{e^8-e^6}{4}$　2. 4π　3. $\frac{e-1}{4}$　4. $\frac{e-2}{2}$　5. $e^4+e^{-4}-e^2-e^{-2}$

■ 12.2 三重積分

數學中常常可見類推，單變數與多變數中也多有類推。我們將單變數的積分，類推到兩變數的積分，現在再將積分類推到三變數的積分。被積分函數是三變數函數 $f(x,y,z)$，積分範圍 R 是個三維的區域，便有

$$\iiint_R f(x,y,z)\,\mathrm{d}V$$

此時稱之為**三重積分**。

許多同學會有疑惑，既然二重積分已經能算出立體區域的體積，那麼三重積分能計算什麼？我們可以由物理的應用來理解，比方說有一個密度不均勻的物體，由於密度乘以體積得到質量，所以將密度函數 $\rho(x,y,z)$ 作積分，便能計算出這個物體的質量。

例題 12.2.1 求 $\int_R xz\cos(yz)\,\mathrm{d}V$，其中 R 為空間中的長方體：

$$R=\left\{(x,y,z)\,\middle|\,0\le x\le 1, 0\le y\le \frac{\pi}{2}, 0\le z\le 1\right\}$$

解

$$\begin{aligned}
\int_R xz\cos(yz)\,\mathrm{d}V &= \int_0^1\int_0^{\frac{\pi}{2}}\int_0^1 xz\cos(yz)\,\mathrm{d}x\,\mathrm{d}y\,\mathrm{d}z\\
&= \int_0^1\int_0^{\frac{\pi}{2}}\left[\frac{x^2}{2}\cdot z\cos(yz)\right]_0^1\mathrm{d}y\,\mathrm{d}z\\
&= \frac{1}{2}\int_0^1\int_0^{\frac{\pi}{2}} z\cos(yz)\,\mathrm{d}y\,\mathrm{d}z\\
&= \frac{1}{2}\int_0^1 z\cdot\left[\frac{\sin(yz)}{z}\right]_0^{\frac{\pi}{2}}\mathrm{d}z = \frac{1}{2}\int_0^1\sin\left(\frac{\pi}{2}z\right)\mathrm{d}z\\
&= \frac{1}{2}\cdot\frac{2}{\pi}\int_0^{\frac{\pi}{2}}\sin(u)\,\mathrm{d}u = \frac{1}{\pi}
\end{aligned}$$

例題 12.2.2 求 $\int_R xy^2z^3\,\mathrm{d}V$，其中 R 為空間中的長方體：

$$R=\{(x,y,z)\mid -1\le x\le 2, 0\le y\le 3, 0\le z\le 2\}$$

解

$$\begin{aligned}\int_R xy^2z^3\,\mathrm{d}V &= \int_0^2\int_0^3\int_{-1}^2 xy^2z^3\,\mathrm{d}x\,\mathrm{d}y\,\mathrm{d}z\\ &= \left(\int_{-1}^2 x\,\mathrm{d}x\right)\cdot\left(\int_0^3 y^2\,\mathrm{d}y\right)\cdot\left(\int_0^2 z^3\,\mathrm{d}z\right)\\ &= \left[\frac{x^2}{2}\right]_{-1}^2\cdot\left[\frac{y^3}{3}\right]_0^3\cdot\left[\frac{z^4}{4}\right]_0^2 = \left(2-\frac{1}{2}\right)\cdot 9\cdot 4 = 54\end{aligned}$$

乍看之下，計算三重積分與二重積分沒多大區別。不過二重積分在列式時，常常只須看著二維的積分範圍。然而三重積分列式，卻無可避免要分析三維區域，這是三重積分的難點。稍舉一例來說明如何分析積分區域：利用三重積分求平面 $x=0$、$y=0$、$z=0$ 及 $x+\frac{y}{2}+\frac{z}{3}=1$ 所圍區域體積。三重積分沒寫被積分函數，求出三維積分區域的體積：

$$\iiint_R \mathrm{d}V$$

其中 R 為所求區域。我們現在要思考如何填寫積分上下限，以便迭次積出。

等一下，且讓我們先看看如何用二重積分解決此問題。我們可以想成是平面 $z=3-3x-\frac{3}{2}y$ 之下、平面 $z=0$ 之上，且位於第一卦限的區域。既然如此，二重積分可列為

$$\iint_D \left[\left(3-3x-\frac{3}{2}y\right)-0\right]\mathrm{d}A$$

其中 D 為 R 到 xy-平面的投影。而這個投影長什麼樣子呢？平面 $x=0$ 與平面 $y=0$ 投影後分別是 xy-平面中的直線 $x=0$ 與直線 $y=0$，另外就是平面 $z=3-3x-\frac{3}{2}y$ 與平面 $z=0$ 交線的投影，那便是解聯立得到 $3-3x-\frac{3}{2}y=0$。這樣就得知二重積分的積分範圍，再看著這範圍列出積分上下限即可。

現在回到三重積分列積分上下限問題，其實答案就在剛剛的過程中了！我們可以使用 $\mathrm{d}z\,\mathrm{d}x\,\mathrm{d}y$ 或 $\mathrm{d}z\,\mathrm{d}y\,\mathrm{d}x$ 的積分順序，就是先考慮 z 方向，看出上下限是 $z=3-3x-\frac{3}{2}y$ 與 $z=0$，便可填入

$$\iint\int_0^{3-3x-\frac{3}{2}y} \mathrm{d}z\,\mathrm{d}y\,\mathrm{d}x$$

接著再考慮 R 到 xy-平面的投影。在 $x+\frac{y}{2}+\frac{z}{3}=1$ 代 $z=0$ 得 $2x+y=2$，再配合 $x=0, y=0$，得知投影區域如右圖。便可列出

$$\int_0^1\int_0^{2-2x}\int_0^{3-3x-\frac{3}{2}y} \mathrm{d}z\,\mathrm{d}y\,\mathrm{d}x$$

再看一例：R 為曲面 $y=x^2$、平面 $y+z=1, z=0$ 所圍區域，如右圖。若先對 z 積分，z 範圍為 $z=0$ 到 $z=1-y$。接著考慮 R 到 xy-平面的投影，將 $y+z=1$ 代 $z=0$ 得到 $y=1$。再配合 $y=x^2$，得到投影區域如下圖(a)。於是列出

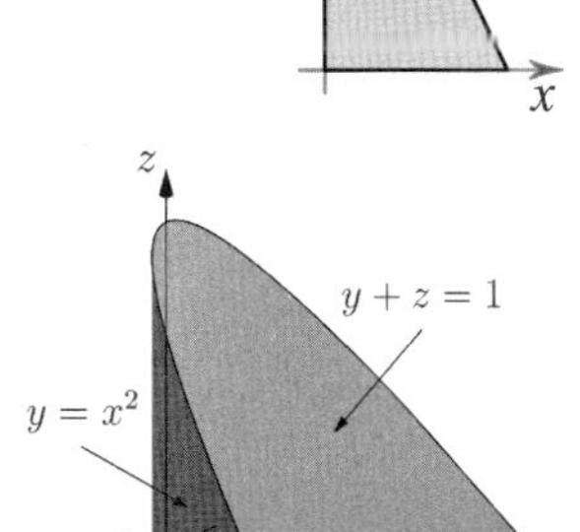

$$\int_{-1}^1\int_{x^2}^1\int_0^{1-y} f(x,y,z)\,\mathrm{d}z\,\mathrm{d}y\,\mathrm{d}x$$

換個順序。若是先對 y 積分，y 的範圍為 $y=x^2$ 到 $y=1-z$。接著考慮 R 到 xz-平面的投影，將 $y+z=1$ 及 $y=x^2$ 解聯立得到 $z=1-x^2$。再配合 $z=0$，得到投影區域如下圖(b)。於是列出積分式

$$\int_{-1}^1\int_0^{1-x^2}\int_{x^2}^{1-z} f(x,y,z)\,\mathrm{d}y\,\mathrm{d}z\,\mathrm{d}x$$

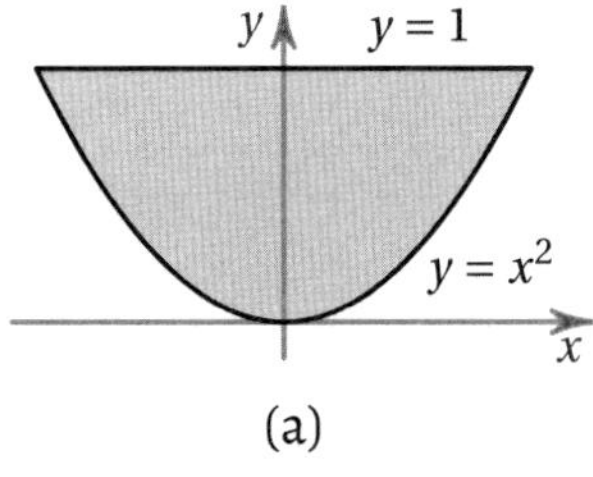

(a)

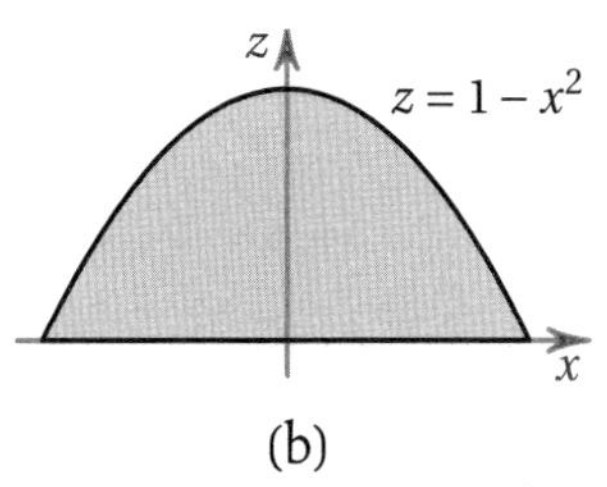

(b)

例題 12.2.3 求 $\displaystyle\int_R \frac{12}{(1+x+y+z)^4}\,\mathrm{d}V$,其中 R 是由平面 $x=0, y=0, z=0, x+y+z=1$ 所圍四面體。

解

若先對 z 積分，z 的範圍為 $z=0$ 到 $z=1-x-y$。接著考慮 R 到 xy-平面的投影，將 $z=1-x-y$ 代 $z=0$ 得到 $x+y=1$。再配合 $x=0, y=0$，得到投影區域如圖。於是列出積分式

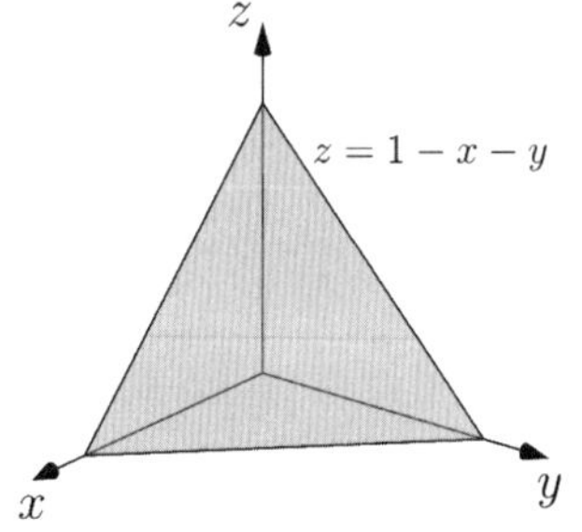

$$\begin{aligned}
&\int_0^1\int_0^{1-x}\int_0^{1-x-y}\frac{12}{(1+x+y+z)^4}\,\mathrm{d}z\,\mathrm{d}y\,\mathrm{d}x\\
&=\int_0^1\int_0^{1-x}\left[\frac{-4}{(1+x+y+z)^3}\right]_0^{1-x-y}\mathrm{d}y\,\mathrm{d}x\\
&=\int_0^1\int_0^{1-x}\left[\frac{4}{(1+x+y)^3}-\frac{1}{2}\right]\mathrm{d}y\,\mathrm{d}x=\int_0^1\left[\frac{-2}{(1+x+y)^2}-\frac{y}{2}\right]_0^{1-x}\mathrm{d}x\\
&=\int_0^1\left[-\frac{1}{2}-\frac{1-x}{2}+\frac{2}{(1+x)^2}\right]\mathrm{d}x=\int_0^1-1+\frac{x}{2}+\frac{2}{(1+x)^2}\,\mathrm{d}x\\
&=-1+\frac{1}{4}-1+2=\frac{1}{4}
\end{aligned}$$

例題 12.2.4 求 $\displaystyle\int_R xy^3z^2\,\mathrm{d}V$，其中 R 是平面 $z=xy, z=0, y=x, x=1$ 所圍。

解

要把積分區域畫出來似乎不是很容易，索性不畫了。看到其中一個是 $z=xy$，所以試試先對 z 積分。接著考慮 R 到 xy-平面的投影，將 $z=xy$ 代 $z=0$ 得到 $0=xy\Rightarrow x=0$ 或 $y=0$，這方程式代表 x 軸及 y 軸。再配合 $y=x, x=1$，得到投影區域。於是列出積分式

$$\int_0^1\int_0^x\int_0^{xy} xy^3z^2\,\mathrm{d}z\,\mathrm{d}y\,\mathrm{d}x$$

$$= \int_0^1 \int_0^x xy^3 \left[\frac{z^3}{3}\right]_0^{xy} \mathrm{d}y\,\mathrm{d}x = \frac{1}{3}\int_0^1 \int_0^x x^4 y^6 \,\mathrm{d}y\,\mathrm{d}x$$

$$= \frac{1}{3}\int_0^1 x^4 \cdot \frac{x^7}{7}\,\mathrm{d}x = \frac{1}{21}\int_0^1 x^{11}\,\mathrm{d}x$$

$$= \frac{1}{252}$$

例題 12.2.5 $\int_0^1 \int_0^{y^2} \int_0^{1-y} f(x,y,z)\,\mathrm{d}z\,\mathrm{d}x\,\mathrm{d}y$ 的積分區域如圖，試寫出其它積分順序。

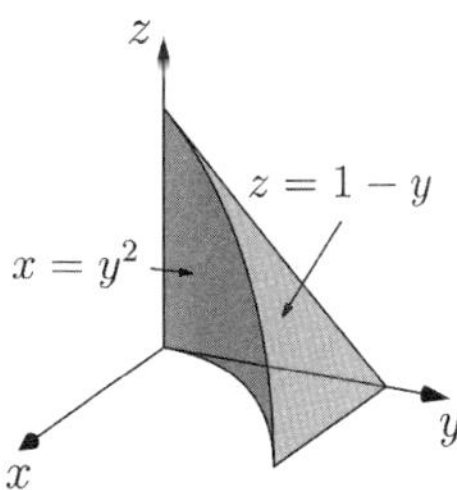

解

由題目所給的積分上下限再配合圖，容易看出積分區域到 xy-平面、yz-平面及 xz-平面的投影。

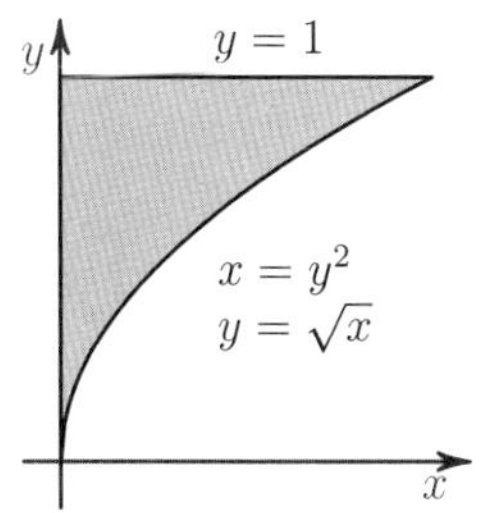

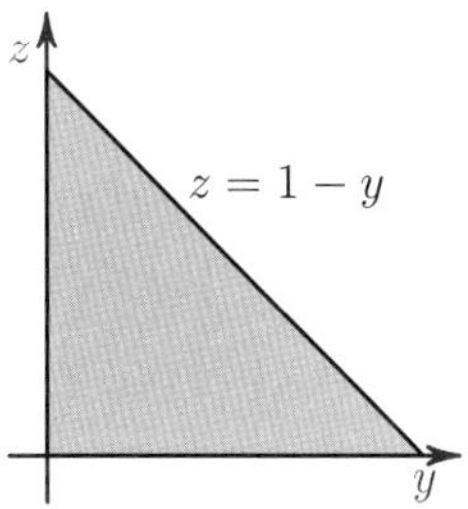

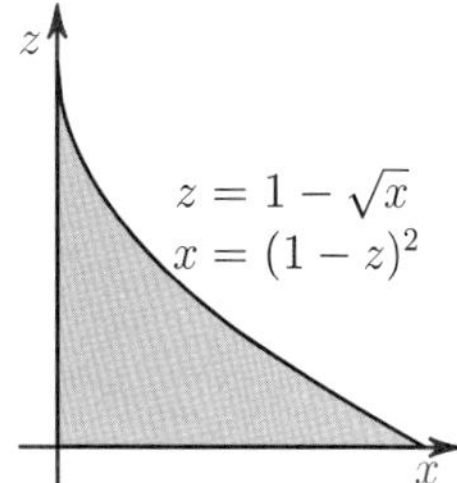

其中投影到 xz-平面時，可對於 $z = 1 - y$ 及 $x = y^2$ 解聯立，便得到交線的投影。於是可列出

$$\int_0^1 \int_0^{y^2} \int_0^{1-y} f(x,y,z)\,\mathrm{d}z\,\mathrm{d}x\,\mathrm{d}y = \int_0^1 \int_{\sqrt{x}}^1 \int_0^{1-y} f(x,y,z)\,\mathrm{d}z\,\mathrm{d}y\,\mathrm{d}x$$

$$
\begin{aligned}
&= \int_0^1 \int_0^{1-z} \int_0^{y^2} f(x,y,z)\,\mathrm{d}x\,\mathrm{d}y\,\mathrm{d}z \\
&= \int_0^1 \int_0^{1-y} \int_0^{y^2} f(x,y,z)\,\mathrm{d}x\,\mathrm{d}z\,\mathrm{d}y \\
&= \int_0^1 \int_0^{1-\sqrt{x}} \int_{\sqrt{x}}^{1-z} f(x,y,z)\,\mathrm{d}y\,\mathrm{d}z\,\mathrm{d}x \\
&= \int_0^1 \int_0^{(1-z)^2} \int_{\sqrt{x}}^{1-z} f(x,y,z)\,\mathrm{d}y\,\mathrm{d}x\,\mathrm{d}z
\end{aligned}
$$

三重積分亦可有對稱性的考慮，如下所示。

例題 12.2.6 求 $\int_0^1 \int_{-x}^{x} \int_0^1 ye^{\frac{x-z}{x+z^2}} + y^2 z\,\mathrm{d}z\,\mathrm{d}y\,\mathrm{d}x$。

解

先拆成

$$\int_0^1 \int_{-x}^{x} \int_0^1 ye^{\frac{x-z}{x+z^2}}\,\mathrm{d}z\,\mathrm{d}y\,\mathrm{d}x + \int_0^1 \int_{-x}^{x} \int_0^1 y^2 z\,\mathrm{d}z\,\mathrm{d}y\,\mathrm{d}x$$

由於 $f(x,y,z) = ye^{\frac{x-z}{x+z^2}}$ 是 y 的奇函數，故第一項積分值為 0；$g(x,y,z) = y^2 z$ 為 y 的偶函數，故可寫成

$$
\begin{aligned}
&2\int_0^1 \int_0^x \int_0^1 y^2 z\,\mathrm{d}z\,\mathrm{d}y\,\mathrm{d}x \\
&= \int_0^1 \int_0^x y^2 \Big[z^2\Big]_0^1\,\mathrm{d}y\,\mathrm{d}x = \int_0^1 \int_0^x y^2\,\mathrm{d}y\,\mathrm{d}x \\
&= \int_0^1 \left[\frac{y^3}{3}\right]_0^x \mathrm{d}x = \frac{1}{3}\int_0^1 x^3\,\mathrm{d}x = \frac{1}{12}
\end{aligned}
$$

另外介紹一個技巧，有時候直接計算多重積分真的不好做，如果被積分函數不全含 x, y, z，也許可以技巧性地降低維度。

例題 12.2.7 求 $\int\limits_R 1+\cos(x)+\sin(yz)\,\mathrm{d}V$， $R=\left\{(x,y,z)\mid x^2+y^2+z^2\le a^2\right\}$。

解

首先拆解成

$$\int\limits_R \mathrm{d}V+\int\limits_R \cos(x)\,\mathrm{d}V+\int\limits_R \sin(yz)\,\mathrm{d}V$$

其中第一項是半徑為 a 的球體積 $\frac{4}{3}\pi a^3$，末項的被積分函數是 y 的奇函數，積分區域又對 $y=0$ 對稱，所以積分值為 0。至於中間項的計算:

解 1

$$\begin{aligned}
&\int_{-a}^{a}\int_{-\sqrt{a^2-x^2}}^{\sqrt{a^2-x^2}}\int_{-\sqrt{a^2-x^2-y^2}}^{\sqrt{a^2-x^2-y^2}}\cos(x)\,\mathrm{d}z\,\mathrm{d}y\,\mathrm{d}x\\
=&2\int_{-a}^{a}\int_{-\sqrt{a^2-x^2}}^{\sqrt{a^2-x^2}}\sqrt{a^2-x^2-y^2}\cos(x)\,\mathrm{d}y\,\mathrm{d}x\\
=&2\int_{-a}^{a}\cos(x)\int_{-\sqrt{a^2-x^2}}^{\sqrt{a^2-x^2}}\sqrt{a^2-x^2-y^2}\,\mathrm{d}y\,\mathrm{d}x
\end{aligned}$$

將裡面看成 $\left(a^2-x^2\right)-y^2$，所以設 $y=\sqrt{a^2-x^2}\sin(\theta)$

$$\begin{aligned}
=&2\int_{-a}^{a}\cos(x)\int_{-\frac{\pi}{2}}^{\frac{\pi}{2}}\sqrt{a^2-x^2}\cos(\theta)\sqrt{a^2-x^2}\cos(\theta)\,\mathrm{d}\theta\,\mathrm{d}x\\
=&2\int_{-a}^{a}\left(a^2-x^2\right)\cos(x)\int_{-\frac{\pi}{2}}^{\frac{\pi}{2}}\cos^2(\theta)\,\mathrm{d}\theta\,\mathrm{d}x\\
=&2\int_{-a}^{a}\left(a^2-x^2\right)\cos(x)\int_{-\frac{\pi}{2}}^{\frac{\pi}{2}}\frac{1+\cos(2\theta)}{2}\,\mathrm{d}\theta\,\mathrm{d}x\\
=&\cancel{2}\int_{-a}^{a}\left(a^2-x^2\right)\cos(x)\int_{-\frac{\pi}{2}}^{\frac{\pi}{2}}\frac{1+\cos(2\theta)}{\cancel{2}}\,\mathrm{d}\theta\,\mathrm{d}x\\
=&\int_{-a}^{a}\left(a^2-x^2\right)\cos(x)\left[\theta+\frac{\sin(2\theta)}{2}\right]_{-\frac{\pi}{2}}^{\frac{\pi}{2}}\,\mathrm{d}x
\end{aligned}$$

$$=\pi\int_{-a}^{a}\left(a^2-x^2\right)\cos(x)\,\mathrm{d}x \tag{12.2.1}$$

至此終於化為單變數積分，接著兩次分部積分

$$\begin{aligned}
&\pi\int_{-a}^{a}\left(a^2-x^2\right)\cos(x)\,\mathrm{d}x\\
&=\pi\left[\left(a^2-x^2\right)\sin(x)\Big|_{-a}^{a}+2\int_{-a}^{a}x\sin(x)\,\mathrm{d}x\right]\\
&=0-0+2\pi\left[x\left(-\cos(x)\right)\Big|_{-a}^{a}+\int_{-a}^{a}\cos(x)\,\mathrm{d}x\right]\\
&=-4\pi a\cos(a)+4\pi\sin(a)
\end{aligned}$$

辛苦算出來，現在回過頭來，利用巧思得到 (12.2.1) 。

解 2

注意到在 $\int_R \cos(x)\,\mathrm{d}V$ 中，雖然 R 是三維區域，但被積分函數 $\cos(x)$ 只含 x 。這說明若我們用某個 $x=x_0$ 的平面與 R 截出截面，被積分函數在那整個截面上的取值都是固定不變的 $\cos(x_0)$ 。而 $x=x_0$ 與 R 截圓的半徑為 $\sqrt{a^2-x_0^2}$，面積為 $\left(a^2-x_0^2\right)\pi$，將 $\cos(x_0)$ 乘上這個面積得到 $\left(a^2-x_0^2\right)\pi\cos(x_0)$ 。所以我們可寫成

$$\int_R \cos(x)\,\mathrm{d}V=\int_{-a}^{a}\left(a^2-x^2\right)\pi\cos(x)\,\mathrm{d}x$$

列積分上下限時，善用投影法可以輔助我們較容易列出，但多少還是須有些空間感。現在介紹代數定限法，什麼圖也不畫。

以例題 12.2.5 的 $\int_0^1\int_0^{y^2}\int_0^{1-y} f(x,y,z)\,\mathrm{d}z\,\mathrm{d}x\,\mathrm{d}y$ 的轉換順序為例，原積分上下限告訴我:

$$0\le z\le 1-y \tag{12.2.2}$$

$$0\le x\le y^2 \tag{12.2.3}$$

$$0\le y\le 1 \tag{12.2.4}$$

現在來試圖整合成一個式子。首先利用 (12.2.3) 與 (12.2.4) ，併為

$$0\le x\le y^2\le 1$$

為了將 (12.2.2) 也併入，先把它變形：

$$0 \le z \le 1-y \Leftrightarrow y \le 1-z \le 1$$

這樣便能全合併成

$$0 \le x \le y^2 \le (1-z)^2 \le 1 \tag{12.2.5}$$

現在利用 (12.2.5) 來填寫積分上下限。對於 $\mathrm{d}x\,\mathrm{d}y\,\mathrm{d}z$ 的順序，首先看 (12.2.5) 中 x 的左右鄰居，看到 $0 \le x \le y^2$，便填入範圍；接著看 y 的左右鄰居，x 已經填了所以跳過它，看到 $0 \le y \le (1-z)$，便填入範圍；最後看 z 的左右鄰居，x, y 都填了所以都跳過，看到 $0 \le z \le 1$ 。這樣便得到完整積分上下限為 $\int_0^1 \int_0^{1-z} \int_0^{y^2} \mathrm{d}x\,\mathrm{d}y\,\mathrm{d}z$，這結論與前面答案一致。

例題 12.2.8 將 $\int_0^1 \int_0^t \int_0^z \int_0^y \mathrm{d}x\,\mathrm{d}y\,\mathrm{d}z\,\mathrm{d}t$ 轉換為 $\mathrm{d}y\,\mathrm{d}t\,\mathrm{d}z\,\mathrm{d}x$ 的順序。

解

四重積分，沒辦法畫圖。使用代數定限法，列出

$$0 \le x \le y \le z \le t \le 1$$

先看 y 左右鄰居，看到 $x \le y \le z$；再看 t 左右鄰居，看到 $z \le t \le 1$；再看 z 左右鄰居，略過 y, t，看到 $x \le z \le 1$；最後看 x 左右鄰居，略過 y, z, t，看到 $0 \le x \le 1$ 。便得到完整積分上下限為

$$\int_0^1 \int_x^1 \int_z^1 \int_x^z \mathrm{d}y\,\mathrm{d}t\,\mathrm{d}z\,\mathrm{d}x$$

{*Exercise*}

1. $\int_0^2\int_0^2\int_{x^2}^4 xze^{zy^2}\,\mathrm{d}y\,\mathrm{d}x\,\mathrm{d}z$。

2. 計算 $\iiint_R x\,\mathrm{d}V$，其中 R 為 $x=0, y=0, z=0$ 及 $x+\frac{y}{2}+\frac{z}{3}=1$ 所圍區域。

3. 計算 $\iiint_R xyze^{-x^2-y^2}\,\mathrm{d}V$，$R=\left\{(x,y,z)\;\middle|\;0\le x\le\sqrt{\ln 2}, 0\le y\le\sqrt{\ln 4}, 0\le z\le 1\right\}$。

4. 計算 $\iiint_R \mathrm{d}V$，其中 R 為 $x^2+4y^2=4$ 及 $z=3-x, z=x-3$ 所圍區域。

參考答案：1. $\frac{e^{32}-33}{64}$　2. $\frac{1}{4}$　3. $\frac{3}{64}$　4. 12π

■ 12.3 重積分的變數代換

在單變數的積分中，如果我們遇到

$$\int_0^2 xe^{x^2}\,\mathrm{d}x$$

可以作變數代換，設 $u=x^2$，$\mathrm{d}u=2x\,\mathrm{d}x$，將其換成

$$\frac{1}{2}\int_0^4 e^u\,\mathrm{d}u$$

便能夠做出來。

在重積分當中，也可以做類似的事。當我們遇到

$$\iint\limits_D f(x,y)\,\mathrm{d}x\,\mathrm{d}y$$

覺得很難做的時候，甚至是連要找積分上下限都不容易時，便可以做多變數的變數代換

$$\begin{cases} x=x(u,v) \\ y=y(u,v) \end{cases}$$

來換成

$$\iint\limits_R g(u,v)\bigstar\,\mathrm{d}u\,\mathrm{d}v$$

這樣可能導致積分範圍比較好寫，或是被積分函數比較好處理。

當我們作單變數變數代換時，一個很重要的地方是：必須考慮舊的變數 x 與新的變數 u 之間，兩者的無窮小增量 $\mathrm{d}x$ 和 $\mathrm{d}u$ 之間該如何換掉，它們兩個之間可能要乘上一個放大率。以上面所舉例子來說，$u=x^2$，$\mathrm{d}u=2x\,\mathrm{d}x$，這個 $2x$ 就是放大率。

現在有兩個變數，道理也是一樣的。當我們做兩變數積分的變數代換，由原本的 $\mathrm{d}x\,\mathrm{d}y$，到新變數的 $\mathrm{d}u\,\mathrm{d}v$，應該如何寫出放大率 ★ 呢？我們的答案是：**雅可比行列式** (Jacobian determinant)。

定義 12.3.1　雅可比行列式

對於兩變數向量函數 $f(u,v)=\big(x(u,v),y(u,v)\big)$ 而言，其雅可比行列式為

$$J(u,v)=\begin{vmatrix}\dfrac{\partial x}{\partial u} & \dfrac{\partial x}{\partial v}\\ \dfrac{\partial y}{\partial u} & \dfrac{\partial y}{\partial v}\end{vmatrix}$$

口語上，Jacobian determinant 常簡稱作 Jacobian。符號上，亦可記作 $\frac{\partial(x,y)}{\partial(u,v)}$。你可以將這符號想成是將 x,y 輪流對 u,v 作偏微導的意思。單變數作變數代換 $u=g(x)$ 的放大率，是將 u 對 x 求導得到 $\frac{\mathrm{d}u}{\mathrm{d}x}$；多變數作變數代換 $x=x(u,v),y=y(u,v)$ 的放大率，是將 x,y 輪流對 u,v 作偏微導得到 $\frac{\partial(x,y)}{\partial(u,v)}$。

順帶一提，許多人將 Jacobian determinant 讀作「賈」可比行列式，這又是犯了用英文發音的毛病。Carl Gustav Jacob Jacobi 是德國數學家，Jacobi 的德文發音翻過來應該是雅可比。

性質 12.3.1　多變數的變數代換

重積分

$$\iint\limits_D f(x,y)\,\mathrm{d}x\,\mathrm{d}y$$

作了變數代換

$$\begin{cases}x=x(u,v)\\ y=y(u,v)\end{cases}$$

之後，積分範圍 D 會變換成 R，兩者通常長得不一樣。而積分式則被代換成

$$\iint\limits_R g(u,v)\,\big|J(u,v)\big|\,\mathrm{d}u\,\mathrm{d}v$$

note

我們會用兩直線框住，來表達取絕對值的意思。而當我們取行列式的時候，我們還是用兩直線框住！所以請注意，$J(u,v)$ 本身就已經是一個行列式了，而 $|J(u,v)|$ 則是這個行列式再取絕對值。

舉實際例子來說。下面這積分式，積分區域是半長軸半短軸分別為 3,2 的橢圓。沒寫被積分函數，就會將積分範圍的大小積出來。所以這個積分式的答案，實際上就等於橢圓面積 $2\times3\times\pi$ 。

$$\iint\limits_{\frac{x^2}{4}+\frac{y^2}{9}\le 1} \mathrm{d}x\,\mathrm{d}y$$

我們現在來試著用變數代換的方式，得到同樣的答案 6π 。如果作代換

$$\begin{cases} x=2u \\ y=3v \end{cases}$$

積分範圍將會變成 $\frac{x^2}{4}+\frac{y^2}{9}=\frac{(2u)^2}{4}+\frac{(3v)^2}{9}=u^2+v^2\le 1$ 。作了變換以後，積分範圍也改變了，由原本的橢圓，變成了單位圓。接著求雅可比行列式

$$J(u,v)=\begin{vmatrix} \frac{\partial x}{\partial u} & \frac{\partial x}{\partial v} \\ \frac{\partial y}{\partial u} & \frac{\partial y}{\partial v} \end{vmatrix}=\begin{vmatrix} 2 & 0 \\ 0 & 3 \end{vmatrix}=6$$

6 掛絕對值還是 6，因此積分式就變換為

$$\iint\limits_{u^2+v^2\le1} 6\,\mathrm{d}u\,\mathrm{d}v=6\iint\limits_{u^2+v^2\le1}\mathrm{d}u\,\mathrm{d}v=6\times\pi$$

例題 12.3.1 R 為 xy-平面上，由四直線 $x+y=1$, $x+y=3$, $x-y=-1$, $x-y=1$ 所圍的正方形。求 $\iint\limits_R (x+y)^2\sin(x-y)\,\mathrm{d}x\,\mathrm{d}y$ 。

解

被積分函數長看起來就不好對付，而積分範圍的樣子也是麻煩。因為不論用何種積分順序去列式，都勢必要切成兩個區域，用兩個積分式，才有辦法填完積分上下限。

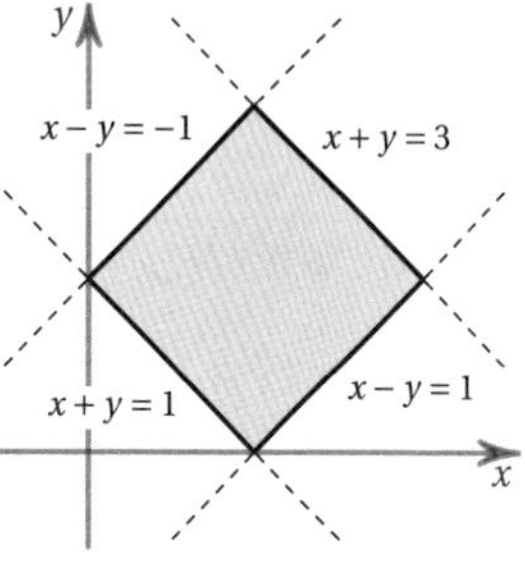

然而觀察被積分函數，我們容易想到代換

$$\begin{cases} u=x+y \\ v=x-y \end{cases}$$

這樣設的話，被積分函數就會代換成 $u^2\sin(v)$，簡化了許多。再來看積分範圍，由於圍成正方形的四直線，正好就是 $x+y=c$ 與 $x-y=c$ 的形式，所以作了代換以後，正好是 $u=1, u=3, v=-1, v=1$。

積分範圍變這樣，也太棒了，填積分上限便很容易了。所以新的積分式便是

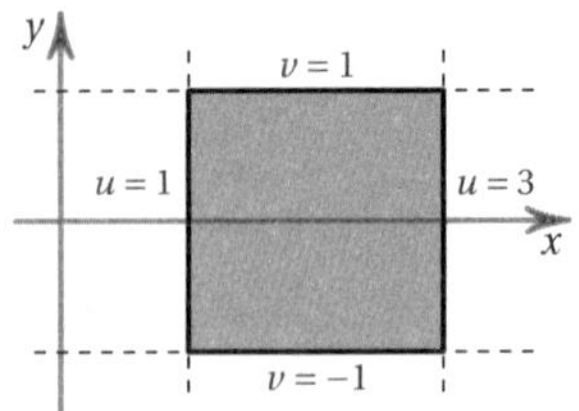

$$\int_{-1}^{1}\int_{1}^{3} u^2\sin(v)\left|J(u,v)\right| \,\mathrm{d}u\,\mathrm{d}v$$

我們只差 $\left|J(u,v)\right|$ 還沒找出來而已。這是要將 x, y 輪流對 u, v 作偏微導。但我們這題的代換，卻是 $u=x+y, v=x-y$，以 x, y 表達 u, v。所以我們要反過來寫，改以 u, v 表達 x, y。這並不困難，兩式相加可得 $u+v=2x$，兩式相減可得 $u-v=2y$。於是就有

$$\begin{cases} x=\dfrac{u+v}{2} \\ y=\dfrac{u-v}{2} \end{cases} \Rightarrow J(u,v)=\begin{vmatrix} \dfrac{\partial x}{\partial u} & \dfrac{\partial x}{\partial v} \\ \dfrac{\partial y}{\partial u} & \dfrac{\partial y}{\partial v} \end{vmatrix}=\begin{vmatrix} \dfrac{1}{2} & \dfrac{1}{2} \\ \dfrac{1}{2} & -\dfrac{1}{2} \end{vmatrix}=-\frac{1}{2}$$

所以加絕對值後放入積分式，得到

$$\int_{-1}^{1}\int_{1}^{3} u^2\sin(v)\frac{1}{2}\,\mathrm{d}u\,\mathrm{d}v$$

注意被積分函數是 v 的奇函數，積分範圍對 $v=0$ 對稱，故積分值為 0。

在此例中，我們由原本的代換

$$\begin{cases} u=x+y \\ v=x-y \end{cases}$$

反求出

$$\begin{cases} x=\dfrac{u+v}{2} \\ y=\dfrac{u-v}{2} \end{cases}$$

於是便可以求 $J(u,v)$。其實不一定要這樣子反過來寫，也可以直接求

$$J(x,y)=\begin{vmatrix} \frac{\partial u}{\partial x} & \frac{\partial u}{\partial y} \\ \frac{\partial v}{\partial x} & \frac{\partial v}{\partial y} \end{vmatrix}=\begin{vmatrix} 1 & 1 \\ 1 & -1 \end{vmatrix}=-2$$

接著再倒數，就會有 $-\frac{1}{2}$ 了！

為什麼會這樣子，理由很簡單。重積分將 $\mathrm{d}x\,\mathrm{d}y$ 換成 $\mathrm{d}u\,\mathrm{d}v$，以及反過來，將 $\mathrm{d}u\,\mathrm{d}v$ 換成 $\mathrm{d}x\,\mathrm{d}y$。就分別是

$$\mathrm{d}x\,\mathrm{d}y = \left|J(u,v)\right|\mathrm{d}u\,\mathrm{d}v$$

$$\mathrm{d}u\,\mathrm{d}v = \left|J(x,y)\right|\mathrm{d}x\,\mathrm{d}y$$

這樣擺一起看，就很明顯有

$$\left|J(u,v)\right| \times \left|J(x,y)\right| = 1$$

$\mathrm{d}u\,\mathrm{d}v$ 乘上某個放大率變成 $\mathrm{d}x\,\mathrm{d}y$，$\mathrm{d}x\,\mathrm{d}y$ 乘上某個放大率變成 $\mathrm{d}u\,\mathrm{d}v$，那這兩個放大率當然是互為倒數。

不過，這招其實也不是每次都派得上用場。我們是剛好偏微導以後都是常數，所以還不成問題。如果偏微導完仍有變數，這樣就還是要把 x,y 給換成 u,v。那我們就要考量，到底是一開始就反過來表達會比較簡便，還是倒數完再換比較簡便。

具體舉例，如果我作代換

$$\begin{cases} u = x^2 \\ v = y^2 \end{cases} \Rightarrow J(x,y) = \begin{vmatrix} \dfrac{\partial u}{\partial x} & \dfrac{\partial u}{\partial y} \\ \dfrac{\partial v}{\partial x} & \dfrac{\partial v}{\partial y} \end{vmatrix} = \begin{vmatrix} 2x & 0 \\ 0 & 2y \end{vmatrix} = 4xy$$

我們當然不能直接倒數後放進積分式

$$\iint\limits_R g(u,v)\left|\frac{1}{4xy}\right|\mathrm{d}u\,\mathrm{d}v$$

而應該換成以 u,v 表達。由於 $uv = x^2y^2$，所以 $xy = \sqrt{uv}$。正確寫法應該是

$$\iint\limits_R g(u,v)\left|\frac{1}{4\sqrt{uv}}\right|\mathrm{d}u\,\mathrm{d}v$$

而如果一開始就反過來表達，解出

$$\begin{cases} x = \sqrt{u} \\ y = \sqrt{v} \end{cases} \Rightarrow J(u,v) = \begin{vmatrix} \dfrac{\partial x}{\partial u} & \dfrac{\partial x}{\partial v} \\ \dfrac{\partial y}{\partial u} & \dfrac{\partial y}{\partial v} \end{vmatrix} = \begin{vmatrix} \frac{1}{2\sqrt{u}} & 0 \\ 0 & \frac{1}{2\sqrt{v}} \end{vmatrix} = \frac{1}{4\sqrt{uv}}$$

這樣做也是一樣的。要選擇怎麼做，就端看將 $J(x,y)$ 倒數再換變數會比較簡便，還是先反過來表達再偏微導會比較簡便。以此例來說，也許你覺得一堆根號要偏微導有點麻煩，那麼你可以選擇先將 $J(x,y)$ 倒數再換回 u,v。

例題 12.3.2 R 為 xy-平面上，由 $2x+3y=0, 3x+y=0, x-2y=1, x-2y=2$ 所圍區域，求 $\iint\limits_R \sin\left(\frac{3x+y}{x-2y}\right) \mathrm{d}x\,\mathrm{d}y$。

解

一看到被積分函數長相，便想到代換

$$\begin{cases} u=3x+y \\ v=x-2y \end{cases} \Rightarrow J(x,y)=\begin{vmatrix} \frac{\partial u}{\partial x} & \frac{\partial u}{\partial y} \\ \frac{\partial v}{\partial x} & \frac{\partial v}{\partial y} \end{vmatrix}=\begin{vmatrix} 3 & 1 \\ 1 & -2 \end{vmatrix}=-7$$

加絕對值並倒數就是 $\frac{1}{7}$。接著看積分範圍，$3x+y=0, x-2y=1, x-2y=2$ 這三條直線，可立刻換成 $u=0, v=1, v=2$。至於 $2x+3y=0$，如果你沒辦法直接看出 $u-v=(3x+y)-(x-2y)=2x+3y=0$，就只好反求

$$\begin{cases} x=\dfrac{2u+v}{7} \\ y=\dfrac{u-3v}{7} \end{cases}$$

用國中學過的加減消去法就可以得到了。而求出這以後，便可得到

$$2x+3y=\frac{4u+2v}{7}+\frac{3u-9v}{7}=\frac{7u-7v}{7}=u-v=0$$

然後，可以只畫舊的積分範圍，再直接在每個 x, y 的表達式下面，標上它換成 u, v 的新表達式，如圖。接著列式：

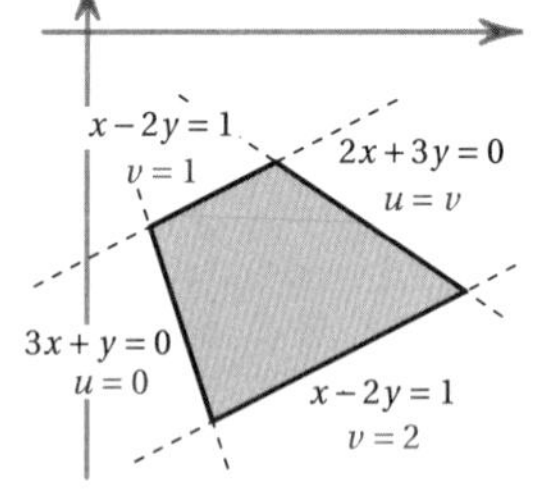

$$\int_1^2\int_0^v \sin\left(\frac{u}{v}\right)\frac{1}{7}\,\mathrm{d}u\,\mathrm{d}v=\frac{1}{7}\int_1^2\left[\frac{-\cos\left(\frac{u}{v}\right)}{\frac{1}{v}}\right]_0^v \mathrm{d}v$$

$$=\frac{1}{7}\int_1^2 v\big(\cos(0)-\cos(1)\big)\,\mathrm{d}v=\frac{1}{7}\big(1-\cos(1)\big)\left[\frac{v^2}{2}\right]_1^2=\frac{3\big(1-\cos(1)\big)}{14}$$

光看 uv 的積分範圍，無論用哪個順序都能容易填寫積分上下限。但是考慮到被積分函數長相，必須用這順序才積得出來。

例題 12.3.3 求 $\iint\limits_R \sqrt{xy}+\sqrt{\frac{y}{x}}\,\mathrm{d}x\,\mathrm{d}y$，$R$ 由 $xy=1, xy=9, y=x, y=4x$ 圍成。

解

看到被積分函數長這個樣子，便想到設

$$\begin{cases} u = xy \\ v = \dfrac{y}{x} \end{cases}$$

那麼原來的 $xy=1, xy=9$ 便換成 $u=1, u=9$。至於另外兩個，只要將 x 除過來即可，於是換成 $v=1, v=4$。接著求 Jacobian

$$J(x,y)=\begin{vmatrix} \dfrac{\partial u}{\partial x} & \dfrac{\partial u}{\partial y} \\ \dfrac{\partial v}{\partial x} & \dfrac{\partial v}{\partial y} \end{vmatrix}=\begin{vmatrix} y & x \\ -\frac{y}{x^2} & \frac{1}{x} \end{vmatrix}=\frac{2y}{x}=2v$$

接著再倒數以後是 $\dfrac{1}{2v}$。

如果你是要先換個方向表達，就會寫成

$$\begin{cases} x = \sqrt{\dfrac{u}{v}} \\ y = \sqrt{uv} \end{cases}$$

這樣要求 $J(u,v)$ 便麻煩得多。所以在這裡，先求 $J(x,y)$，再換回以 u,v 表達並倒數會比較方便。

於是現在可以列式

$$\begin{aligned} &\int_1^4\int_1^9 \left(\sqrt{u}+\sqrt{v}\right)\frac{1}{2v}\,\mathrm{d}u\,\mathrm{d}v \\ =&\frac{1}{2}\int_1^4\int_1^9 \frac{\sqrt{u}}{v}+\frac{1}{\sqrt{v}}\,\mathrm{d}u\,\mathrm{d}v \\ =&\frac{1}{2}\int_1^4 \left[\frac{2u^{\frac{3}{2}}}{3v}+\frac{u}{\sqrt{v}}\right]_1^9\mathrm{d}v=\frac{1}{2}\int_1^4 \frac{52}{3v}+\frac{8}{\sqrt{v}}\,\mathrm{d}v \\ =&\frac{1}{2}\left[\frac{52}{3}\ln(v)+16\sqrt{v}\right]_1^4=\frac{52}{3}\ln(2)+8 \end{aligned}$$

例題 12.3.4 $\int_1^2 \int_{2u-2}^{u} e^{(v-u+1)^2}\,\mathrm{d}v\,\mathrm{d}u$

解

看到被積分函數長這樣，便設 $x=v-u+1$。另一個怎麼設？我們先來看積分範圍。原積分範圍由 $v=2u-2, v=u, u=1, u=2$ 所圍，其中 $v=u$ 移項得到 $v-u=0$。配合剛剛所設 $x=v-u+1$，可知 $v-u=0$ 換成 $x=1$。接著再看到有 $u=1$ 和 $u=2$，便想到乾脆設 $y=u$，所以這兩條分別變成 $y=1$ 和 $y=2$。至於 $v=2u-2$ 怎麼辦？因為 $x=v-u+1$，我們就先盡量移項出這長相出來

$$v=2u-2$$
$$v-u+1=u-1$$

接著分別代入 $x=v-u+1$ 和 $y=u$，便有 $x=y-1$。於是我們新的積分範圍便是由 $y=1, y=2, x=1, x=y-1$ 所圍。接著做 Jacobian

$$J(u,v)=\begin{vmatrix} \frac{\partial x}{\partial u} & \frac{\partial x}{\partial v} \\ \frac{\partial y}{\partial u} & \frac{\partial y}{\partial v} \end{vmatrix} = \begin{vmatrix} -1 & 1 \\ 1 & 0 \end{vmatrix} = -1$$

加絕對值以後是 1。注意我們這題反過來，是 u, v 換成 x, y，所以應該要寫 $J(x,y)$ 而非 $J(u,v)$，因此還要再倒數。不過 1 的倒數仍是 1，所以這題你這裡搞錯的話仍會對。接下來列式

$$\int_1^2 \int_{y-1}^{1} e^{x^2}\,\mathrm{d}x\,\mathrm{d}y$$

e^{x^2} 是沒有初等反導函數的，所以要換個積分順序，畫出積分範圍如右圖，便可輕鬆列式：

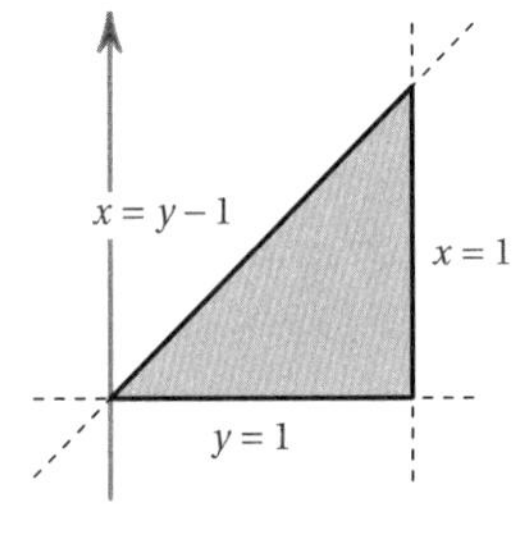

$$\int_0^1 \int_1^{x+1} e^{x^2}\,\mathrm{d}y\,\mathrm{d}x = \int_0^1 \left[ye^{x^2}\right]_1^{x+1} \mathrm{d}x$$
$$= \int_0^1 xe^{x^2}\,\mathrm{d}x = \frac{1}{2}\int_0^1 e^u\,\mathrm{d}u = \frac{1}{2}(e-1)$$

有關多變數的變數代換之放大率為何是雅可比行列式掛絕對值，這裡提供一個較不嚴謹的、類推的角度來說明。

對於單變數純量函數 $y=f(x)$，作微分 (differential) 得到

$$\mathrm{d}y=\frac{\mathrm{d}y}{\mathrm{d}x}\,\mathrm{d}x \tag{12.3.1}$$

在 $\mathrm{d}x$ 前面所乘的，便是將 y 對 x 求導得來。

對於雙變數純量函數 $f(x,y)$，作全微分得到

$$\mathrm{d}f=\frac{\partial f}{\partial x}\,\mathrm{d}x+\frac{\partial f}{\partial y}\,\mathrm{d}y$$

這甚至可以寫成矩陣的形式，使其長得與(12.3.1)更像：

$$\mathrm{d}f=\nabla f(x)\cdot(\mathrm{d}x,\mathrm{d}y) \tag{12.3.2}$$

$$=\begin{bmatrix}\dfrac{\partial f}{\partial x} & \dfrac{\partial f}{\partial x}\end{bmatrix}\begin{bmatrix}\mathrm{d}x\\ \mathrm{d}y\end{bmatrix} \tag{12.3.3}$$

對於單變數向量函數 $F(t)=(x(t),y(t))$，作微分 (differential)：

$$\mathrm{d}F=(\mathrm{d}x,\mathrm{d}y)=(\frac{\mathrm{d}x}{\mathrm{d}t}\,\mathrm{d}t,\frac{\mathrm{d}y}{\mathrm{d}t}\,\mathrm{d}t)$$

為了對齊形式，刻意寫成矩陣：

$$F(t)=\begin{bmatrix}x(t)\\ y(t)\end{bmatrix} \tag{12.3.4}$$

$$\Rightarrow \mathrm{d}F=\begin{bmatrix}\mathrm{d}x\\ \mathrm{d}y\end{bmatrix}=\begin{bmatrix}\dfrac{\mathrm{d}x}{\mathrm{d}t}\,\mathrm{d}t\\ \dfrac{\mathrm{d}y}{\mathrm{d}t}\,\mathrm{d}t\end{bmatrix} \tag{12.3.5}$$

對於雙變數向量函數 $F(u,v)=(x(u,v),y(u,v))$，仿照(12.3.2)去取梯度，因有兩個分量，所以個別取梯度：

$$F(u,v)=\begin{bmatrix}x(u,v)\\ y(u,v)\end{bmatrix} \tag{12.3.6}$$

$$\Rightarrow \mathrm{d}F=\begin{bmatrix}\mathrm{d}x\\ \mathrm{d}y\end{bmatrix}=\begin{bmatrix}\nabla x(u,v)\\ \nabla y(u,v)\end{bmatrix}\begin{bmatrix}\mathrm{d}u\\ \mathrm{d}v\end{bmatrix} \tag{12.3.7}$$

$$=\begin{bmatrix}\dfrac{\partial x}{\partial u} & \dfrac{\partial x}{\partial v}\\ \dfrac{\partial y}{\partial u} & \dfrac{\partial y}{\partial v}\end{bmatrix}\begin{bmatrix}\mathrm{d}u\\ \mathrm{d}v\end{bmatrix} \tag{12.3.8}$$

至此可見，$\begin{bmatrix} \mathrm{d}x \\ \mathrm{d}y \end{bmatrix}$ 與 $\begin{bmatrix} \mathrm{d}u \\ \mathrm{d}v \end{bmatrix}$ 之間的關係，就是乘上一個**雅可比矩陣**。

定義 12.3.2　雅可比矩陣

對於兩變數向量函數 $f(u,v) = \big(x(u,v), y(u,v)\big)$ 而言，其雅可比矩陣為

$$Jf(u,v) = \begin{bmatrix} \dfrac{\partial x}{\partial u} & \dfrac{\partial x}{\partial v} \\ \dfrac{\partial y}{\partial u} & \dfrac{\partial y}{\partial v} \end{bmatrix}$$

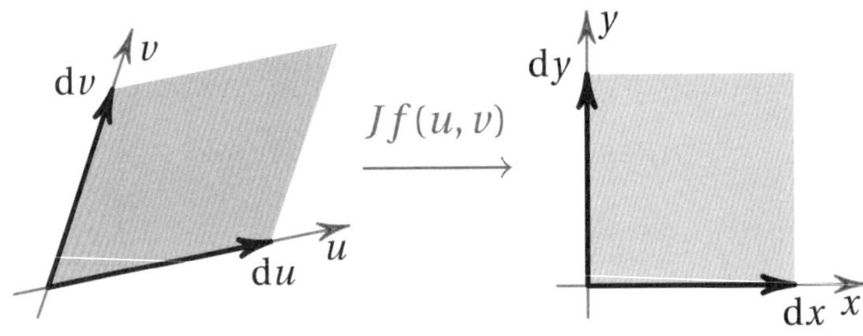

$\mathrm{d}x\,\mathrm{d}y$ 為 xy-坐標系底下的由 $\mathrm{d}x$ 與 $\mathrm{d}y$ 張出的平行四邊形面積；$\mathrm{d}u\,\mathrm{d}v$ 為 uv-坐標系底下的由 $\mathrm{d}u$ 與 $\mathrm{d}v$ 張出的平行四邊形面積。兩坐標系由雅可比矩陣所轉換，則面積放大率便為雅可比矩陣的行列式的絕對值。

{Exercise}

1. 求 $\iint_R e^{x+y}\,\mathrm{d}A$，其中 $R=\{(x,y)\mid |x|+|y|\le 1\}$。

2. 求 $\iint_R xy\,\mathrm{d}A$，其中 R 是 $x^2+y^2=4, x^2+y^2=9, x^2-y^2=1, x^2-y^2=4$ 所圍區域。

3. $\int_0^1\int_0^{1-x}(x+y)^{\frac{3}{2}}(y-x)^2\,\mathrm{d}y\,\mathrm{d}x=$ ________。

4. 求 $\iint_R (x+y)^2\,\mathrm{d}A$，其中 R 為由 $x+y=0, x+y=1, 2x-y=0, 2x-y=3$ 所圍平行四邊形。

5. 求 $\iint_R \frac{1}{x^2y^2}\,\mathrm{d}A$，其中 R 為曲線 $y=x^2, y=2x^2, x=3y^2, x=y^2$ 所圍區域。

參考答案： 1. $e-\frac{1}{e}$ 2. $\frac{15}{8}$ 3. $\frac{2}{33}$ 4. $\frac{1}{3}$ 5. $\frac{2}{3}$

■ 12.4　極坐標代換

二重積分的變數代換中，極坐標代換是常見的代換之一。因為太常用太重要了，所以獨立為一節。我們知道，直角坐標換到極坐標的變換是

$$\begin{cases} x = r\cos(\theta) \\ y = r\sin(\theta) \end{cases}$$

照這個寫出雅可比行列式：

$$\begin{vmatrix} \dfrac{\partial x}{\partial r} & \dfrac{\partial x}{\partial \theta} \\ \dfrac{\partial y}{\partial r} & \dfrac{\partial y}{\partial \theta} \end{vmatrix} = \begin{vmatrix} \dfrac{\partial}{\partial r} r\cos(\theta) & \dfrac{\partial}{\partial \theta} r\cos(\theta) \\ \dfrac{\partial}{\partial r} r\sin(\theta) & \dfrac{\partial}{\partial \theta} r\sin(\theta) \end{vmatrix} = \begin{vmatrix} \cos(\theta) & -r\sin(\theta) \\ \sin(\theta) & r\cos(\theta) \end{vmatrix}$$

$$= r\cos^2(\theta) - \big(-r\sin^2(\theta)\big) = r\big(\cos^2(\theta) + \sin^2(\theta)\big) = r$$

這樣就知道

$$\mathrm{d}x\,\mathrm{d}y = r\,\mathrm{d}r\,\mathrm{d}\theta$$

例題 12.4.1　求圓柱 $x^2 + y^2 = 4$ 以內，拋物面 $z = 2\big(x^2 + y^2\big)$ 的曲面下體積。

解

$$\iint_{x^2+y^2\le 4} 2\big(x^2 + y^2\big)\,\mathrm{d}A$$

要列出 x 與 y 的範圍並積出來，並不困難，但稍顯麻煩。注意到積分範圍是圓內部，被積分函數的長相亦有 $x^2 + y^2$，這促使我們想到使用極坐標代換：

$$\int_0^{2\pi}\int_0^2 2r^2 r\,\mathrm{d}r\,\mathrm{d}\theta = \int_0^{2\pi}\int_0^2 2r^3\,\mathrm{d}r\,\mathrm{d}\theta$$

$$= \int_0^{2\pi}\left[\frac{r^4}{2}\right]_0^2 \mathrm{d}\theta = \int_0^{2\pi} 8\,\mathrm{d}\theta = 16\pi$$

note

在上一題的算式，比較簡潔老練的寫法是

$$\int_0^{2\pi}\int_0^2 2r^2 r\,\mathrm{d}r\,\mathrm{d}\theta = 2\pi\cdot\left[\frac{r^4}{2}\right]_0^2 = 16\pi$$

想想看，為什麼第一步可以這樣？

例題 12.4.2 求 $\iint\limits_D e^{-x^2-y^2}\,\mathrm{d}A$，其中 D 為 $y=\sqrt{4-x^2}$ 與 x 所圍區域。

解

積分區域是上半圓，被積分函數亦含有 $-(x^2+y^2)$，促使我們想到換成極坐標：

$$\int_0^{\pi}\int_0^2 e^{-r^2} r\,\mathrm{d}r\,\mathrm{d}\theta = \int_0^{\pi}\mathrm{d}\theta\cdot\int_0^4 e^{-u}\frac{1}{2}\,\mathrm{d}u$$

$$=\pi\left[-\frac{1}{2}e^{-u}\right]_0^4 = \frac{\pi}{2}\left(1-e^{-4}\right)$$

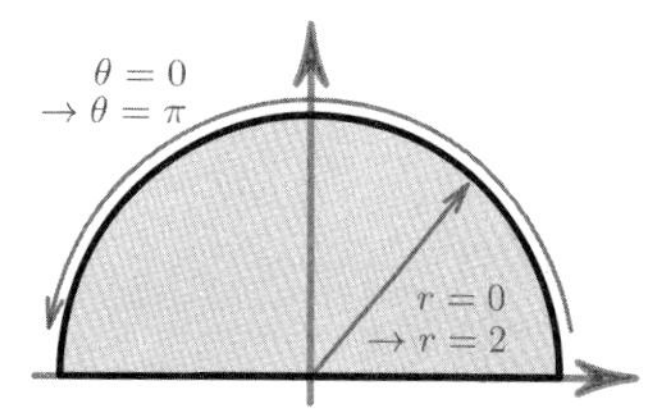

例題 12.4.3 求圓柱 $(x-1)^2+y^2\le 1$ 與球體 $x^2+y^2+z^2\le 4$ 的交集區域體積。

解

由上下的對稱性，我們可以計算球面 $z=f(x,y)=\sqrt{4-x^2-y^2}$ 在 $(x-1)^2+y^2\le 1$ 範圍內的曲面下面積，再乘以 2 。故可列出

$$2\int_0^2\int_{-\sqrt{1-(x-1)^2}}^{\sqrt{1-(x-1)^2}}\sqrt{4-x^2-y^2}\,\mathrm{d}y\,\mathrm{d}x$$

但這樣的積分計算起來比較麻煩。但是注意到被積分函數內含有 $-(x^2+y^2)$，積分範圍亦是我們學習極坐標時的常見曲線，因此轉換為極坐標：

$$2\int_{-\frac{\pi}{2}}^{\frac{\pi}{2}}\int_0^{2\cos(\theta)}\sqrt{4-r^2}\,r\,\mathrm{d}r\,\mathrm{d}\theta$$

由積分範圍上下之對稱性，又可列為

$$
\begin{aligned}
&4\int_0^{\frac{\pi}{2}}\int_0^{2\cos(\theta)}\sqrt{4-r^2}\,r\,\mathrm{d}r\,\mathrm{d}\theta\\
=&4\int_0^{\frac{\pi}{2}}\left[-\frac{1}{3}(4-r^2)^{\frac{3}{2}}\right]_0^{2\cos(\theta)}\mathrm{d}\theta\\
=&\frac{32}{3}\int_0^{\frac{\pi}{2}}\left(1-\sin^3(\theta)\right)\mathrm{d}\theta
\end{aligned}
$$

由 **Wallis** 公式

$$\int_0^{\frac{\pi}{2}}\sin^3(\theta)\,\mathrm{d}\theta=\frac{2}{3}\cdot 1$$

故最後可得

$$\frac{32}{3}\left(\frac{\pi}{2}-\frac{2}{3}\right)=\frac{16}{3}\pi-\frac{64}{9}$$

例題 12.4.4 求 $\int_0^{\frac{3}{2}}\int_{\sqrt{3}x}^{\sqrt{9-x^2}}2xy\,\mathrm{d}y\,\mathrm{d}x$。

解

$$
\begin{aligned}
&\int_0^{\frac{3}{2}}\int_{\sqrt{3}x}^{\sqrt{9-x^2}}2xy\,\mathrm{d}y\,\mathrm{d}x\\
=&2\int_{\frac{\pi}{3}}^{\frac{\pi}{2}}\int_0^3 r\cos(\theta)\cdot r\sin(\theta)\cdot r\,\mathrm{d}r\,\mathrm{d}\theta\\
=&2\left(\int_{\frac{\pi}{3}}^{\frac{\pi}{2}}\cos(\theta)\sin(\theta)\,\mathrm{d}\theta\right)\cdot\left(\int_0^3 r^3\,\mathrm{d}r\right)\\
=&2\left[\frac{\sin^2(\theta)}{2}\right]_{\frac{\pi}{3}}^{\frac{\pi}{2}}\cdot\left[\frac{r^4}{4}\right]_0^3\\
=&2\cdot\left(\frac{1}{2}-\frac{3}{8}\right)\cdot\frac{81}{4}\\
=&\frac{81}{16}
\end{aligned}
$$

極坐標積分在對於重要的積分 $\int_{-\infty}^{\infty} e^{-x^2}\,\mathrm{d}x = \sqrt{\pi}$ 的計算上有著驚人的應用。首先記

$$I = \int_{-\infty}^{\infty} e^{-x^2}\,\mathrm{d}x$$

由於 x 是啞變數，又可寫成

$$I = \int_{-\infty}^{\infty} e^{-y^2}\,\mathrm{d}y$$

兩個相乘得

$$I^2 = \left(\int_{-\infty}^{\infty} e^{-x^2}\,\mathrm{d}x\right)\left(\int_{-\infty}^{\infty} e^{-y^2}\,\mathrm{d}y\right)$$

這又可併為

$$I^2 = \int_{-\infty}^{\infty}\int_{-\infty}^{\infty} e^{-x^2-y^2}\,\mathrm{d}x\,\mathrm{d}y$$

現在看著這長相，想到極坐標代換，於是寫成

$$I^2 = \int_0^{2\pi}\int_0^{\infty} e^{-r^2}\,r\,\mathrm{d}r\,\mathrm{d}\theta$$

比起直角坐標的積分，寫成極坐標積分的區別在於現在可設 $u = r^2$：

$$I^2 = 2\pi\cdot\int_0^{\infty} e^{-u}\frac{1}{2}\,\mathrm{d}u = \pi\cdot\lim_{b\to\infty}\Big[-e^{-u}\Big]_0^b = \pi$$

因此得到

$$I = \int_{-\infty}^{\infty} e^{-x^2}\,\mathrm{d}x = \sqrt{\pi} \tag{12.4.1}$$

這個重要的積分稱為**高斯積分**(Gaussian integral)，它及其衍生的各種積分在許多領域有重要的應用，以下簡單介紹。

首先因為 $\int_{-\infty}^{\infty} e^{-x^2}\,\mathrm{d}x = 2\int_0^{\infty} e^{-x^2}\,\mathrm{d}x$，所以立刻可得 $\int_0^{\infty} e^{-x^2}\,\mathrm{d}x = \frac{\sqrt{\pi}}{2}$。接著考慮在 x^2 前有個係數 a：

$$\int_{-\infty}^{\infty} e^{-ax^2}\,\mathrm{d}x$$

只要作個變數代換 $u = \sqrt{a}\,x$ 便可簡化問題：

$$\frac{1}{\sqrt{a}}\int_{-\infty}^{\infty} e^{-u^2}\,\mathrm{d}u = \sqrt{\frac{\pi}{a}}$$

至於這番長相

$$\int_{-\infty}^{\infty} e^{-(x-3)^2}\,\mathrm{d}x$$

當然也是變數代換一下就有

$$\int_{-\infty}^{\infty} e^{-u^2}\,\mathrm{d}u = \sqrt{\pi}$$

所以遇到次方為比較一般的二次式

$$\int_{-\infty}^{\infty} e^{-x^2+4x-1}\,\mathrm{d}x$$

只須作個配方

$$\int_{-\infty}^{\infty} e^{-(x-2)^2+3}\,\mathrm{d}x = \int_{-\infty}^{\infty} e^{-(x-2)^2}\cdot e^3\,\mathrm{d}x = e^3\sqrt{\pi}$$

若是外面乘個 x:

$$\int_0^{\infty} xe^{-x^2}\,\mathrm{d}x$$

直接代換 $u = x^2$ 得

$$\frac{1}{2}\int_0^{\infty} e^{-u}\,\mathrm{d}u = \frac{1}{2}$$

有了這經驗，對於

$$\int_0^{\infty} x^2e^{-x^2}\,\mathrm{d}x$$

便拆成

$$\int_0^{\infty} x\left(xe^{-x^2}\right)\mathrm{d}x$$

再分部積分

$$\left[x\cdot\left(-\frac{1}{2}e^{-x^2}\right)\right]_0^{\infty} + \frac{1}{2}\int_0^{\infty} e^{-x^2}\,\mathrm{d}x = \frac{\sqrt{\pi}}{4}$$

在機率統計中，有個極為重要的機率分配為**常態分配**。對於一個平均為 μ、標準差為 σ 的常態分配，其機率密度函數為

$$f(x) = \frac{1}{\sqrt{2\pi}\,\sigma} e^{-\frac{(x-\mu)^2}{2\sigma^2}}$$

機率的總和是 1，所以照理說

$$\int_{-\infty}^{\infty} \frac{1}{\sqrt{2\pi}\,\sigma} e^{-\frac{(x-\mu)^2}{2\sigma^2}}\, \mathrm{d}x = 1$$

長相雖複雜，但將 $\frac{(x-\mu)^2}{2\sigma^2}$ 看成 $\left(\frac{x-\mu}{\sqrt{2}\sigma}\right)^2$，便看出可設 $u = \frac{x-\mu}{\sqrt{2}\sigma}$，$\mathrm{d}u = \frac{\mathrm{d}x}{\sqrt{2}\sigma}$：

$$\begin{aligned} &\frac{1}{\sqrt{2\pi}\,\sigma} \int_{-\infty}^{\infty} e^{-u^2} \cdot \sqrt{2}\sigma\, \mathrm{d}u \\ =&\frac{1}{\sqrt{\pi}} \int_{-\infty}^{\infty} e^{-u^2}\, \mathrm{d}u = \frac{1}{\sqrt{\pi}} \cdot \sqrt{\pi} = 1 \end{aligned}$$

{Exercise}

1. 求 $\iint_R e^{\frac{x^2+y^2}{2}}\,\mathrm{d}A$，其中 $R=\{(x,y)\mid 1\le x^2+y^2\le 2, y\ge 0\}$。

2. 求 $\iint_R \sqrt{x^2+y^2}\,\mathrm{d}A$，其中 R 為心形線 $r=1-\cos(\theta)$ 內部區域。

3. $\iint_R x^2y\,\mathrm{d}A$，其中 $R=\{(x,y)\mid (x-\frac{1}{2})^2+y^2\le\frac{1}{4}, y\ge 0\}$。

4. $\int_0^\infty\int_0^\infty \frac{1}{(1+x^2+y^2)^3}\,\mathrm{d}x\,\mathrm{d}y=$ ______。

5. 計算 $\int_0^\infty e^{-16x^2}\,\mathrm{d}x$。

參考答案： 1. $\pi(e-e^{\frac{1}{2}})$　2. $\frac{5}{3}\pi$　3. $\frac{1}{40}$　4. $\frac{\pi}{2}$　5. $\frac{\sqrt{\pi}}{8}$

■ 12.5 圓柱坐標代換

三重積分的變數代換中，其中一種常見的代換方式是圓柱坐標代換。它是將空間中一點 P 投影到 xy-平面後得到投影點 P' 之後，將 xy-平面上的 P' 轉換為極坐標。換句話說，就是把 P 的 x 坐標、y 坐標作極坐標轉換、而 z 不變：

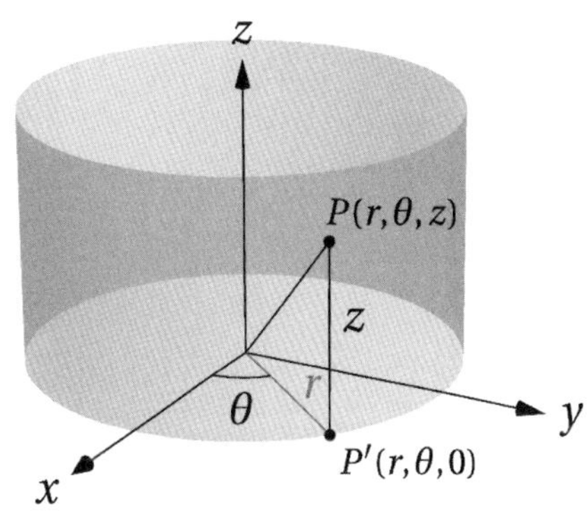

$$\begin{cases} x = r\cos(\theta) \\ y = r\sin(\theta) \\ z = z \end{cases}$$

計算雅可比行列式：

$$J(r,\theta,z) = \frac{\partial(x,y,z)}{\partial(r,\theta,z)} = \begin{vmatrix} \frac{\partial x}{\partial r} & \frac{\partial x}{\partial \theta} & \frac{\partial x}{\partial z} \\ \frac{\partial y}{\partial r} & \frac{\partial y}{\partial \theta} & \frac{\partial y}{\partial z} \\ \frac{\partial z}{\partial r} & \frac{\partial y}{\partial \theta} & \frac{\partial z}{\partial z} \end{vmatrix}$$

$$= \begin{vmatrix} \frac{\partial}{\partial r} r\cos(\theta) & \frac{\partial}{\partial \theta} r\cos(\theta) & \frac{\partial}{\partial z} r\cos(\theta) \\ \frac{\partial}{\partial r} r\sin(\theta) & \frac{\partial}{\partial \theta} r\sin(\theta) & \frac{\partial}{\partial z} r\sin(\theta) \\ \frac{\partial z}{\partial r} & \frac{\partial y}{\partial \theta} & \frac{\partial z}{\partial z} \end{vmatrix}$$

$$= \begin{vmatrix} \cos(\theta) & -r\sin(\theta) & 0 \\ \sin(\theta) & r\cos(\theta) & 0 \\ 0 & 0 & 1 \end{vmatrix} = r$$

所以

$$\mathrm{d}V = r\,\mathrm{d}r\,\mathrm{d}\theta\,\mathrm{d}z$$

例題 12.5.1 求 $\int_0^2 \int_{-\sqrt{4-x^2}}^{\sqrt{4-x^2}} \int_{-1}^{2} \sqrt{1+x^2+y^2}\,\mathrm{d}z\,\mathrm{d}y\,\mathrm{d}x$。

解

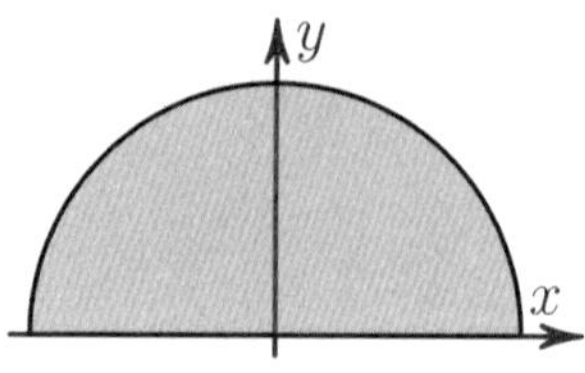

圓柱坐標說穿了就是將其中兩個變數作極坐標轉換，現在看到被積分函數有 x^2+y^2，聞到淡淡的極坐標轉換的味道。而積分範圍看 x,y 的部分，可看出是上半圓，使我們更確信要對 x,y 作極坐標轉換：

$$\begin{aligned}&\int_0^{\pi}\int_0^2\int_{-1}^2 \sqrt{1+r^2}\, r\,\mathrm{d}z\,\mathrm{d}r\,\mathrm{d}\theta\\ &=\int_0^{\pi}\mathrm{d}\theta\cdot\int_0^2\sqrt{1+r^2}\, r\,\mathrm{d}r\cdot\int_{-1}^2\mathrm{d}z\\ &=\pi\cdot\frac{1}{2}\int_1^5\sqrt{u}\,\mathrm{d}u\cdot 3=\pi\cdot\left[u^{\frac{3}{2}}\right]_1^5=\left(5\sqrt{5}-1\right)\pi\end{aligned}$$

例題 12.5.2 求錐面 $z=\sqrt{x^2+y^2}$ 與拋物面 $z=6-x^2-y^2$ 所圍立體區域 R 的體積。

解

函數 $f(x,y)=\sqrt{x^2+y^2}$ 與 $g(x,y)=6-x^2-y^2$ 的長相皆有 x^2+y^2，故對 x,y 作極坐標轉換：

$$\begin{aligned}&\sqrt{x^2+y^2}\to r\\ &6-x^2-y^2\to 6-r^2\end{aligned}$$

欲分析 R 到 xy-平面的投影，兩者解聯立

$$r=6-r^2\ \Rightarrow r^2+r-6=0\Rightarrow (r+3)(r-2)=0$$

r 非負所以 $r=2$。故列式

$$\begin{aligned}&\int_0^{2\pi}\int_0^2\int_r^{6-r^2} r\,\mathrm{d}z\,\mathrm{d}r\,\mathrm{d}\theta\\ &=2\pi\int_0^2\left(6-r^2-r\right)r\,\mathrm{d}r=2\pi\int_0^2 -r^3-r^2+6r\,\mathrm{d}r\\ &=2\pi\left[-\frac{r^4}{4}-\frac{r^3}{3}+3r^2\right]_0^2=\frac{32}{3}\pi\end{aligned}$$

例題 12.5.3 求 $\iiint_R x+y+z\,\mathrm{d}V$，$R$ 為第一卦限中拋物面 $z=4-x^2-y^2$ 以下的部分。

解

對於 $z=4-x^2-y^2=4-r^2$ 代 $z=0$ 得到 $r=2$，又由於 R 在第一卦限，可知 R 到 xy-平面的投影。故列式

$$
\begin{aligned}
&\iiint_R x+y+z\,\mathrm{d}V\\
&=\int_0^{\frac{\pi}{2}}\int_0^2\int_0^{4-r^2}\big(r\cos(\theta)+r\sin(\theta)+z\big)r\,\mathrm{d}z\,\mathrm{d}r\,\mathrm{d}\theta\\
&=\int_0^{\frac{\pi}{2}}\int_0^2\left[r^2\big(\cos(\theta)+\sin(\theta)\big)z+\frac{1}{2}rz^2\right]_0^{4-r^2}\mathrm{d}r\,\mathrm{d}\theta\\
&=\int_0^{\frac{\pi}{2}}\int_0^2\left[\big(4r^2-r^4\big)\big(\cos(\theta)+\sin(\theta)\big)+\frac{1}{2}r\big(4-r^2\big)^2\right]\mathrm{d}r\,\mathrm{d}\theta\\
&=\int_0^{\frac{\pi}{2}}\left[\Big(\frac{4}{3}r^3-\frac{1}{5}r^5\Big)\big(\cos(\theta)+\sin(\theta)\big)-\frac{1}{12}\big(4-r^2\big)^3\right]_0^2\mathrm{d}\theta\\
&=\int_0^{\frac{\pi}{2}}\left[\frac{64}{15}\big(\cos(\theta)+\sin(\theta)\big)+\frac{16}{3}\right]\mathrm{d}\theta\\
&=\frac{64}{15}\big(1+1\big)+\frac{16}{3}\cdot\frac{\pi}{2}=\frac{128}{15}+\frac{8}{3}\pi
\end{aligned}
$$

例題 12.5.4 求 $\int_{-2}^2\int_{-\sqrt{4-x^2}}^{\sqrt{4-x^2}}\int_{\sqrt{x^2+y^2}}^2 x^2+y^2\,\mathrm{d}z\,\mathrm{d}y\,\mathrm{d}x$。

解

$$
\begin{aligned}
&\int_{-2}^2\int_{-\sqrt{4-x^2}}^{\sqrt{4-x^2}}\int_{\sqrt{x^2+y^2}}^2 x^2+y^2\,\mathrm{d}z\,\mathrm{d}y\,\mathrm{d}x\\
&=\int_0^{2\pi}\int_0^2\int_r^2 r^2r\,\mathrm{d}z\,\mathrm{d}r\,\mathrm{d}\theta\\
&=2\pi\cdot\int_0^2 r^3(2-r)\,\mathrm{d}r=\frac{16}{5}\pi
\end{aligned}
$$

例題 12.5.5 求平面 $z = x$ 與 $z = x^2 + y^2$ 所圍區域 R 的體積。

解

解聯立得 $x^2 + y^2 = x \Rightarrow \left(x - \frac{1}{2}\right)^2 + y^2 = \left(\frac{1}{2}\right)^2$，這就是 R 到 xy-平面的投影。這是個我們熟悉的圓，其極坐標方程為 $r = \cos(\theta)$ 。故可列式

$$
\begin{aligned}
&\iiint_R \mathrm{d}V \\
=&\int_{-\frac{\pi}{2}}^{\frac{\pi}{2}} \int_0^{\cos(\theta)} \int_{r^2}^{r\cos(\theta)} r \,\mathrm{d}z\,\mathrm{d}r\,\mathrm{d}\theta \\
=&\int_{-\frac{\pi}{2}}^{\frac{\pi}{2}} \int_0^{\cos(\theta)} r^2\cos(\theta) - r^3 \,\mathrm{d}r\,\mathrm{d}\theta \\
=&\int_{-\frac{\pi}{2}}^{\frac{\pi}{2}} \left[\frac{r^3}{3}\cos(\theta) - \frac{r^4}{4}\right]_0^{\cos(\theta)} \\
=&\frac{1}{12}\int_{-\frac{\pi}{2}}^{\frac{\pi}{2}} \cos^4(\theta)\,\mathrm{d}\theta = \frac{1}{6}\int_0^{\frac{\pi}{2}} \cos^4(\theta)\,\mathrm{d}\theta \\
=&\frac{1}{6}\cdot\frac{3}{4}\cdot\frac{1}{2}\cdot\frac{\pi}{2} = \frac{\pi}{32}
\end{aligned}
$$

{Exercise}

1. 計算 $\int_{-1}^{1}\int_{0}^{\sqrt{1-y^2}}\int_{0}^{x} x^2+y^2\,\mathrm{d}z\,\mathrm{d}x\,\mathrm{d}y$。

2. 計算 $\iiint_R x+y+z\,\mathrm{d}V$，其中 R 為第一卦限中拋物面 $z=4-x^2-y^2$ 以下區域。

3. 計算 $\iiint_R x^2\,\mathrm{d}V$，其中 R 為圓柱 $x^2+y^2=1$ 內部，$z=0$ 以上，$z=2\sqrt{x^2+y^2}$ 以下區域。

4. 設 R 為柱體 $x^2+y^2=25$ 內部，平面 $z=2$ 及 $x+z=8$ 之間的區域，求 R 的體積。

5. 求平面 $z=4-2x$ 與拋物面 $z=4-x^2-y^2$ 所圍立體區域 R 的體積。

參考答案：1. $\frac{2}{5}$　2. $\frac{8}{3}\pi+\frac{128}{15}$　3. $\frac{2}{5}\pi$　4. 150π　5. $\frac{\pi}{2}$

■ 12.6　球坐標代換

二維平面有極坐標轉換，這能不能類推到三維空間呢？極坐標是把原點到 P 的距離 r 投影到 x 軸、y 軸，所以將 r 各自乘上 $\cos(\theta), \sin(\theta)$ 便完成。三維空間雖然比較複雜，但我們可以依循一樣的原則。

首先將點 $P(x, y, z)$ 投影到 z 軸得到 $Q(0, 0, z)$，若我們將 $\overline{OP}$ 與 z 軸正向的夾角記為 ϕ，那麼 $z = \overline{OP}\cos(\phi)$。現在我們將 O 到 P 的距離記為 r……等等，為了與二維的極坐標作區隔，這裡記為 ρ，這是希臘文中與拉丁字母 r 對應的字母。所以我們現在有了

$$z = \rho\cos(\phi) \tag{12.6.1}$$

z 的表示法已經有了，接著要考慮 x 與 y，所以將 P 投影到 xy-平面得到 $R(x, y, 0)$。將 O 到 R 的距離記為 r，這個距離等於 P 到 z 軸的距離，所以有

$$r = \rho\sin(\phi) \tag{12.6.2}$$

注意現在已經投影到 xy-平面，所以只要再使用我們熟悉（?）的極坐標代換 $x = r\cos(\theta), y = r\sin(\theta)$，就有

$$\begin{cases} x = \rho\sin(\phi)\cos(\theta) \\ y = \rho\sin(\phi)\sin(\theta) \end{cases} \tag{12.6.3}$$

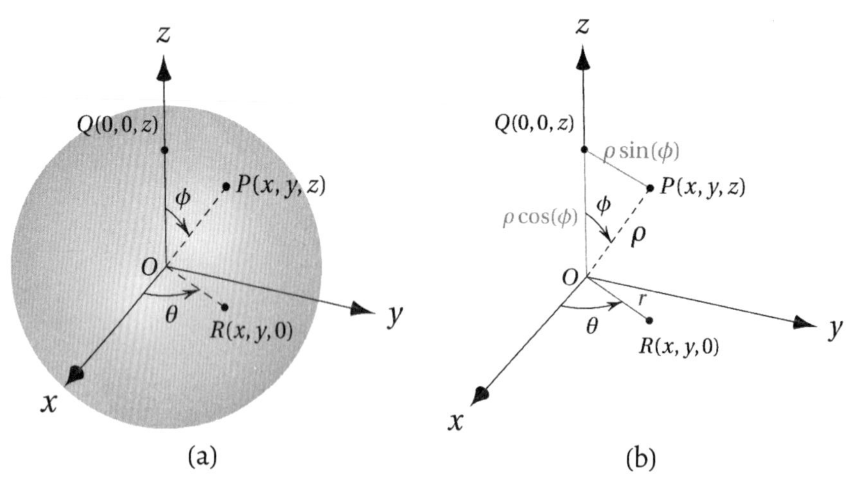

圖 12.1: 球坐標

回想一下我們如何描述地球上某個位置的坐標：經度與緯度，其中經度是先定某條經線為經度 0° 後，該位置所過經線與 0° 夾角；緯度則是與赤道的夾角。就是說，我們利用兩個角，足以作為地球球面上的坐標。而三維空間，可想像好像剝洋蔥一樣，把整個空間剝出許多不同球半徑 ρ 的球面，所以只要球半徑配上兩個角度，便足以作為三維空間的坐標了！因此這又稱為**球坐標** (spherical coordinate)。只是，數學上的球坐標與地理上的經緯度還是有些小區別：數學用的不是緯度，是餘緯度 ②！緯度是與赤道夾角，餘緯度是與北極夾角，它和緯度互餘。

接著計算雅可比行列式：

$$
\begin{aligned}
J(\rho,\phi,\theta) &= \frac{\partial(x,y,z)}{\partial(\rho,\phi,\theta)} \\
&= \begin{vmatrix}
\frac{\partial}{\partial\rho}\rho\sin(\phi)\cos(\theta) & \frac{\partial}{\partial\phi}\rho\sin(\phi)\cos(\theta) & \frac{\partial}{\partial\theta}\rho\sin(\phi)\cos(\theta) \\
\frac{\partial}{\partial\rho}\rho\sin(\phi)\sin(\theta) & \frac{\partial}{\partial\phi}\rho\sin(\phi)\sin(\theta) & \frac{\partial}{\partial\theta}\rho\sin(\phi)\sin(\theta) \\
\frac{\partial}{\partial\rho}\rho\cos(\phi) & \frac{\partial}{\partial\phi}\rho\cos(\phi) & \frac{\partial}{\partial\theta}\rho\cos(\phi)
\end{vmatrix} \\
&= \begin{vmatrix}
\sin\phi\cos\theta & \rho\cos\phi\cos\theta & -\rho\sin\phi\sin\theta \\
\sin\phi\sin\theta & \rho\cos\phi\sin\theta & \rho\sin\phi\cos\theta \\
\cos\phi & -\rho\sin\phi & 0
\end{vmatrix} \quad \boxed{\text{第三列展開}} \\
&= \cos\phi\begin{vmatrix}
\rho\cos\phi\cos\theta & -\rho\sin\phi\sin\theta \\
\rho\cos\phi\sin\theta & \rho\sin\phi\cos\theta
\end{vmatrix} + \rho\sin\phi\begin{vmatrix}
\sin\phi\cos\theta & -\rho\sin\phi\sin\theta \\
\sin\phi\sin\theta & \rho\sin\phi\cos\theta
\end{vmatrix} \\
&= \cos\phi\cdot\rho^2\cdot\cos\phi\cdot\sin\phi + \rho\sin\phi\cdot\sin\phi\cdot\rho\sin\phi \\
&= \rho^2\sin\phi
\end{aligned}
$$

所以

$$
\mathrm{d}V = \rho^2\sin(\phi)\,\mathrm{d}\rho\,\mathrm{d}\phi\,\mathrm{d}\theta \tag{12.6.4}
$$

② 不是鮪魚肚！是餘緯度！

例題 12.6.1 R 為兩球面 $x^2+y^2+z^2=2, x^2+y^2+z^2=4$ 及錐體 $z^2 \geq x^2+y^2$ 且 $z \geq 0$ 所圍立體區域，求 $\iiint\limits_R x\,\mathrm{d}V$ 。

解

由圖容易判斷積分上下限，若對此感到困難，可搭配代數上的分析：

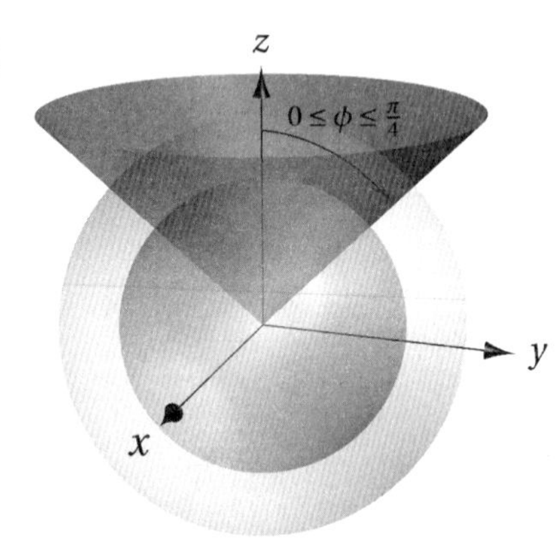

$$2 \leq x^2+y^2+z^2 \leq 4 \rightarrow \sqrt{2} \leq \rho \leq 2$$

$$\begin{cases} z^2 \geq x^2+y^2 \\ z \geq 0 \end{cases}$$

$$\Rightarrow \begin{cases} \rho^2\cos^2(\phi) \geq \rho^2\sin^2(\phi) \\ \rho\cos(\phi) \geq 0 \end{cases}$$

$$\Rightarrow \begin{cases} -\frac{\pi}{4} \leq \phi \leq \frac{\pi}{4} \\ 0 \leq \phi \leq \frac{\pi}{2} \end{cases} \rightarrow 0 \leq \phi \leq \frac{\pi}{4}$$

分析完區域便可列式

$$\begin{aligned}
&\iiint\limits_R x\,\mathrm{d}V \\
&= \int_0^{2\pi}\int_0^{\frac{\pi}{4}}\int_{\sqrt{2}}^{2} \overbrace{\rho\sin(\phi)\cos(\theta)}^{x}\ \overbrace{\rho^2\sin(\phi)\,\mathrm{d}\rho\,\mathrm{d}\phi\,\mathrm{d}\theta}^{\mathrm{d}V} \\
&= \int_0^{2\pi}\cos(\theta)\,\mathrm{d}\theta \cdot \int_0^{\frac{\pi}{4}}\sin^2(\phi)\,\mathrm{d}\phi \cdot \int_{\sqrt{2}}^{2}\rho^3\,\mathrm{d}\rho
\end{aligned}$$

因為 $\int_0^{2\pi}\cos(\theta)\,\mathrm{d}\theta = 0$，故此積分值為 0 。實際上應該培養自己的敏感度，讀完題就注意到：被積分函數 $f(x,y,z)=x$ 是 x 的奇函數，積分區域又對 $x=0$ 對稱，故積分值為 0 。

例題 12.6.2 求 $\iiint_R \frac{z}{\sqrt{x^2+y^2+z^2}} + \sin(x) - y^3 \, \mathrm{d}V$，$R$ 為球體 $x^2+y^2+z^2 \le 4$ 且 $z \ge 0$。

解

先拆成

$$\iiint_R \frac{z}{\sqrt{x^2+y^2+z^2}} \, \mathrm{d}V + \iiint_R \sin(x) \, \mathrm{d}V - \iiint_R y^3 \, \mathrm{d}V$$

由於積分區域對 $x=0, y=0$ 皆對稱，所以後兩項為 0，接著計算第一項。積分區域是上半球，所以餘緯度 ϕ 的範圍是 0 到 $\frac{\pi}{2}$，θ 範圍 0 到 2π。

$$\begin{aligned}
&\iiint_R \frac{z}{\sqrt{x^2+y^2+z^2}} \, \mathrm{d}V \\
&= \int_0^{2\pi} \int_0^{\frac{\pi}{2}} \int_0^2 \frac{\rho\cos(\phi)}{\rho} \rho^2 \sin(\phi) \, \mathrm{d}\rho \, \mathrm{d}\phi \, \mathrm{d}\theta \\
&= \int_0^{2\pi} \mathrm{d}\theta \cdot \int_0^{\frac{\pi}{2}} \sin(\phi)\cos(\phi) \, \mathrm{d}\phi \cdot \int_0^2 \rho^2 \, \mathrm{d}\rho \\
&= 2\pi \cdot \frac{1}{2} \cdot \frac{8}{3} = \frac{8}{3}\pi
\end{aligned}$$

例題 12.6.3 求 $\iiint_R \sqrt{x^2+y^2+z^2} e^{(x^2+y^2+z^2)^2} \, \mathrm{d}V$，其中 $R = \{(x,y,z) \mid x^2+y^2+z^2 \le 1\}$

解

積分區域是整個球，所以餘緯度 ϕ 的範圍是 0 到 π，θ 範圍 0 到 2π。

$$\begin{aligned}
&\iiint_R \sqrt{x^2+y^2+z^2} \, e^{(x^2+y^2+z^2)^2} \, \mathrm{d}V \\
&= \int_0^{2\pi} \int_0^{\pi} \int_0^1 \rho e^{(\rho^2)^2} \rho^2 \sin(\phi) \, \mathrm{d}\rho \, \mathrm{d}\phi \, \mathrm{d}\theta \\
&= 2\pi \cdot \int_0^{\pi} \sin(\phi) \, \mathrm{d}\phi \cdot \int_0^1 e^{\rho^4} \rho^3 \, \mathrm{d}\rho
\end{aligned}$$

$$=2\pi\cdot 2\cdot\frac{1}{4}\int_0^1 e^u\,\mathrm{d}u$$
$$=(e-1)\pi$$

例題 12.6.4 球體 $x^2+y^2+z^2\leq 36$ 被平面 $z=3$ 切下，求切掉較小部分體積。

解 1

$$z=3\rightarrow\rho\cos(\phi)=3\Rightarrow\rho=\frac{3}{\cos(\phi)}$$
$$\begin{cases}\rho=6\\ \rho\cos(\phi)=3\end{cases}\Rightarrow\cos(\phi)=\frac{1}{2}\Rightarrow\phi=\frac{\pi}{3}$$

分析完區域，列式

$$\int_0^{2\pi}\int_0^{\frac{\pi}{3}}\int_{\frac{3}{\cos(\phi)}}^{6}\rho^2\sin(\phi)\,\mathrm{d}\rho\,\mathrm{d}\phi\,\mathrm{d}\theta$$
$$=2\pi\int_0^{\frac{\pi}{3}}\left[\frac{\rho^3}{3}\right]_{\frac{3}{\cos(\phi)}}^{6}\sin(\phi)\,\mathrm{d}\phi$$
$$=\frac{2\pi}{3}\int_0^{\frac{\pi}{3}}\left(216-\frac{27}{\cos^3(\phi)}\right)\sin(\phi)\,\mathrm{d}\phi$$
$$=18\pi\int_{\frac{1}{2}}^{1}\left(8-\frac{1}{u^3}\right)\mathrm{d}u\qquad\boxed{u=\cos(\phi)}$$
$$=18\pi\left[8u+\frac{1}{2u^2}\right]_{\frac{1}{2}}^{1}$$
$$=45\pi$$

解 2

將原問題視為 $y=\sqrt{6^2-x^2}, 3\le x\le 6$ 繞 x 軸旋轉後的旋轉體:

$$\pi\int_3^6 36-x^2\,\mathrm{d}x=\pi\left[36\cdot 3-\frac{6^3-3^3}{3}\right]$$
$$=108\pi-63\pi=45\pi$$

例題 12.6.5 求曲面 $(x^2+y^2)^2+z^4=y$ 所圍立體體積。

解

這題雖不像前例這麼明顯有 $x^2+y^2+z^2$, 但試著代換球坐標後

$$\rho^3\left(\sin^4(\phi)+\cos^4(\phi)\right)=\sin(\phi)\sin(\theta)$$

發現依然能順利做出:

$$4\int_0^{\frac{\pi}{2}}\int_0^{\frac{\pi}{2}}\int_0^{\sqrt[3]{\frac{\sin(\phi)\sin(\theta)}{\sin^4(\phi)+\cos^4(\phi)}}}\rho^2\sin(\phi)\,\mathrm{d}\rho\,\mathrm{d}\phi\,\mathrm{d}\theta$$
$$=\frac{4}{3}\int_0^{\frac{\pi}{2}}\int_0^{\frac{\pi}{2}}\frac{\sin^2(\phi)}{\sin^4(\phi)+\cos^4(\phi)}\sin(\theta)\,\mathrm{d}\phi\,\mathrm{d}\theta$$
$$=\frac{4}{3}\int_0^{\frac{\pi}{2}}\sin(\theta)\,\mathrm{d}\theta\cdot\int_0^{\frac{\pi}{2}}\frac{\tan^2(\phi)\sec^2(\phi)}{\tan^4(\phi)+1}\,\mathrm{d}\phi$$
$$=\frac{4}{3}\int_0^{\infty}\frac{u^2}{1+u^4}\,\mathrm{d}u=\frac{\sqrt{2}}{3}\pi$$

例題 12.6.6 求 $\iiint_R\sqrt{1-\frac{x^2}{2}-\frac{y^2}{3}-\frac{z^2}{6}}\,\mathrm{d}V$, 其中 R 為橢球體 $\frac{x^2}{2}+\frac{y^2}{3}+\frac{z^2}{6}\le 1$。

解

看到這長相, 想到設

$$x=\sqrt{2}\,u,\ y=\sqrt{3}\,v,\ z=\sqrt{6}\,w$$

雅可比行列式為 $\sqrt{2}\times\sqrt{3}\times\sqrt{6}=6$。於是化為

$$6\iiint_{R'}\sqrt{1-u^2-v^2-w^2}\,\mathrm{d}V$$

其中 R' 為球體 $u^2+v^2+w^2\le 1$。現在便明顯利用球坐標代換，有

$$\begin{aligned}
&6\int_0^{2\pi}\int_0^{\pi}\int_0^{1}\sqrt{1-\rho^2}\,\rho^2\sin(\phi)\,\mathrm{d}\rho\,\mathrm{d}\phi\,\mathrm{d}\theta\\
&=6\cdot 2\pi\cdot\int_0^{\pi}\sin(\phi)\,\mathrm{d}\phi\cdot\int_0^{1}\sqrt{1-\rho^2}\,\rho^2\,\mathrm{d}\rho\\
&=12\pi\cdot 2\cdot\int_0^{\frac{\pi}{2}}\sin^2(t)\cos^2(t)\,\mathrm{d}t\\
&=24\pi\left(\int_0^{\frac{\pi}{2}}\cos^2(t)\,\mathrm{d}t-\int_0^{\frac{\pi}{2}}\cos^4(t)\,\mathrm{d}t\right)\\
&=24\pi\left(\frac{1}{2}\cdot\frac{\pi}{2}-\frac{3}{4}\cdot\frac{1}{2}\cdot\frac{\pi}{2}\right)\\
&=24\pi\cdot\frac{1}{4}\cdot\frac{1}{2}\cdot\frac{\pi}{2}=\frac{3}{2}\pi^2
\end{aligned}$$

現在回頭審視上一題做法，我們前後代換了兩次。其實設代換可以一步到位，也就是**橢球坐標代換**：

$$x=a\rho\sin(\phi)\cos(\theta),\ y=b\rho\sin(\phi)\sin(\theta),\ z=c\rho\cos(\phi)$$

$$\mathrm{d}V=abc\rho^2\sin(\phi)\,\mathrm{d}\rho\,\mathrm{d}\phi\,\mathrm{d}\theta$$

{Exercise}

1. 計算 $\iiint_R x^2+y^2+z^2\,\mathrm{d}V$，其中 R 為球心在原點、半徑為 a 的球。

2. 計算 $\iiint_R xe^{x^2+y^2+z^2}\,\mathrm{d}V$，其中 R 為 $x^2+y^2+z^2=1$ 內部，且在第一卦限部分的區域。

3. R 為曲面 $x^2+y^2+z^2=z$ 以下、$z=\sqrt{x^2+y^2}$ 以上的區域，求 R 的體積。

4. R 為曲面 $z=2x^2+y^2$ 以上、$z=12-x^2-2y^2$ 以下的區域，求 R 的體積。

5. 求 $\iiint_R \frac{z^2}{x^2+y^2+z^2}\,\mathrm{d}V$，其中 $R=\left\{(x,y,z)\,\middle|\,1\le x^2+y^2+z^2\le 4, z\ge 0\right\}$。

參考答案： 1. $\frac{4}{5}\pi a^5$ 2. $\frac{\pi}{8}$ 3. $\frac{\pi}{8}$ 4. 24π 5. $\frac{14}{9}\pi$

第 13 章

微分方程簡介

> 我們用邏輯來證明，但用直覺來發明。
>
> Henri Poincaré

■ 13.1　微分方程的定義與分類

當我們列出 $3x-2=4$，這是一次方程，其中含有未知數 x，我們的目的是要解出 x。隨著數學工具的發展，我們處理的方程也越來越複雜，更高次的方程、指對數、三角方程等等。到了微積分學開始發展後，處理實際問題發展出了如此長相的方程

$$y+2y'=5\sin(x) \tag{13.1.1}$$

含有未知函數及其導函數，我們稱之為**微分方程** (differential equation)，微分方程的目的是要解出未知函數。

在文藝復興後期，伽利略、克卜勒等人研究各種運動現象，極其吃力。到了牛頓與萊布尼茲發表微積分之後，數學家們將其應用在許多幾何及物理問題當中，取得不少重大突破，於是吸引越來越多數學家投入一起發展微積分學①。在當時的研究中，便有不少涉及微分方程的問題，舉凡運動學、彈簧的恢復力、梁的變形、鐘擺問題等等，而這些問題又與建造宏偉教堂、航海

① 我們熟知的羅爾定理，是由法國數學家 Michel Rolle 提出。他本人原先是嚴厲批評微積分存在許多瑕疵的，後來慢慢改變立場。

盛行需要精密航海技術與時鐘等實際需求有關。後來微分方程也被應用在生命科學、化學動力學及社會科學等領域。

英國經濟學家馬爾薩斯 (Malthus) 在 1798 年發表《人口原理》，其中宣稱:「人口增長率與人口總數成正比。」若設人口函數 $P(t)$，則可列成微分方程

$$P'(t) = kP(t) \tag{13.1.2}$$

若要解出人口函數 $P(t)$，就是要找出什麼函數的導函數是自身的 k 倍。我們學過自然指數函數 $f(x) = e^x$，其導函數 $f'(x) = e^x$ 等同於自身。在次方動些手腳，寫成 $f(x) = e^{kx}$，利用連鎖規則，其導函數為 $f'(x) = ke^{kx}$，這樣便確定了函數 $P(t) = e^{kt}$ 為式子(13.1.2)的解。事情還沒那麼簡單，若多乘個常數寫成 $P(t) = Ce^{kt}$，則其導函數 $P'(t) = kCe^{kt}$，同樣滿足式子(13.1.2)，所以此微分方程事實上有無限多個解。

其實一般來說，解微分方程是很困難的。但也正因為其困難，放入大學課程的只有相對比較簡單的部分。在大學階段，只會處理幾種簡單的類型，學習各類微分方程解出答案的技巧。而在大一微積分課程中，通常只是簡單介紹幾種常微分方程的基本類型。以下先簡單介紹微分方程的分類，以及一點名詞的介紹。

若微分方程的未知函數是單變數函數，則稱其為**常微分方程** (ordinary differential equation)；若未知函數為多變數函數，方程中涉及其偏導函數，則稱其為**偏微分方程** (partial differential equation)。在上下文明確，不致誤會的前提下，比方說本書只探討常微分方程，則可簡稱為微分方程。

微分方程有可能涉及更高階的導函數，因此對於微分方程進行分階 (order)。若最多只有一階導函數，則稱此微分方程為**一階微分方程** (first order differential equation)；若微分方程中涉及的最高階導函數是 n 階，便稱此微分方程為 n 階微分方程。例如:

$$y' + 3xy = e^{-x^2}\sin(x) \tag{13.1.3}$$

$$yy'' + (y')^2 = \ln(x) + x \tag{13.1.4}$$

分別為一階微分方程與二階微分方程。

對於一階微分方程

$$y' = f(x, y) \tag{13.1.5}$$

若 $f(x, y)$ 可視為 y 的線性函數 $-P(x)y + Q(x)$，則稱為**一階線性微分方程**，此種微分方程是相對簡單而又重要的。為什麼我在 $P(x)$ 前面加負號？這是因為

習慣上經常把一階線性微分方程寫成如下形式:

$$y' + P(x)y = Q(x) \tag{13.1.6}$$

若 $f(x,y)$ 不是線性函數，則稱為**一階非線性微分方程**。例如雅可布 · 伯努利 (**Jacob Bernoulli**) 在 1695 年提出了伯努利方程 (Bernoulli equation)

$$y' + P(x)y = Q(x)y^k \,,\, k \neq 0, k \neq 1 \tag{13.1.7}$$

一般而言，若微分方程中所含各階導函數皆為一次，則稱為**線性微分方程**，其通式為

$$a_0(x)y^{(n)} + a_1(x)y^{(n-1)} + \cdots + a_{n-1}y' + a_n(x)y = Q(x) \tag{13.1.8}$$

進一步地，若各係數 $a_0(x), \cdots, a_n(x)$ 皆為常數，則稱為**常係數線性微分方程**。

式子(13.1.2)的所有解是 $P(t) = Ce^{kt}$ 的形式，我們稱此為微分方程的**一般解** (general solution)；至於 $P(t) = e^{kt}$，那只是一個特殊情況（$C = 1$)，故稱其為**特解** (particular solution)。如果附加一些條件如**初始條件**$P(0) = P_0$，我們就可以據此解出特解。

■ 13.2　可分離微分方程

對於一階微分方程

$$\frac{\mathrm{d}y}{\mathrm{d}x} = f(x, y) \tag{13.2.1}$$

若 $f(x, y)$ 恰可表為 $f(x, y) = P(x)Q(y)$，即一個純粹有 x 無 y 的 $P(x)$ 乘上另一個純粹有 y 無 x 的 $Q(y)$，我們稱之為可分離微分方程 (separable differential equation)。要解這類微分方程，是特別簡單，只要執行分離變數，移項成

$$g(x)\,\mathrm{d}x = h(y)\,\mathrm{d}y$$

接著等號兩邊同時積分

$$\int g(x)\,\mathrm{d}x = \int h(y)\,\mathrm{d}y$$
$$\Rightarrow G(x) + C_1 = H(y) + C_2$$

由於常數相減仍為常數，可簡寫為

$$G(x) = H(y) + C \qquad (C = C_2 - C_1)$$

最後再整理出解即可。

具體以解微分方程 $y' = 6xy$ 為例。對於可分離微分方程，首先將 y' 改寫為 $\frac{\mathrm{d}y}{\mathrm{d}x}$:

$$\frac{\mathrm{d}y}{\mathrm{d}x} = -6xy$$

接著用老把戲，將 $\frac{\mathrm{d}y}{\mathrm{d}x}$ 看成分式，將 $\mathrm{d}x$ 乘到右式、將 y 除到左式:

$$\frac{\mathrm{d}y}{y} = -6x\,\mathrm{d}x$$

這樣，便將微分方程的兩變量 x, y 分離至一邊只有 y、另一邊只有 x。此時在式子左右同時積分，左式是對 y 積分、右式是對 x 積分:

$$\int \frac{\mathrm{d}y}{y} = \int (-6x)\,\mathrm{d}x$$

$$\Rightarrow \ln|y| = -3x^2 + C$$

$$\Rightarrow y = e^{-3x^2+C} = e^{-3x^2} \cdot e^C = Ae^{-3x^2}$$

其中常數 $A = e^C$ 。這樣便簡單解出一般解 $y = Ae^{-3x^2}$ 。

再舉一例，解微分方程 $\frac{\mathrm{d}y}{\mathrm{d}x} = \frac{2x}{9y^2}$ 。先移項成

$$9y^2\,\mathrm{d}x = 2x\,\mathrm{d}x$$

兩邊積分得

$$3y^3 = x^2 + C$$

這樣便解出此微分方程的**隱函數解**。當微分方程的解難以表為 $y = f(x)$ 時，便以隱函數解呈現。

例題 13.2.1 解 $xy\frac{\mathrm{d}y}{\mathrm{d}x} + x^2 = 0$ 。

解

乍看不像可分離，然而先兩邊同除以 x（假設 $x \neq 0$），接著分離變數得

$$y\,\mathrm{d}y = -x\,\mathrm{d}x$$

兩邊積分得

$$\frac{y^2}{2} = -\frac{x^2}{2} + C$$

或可寫成

$$x^2 + y^2 = C$$

例題 13.2.2 解 $y' = ky$ 。

解

我們在馬爾薩斯人口模型看過這個微分方程，現在使用分離變數:

$$\frac{\mathrm{d}y}{y} = k\,\mathrm{d}x$$

兩邊積分得

$$\ln|y| = kx + C$$
$$\Rightarrow y = e^{kx+C} = Ae^{kx},\ A = e^C$$

例題 13.2.3 解 $\frac{\mathrm{d}y}{\mathrm{d}x} = 2x(1-y^2)^{\frac{1}{2}}$ 。

解

若 $1-y^2=0$，$y=\pm 1$ 是微分方程的解。
若 $1-y^2 \neq 0$，分離變數得

$$(1-y^2)^{-\frac{1}{2}}\,\mathrm{d}y = 2x\,\mathrm{d}x$$

兩邊積分

$$\sin^{-1}(y) = x^2 + C$$

由於前兩個特解不包含在此式，作答時須寫出 $y=\pm 1$ 、$\sin^{-1}(y) = x^2 + C$ 。

■ 13.3 一階線性微分方程

一階線性微分方程 $y' + P(x)y = Q(x)$ 在許多問題中出現，因此也是基本、重要的。解決這類問題並不難，只要依循固定流程即可。以具體例子來示範：

$$y' - 2xy = e^{x^2} \tag{13.3.1}$$

首先注意左式，長相有點像 $(fg)' = f'g + fg'$ 的形式，然而又不太一樣。現在霸王硬上弓，在式子(13.3.1)左右同乘以某函數 $\rho(x)$，變成

$$\rho(x)y' - 2x\rho(x)y = \rho(x)e^{x^2} \tag{13.3.2}$$

試圖使左式 $\rho(x)y' - 2x\rho(x)y$ 能是 $f'g + fg'$ 的形式。該乘以怎麼樣的 $\rho(x)$，能順利地使 $\rho(x)y' - 2x\rho(x)y$ 真是 $f'g + fg'$ 的形式呢？觀察發現②，須滿足

$$\rho'(x) = -2x\rho(x) \tag{13.3.3}$$

就是說，其導函數要是自己乘上 $-2x$。既然如此，便將 $-2x$ 的反導函數 $-x^2$ 放在 e 的次方，這樣 $\rho(x) = e^{-x^2}$，確實滿足 $\rho'(x) = -2xe^{-x^2} = -2x\rho(x)$。所以，在式子(13.3.1)左右同乘以**積分因子**$\rho(x) = e^{-x^2}$，得到

$$e^{-x^2}y' - 2xe^{-x^2} = 1 \tag{13.3.4}$$

左式其實就是 $\left(e^{-x^2}y\right)'$③，所以接下來兩邊積分，得到

$$e^{-x^2}y = x + C \tag{13.3.5}$$

再移項便能得到一般解

$$y = xe^{x^2} + Ce^{x^2} \tag{13.3.6}$$

例題 13.3.1 解 $y' - \frac{3}{x}y = x^2$, $y(1) = 5$。

解

② y 與 f 對應，於是 $\rho(x)$ 與 g 對應、$-2x\rho(x)$ 與 g' 對應。

③ 別問我怎麼知道，我們剛剛就是刻意弄出 $f'g + fg'$ 的形式，那當然就是 $(fg)'$！

$\int(-\frac{3}{x})\,\mathrm{d}x = \ln\left|x^{-3}\right|$，故積分因子 $\rho(x) = e^{\ln\left|x^{-3}\right|} = x^{-3}$，乘在等號兩邊：

$$x^{-3}y' - 3x^{-4}y = \frac{1}{x}$$

兩邊積分

$$\begin{aligned} & x^{-3}y = \ln|x| + C \\ \Rightarrow\ & y = x^3\ln|x| + Cx^3 \end{aligned}$$

得到一般解。配合初始條件 $y(1) = 5$，得 $5 = 0 + C$，故得到特解 $y = x^3\ln|x| + 5x^3$

例題 13.3.2 解 $y' + \cos(x)y = \cos(x)$，$y(\pi) = 2$。

解

$\int\cos(x)\,\mathrm{d}x = \sin(x)$，故積分因子 $\rho(x) = e^{\sin(x)}$，乘在等號兩邊：

$$e^{\sin(x)}y' + \cos(x)e^{\sin(x)}$$

有些問題表面不是微分方程，卻可化為微分方程來求解，如下題演示。

例題 13.3.3 若函數 f 在 $[0,\infty)$ 上連續，並滿足

$$f(t) = e^{\pi t^2} + \iint_{x^2+y^2\le t^2} f\left(\sqrt{x^2+y^2}\right)\mathrm{d}A$$

求 $f(t)$。

解

看到二重積分的積分區域及被積分函數長相，聯想到極座標代換：

$$f(t) = e^{\pi t^2} + \int_0^{2\pi}\int_0^t f(r)r\,\mathrm{d}r\,\mathrm{d}\theta$$

$$= e^{\pi t^2} + 2\pi \int_0^t f(r) r \, \mathrm{d}r$$

因 f 連續，$f(r)r$ 也連續，由微積分基本定理知 $\int_0^x f(t) r \, \mathrm{d}r$ 可導，故等號兩邊求導

$$f'(t) = 2te^{\pi t^2} + 2\pi t f(t)$$

這是一階線性微分方程！再移項成

$$f'(t) - 2\pi t f(t) = 2te^{\pi t^2}$$

積分因子 $\rho(t) = e^{-\pi t^2}$，兩邊同乘以 $\rho(t)$ 得

$$\left(e^{-\pi t^2} f(t)\right)' = 2\pi t$$

兩邊積分

$$\begin{aligned} e^{-\pi t^2} f(t) &= \pi t^2 + C \\ \Rightarrow f(t) &= \pi t^2 e^{\pi t^2} + Ce^{\pi t^2} \end{aligned}$$

由題目所給方程代 $t = 0$ 得 $f(0) = 1$，再代回來得 $C = 1$，故解為 $f(t) = \left(1 + \pi t^2\right) e^{\pi t^2}$。

國家圖書館出版品預行編目資料

白話微積分／卓永鴻著. -- 四版. -- 臺北市：五南圖書出版股份有限公司, 2020.09
面； 公分
ISBN 978-986-522-245-1（平裝）

1.微積分

314.1 109013227

5Q42

白話微積分

作　　者一 卓永鴻（472.3）
發 行 人一 楊榮川
總 經 理一 楊士清
總 編 輯一 楊秀麗
副總編輯一 王正華
責任編輯一 金明芬
封面設計一 姚孝慈
出 版 者一 五南圖書出版股份有限公司
地　　址：106台北市大安區和平東路二段339號4樓
電　　話：(02)2705-5066　　傳　　真：(02)2706-6100
網　　址：https://www.wunan.com.tw
電子郵件：wunan@wunan.com.tw
劃撥帳號：01068953
戶　　名：五南圖書出版股份有限公司

法律顧問　林勝安律師

出版日期　2018年7月初版一刷
　　　　　2018年12月二版一刷
　　　　　2019年9月三版一刷
　　　　　2020年9月四版一刷
　　　　　2023年9月四版三刷

定　　價　新臺幣700元

經典永恆・名著常在

五十週年的獻禮——經典名著文庫

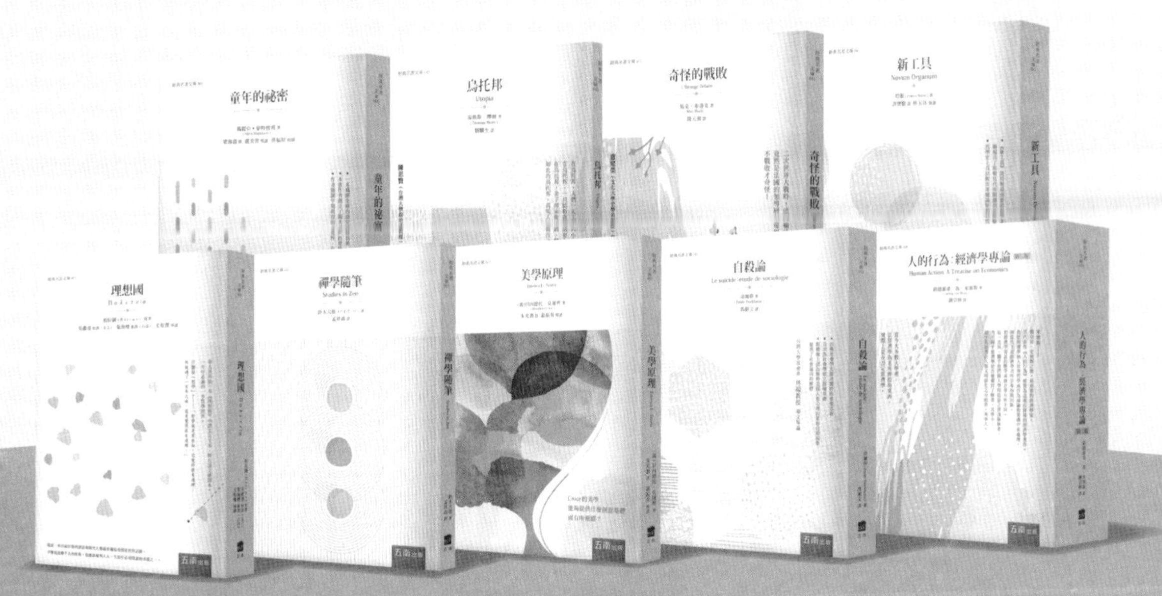

五南，五十年了，半個世紀，人生旅程的一大半，走過來了。
思索著，邁向百年的未來歷程，能為知識界、文化學術界作些什麼？
在速食文化的生態下，有什麼值得讓人雋永品味的？

歷代經典・當今名著，經過時間的洗禮，千錘百鍊，流傳至今，光芒耀人；
不僅使我們能領悟前人的智慧，同時也增深加廣我們思考的深度與視野。
我們決心投入巨資，有計畫的系統梳選，成立「經典名著文庫」，
希望收入古今中外思想性的、充滿睿智與獨見的經典、名著。
這是一項理想性的、永續性的巨大出版工程。
不在意讀者的眾寡，只考慮它的學術價值，力求完整展現先哲思想的軌跡；
為知識界開啟一片智慧之窗，營造一座百花綻放的世界文明公園，
任君遨遊、取菁吸蜜、嘉惠學子！